Photoshop 修色圣典（第5版）

PROFESSIONAL PHOTOSHOP®

[美] Dan Margulis 著
邓力文 毛晓燕 译
穆健 审校

人民邮电出版社
北京

图书在版编目（CIP）数据

Photoshop修色圣典 ： 第5版 / （美） 马古利斯（Margulis,D.） 著 ； 邓力文， 毛晓燕译. -- 北京 ： 人民邮电出版社， 2009.8（2020.7 重印）
ISBN 978-7-115-19480-0

Ⅰ. ①P… Ⅱ. ①马… ②邓… ③毛… Ⅲ. ①图形软件，Photoshop Ⅳ. ①TP391.41

中国版本图书馆CIP数据核字(2009)第060623号

Photoshop 修色圣典（第 5 版）

◆ 著　［美］Dan Margulis
译　邓力文　毛晓燕
审　校　穆　健
责任编辑　李　际

◆ 人民邮电出版社出版发行　北京市丰台区成寿寺路 11 号
邮编　100164　电子邮件　315@ptpress.com.cn
网址　http://www.ptpress.com.cn
天津画中画印刷有限公司印刷

◆ 开本：889×1194　1/16
印张：28
字数：856 千字　2009 年 8 月第 1 版
印数：32 001 – 32 800 册　2020 年 7 月天津第 18 次印刷

著作权合同登记号　图字：01-2007-0991 号

ISBN 978-7-115-19480-0/TP

定价：188.00 元（附光盘）

读者服务热线：(010)81055410　印装质量热线：(010)81055316
反盗版热线：(010)81055315

版权声明

Dan Margulis：Professional Photoshop，Fifth Eidition：The Classic Guide to Color Correction (ISBN: 032144017X)

内容提要

本书是 Photoshop 名人堂之一的 Dan Margulis 最具影响力的著作“修色圣典”系列丛书的收关之作，不仅保留了 4 本前著的精华，更提出了更多崭新的概念和操作技巧，有些甚至是对传统观念的挑战和颠覆。

本书图文并茂、内容丰富，深入浅出地介绍了 Photoshop 专业颜色修正的思路和技巧。这其中包括色彩对比度和通道、曲线与对比度的关系、用数字定义颜色、Lab 模式、关键的 K 通道、传统锐化、彩色图片转换为黑白图片、保持彩色图片中的黑色与白色、图片的 10 个通道、校准、颜色管理、印前准备、分辨率的大小、Camera Raw 模式、高光阴影命令、Hiraloam 锐化、使用通道基础上的蒙版、图片处理思路等内容。

本书适合从事数码摄影、平面设计、照片修正、印前处理等行业各个层次的用户阅读，尤其适合那些已具备相当水平的专业人士。本书会为你带来难以置信的惊喜，更是迈向顶级专业色彩修正领域的最佳伙伴！

前 言

“这是大家共同的想法，”一位试读者在本书出版之前志愿代表你阅读它的人写道，“第一次读你的书，要过一会儿才能知道你是干什么的。但我始终要说,你不像其他 Photoshop 图书作者那样提供一份‘菜谱’，而是在教人们如何思考色彩修正。在这个过程中，你考虑到了范例教学，也提供了技术，但最成功的读者在读完后得到的远远不止是一系列技术。我希望在这本书的开头看到这样的评语。”

* * *

现在他该满意了，让我们来谈谈你吧。你也许是从事专业图像处理的，也许是一位专业摄影师，也许是其他方面的专业人士，工作中的一部分就是制作优质的数码图像。或许，你可以忽略本书标题中令人生畏的那个单词“专业”，因为你不是这方面的专业人士，只希望制作出有专业水平的图片。

2005 年下半年,Microsoft 公司(你应该听说过它)断然宣告 :“数码相机是有史以来发展得最快的消费品。”据某市场调查公司估算，那一年仅在北美就有 2600 万部数码相机售出。

这 2600 万部数码相机的用户，有一部分是本书的潜在读者，更多的不是，但他们对本书下半部分将要着重讨论的数码相机市场有着深远的影响。

无论你属于哪一类读者，你买这本书都是为了让图像看起来更好，就像我对待自己的图一样。我们知道一个简单的办法——使用 Adobe Photoshop 的“图像 > 调整 > 自动对比度”命令，它常常很管用，但我们决不用它，因为我们自己能够做得更好。尽管这个命令能明显改善图像，但更多的时候它会妨碍进一步的修正，与其对付它遗留的问题，还不如重新开始。

类似地，数码相机的自动调节功能（很多人不知道有这个功能）可以优化许多数码照片，有时我们也得益于它，但另一些时候，我们不得不采取一些措施恢复原来的效果。

本书是从 1997 年开始的一个系列的第 5 版，也是最后一版。它教你如何把图片处理得比任何自动方法都强。不过本书不会局限在这个方面，这个系列也从来没有局限于此，这正是读者的要求。

很多人不满足于自己的明显进步，还要与我或经过了类似训练的人比试。不幸的是，我们的目标在变化着，每年都有更好的技术出现，使我们更深入地理解我们应该达到什么高度。

技术上的要求也在变化。例如，今天的专业人士处理的文件几乎总以 RGB 模式出现，在品质上良莠不齐，很多照片是业余人士拍摄的。而在 1994 年，图像文件是以 CMYK 模式出现的，而且常常是专业摄影作品，在当时的标准采样过程滚筒扫描中优化过。

我们今天在 Photoshop 中的操作，直接起源于画家们近千年来的实践。他们长期钻研艺术，而我们拥有他们做梦都想不到的工具。谁要是以为今后不会再有新的方法来改善图片，那是在骗自己。

总之，我以我的方式写书，你期待着将来能够解决图像的问题，并且在色彩修正方面超过今天的我。

本版的变化

在这个系列中，每个新的版本总是大大扩展了之前版本的内容，甚至重新写过。第 2 版（1998 年）大约有 80% 的新内容，第 3 版（2000 年）和第 4 版（2002 年）的新内容都超过一半。最值得骄傲的是这一版，与《Photoshop LAB 修色圣典》第 4 版相比，大约 90% 的内容都更新了。

版面扩大了，现在可以把更大的图放在一起比较了。文字比上一版多了一半。尽管沿用了上一版的一些章名，甚至以同样的小故事开头，但核心内容几乎都改变了。

在色彩修正的战场上，最有力的武器是曲线、通道混合和锐化。本书前 10 章涉及了大量的这些内容，我希望我的讲述方式能够为大多数读者接受。

下半部分的难度要大得多。第 11 ～ 14 章与颜色设置、分辨率、校准问题以及摄影师和印刷厂之间的矛盾有关。第 16 章是关于 Camera Raw 的，第 15 章和第 17 ～ 20 章讨论一些高级话题，基本上是锐化。试读者们反映，这几章既困难，又是本书最让人有收获的。

关于曲线的章节有很大的改动，但基本技术没变。通道混合和锐化的章节是重新写过的，阐述了许多从来没发表过的策略。

在曲线调整图层上进行通道混合，是本系列中的的理念，实际上 LAB 色彩修正本身也是。实践证明，这两种理念比我最初设想的还要强大。我现在觉得通道混合与曲线相结合在整体上是非常重要的。

我不是第一个这么想的人。迄今为止，人们对这一版最普遍的要求就是多讲讲通道操作。事实上，很多人建议这本书应该完全讲通道混合。

对该系列的大量在线评论促成了本版的改变。我参与了一个大型应用色彩理论讨论组（详细情况在“注释与后记”一节中），征询大家的意见，得到了大量关于如何撰写这一版的建议。此外，我的书《Photoshop LAB 修色圣典》（2006 年）取得出乎意料的商业成功，这也提醒我以前处理问题的方式有些问题。

第二个最普遍的要求是，不要只用一章来讲 USM 锐化。这好办，有一个与 USM 锐化关系密切的、重要的命令，“阴影 / 高光”，已经由 Photoshop CS 版于 2003 年引进了（本书上一版当然没有这方面的内容），现在我可以用 4 章篇幅对锐化问题进行更深入的研究了。

第三个要求，算是一种无奈的求助，要我谈谈为什么商业印刷对那些只熟悉 RGB 的摄影师来说是个雷区。这意味着我不仅要描述印刷的可悲现实（诸如它与生俱来的不稳定性）和教人在转换到 CMYK 的过程中怎么保住鲜艳的颜色，还要揭开印刷业的内幕。

第四，我们需要讨论如何处理 raw 格式的文件，这个问题在本书上一版出版时还没有出现。在写作本书时，这方面的工作量可能是最大的，因为我需要仔细检查来自多种型号的数码相机的多种 raw 图像的多种变化，用 Camera Raw 和许多其他程序修正它们，并比较各种方法。

第五，有人要我多谈谈我自己为特定的图像选择技法的思路。为此，我还增加了一系列测试，帮你弄明白自己是不是真的读懂了这本书。

除了这些读者的要求，还要感谢数码相机技术在近 5 年来的突飞猛进，上一版用过的许多图片现在已经不具备示范作用。那是在专业世界里用底片拍摄的，而现在我们已经几乎完全数码化了。这两类图像有相似之处，但数码照片表现出来的一些问题是以前不多见的。以前扫描底片生成的任何文件都要经过人工修正，今天的数码照片则不一定。

上一版有十几张用底片拍摄的图像非常有用，我至今不忍心放弃它们，其他的图到本版中变成了当今业务中更有典型意义的。这就是有一批乐于奉献的读者的好处，我已经从自愿帮助《Photoshop LAB 修色圣典》的摄影师那里得到了一大批有用的图片，但我还贪婪地寻找更多的。

我公开了这一愿望，请求那些有兴趣分享图片的人留下姓名，描述他们拍摄所用的设备、擅长拍摄哪一类照片。反响非常热烈。我请求其中的一些人（大多数都是以前不认识的）把大批未修正的图片发给我，只要他们乐意让我检查和使用这些图片——尤其是放在本书的配套光盘中，让读者可以跟随我做练习。这是本版的又一大变化——凡是讲解了修正过程的图片，你都可以找到。

我们要感谢 Darren Bernaerdt、Stuart Block、David Cardinal、Ric Cohn、David Moore、Kim Müller、John Ruttenberg、Gerry Shamray、Marty Stock 和 David Xenakis，他们提供了 DVD 中的素材，还要感谢另外几个摄影师，他们提供了私人图片。本书所用的图片就是从这样的图片库中选出来的，它占了将近 100G 的空间。

尤其感谢 Knoxville 新闻社允许我使用其存档的数千个文件，其图片主管 Clarence Maslowski 从中选出了值得研究分析的图片。每个摄影师都难免会因为这样那样的原因拍出不够理想的照片，而报纸上的图片常常是在众所周知的恶劣环境中、在临近截稿期限的时候紧急拍摄的——不管曝光有多差，都得把它印刷出来。现在我完全可以轻松地写出另一本书，不用别的材料，只需要从该新闻社的档案中另找一些图片。

* * *

在 Google 上搜索本系列图书或我的其他书的标题，或在摄影论坛上搜索，你将获得更多信息。大多数人喜欢我的观点，少数人不喜欢，但他们对一个基本问题都有一致的看法。

每个人都同意，这些著作作为今天的专业实践奠定了基础，另外，我用朴实的英语建立了一门听起来很容易、技术性又很强的学科，没有用咬文嚼字的官样文章把站不住脚的观点装扮得很有吸引力。尽管如此，我并不是以“手牵手”辅导别人出名的。

为了不让文字晦涩难懂，我再次上网求助。在本书上一版和《Photoshop LAB 修色圣典》的撰写过程中，都有一群非常乐于奉献的试读者审读和评论我的草稿。这次有 10 位试读者，其中有几位试读过我其他的书。他们是从 30 多位志愿者中挑选出来的，尽可能代表多数人的意愿。下面是这些试读者的个人情况。

有 3 人现在或曾经是专业摄影师；有 3 人是认真的业余爱好者；有 2 人在为公众提供打印输出服务的机构工作，其中一位输出 RGB 文件，另一位输出 CMYK 文件；有 5 人曾经是专业润饰师；有 4 人说自己目前每天至少 4 小时都在用 Photoshop 工作；有 3 人说自己使用其他应用程序至少像使用 Photoshop 那么熟练；有 3 人将自己定位为 Photoshop 的初学者或中级用户；有 3 人教过 Photoshop 专业课程；有 3 人教过其他科目的专业课程；有 5 人现在或曾经是专业写手或编辑；有 3 人上过我的课；有 7 人没有上过我的课；有 3 人曾经与我交往；有 3 人和我通过信，虽然我们从来没见过面，但通过书信已经很熟悉；有 4 人是我不太熟悉的；有 4 人有自然科学背景；有 5 人在艺术上受过良好的训练；有 3 人几乎总是制作 CMYK 文件；有 2 人几乎总是制作 RGB 文件；有 5 人既要制作 CMYK 文件也要制作 RGB 文件；有 6 人来自美国；有 2 人来自加拿大；有 1 人来自巴西；有 1 人来自新西兰；有 1 人是色盲。

事实证明，这些试读者是很挑剔的。初稿给他们印象最深的是第 7、8、15、16、18 和 19 章，而某些内容完全无法打动他们，我自己重读这些内容时也无动于衷，不用说，它们没有出现在最终的出版物中。

他们在试读时付出了巨大的努力——人人都在每一章上作了标注。你将在书里遇到其中大部分人，因为当我引用他们激进的言论说明看问题的角度可以和我不一样时，也引用了他们的姓名。不过本前言引用的 3 位试读者是匿名的。

我们应该感谢记录在案的这些试读者：Les De Moss、Fred Drury、André Dumas、Bruce Fellman、George Harding、André Borges Lopes、Clarence Maslowski、Clyde McConnell、John Ruttenberg 和 Nick Tressider。另外，我妻子 Cathy Panagoulias 先于编辑团队看到了各章，在编辑们将草稿驳得体无完肤时，Elissa Rabellino 代表 Peachpit 出版社与我沟通。这些人的工作使本书更加容易阅读，并且避免了很多错误。

许多写手可能会说，现在书中仍然有一些瑕疵。按照我成长起来的印前行业的悠久传统，我要说，文中现存的任何错误都是摄影师的错。

关于共同的预期

许多蹩脚的图像处理方法被公然提倡，而且是热情洋溢地提倡，这不是因为有人想故意兜售一套低级的方法，恰恰相反，其始作俑者已经说服自己，这些方法是管用的。这是可以理解的。如果一套命令明显改善了图像，就很容易断定这是应该采用的，也很容易把它推荐给别人。

判断处理后的图像比原稿好很容易，难的是想象它还能有多好。在这方面，我有巨大的优势，这归功于另一群人的贡献。

我讲的高级色彩修正课，有时是专门讲给专家听的，我仅仅是应邀去讲的。不管他们水平如何，我发现，最好的教学法是让大家处理同一幅图，选择自己喜欢的技术，再一张张比较他们的作业。这样一来，某些技术的缺陷就一目了然了。这不是为了让做得好的人沾沾自喜，让做得差的人丢脸。

如果我喜欢，我也会参加练习，而且，和我比试的几乎总是专家们。本书中的许多实例也是这样演示的，这就是我超过其他作者的地方，在我说某种方法是最好的、你无法用别的方法达到这种效果之前，我可能已经见过 50 个人尝试别的方法而且都失败了。

同样，在把我做的图和别人做的图放在一起比较之前，你看不到我的技术千真万确很棒。当我推荐某种技术时，是因为我确定它能行，这是因为我看到和我差不多训练有素的人也努力做了，但无法用别的方法做得更好。

这些课程给我带来的另一种好处是，我已经参加了大约 5000 次小规模讨论并选出了最好的作业。结果是，我现在非常善于判断哪种图差不多是大家都认同的，哪种图会引起争论。

早先为杂志写文章时，我曾出示用两种方法处理同一幅原稿的不同结果，向人们推荐第一种方法，我说，很明显，没有人会傻到去喜欢第二个版本。这引来了 500 条愤怒的回应，于是我明白了，有些人是如此渴望颜色正确，以至于愿意原谅对比度的不足，但其他人的看法相反。

今天，我不会再犯这样的错误，每一次我都设法把好的颜色和好的对比度结合起来。本系列书的每一版都废弃以前版本中的某些技术，采用更好的技术。本书列出了自上一版以来我的方法的改进。

* * *

既然你对我多多少少有所期待，那么对你自己呢？

首先，你必须向往好得无与伦比的图像，如果不是这样，你就应该买一步接一步演示的菜谱式教程。

如果你真的想把自己的图处理得更好看，在处理之前，你不一定需要确切地知道自己想要什么，但你得乐意说出、能够说出你是否喜欢自己看到的东西。

一位试读者的话："我不同意。如果你不知道自己想达到什么效果，你就不知道这种效果是否已经达到。一幅图修正到何时为止？是在它看起来'足够好'的时候，还是在它不能更好的时候？你需要知道这幅图哪些地方不讨你喜欢，然后修正它，直到你乐意说出、能够说出，你喜欢你看到的东西。"

一种极端情况是，如果你不按第 2 ～ 4 章所述的数值方法或类似的合理方法来操作，你就无法制作出有竞争力的图像。另一个极端是关于锐化的几章，其中仅有的测试是，什么在你看来较好（你觉得好的东西在我看来不一定好）。在阅读这一版时，你可能会厌烦我反复唠叨不透明度或其他什么参数，这只是出于我个人的喜好来设置的，你不必完全依照这样做。但这种声明是有必要的，以前有过这样的事——有的读者不明白我为什么要把图层不透明度设为 53%，而不是在他看来效果更好的 57%。

另外，当"专业"这个词出现在本书英文书名中时，读者很可能以为我是专门讲 Photoshop 操作的。固然有很多 Photoshop 命令需要讲解，但本书只用到某些命令或润饰技术，我假定每个读者都已经熟悉它们，虽然事实上我很清楚，即使是专家也不一定熟悉它们，我只不过不想浪费篇幅纠缠那些次要的话题。

如果你在读本书时感到茫然，这并不奇怪，很多人和你一样。应对挫折的能力是使用本书的先决条件，不仅仅在我省略对某些命令的讲解时是这样，正如你在大多数章的"疑难解答"中可以看到的，老练的读者也有盲点。别着急，你会回到正轨上的。

再一次在 Google 上搜索我的书的标题，你将发现一句在读者之间流传的话。你不会发现人们用这样的话评价其他 Photoshop 书，在任何技术领域中，这样的话都是罕见而珍贵的。

这句话是：你第二次和第三次读这些书时，从中得到的收获更多，读的次数越多，收获越多。

第三位试读者说："有多大收获？我得把那句话用斜体甚至粗体来强调。你也可以引用我的话：就像美味的意大利食品，它越嚼越有味儿。"

因此，放松一些。只要你认真对待图像处理，来日方长。

终生的"知识曲线"

读过我以前的书的人可以证明，我本人的阅读趣味是多种多样的。这使得我把每一章的开头写得别具一格，因为我有机会知道我的书将与哪种人为伴。这也回答了一位试读者在本前言开头提出的一个问题。

大多数色彩修正技术没有过时。本书展示了一些华丽的新技术，这是因为我以前不知道可以这么做，而不是因为用 Photoshop 3 做不到。这就是为什么本书标题中没有 Photoshop 的版本号。我也不屑于讨论相机、印刷机或第三方软件的型号。关于 Camera

Raw 的章节将随着这一年轻模块的成长而迅速老化，但其他技术会沿用很长时间。

注意，Photoshop 本身作为一个成熟的程序，在人们希望它发挥作用的日子里，一直在进步。本书上一版没有提到 Photoshop 的新功能，因为当时的新功能没有重要到值得一提的程度。但这次不同了，“阴影 / 高光”、“表面模糊”和 Camera Raw 等，都是有重大意义的进步，而且是我们的精神食粮。

你将在本书后面几百页中发现的东西，并不局限于这一版。我在上一版的前言中说 ：“下一次修订，不是在新软件出现的时候，而是在有新的或更好的技巧可以展示的时候。”

现在就是展示这些新技巧的时候。希望你能从本书中找到有用的技巧，也希望我的讲解易于理解。

最后，让我们重复刚才说的 2002 年版的前言的最后三段。

* * *

如果你决定走得更远，祝你好运，因为前程既艰险又有回报。

无论多么困难，多么郁闷，请记住，我们追求的东西是非常简单的，在做完修正以后，我们只想问问自己 ：这张图变得好看了吗？

我希望你的回答和我的一样 ：它不仅变好看了，而且比我两年前处理同一张图的结果好看。

目 录

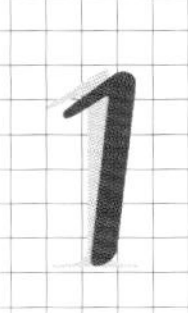

第 1 章 色彩、对比度和通道

应该匹配原稿，还是观察者处在相机的位置上的感受？

第 2 章 曲线越陡，对比度越强

在色彩修正中，所有的改善都要付出代价，不过我们可以讨价还价。

3

第 3 章　利用数值修正颜色

连色盲也可以做令人信服的色彩修正，其他人就更不用说了，但都要遵守某些规则。

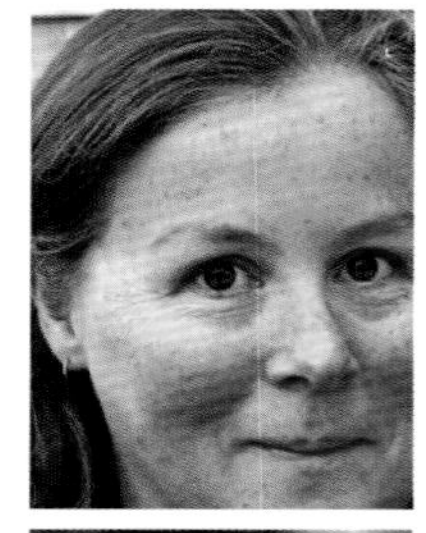

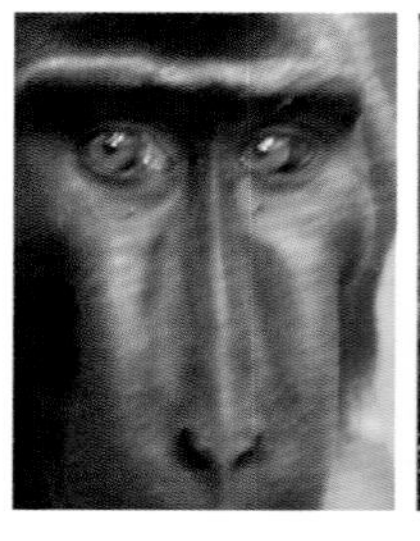

第 4 章　颜色、对比度、峡谷和 LAB

将色彩与对比度分开的通道结构，为处理某些图片提供了极大的方便。

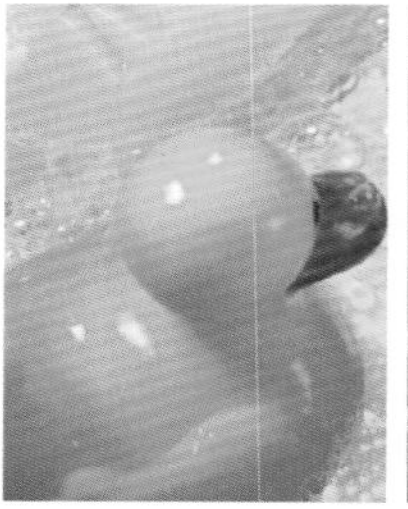

第 5 章　K 通道是关键

黑色通道是 CMYK 军火库里最有威力的武器。理解 GCR 也能获得处理 RGB 的强大工具。

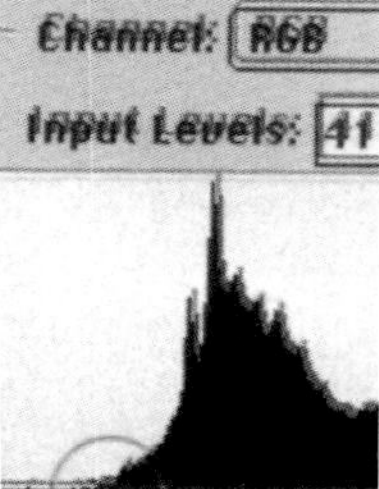

第 6 章 使用锐化滤镜

无论是传统锐化还是“大半径、小数值”锐化，都能把画面变清晰，可这是建立在模糊的基础上的。

第 7 章 彩色向黑白转换

色相或饱和度的对比在向黑白转换后不复存在，必须把它们变成亮度对比。

第 8 章 用黑白图像修正彩色图像

在向黑白转换的过程中产生更好的亮度的技术，也适用于彩色图片。

第 9 章　推论、幻想，何时为图片下注

当目标数值不明显时，可做一些侦探工作。每张图中都有线索。

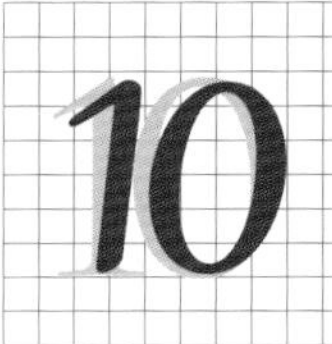

第 10 章　每张图都有 10 个通道

CMYK、LAB 和 RGB 都有强项和弱点。不仅要学会在所有 3 种空间中工作，还要学会在其中思考。

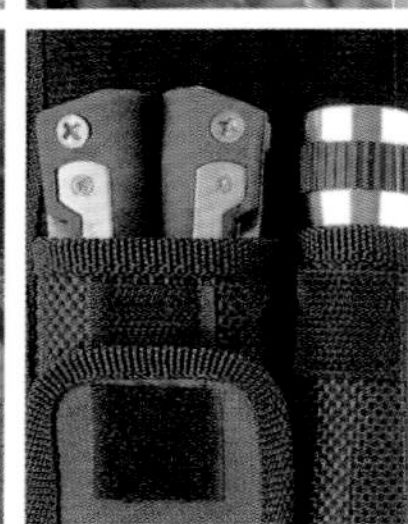

第 11 章　使图像匹配

本书下半部分由探讨如何让显示器匹配印刷品开始，结论是：睁大你的双眼。

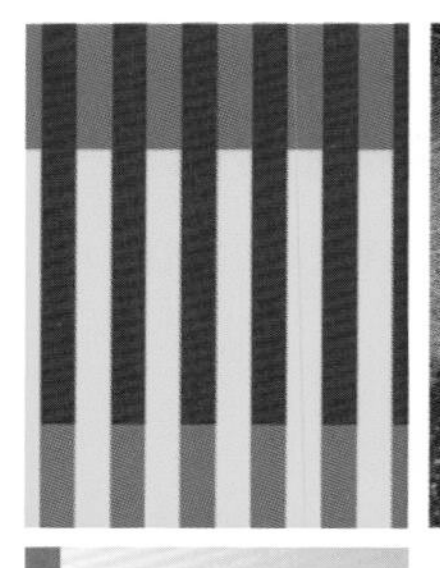
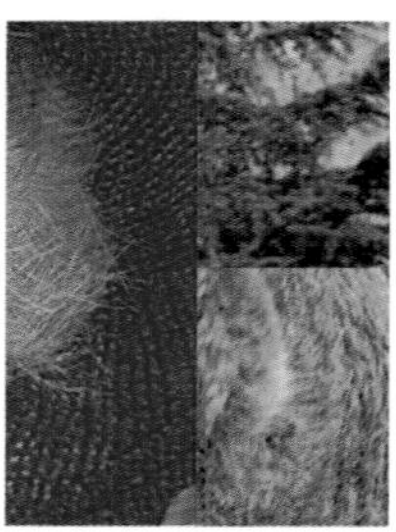

12

第 12 章 管理颜色设置

要做出明智的选择，不仅要懂理论，而且要了解别人如何选择，以及他们在哪里失败。

第 13 章 印刷中的“一点点”

为胶印刷制作文件，成功的关键是期待最好的结果，做最坏的打算。

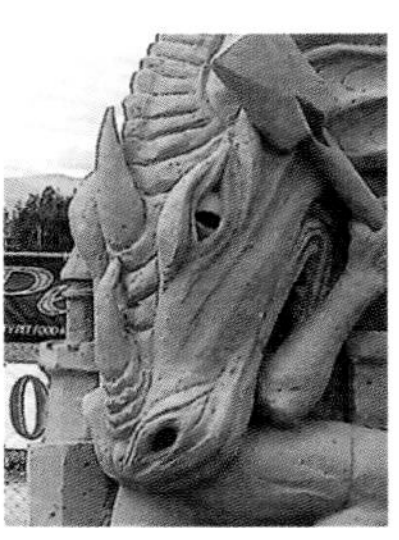

第 14 章 百万像素时代的分辨率

今天需要的数据一般不像在底片时代需要的那么多，但有时又不够。

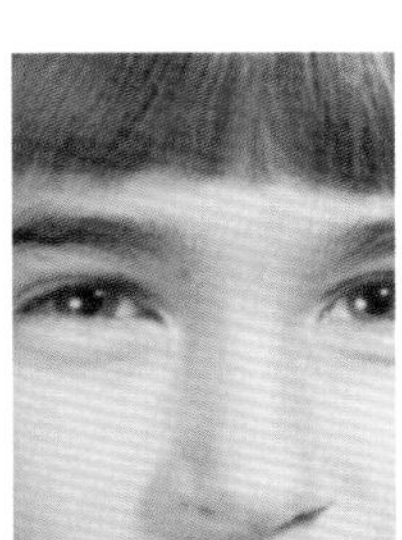

15

第 15 章　错误配置文件的艺术

如果一幅图显得暗，那可能是因为你预期的效果太亮了。改变 RGB 定义，可以大大地拓展思路。

第 16 章　从哪里来，回哪里去

Camera Raw 和类似的采样模块让我们避开令人生疑的相机自动调节。

第 17 章　模糊、蒙版和锐化中的安全

通道结构可以把传统锐化和“大半径、小数量”锐化融合为和谐的整体。

第 18 章 叠加，“大半径、小数量”和“阴影 / 高光”

今天，修复黑白场比在底片时代频繁得多。

第 19 章 色彩、对比度和蒙版“安全守则”

最好的蒙版来自现有的通道，它可能不在当前的色彩空间中。

第 20 章 没有劣质原稿

本章总结了图像处理的思考过程、新旧修正方法的对比，以及对我们这个领域的展望。

A

B

第1章
色彩、对比度和通道

在进行色彩修正以前，必须弄明白一个基本的问题：是忠实于原稿，还是忠实于观察者的感受？

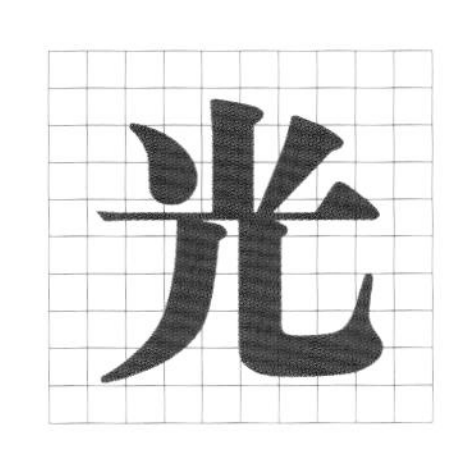

给图像艺术家带来了很多麻烦。

圣彼得大教堂的圆形屋顶是米开朗基罗（雕刻家、诗人、画家、建筑家，近千年来最伟大的图像艺术家之一）的完美杰作。我和妻子入住罗马酒店后，发现从阳台上可以俯瞰圣彼得大教堂。当然，我像其他的旅游观光客一样，拿出数码相机拍下了图1.1A所示的照片。

后来，出于一种喜好而非专业习惯，我改善了这张照片。我和妻子都希望把照片中的美景很好地打印出来，也想把打印稿送一些给亲朋好友。我花几分钟时间用Photoshop调整了颜色，生成了图1.1B。

让我们暂停一下，在这一点上达成共识——画面变得好看了。如果你认为自己可以做出更好的版本，那当然是有可能的，我也希望你这么想，毕竟这本书是关于专业图像处理的，图像艺术专业人士对自己的期望值都比较高。

但是先不说你做得怎样，目前只有两个版本供我们比较，我们必须从中选出一张较好的。

人们怎样看待同一张图的不同版本一度是我感兴趣的话题。我在课堂上或在别的场合做过很多测试，知道人们如何选择，哪种图片是人见人爱的，哪种图片会引起争论。没人评价过这两张图，也不需要，因为我确信，在只有这两种选择时，几乎所有人都会喜欢图1.1B。

本书是讨论色彩修正的。“修正”这个词大致上意味着让图片看起来更好。但“更好”这个词却是模棱两可的。没有标准手册也没有计算机程序可以判断一张图的两个版本哪个更好，人们通常都会得出不同的结论。

在这种情况下，对于本书所面对的专业人士来说，规则非常简单——客户认为哪张图好，哪张图就好。

不幸的是，我写下这条规则的时候，客户并没有越过我的肩膀看见我在写什么，所以我无法征询他们的意见。但我可以问其他人，如果大多数人的意见一致（我相信对这张照片来说会有一致的意见），由此就可以推测客户的感觉。

图1.1B虽然还不完美，但比图1.1A要好。我使用了一些众所周知的技法让图片看起来更好，而且图1.1A本身有一些我无法忍受的瑕疵。接下来的内容会帮助大家发现需要修正的问题，并找出解决问题的适当方法。

图1.1　该风景照的哪个版本更好？判断的标准是什么？

1.1 难以取舍

你正读着一本价格昂贵、观点偏激、让人难以忍受的技术书籍，正在学习一门艰难的课程。这将让你成为一个对图片质量要求严格但并不偏执的人。你的目标跟任何业余爱好者、广告客户、要给孩子拍出好照片的骄傲的父母以及任何要给产品做广告或把场景记录下来的人并无二致。无论是灵光闪烁的艺术品、最平庸无奇的商业照片还是情感价值一流、技术上二流的照片，我们都希望提高品质。

判断哪个版本更好，有时不会像刚才的范例那样简单。图 1.2 有 3 个版本，不仅仅是两个。现在的问题不仅是哪个版本最好，还有哪个版本最差。我已经询问过与图像行业有瓜葛的大约 500 个人，你认为他们会如何选择呢？

被调查的人有专家也有新手。他们在户外、标准光源下、荧光灯下或白炽灯下评估这些图片。这些因素对评估结果都没有影响。

奇怪的是，地区的分布对评估结果有影响。受调查者主要来自北美各地，少数来自其他地区。来自美国东南部的受调查者有一半认为图 1.2B 最好，另一半认为图 1.2C 最好，而其他地区的受调查者有 3/4 青睐于图 1.2C。

受调查的 500 个人一致认为，图 1.2A 是最差的。事实的确如此。但对剩下的两个版本，大家的意见就有分歧了。就算你的看法和我一样，你的客户也未必会这么想。

这是色彩与对比度之间永不停息的战争的第一回合。喜欢图 1.2B 的人几乎都承认，此图中猪皮毛的细节不如图 1.2C，但后者整体上太偏橘黄了。

类似地，很多喜欢图 1.2C 的人承认，尽管此图中猪的颜色失真，但图 1.2B 太平淡了，没有立体感，更别说图 1.2A 了。

总之，在哪个版本更好的问题上，我们无法达成共识，但在基本问题上没有分歧。图 1.2B 好在色彩，图 1.2C 好在对比度。有些人重视对比度，有些人重视色彩。无论如何，图 1.2A 在色彩上与图 1.2B 差不多，但有了更生动的图 1.2C，世界上就没有人会喜

图 1.2 关于这 3 个版本中哪一个最好、哪一个最差，数百人接受了调查。你如何看待他们的选择？

欢图 1.2A 了。

每个版本都有缺陷，那么哪个版本更好呢？这取决于你的客户是更重视色彩还是更重视对比度。有一点是可以肯定的：如果出现了第 4 个版本，它结合了图 1.2B 的色彩和图 1.2C 的细节，那么它将赢得所有人的青睐。本书的一个使命就是告诉大家，如何制作出这样的图像。

1.2 让色彩更自然

要让读者喜欢我们的图片，关键在于明白相机和人眼的区别。

让我们回到米开朗基罗设计的教堂圆顶，图 1.1B 的色彩和对比度都比原稿好。我暂时不说如何达到这样的效果，先谈谈引起分歧的地方。

图 1.1A 的某些技术缺陷已经得到修正，在图 1.1B 中得到了较好的细节。每个人都喜欢细节——你什么时候听人说过用高斯模糊滤镜处理图片后打印效果更好呢？

另一方面，色彩有时是主观的，有时不是。图 1.1B 中的天空明显比图 1.1A 中的蓝，要说它蓝得过头了，这是一种主观看法，要说它应该再紫些，也是主观看法，但天空不可能是绿色的就不是主观看法。要是把图 1.1B 变成另一个版本，把天空变得更紫或更灰，有些人会喜欢，有些人不会，但没有人会喜欢绿色的天空。

为什么图 1.1B 比图 1.1A 好？外行可能会用诸如“更干净”、“更明快”这样模糊的词来描述它。这样的回答与专业人士是截然不同的，专业人士会用准确的术语，如“对比更鲜明”、“颜色更饱和”来表达。

如果让他们接着说，无论是专业人士还是业余爱好者都会用“更自然”这个词。换句话说，照片中的景色与我们亲眼见过的更像、更接近。

图 1.1A 太朦胧了。人的视觉系统通常能穿透朦胧的薄雾。而且，当我们专注于某一物体时，视觉系统对引起我们兴趣的部分会更敏感，同时忽略其他部分。注意，图 1.1B 的前景好像被聚焦了，与背景形成了鲜明的对比，而图 1.1A 的前景和背景太接近。如果我们身临其境，我们也会更关注前景，较少地关注背景。

另外，人类的视觉系统有自我调节的功能。我们总是把环境光的颜色看成是中性灰，即没有色彩倾向的颜色。在荧光灯下拍摄的照片通常有不自然的黄绿色调，专业人士称之为“色偏”。色偏是否确实存在是个理论问题，相机能看见它，但我们不行[①] 。

通常，绿色色偏看起来非常愚蠢。色彩修正的主要目标之一就是去掉它们。我所知的地球上的各种语言(我已经调查过 20 种左右)都把绿色和蓝色称为“冷色”，把红色、橘色甚至有时候也包括黄色都称为“暖色”。暖色色偏有时候是可以忍受的，甚至是讨人喜欢的，但冷色色偏很少能够让人接受。

如今，纠正色偏是众所周知的必要步骤，很难相信在不到 15 年前，有些人竟然认为这是错误的。他们的信条是“忠实于原作”，他们觉得原稿照片有某种神秘的力量，应该把它原封不动地复制出来。

秉持这种观念的艺术总监坚信，原稿即使有色偏，也是想象力的表现。假如我们在那个时代的印前室工作，客户抱怨我们“不忠实于原作”，我认为这多半是因为虽然我们表面上偏离了原作，但偏离得还不够，要是再偏离一些，反而会忠实于原作，客户真正想要的是忠实于原作的精神。

时代变了，现在大家都明白，印刷在报纸和海报上或发布在网上的照片都不一定与原照片完全一样，也没有必要如此。越来越多的摄影师自己下功夫为印刷做准备，他们已经认识到了不足。过去处理照片的做法已经成为历史，现在有新技术可以纠正原稿底片自身无法修正的一些问题，例如色偏。

图 1.1A 中有些颜色是我们在生活中熟悉的，对它们的评估表明，图 1.1A 有些偏黄。理论上，我应该把其中一些颜色变成中性灰，但我用了稍微偏红的颜色，我认为这样处理效果更好。

某些规则是不可动摇的。我决不会让这张图偏绿，其他方面则可以灵活处理。有时我们故意把颜色

---

①物体受环境光影响产生不自然的色调时，相机会把它忠实地记录下来，但人眼会自动纠正色偏，在视觉上还原物体的固有色。

图 1.3　照片上女人的下巴发紫，这来自其衣领的反光。威尼斯运河有类似的建筑物倒影。但人类视觉系统无法看见这些反光。暖色调的倒影看起来很浪漫，但是紫色的下巴一点也不浪漫。

变成人们在生活中看不到的，虽然不够逼真，但可以表达另一种情绪。

在图 1.3A 中，妇女的下巴有紫色上衣的反光。至少相机是这么认为的，这是相机的看法，我的看法是：下巴的紫色反光看起来很可笑，人类视觉系统是看不到这些的，所以我会处理掉它。

类似的情况在图 1.3B 所示的威尼斯风景照片上也发生了。运河中有粉红色建筑的倒影。人眼注意不到这样的颜色，但我认为作为一幅照片它看起来很浪漫，所以没有去掉它。

1.3　色适应和同时对比

大多数严谨的用户都认同忠实于人的视觉印象的理念，但很多人对此仍不理解。再过 500 年，后人会嘲笑我们对人类复杂的视觉系统知识的匮乏。而今天，尽管我们了解很多事物的奥秘，但对色适应和环境光的影响的认识仍很肤浅。

我们眼中的颜色并不是一成不变的。背景色的存在引起了同时对比效应。我们的视觉错觉会迫使前景色朝着与背景色相反的方向发展，夸大前景色与背景色的差别。相机不会自动遵循这些规则，它拍摄的照片常常充满近似色，而缺乏对比。我们在森林里满怀喜悦地看着对比鲜明的绿色植物和深邃的背景，但要是用相机把它拍下来，景色就变得平淡了，所以照片常常是失真的，这令摄影师们饱受挫折。要让照片看起来更逼真，就要对它进行修正。

我们的视觉系统还有色适应的功能，比任何人工设备更快、更精确地进行自我调节，适应不同的灯光强度。在室内拍摄的照片通常看起来过暗，这是因为我们自己站在屋子里时适应了昏暗的光线，我们看到的比相机看到的要亮。

图 1.4 我们的视觉系统不喜欢刺眼的反光。但相机不是这样，它们通常能够看见人类无法看到的反光，这些反光应该被修掉吗？

我们的视觉系统的精密和复杂，是相机比不上的，它能自动减少反射光和闪烁光。图 1.4 这样的照片是很常见的，人物脸上满是反光，在拍摄现场，我们的肉眼看不到这些反光，因此它们很不自然。这是进行室内肖像摄影时化浓妆的原因之一。

另外还有几点值得注意。

• 当人眼注视着一个对象时，它的对比度就会增加，周围的次要景物的对比度则会降低，但是相机平均地看待一切物体。

• 人们对自己不感兴趣的背景的色彩感知能力会减弱，这也不会发生在相机上。

• 打印照片时，一个对象的颜色越鲜艳，它与背景的对比就越鲜明。

• 在人眼看来，景物最暗的部分通常是无色的，甚至当这些区域是某些明快颜色的一部分时也是如此，例如绿色大衣的最暗的皱褶。但在相机看来，这些皱褶可能是深绿色的。

要迎合人类的视错觉是非常困难的。希望减少色偏的人必须知道如何减少反光，并让主体对象的色彩更丰富，让次要的背景变灰。

若能把照片修改得像我们亲眼看到的那样，它就会更好。这是富有挑战性的色彩修正的要领。

1.4 军火库的武器

Photoshop 的命令越来越丰富。但是，即使本书是一本 Photoshop 高级教程，我们也只关注几个问题——真正在原稿与修正后的图片之间造成差异的问题。

• 在建立通常被称为“利用数值修正颜色”的方法时，曲线是不可或缺的。我们用曲线来确保每幅图都有完整的阶调范围，再突出图中最重要区域的细节，避免颜色失真。

• 通道混合可以解决曲线不能解决的某些问题。其最典型的用法就是修补对比度弱的通道。在第 7 章，我们会介绍这一技术，探讨一个看似与色彩修正无关的话题，制作优质黑白图片。然后我们会在第 8 章将此技术应用于彩色图片。更复杂的通道混合也是很有价值的，但最好是在最后几章讲。

• 大多数图片都需要锐化，因为无论相机对焦有多准，拍摄过程的局限性也常常会引起轻微的模糊。

• 数码相机的出现是好坏参半的。它最大的问题之一——在底片时代没有大范围出现的一个问题——是为了加强中间调的对比度而牺牲高光和阴影，高光和阴影变成了极端的颜色，失去层次感。刚才说的 3 种方法都可以有效地解决这种问题，而与锐化密切相关的“阴影 / 高光”命令可以节约很多时间。若没有很好地领会锐化滤镜的基本工作原理，使用“阴影 / 高光”命令就很难获得最佳效果。

刚才已经列出了本书着重讲述的命令，但有一些命令，本书没有强调，有些方法则尽量不谈，比如“图像 > 调整 > 亮度 / 对比度”命令，此类方法过于基础了。其他方法虽然吸引人，但是已经被滥用，其中最突出的就是利用选区单独调节图像的局部。

有经验的摄影师都会从有问题的照片上获得启发，一头绿色的牛就是这样的反面教材，即使是经验欠缺的人也能发现它的问题，而且讨厌这种绿色调，但修正起来常常会落入选区的俗套。

如果牛偏绿了，它周围的景物也会跟着偏绿，比如它脚下的草。草有不同的种类、不同的颜色，像照片中那么绿的草也不是找不到，但当牛的颜色调好后，草跟它在一起就显得不协调了。

因此，不应用选区给牛调色。

选区和蒙版不是毫无用处的。如果我们剪下图像的某一部分或者扩展背景，通常一个选区是适宜的。当一张照片有两处冲突的光源时，建立选区通常是协调整个照片颜色的唯一方法。如果模特穿的是蓝色衬衫，客户希望把它变成红色的，选区通常是必需的。

由于数码摄影的迅速普及，在本书第 4 版面世时，选区比以前更重要了。底片只能简单地记录入射光的量，可能更好，也可能更糟。而数码相机结合各种技法，把照片变成数码相机制造商认为更有吸引力的样子。通常它干得不错，但也常常需要反修正，逆转数码相机自动调节的败笔。反修正有时需要选区、蒙版，或者 Photoshop 的图层颜色混合带功能。

类似地，“色相 / 饱和度”和“可选颜色”命令都非常重要，但是用得太多了。我们总是希望使用曲线可以解除画面的任何痛苦，在实际工作中，曲线并不总是万金油，这时可以补充其他命令，前提是曲线确实不够用了。

曲线的 3 种简化形式，即“亮度 / 对比度”、“色彩平衡”和“色阶”命令，本书不会讨论。那些想与鲨鱼同游的人必须备一艘小船在身边，在色彩修正的大海中，我们的小船应该是曲线，进入危险的深水区时，它可以让图像安全地浮起来。

最后，我们必须认识到有两方面的工作不能称为“命令”，也不能与刚才说到的那些命令相提并论。

一、所见即所得，即在印刷中获得预期的颜色。

二、在用 Photoshop 打开图片之前，是否有可能使用采样模块（如 Photoshop 的 Camera Raw、苹果机的 Aperture、Adobe 的 Lightroom，或者相机厂商提供的类似软件）把图片处理好。有些人没法这么做，他们的数码相机只能把照片输出成 JPEG 这样的格式，而有些人的数码相机又只能输出 RAW 格式，其他人则可以在这两种格式中选择。

这类软件的发展日新月异。目前，它们的弊端是运算速度太慢，与 Photoshop 相比，子命令不够强大；其优点是，给我们提供未经数码相机自动调节的素材，便于进一步处理。

1.5 本书针对什么样的读者？

本书是《Photoshop 修色圣典》的第 5 版。此类书大都会随着 Photoshop 的升级而推出修订版。本系列书始于 1994 年，当有值得探讨的新技法出现，或我推荐的工作流程需要改变时，本系列就会更新。同类书各版之间的变化通常很小，而本系列每一版都会有超过 50% 的新内容。这次更是史无前例，大约有 90% 的新内容。

色彩修正的基本内容没有很大改变。不过，当第 4 版面世时，本版所讲的“阴影 / 高光”命令、Camera Raw 和“表面模糊”滤镜还没有出现。

本系列的变化是源于我在色彩修正方面学到了新的东西，这意味着过去向读者推荐的一些东西作废了。另外，本书在业内有一定影响，获得了很多在线

肉眼何时进行自动调节？

如果你坐在一个黑暗的房间里，突然有人把灯打开了，你可能会揉眼睛。这就是为什么有些场景在肉眼看来不错，拍摄后在计算机屏幕上也相当不错，打印出来却不怎么样。

在户外往一间屋子里看，会感到屋里很暗，而处在屋里就不会觉得它暗。肉眼能够自动适应环境的变化。在房间里，我们下意识地、自动地调节视觉，对黑暗中的细节变得敏感，对目前并不重要的窗外景色变得不敏感。没有哪一部相机会像我们的眼睛一样感知房间里的光线。

在特殊的光源下调节（更准确地说是校准）视觉与此类似。如果环境光是绿色的，我们的眼睛对绿色就不敏感，反而对品红敏感。这种平衡功能是相机不具备的，当相机感到场景偏绿时，我们会把它还原成中性灰。

当我们盯着显示器时，不会受显示器之外的光源的影响，不会把显示器上的图片与我们所处的正常环境比较。即使那幅图偏绿，我们盯着它看了很久以后也感觉不到它偏绿。但如果退后 10 步再看它，就能看出它偏绿了。

面对印刷品，我们不会被绿色色偏愚弄。不理想的图片周围有白色，而不是绿色。只有周围环境才可以提示我们调节一幅图的颜色。我们看见绿色和周围环境不协调，就会不满意。

评论，还有大约 3000 人的讨论组，各种反馈信息让我明白了本系列哪些内容可圈可点，哪些地方需要改善。因此，大多数章都有“疑难解答”版块，重申了过去让某些读者迷惑不解的问题。

在出版前，我对书稿进行了大幅度的修改，这要归功于来自各行各业的 10 名试读者，他们组成了一个小组。我相信他们足以代表广大读者群。大多数时候，他们在默默地付出。你看不到他们曾经反对的大部分内容，因为我接受了他们的意见，把这些内容删掉了。但是，在书中你会时不时见识到这些试读者的厉害，因为他们的评论与我的正文相映成趣。

这些试读者所代表的读者群已发生了改变。“专业”并不真的意味着靠 Photoshop 谋生，而是指那些对图片品质非常感兴趣，渴望制作出能够与专业人士的作品相媲美的图片的人。

本书的读者可以是 1994 年的典型读者——全职图片润饰师，使用高品质原稿（他们可能在为印刷广告做准备）；也可以是设计师或其他图像艺术多面手，有好几个头衔，其中一个是“润饰师”，这样的人在 1994 年很少见，而现在到处都有。

也许本书的读者是一名专业摄影师。不同于 1994 年那个时候的是，在今天，如果一名摄影师不能用 Photoshop 熟练地处理图像，他就无法在专业领域长期立足。

专业摄影师所用的原稿几乎都是绝佳的。由于某些原因，这不一定是好事。首先，把一张糟糕的照片变好的技巧会让好的原稿变得更好。其次，如果开始只处理看起来已经很好的照片，那就很容易丧失前进的动力，也永远不会发现它们还能变得有多好。反之，从特别糟糕、不经修改就无法启用的图片开始，就会培养适度的进取心。

那些不得不处理糟糕原稿的人群正在迅速增长，其专业程度不亚于刚才我说的那些人。当前，很多公司制作的宣传资料或网页上有自己的员工拍摄的照片，他们通常不是特别优秀的摄影师。图 1.4 这样的“问题照片”就出自此类人之手。但此刻对品质的要求就像在高端图片处理和摄影中一样。下面是更少见的用户类型，这些人需要花 3 天学完色彩修正。

- 报业从业人员，此类人员必须在糟糕的灯光环境下拍摄新闻事件的照片，他们通常是记者而不是摄影师。
- 科学家，他们拍摄了电子显微镜照片，希望加强画面效果。
- 建筑学教授，他们帮助学生制作精彩的效果图给潜在客户审阅。
- 刑侦科学家，他们必须让警察拍摄的犯罪现场照片看起来更清楚，而罪犯往往喜欢黑暗的环境。
- 殡仪馆的雇员，常常有人请他们为死者制作纪念册或大幅肖像，而原稿是 50 年前的老照片。

这些人要处理图像不仅比专业人士困难，而且需求更迫切。例如殡仪馆雇员，他怎么忍心让刚刚失去亲人的顾客失望呢？

虽然读者的身份发生了改变，但是在第 1 章以及本版中，仍然有不变的东西，它比过去更重要。

前面说过，我有一个很大的在线讨论组。当我考虑如何修改本版时，我总是广泛征求大家的意见。他们谈得最多的是两个问题，在本版中，这两个问题得到了更多的关注。

一、如何妥善处理与商业印刷厂的关系并获得最佳的印刷品，尤其是，明艳的颜色常常超出 CMYK 色域，怎么把它印好。大家对我的要求是，不仅对老练的印前人士讲这些，还要面对摄影师和其他在这一“雷区”缺乏经验的人，要注重实践而不是理论。本书下半部分将会介绍这些知识。

二、到目前为止，各方面读者最迫切的要求是，增加关于通道结构和通道混合的内容。本章将用剩下的篇幅为此打个基础。让我们从一个测试开始。

1.6 走出窗外的指导

有一本关于如何写作技术书籍的指南说，刚开始应该对读者宽容、温和一些，练习不要太难，否则读者会感到沮丧，把书扔掉。

忘掉这些吧！也许有些学科学起来很轻松，但图像专业人士必须坚强。既然你选择了这个行业，就要习惯面对挫折。

CMYK 文件有 4 个通道，LAB 和 RGB 文件各有 3 个通道。这样，当我们修正图片时，总共有 10

个通道可选择。我把一束花的图片转到以上 3 个色彩空间，分离出它们的 10 个通道并打乱顺序，如图 1.5 所示。你的任务就是整理它们。你不需要看见彩色画面，如果你看到了，就没有任何惊喜，技巧就无法提高，以后也就修饰不出迷人的颜色。

鼓起勇气来，填表 1.1。若需提示，我可以简单地描述一下花的颜色。等你掌握本书所讲的技法以后，就不再需要那种提示了——不用看彩色画面，你就能从这 10 个通道推知花的颜色。

获得提示后，如果你还是认不出这些通道，你就会愤怒地想，我是在拿一个没什么价值的智力游戏来折磨你。

不是这样。你要是不能解决这样的问题，就得忍受劣质图片。等你读完这本书，就明白了。

通常，提出问题的方式与此相反——先给你一个彩色画面，再让你想象通道的样子。你可能认为这个练习没有必要，因为随时可以打开通道面板，单击某个通道，看到它的样子，而且还有快捷键：Comman-1，它会显示第一个通道（RGB 的红色通道、CMYK 的青色通道或 LAB 的 L 通道），Command- ~则将画面恢复成彩色的。

但如果你有一个 RGB 文件，你怎么知道转到 CMYK 空间后的黑色通道是什么样的呢？又怎么知道转到 LAB 后的 L 通道是什么样的呢？为了最大限度地发掘图片的潜力，你可能需要了解这些东西。

成功的色彩修正在很大程度上依赖 Photoshop 的 3 种功能：曲线、通道混合和锐化。所有这些都取决于知道通道看起来像什么——这不仅有助于想象下一步，而且还可以帮助我们了解在当前的色彩空间中修正对不对。

1.7 此测试的重要性

1994 年，专业人士在 CMYK 的世界里工作，网络技术虽然存在但不普及，为商业印刷准备图片要花大笔的钱，真正意义上的 RGB 输出是胶片记录器的输出，但对于整个 CMYK 市场来说，这仅仅是一小部分。

当时的输入模式也以 CMYK 为主，输入设备通常是电子分色机。数码相机和台式扫描仪一样处于发展初期。摄影师很少使用 Photoshop，他们提供底片，底片被扫描，在印前工作室对它进行色彩修正，一家印刷厂把它印出来。

本书第 2 版于 1998 年面世时，CMYK 输出方式仍是惯例。有些人积极支持、有些人认为弊端重重的巨大改变发生在输入端。印前行业受到了重大影响，用 RGB 模式扫描原稿的方法逐渐被人们接受了[①]。

本书第 3 版（2000 年）、第 4 版（2002 年）和第 5 版（2006 年）经历的时期可以概括为几句话。传统的印前工业消失了。胶片虽然没有一起消失，但也濒临灭绝。电子分色机也几乎消失了。从 1994 年开始，随着价廉物美的数码相机的出现，今天几乎所有的输入都采用 RGB 模式。网页需要 RGB 模式的图像，大多数台式彩色打印机接受 RGB 模式的图像。

表 1.1 识别通道

图 1.5 中的 10 张小图是 CMYK、LAB、RGB 文件的 10 个通道。3 个原始的彩色文件看上去都差不多。请识别这 10 个通道。

通 道	图片序号
A (LAB)	
B (LAB)	
黑	
蓝	
青	
绿	
明度	
品红	
红	
黄	

① 这里的“输出”指印刷、打印等，“输入”指扫描、拍摄等。在 1998 年，打印和印刷仍以 CMYK 模式为主，而以 RGB 模式扫描的台式扫描仪已经出现。

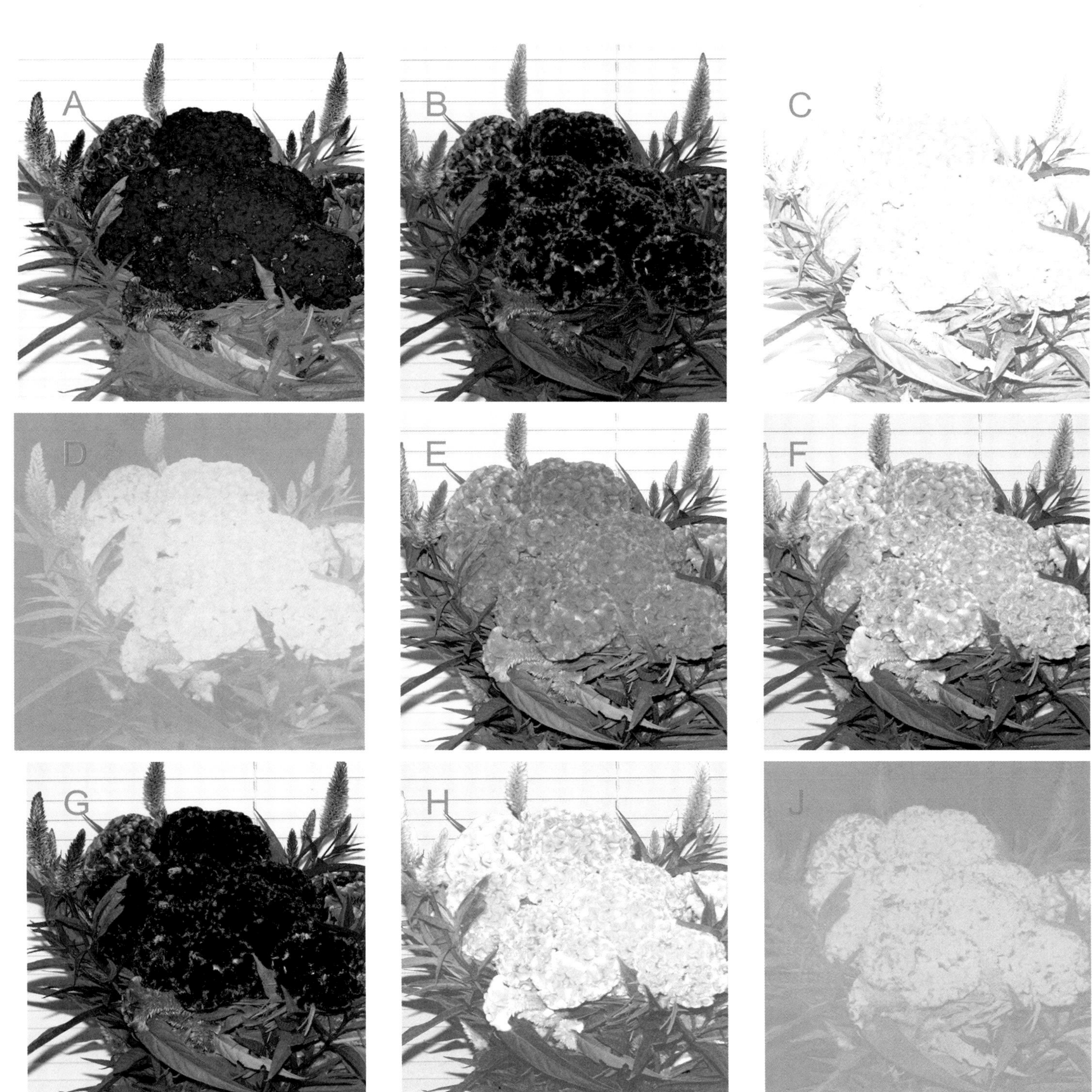

图 1.5　这些通道的顺序是随机的，来自 3 个不同的文件，这 3 个文件的色彩模式分别为 CMYK、LAB 和 RGB。这里没有展示彩色画面，但是它们的颜色差不多。你能指出这 10 张小图中的每张代表哪个通道吗?

CMYK 在商业印刷领域仍占据着很大的份额。高端打印机有时需要 CMYK 文件，有时需要 RGB 文件。

直到最近，大多数专业领域要么采用 RGB，要么采用 CMYK，而不是两者皆可。互相不理解导致互相攻击。很多专业摄影师认为 CMYK 文件是令人厌恶的，违反了人的直觉。而热衷于 CMYK 的人则反唇相讥，认为在 RGB 模式下工作就像是带着拳击手套做脑部手术。

专业人士应该同时了解这两种色彩空间。在仅从事商业印刷的公司工作的设计师可能认为自己只需要掌握 CMYK，但是客户难免会送来 RGB 模式的原稿。台式彩色打印机可能要求输入文件为 RGB 模式，但它像印刷一样以 CMYK 模式打印。而那些不了解 CMYK 基本概念的摄影师在工作中会遇到很多困难。

目前出售给业余摄影爱好者的相机是功能非常强大的，如果使用得当，可以达到顶级摄影的水平。但很多业余摄影爱好者达不到这个水平，要把图像交给我们这样的专业人士来处理，我们必须努力把照片效果提升到极至。

本章的主旨之一，也是本书的主旨之一，就是让你知道，无论你了解 RGB 或 CMYK 中的哪一种，你都需要知道在另外一种空间中如何工作。

本测试的提示是：图 1.5 中的花和图 1.6 中的玫瑰的红色很近似。稍后我们会看到彩色画面，再回到这个测试。现在该讨论 RGB 和 CMYK 的关系了。

1.8 我开始看见光线

我们对颜色的感觉不仅仅依靠打印在纸上的墨，它与光是如何刺激我们的眼睛也有关系。光来自太阳、灯或其他辐射体（如显示器）。更常见的情况是，某个物体把光反射到我们正在看的物体上。

人眼对红光、绿光和蓝光最敏感。当它们以同样的量进入我们的眼睛时，我们就看到了中性灰或者说非彩色——白色、黑色或灰色。如果红、绿、蓝三色光进入我们眼睛的量不同，我们就会看见彩色。要让图 1.6 呈现那样强烈的红色，就要有比绿光、蓝光更多的红光进入观察者的眼睛。

在屏幕上做到这一点非常简单。CRT 显示器有 3 种荧光粉，在电子流的刺激下分别发出红光、绿光和蓝光，LCD 显示器用滤镜修改白光也能达到同样的效果。要得到红色，就要把红色光源开到最大，把另外两种光源关闭。

看印刷品时，情况要复杂一些，眼睛的色适应功能会发挥作用。

白纸几乎能反射上述所有的光。即使红、绿、蓝的反射量不同，我们也会主观地认为这是白纸，我们的意识纠正了红、绿、蓝的不均衡。但相机会忠实地

图 1.6 解决前面难题的提示。图 1.5 中的通道与这张彩色图片的通道类似。

记录这种不均衡，它看到的是有色偏的白纸。

在白纸上要再现红花，就要阻止几乎所有绿光和蓝光的反射，尽可能多地让红光反射出来。这可以用红色的墨来表现，但当我们试图印出更多的颜色时，红墨有些问题，稍后再说。

当红光、绿光和蓝光中有一种被完全反射，另外两种没有反射时，我们就会看到鲜艳的红色、绿色和蓝色。当它们的量较为均衡时，混合而成的颜色就较含蓄。比如说，有少量光线进入我们的眼睛，蓝光只比绿光和红光稍多一些，我们看见的就是接近黑色的深蓝。又比如说，要把图 1.6 中的红色变含蓄该怎么办呢？减少其中的红光，增加其中的绿光和蓝光，形成一种砖红色，绿光和蓝光冲淡了红光，使之没有那么耀眼了。

可以通过一个小实验来了解红、绿、蓝三原色在人类生活中是多么重要。列出你祖国的国旗上的颜色或别国的国旗上的颜色。我曾对此做过一些研究。我有一个叫“世界国旗”的图库，搜集了数百个人口众多的国家的国旗。我把这些国旗上的颜色归类为图 1.7 所示的 6 种颜色[①]。据我统计，100 个国家的国旗里有 77 个主要采用了红色，有 44 个国家的国旗使用蓝色，使用绿色的有 26 个。

间色用得非常少。22 个国家的国旗上有黄色。斐济、乌克兰和联合国的旗帜上有浅绿色。斯里兰卡是世界上唯一一个国旗大量使用紫色的国家。原色使用了 147 次，间色只使用了 27 次。

---

① 这个色环中的 6 种颜色是色光三原色（红、绿、蓝）和它们的间色（青、品红、黄）。间色即两种原色混合而成的颜色。

既然色光三原色红、绿、蓝这么常见，为什么印刷所用的三原色却不是它们呢？如果印刷三原色也是红、绿、蓝，不就可以直接印出红花或国旗上的鲜艳颜色而无须借助于 CMY 了吗①？

在印刷中，红墨、绿墨和蓝墨是很少用的，因为它们不能印出像黄色这样明亮的颜色。这是一个关于加色混合与减色混合的话题②。

理想的红墨会反射出所有的红光并吸收所有的绿光和蓝光，理想的蓝墨会反射所有的蓝光并吸收所有的绿光和红光，这对于印刷法国、英国、美国等国家的国旗上的紫色是有用的。蓝墨和红墨的覆盖率达到 70% 就是深紫色。但如果想要极亮、极鲜艳的紫色呢？那就必须让印上了红墨和蓝墨的纸反射所有的红光和蓝光，而不反射绿光，但这是不可能的。先说红墨，它会吸收形成紫色所需的蓝光，再说蓝墨，它会吸收形成紫色所需的红光。即使这两种墨印得很淡，红光和蓝光也不可能完全被反射到我们眼里，因此用它们印刷极明艳的紫色是行不通的。

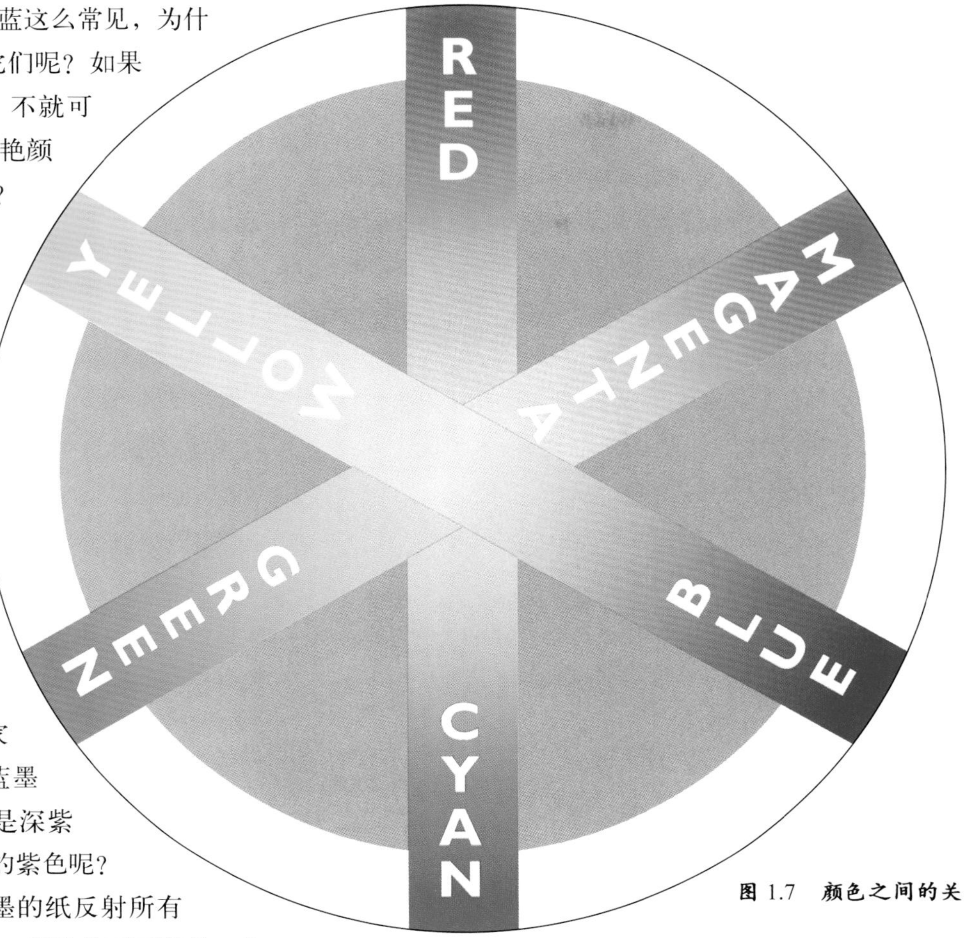

图 1.7　颜色之间的关系。

红墨、绿墨和蓝墨，每一种都会大量反射本色光，吸收另外两种色光③。要想在油墨混合时释放至少一种色光，每种油墨都应该只吸收色光三原色中的一种而反射另外两种。要印出品红，我们需要的是只吸收绿光、同时反射红光和蓝光的油墨，而不是只反射绿光的油墨；要印出黄色，就需要只吸收蓝光的油墨；要印出青色，就需要只吸收红光的油墨。刚才说的是理想油墨，真实的油墨不能完全吸收它应该吸收的那种色光，但也能吸收大部分，例如青墨能吸收大部分红光④。

无论是照相、喷墨打印、静电复印、胶印还是更特殊的输出方式，只要试图在图片中再现逼真的颜色，就必须使用青、品红和黄这 3 种颜色，它们是印刷三原色或颜料三原色。可能还会有其他颜色加进来，通常是黑色，如有余地并确实需要，还可加上其他颜色。但最基本的是青、品红和黄。

① C、M、Y 是印刷三原色青（Cyan）、品红（Magenta）、黄（Yellow）的缩写，在本书中将多次出现。此外印刷还常常将黑色（Black）补充进来，其缩写是 K。

② 色光混合时亮度增加，叫“加色混合”，油墨或颜料混合时亮度降低，叫“减色混合”。以红、绿的混合为例，红光与绿光混合得到的是比两者更亮的黄光，而红墨与绿墨混合只能得到深灰色。

③ 红墨、绿墨和黄墨中的任意两种混合，都会把色光三原色同时吸收，把颜色变灰变暗，因此它们不能用作印刷三原色。

④ 另外，真实油墨也不能完全反射它应该反射的那两种色光，但能反射大部分，例如青墨能反射大部分绿光和蓝光。要了解油墨三原色与色光三原色的关系，请看图 1.7，在这个色环上，印刷原色能够大量吸收的是与它正对的那种色光，能够大量反射的是与它相邻的两种色光。

便宜的台式打印机（有些也不是特别便宜）看似 RGB 打印设备，但实际上不是。它们可能要求输入文件的色彩模式为 RGB，但它们像其他的打印机一样以青、品红和黄为三原色打印①。

从图 1.7 可以看出来，青的互补色是红，绿的互补色是品红，黄的互补色是蓝。在理想的世界里，红色就是青色，RGB 就是 CMY②。

令人遗憾的是，这两种色彩模式之间是有差别的。最典型的例子将在第 3 章讨论——在 CMYK 模式下得不到非常理想的蓝色。CMYK 色域本来就比 RGB 色域窄，墨色不纯、印刷时的网点扩大、黑色通道的存在还会影响 CMYK 色域。但是，RGB 的每个通道在 CMYK 中都有同源的通道。

1.9 区分通道

现在该回答图 1.5 所示的问题了。有 10 个通道可以选择，我们得到的提示是花是深红色的。

对于那些不熟悉 LAB 空间的人来说，L 通道差不多像把彩色图片转换成黑白的，而 A 和 B 看起来灰蒙蒙的、非常模糊。于是我们可以把图 1.5D 和 1.5J 摘出来，这两幅图明显和别的不一样，不是 A 通道就是 B 通道，但现在还不知道到底哪一个是 A 通道，哪一个是 B 通道。

CMYK 中的黑色通道，或至少是本书所推荐的与传统分色工艺一致的软件分色方法所产生的黑色通道，都被称为“骨架黑版”，它看起来像是图像的轮廓，包围着大片明亮区域。在此类测试中，黑色通道可能永远都是 10 个通道中最浅的。光看那朵花很难看出哪个是黑色通道，但是因为图 1.5C 的背景色是白色的，所以可确认图 1.5C 是黑色通道。

要想在 RGB 中产生鲜艳的红色，红色通道就必须很亮。若不希望红色中混入绿色和蓝色，绿色通道和蓝色通道就要接近纯黑。在 CMYK 中，品红和黄色通道几乎都是纯黑的，这些墨阻止了从纸上反射的绿光和蓝光。因为青色会吸收红光，所以青色应该非常浅。只有图 1.5F 和图 1.5H 中的花是浅色的，其中必然有一张是红色通道，有一张是青色通道，具体哪张应该是哪个通道，稍后再定。

余下的 4 个通道都有深色的花。图 1.5E 有些特殊，既不太浅又不太深。它既有深色的边缘，又不乏亮部的细节。它就像是其他通道的平均值，因此我们确定它是 LAB 中的 L 通道。

为了把余下的 4 个通道分开，我们研究图像中其他已知的颜色——你没有得到任何提示的颜色。

我们都知道，花朵下面的树叶必须有几种深浅不一的绿，而且它们不是颜色鲜明的绿色。如果它们颜色明艳，那么树叶所在的绿色通道应该几乎是纯白的，红色与蓝色通道应该几乎是纯黑的。纯白通道和纯黑通道都是为了创造出明艳的颜色。在花朵上有 6 个通道是纯白的或纯黑的，但叶子的通道不是这样的。

所以，叶子的颜色是暗绿色，但是 RGB 中的绿色通道和 CMYK 中的品红通道仍然要比其他通道浅。在有深色花的 4 张图中，图 1.5A 和图 1.5G 含有相对较浅的叶子，它们肯定是品红通道和绿色通道；图 1.5B 和图 1.5K 中的叶子颜色较深，它们是蓝色通道和黄色通道。

因此，我们有 3 组相似的照片。这些照片的不同之处也是我们欣赏的重点，因为它稍后会决定是在 RGB 还是在 CMYK 中工作。在 CMYK 中，图片的暗调含有大量黑色。而且，在 CMYK 中，油墨总量是受到限制的，油墨总量即最暗区域的所有 4 种墨的网点面积覆盖率之和，理论上的最大值是 400%，每种油墨都达到 100%，但没有任何胶印机能够接受这样的值，通常，300% 是最大值。为了符合这个限制，

① R、G、B 是色光三原色红（Red）、绿（Green）、蓝（Blue）的缩写。

② 这是对色光三原色与理想油墨三原色之间的关系的粗略描述，严格地说，把 RGB 模式转换为理想油墨的 CMY 模式后，C、M、Y 通道分别与原来的 R、G、B 通道一样。其实验依据是照相制版分色。若用纯红的光照射原稿，青色会变黑，整个画面的明暗分布即是复制它所需的青色油墨的密度分布，而这个画面与我们今天在 Photoshop 里看到的红色通道、青色通道一样；用纯绿的光照射原稿会显示绿色通道，这也就是复制它所需的品红通道；用纯蓝的光照射原稿会显示蓝色通道，这也就是复制它所需的黄色通道。上述现象的根源在于前面讲过的油墨三原色对色光三原色的吸收和反射特性，更详细的情况请参阅印刷色彩学方面的专门教程。

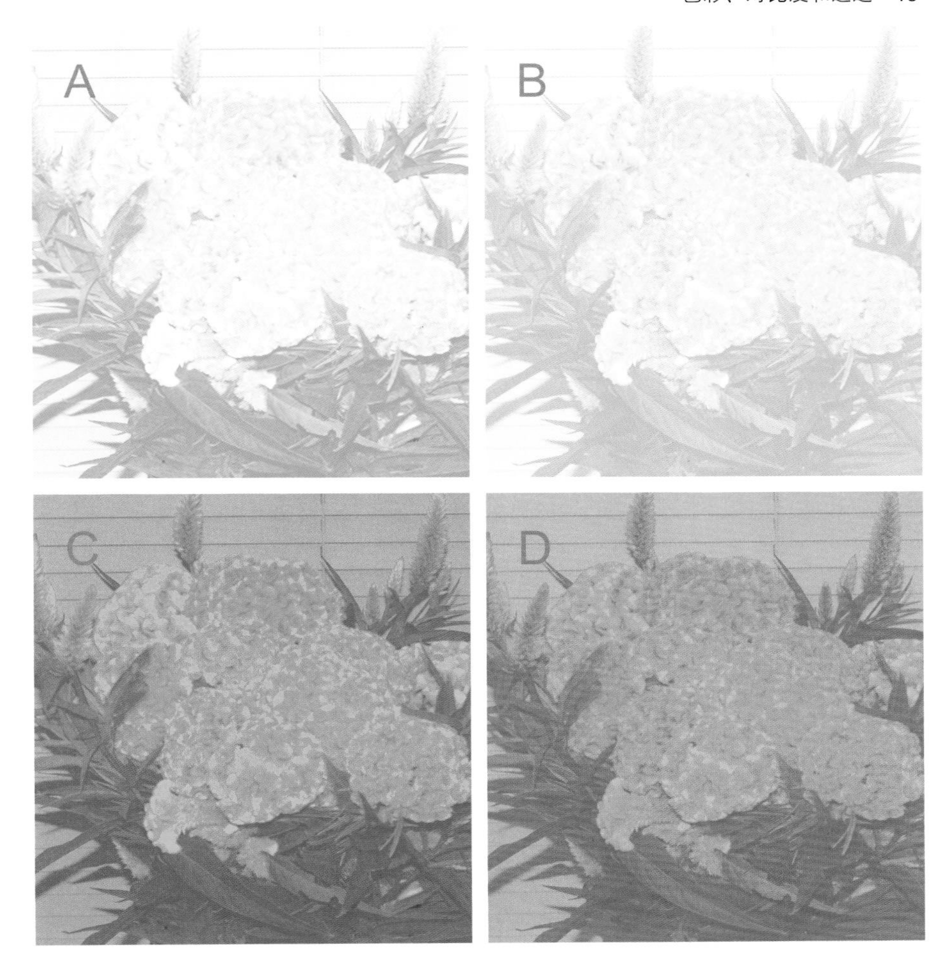

图 1.8A 将图 1.5H 复制到一个空白的 CMYK 文件的青色通道中。
图 1.8B 将图 1.5F 复制到一个空白的 RGB 文件的红色通道中。
图 1.8C 在图 1.8A 的品红和黄色通道中填充灰度为 50% 的颜色。
图 1.8D 在图 1.8B 的蓝色和绿色通道中填充灰度为 50% 的颜色。

在深色中性灰区域，青色、品红和黄色都必须受到限制。当这些情况发生时，所有对比度移到了黑色区域。但在RGB中，这些情况都不会发生。

要把一个 RGB 通道与同源的 CMYK 通道区分开来，就要在阴影部分寻找更多的细节。图 1.5H 的叶子看起来有些平面化，所以这是青色通道；图 1.5F 是红色通道。用类似的方法很容易区分绿色通道与品红通道、蓝色通道与黄色通道。

现在，把这些通道都结合起来，就能看见在创造颜色方面它们是如何互相作用的。图 1.8A 是把红花图片的青色通道复制到一个空白 CMYK 文件的青色通道中的结果，图 1.8B 是把红花图片的红色通道复制到一个空白 RGB 文件的红色通道中的结果，RGB 文件印在本书中时已被转换到 CMYK。

红色通道与青色通道同源，现在这一点更明显了。但有一个问题：我们在图 1.8B 中增加了红色通道的细节，为什么看到的仅仅是蓝绿色呢？

1.10 何时两种效果最佳

在图 1.8B 这个 RGB 文件中的蓝色、绿色通道都是空白，这意味着有极多的蓝光和绿光进入了我们的眼睛。在 RGB 中名为“红色”的通道更像是“反红色”通道，只有在白色区域才含有大量的红，其他地方的红并不多。由于图 1.8B 中处处是最大量的蓝和绿，而很多地方的红并没有达到最大量，因此我们在很多地方看到的合成颜色是蓝绿色，只有把蓝、绿减弱才能显示出红色[①]。

现在，在图 1.8C 和图 1.8D 的空白通道（除了 CMYK 的黑色通道）中填充 50% 的灰。可以看到，在 CMYK 中，原来很白的背景变红了，这是因为品红和黄色变得比青色深了；在 RGB 中，花变红了，这是因为绿色、蓝色通道变得比红色通道暗了，但是叶子仍然不红，原因在于，红色和青色通道越深，吸收红光就越多，现在叶子上仍然是红色和青色通道较深。

请注意，RGB 和 CMYK 这两种色彩空间虽然有同源的关系，但并不等同。图 1.8C 中 CMYK 模式下

① 这段话的依据是色光三原色混合原理。当蓝、绿通道均为空白时，蓝、绿均达到最大亮度，在这种情况下无论红色通道里有什么，总的颜色都不会发红——当红色也达到最大亮度时，红、绿、蓝只能混合为白色；当红色未达到最大亮度时，它与最大亮度的绿和蓝混合的结果只能是蓝绿色。但如果把蓝、绿的亮度降到红色的亮度以下，它们的混合色就会发红。

图 1.9A　红色通道来自图 1.5F，绿色通道为空，蓝色通道来自图 1.5B。
图 1.9B　红色通道来自图 1.5F，绿色通道来自图 1.5B，蓝色通道为空。
图 1.9C　合并青、洋红、黄、黑通道后的彩色画面。
图 1.9D　在图 1.9C 中删除黑色通道后的画面。

的红色背景比图 1.8D 中 RGB 模式下的相应部分更偏橘黄。CMYK 色彩模式通常都会比 RGB 的色调要暖，当我们决定是用中性色还是近中性时，必须考虑到这一点。

在添加最后一个通道（RGB 模式下的蓝色通道，CMYK 模式下的黄色通道）后，我们会发现通道更深入的秘密。这两个通道中的花和叶子颜色都很深。区分它们的依据是，CMYK 的黄色通道在暗部比较焦。图 1.5K 就是这样，因此这是黄色通道；而图 1.5B 的暗部层次感较好，这是蓝色通道。

1.11　绿色通道的重要性

为了节约篇幅，下面一组图片只反映 RGB 的通道，CMYK 的通道会有类似的效果。我从图 1.8B 所示的有细节的红色通道、空白的蓝色通道和绿色通道开始。我把图 1.5B（原为蓝色通道）复制到图 1.8B 的蓝色通道中，得到图 1.9A；若把图 1.5B 复制到图 1.8B 的绿色通道中，就得到图 1.9B。

奇怪的是，叶子呈紫色而不是绿色，但是还有两点需要考虑。首先，一般来说，绿色通道比蓝色通道重要，甚至也比红色通道更重要。仔细看看，图 1.9B 比图 1.9A 要饱满得多。同样的明暗变化在绿色通道中比在蓝色通道中要醒目得多。在色彩修正时，这是必须要牢记的一点。在蓝色通道中增加对比度可能非常不明显，而绿色通道的细节非常重要。

其次，观察图 1.9A 与图 1.9B 中花是如何逐渐变红的，或者说，至少看起来像是红色的。在图 1.9A 中，花只能是黄绿色或青色，因为缺乏由绿色通道提供的品红成分①。在图 1.9B 中它们只能是品红、蓝色或青色，因为没有蓝色通道提供的黄色成分。

在这两幅图中遮住一幅，只看另一幅，也许能感觉到花是红的。那是同步对比效应，我们的视觉系统强迫我们想象出花和背景间更大的差异。一部数码相机、一个分光光度计或任何人造色彩测量设备都无法看见这种红色。除非看图者是机器而不是人，否则你必须牢记，此类设备看到的通常不是我们想要的。

---

① “由绿色通道提供的品红成分”的意思是，RGB 中的绿色通道越暗，转到 CMYK 后的品红通道就越深。同理，蓝色通道提供了黄色成分，红色通道提供了青色成分。

1.12 陌生的通道，陌生的明度

我们已经辨认出图 1.5G 和图 1.5A 分别是绿色通道和品红通道，图 1.9C 是红、绿、蓝 3 个通道合并后的效果，图 1.9D 是青、品红、黄 3 个通道合并后的效果（由此可看出黑墨的缺失对暗调细节有多么大的影响）。

图 1.5D 和图 1.5J 分别是 LAB 中的 A 通道和 B 通道。在这两个通道中，50% 的灰度代表中性灰，颜色越亮就越暖，颜色越暗就越冷①。我们可据此分辨这两个通道。

A 通道是品红－绿色通道，因此该通道中的绿叶比红花要暗得多②。B 通道是黄色 - 蓝色通道，花和叶子的黄色都比蓝色要多，因此花和叶子的反差在 B 通道中比在 A 通道中少③。

对于全面领会 A 通道和 B 通道的作用来说，这不重要，至少现在不重要。为了解释领会其他通道的重要性，让我们回到最初的色彩修正，它也提出了相同的疑问。

像我们以后的章节将要面对的练习一样，图 1.10 是一幅真实的、未经任何修改的图片，它必须改善成一幅专业素材。当此类照片产生时，我会告诉你我所知道的关于它的信息，这些信息通常不会很多。

图 1.10 是夜间拍摄的，照片上的灯光非常奇怪，人的皮肤显示为绿色，就像是个火星来的怪物。这不是一幅理想的人物照片。它的色彩模式是 RGB，但它将用于印刷，所以迟早要把它转换成 CMYK 模式。

我们不用把照片中的景物修改成似乎它是在明朗的白天拍摄的，但由于前面讲过的色适应现象，人在此环境下不会发现这么绿的皮肤，因此必须对它进行修正。

在前面关于红花的练习中，我们首先看到各个通道的黑白图像，再将它们合并为彩色。现在正好相反，你们看见了彩色。请告诉我，它的各通道应该是什么样，如何才能让这些通道达到让我们满意的程度，以及在这个过程中可能遇到的障碍。让我们问问自己这些 RGB 文件中关于通道结构的问题。

测试答案

这里简要讨论了怎么识别图 1.5 中的各个通道，正确答案如下：

A - 品红	C - 黑色	F - 红色	J - B（LAB）
B - 蓝色	D - A（LAB）	G - 绿色	K - 黄色
	E - L（LAB）	H - 青色	

- 为什么皮肤颜色（以及手表、吉他带的颜色）是绿的？因为绿色通道比其他两个通道要亮。

- 如果不是绿色通道，哪个通道应该是最亮的？人的皮肤是红色的，红色通道应该是最亮的。

- 我们如何才能做到红色通道是最亮的？通过把蓝色通道混合进绿色通道，让它比红色通道暗。我们知道蓝色通道现在比红色通道暗，因为图 1.10 看起来更像黄色，而不是蓝绿色。

- 当我们把蓝色通道混合进绿色通道时，会出现什么样的问题？就像刚才在图 1.10 中看到的那样，绿色通道在图像明暗方面有重要作用。如果把绿色通道调整得跟蓝色通道一样暗，图像就会变得太暗，将需要进一步调整。

具体的操作命令将会在随后的章节展开叙述，所以为了概念的详细阐述，这里没有步骤操作指示。

在本书的其他部分，我们将会推出一种改善照片的通用办法。对于日常图片来说，这个方法可能只是

---

① 通道都是黑白的，若以 0% ～ 100% 表示 A、B 通道中由白到黑的变化，则 50% 的灰色对应于彩色原图中的中性灰，A、B 通道中的颜色越亮，原图中相应的颜色就越暖，A、B 通道中的颜色越暗，原图中相应的颜色就越冷，这是对 LAB 空间人为制定的规则。

② 根据刚才所说的规则，品红偏暖，在 A 通道中就较亮，绿色偏冷，在 A 通道中就较暗。叶子含有大量的绿色成分，花含有大量的品红成分，因此在 A 通道中叶子比花暗得多。

③ 黄色作为暖色在 B 通道中显示为亮灰色，花和叶子都显示为亮灰色时，反差就小了。

图 1.10 演奏者所在地的特殊照明条件造成了绿色色偏。

曲线，而没有其他的。罕见的图片当然需要非同寻常的办法。

这里，常会出现图片有严重的色偏的情况，对付它的最好办法是混合最初的 RGB 通道。

在图 1.11A 中，绿色通道已经被一个混合通道取代了，其 1/3 来自原来的绿色通道，2/3 来自蓝色通道。蓝色通道和红色通道没有改变。

绿色减弱了，但图像仍然太深。虽然我们还没有讲述具体的步骤，但是把图 1.11A 修改成图 1.11B 非常简单，在 Photoshop 里有很多种方法可以实现。把图 1.10 修改成图 1.11A 至少有 3 种方法，但是每一种方法都需要发挥想象力，并对通道必须是什么样子有充分了解——这是知道每一步的步骤所必需的。

大多数经验丰富的图片润饰师可以把图 1.11A 修正成图 1.11B 那样，但是我相信很少有人能够从最初的图 1.10 开始。

1.13 你将是裁判

色彩修正书籍不像其他参考书，它会留更多空间给读者发表意见。任何色彩修正后，都会有一个基本的问题：图片现在看起来更好了吗？回答这个问题不需要有 50 年的从业经验和 12 张高级学位证书。

通道混合这一有力工具，会在本书的色彩修正中扮演重要的角色。但是，后面 3 章只研究传统的修正方法：数值和曲线。

之所以说这是传统方法，是因为它能够给图像品质带来巨大的改

图 1.11A 把蓝色通道混合进绿色通道后，色偏明显减少。图 1.11B 用曲线方法提亮图 1.11A 的结果。

回顾与练习

大多数章节的末尾都会出现这样的框框。你要独立做这些推荐的练习，但是真正的问题在“注释和后记”部分有答案。

★ 什么是同步对比？

★ 什么是色适应？

★ RGB 中的哪个通道包含了对比最强烈的信息？

★ 指出 R、G、B 与 C、M、Y 的对应关系。

★ 图 1.8A 和图 1.8B 都是有两个通道为空白、只有一个通道有内容的图像。为什么图 1.8B 在红色通道中有内容却不是红色？为什么它比图 1.8A 颜色要深？

★ 就你在自己显示器上评价色彩的能力来说，你怎么看待色适应的相关理论？

★ 在一幅图中有些颜色应该是中性色（黑色、白色或灰色）。如果你在 Photoshop 的信息面板上测量 RGB 数值，如何才能知道该文件不包含不想要的色偏？

善，连业余爱好者也可以用好它。自扫描技术出现以来，最佳色彩一直是这样得到的，没有什么能够忽略它的工作流程而获得一流的效果。

不过有些人并不满足于重复 10 年前的最佳品质，而且，今天的人们不得不处理 10 年前在专业领域根本就不会考虑的垃圾图片。

如果你发现自己处于这种境地，传统方法对你来说就不够了。你将学会一些通常不可思议、有时却能拯救看起来无可救药的图片的技术，那时，你会为经常想起图 1.5、每个文件都有 10 个通道、处理起来多棒而吃惊。

本章小结

色彩修正的目的是让图片看起来更好。不幸的是，“好”是没有标准的。如果大多数人看了图片觉得变好了，那么图片就是真的变好了。当一些人看了图片并不认同我们的修正时，就产生了问题。

所有的看图者都更青睐于在重要区域有足够丰富的细节的图像。但是，相机的技术问题和人的视觉系统会对同一幅景物有不同的评价。人们更喜欢人眼处在相机的位置看到的景象。人眼可以自动校正到环境光的颜色，但是相机常常会拾取人眼所忽略的色偏。几乎所有的看图者都更喜欢没有色偏的图片。

如果可选的颜色是正确的，看图者通常对哪幅照片更好意见不统一。例如，天空有很多可能的颜色。没有人会接受绿色的天空，但是有些人更喜欢阴暗或者蓝色或者紫色的天空 。

知道了通道是如何相互作用产生颜色的原理，随后的很多修正都变得非常简单。我们经常能够发现 RGB 通道和 CMYK 通道结构之间的密切关系。

A
B

第 2 章
曲线越陡，对比度越强

编辑曲线就像是一种交易，提高某一区域的品质通常要其他区域付出代价。幸运的是，代价有时候是值得的。找到你要加强对比度的区域，给它“估个价”。

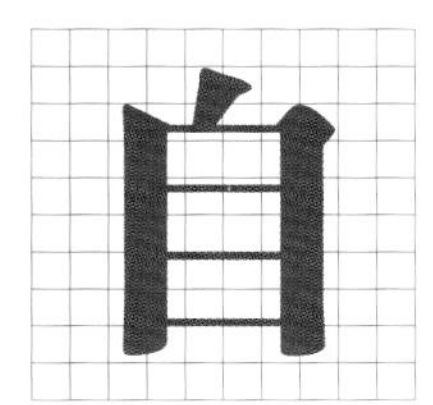

动调色是个非常吸引人的概念。拍下图片，把图片复制到计算机里，然后获得完美的颜色，人们总是希望这样。

可我们没法那么做。获得色彩真实的图片是一种艺术，难道不是吗？计算机怎么会比一个有艺术冲动的人做得更好？

图 2.1A 是未经润饰的原稿，是在大雾中的 Sequoia 国家公园用高品质数码相机拍摄的。图 2.1B 是 Photoshop 自动修正的结果，用的是最简单的命令 ：“图像 > 调整 > 自动色阶”。

按照上章所述的人工干预的标准，这是一次令人印象深刻的修正。软件在朦胧的中间调中发现了大量细节，它相信原稿中几乎没有颜色的树叶应该是绿色的。

后两章会介绍为什么如此简单的操作会这么有效，在哪种情形下它又无效，当修正任务不是这么简单时如何改变修正方法。本章集中讨论对比度问题，第 3 章和第 9 章将解决颜色真实性的问题。

Photoshop 最重要的命令是“图像 > 调整 > 曲线”，相应的快捷键是 Command-M，打开的对话框如图 2.2A 所示。该对话框的横坐标是当前颜色的数值，纵坐标是按下“确定”按钮后将要取代它的新值。

图 2.2 中的曲线反映了 LAB 文件的亮度通道。Photoshop 支持 LAB、RGB、CMYK 和灰度 4 种色彩模式。现在你要设置一下“曲线”对话框，使你的曲线与本书中的吻合。

图 2.2A 是默认设置的效果，网格单元为 25%。有些人热衷于使用默认设置。另外一些人，比如我，喜欢更精细的、以 10% 为单元的网格，如图 2.2B 所示。按住 Option 键在网格内单击，即可在这两种形式间切换。

单击底部右侧的按钮，可以在较大的曲线对话框和较小的曲线对话框间切换。在 LAB 中工作时，我使用较大的曲线对话框，因为这时需要更精确地调节曲线，在另外 3 种色彩空间中，使用较小的曲线对话框。本书通篇展示的是较小的曲线对话框。

2.1 左、右、上、下

让很多人苦恼不已的是曲线的方向，它由网格下方的渐变条决定。在图 2.2A 里，黑色在左边，网格的左下角代表黑色，右上角代表白色。在曲线中间单击，添加一个锚点，然后提升它，让它朝白色移动，图片就会更亮。

要反转它，就单击渐变条，这样黑色就移到了右边，如图 2.2B 所示。为什么这么做呢？

按照惯例，LAB 和 RGB 曲线左边代表黑色，CMYK 和灰度曲线右边代表黑色。对于那些不止使用

图 2.1 A(上页)，原稿缺乏空间感，色彩也不够鲜艳。B(上页)，修正后的版本，很难相信单凭计算机就可以制作出这种效果。

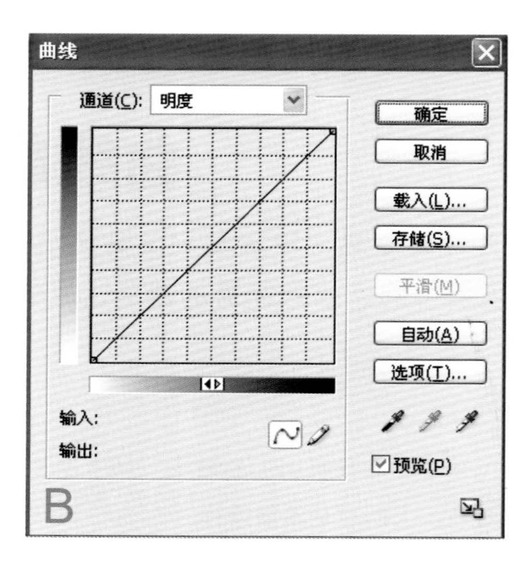

图 2.2A Photoshop 默认的曲线对话框形式；图 2.2B 本书推荐的曲线对话框形式。

一种色彩空间的人来说，这很容易出错。一幅图的 L 通道和灰度通道很相似，如果 L 曲线和灰度曲线的明暗变化方向相反，那么当它们形状相同时，一种曲线会把图像变暗，另一种曲线会把图像变亮，操作起来就不方便了。RGB 和 CMYK 也是如此，正如我们在第 1 章中说的，它们关系密切，因此它们的曲线在明暗变化方向上应该一致，同样的形状应该产生同样的效果。在 Photoshop 的默认设置下，RGB 曲线和 CMYK 曲线的明暗变化方向是相反的，应该把其中之一颠倒过来。

总之，我强烈建议统一上述 4 种曲线的方向。右边代表黑色是本书通篇都会使用的。如果你过去习惯于使用 RGB 空间，现在对右边代表黑色的形式感到不舒服，问题也不大，只不过你的曲线总是和我的相反。

我相信让所有的曲线以同样的方式处理颜色是明智的。在专业色彩修正里，曲线的右边代表黑色更传统，是 CMYK 和灰度的时代遗留下来的，这也是选择它的唯一原因。

同样，要在不同的操作系统中统一命令是非常麻烦的。苹果机的 Command 键相当于 PC 的 Ctrl 键，苹果机的 Option 键相当于 PC 的 Alt 键。苹果机也有一个 Ctrl 键，但与 PC 的 Ctrl 键毫不相干，单击它相当于在 PC 上按鼠标右键。本书使用苹果机的快捷键。

如同本书配套光盘所收录的在线讨论的几位参与者所说，有人很难适应新的快捷键或新的曲线方向。但要读这本书，就必须适应这些。

2.2 曲线形状

在调节曲线之前，我们要分析文件中现有的数值，以便把它们变得更合理。这个话题在下一章会讨论得更多，本章主要讨论曲线形状。

现在来完成一个虚拟的任务。设想你有一个 CMYK 文件，青色油墨最大值为 70%（简称为“70 的青”），需要加深到 80 的青[①]。既然是虚拟练习，你就不必问为什么，只要跟着我做就行。

首先，打开曲线对话框，切换到青色曲线。找到 70 的青所在的点（最简单的办法是在水平轴上数 7 格，在垂直轴上数 7 格）。单击这个点，把它朝上拖动到第 8 格。由此产生的曲线如图 2.3A 所示，在这个点上我放了一个黄色方块。

也可以采用不同的方法，不在曲线中部下手，而是拖动曲线的端点，比如将右上角的端点向左拖动，直到曲线（更准确地说是条直线，因为现在在这条线上没有锚点使它弯曲）穿过我们在图 2.3A 所示的曲线上看到的 80 那个点，如图 2.3B 所示。

第 3 个方法：单击比图 2.3A 那个点位置更低的点，然后提高它，直到 70 的青变成 80 的青，如图 2.3C 所示。

最后一个方法不是提高，而是降低。把右上角的端点向左移，再把曲线中部的某个点向下移，最终使曲线穿过 80 那个点，如图 2.3D 所示。

图 2.4 中的 4 种方法都可以把 70 的青变为 80 的青，那么哪种方法更好呢？

回答这个问题的原则是：尽可能精确、清晰、简

① 本书谈到油墨的数值时，总是指网点面积覆盖率，即印刷品某一微小的局部被油墨覆盖的百分比。

明。这取决于你。

2.3　改变曲线的角度就是改变对比度

这些曲线揭示了专业色彩修正的基本原理：曲线越陡，对比度就越强。

默认的曲线是以 45° 倾斜的直线，如果我们不改变它，单击“确定”按钮后每一个数值都会保持不变，10 的青仍然是 10 的青，20 的青仍然是 20 的青，依此类推。

当我们移动曲线上的点时，曲线的形状就会改变。刚才讨论的 4 种曲线，以及我将要介绍的曲线，有的区段会比 45° 陡，有的区段则较为平缓。

与变陡的区段对应的景物，对比度会增强，可能比在原图中好；与变平的区段对应的景物，对比度会减弱，可能不如原图。

当我们认为图像的某一部分很重要，需要增加其对比度时，就让它在曲线上对应的区段变陡，这会牺牲其他部分，因为当曲线弯曲时，其他部分在曲线上对应的区段变得平缓了。我们需要找出平衡各部分对比度的最佳方法①。

计算机自动修正则不是这样，经它调节后的曲线仍然是直线，整体变陡，这同时增加整个画面的对比度，没有哪个部分作出牺牲。有时这是非常有效的，如图 2.1 所示。原图在 RGB 的 3 个通道中，阶调范围只占据了曲线中部的 1/3。在“图像 > 调整 > 自动色阶”命令下，计算机自动将曲线左右两个端点向内移动，把曲线变陡，于是树木和背景的反差就拉开了。

增加对比度是一回事，获得适当的色彩又是另一回事。就像一名汽车维修工的胳膊肘偶然碰到一个零件却解决了一个难题一样，刚才的“自动色阶”命令偶然调出了适当的颜色，但事情并非总是这么容易。

事实上，色彩问题可能使我们一直讨论的曲线的一种或几种没有作用。图 2.3A 和图 2.3C 会比另外两种曲线给图片增加更多的青色。这可能令人接

A

通道(C): 青色

输入: 70

输出: 80

B

通道(C): 青色

输入: 88

输出: 100

C

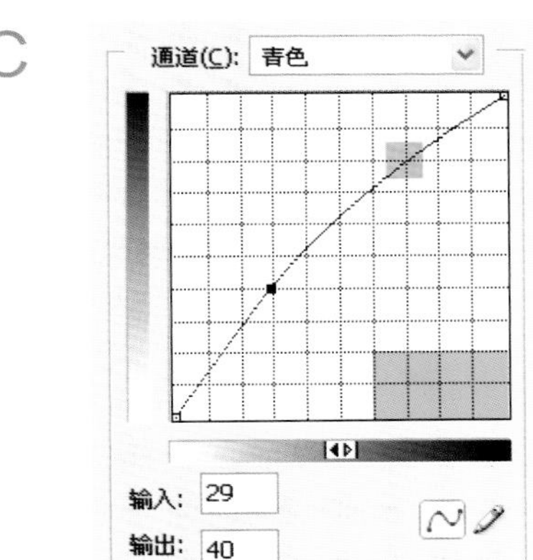

D

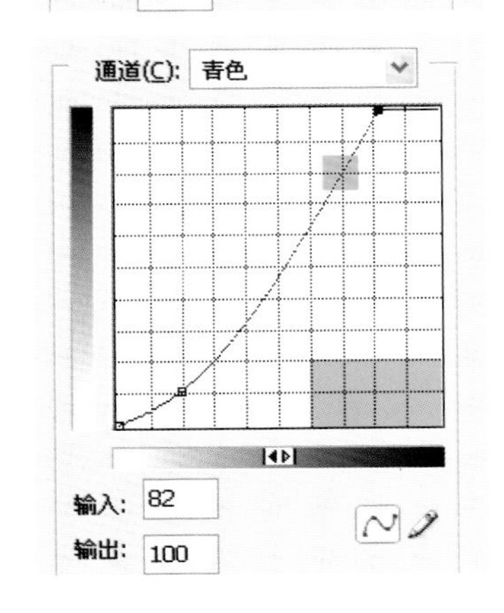

图 2.3　4 种不同的方法都可以完成指定的操作：将青的数值从 70 变成 80。

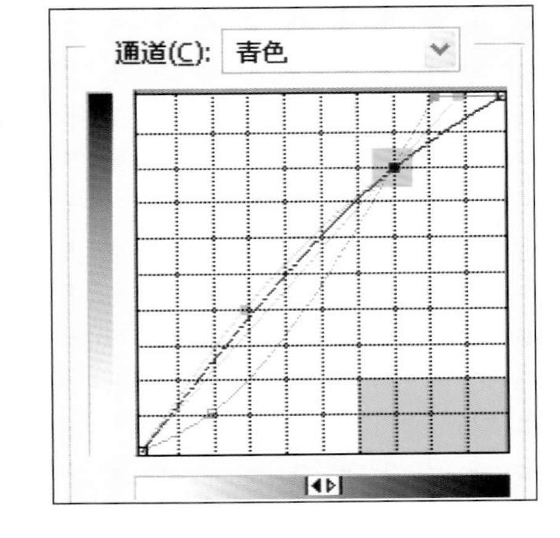

图 2.4　将图 2.3 中的 4 条曲线重叠在一起，可见它们都穿过用黄方块标注的那个点，这意味着它们都在阴影区域产生如期的变化。

① 这是本书所述曲线方法的核心原理——靠曲线弯曲把画面的主体和次要部分分开。曲线弯曲后，必然有一部分变陡，有一部分变平，若变陡的部分对应于主体，主体的对比度就会增强，在画面上凸现出来。又如何知道曲线与画面的对应关系呢？有一个非常简单的办法：按住并拖动鼠标，让光标在画面中移动，曲线上就会有一个活动的小圆圈指示上述对应关系。

受，也可能产生令人讨厌的色偏。但仍然有两种或三种曲线形状可供我们选择，我们选择能够给我们感兴趣的画面主体分配最大对比度的曲线。如果这是一张北极熊在暴风雪中的图片，我们更倾向于选择图 2.3C 所示的曲线，它在最亮的部分是最陡的，而熊和雪都是亮颜色，这样一来熊和雪就生动起来了。

2.4 只要能捉住老鼠

在西班牙语中，有句话说：在晚上每只猫都是灰色的。很多计算机艺术家把这句话演绎为：只要高光和阴影正确，所有的猫都是灰色的。

看看图 2.5。最上面的一排分别是 3 只猫的原稿。我已经预先调好了高光和阴影（高光和阴影将在第 3 章中讨论）。下面的 3 排展示了对这 3 张原稿使用某一曲线会产生的不同效果。就像你看到的那样，3 只猫的原稿都不是最好的，因为在每排中都有一张比原稿好，另外两张要差一些。这 3 种曲线在瞬间就会产生这种效果。但是，你知道什么样的图片是最好的吗？

由于图中只有一个对象是我们感兴趣的，这些图片处理起来非常容易。有些图片很花（这是个专业术语，指含有几个重要被摄体，或颜色纷繁），但很多图并不花。产品图片、时装图片、动物图片、食物图片，通常只有一个或两个阶调范围是重要的，其他的仅仅是背景。

如图 2.5 所示，每张图片都是关于猫的，背景不重要。如果改善猫的代价是损失背景的细节，那么这种牺牲就是值得的。在这些图片里，我想把对比度作用于猫上，而不是背景上。

白猫应该对应于曲线的亮端，黑猫应该对应于曲线的暗端，灰猫应该对应于曲线的中部。对这个案例来说，这些信息足够了，但在一般情况下，处理范围应该缩小些以获得更准确的效果。把光标移至每只猫的最亮和最暗区域，记下信息面板中的数值，就可以找到准确的处理范围。还有一个办法：打开“曲线”对话框，按住并拖动鼠标，让光标从图像的最亮处移动到最暗处。

就算高光和阴影正确，仍然有可能需要调节曲线。如图 2.6 所示，曲线陡的地方是猫所在的位置。也就是说，假如我们赞同这些猫所能代表的问题，就意味着除了猫以外的地方都是不值得我们关注的。

在查看曲线前，有最后一个疑问。这 3 条曲线中的每一条都会让一只猫活灵活现，而牺牲另外两只猫。问题的第 1 部分就是，哪一排是最差的猫？我断定你们会认为倒数第 2 排最差。灰色的猫很不错，但另外两只就要糟糕得多。

与效果好的黑猫所在的那一排的白猫和灰猫的效果相比，为什么效果好的灰猫所在的那一排的黑猫和白猫的效果如此糟糕？

把这 3 只猫拍在同一张照片上，和分别给这 3 只猫拍照有很大的区别。如果这 3 只猫能够在一起摆姿势拍照片，那么除了确信高光和阴影数值正确，我们再也做不了什么。

但如果少了一只猫，就有了可修正的空间。色彩修正在以下方面如同购物：第一，你要知道自己想买什么；第二，你要有钱支付。为了得到你想要的，你必须找到你能够舍弃的。

图 2.6 中的每条曲线都在对应于一只猫的区段变陡，为此付出的代价是，在对应于另外两只猫的区段变得平缓，这就是说，当一只猫的对比度增强时，另外两只猫的对比度减弱了。我们还能创建一条让两只猫的对比度增强、让一只猫的对比度减弱的曲线。

为什么能够改善灰猫的曲线对黑猫和白猫的破坏力如此之大？这个问题的关键是作用范围。原来的灰猫在 3 只猫里是明暗变化范围最大的，它在曲线上占据的区段最宽，修正它所付出的代价最昂贵，要牺牲的东西最多①。

2.5 突出最重要的细节

当我们大胆调整猫的照片时，尚未涉及曲线方法中最大的问题——色彩。此例的主题是加强明暗对比，而不是调整颜色，使用这些灰度图是最方便的。

图 2.5 最上面一排包含 3 张原稿。在下面的每一排中，每张图都运用了一条曲线。你能猜测出每条曲线的形状吗？

① 在图 2.6 中可以看出，灰猫在曲线上对应的区段（中间那一段）很长，与白猫和黑猫所对应的区段（分别是左下段和右上段）有重复，这样一来，当把灰猫的区段变陡时，白猫和黑猫的区段就会变平缓，换句话说，当灰猫因对比度增加而变得层次分明时，白猫和黑猫变闷了。

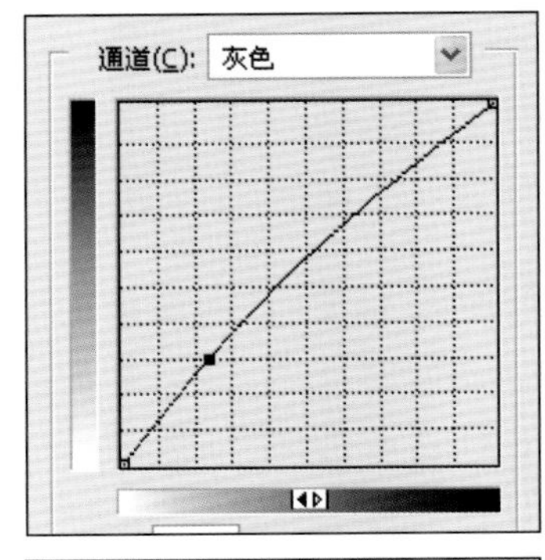

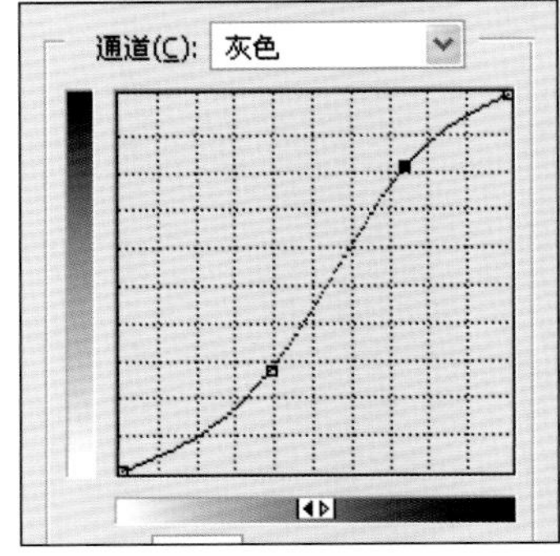

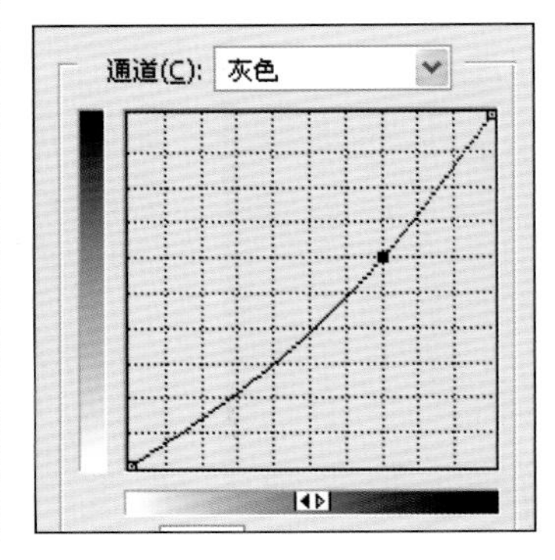

图 2.6　创建图 2.5 的 3 条曲线。左上图，让高光变陡产生第 2 排更好的白猫。左下图，在中间色调曲线最陡，产生了第 3 排的灰猫。右下图，曲线在阴影处最陡，创建了最下排的黑猫。

在灰度图里，我们可以随心所欲地把曲线变陡。如果图片有颜色，操作就要特别小心了，尽管某些图片的颜色不受曲线影响。

图 2.7 中的车刚发生了一个事故，在停车时被别的车撞了。保险理赔员必须马上知道仅仅需要换一个阀门还是需要申请数千美元买一个新的挡板。

在这种情形下派一名保险理赔员是 20 世纪 90 年代的做法。现在的做法更好，用数码相机拍张照片，发电子邮件给保险公司，他们就可以快速做出决定。

如果把没有经过处理的照片发给他们，就要特意提醒他们，车身上有一个凹痕。为了让他们看得更清楚些，要找到强化细节的方法。

这样做的时候，我们会担心无法保持车的颜色。但理赔者不会关心车是红色的还是绿色的，或者轮胎是黑色的还是橙色的。他只想看见细节，而且是尽可能多地看到细节。

因此，我们把注意力集中在受损区域，忽略高光、阴影和中性灰等在通常情况下需要注意的问题。

通常，我们为突出前景而淡化背景中的某些细节。在这样做的时候我们把握着分寸，不会完全消灭背景，也不会把颜色调得过火。

但这幅图片是个例外——除了凹痕，其他部位都无关紧要，即便它们变形或消失了也没有关系。

这幅数码照片的色彩模式是 RGB，这是理赔员所需要的，他可能连 CMYK 是什么意思都不知道。

修正此图的唯一目的就是让汽车被撞的地方的曲线尽可能陡。如果你还记得图 1.5 的问题，就会知道：当车是紫色时，蓝色通道和红色通道（特别是红色通道）一定是亮的，因为它一点都不绿，所以绿色通道必须相对较暗。但是有一个简单的办法可以判断你是否能拿捏准确。

打开曲线对话框，忽略主曲线（我们以后会解释这样做的原因），切换到红色曲线。单击并按住鼠标，让光标经过整个凹痕。按住鼠标键时，曲线上会出现一个圆圈，表明鼠标按在画面中的位置对应于曲线上的哪个点。圆圈随着鼠标的移动而移动。当鼠标经过画面中的凹痕时，注意观察曲线上的圆圈移动了多远、如何移动，这样就知道了需要处理的范围。我们在这个范围内创建一些锚点，让该区段尽可能变陡。在绿色通道和蓝色通道中重复这些步骤。

在图 2.7 的每条曲线上，我用红色小方块标明了需要处理的范围。调节后的曲线几乎是垂直的，画面上相应的内容被突出了：无法开启的车门和需要更换的整个挡板。

对普通图片不能这么夸张地调整，但我们仍然努力把我们感兴趣的区域的曲线变得尽可能地陡。这条规则不仅适用于此类被毁坏的汽车的快照，也适用于高品质的专业摄影。

2.6　哪里重要，哪里不重要

处理广告照片比处理交通事故照片要复杂一些。在图 2.8 中令人感兴趣的不是凹痕，而是两只瓶子。广告要获得成功，就要让观众的视线集中在商品上，就像上一例把注意力集中在凹痕上一样。调整方法是相同的，用曲线强调令人感兴趣的区域。但是我们应该更加小心，这次不能让总体色调发生改变，还要尽量减少对背景的损害。在图 2.7B 中，轮胎、挡板和底盘上都有重要的细节，而其他细节是不用特别在意的。在处理广告照片的过程中，也可以接受非重要部分的损失，但是不能很多。

与本书的其他图片一样，这张图未经修正，它嵌入了 Color Match RGB，这并不是说所有文件都必须使用此种特殊的 RGB 配置文件，仅仅说明我是如何获得这些文件的。

打开曲线，按住并拖动鼠标，让光标经过整个瓶子，就能找到兴趣中心的范围。如果你已经通过图 1.5 所示的通道测试，就会知道曲线上移动的圆圈意味着什么。毛巾和两个瓶盖都是中性灰的，在 3 个通道中看起来一样。两只瓶子的瓶身都是绿色的，相应的绿色通道一定比红色通道和蓝色通道亮。

如果把色彩模式转为 CMYK，那么瓶身的品红通道会较浅，青色和黄色通道会较深。无论在哪种色彩模式下操作，有一个理念是不变的——更陡的曲线能产生更突出的细节。在本章剩下的内容中我们都将采用 RGB 模式。

在 CMYK、LAB、RGB 或灰度模式下用曲线修正图片，若没有好的端点，就不可能获得良好的效果。这也是图 2.1B 所示的自动修正非常有效的原因。我们将会在第 3 章中探讨这个课题。为了节省时间，建议选取图 2.8 中毛巾的最白区域和瓶盖的最黑区域作为端点。

这意味着两件事情。首先，自动色阶对这幅原稿不会起作用，所以我们才手动选择端点。其次，不能通过让亮的区域更亮的方法来增加瓶身的色阶，这里已经与毛巾顶端一样亮，若把它变得更亮，就会破坏毛巾的纹理。只能让较暗的区域更暗，参见图 2.9 中的曲线。它们的角度不同，是因为受影响的区域在 3 条曲线上对应的区段不一样长。在绿色曲线上对应的区段最短，在蓝色曲线上对应的区段最长。但是，瓶子在每条曲线上对应的区段都在最陡的部分。

当然，相对于图 2.8，广告客户对图 2.9 更满意，即使黑色瓶盖的细节稍有损失。黑色瓶盖的细节损失是因为它在曲线上对应的区段比 45° 平缓。

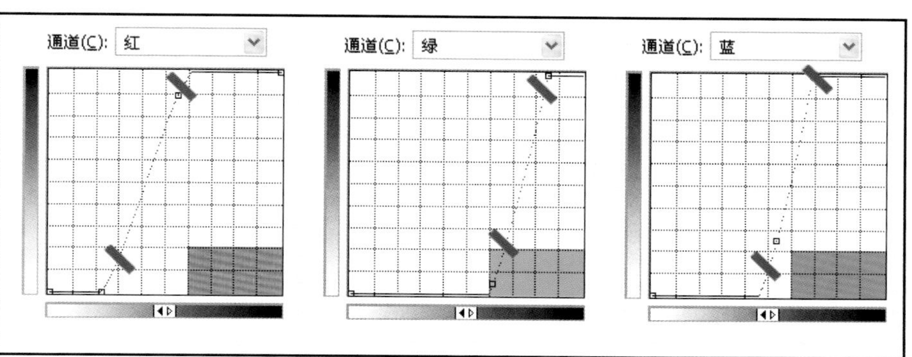

图 2.7　处理交通事故照片。如果色彩保真度不是目标，那么受损区域的细节可以由 3 个通道中极陡的曲线突出。

2.7 重新分配对比度

数码革命已经给我们很多机会获得品质更佳的图片。但有时恰恰相反。

本章的主题是对比度。获得更强烈的对比度不仅是 Photoshop 专家的渴望，也是 Photoshop 普通用户的愿望。

每个计算机用户都有一台显示器，这台显示器有一个调节对比度的旋钮，或者软件中在一套可调节对比度的设置。如果你没有显示器，你的电视机上也有类似的控制器。如果你没有电视机，你应该有比本书更休闲的书。

你不能简单地增加显示器的对比度，除非可以让它的亮度超过硬件白场，或者让它比关机后更暗。唯一可做的事情就是重新分配对比度。达到这一目的的合理做法是，把强对比度从最亮和最暗的区域转移到中间调，中间调通常包含图片的重要内容。

调节曲线的通常做法如图 2.3B 所示：把右上方和 / 或左下方的端点向内移动，这样形成的是直线而不是曲线。在 Photoshop 中，可以选择“图像 > 调整 > 亮度 / 对比度”命令，这个方法是在 Rutherford B.Heys 管理过程中形成的，但却是所有思维健全的人应该避免的。

用那个命令增加对比度或者使用显示器或电视上类似的控制器来增加对比度，可能会让大多数图片看起来更好些。但那些看起来不是很糟的图片会变得更糟。

为了举例说明，我们把图 1.5 中的一张小图先转换为灰度模式再调节亮度 / 对比度，将亮度和对比度的变化都设为 +50。图 2.10A 和 图 2.10B 显示了调节前后的效果。从图 2.10B 可以看出，“亮度 / 对比度”命令消除了大量的灰色，但仍有足够的细

图 2.8 室内广告照片。

图 2.9 这些曲线强调了所有重要细节所在的图片较浅部分的对比度。

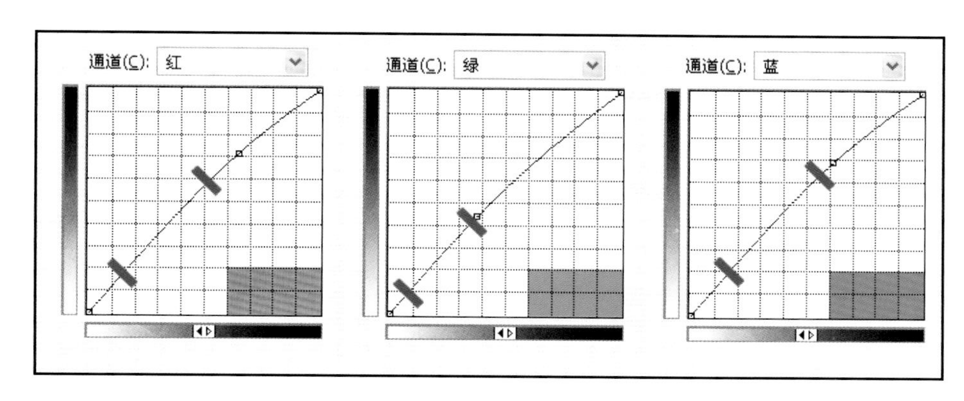

节保持背景中的条纹。花朵周围的叶子变得突出了，而花朵本身的效果更好了。

回到彩色图像的世界，用上述方法把图 2.10D 变成图 2.10C，效果却差强人意。花的层次感已经被破坏了。现在，红色通道过于白，绿色通道和蓝色通道过于黑。

这种方法像压路机一样把层次压平了。任何挡在亮度和对比度这两个"大轮子"前的微小细节都被消灭掉了。下面将介绍避免这种情况的两种方法。

方法一，我们可以采用某些人工智能方法。"亮度/对比度"命令不会告诉你 +50 是否太多。但是"自动色阶"命令知道把握分寸，它测量每个通道中最深和最浅的部分，适当地移动曲线的端点，使它们恰好到达极限颜色，避免出现图 2.10B 和图 2.10D 中的问题。

方法二：使用一个 S 形曲线，损害也可以得到一定程度的弥补，像图 2.6 中调

节灰猫的曲线。这样的 S 曲线会让最亮区域和最暗区域的细节有些损失，但不会完全消除它们。

这样的发现会引出一个听起来可笑的问题，但是它会影响每个专业人士。

2.8 问一个傻问题，得到一个傻答案

对你没见过的许多图片作一个设想，什么方法可以把大多数图片调整到最佳品质？

答案是：先使用“自动色阶”命令，然后对全部 3 个通道使用略呈 S 形的曲线，最后可能还需要轻微的锐化。

我可以肯定，如果修正图像时不能看画面，你会立即放弃数码摄影而转向银版照相。不过，由于用户对数码相机质量的苛求，数码相机厂商对我们刚才提到的傻问题——如何照顾大多数图片——是非常感兴趣的，他们不会特别关心本书的读者。

诚然，相机厂商考虑到了专业摄影师的需要，其最高端产品为敬业的摄影师备好了所有的手动控制，但某些专业人士和数码摄影的业余爱好者，除了瞄准和拍摄不打算做任何事情。

图像艺术专业以推卸责任而出名，事实上这已成了我的色彩修正课堂在经济上取得成功的推动力。

• 如果你是一名必须与商务印刷公司打交道的摄影师，你就会听说，所有劣质印刷品实际上都是摄影师的错，不信就去问印刷厂。

• 如果你生产桌面打印机，尽管可怕的打印效果是可怕的输入文件造成的，你也会承认这是打印机的错，否则客户不答应。

• 如果你生产数码相机，你会承认所有看起来拍得不好的照片实际上是由相机造成的，因为摄影师都这么说。

这些令人难过的事实，自然引起了以下反应。摄影师学习 CMYK，以便印刷厂因为印刷质量问题指责他时，他可以机智地反驳；打印机厂商却老老实实地把技术人员送进色彩修正课堂，比起那些不知道怎么把好颜色传给打印机的用户把大量的机器退给厂商，这总要省钱些；数码相机厂商则开发了采样运算法则，把劣质的数码照片变得尽可能好看。

所以，当你使用现代数码相机时，只需要瞄准、拍摄，就能得到一些“帮助”：阶调范围被大大扩展了（这通常是

图 2.10A 原灰度图片。图 2.10B 使用“亮度 / 对比度”命令，参数为 +50、+50。图 2.10C 和图 2.10D，重新处理 RGB 版本的结果。

好事，但有时会把照片变丑陋），S 形曲线暗中修正了照片（如果照片比较灰，这就不错，否则这当然不对）。

如果你想让一个采样模块代替你做审美判断，也会遇到类似问题。Photoshop 的 Camera Raw、苹果机的 Aperture、Adobe 公司开发的 Lightroom 等迷你应用程序，或数码相机厂商提供的程序，通常都有自动修正功能，我建议最好关闭它们。

如果你更习惯于修正扫描底片所得的文件，它们在以下方面有别于数码照片。

• 黑场和白场更合理，但可能处处都有色偏。在底片时代，色偏通常是均匀地分布在整个阶调范围中的。以后几章会讨论这种效果以及相反的情况——亮调和暗调本来应该有色彩倾向，数码相机或采样模块却把它们变成了中性灰。

• 适用于用底片拍摄的原稿的某些类型的 USM 锐化，会把数码照片中的瑕疵强化为难看的人工痕迹。

• 与目前的讨论息息相关的是，你所处理的文件可能在高光和阴影中已经被人为地压缩了层次。如果可以控制采样过程，有时不妨关闭这种功能。如果人为的压缩已经是既成事实，那你就只能学习加强高光和阴影的细节的技巧了。

2.9 高光与极高光

下一个例子将说明为什么机器离不开人的帮助，即使那些功能最强大的机器也是如此。

图 2.11A 是一个未指定配置文件的 RGB 文件，是专业摄影师拍摄的，表现了雨中的蜜月。相机按自己的逻辑来做，给画面强加了几乎是纯白的高光和几乎是纯黑的阴影，正如 Photoshop 对图 2.1 所做的一样。在相机看来，对比度已经大得不能再大了。

成熟与幼稚之间的主要区别在于是否具备判断力。头脑简单的相机在图中为高光寻找最亮的点，找到了雨衣上的反光。

这是一个最蠢的选择。一个有经验的润饰师会忽略这些反光（它们叫“极高光”），而选择瀑布上最亮的颜色作为高光。

就一般情况而言，选择不够亮的颜色作为高光会破坏亮调的层次感。例如处理图 2.8 所示的照片时，若选择毛巾上不够亮的颜色作为高光，比它更亮的部分就会失去层次感，变得像一张白纸。图 2.10B 和图 2.10D 就是把亮调的层次感压平的结果。

但是，如果图 2.11A 中雨衣的反光失去一些层次感，谁会在乎？高光应该在画面的重要部分寻找。如果反光中的细节不值得保留，就不要在意它了，我们再看看其他地方。

把图 2.11A 调整成图 2.11B 所用的曲线是直线形的，类似于简单的自动色阶方法。我把原来的直线的左下端向右移动了一些，但与自动色阶方法相比，我忽略了极高光，突出了画面右上方的瀑布。

我个人认为这些还不够。我觉得这张图的重点是

色阶和 S 形曲线

作为一个成熟的、复杂的软件，Photoshop 通常会为完成一项任务提供多种方法。最明显的例子如本书第 7 章所示，除了书中演示的方法以外，还有 6 种非常有效的方法。在曲线方面也是如此。

但是，有两种非常诱人的方法应该避免。一种是已经在前面讨论过的使用主曲线而不是每个通道的曲线，另外一种是使用“图像 > 调整 > 色阶”命令而不是“自动色阶”命令。

“色阶”命令在曲线上的控制点只有 3 个——两个端点和一个中点。像使用“曲线”命令一样，对每个通道都可以单独使用“色阶”命令，这有时是有效的措施，高调图像和低调图像可以通过升高或降低曲线的中点来处理。但这种调整不像升高或降低画面主体或兴趣中心在曲线上对应的点那样精确。这是个值得探讨的技术问题。

当兴趣中心对应于曲线的中段而不是两头时，我们需要 S 形曲线，但是 S 形曲线需要 4 个点，这是“色阶”命令不能提供的。

S 形曲线突出了中间调的细节，牺牲了高光和阴影的细节，通常这没有问题，但是像“色阶”命令一样消除高光和阴影是不应该的。

几乎不变的是，一张彩色图片至少有一个通道需要 S 形曲线，有一个通道需要不同形状的曲线。色阶不能产生 S 形曲线。另外，在使用“曲线”命令时，调节主曲线的效果不如调节各通道的曲线。总而言之，应该坚持在每一个通道中使用“曲线”命令。

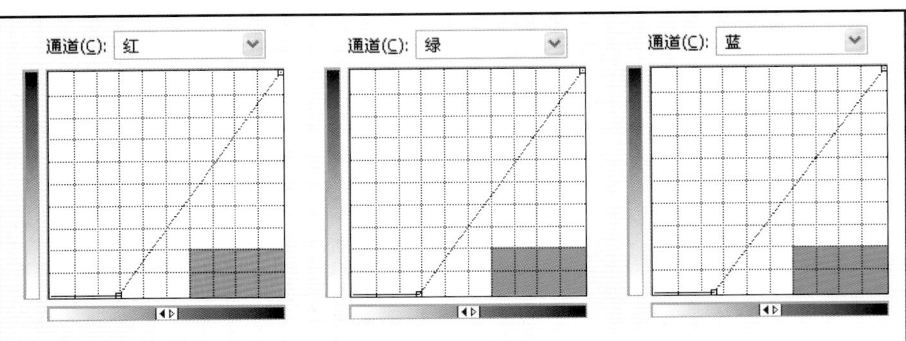

图 2.11A 原数码照片，相机将雨衣的反光设置为白场。图 2.11B 使用左边的曲线修正的结果，这些曲线忽略了雨衣上的反光，把白场设在瀑布上。

尼加拉瓜大瀑布，而不是观众或天空。瀑布的对比度应该更强。曲线不应该是直线形的，我打算使用图 2.12 所示的曲线。亮调区段凸起来了，最亮的区段变陡了，不够亮的区段则变平了。

在 3 个通道的曲线上，与明亮的瀑布对应的区段都较低，这些区段变得比在图 2.11 中更陡。画面上瀑布的变化很明显。代价也显而易见，图 2.12 中人物的对比度不如图 2.11B。

第 1 章中提到过，有些做法是喜好的问题，有些则是必须做的。这两幅修正过的图片说明了这一点。图 2.12 是否比图 2.11B 好，不同的人会有不同的判断，但无论如何，图 2.11B 比图 2.11A 要好，大家在这一点上是没有异议的。

你可能觉得连图 2.12 都不够好，应该走得更远，或者图 2.11B 与图 2.12 的平均效果是最好的。不过图 2.11A 与图 2.11B 的平均效果（或者略偏向图 2.11B）肯定是行不通的。毫无疑问图 2.11B 的效果较好，如果不把瀑布提亮，你的图片就无法与那些把瀑布提亮的图片相比。

刚才已经知道了把图片变好的办法，现在让我们再看看有哪些做法是明显错误的。

2.10 亮调和暗调

在描述图片整体的明暗特征时，专业人士通常使用“调”这个字。一张白猫的图片是亮调的，这不是说图片太亮，而是说图中有些东西本来就应该亮。同样，一张黑猫的图片是暗调的。

我们用这些术语把它们与普通图片区分开来。普通图片的中间调细节非常丰富，通常要用 S 形曲线调整，但 S 曲线会损伤亮调和暗调图片。

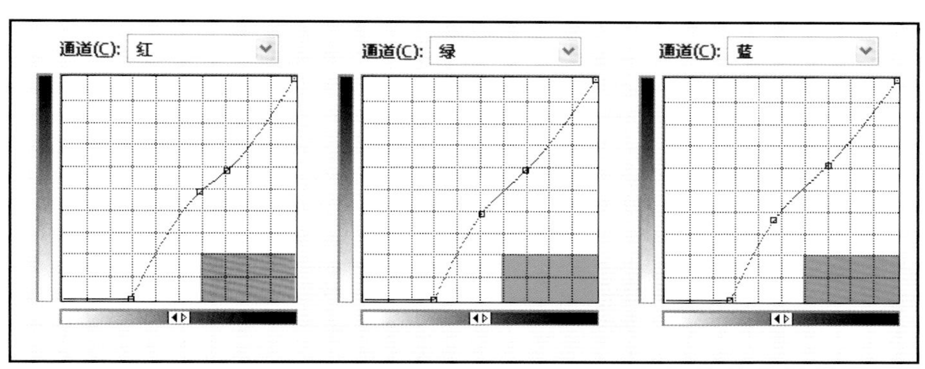

图 2.12 增加了图中最亮区域的对比度，保留了图 2.11B 的变亮效果。

图 2.13 是非常少见的图片，同时具有亮调和暗调，它的重要区域不是亮调，就是暗调，中间调没有重要的东西。数码相机自动使用的 S 形曲线会毁掉图中让人感兴趣的每一样东西，因为在 S 形曲线上，亮调和暗调都处于平缓的区段。

若把图 2.13 的主曲线调整成倒 S 形，让它中间平、两端陡，在白色和黑色的羽毛中就会产生更多细节。但这是对曲线的误用，有如下两个原因。

首先，到目前为止，我们所做的曲线能够模仿人的视觉系统。如果我们正在看以白色毛巾为背景的亮调图片，或者世界上最大的瀑布——尼加拉瓜大瀑布下的小瀑布，我们会对亮调很敏感，在潜意识里会给瀑布增加对比度，忽略较暗的东西，这种效果接近图 2.9 和图 2.12 的曲线。

但我们不能同时对亮调和暗调都敏感。当我们评价图 2.13A 中的鹈鹕时，注意力要么集中在白色羽毛上，要么集

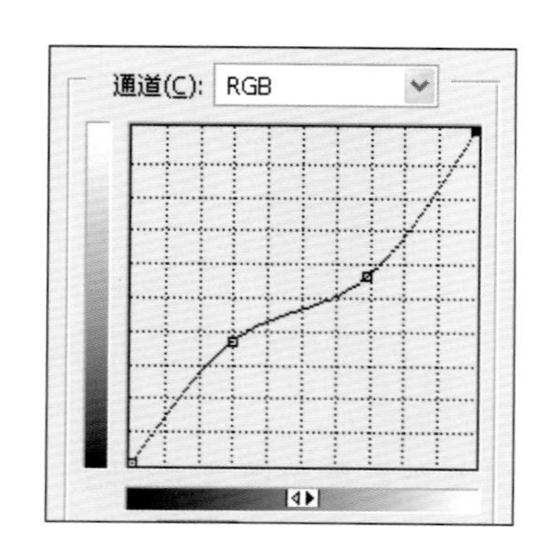

图 2.13A 原稿，最亮和最暗的区域都比中间调重要。图 2.13B 用反 S 形曲线修正原稿的结果，该曲线破坏了背景中的细节。

中在黑色羽毛上，在这两部分中始终有一部分是被忽略的。

若用打印来模仿这种视觉效果，要么黑羽毛打印得很棒，白羽毛失去层次，要么就是相反的，没有人会对这样的图片感到满意。因此，我们不得不作出某种不情愿的妥协。

刚才那条曲线的问题不在鹈鹕上，而在背景上。石头对应于曲线的中段，这正好是倒S形的平缓部分，所以与原稿相比，石头损失了很多细节。假如我们站在那儿，看到的不会是这样的景物，所以打印出来的图片看起来不自然。

在图2.15中，我用红色小方块标出了每条曲线的重要区段，也可以告诉你原高光和阴影都在合理的范围之内。现在的问题仅仅是让适当区段的曲线变陡。

可以看到红色曲线上的重要区段最长，绿色曲线上的重要区段最短。由于绿色曲线上的重要景物都在中间，因此我把绿色曲线调节成S形。但把另外两条曲线变成S形没什么用，因为蓝色曲线的重要区段在右边，红色曲线的重要区段在左边。由于背景中的红色不够亮，因此我把红色曲线的左下端向右移，这增加了红色曲线在亮调的陡度。

2.11 避免主曲线

制作图2.13时，第2个令人生疑的举动就是使用主曲线（在曲线上方的“通道”下拉菜单中选择“RGB”，就切换到主曲线）。主曲线对所有3个通道进行同样的修正。在这张特殊的图片中，使用主曲线并没有任何损害，因为它的重要区域是中性灰——白色、黑色和灰色，中性灰在3个通道中很相似，对3个通道可以使用同样的曲线。但是在99.99%的图片中，使用主曲线会产生二流的品质。相对于CMYK，用主曲线处理RGB要安全一些。RGB的3个通道通常很相似，而在CMYK模式下，关键的黑色通道总是与另外3个通道大相径庭，使用主曲线会带来灾难性的后果。

在处理重要的图片之前，让我们先熟悉一下逐一处理各通道的方法。图2.14是未嵌入配置文件的RGB文件，其中的黄色和绿色很重要，但是，背景也很重要，我们修正此图时不能牺牲背景，也不能接受过多的阴影。

与图2.13的鹈鹕不同的是，此图的3个通道不是特别相似。色相偏黄的内容在蓝色通道中很暗，但在另外两个通道中很亮；色相偏绿的内容在绿色通道中很亮，但在另外两个通道（尤其是蓝色通道）中很暗。背景接近中性灰，但红色通道比另外两个通道要暗一些。

图2.14 原稿在黄色和绿色区域有重要细节，但背景也不应该消失。

设想一下，如果要调节的是 RGB 主曲线，我们能怎么做。不能把主曲线调节成刚才的红色曲线的样子，那样会压平背景的层次感，也不能把它调节成刚才的蓝色曲线的样子，那会过度加深绿色通道的暗调，减少叶子的绿色。

通道(C): 红　通道(C): 绿　通道(C): 蓝

现在仅仅存在一种可能性：使用我们的“好朋友”S 形曲线，如图 2.16 所示。但它不应该像图 2.15 中的绿色 S 形曲线一样，这样一来就让黄色景物在红色曲线上对应的区段变平缓了，淡化了黄色景物的细节。

毫无疑问，图 2.16 看起来比图 2.14 漂亮得多，这就是为什么很多人忍不住要使用主曲线。不幸的是，调节主曲线往往不能产生理想的层次感，比较图 2.15 和图 2.16 的局部放大图就知道了。

在结束这个话题之前，还要强调 3 点。它们目前并不重要，但在后面的章节中将被证明是有益的。

首先，在 RGB 的蓝色通道和 CMYK 的黄色通道中，对比度的变化不明显。图 2.15 的蓝色曲线有一个技术缺陷，我们感兴趣的区域中最暗的颜色在曲线上对应的点位于代表黑场的点的右边，介于这两个点之间的所有细节都会糊成一片。我们在其他任何一个通道中都不可

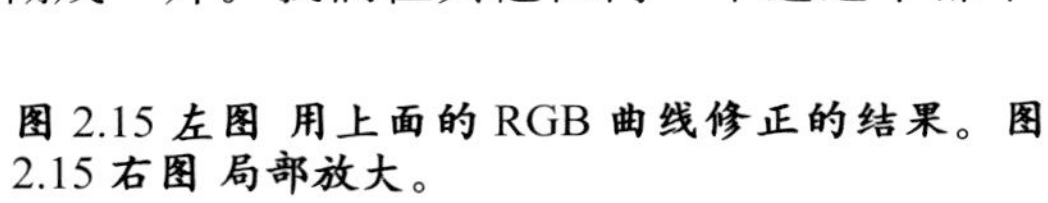

图 2.15 左图 用上面的 RGB 曲线修正的结果。图 2.15 右图 局部放大。

避免地会遇到这个问题，但在蓝色通道中，这个问题不明显，或者至少我不能看见它。如果真有此问题，它一定存在于黄色的稻田中，在图 2.15 中可以看到黄色的对比度增强了。

其次，对绿色对象来说，在 RGB 模式下最暗的通道是红色和蓝色通道，在 CMYK 模式下最暗的是青色和黄色通道。注意图 2.15 中蓝色曲线的重要区段比红色曲线的重要区段高，这说明画面主体部分的蓝色比红色暗。这很正常。天然的绿色总是偏黄而不是偏青的。这种绿色在 RGB 模式下，3 个通道从暗到亮的顺序是蓝色、红色、绿色；在 CMYK 下，这个顺序则是黄色、青色、品红。

调节这种颜色的曲线时，我们必须非常小心，不要把红色通道变得像蓝色通道一样暗，否则树木会变成青绿色，而不是期待中的绿色。

最后，我曾经鄙弃的主曲线似乎对含有大量中性灰的区域（例如图 2.13 中的鹈鹕）非常有效。但对于颜色含蓄或包含不止一种重要颜色的图片（例如图 2.14），主曲线就没有什么吸引力了。即使画面中只有一种重要的颜色（例如图 2.7 的交通事故照片），主曲线的效果也很差。看看图 2.7 的 3 条支曲线的重要区段有多么不同吧，如果你非要调节主曲线，那么当你向右移动左下角的端点时不能比在红色曲线上移动得更远，当你向左移动右上角的端点时不能比在绿色曲线上移动得更远。所以，调节主曲线所增加的对比度不能超过分别调节各通道的曲线。

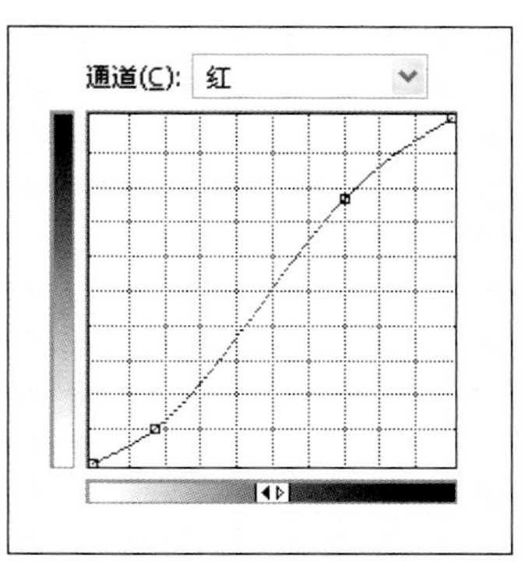

必须承认，这张图作为原稿是很糟糕的，在修正它的过程中我们尚未在意图片品质。但是，当图片品质需要保证时，我

图 2.16　调节主曲线是较差的修正方法，因为各通道的曲线占据着不同的阶调范围，把曲线调节成 S 形要好一些，但也没有图 2.15 好。

们面对同样的色彩就要重新审视工作流程了。

2.12 要走多远

图 2.17A 将用于一本服装产品目录。像大多数此类图片一样，它是由专业摄影师在室内拍摄的。如果他不喜欢这个效果，他会重拍，但仍然需要修正，如同所有类似图片一样。

这不是上衣颜色不正确的问题。室内可控制的灯光消除了这个问题的可能性。另外，摄影师也已经拍摄过一些色彩可控制的样品，小心地测量一般是有帮助的，不过也不必过于谨慎。

但是存在一个同时对比问题。当遇到大量的相似色彩时，人眼对它们的区别很敏感，可以比相机看到更多的反差。所以相机中的图片通常看起来缺乏层次感。

与图 2.7 的交通事故照片类似，图 2.17 的服装照片也只含一个主体物，也是由同类色构成的，背景也是不重要的。调节对比度的方法也是，找到画面主体在每条曲线上对应的区段，让该区段变陡。

问题是：要多陡？在交通事故图片中，答案当然是尽可能地陡，不用管色彩或图片的其他细节发生什么变化。这种方法在服装图片上行不通，因为我们不能让这件上衣变成白色的或蓝色的，像汽车那样随便变。在色彩修正中我们再次面临一个问题：要走多远？

我不知道，你也不知道。而且，即使我们认为自己确实知道，也可能不会赞同彼此的观点。

这是该例与关于汽车的例子、本章开始的自动色阶例子的重要区别。在本章开头的自动色阶例子中，我们（或者说是 Photoshop 的预设）知道最亮区域和最暗区域的色值应该达到多少。但在这里，我们还没有得到很多提示。

在这种情况下，可以先把颜色调得过火一些，也就是说，先把这张上衣图片处理得像汽车图片一样夸张，尽可能凸现更多细节，然后根据原图把对比度往下压一压，达到恰到好处的优化。

Photoshop 常常提供多种方法来达到一个目的，在此例中，使用曲线调整图层是最方便的。回顾一下：标准图层就像未分层的图像那样只有画面，而调整图层只

疑难解答：曲线的形状

在学习色彩修正的过程中，每个人都有盲点。对于某些概念，有些人不能领会，其他人却能透彻地理解。这并不奇怪。这个问题很复杂，有很多小规则，而这些小规则的重要性不能立即呈现出来。另外，当我们专注于某个难以理解的概念时，很容易忽略一两句重要的话。但我们已经得到了一个很重要的提示：人眼试图把接近中性灰的颜色看成完全的中性灰。

毫无疑问，你自己正忍受着其中的一个盲点，在这里你理解了困难的部分，却以某种方式错过了简单的部分。因为本书已经有过 4 版，每一版都得到了大量的读者反馈，所以我已经很清楚哪些地方是读者理解起来有障碍的。大多数章节有一个灰框（就像这段话所在的灰框），用来强调让至少一部分读者感到困惑的要点。下面 4 项的前两项会让曲线方法进入误区，如果你没能真正地理解它们。

如果很多读者仍然对下面的问题感到困惑，当然错在作者。在第 4 版中，最下面的两个问题让很多读者迷惑不解，所以现在的内容扩充了。

- **上下移动锚点还是左右移动锚点。**要增加某一对象的对比度，就在曲线上通过单击添加锚点从而确定与该对象对应的区段，降低较低的点，升高较高的点，把这一区段变陡。但是降低和升高都是在垂直方向上的，若在水平方向上移动这两点，就会改变受影响的范围。

- **何时移动端点。**当高光太暗时，有时我们把白场端点向右移动，有时让该点留在原位，只把曲线左边 1/4 处的点降低。这不是随心所欲的做法。移动端点用来突出高光附近的细节，如果你对中间调更感兴趣，就降低曲线左边 1/4 处的点。第 1 种做法会消灭接近高光的层次，第 2 种做法（若不是把那个点一直拉到网格底部）会破坏高光区域的细节，但不会将它完全压平。

- **无所不能的 S 形曲线。**对 S 形曲线存在一种误解，认为它是增加对比度的万金油。当然，在增加中间调的对比度上，它非常管用。但在特定图片中使用 S 形曲线增加对比度会出错。当高光和阴影的细节非常重要时，需要不同形状的曲线。

- **为什么一般不调节主曲线？**在 CMYK 模式下使用主曲线是一种灾难，因为黑色通道会随着青色、品红和黄色通道一起变化。在 RGB 模式下，它不一定造成灾难，但它是一种内部工作方式，在主曲线上不能像在支曲线上那样把对比度最大化。另外，在调节主曲线时，除了中性灰还有一些颜色会发生变化，有些颜色会过度饱和，有些却不饱和，整体色调就会发生改变。随意调色是非常糟糕的。

有命令，这些命令会影响下面的图层。无论是标准图层还是调整图层，都可以使用少于 100% 的不透明度，让下面的图层透过它部分地显示出来，也可以使用图层蒙版或图层混合功能，把图层限制在某些区域，图层混合模式有很多种。调整图层的不方便之处是，在改变色彩模式后常常不能保持效果，也不能用画笔或其他润饰工具着色；传统图层的弊端在于，一旦应用了曲线或其他命令，就不容易恢复原状了。

因此，我们建立一个曲线调整图层的方法是：单击图层面板底部的“新建调整图层”图标，选择“曲线”，或者使用“图层 > 新建调整图层 > 曲线”命令。曲线对话框会自动打开。先在每个通道使用很陡的曲线，像调整那张交通事故照片时那样。

图 2.18 所示的就是比较过分的调整，但是这是计划中的一部分。如果它的对比度太强烈，我们很容易把它调整回来。如果对比度不够，就有问题了。但在这么做之前，我们应该考虑不同的方法。

2.13　进入 CMYK

本章力求简单明了，到目前为止，我们的范例一直都是 RGB 模式的。如果图片将由照片冲印社输出或用台式打印机打印出来，就要保持 RGB 模式。但目前的情况不是这样。实际上，这张服装图要印刷在产品目录里。因此，必须把它转成 CMYK 模式，

图 2.17　当我们试图突出细节时，利用调整图层做矫枉过正的修正经常是有用的，稍后可以通过降低不透明度来达到满意的效果。图 2.17A 为原稿，图 2.17B 为修正后的图。

我为了把它印刷在本书里也把它转成了 CMYK 模式。

修正图片要注意避免错误，比如忘记设置高光或在图片中留下失真的颜色。要变得十分善于修正图片，就是当有几种好方法都可使用时，能够做出最佳选择。

这张图是后续章节的一个预演。我们从 RGB 开始，必须以 CMYK 结束，而且在这个过程中，必须提高图片品质。但是何时何地，如何提高？

与其讨论在何种色彩空间中做什么更好、何时做更好，或者用类似 LAB 中的工作方式——部分 RGB、部分 CMYK，或者使用通道混合，不如让我们假设只有两种可能性：在 RGB 模式下修正，然后转换成 CMYK，或者是先转成 CMYK 模式，然后进行修正。因为我们已经知道了第 1 种可能性，让我们试试第 2 种可能性吧。

先执行“图像 > 模式 > CMYK”命令，然后创建一个曲线调整图层。找到上衣在每条曲线上对应的区段（现在有 4 条曲线，而不是 3 条），然后让曲线变陡。

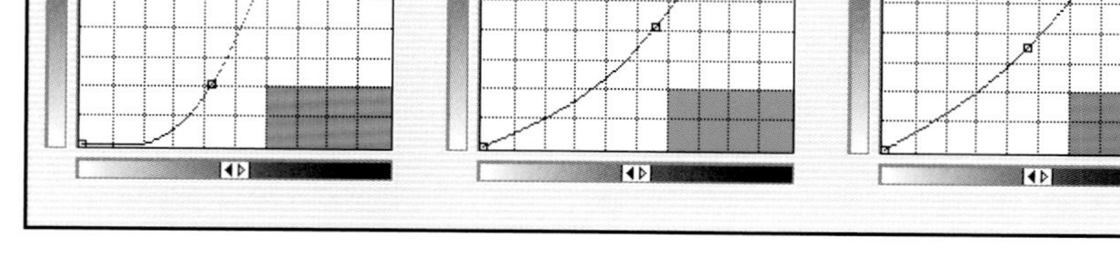

图 2.18　这些 RGB 曲线旨在增加整个上衣的对比度。

我们已经知道了 RGB 通道和 CMY 通道的同源关系，再比较图 2.18 的曲线和图 2.19 的曲线，它们之间的就关系更加明显了。红色和青色曲线的形状几乎一样，绿色和品红曲线也是如此。

当然，二者之间的最大不同是黑色曲线。这样

回顾和练习

★ 在图 2.12 的图片中，调节红色通道曲线创造了气势磅礴的尼加拉瓜瀑布，在曲线左边 1/4 处有一个令人胆战心惊的折角。创造这一折角的目的是什么（提示：这个能够人为创造出更陡的曲线的点，对应于被摄体的什么部位）？

★ 标准图层和调整图层的区别是什么？

★ 为什么我们通常不希望把图像中最亮和最暗的颜色设置到极限，也就是说，在 RGB 模式下，为什么不把白和黑分别设置为 $255^R255^G255^B$ 和 $0^R0^G0^B$？

的被摄体在黑色曲线上对应的区段又短又简单。黑色通道有许多优点，其中之一就是不会改变色相（我们将在第 5 章详细讨论黑色通道）。不论我们怎么调整黑色通道，这件上衣都不会变成绿色或黄色。

记住，这两种方法都极具杀伤力，图 2.19 的细节看起来更好，而且比图 2.18 更加可信。所以，我现在要抛弃图 2.18，减少图 2.19 的调整图层的不透明度。我使用 70% 的不透明度获得了图 2.17B 所示的效果。

2.14 RGB 前的 CMYK

这个概念很简单：曲线越陡，对比度越强。随着我们对色彩修正的深入学习，选择会越来越多。选择在哪个色彩空间里工作有很多例外，这些例外直到本书的最后才会总结出来。但是，做出正确的选择是大有好处的。在这幅图片中，RGB 完成得很好，CMYK 做得更好。

事实上，我们可以总结出第 1 个一般性规律。要想利用曲线突出关键的细节，CMYK 模式是最好的。其原因在于，被摄体在 CMY 曲线上对应的区段更窄，很多细节都被转移到黑色通道中了。所以，我们不仅有机会在黑色通道中工作，而且在 CMY 通道中，可以把 CMY 的曲线做得比 RGB 的同源曲线更陡。

现在，让我们看看这个例子。假如最终需要的不是一个 CMYK 文件而是一个 RGB 文件，是否可以这样做：先把色彩模式转换成 CMYK，在此模式下修正，然后再恢复成 RGB 模式。

首先你要问问自己，在图 2.18 已经可以接受的情况下，图 2.19 的额外改善是否真的有必要，该图是否如此重要以至于要费这么多事。其次，除非你在这方面非常有经验，否则你应该对 RGB-CMYK-RGB 的来回转换非常谨慎，通常这不会产生明显的改善，而又存在一些隐患。

主要问题是，很多颜色存在于 RGB 模式下却不存在于 CMYK 模式下，用专业术语说，它们超出了 CMYK 色域。当 RGB 转为 CMYK 时，那些颜色会发生改变。如果在转换为 CMYK 的过程中失去了这些颜色，转回 RGB 后它们也不会回来，到那时就不得不想办法恢复它们了。

超出 CMYK 色域的多是明艳的颜色。在我们要处理的这张图片上不存在这样的颜色：上衣的颜色是

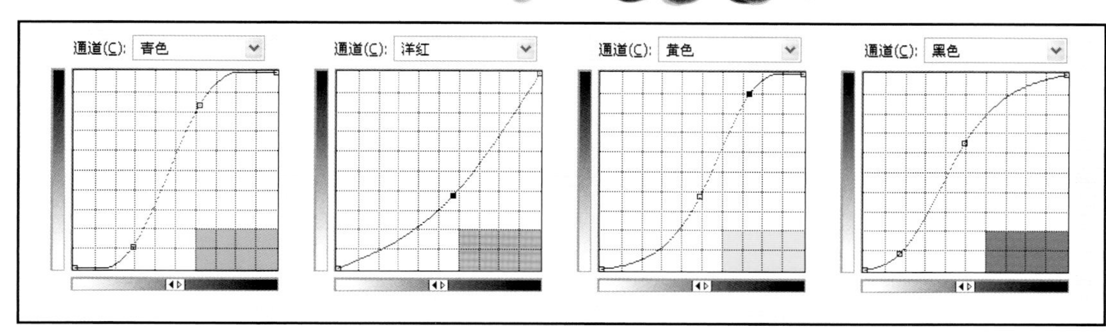

图 2.19 调节 CMYK 曲线而不是 RGB 曲线，可突出更多的细节。

发灰发暗的红色，转成 CMYK 后不会有任何损失，此后再转回 RGB 也是非常安全的。如果我从事这项工作，最终需要一个 RGB 文件，这就是我要做的。

2.15 自动色阶

在色彩修正过程中，某些基本原理非常有效。我们总想把画面主体在曲线上对于的区段变陡，调节白场和黑场就是为了这个。这正是使用“自动色阶”命令的理由：虽然我们自己可以做得更好，但设置白场和黑场总是没错的[①]。在下一章中，我们将会看到如何避免失真的颜色，这是在自动色阶之外必须要做的事情。

不幸的是，我们的很多有力武器并不总是奏效的。当最终目标是 RGB 文件时，在 CMYK 模式下工作当然会受到限制。

举例来说，假如要处理图 2.8 那样的绿瓶子而不是紫色的上衣，尽管目的都是强调细节，但这次在 CMYK 模式下修正毫无方便之处。在有绿瓶子的地方，黑色通道是空的，调节黑色曲线没有用。即使最终要的是 CMYK 文件，也可以在 RGB 模式下修正，再转成 CMYK 模式。如果最终需要的是 RGB 文件，那先转成 CMYK 模式修正再转回 RGB 的做法简直是疯了，因为 RGB 模式的一些明艳色彩在转成 CMYK 模式后会丢失。

使用何种方法、何时使用，令人感到非常沮丧，特别是在图片印刷出来后才发现有一个更好的方法的时候。在随后的章节里，我会提示更好的方法。同时，坚持使用合适的曲线形状是大有裨益的。你要做的就是记住自动色阶如此有效的原因。

本章小结

曲线可以修正色彩和细节，本章只考虑细节。

默认曲线是一条 45° 的直线。我们所做的任何改变都会让某些区域比 45° 更陡，让另一些区域比 45° 平缓。变陡的区域增加了对比度，平缓的区域则减少了对比度。因此，适当的曲线非常重要，要想增加重要区域的对比度，就要牺牲不重要的区域的对比度。

例外的情况是图片的高光和 / 或阴影不合适。将它们调节为适当的数值可使曲线内部变陡，而变缓的区域所代表的颜色是图片中不存在的。这就是为什么“图像 > 调整 > 自动色阶”命令常常如此有效，虽然人工能做得更好。

---

① “自动色阶”命令的作用就是通过调节白场和黑场来增加对比度。

第 3 章
利用数值修正颜色

色彩修正离不开艺术鉴赏力吗？还是连猴子都能完成的工作？其实只要遵守某些数字规则，任何人都可以作出令人信服的色彩修正。但是，那些不把技术建立在符合要求的数值的基础上的人，甚至无法完成这项工作。

彩修正的活儿不是胆小鬼干得了的，很多人都相信这一点，他们用花里胡哨的技法力图让照片中的颜色变得可信。选中这个区域，锐化那个区域，打开直方图，应用奇怪的滤镜，而这一切都试图证明，只要一群艺术总监像马戏团表演那样表演千奇百怪的花招，就有人抛一个香蕉过来。

然而，大多数色彩修正工作都可以由猴子来完成。本章介绍了一个数字化的、以曲线为基础的方法，它不需要多少艺术鉴赏力。相信我，这个方法可以走得更远，而且所有高级技巧都不可避免地建立在这个卓越而简单的方法之上。

利用数值修正颜色，可以用一句话来概括。

每次修正都在可能的范围内使用全阶调①，而且不要让观赏者觉得还有更好的颜色。

* * *

巡回色彩科学家 Lemuel Gulliver 博士说过 ：“毫无疑问，当哲学家告诉我们‘没有什么比对比更好’的时候，他们总是对的。”当我们比较原稿的不同修正版本时，这是个不错的想法，不仅要比较画面，还要比较数值。

本章开头提出的观点早在 1994 年本书第 1 版面世时就在图像艺术界引起了轰动。我不光说一只猴子可以做这类工作，还教一个对颜色分辨有障碍的人调色，并把他的一些作品发表了出来，这些作品比那个蒙昧时代的很多专业人士做的东西要好得多。

现在，每一位专业人士都认同设置白场和黑场、控制中性灰、把曲线作为主要色彩修正工具来使用的必要性。在 1994 年，桌面出版工作者还不知道这些概念，只有电子分色机的操作员注意到了它们。台式扫描仪在当时还很原始，数码相机几乎没有，Photoshop 没有图层，印前准备也非常昂贵。

总之，按照今天的标准，那是个小人国的世界，数值方法的革命性就像是一位巨人的到来。采纳此种方法的人赚了很多钱，从竞争对手中脱颖而出。

此后，自然选择规律开始在图形图像市场发挥作用，出现了能够自动设置黑白场、在一定程度上还能调色的数码相机，而数值方法反而被人们淡忘了。今天，我在设备完善的环境里说连猴子都可以做专业水平的色彩修正，但更确切地说，它在 Photoshop 的“石器时代”就能干好这件事，因为那时候就有数值。

数值方法是色彩修正不可或缺的起点。为了看到它是如何以最简单的方式工作的，让我们走得比格列佛更远，进入印度尼西亚森林。

图 3.1A 所示的照片里的灵长类动物叫“黑色猕猴”，但它看起来是黄绿色的。有些卖显示器的人说，

---

① 在可以达到的明暗变化范围内，让黑场足够黑，让白场足够白。

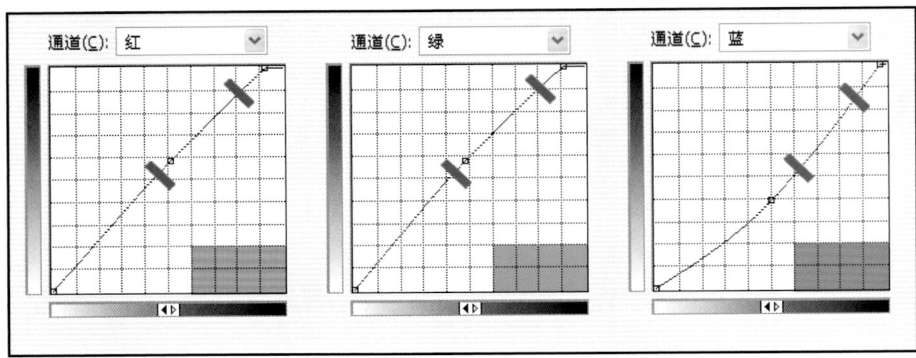

图 3.1A 原稿。图 3.1B 修正结果。左边是所用的曲线。猕猴的颜色由偏绿的黄色变成了中性灰，但对比度仍有不足。

#1 R:	132/ 115	#2 R:	88/ 68
G:	138/ 115	G:	94/ 68
B:	92/ 115	B:	60/ 74
#3 R:	60/ 40	#4 R:	34/ 15
G:	63/ 38	G:	39/ 15
B:	30/ 34	B:	17/ 15

只要校准了显示器就能调好颜色，这幅照片是对他们的反驳。即使校准过显示器，照片中的猕猴还是呈黄绿色，总不能把它改名叫“黄绿色猕猴”吧。

相机忠实地记录了它所看到的，但是相机没有我们在第 1 章中谈到的色适应功能。这是一幅丛林景色照片，有很多从树叶反射的绿光，然后这些绿光反射到这个动物的脸上。如果我们身临其境，我们的视觉系统会自动校正光线，我们将看到它就是黑色的。

黑色、白色和灰色被看作中性灰。在 RGB 而不是 CMYK 中，有条规则很容易记住：3 个通道完全相同时，颜色就是中性灰。

本书有些地方会讲到如何测量颜色的数值，但在此例中，我只告诉你测量结果。我从不测量单个的点，因为那可能被误导。在这幅图片中，我测量了这个动物脸上的 4 个点，从亮到暗，它们的读数是 $132^{R}138^{G}92^{B}$，$88^{R}94^{G}60^{B}$，$60^{R}63^{G}30^{B}$ 和

$34^R 39^G 17^B$。最后一个数值，对应于猕猴的耳朵附近的颜色，是图像主体中最暗的颜色。图像主体中最亮的颜色在短尾猿下巴下面的黄色树叶中，它的数值是 $245^R 252^G 173^B$。记住，纯白的数值是 $255^R 255^G 255^B$，纯黑的数值是 $0^R 0^G 0^B$。

我们希望这头动物身上的红、绿、蓝的数值大体一样。但以上测量结果都是绿色值最高（颜色偏绿），蓝色值最低（颜色偏黄）。猴脸上最暗的部分现在也不够暗，我们更想用 $15^R 15^G 15^B$，其原因稍后解释。

每条曲线上半部分的数值是 0 ~ 128，上边 1/4 段的数值是 0 ~ 64。根据刚才的测量结果可确定猕猴在每条曲线上对应的区段的位置。注意，本书中曲线的右上部分始终比左下部分暗，这不是 Photoshop 的默认设置。

3.1 使用数值

在实际工作中，利用数值修正颜色有多种方法，其中有些比另一些更好。

在刚才测得的数值表明，猕猴脸部的蓝色通道比另外两个通道暗，要把它变成中性灰，合理的方法似乎是把蓝色通道变亮，把红色和绿色通道变暗，获得均衡。我在图 3.1B 中就是这么做的，把曲线中间的点升高或降低，同时观察信息面板的变化，直到看见 $132^R 138^G 92^B$ 变成了 $115^R 115^G 115^B$，然后把每条曲线右上方的点向左移，把 $34^R 39^G 17^B$ 加深成 $15^R 15^G 15^B$。调节完这两个点之后，我曾经测量过的另外两个点也跟着变化了，每个点的红、绿、蓝数值都接近相等了，我把这叫做“均衡”。

数值修正的结果如图 3.1B 所示。它没有图 3.1A 那样明显的错误。但是短尾猿身上的某些细节丢失了。

之所以有第 2 章，不是因为出版商希望我填充页数，使得这本书看起来更厚，而是因为使用曲线改善对比度至少与使用曲线获得更好的颜色一样重要。

#1		#2	
R:	132/ 146	R:	88/ 68
G:	138/ 145	G:	94/ 72
B:	92/ 144	B:	60/ 68
#3		**#4**	
R:	60/ 32	R:	34/ 12
G:	63/ 31	G:	39/ 13
B:	30/ 26	B:	17/ 13

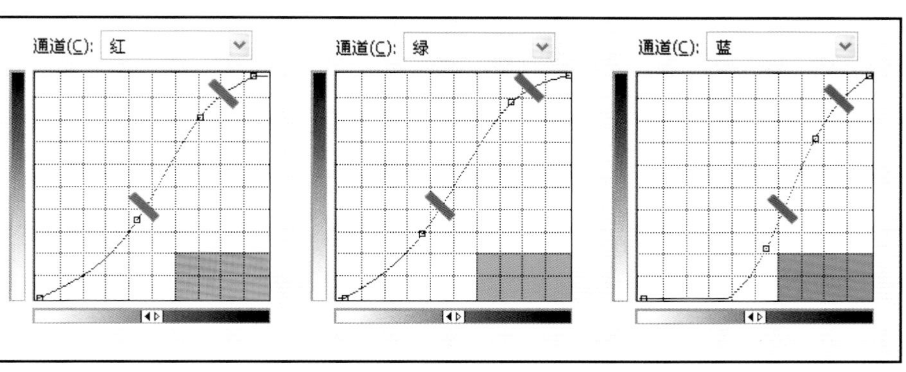

图 3.2 用这些曲线替代图 3.1 中的曲线，使猕猴处于较陡的区域，创建了更好的细节。

当我们近距离遭遇这样的野生动物，身体受到威胁时，所有的注意力都会集中到它身上，我们瞪大双眼注视着这头黑煞神的一举一动，与此无关的颜色则被忽略了。

相机可不会这样，它不认为猕猴会咬它的镜头，它麻木地看待面前的东西，不会特别在意它的利爪和满脸凶相。所以说人眼所见与相机所见的有着本质的区别。

本章介绍的方法与上一章呼应：曲线上对应于短尾猿的区段应该是最陡的，而红、绿、蓝曲线之间的均衡产生了中性灰。曲线调节得越细致，效果就越好，如图 3.2 所示。在每条曲线对应于短尾猿的区段的下边都建立了一个锚点，将此锚点向下拉，就可以让上边的区段变陡。

比较图 3.1 的曲线上的红色标记与图 3.2 的曲线上相应的红色标记，它们的水平位置相同，而垂直位置有很大差异，这是图 3.1 与图 3.2 的重要区别。任何人都不难做出这样的效果，只要完全利用数值修正颜色。

我并不认为这是最佳的色彩修正。曲线上的这些点还可以被拉到不同的位置，得到不同的数值，也许能获得比图 3.2 更好的效果。这是数值方法中很有创造力的一部分。但如果缺乏基础知识，这也是做不到的。图 3.1A 违反了本章开头所述的两条基本原则，它没有使用全阶调，而且让看图者想到了比图中更好的颜色。

如何阅读本书及配套光盘

本书分两个部分，第 1 章 ~ 第 10 章独立于本书其他章，主要讲述色彩修正的基本知识。第 1 章是前言，（第 2 章 ~ 第 8 章讨论了如何使用工具，主要是关于曲线、通道混合、锐化的，还有图层混合供选择阅读。）第 9 章和第 10 章介绍了色彩修正的步骤，以及在修正它们之前如何分析图片。在本书前半部分，没有讲述选区或蒙版的应用，也没有涉及工具箱中除拾色器以外的工具。我们也没有讨论任何关于校准或分辨率的问题，使用 Camera Raw 可能出现的问题也没有讲过。我们只是给出了颜色设置的大致用法。第 1 章 ~ 第 10 章没有涉及的问题都将在第 11 章～第 15 章中讲到，因为我认为在涉及这些问题前，要了解有助于理解图像处理的基本知识。第 16 章 ~ 第 20 章不是必读的，可根据个人喜好选择阅读。

与前几版不同的是，书中色彩修正练习所用的几乎所有图片都在配套光盘中，只是分辨率降低了，测出的数值可能与文中的不一致。我建议，学习第 2 章～第 6 章时不要打开配套光盘中的图片，只看文中的。这些章节的技巧适用于所有图片，如果你把它们用于你熟悉的图片，相信你会感到惊奇。在随后的章节中，我们会讲述只适合于某些图片的技巧，那时你可能希望使用配套光盘中的图片。

本书的历史已相当长，在编写过程中，既有值得汲取的经验，也有挫折。为了让大家避免遇到相同的挫折，在经历了 4 版后，我们提出了如下建议。

• 确信你已经理解文中的术语和使用数值的方法。从最亮到最暗，我们称之为高光、1/4 调、中间调、3/4 调和阴影。这些术语与曲线相对应的是：在 1/4 调和中间调之间没有明确的分界线。RGB 和 CMYK 的数值总是正值，而 LAB 的数值有负值，例如 50L(10)A10B，括号中的数值就是负值。在 CMYK 中，我们不用把 0^K 附在 CMY 值的后面。

• 在读完讨论 LAB 的第 4 章后，你要能够在 3 个色彩空间的任何一个中利用数值辨别颜色。我不是说利用数值分辨微妙的色差（例如不同的绿色），而是要你把绿色和青色或黄色区别开。如果没有这种能力，进行色彩修正就需要花很长时间。

• 很少有人同时精通 RGB 和 CMYK。在你自认为较难把握的一种空间中工作将非常重要。我建议你在每个色彩空间里选择一条曲线，找到与图像的白场 / 黑场对应的点。

• 大多数章节对以前让读者感到迷惑不解的疑难问题作出了解答。

• 不要畏惧你的审美观与我的不一样。当我宣布我认为绝对正确的规则——比如不使用全阶调，作品就缺乏竞争力——时，不会羞羞答答的。但对颜色和混合百分比的选择就不同了，你可以自己把握分寸。

• 如果你觉得这些不可思议，认为这些建议让人沮丧，那就跳过这部分继续阅读后面的内容。

3.2 系统设置

就像你期望的那样，数值方法可以处理的不仅仅是中性灰。但是在进入下面的内容前，我们必须了解系统中的某些常规操作，由此明白为什么某些技巧比其他的更受青睐。

• 在调整曲线的过程中，信息面板是我们的向导。为了确信它没有误导你，在工具箱中选择吸管工具，在界面上方改变其选项，如图 3.3 所示。不要使用默认的取样范围，我使用的是 3×3，也可以使用 5×5。

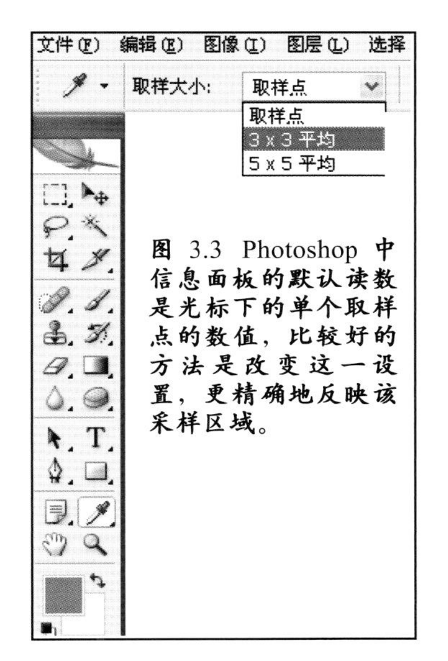

图 3.3 Photoshop 中信息面板的默认读数是光标下的单个取样点的数值，比较好的方法是改变这一设置，更精确地反映该采样区域。

我们想在信息面板上看到一个区域的平均色值，所以这种改变是必需的。若采用默认的取样范围“取样点”，信息面板就只显示一个像素的色值，但我们测量的也许是一块颜色，它也许来自相机镜头上的一粒灰斑。3×3 反映出 9 个像素的平均值，5×5 反映出 25 个像素的平均值。

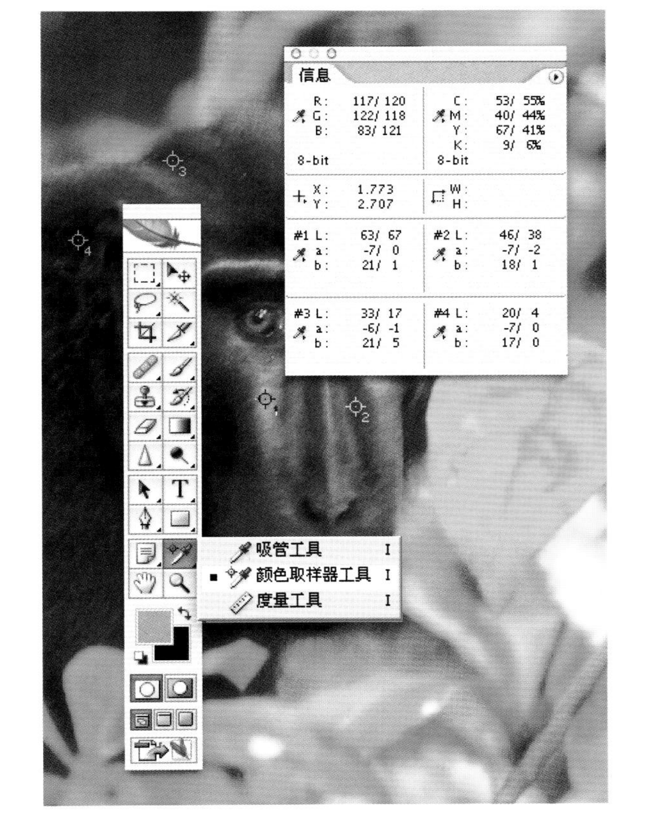

• 现在来设置信息面板。它的上半部分包含两组数值，都是光标所在处的数值，但左边是实际值，即当前色彩空间中的值，右边在我看来应该设置为操作者习惯使用的色彩空间中的数值。在本章中，我们将讲述 RGB 空间和 CMYK 空间，下一章我们将增加 LAB。很少有人能够同时处理这 3 种色彩空间中的数值。把信息面板的右边设置为你习惯的色彩空间中的数值，如图 3.4 所示。注意，为了更轻松地评价物体色是否为中性灰，在 LAB 空间中，我建立了 4 个取样点。在下一章我将讲述这样做的理由。

Photoshop 是个功能强大甚至有些冗余的软件，完成一项任务可能有多种方法，有时它们是等价的，有时却不是。如果我建议使用某种方法完成一项任务，你却更青睐于其他方法，结果无非有 3 种：

• 你的方法跟我的一样好（内心的骄傲让我忍着没说我的方法更好）；

• 你的方法也管用，但不够正规；

• 你的方法很不好。

* * *

下面的实例都是能够令人接受的，而且与我所推荐的方法达到完全一样的效果。

• **曲线和调整图层**。那些随时需要编辑曲线的人通常把曲线放在调整图层上。有些人编辑过一次曲线后便将曲线存储在文件之外，以后只需调用它而不用再编辑曲线。有些人则确信他们所编辑的曲线无懈可击，不使用调整图层，而直接在图像上使用曲线。你的工作流程会决定你采用哪种方法。

• **键入数值**。在曲线上单击可添加锚点，也可以按住 Command 键在图像中单击，自动在当前通道的曲线上产生与单击处对应的点。如果我们不这么做，

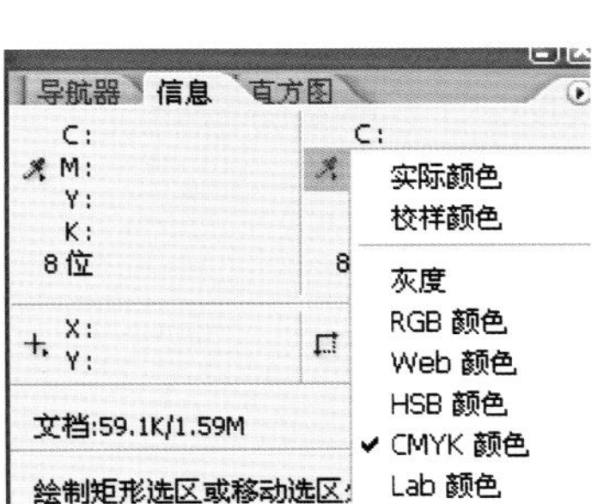

图 3.4 左图 使用颜色采样器工具在猕猴身上建立了 4 个取样点。在信息面板中，“/”符号两侧的数值显示了修正前后的变化。图 3.4 右图 在信息面板上选择其他色彩空间，可显示与之对应的数值。

而是按住 Shift-Command 键并单击图像，那么将在所有曲线上产生相应的点。当然，在曲线上单击任意一点，然后在曲线对话框左下角键入输入、输出数值，这种做法也是可以的。我不喜欢这种做法是因为我讨厌手离开鼠标。如果你这样做更熟练，可以选择键入数值。

• **信息面板上的取样点数据**。在处理猕猴图片时，我在工具箱中选择颜色取样器工具（与吸管工具在同一个区中），单击它脸上明暗不同的 4 个点，这 4 个点的数值就会被添加到信息面板中。当我调节曲线时，我能同时看到这 4 个点的数值的变化。这非常有用，但我个人在实际工作中很少使用这项功能，我更喜欢把光标移到受影响区域，这样看到的不仅仅是 4 个点的数值。

• **曲线的两种设置**。为了提高效率，我们尝试在一次调整中完成所有的事情。如果一次调整不能奏效，还可以进行第 2 次甚至第 3 次调整，没有什么不可挽回的。但如果非要进行第 2 次、第 3 次调整，就说明第 1 次调整做得不到位。

• **RGB 和 CMYK**。如果素材是 RGB 模式的，最终需要的文件也是 RGB 模式的，最好不要把 RGB 转换到 CMYK，但是转换到 LAB 却可能不错。如果 RGB 最终要被转换成 CMYK，在哪种模式下修正都没有问题，甚至是 LAB 模式。每种模式都有自己的优缺点。对曲线方法来说，CMYK 是最佳的，RGB 是最难处理的。无论 RGB 或 LAB 原稿有多好，高品质输出总是要求在转为 CMYK 模式后作一些小小的调整。要减轻后期调整的负担，就不要逃避在 RGB 模式下的艰苦工作。

* * *

下面的做法有时很有效，但我对此不以为然。

• **色阶帮助**。色阶是曲线的简化版本。在某些场合，它非常有效，但它不能产生 S 形曲线。S 形曲线非常重要。你跳进深水区越早，学会游泳也就越快。所以我建议大量使用曲线，特别是，如果你目前使用曲线还不够灵活，还不能随心所欲，那就不停地练习，你会做得更好。

• **用吸管设置黑场和白场**。曲线对话框中的黑白吸管工具可以用来单击图像中你想设置为黑场或白场的区域，这可以直接把曲线变为左下端向右平移、右上端向左平移的直线，有时效果很好。但是大多数时候你想要的是 S 形曲线，而不是从一开始就很陡的曲线。

* * *

下面的做法是不好的，应该尽量避免。

• **使用主曲线**。在 CMYK 中，这样做会损失对比度，因为黑色通道总是无法和另外 3 个通道一致。在 RGB 中，即使这么做可以突出细节，也不如在各通道中分别调节好。更糟糕的是，它有可能改变颜色，压平高光和阴影的细节。

• **过早使用其他命令**。理论上，正确的色值总能产生精美的图像。你应该首先按照这一理论获得尽量正确的数值，再考虑那些诱人的命令，特别是“图像 > 调整 > 色相 / 饱和度”或“图像 > 调整 > 可选颜色”，它们会改变先前获得的色值。如果现有的色值仍然不能让你看到完美的图像，你才可以使用那些命令。

同样，在曲线这一主要方法之前采用锐化或“图像 > 调整 > 阴影 / 高光”命令都非常危险。这些命令增强局部反差，有可能突出非常微小的颗粒，这本来是我们不愿意看到的。轻微的曲线调节不会带来什么损害，但大幅度的曲线调节可能以一种令人反感的方式强调这些人工斧凿痕迹。

* * *

如果你准备自己分色到 CMYK，本书建议你检查颜色设置的某些选项。但是，如果你正在使用 Photoshop 预设的 CMYK 工作空间——U.S. Web Coated（SWOP）v2，就要做出改变。否则，分色会分出很多黑色，与本书推荐的分色方法不一致。作为一种快速方法，直接跳至图 5.2，将那里的选项复制到你的设置中。

RGB 设置是另外一个有争议的话题，但我们仍然要讨论它。本书的很多 RGB 原文件都保留了摄影器材所用的 RGB 配置文件。如果你把 RGB 色彩管理方案设置为“保留嵌入的配置文件”，打开本书配套光盘中的文件时，就会在所嵌入的配置文件的色彩空间中工作。如果没有配置文件，我知道的文件信息也并不比你多。当遇到这种情况时，我会用 Apple RGB 打开此类文件。

以上关于理论的知识已经很多。现在让我们开始进行色彩修正。请记住，其他章节的新颖方法在这里还没有用武之地。我们暂时不考虑锐化、通道混合、配置文件、选区、蒙版和图层，甚至 LAB。这些东西真能让修正效果更好吗？这是毫无疑问的。但本章只做基础性介绍。如果忽略这些，即使用到了功能强大的工具，你的图片也无法具备竞争力。

3.3 数值魔术

在今天，大多数专业人士都需要在 CMYK 和 RGB 中工作，我们也是，接下来对每种色彩空间举出 3 个例子。如果 RGB 用户突然使用 CMYK 空间，通常会对一个特殊概念感到茫然。在给出参考数值之前，我们应该对此概念予以阐明。

实际的青墨会反射一些红光，而理想的青墨不会，所以，实际的青墨要灰一些，在 CMYK 中无法打印也无法调节出纯粹的青色。但是，CMYK 的中性灰是可以达到的。

RGB 用户知道，要创造出中性灰——灰、白、黑，3 个通道的数值应该一致。在 CMY 中（忽略黑色，它已经是中性灰），有人认为中性灰遵守同一规则，但事实并非如此。为了创造中性灰，品红和黄色应该取同样的数值，但是青色的数值要高些。这也能够解释下面的阴影和高光的参考数值。

让图片符合下面 4 个指导方针，为进一步提高做准备。

• **阴影**。这是图片主体中最暗的中性灰。几乎所有的图片都有某些地方可以当成阴影来处理。

原则上，阴影应该是数值最大的，我们相信这能够反映细节。如果最终要的是 RGB 模式的文件，最暗的颜色达到 $15^R 15^G 15^B$ 就可以了，除非你确信自己的输出设备能够打印比这更暗的区域中的细节。对于 CMYK 模式来说，当印刷条件较好时，阴影可以用较高的数值。针对卷筒纸印刷，比如印大批量的期刊，我推荐 $80^C 70^M 70^Y 70^K$，单张纸印刷可以接受暗一点的阴影，但在新闻纸上印刷阴影要浅一些。

大多数商业印刷都给 4 种油墨限定了总量，其目的是为了避免油墨干燥慢引起的一系列问题。印刷条件越好，可达到的油墨总量就越高。SWOP 是美国卷筒纸胶印出版的工业标准，它制定的油墨总量上限是 300%，印刷杂志时常常把油墨总量上限降低到 280%。我推荐的 $80^C 70^M 70^Y 70^K$ 的油墨总量是 290%，非常接近 300%。

但是，当为新闻纸准备图片时，290% 是不行的，240% 更好，也可用于一些喷墨式打印机。如果需要更低的油墨总量上限，就减少 CMY，同时增加黑色，以保持阴影的深度。

在暗调，人眼对色彩变化的敏感度变弱，因此，如有必要，可以减少一种或两种墨。但是，如果没有充分理由，千万别这么做。阴影的色彩不平衡可能会带动图像其他部分偏色。

同样，阴影部分的 CMY 值可以与其他区域的 CMY 值一样高。比如说，深蓝色的数值可能是 $95^C 65^M 15^Y 30^K$。当 4 种油墨都非常浓时，油墨总量可能会超过限制，所以阴影部分的青色被限制在 80^C。上述深蓝色的总值只有 205%，比任何可能的油墨上限都要低得多。

• **高光**。这是图片主体中最亮的部分，它有两个限制。首先，它不能是极亮的反光或光源。这些东西被称为“极高光”。其次，它一定是我们希望读者注意到的白色。假设这样的区域能够找到（但不是总能找到它），就使用 $255^R 255^G 255^B$ 或 $5^C 2^M 2^Y$。

其他专家建议在高光使用不同的 CMY 值，比如 $4^C 2^M 2^Y$、$3^C 1^M 1^Y$、$5^C 3^M 3^Y$ 或 $6^C 3^M 3^Y$。但有一点是大家都赞同的：品红和黄色的数值应该相同，青色的数值可以稍高些。这样做是为了保持高光的中性。因为高光数值非常重要，所以才会存在这样一致的看法。人类视觉系统对浅色非常敏感，任何一种墨有 3、4 个点的变化都会引起让人无法接受的色偏。

当我们不确定要做什么时，就会猜测。但是，理性告诉我们，阴影和高光必须保持中性。

3.4 寻找确定的事情

• 在 RGB 中，应该呈现中性灰的区域，例如白色、黑色或灰色阴影，需要 3 个通道保持相等的数值。在 CMYK 中，中性灰的品红、黄色需要相等的数值，青色数值要稍高些。黑色本身已经是中性灰，所以在讨论中性灰时不一定要考虑它。

在技巧讨论课上，我观察到有大约一半的学生认为修正中性灰比修正彩色简单，另外一半学生则认为中性灰的修正让他们发疯。他们调来调去把本来应该有色彩倾向的颜色调成了中性灰，他们修正了一个中性灰区域，却忽略了另外一个，而且当他们无计可施时，就把文件交给自动色阶来处理。

为了防止此类情况发生，我提供了图 3.5。图中的猫是 RGB 模式的，雕像是 CMYK 模式的。你能猜出哪些被破坏了，被调出了不正确的颜色吗？

我相信找出问题的答案并不难，无论你对确定中性灰的能力有多不自信，你也会对这两幅图的偏色感到惊讶。

当我们凭逻辑和经验找到应该是中性灰的颜色时，就把它调成中性灰。在猕猴的图片上我们刚刚作过这种尝试，我们看到猕猴的颜色不是中性的深灰色或黑色，就把它变成中性的。图 3.5 中的猫也是如此。你永远也不会看到这样的猫，但你见过真正的猫，你知道猫的脸、爪子和肚子上的白毛是中性的白色，而不是淡紫色、青色，也不是橘黄色。如果原稿有这些颜色或其他失真的白色，我们就应该把它变为真正的白色。

我们认定猫的图片被破坏了，不仅是因为它的白毛偏色，而且深色皮毛的偏色给我们的印象更深。我们知道它应该是中性灰，更知道猫永远不可能是紫色的。

身上有老虎条纹的猫可能是灰色的，但我们不能确信它有多灰，这不像确定它的浅色皮毛是中性白、猕猴是黑色的那么容易。当我们处理接近中性灰的颜色时，这是个标准的难题。我们不知道它应该是什么颜色，只知道它不应该是什么颜色。

Russian Blue 是一种猫的名字，它比图 3.5 中的猫要名贵得多。现在我们眼前这只猫的颜色可能是亮棕色或像老鼠那样的棕色，但不可能是除棕色、灰色以外的颜色。这给了我们开始数值修正的足够信息。

如果猫是灰色的，R、G、B 值就应该是相同的。如果猫是棕色的，红色通道就应该比另外两个通道亮。如果绿色通道或蓝色通道显示的数值比红色通道的更高，这种颜色就不真实。因为猫不可能是淡绿色或蓝色的。

我们可以进一步确定，如果红色通道较亮，另外两个通道的颜色一样，猫就是纯棕色的。如果绿色通道比蓝色通道亮，红色通道和蓝色通道的亮度不一样，猫就是黄棕色的。我觉得这是可能的。但如果蓝色比绿色亮，那么猫就是泛紫的棕色，这样的图片根本没有价值。

总结：如果你要利用数值修正颜色，白色皮毛的 RGB 数值的 3 个变量就应该相同；深色皮毛可能也是这样，但也可能深色皮毛的红色通道应该是 3 个通道中最亮的，绿色通道可以和蓝色通道一样亮，但是不能更暗。

就像格利佛，我们有时会漂浮在海中，却没有航行工具，也不知道将漂向何处。这种感觉令人沮丧，可能有时了解数值方法就意味着要借助它走得更远。没有其他信息提示我们这只猫是什么颜色

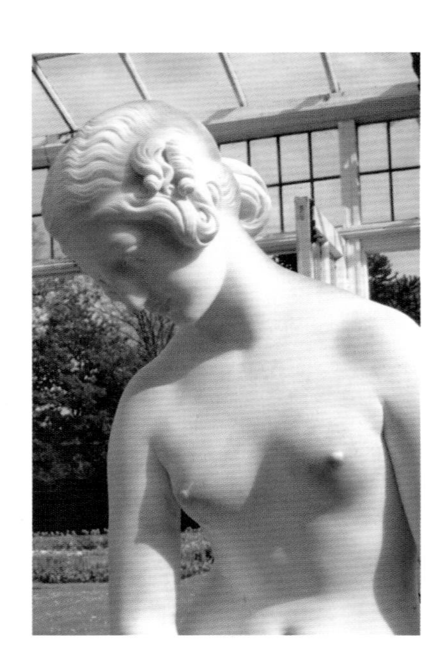

图 3.5　在真实世界里，没有人见过这样的紫色猫，由此我们可以判断什么颜色是不真实的。这只猫以及右边的雕像应该是什么颜色呢？

的，有时只得借助经过时间考验的印前技术来猜测。你可能有更好的办法，但如果你的数值与上文中的不符，你的办法就不一定更好。

现在，让我们来看看雕像。它是灰色的。我测量了她脖子上的一个点，数值是 $20^C 15^M 15^Y$，其他取样点与此类似。

这是唯一的可能性吗？难道雕像就不能变旧发黄或者有点棕吗？这是一个问题。让我们把一种墨或两种墨的数值降低 5%，总共有 6 种可能的组合。比如，$20^C 10^M 10^Y$ 可能会偏淡青色。$15^C 15^M 15^Y$ 没有中性灰所需的过量青色，因此它会偏红或呈偏棕的暖色调，因为品红和黄色不均衡，这两种颜色结合起来就偏红了。我能够接受其中的一种，但无法接受另外一种。偏淡青色令人不满意，轻微偏暖通常都令人愉悦。

另外 4 种可能性是 $20^C 15^M 10^Y$、$20^C 10^M 15^Y$、$15^C 15^M 10^Y$ 和 $15^C 10^M 15^Y$。它们分别偏蓝、绿、品红和黄。

这部分很简单，所以我不想浪费时间在答案上。更难的问题是，你认为这 6 种可能性是纯灰色的合理选择吗？在看图 3.6 前，请做出回答。

在 CMYK 中，肤色中的黄色至少应该和品红一样多，在极端情况下，黄色比品红多出 1/3。若黄

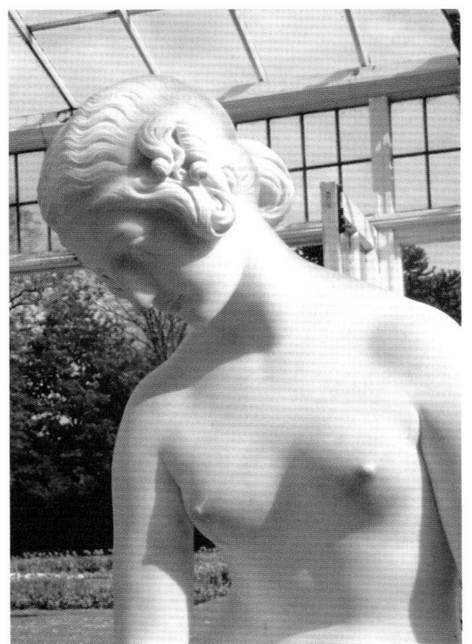

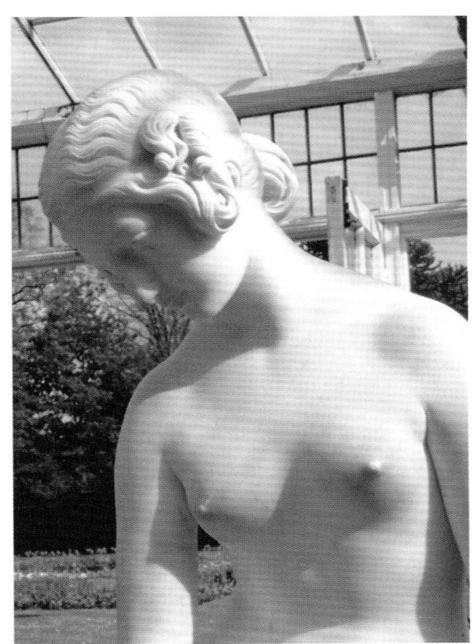
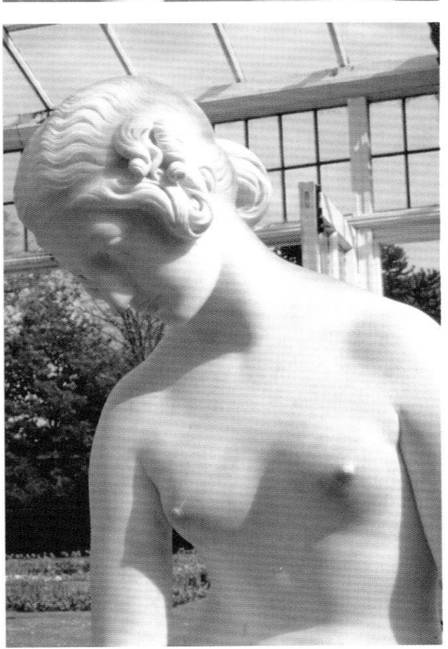

图 3.6 当接近中性灰的颜色不明确时，推理和经验可以排除某些可能性。这座花园雕像可能是灰色的，但它可能会有其他的颜色。这里有 6 种可能性，是对脖子上的某个点的一种或两种油墨减少 5 个百分点而产生的。最上排，红色和品红色偏。中间那一排，蓝色和青色色偏。最下面那一排，绿色和黄色色偏。你认为哪些是不确定的？每一张图片的天空效果如何？

色与品红一样多或稍稍多出品红，就表明此人的肤色非常浅，如婴儿或白种人。对高加索人来说，青色应该是品红的 1/5~1/3，这取决于肤色有多接近古铜色。黑肤色会达到 $15^{C}50^{M}65^{Y}$，高加索人的白肤色则可以是 $6^{C}30^{M}35^{Y}$ 甚至更低。

西班牙人或亚洲人的肤色范围比白种人的肤色范围在总体上要窄得多。黄色总是比品红多得多，通常亚洲人肤色中的黄色比品红高 10%~15%，青色从品红的 1/4 开始，甚至可以超过品红的 1/3。

来自 St Paulo 的试读者 André Lopes 提醒我："西班牙人或亚洲人的肤色都很难说。有很多蒙古人种的亚洲人，比如中国人、越南人和日本人，但也有至少 10 亿的印度人和巴基斯坦人有棕灰色的皮肤，与北亚人截然不同。有西班牙血统的拉丁美洲人（特别是在中美洲和安第斯山脉地区），肤色很接近某些古铜色的蒙古人。而布宜诺斯艾利斯的居民——如果我可以表现一些巴西式的幽默——是一群说着西班牙语、相信自己有英国血统的意大利人。"

通常（并不准确地）被叫做"黑人"的种族，比任何其他群体更多样化。较浅的黑肤色与西班牙人的肤色相比，黄色明显多于品红。但是，随着肤色的加深，黄色与品红的差异越来越小，最黑的肤色常常有等量的品红和黄色。至于青色和黑色，它们是不受限制的。

可能由于进化的原因，肤色的较大变化主要取决于太阳的照射强度。佛罗里达州的米诺尔人和俄克拉荷马州的契索卡人被准确地描述为"红种人"，他们肤色中的品红成分确实比其他种族的要多。西华盛顿州的 Makah 人的肤色比大多数亚洲人的浅，米诺尔人和 Makah 人之间的典型区别比瑞典人和意大利人之间的要大得多。

有了经验，定位和测量肤色就很简单。但如果你以前没有尝试过它，就要避免落入陷阱。仅选择正常光照下的皮肤来测量，不要选择阴影或半反光。另外，要避免测量有可能化过妆的部位，如女人的两颊。

除非是非洲裔人种，肤色中通常用不着黑墨，但有时也有例外，特别是使用非标准的 GCR 设置时（详见第 5 章）。如果黑色出现了，可以把它看作额外的青色，因为二者在这方面功能相同：抵消红色，把颜色变灰。

你或许注意到我没有给出 RGB 值，这取决于所选择的工作空间。配套光盘中的一个电子表格将让你找到等价的 RGB 值。即使你是在 RGB 中工作，也可以通过设置信息面板第 2 栏的模式而临时查看 CMYK 值。

3.5 拾取重要目标点

在开始前，我们打开所有的图片，检查刚刚我们讨论过的所有重要区域的数值。面对简单的图片，可以把这些数值牢记在心，但当它们变得更复杂时，记下原数值和我们对它所做的改变是有帮助的。在某种程度上说，若图片达不到我们所要求的数值，使用曲线可以让它离目标数值更近。

为了确定高光和阴影，当光标经过画面上可能有高光和阴影的区域时，我更喜欢查看信息面板。如果我认为真正最亮的区域不是很重要，可以选择第二亮的区域作为高光。

如果你不习惯利用信息面板寻找高光和阴影，可以使用"图像 > 调整 > 阈值"命令，在所打开的对话框中移动滑块，直到白场和黑场的位置变得明显。记住，虽然是为了寻找最亮和最暗的区域，但最后找到的通常都不是最亮和最暗的。

我们现在要把这种理论运用到 4 张真实图片的修正当中，有两张很好开始，另外两张却不是。有两张图片是在 RGB 模式下练习，但最终文件是 CMYK 模式的。

图 3.7 所示为冬天户外的景色，它是 RGB 模式的，但不坏。相机很好地平衡了高光和阴影，它们符合我们的规则，但是图像的其他部分不符合。

窗户边框是图像主体中最亮的点，是白色的。从相机中看也是如此。很难确定哪个点是最有代表性的，但我测量的是 $244^{R}246^{G}247^{B}$，与我所推荐的 $245^{R}245^{G}245^{B}$ 基本一致。

阴影比我们想要的更深。图片中人物所穿的夹克衫上的皱褶、耳朵下面的区域，发际下面的区域和衣领上面的区域都接近 $2^{R}2^{G}5^{B}$。

当调节肤色时，我通常会多看几遍以确定肤色。其他人可能在人物前额上选择一个矩形区域，使用一个很大的模糊滤镜，然后检查效果，最后再取消这种模糊。当然，我们不能测量这位女士的面颊，因为她可能化了妆。我们还必须小心处理，因为她有雀斑。不管怎么说，我选用的常用数值是 $173^R\,132^G\,130^B$。我们的规则需要我们估算出一个 CMYK 值，信息面板告诉我们相应的数值是 $32^C\,50^M\,39^Y\,1^K$，青色和品红都太重了。

还有最后一种颜色必须测量。这不是她 T 恤上的颜色（这件 T 恤看上去是蓝色的，但也可能是绿色的或紫色的）。要测量的是她的头发。这种颜色不可能出现在这位女士身上，就像图 3.5 的猫不可能是紫色的一样。

未染过的头发的天然色应该是从黄色到黑色的，永远都不可能是发绿或者发蓝的灰色。必须承认，这是一张未经修正的原片。但是无论颜色有多糟糕，我们仍然能看出，对于这位白种女士来说，头发的颜色太深了。

测量这位女士的头发的色值，我们会发现颜色偏冷。这非常糟糕。这位女士的头发本来应该是棕色的，红色通道的数值应该明显比其他两个通道的数值高。但我测出的是 $63^R\,62^G\,63^B$，三变量相等，这是纯灰色。

数值方法的 4 条规则是关于阴影、高光、中性灰和肤色的，对此图我们忽略第 3 条规则，因为除了可以看作高光的窗户外框外，没有任何东西是中性灰的。我们可以使用其他 3 条规则作为起点，但是对于每一条我们都应该非常小心，不要太教条。

与本章的另外 3 个例子相比，黑色和白色都不是本图的重点部分。如果她的领口附近有阴影，我不会特别介意（对图 3.1 中的猕猴就不能这么说了）；如果某些白色区域的层次感损失了，我也不会特别介意（对图 3.5 中的猫也不能这样说）。

按照通常的规则，肤色中的品红太重了，但是通常的规则不能到处套用。如果她是一名刚刚拼尽全力的运动员，我们就能理解为什么她的肤色比时装模特的还要红。同样的道理也可以应用在这里。这是在天气寒冷时拍的照片，她两颊的颜色是对温度的自然反应，而不是因为化妆。所以即使我要减少她面部的品红成分，也不能教条地坚持“黄多于品红”。

图 3.7 寒冷的天气会让肤色比正常的时候更冷。

但是我忘记了——我使用的是 CMYK 语言，而这张图将在 RGB 中修正。如果对此感到陌生，就这样想：红色对应于青色，绿色对应于品红，蓝色对应于黄色。下面是调节曲线的要点。

- 不用管阴影，但要让高光更明显。记住，它们必须是中性灰，因为窗户边框是白色的。
- 让这位女士的脸对应于每条曲线上最陡的部分，记住，它是整张图片的最重要区域。
- 调整脸和头发的色彩平衡。

绿色曲线和蓝色曲线非常相似，脸部大概对应于曲线中段。一开始，我就按住并拖动鼠标，让光标经过整个脸，找到曲线上的主体区段，然后在该区段两端建立锚点，大约在绿色和蓝色网格的 1/4 处和 3/4 处。我降低了较低的锚点，这样就增加了脸部区段的陡度。

我本想升高上面的两个锚点，但是只能对蓝色曲

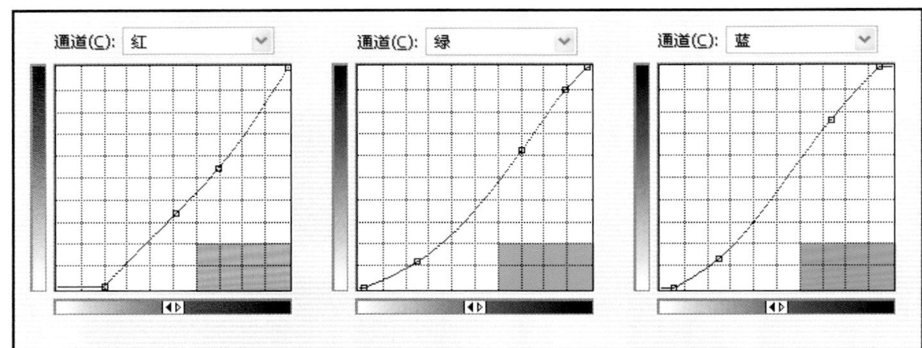

图 3.8 这些曲线提高了脸部的对比度，同时消除了蓝色色偏。

曲线的基本形状建立好后，要微调窗框、脸部和头发的颜色。在刚才的红色曲线中，与窗框对应的位置在左下角的高光中，因此，整个窗框都发红。通过把底部的点从网格底线往上提高，我很好地扭转了这个局面。现在图片中最亮的数值是 253^R 而不是 255^R。

最后，我又调整了 3 条曲线中间的点，以使脸部和头发都有合适的数值。它们不像窗框那样要求 R、G、B 三变量的值接近相等。在靠近绿色曲线顶部的地方，我插入了另外一个点，让头发颜色变暗，我认为现在的头发太黄，棕色却不够。

图 3.8 是最终效果图，我测出的关键数值如下：高光 $253^R 253^G 254^B$，脸部 $220^R 171^G 148^B$，在我的分色条件下，这些数值等同于 $9^C 38^M 39^Y$，头发是 $97^R 75^G 55^B$。

线这样做，因为要增加黄色成分来消除先前测出的品红色偏。在这个阶段，我不打算获得很大的精确度，所以我不查看信息面板。

绿色曲线和蓝色曲线的高光现在更亮了，而且因为它在曲线的平缓部分，所以它失去了层次感。对绿色和蓝色来说，这无关紧要，但是脸部的红色不应该失去层次感。现在脸部在红色曲线上对应的区段向亮调偏移了，这确实会破坏脸部红色的层次感。所以在红色通道中，不应制造出 S 曲线，而应把左下方的点向右移动，保持最亮区域的陡度不变。

3.6 主体的最亮部分

这些数值技巧不仅能改善图片的品质，当图片存在着更严重的问题时，其修正效果也令人印象深刻。

图 3.7 并不打算用于出版，图 3.9 的效果更糟糕，该图片是一张新闻照片。小镇的卫理工会派教堂是很多年前由这位老人的父亲建造的，这位老人在退休前已经在此担任了 25 年的牧师。该教堂已经被人纵火烧为平地，犯罪嫌疑人已经被逮捕。

摄影师不想让自己在这个时刻令人反感，因此没有使用闪光灯，但是照片捕捉到了人丰富的感情。报纸希望在印刷的时候能够用到它。

在今天这样的一个时代，专业相机如何传递感情？相机会说："什么让你觉得不好？"当我们回答说"太暗"时，相机会说我们的答案是错的。在相机的小脑瓜里，我们确实错了。

"图像 > 调整 > 自动颜色"命令是"自动色阶"命令的升级版。就像自动色阶一样，它给隐藏的曲线设置了适当的端点，但它也试图去分析和修正色偏。如图 3.9 所示，经过"自动颜色"命令调整的版本和原稿一样暗，而且还产生了更差的颜色。

连猴子也可以做这样的修正。"自动颜色"命令是数值方法的简化版。再次引用一个定义："高光是图片主体中最亮的部分。"

"主体"这个词在不是用来哗众取宠的。事实上，它是整个定义中最本质的，也是最深远的。对于机器来说，这一点太糟糕了，在机器的字典里没有"主体"这个词。

无论是相机的运算法则，还是计算机的运算法则，都会寻找图像中最亮的点，而不是寻找图像主体中最亮的点，在这幅图中它们找到的就是位于右上角的最亮点，该点的颜色被修正为机器的预设值，但这限制了主体的细节，因为机器不知道我们对右上角不感兴趣。

黑色区域也是一样，图中这个男人左耳上的灰色头发是整张图片主体中最亮的点。如果我们决定把它从 $143^R 123^G 95^B$ 调节为 $245^R 245^G 245^B$，其他的就简单了。图 3.10 的曲线与图 3.8 的曲线很相似，但是更

图 3.9　一般，过暗的图片无需人为干涉，通过自动调整即可修正。这里，Photoshop 的"自动颜色"命令让图片效果变得更不理想，因为它把图片的一个非重要部分（右上角较亮部分）当作高光区域来修正了。

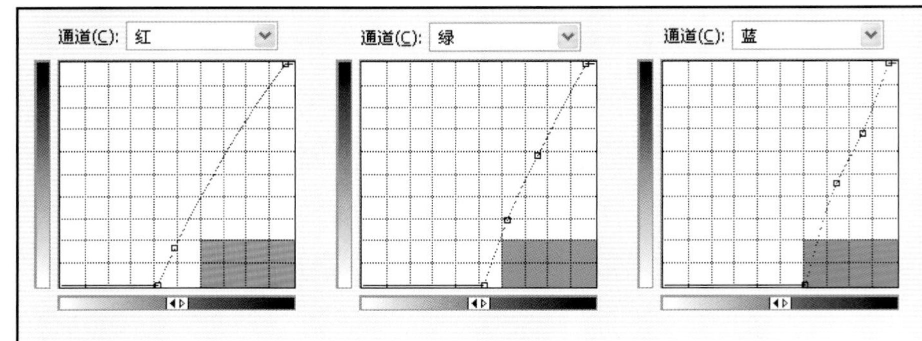

图 3.10　图 3.9 的激进性修正，选择了男人的白头发作为高光，在平衡了肤色的同时，把比它亮的层次都压平了。

简单，变化更剧烈。每条曲线底部的点都代表高光，下一个点保证脸部处于尽量陡的区段，同时保持绝佳的色彩平衡，上面的点让年轻人的头发保持棕色。

3.7　适度的建议

使用曲线是有代价的，它们改善某些区域，却牺牲另外一些。我的曲线忽略了右上方的背景。我并不介意这点，我也不在乎老人耳朵附近的亮点或指甲上的强烈反光。我认为焦点是老人的表情。

如果这些东西中的任何一个让你心烦，那么有两个解决方法。首先，如果你在调整图层中使用这些曲线，你应该已有图层蒙版。默认设置为白色，这意味着它什么作用都没起。如果你激活了一个绘图工具，在蒙版层想要影响的区域里涂上非常浅的灰，那么它会带回足够多的原稿中看图者想要看到的细节。

除了减少调整图层的透明度，另外一个柔和的处理方法就是像图 3.11 那样修正曲线，让它们的底部变成 S 型的开头，这样会损害图片最亮部分的细节，但是不会抹煞细节。当然，它不会让老人的头发变成像图 3.10 那样白，因为高光现在在其他东西上。

3.8　用图说话

不管你信不信，图 3.12A 来自最大的、最有品质保障的零售商，是 then-novel 领域免版税的。它是 CMYK 模式的，就像当时的大多数文件一样。这正是我们将要工作的地方。

在给出测量结果之前，图 3.12A 理论上最亮的区域是靠近马的前额的部分，最暗的部分是最左方旗帜的黑色条纹和左下方马具之间的带子。这些区域真是我们要定为高光和阴影的区域吗？

我认为马的前额是需要定为高光的区域，但是旗帜上的黑色条纹和马具之间的带子不应该被定为

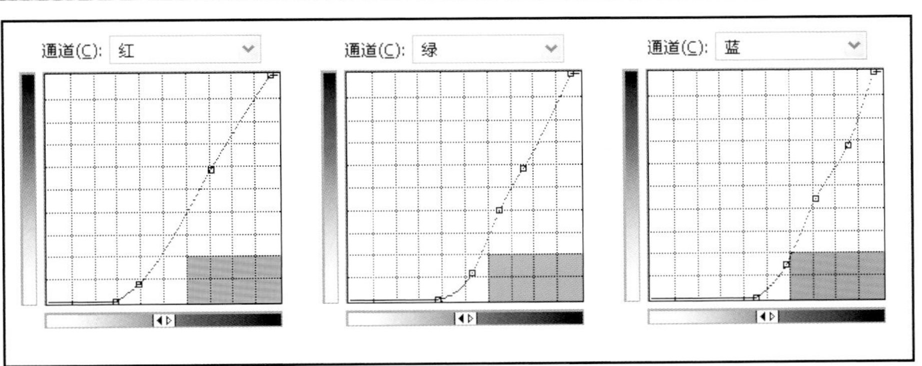

图 3.11 每条曲线的底部变为S型的开头，某些高光细节得以保存，其效果没有图 3.10 那么刻板。

阴影。马是整张图片的焦点，我们希望保持马的细节，而且还要知道马是白色的。谁会在意旗帜上的条纹呢？这不是图像的重点区域。阴影应该在眼罩附近，它是黑色的中性灰，是至关重要的。

除此以外，这张图没有看起来应该是中性灰的景物。原稿从最暗到最亮的色值分别是：前额高光是 $2^C6^M2^Y$，在离读者较近的那匹马的脖子上，鬃毛下面的数值是 $7^C28^M6^Y$；背景墙的数值是 $35^C40^M40^Y1^K$，离读者较近的眼罩的数值是 $72^C58^M68^Y30^K$。

借助数值方法，这是本章最简单的修正。不使用数值方法的人通常会为马作一个选区，这相当于把马从图片中剪出来，再粘贴到一个不相干的背景上。在原稿中，马也许是最刺眼的东西，因为它们太偏红了，但需要修正的不仅仅是它们。

有人认为既然图片偏红，就该大大减少品红。这没用，因为减少品红只会改善亮的部分，而暗的部分会显得太绿。如果你不相信，再检查一次眼罩的数值。

图 3.12A 1994 年原稿，有多种中性灰，但有一种颜色被人们误解为中性灰了。图 3.12B 用下面的曲线修正的结果。

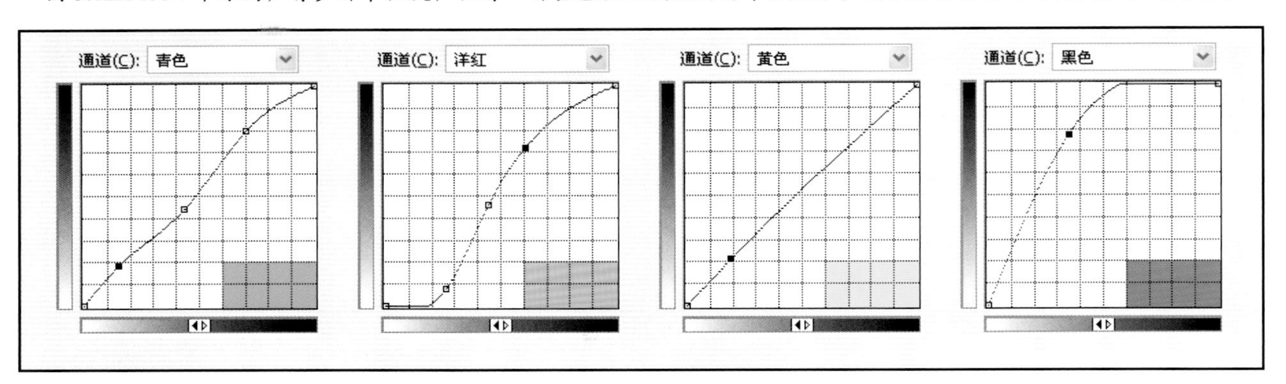

在中性灰区域，品红和黄色的数值应该是一样的，但这里品红的数值低了 10%。如果你还不相信，就看看背景中的国旗。如果它们真的偏品红，国旗的紫色就应该很浓，而现在的情况是橘黄色太重。

这里有两条关键的曲线，一条是色彩，另外一条是对比度。品红 S 曲线修正了色彩，消除了马的粉红色，但是眼罩的数值是 70^{M}。在黑色通道中，有些过分陡峭的曲线给阴影部分增加了 40^{K}，这条曲线使图像更具冲击力。

在黄色曲线上，只需稍微增加与马的亮色区域对应的数值，因为阴影数值已接近理想的 70^{Y}。青色曲线的高光和阴影都需要稍微增加，品红曲线已经非常理想。但还有最后一个陷阱要小心。

3.9 图像的博弈

我们描述色彩的语言很容易被误读。人的眼球通常被说成是白色的，而实际上应该是粉红色的。类似的语言还有：红酒是紫色的，白葡萄酒是黄绿色的，白色人种和黑色人种都是红色的……

疑难解答：数字游戏

• 不要过分依赖一个取样点。如果高光或者其他取样区域实在太小了，只有一个点可以测量，那么你完全可以变通一下，让光标经过颜色相近的几个点或几个区域，再选择一个作为修正颜色的参考。

• 忽略不重要的高光 / 阴影区域。如果你不介意图片中不重要的高光和阴影失去层次感，那就不必将它们定为白场和黑场，只需在你想要强调细节的区域中选择白场和黑场来修正。

• 可用多种方法调节曲线。要想把一个点的色值从 70% 改为 80%，并不一定非要在曲线上选择 70% 的点然后升高它，不妨试试其他的曲线形状。

• 不必局限于 70% ～ 80%。对阴影的 CMY 值一般限制在 $80^C70^M70^Y$ 以下并不意味着任何地方的 CMY 值都不能比这更高。只是在一般情况下为了把油墨总量限制在 300% 以下才有了这个限制。但是，一辆消防车的颜色可能是 $0^C100^M100^Y$，其油墨总量为 200%，不同于通常的 290%。

• 中性灰点不一定只有一个。有的图片没有中性灰点，有些则不止一个。如果连一个中性灰点都找不到，就不要勉强。如果已经找到了一个，那就去找另外的一个。

• 有些阴影的黑色数值很高。相应的原稿分色时通常使用了过高的黑色油墨限制。若将其 CMY 值设置为 $80^C70^M70^Y$，可能会导致总墨量过大的问题。要么减少 CMY 值，要么使用合适的设置重新分色。

• 我的曲线并不一定是真理。如果数值完全不对，就不可能达到高品质。但是有很多其他方法也可以获得相同或相似的数值。这里演示的方法不一定是最好的。你的曲线不一定要跟我的一样，可能有时候只需要曲线的形状相似。

• 神奇的肤色数值。本章引用的典型的肤色数值不是放之四海而皆准的。人类的肤色或浅或深，关键在于油墨之间的关系，而不是绝对的数值。

• 积极猜测的力量。数值理念要求我们预先知道某些颜色应该表现为什么数值，从而发现图像中失真的颜色，但有时这两条中哪一条都达不到，在这个时候，除了根据显示器上的反馈信息猜测正确的颜色，我们什么都做不了。

有时，使用形容词需要非常慎重。事实上，黑色猕猴是黑色的。图 3.12A 中的建筑物在这个地区是有代表性的，以褐色而为人们所熟知。但是人们都不说它是褐色的，因为它实际上是灰色的。很多专业人士把它当成褐色的，通过降低品红和青色曲线中间的点让它成为褐色。

如果我们从未听说过这幢建筑物是褐色的，就会问自己，它是否是灰色的。答案可能是肯定的。大多数此类墙面都接近灰色。但是下一个问题是：我们确定自己对于此图的想法是正确的吗？

我不想打赌这幢建筑物是中性灰的，但我愿意打赌，下面的马是中性灰的。我还会跟你打赌，挂在这幢建筑物上的旗帜的明亮部分是中性灰的，马的眼罩也是中性灰的。

这是本书中唯一在 1994 年第 1 版中也出现过的图片，其他的已经被删除了。它可以作为修正发暗、偏色的图像的范例，除此之外，它让我想起在这 12 年中，我们在图像处理领域已经走了多远，还有多远没有走过。今天，我们不会从专业素材库里获得这样糟糕的图片。

现在，每个专业人士都知道在图片中的某个位置设置一个黑场，以避免出现图 3.12A 那样的闷图。但是很遗憾地告诉大家，色彩仍然是一个难题。

有些 21 世纪的人打开图片，发现马的颜色偏红，仍然会马上找出选择工具，这样做的效果通常是把白马剪贴到粉红色的背景上，非常生硬。

但是仍有人会说："它在我的显示器上没有那么红。"当然它不会，人类可恶的视觉系统会在显示器上自动修正它。这就是色适应，我们会下意识地把所有入射光中性化，这就是为什么相机无法像人类视觉系统一样调整色偏，这也是为什么很多图片必须再次被修正（因为讨厌的色偏）。问题不是显示器是否被"校准"，而是你是否会看信息面板。

当然，人们仍然会努力寻找中性灰。我把这张图当成课堂练习材料，很多人把图中棕色的墙变成了灰色，然后不明白为什么整张图片看起来色调那么冷。如果你不知道图中哪些地方应该是中性灰（实际上，马、国旗的白色部分、黑色带子和皮革眼罩都应该是中性灰），就不要管它。

这张图的基本问题与本章的其他图片一样，与该图在本书 1994 年的第 1 版中出现时也一样。为了取得好的效果，我们需要全阶调，但图 3.12A 却没有给出全阶调，而且没能给读者一种看起来比想象中更好的颜色。粉红色的马就是如此。灰褐色的墙面也是这样，至少对于纽约人来说是这样。

在用数值方法修正另一种完全不同的褐色之前，我们要简短地总结从 1994 年的第 1 版以来关于马的讨论。

简单地说，只要掌握了曲线方法，谁都可以把颜色调得这么好，这不一定需要多年的润饰经验、艺术天赋和数学智慧。

注意，这些数值方法可以帮助我们修正我们以前从未考虑到的图像区域，比如马后面的旗帜。

那些为图片焦头烂额的艺术家将会从个人创作的泥潭中得救，以前，他们孤立地修改每一匹马、每一面旗帜、每一个马具，在工作了 8 小时后，他们才得到了 35 秒钟内就可以获得的良好效果。这可能是具有说服力的数字。

3.10 让爱尔兰岛变个颜色

格列弗是英国人，但是他的创作者是爱尔兰人。在 Jonathan Swift 出生前的很多年里，Dunluce Castle 经常俯瞰安特里姆郡海岸边的悬崖。图 3.13 就是它的照片，但它是用现代手法拍摄的——在专业级的数码相机后面站着一位专业摄影师，有良好的灯光。

这张图是 CMYK 模式的，需要测量的大部分景物都没有白色，最亮的区域是天空，高光数值是 $16^{C}7^{M}2^{Y}$。阴影在靠近读者的塔的右下方的门洞里，它的数值是 $80^{C}64^{M}71^{Y}75^{K}$。靠近后面栏杆的青草的数值是 $37^{C}21^{M}86^{Y}1^{K}$，城堡的棕色区域是 $39^{C}48^{M}70^{Y}$，图片中间的大海的数值是 $52^{C}28^{M}13^{Y}1^{K}$。

避免不可能：专业人士如何知道数值

有种误区是：最好的润饰师精确地知道该使用什么数值，无论图像问题多么深奥。实际上，关键是要避免使用不可能正确的数值。如果我们发现图片中有任何此类问题，或者任何会造成此问题的情况，就必须改变曲线。下面是对于常见色彩的一些提示，我们从最简单的开始。

绿色几乎是与黄色为伴的。自然界中偏青的绿色很少见，通常黄色比青色的一半要多。植物的绿色，在 CMYK 中不可能含有同样多的青色和黄色。在 RGB 中，同等的红色和蓝色也是不可能的。另一方面，如果在 CMYK 中绿色中的青色太少，像品红那么少，或者在 RGB 中绿色中的红光太亮，像绿光那么亮，那么总的颜色就是偏绿的黄色，而不是偏黄的绿色，这也是自然界中很少见的。如果我们发现有此类情形，就必须修正。

红色理论上是品红和黄色的等量相加，可含少量青色。如果品红比黄色稍高，总的颜色就是玫瑰红。如果黄色更高，那么就更偏橘黄色。在人的脸色上，品红和黄色通常是等量的，有时黄比品红多。偏品红的肤色是很少出现在人脸上的。

蓝色理想的蓝色含有同样多的青色和品红。像“色相 / 饱和度”和“可选颜色”这样的 Photoshop 命令就是以此为依据来选择蓝色的。遗憾的是，同样多的青色和品红会创造出紫色，所以自然界的蓝色含较多的青色。大多数天空的颜色被认为是蓝青色，而不是青蓝色。

注意，我使用的是 CMYK 数值，因为至少对绿色和红色来说，在 RGB 中不适用的规则在此时很管用，也就是说，脸部不会品红比黄色多，绿色植物的青色不会像黄色一样多。这些规则不适用于 RGB，因为蓝色通道比 CMYK 用户所熟知的黄色通道更亮。因此，当使用肤色或者天然绿色时，我建议将信息面板右半边显示数值的模式设为 CMYK，甚至在 RGB 中工作时也是如此。

聪明的润饰师看着图像中的可疑区域，会问：“这些颜色的数值可能吗？”如果它们是对的，我们就不用猜测更好的颜色了。但如果它们不对，就必须改变这些数值，即使并不乐意作这种改变。

比如，如果有人让你判断画面中的金色头发是否逼真，你可能会说它是黄色的。CMYK 中较纯的黄色，含有少量的同样多的青色和品红，事实上，如果头发颜色非常亮，这样的数值是可能的。更常见的是，头发是偏红的黄色，也就是说，黄色最多，品红其次，青色最少。在偏绿的黄色中，青色数值略高于品红，这种情况是不可能的。如果图片中的头发是偏绿的黄色，就必须修改。我不能告诉你改成什么，但你不能让它仍然是偏绿的黄色。

图 3.13　爱尔兰，安特里姆郡，达鲁斯古堡。

阴影数值稍稍偏离了中性灰。黄色和品红的数值本来应该是一样的，但是品红却比黄色低了 7%。听起来像笔大买卖，可以毫不费力地修正它，但它至少表明图中的暗色部分可能太偏绿黄色了。而且这种怀疑在任何地方都会被证实——在神奇的数值方法中就会得到证实。

回到图 3.6，我们看见 6 个不同的色偏：青色、品红、黄色、红色、绿色和蓝色。那么在把它们排列到页面上时，我如何把这 6 个色偏对号入座呢？

这里有一个快捷的公式。看看 CMY 数值，即使是在其他色彩空间中。其中数值最大的墨对总的颜色具有决定性，数值最小的墨以及黑墨对总的颜色影响不大，而且有时是多余的。

含量居中的墨是关键。如果它的含量更接近最少的墨，我们会看见黄色、品红或青色。如果它更接近决定性的墨，总的颜色就是红色、绿色或蓝色[①]。因此，$30^{C}80^{M}90^{Y}$ 的数值显示的是红色——一种发黄的不够饱和的红。$30^{C}50^{M}90^{Y}$ 却是偏红的黄色[②]。

看出这幅图片读数的问题了吗？我不知道草的具体数值。但是，我们可以推测出它应该是绿色的。测出的数值不是。作为中间含量的墨，青色数值要偏离少量墨（品红和黑色）的总数值 15 个百分点，偏离关键油墨 49 个百分点；原图片中的草是黄色的，一种偏绿的黄色，但仍然是黄色而不是绿色。

同理可知，城堡应该是棕色的，也就是一种非常淡的红色。青色必须是 CMY 中数值最低的。品红和黄色的数值越偏离青色，红色就越深。

像大多数棕色一样，包括我们在本章中见到的棕色，如果它不是纯红色（品红和黄色数值相等），那么我们希望看见的是偏黄的棕色，而不是偏紫的棕色。现在的情况就是这样的，城堡的棕色中黄色比品红多，这是对的。问题在于品红太少了，棕色显

---

① 这段话的意思是，若 CMY 中有一种墨明显地多于另外两种，则总的颜色接近原色，即青、品红或黄；若 CMY 中有两种墨明显地多于另外一种，则总的颜色接近间色，即红、绿或蓝。

② 在本书中，“偏 A 的 B 色”是指以 B 为主、略有 A 的倾向的颜色。

图 3.14 修正图 3.13 的结果，下面是所用的曲线。

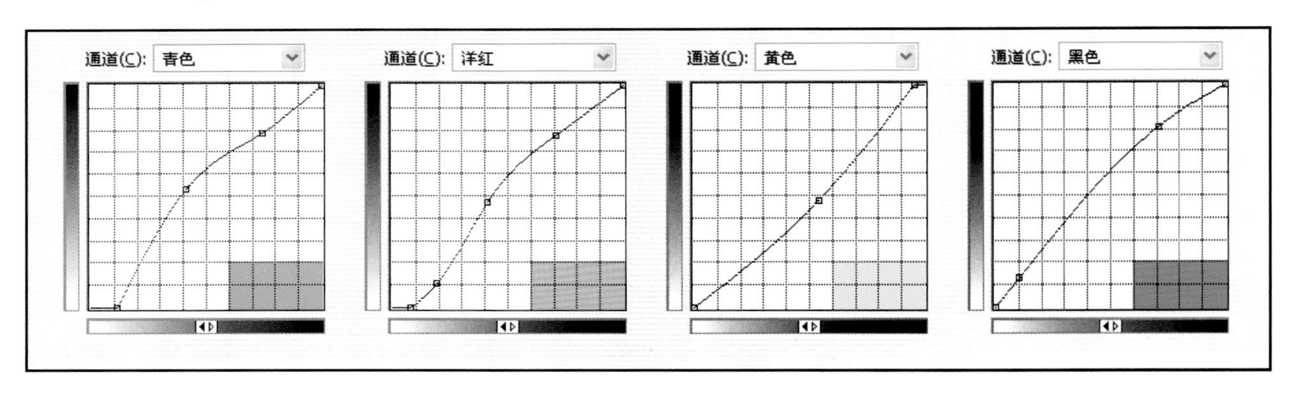

然不够红。看看刚才测得的数值，青色和品红相差 9 个百分点，品红和黄色却相差 22 个百分点。这是偏红的黄色，而不是偏黄的红色或一座城堡应该呈现的红棕色。

3.11 非中性白

我们将要讲述曲线，但还有最后一项，而且它会影响对比度。如同前面所讲的，天空是图片主体中最亮的。如果它是中性白，我们按照前面介绍过的方法很容易处理它，但它是偏蓝的亮颜色，这才是天空应该呈现的颜色。

不管怎么说，我们都应该改变它。不是变成另外一种颜色，而是改变它的亮度。我们不能使用代表中性白的 $5^C2^M2^Y$，但可以尝试同等亮度的、偏蓝的 $6^C2^M0^Y$ 或 $7^C3^M0^Y$。最终的曲线会产生图 3.14 这样的效果。

• 青色：高光点右移，使图中的高光更亮；中间调的点上升，使图中的草的绿色更偏青一些，同时让

回顾与练习

★ 如果你发现高光区域太暗，那么通过向右移动曲线左下方的点会有什么效果？如果降低一个更高的点呢？

★ 为什么 RGB 有 256（0 ～ 255）个级别，但是 CMYK 只有 101（0% ～ 100%）个级别？这样会让 RGB 中的修正更精确吗？

★ 为什么我们一般不把阴影设置为可能的最暗数值——$0^R 0^G 0^B$？存在适合于这种设置的情形吗？那是什么样的情形呢？

城堡在曲线上对应的区段变陡了。

• 品红：高光点右移，使图中的高光更亮；曲线左边 1/4 处的点下降，减少草的颜色中的品红；3/4 处的点上升，在城堡的颜色中增加品红。

• 黄色：减少每一处的黄色，减轻城堡和草之间的不平衡。

• 黑色：加重黑色，让城堡和草的部分曲线更陡。因为阴影中几乎没有细节，所以黑墨量超过 70K 的限制也不会有问题。

* * *

数值方法不会取代艺术判断，但它会修正很多不好的颜色。

我想这非常容易理解。我能又快又好地解决图 3.9 这样的难题，在业余人士看来是匪夷所思的。我怀疑大多数读者在他的作品获得赞美时，同样会非常兴奋。

格利佛旅行了 16 年，Photoshop 的专业色彩修正航程已经接近这个数字。在此期间，我们有了很多新技术，1994 年的操作在今天看来已经很幼稚。

如果你感到色彩修正就像进入大人国一样困难重重、充满挑战，就让我引用格列佛的话来鼓励你吧：

“哲学家告诉我们除了对比，没有什么更重要，毫无疑问他们是对的。它可能会让命运垂青小人国，让他们找到自己的国度，在那里，人们都一样身材短小精干，彼此尊重。谁会知道在遥远的世界一隅存在着远远超越他们的人种呢？否则我们就不会有探索节目了。”

本章小结

很多色彩修正处理可以简化为简单的数字规则。图片一定要有全阶调，这个全阶调是通过设置适当的高光区域和阴影区域来应用第 2 章中的变陡技巧。而且它们一定要避免产生不可能的颜色。有时我们完全知道理想中的颜色，就像我们知道黑头发一定是中性灰的。而有时候我们不知道那应该是什么颜色，只知道那不应该是什么颜色。深色的头发可能是黑色的，也可能是棕色的，但它不可能是深绿色的。一片森林一定是绿色的，即使我们不知道具体是何种绿色。

数值方法不是一成不变的定律，但它是一种避免明显错误的有效方法。同样一张图片的多种不同效果的版本都可以遵循数值方法的要求。

A

B

第 4 章
颜色、对比度、峡谷和 LAB

在 RGB 空间和 CMYK 空间中，每个通道都既影响颜色又影响对比度。但在 LAB 空间中却不是。处理完全没有细节信息的通道，也会给某些类型的图片带来明显的好处，比如峡谷的图片。

们可以把前两章的标题分别压缩为一个词。第 2 章全是关于把曲线变陡的，可以叫“对比度”；第 3 章旨在运用数值方法避免不可信的颜色，可以叫“颜色”；如果要把这两个词合为一个整体，那么这两章可以叫“成功”。

要想调节出能同时解决色彩和对比度两种问题的曲线是不容易的。然而，和大多数人一样，我们曾经在 RGB 和 CMYK 中工作，在这两个色彩空间中，每个通道既影响颜色又影响对比度。

现在转到 LAB 空间，在该空间中，颜色和对比度都被看成独立的对象，这将使我们的工作要么容易得多，要么困难得多。我已经在前面的章节中讲了 LAB 中的基本操作，现在的想法是把读者带入更深的层次。

在做接下来的练习前，先选出一张图片，可以是未经调整的风景照，也可以是色彩不够鲜艳的其他图片，但不要选择色彩浓艳或存在明显色偏的图片。

打开图片，选择“图像 > 模式 > LAB 颜色”命令。你不需要信息面板。打开曲线对话框，如果你愿意，建立一个调整图层。第一个通道是明度或者说 L，在这里只有对比度，没有颜色，你可以把它视为文件的一个灰度版本。

按住并拖动鼠标，让光标经过图片，确定曲线上最重要的区段，把它变陡。我在图 4.1 中就是这么做的，根据你的图片的具体情况来调节曲线形状。

然而，对于 A、B 曲线，请完全模仿图 4.1 中的曲线。不必问为什么，只管照着做。你会问字母 A 和字母 B 都代表什么，答案是它们并不代表什么。重要的是这些曲线仍然穿过原来的中心点，为此你得小心地让曲线上下两端移动同样的距离。在试验中你会发现，A、B 曲线变陡，加强了颜色间的差异，曲线越陡，效果越明显。

用同样的方法对另一幅图像操作，然后是第 3 幅。到第 3 次，你可能用不了 1 分钟就干完了，这就是我把图 4.1A 变成图 4.1B 所用的时间。

图 4.1 （上页照片及本页“曲线”对话框）LAB 的基本操作是，让 A、B 曲线绕中点逆时针旋转从而变陡，在 L 曲线上把最重要的区域找到并变陡。

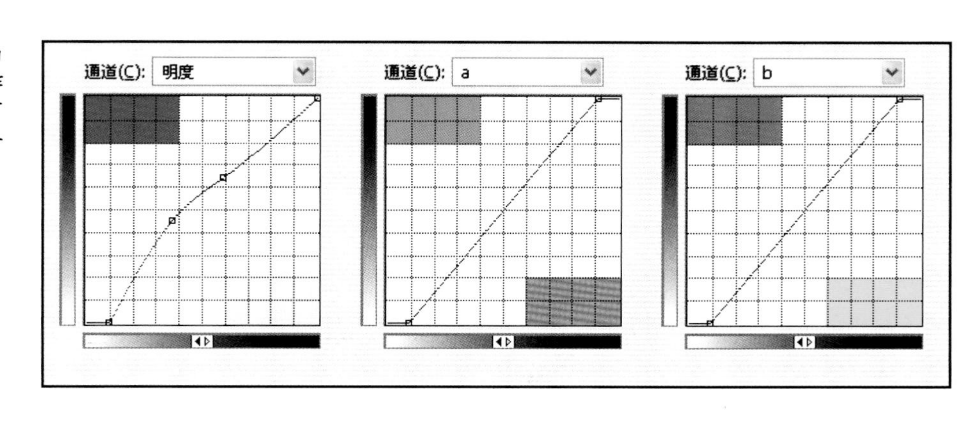

在这 1 分钟内能产生巨大的变化。试着在 RGB 或 CMYK 中做这种调整，不管用了多长时间，也比不上 LAB 中的效果。图 4.1B 是在仿效人类视觉系统的功能处理含相近色彩的图像，它把这些相近的颜色区分开，使其中的一些变得更亮，而另一些变得更暗。所有这些都符合同时对比的法则，但相机做不到。

图 4.2　颜色之间已经有很大差异的图片不太适合在 LAB 中修正。

4.1　LAB 的优势与不足

10 多年来，人们慢慢了解了在 LAB 中操作的种种优点。但是，由于它极其复杂，使用者仅限于专业人士，它的声誉让人担心。我的主要读者是专业人士，我预测本书会比以前的版本难懂。能安慰初学者的是，本书中大约有 1/4 的部分写得简单易懂，像刚才那样简单地讲一下操作步骤，对工作原理不作过多的强调。

数码相机爆炸性的发展，使 Photoshop 成了桌面出版业最热门的软件。出版关于 LAB 的书之前，我们相信有足够多的高级用户会对 LAB 产生兴趣，那本书不会亏本，但事实上它的热销程度出乎所有人的预料——在整个计算机和互联网领域的书籍中，它竟在一段时间里持续处在排行榜的首位。

专家们自己是不会去买那么多书的。可以想象，这些书大部分是为看几页技术说明就头昏脑胀的人准备的。在网上悄然形成了 LAB 爱好者群体，他们分享着这一最好的技术的功能，也互相警告它可能有危险。

这种局面并未反映在本书前几版中，它们提供了几乎相同的关于 LAB 的信息，讲解方式并不便于用户理解。现在我们从零开始，因为过早地谈论技术是件危险的事情。

LAB 经常被比作铁锤。当你在该空间中操作时，你可能会发现自己变成了锤子，其他所有的东西看起来都成了钉子。我专门讲 LAB 的那本书名为《Photoshop LAB Color: The Canyon Conundrum and Other Adventures in the Most Powerful Colorspace》，暗示着 LAB 既威力强大又有缺点。

那本书第 1 章中有类似于图 4.1A 的峡谷。峡谷的颜色几乎是单一的，LAB 的专长是把颜色和对比度分开来调整。

在 LAB 中处理图 4.2 这样的图可不是个好主意。若在 LAB 中调整像那些老爷车一样明艳的颜色，它们会超出输出色域，因为 LAB 中不仅有超出任何可想象的输出设备的再现能力的颜色，甚至有根本不存在的颜色。

这一点很重要，再强调一次也不为过。调节 LAB 数值一般用来增加颜色间的差异，就像制作图 4.1B 时那样，但图 4.2 已经有足够的颜色差异了。

4.2　色彩空间的对比分析

LAB 还有强大的润饰功能，但本书将集中探讨它在曲线方面的优势，先来看看 LAB 可以做到，而其他色彩空间做不到的事情。

图 4.3 和前面的图 3.9 一样令人失望，只是不像图 3.9 那么暗。数码相机把右侧地平线上的天空颜色当成了高光来调节，而这是一个与主体毫不相关的高光，以它为基准来调色，导致画面主体又暗又闷。

图 4.3 如果图中有大量的近似色，如这块草地的颜色，就可以求助于 LAB。

此图主体中最亮的颜色在风车的尾叶上，它的数值是 $187^R 187^G 176^B$，这是不合理的。靠近读者的门洞的阴影的数值是 $3^R 4^G 4^B$。仓库的颜色，你可以预料到它是发灰的红色，数值是 $87^R 54^G 37^B$。草的颜色是偏灰的黄色，数值是 $103^R 106^G 49^B$。

由于阴影中的细节很少，整体颜色偏暗不是问题。但我们需要设置真正的高光，要把草地和仓库在曲线上对于的区段变陡，还得把绿色植物的数值控制好，就像处理图 3.13 时那样。要做到这一点，红色曲线的中间调就要比另外两条曲线的中间调高一些，迫使更多的青色进入绿色。

如果不这样，曲线的效果就不会明显。由于图中的仓库和草地比风车尾叶的明亮细节重要，曲线的亮调略有些平也就无关紧要了。

然后，我们把 RGB 版本放在一边，回到原稿，将它转换到 LAB，重新开始处理。在开始之前，图 4.4 或许能帮助你想象神秘的 A 通道和 B 通道的变化。

它们都是补色通道。在 A 通道的亮调中，品红多于绿色，在 B 通道的亮调中，黄色多于蓝色。这些暖颜色的数值，在 LAB 表色系统中是正值，数值越高，暖色就越鲜艳。最大数值是 +127，但在实际工作中，连它的一半都很少达到。

A 通道中的暗调代表绿色，B 通道中的暗调代表蓝色，它们的数值是负的，–128 最鲜艳，但在实际工作中不会遇到这么极端的数值。为了排版方便，本书在表示负值时不使用负号，而使用括号，如图 4.4 所示。

为什么暖的极限值是 127 而冷的极限值是（128）呢？因为中间还有一个重要的值——0。127 + 128 + 1 = 256，Photoshop 中所有通道（无论是 LAB 通道还是其他通道）都有 256 个色阶。

0 是一个关键值，因为它代表中性灰。图 4.1 中 A、B 两条曲线都要通过原来的中心点，该点的数值就是 0。否则，那些原来为中性灰的颜色就会变得有色彩倾向。

现在我们使用稍微复杂的曲线来调整这张草原

照片。

L 曲线在调节后仍然是一条简单的直线，只不过左端点向右移动了，表示高光向原来并非最亮的部分转移了。在 L 通道中天空的颜色很亮，所以我们不能像在 RGB 中那样把曲线最亮的区段变得那么平。

我在 A、B 曲线的中心建立了一些锚点，因为在突出某些颜色的时候我不希望影响中性灰。解释一下，曲线右边代表暗颜色，本书中所有的曲线都是这样的。但 Photoshop 对 LAB 曲线的默认设置是暗颜色在左边。为了在本书中统一，冷色（绿色和蓝色）都在 A 或 B 曲线的右边（也就是上边），而暖色（品红和黄色）都在 A 或 B 曲线的左边（也就是下边）。

我想对这张草原照片做更多的处理，它在 A 通道中是绿色的，在 B 通道中是黄色的。但我并不急于增加仓库的品红成分，或让天空更鲜艳，因此每条曲线左右两边（也就是上下两边）的陡度是不同的，具体的做法在下一个范例中讲，现在只需要比较图 4.5 和图 4.6。我更喜欢图 4.6，除了颜色更鲜艳，前面的绿色草地和后面的黄色草地的反差也拉开了。这就是 LAB 能实现、CMYK 和 RGB 无能为力的变化。

4.3 A 通道和 B 通道的关系

没有对比度信息的通道是难以把握的，更不要说当“白场”实际上是浅灰色时了。要是你能正确应对下面的挑战，处理 LAB 就会容易得多。

图 4.7 是同一幅花卉照片的不同色调。其中 L 通道始终没变，A、B 通道的顺序则被打乱了。A 或 B 通道都可以使用以下 4 个版本 ：

- 原封不动 ；
- 换成另一个通道 ；
- 自身的反相（即黑白颠倒）；
- 换成另一个通道的反相。

因此，每个通道的变化都有 4 种可能性，两个通道就有 16 种变化，这包括两个通道完全相同的情形[①]。

图 4.7A 是原稿，A、B 通道都原封不动，另外 15 个版本的排列是随机的。你的任务就是把它们分类整理一下。如果你把自己看作 LAB 高手，就去做这个测试，然后核对答案。如果你想在开始测试之前得到一些帮助，就接着往下看。

* * *

在 RGB 中让任何一个通道成为反相，结果会比潜艇在空中飞行更奇怪，但在 A 通道或 B 通道中这么做，结果仍然是可信的，只要你不介意草的颜色变了。这 16 个版本中哪些含有一个或多个反相的通道，并不是一目了然的。

这些图的颜色都是可信的，因为中性灰没有变。中性灰对应于 A、B 曲线的中

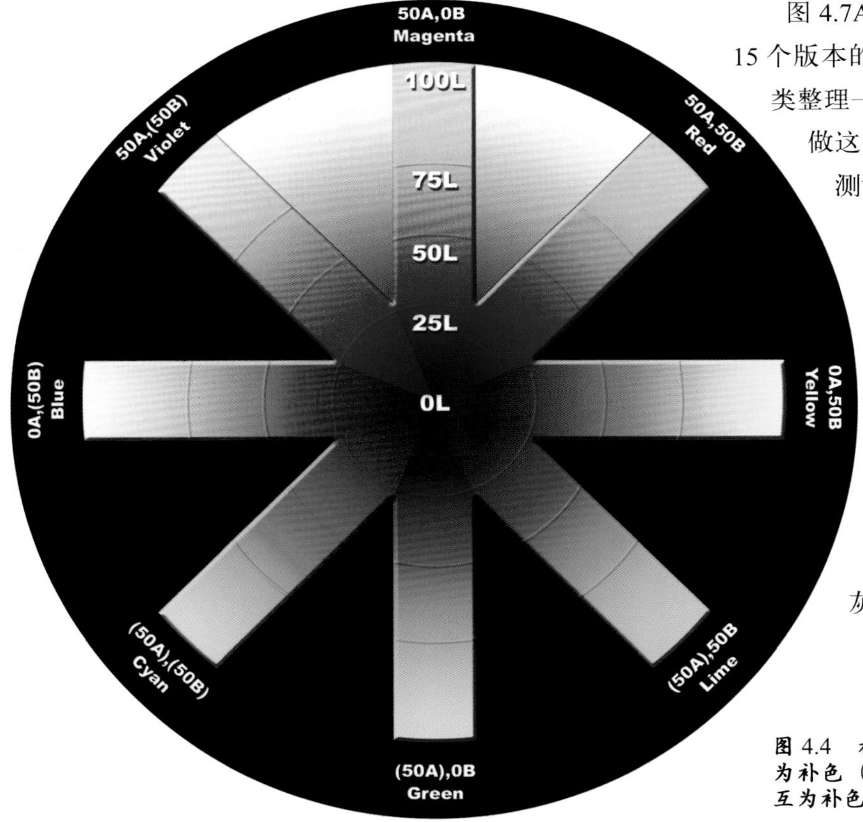

图 4.4 补色色环，A 通道里的品红与绿色互为补色（垂直相对），B 通道里的黄色与蓝色互为补色（水平相对）。

① 比如 A 不变，又把 A 通道的内容复制到 B 通道中，或者说把 B 换成 A。

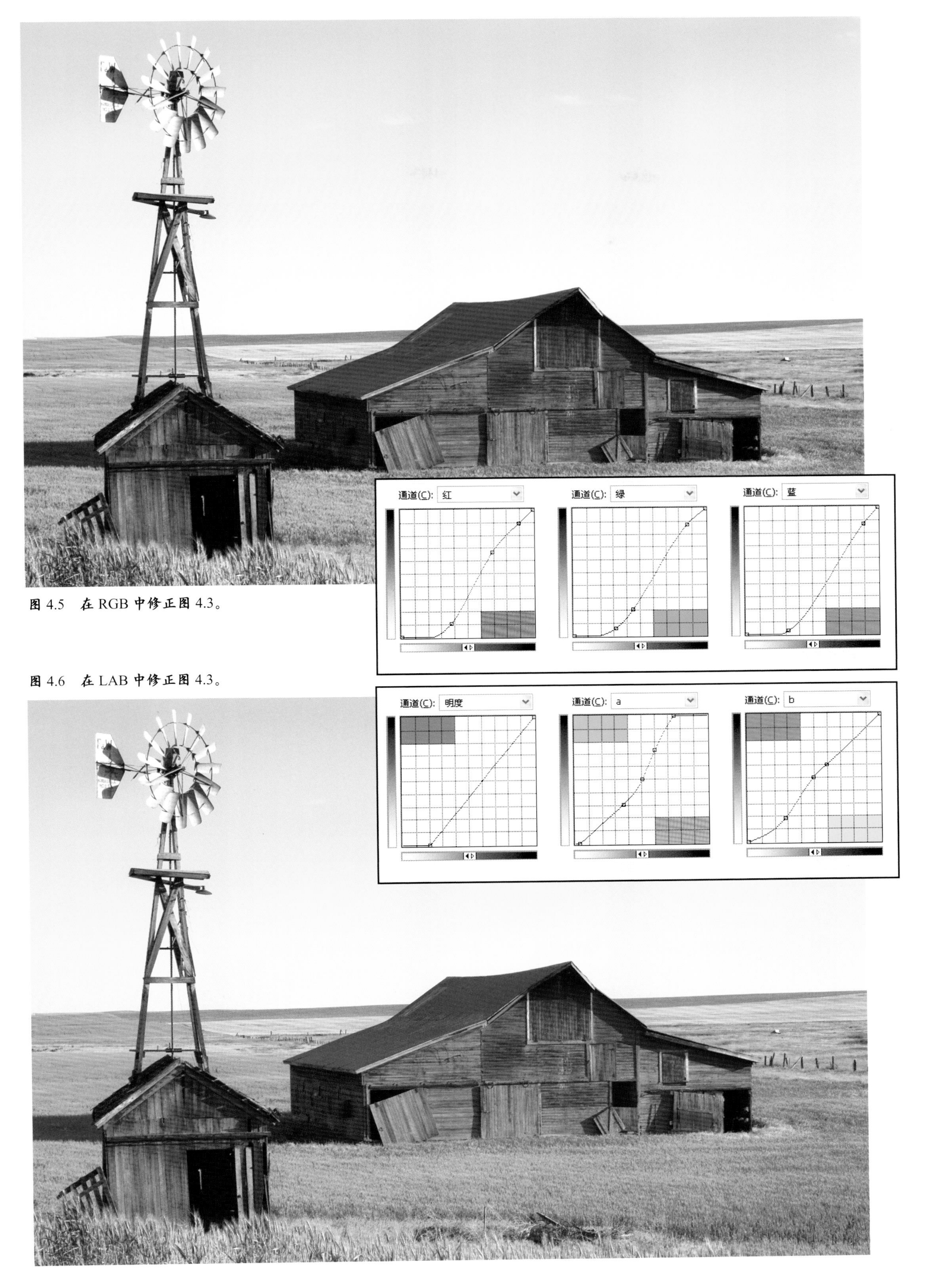

图 4.5　在 RGB 中修正图 4.3。

图 4.6　在 LAB 中修正图 4.3。

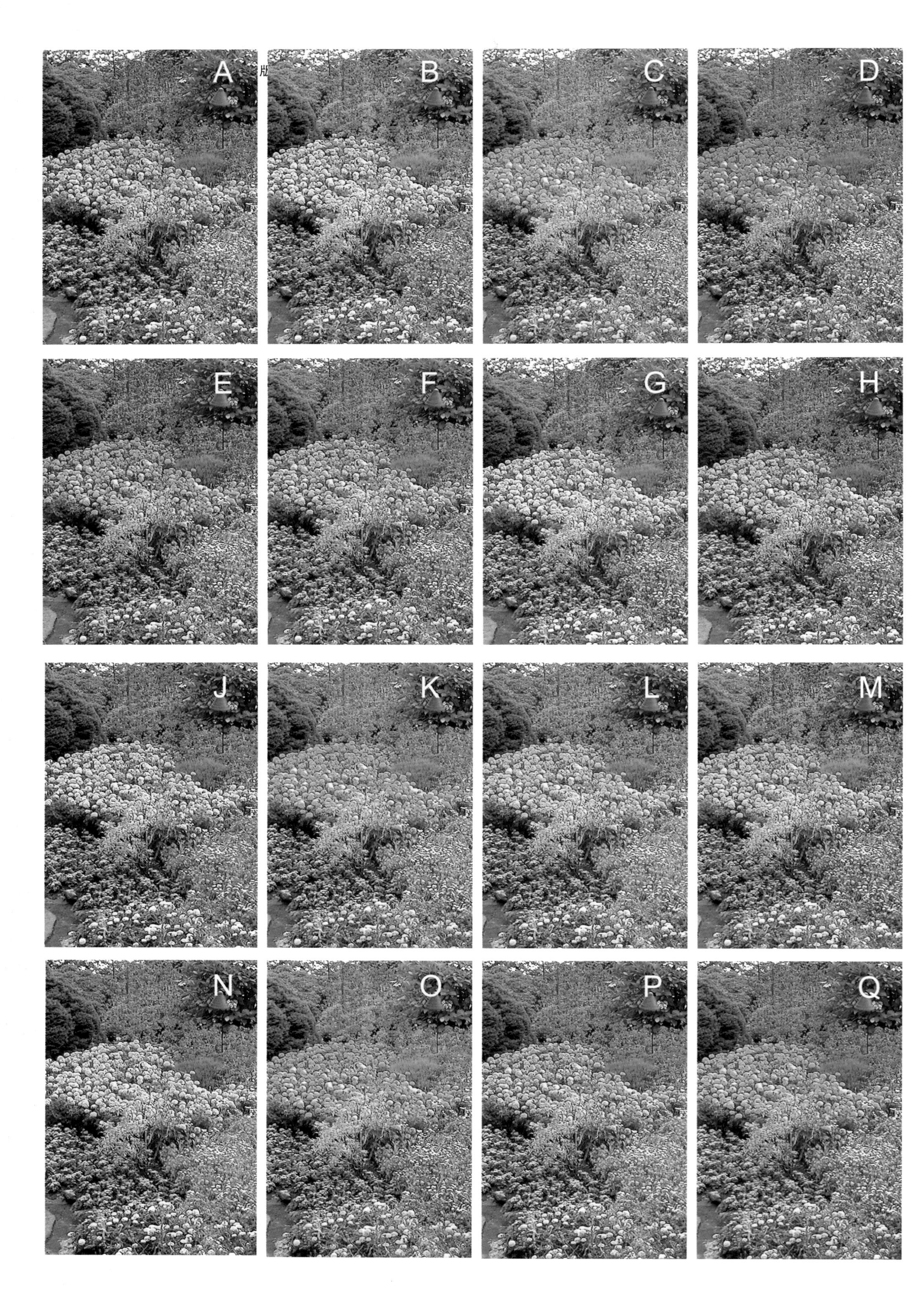
A
B
C
D
E
F
G
H
J
K
L
M
N
O
P
Q

点和 A、B 通道中灰度为 50% 的灰色，所以把 A、B 通道变成反相并不影响中性灰。如果 A 通道变成了反相，那么所有的品红（A 通道中的亮颜色，A 值为正）都将变成绿色（A 通道中的暗颜色，A 值为负），原来有多鲜艳，变成反相后就有多鲜艳，但 0^A 始终是 0^A。

这条信息能帮助我们解开这个谜团。从那片黄色的花开始最好，因为我们确切地知道，它在“黄－蓝”的 B 通道中的数值是很大的正值，在“品红－绿”的 A 通道中的数值接近 0^A。

我们知道，有 3 个版本的 B 通道和图 4.7A 的 B 通道一样，其中有一个版本是把 A 通道换成 B 通道的结果，有一个版本是把 A 通道换成 B 通道的反相的结果。但即使原来的 B 通道代表强烈的黄色，这两个版本中也不会有那么多黄花，把原来的 B 通道复制到 A 通道中，会使原来的黄花强烈地偏向品红，把原来的 B 通道的反相复制到 A 通道中，会使原来的黄花强烈地偏向绿色。

黄色的 A 值几乎为 0^A，在 A 通道变为反相后，0^A 保持不变，那么，要让图中的黄花不变，只有一个办法：不改变 B 通道，让 A 通道成为反相。图 4.7H 就是这样，可以检查黄花右下方的花来验证，它们在图 4.7A 中是品红的，到了图 4.7H 中变成了绿色的，这说明品红和绿互换了，也就是说，A 通道变成了反相。

当我们知道原来的 A 通道对黄色不起什么作用的时候，就能走得更远。有 4 个版本，A、B 通道都是原来的 A 通道或原来的 A 通道的反相，黄色在这 4 个版本中基本上变成了 0^A0^B——中性灰。你看到中间那一片花最缺乏黄色的 4 个版本了吗？它们就是 A、B 通道都来自原 A 通道的版本。

很明显，图 4.7A 中的黄花略有一些品红，因为图 4.7H 中的黄花略有一些绿色。靠这一信息可以进一步区分其他版本，但还有更简便的方法——像刚才研究黄花那样研究品红花的变化。它们原来的 A 值是很大的正值，B 值接近 0^B，看看有哪 4 个版本在本来应该呈品红的地方最缺乏品红，它们就是把 A 通道换成了 B 通道的反相的结果。

如果你仍然有困难，不要灰心，因为不是只有你这样。试读者们在识别图 1.5 的通道时一帆风顺，却认为这个测试极其“恶毒”，他们的语气十分肯定，而且有一些话是我不好意思写在这里的。这让我很吃惊，因为其中有几个 LAB 专家。

针对这种出乎意料的反应，我在本书结尾的“注释与后记”中对如何完成这个测试作了完整的解释。

图 4.7　A 为原稿，其他版本是随机排列的。每个版本的 A 通道或 B 通道都有 4 种变化——原封不动、自身的反相、换成另一个通道及换成另一个通道的反相。你能说出每个版本的 A、B 通道的来历吗？

4.4　精确地控制 L 通道

了解 A、B 两个通道的组合规律有助于我们精确地控制色彩。对于广告照片图 4.8，我们不需要查看

表 4.1

对图 4.7 所示的 16 个版本中的每 1 个，说出 A、B 通道的来历，可以从以下项目中选择：

1　对原 A 通道的拷贝；
2　对原 A 通道反相的拷贝；
3　对原 B 通道的拷贝；
4　对原 B 通道反相的拷贝。

图 4.7A 是原稿，其 A、B 通道的来历分别是 1、3（关于其他图的答案见下文）。

版本号	A	B
A	1	3
B		
C		
D		
E		
F		
G		
H		
J		
K		
L		
M		
N		
O		
P		
Q		

各个通道就能描述它的特点。黄色小鸭在 B 通道中很亮，但在 A 通道中是中性灰，灰度为 50%，A 值为 0^A，或者是较小的正值，使黄色略微偏红。红色的鸭嘴在 A、B 通道中都是正值。蓝色的水在 B 通道中是明显的负值，在 A 通道中是较小的正值。青蛙在 A 通道中明显是负值，在 B 通道中是正值。肥皂的数值则趋于 $0^A 0^B$。

LAB 色彩空间的一项特殊之处就是能在 A、B 曲线上找到对应于图像的不同颜色的区段，这就像在调色时用了选区一样，可以单独调节一部分而不影响其他部分。

图 4.8 中的 A 曲线从左下端到右上端被添加了 4 个锚点。最下面的点对应于小鸭的嘴，这个点被往下拉了一点，给小鸭的嘴增加了品红，使它显得更红。第 2 个点向相反的方向移动，这样能减少水中的品红。我这样做是因为我觉得水应该更蓝一些，但在图 4.8 中它接近紫色。第 3 个点位于曲线中央，数值为 0^A，如果不锁住这个中点，第 2 个点就会推动曲线上扬，把肥皂变绿。第 4 个点让青蛙的颜色少一些品红，成为更鲜艳的绿色。

在其他色彩空间中以这种方式选择特定的颜色是很难的。对这幅特殊的图来说，用 L 曲线调节明暗的方式也是其他色彩空间无法模仿的。这条曲线的妙处在于，正好 3 个漂浮的玩具对应的区段都在两个内部锚点之间，使这一段变陡，图中最重要的部分的对比度就会增强。你不妨看看只调节了 L 曲线的图 4.9A，再看看调节了全部 3 条曲线的图 4.9B。

调节 L 曲线成功的原因在图 4.10 中更明显，此图比较了 L 通道和 RGB 原稿的 3 个通道。颜色鲜艳的对象必然在 RGB 的至少一个通道中很暗，在另一个通道中很亮。比如在蓝色通道中，水波接近白色，小鸭接近黑色，阶调范围就这么宽，没有哪条 RGB 曲线可以让所有这些区域都变陡。

L 通道完全忽略颜色，就不存在这个问题。在 L 通道中，3 个玩具都比较亮，处于同一个狭小的阶调范围中，很容易把 L 曲线调节成图 4.8 中的样子。

当注意的焦点是比较灰的颜色时，就不宜调节 L 曲线了，因为它在 L 曲线上对应的区段比在

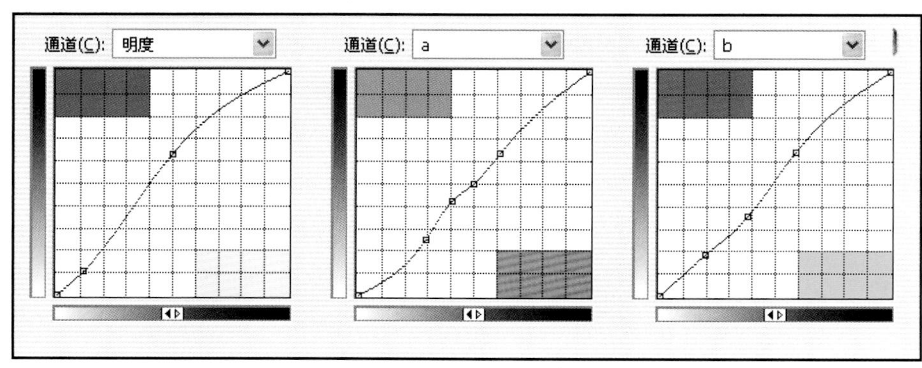

图 4.8　如果图中令人感兴趣的对象对应于 L 曲线上较窄的区段，在 A、B 曲线上也容易和别的对象分开，那就是 LAB 大显身手的时候了。

RGB 曲线上对应的区段长。明艳的颜色即使不适合调节 A、B 曲线，也可以把它的 L 曲线变陡，这比在 RGB 中增加对比度好。

L 是个粗糙的工具，我们要抵御过度使用它的诱惑。这就是为什么我到现在还不给出高光和阴影的数值。大部分输出设备都不支持 LAB 文件，你迟早要进行转换，要么转换到大多数照片处理设备所需的 RGB，要么转换到商业印刷所需的 CMYK。

除非时间特别紧迫，否则最好不要动不动就在 L 通道中设置高光和阴影，因为在其他色彩空间中解决这个问题很方便，尤其是在 CMYK 中。L 通道是所有通道中最粗糙的，稍有不慎就会毁掉高光和阴影的层次。

要让 LAB 做它擅长的事情，把精细的调节留给后面的步骤。但如果时间紧迫，来不及使用另一套曲线，我就会把高光和阴影设置成大胆的 98^L 和 3^L（在 LAB 中，100^L 是纯白，0^L 是纯黑，在灰度和 CMYK 中正相反）。如果以后有机会进一步修正这幅图，我建议在 LAB 中阴影和高光不要超过 94^L 和 10^L，尽管它们看起来还不够醒目，我也不想去改变它们。

你可能注意到，这一章和上一章的修正方式有明显的不同。在 RGB 和 CMYK 中，修正常常利用数值，但 LAB 中的修正更感性。在第 3 章中，我们一遍一遍检查数值，而现在，大部分检查都是目测。在第 3 章中，你不必完全模仿我的操作，但不管用什么方法都要得到我推荐的数值，否则修正就会失败，而在图 4.9B 中，青蛙特别绿只是因为我想让它这么绿，你也可以根据喜好选择不同的颜色。

4.5 0 加 0 生无穷

然而，为了某个关键的 LAB 值，你必须参考信息面板。中性灰的数值应该达到或接近 0^A0^B，我刚才用的曲线就经过了这个点。你或许会同意，图中的肥皂应该是白色的，测量原稿图 4.8 可知，它的典型

图 4.9A 对图 4.8 仅调节 L 曲线的结果。图 4.9B 全部 3 条曲线都被调节了。

图 4.10　通过比较 R、G、B 通道和 L 通道，我们会发现为什么调整 L 曲线的对比度对此图特别有效。在 R、G、B 通道中，我们会发现至少有一个漂浮的玩具是相当黑的。在 L 通道中，所有 3 个玩具，加上肥皂，都处于同一个阶调范围中，这在曲线上比较容易定位。

数值是 $0^A 4^B$，稍微偏黄。你在图 4.9A 中测出了这样的黄色吗?

前面说过，A 曲线中央有一个锚点被锁定了，保持 0^A 不变。如果从 B 通道开始修正，我会在 B 曲线上添加一个类似的锚点。若没有这个锚点，当曲线的中点稍微向上移动时，蓝色会增加，黄色会减少，会产生图 4.9B 中的 0^B。

这幅图的色偏很少，但移动曲线中点也能消除大的色偏，这也可以用来做艺术化的处理。

在黄石国家公园里看日落本是激动人心的，但图 4.11A 没有把它真正表现出来。这正是 LAB 擅长的"峡谷式"图像。为制作出图 4.11B，我使用了峡谷照片图 4.1 所用的简单曲线的增强版。我发现原稿的高光和阴影数值是合理的 $0^A 0^B$，但还是要让画面暖起来。A 曲线的中点向右移动了一点点，使色调由绿微微偏向品红。B 曲线更靠右一些，增加了黄色，减少了蓝色。

这些操作把数值 $0^A 0^B$ 变成了 $4^A 10^B$。图 4.11B 与图 4.11C 唯一的区别是，后者的 A、B 曲线向左回归了一点，精确地穿过了中心点。

我更喜欢图 4.11B，但我相信有些读者会认为 4.11C 更好。你也可以设想用以下曲线修正的结果：

- 更陡的曲线，让颜色更鲜艳；
- 较平的曲线，产生钢铁般的灰调子；
- 只让 A 曲线更陡，增加落日下的橘黄色；
- 锁定 B 曲线的中点，降低它的一半，把它的上

提示：更大的曲线网格

在前面图 2.2 的注释中我提到过，我们有两种选择可以改变曲线网格的大小。这两种形式的转换是靠单击曲线图右下端的小图标实现的。

除非你有双屏幕，否则对大图网格的使用会让人厌烦，因为它会在屏幕上占据太大的空间，阻挡了观察图片的好视点。在 CMYK 或 RGB 中操作时，我经常使用小图网格。

但在 LAB 中，小小的移动就会产生显著的效果。相比于其他色彩空间，我们需要更精确的操作，尤其是在曲线的中心点附近。所以在 LAB 中不妨使用较大的网格。

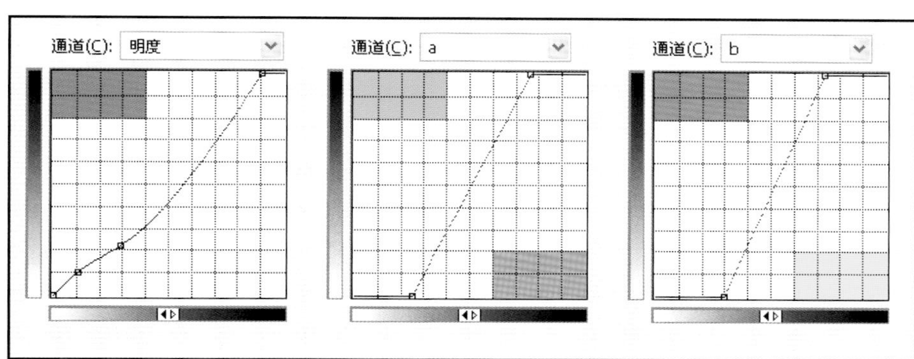

图 4.11　曲线中点的位置会影响修正效果。图 4.11A 原稿。图 4.11B（下页）用左边的曲线修正的结果，A、B 曲线的中点都向右移动了。图 4.11C（下页）用中点未移动的 A、B 曲线修正的结果。

半部分变陡，这将造成图 4.11B 和 4.11C 的混合效果，即天空会变得更蓝一些，黄色的反光也会多一些。

你还可以尝试其他组合。在 LAB 中常常有可能精确地选择和修正某些特定的区域，在 RGB 或 CMYK 中要达到同样的效果则需要选区。我们将以两个这样的范例来结束本章。

4.6　处理珠宝图像的捷径

图 4.12A 是另一张广告照片，其中的宝石有灿烂的颜色，处理这样的颜色，应该尽量让它和背景分开，这适合在 LAB 中做。

在这张图中，保持中性灰并不是最重要的，另

测试答案

在图 4.7 中，每个 A 通道或 B 通道的来源都有以下 4 种可能：

1. 对原 A 通道的拷贝；
2. 对原 A 通道的拷贝反相；
3. 对原 B 通道的拷贝；
4. 对原 B 通道的拷贝反相。

下面是答案（若还有疑问，请参看注释与后记部分）。

A 1，3	E 3，3	J 2，2	N 1，2
B 2，1	F 4，1	K 1，4	O 2，4
C 3，4	G 1，1	L 3，2	P 4，2
D 4，4	H 2，3	M 3，1	Q 4，3

B

C

外几样东西更值得我们注意。首先，当场景这样主次不分时，都不知道怎么形容它好了。珠宝下面的绿东西好像是莲蓬，背景中蓝绿相间的小玩意儿让我想起芦笋，那就可以用蔬菜的词汇来形容这一幕了——一个人不知要卖掉多少芦笋才买得起摆在莲蓬上的那些东西。

打开曲线对话框，按住 Command 键单击画面，曲线上会产生一个锚点，代表单击处的颜色。 LAB 比其他色彩空间更容易区分不同对象，这很有用。在这里，同时按住 Shift 键和 Command 键单击画面，可以同时在 3 条曲线上产生代表单击处颜色的锚点。

我对这幅图中的 5 种对象感兴趣，他们的颜色有黄色、绿色、蓝色和紫色，没有红色，因为我对背景的变化不感兴趣。这 5 种对象是 ：

- 黄金 ；
- 绿色的莲蓬 ；
- 有芦笋的深蓝色区域 ；
- 饰物上的蓝宝石（是的，它们有些阴影，但在此图的整个环境中，可以把较灰的颜色当成一种单独的颜色，把较鲜艳的蓝色当成类似于芦笋的颜色）；
- 明显呈紫色的宝石。

针对 A、B 曲线分别按住 Command 键单击画面 5 次，或同时按住 Shift 键和 Command 键单击画面 5 次，在所有曲线上添加锚点，某些情况就明白了，特别是在 A 通道中。莲蓬的颜色当然绿多于品红。几颗蓝宝石的 A 值差不多。紫色宝石和芦笋蓝色部分的 A 值都是小的正值。黄金的 A 值差不多是 0^A。

在 B 通道中，这几个对象的颜色差异更大。B 曲线上与黄金对应的点当然在底部，表示黄比蓝多得多。莲蓬的黄略多于蓝，在 B 曲线上对应的点较高。紫色宝石和大多数蓝色宝石的 B 值都是小的负值。蓝色芦笋和大块蓝宝石的 B 值都是大的负值，在 B 曲线上对应的点很高。

如果印刷条件不能很好地处理蓝色，会带来两个问题 ：一个是在较灰的和较艳的蓝色之间没有足够的差异 ；另一个是芦笋的颜色一不留神就会变紫。

我非常担心变紫的可能性，所以让 A 曲线的两部分有不同的陡度，加强绿色超过加强品红。在 B 曲线的黄色区段上，我喜欢把黄金变得更黄的主意，但不想这么对待莲蓬，就锁定了它在曲线上对应的点。在 B 曲线的蓝色区段上，较灰的蓝和较艳的蓝用 RGB 和 CMYK 做不到的方法分开了。将较灰的蓝对应的锚点向下移动，使之接近中性灰，将

疑难解答 ：最强大的色彩空间

- 忘掉黑色。中性灰就是中性灰。在 A、B 通道中，白色、黑色和灰色都是相同的数值 0^A0^B。
- 不要过分使用 L 通道。L 通道是有效的但也是不灵活的。对阴影和高光的微调不是它的长项。虽然你在 RGB 和 CMYK 中有最后修正的机会，但不要在 L 曲线中强制设定这样的端点——那样会失掉很多的细节。
- 小心超出两个色域的颜色。确定那些不可印刷的逼真颜色是相对容易的，但 LAB 的功能是如此的强大以至于它能创造出显示器都不能显示的颜色。不论是这两者中的哪个，当 Photoshop 去匹配那些不可匹配的颜色时，色彩空间的转换可能会导致细节丢失。

较艳的蓝对应的锚点向上移动，使它更蓝，结果如图 4.12B 所示。

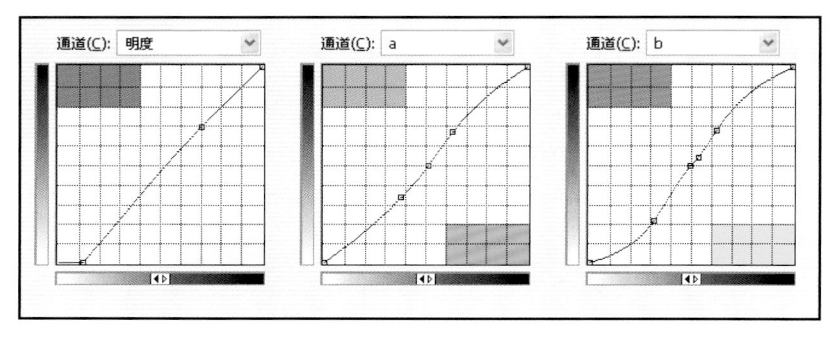

4.7　看不见的选区

不管蓝色有多含蓄，在 B 曲线上把它们调得更蓝还是很容易实现的。再仔细想一下，你会发现，让它们按我们的意思发生更剧烈的变化也是可以实现的。

图 4.12A（上页）原稿。图 4.12B 用上面的标准 LAB 曲线修正原稿的结果。图 4.12C 用上面的 L 曲线和 A 曲线及右边的 B 曲线修正的结果，这说明 LAB 既能剧烈改变颜色，又能保持颜色的可信度。

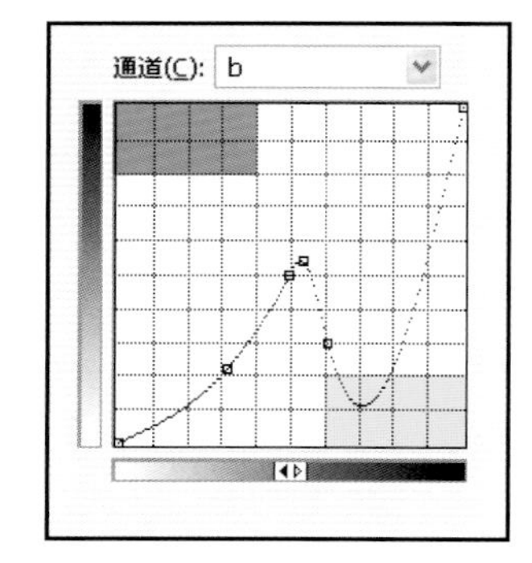

例如，图 4.12C 就是一条诡异的曲线，像倒置的“V”，这在其他色彩空间中是不可想象的。它像图 4.7 对 A、B 通道反相操作那样令人惊讶。

设想你是这幅广告最终的观看者，从来没见过图 4.12A，不知道现在看到黄绿色当初拍摄时是蓝色，可图 4.12C 又有什么破绽呢？

最后一个练习将增强上一个练习所用的两种技法：使某些颜色变得更生动，同时让与它们相近的颜色变灰。另外，还要利用通道结构把修正限制在某个区域。

素材仍然是峡谷照片。如果你从来没到过这种地方，那我不妨告诉你，那里处处是怪石，你会对它的气势恢弘感到难以置信。你站在那里，也许会不相信自己的眼睛，它竟有如此之大。

下一张图的主题，Bryce 峡谷，更加引人入胜，你可以用一天的时间来游览它。在这一天快要结束的时候，你不会相信刚才穿过的地方是存在的。橘色和粉红色的结构，被腐蚀成魔幻世界的形状，从小小的尖顶到巨大的峭壁。我们要处理的就是这样的峭壁的照片，看起来真的好像地球上没有别的东西了。

图 4.13　Bryce 峡谷以绚丽的颜色和不可思议的形状而闻名。图 4.13A 原稿。图 4.13B 修正结果，它能唤起曾经游览过这个峡谷的人的记忆。

由于同时对比、色适应和其他各种效应，人眼观察峡谷与相机有很大差异。本书每一章的大多数修正都旨在恢复人眼看到的景象，而不是相机看到的。

然而，当我们面对 Bryce 峡谷时，有了第 3 种可能：那并不是人眼真正看到的场景，而是几周后用 Photoshop 打开照片时唤起的记忆。再给一些时间，情感就会左右记忆。

图 4.13A 是相机看到的场景。但我清楚地记得，我看到了更大的颜色差异。在拍摄时，也许我和相机看到的岩石和树木的整体色调都差不多。

现在让我们稍停片刻。我记得在这条小径（它被叫做“仙境”）中徒步旅行时，被那些橘色的形状如此夺目震撼着。我还记得绿色的树木。事实上，我记得的是图 4.13B，它并不是我真正看到的。

要达到这种效果，我们需要使用以前没有用到过的一种技术，因为我们喜欢的 LAB 曲线会破坏背景。我们需要在岩石相对中性的区域和橘色较强的区域之间造成更大的差异，简单地把全图变鲜艳是不管用的。刚开始使用的是图 4.14 所示的曲线，把 A、B 通道中本是中性灰的颜色往负值区赶，树木更绿了，这很好。岩石的亮调更接近中性灰了，这也不错，但蓝天和白云被破坏了，它们在 A 通道中都被赶向绿色，在 B 通道中都被赶向蓝色，总的来说产生了青色。

幸运的是，有一种简单的方法能恢复原来的背景。这需要在复制图层或调整图层上使用曲线，因为要用到混合颜色带滑块，它在“图层选项”对话框中。

有的读者对这个强大的命令还不熟悉，让我们迅速演练一下。在使用该命令之前，我们有一个双图层文件，图 4.13A 是底层，图 4.14（或者能创建这种效果的曲线调整图层）是顶层，其混合模式为“正常”。要想混合这两个图层，可以从默认的 100% 开始减少顶层的不透明度，但这里需要的不是混合而是排除，排除顶层的天空。唯一的问题是，如何向 Photoshop 解释这个概念，它可听不懂“云”和“天空”这样的词。

考虑通道结构，也许就知道 Photoshop 能听懂什么了。在 L 通道中，云很亮，部分岩石也是这样，

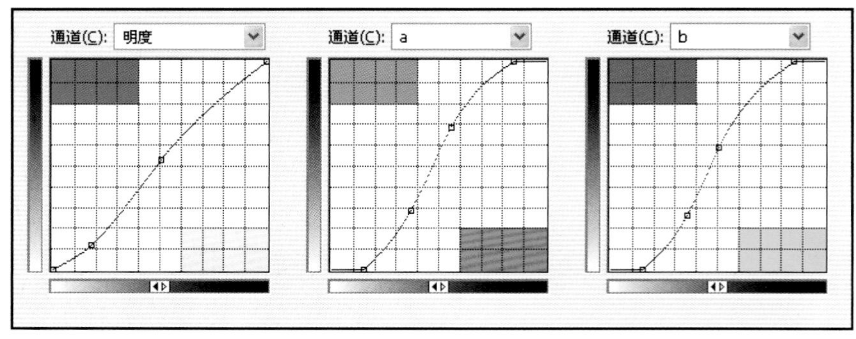

图 4.14 这些曲线使树木更绿，岩石的色彩更富有变化，但让天空有了不自然的青色。

但天空显然较暗，至少像岩石的其他部分一样暗。要想在L中区分天空和岩石，我们会很不走运。

在A通道中，岩石的数值明显是正的，表示品红多于绿。不幸的是，树木是负值。云和天空都是正负之间的中间值。我们又一次不走运。

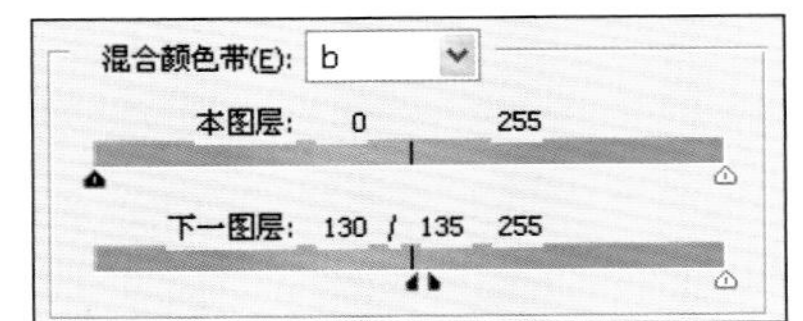

图 4.15 使用混合颜色带恢复图4.13A中的天空。在向右拉动滑块的过程中，以前在B通道中是负值的东西被排除了，刚开始，顶层的青色天空与底层的蓝色天空之间有生硬的裂痕。随着滑块向右越拉越远(最终的设置如右边的界面所示)，过渡变得自然了，恢复了图4.13B中的天空。

在B通道中，岩石完全是正值，因为黄多于蓝，树木也是这样。云的数值则接近0^B，而天空是负值。这种明显的差异正是我们苦苦寻觅的。我们可以向Photoshop解释：顶层中任何B值小于或等于0的东西都是我们不需要的。

为了把这条信息发给Photoshop，我们执行“图层>图层样式>混合选项”命令，或者在图层面板中选择“混合选项”，最简单的方法是直接双击图层图标，打开一个对话框，该对话框常用于制作某些特殊效果（如投影、发光），但现在只需要下方的混合颜色带。在此处，我们选择“B通道”、“下一图层”，并且向右拉动滑块。

在向右拉动滑块的过程中，原来蓝多于黄的东西被排除了。图4.15表明，曾经蓝色的天空和曾经灰色的云之间产生了生硬的裂痕，这是因为对滑块的设置排除了天空，但尚未排除云，云目前比天空更偏青色。LAB的活力开始让我们惊讶了。

继续向右拉动滑块，直到裂痕出现在前景和背景之间，然后按住Option键单击滑块，把它剖为两半，将这两半稍微分开点，这为上下图层的混合创建了一个过渡带，消除生硬的裂痕。

处理这幅图的最后两个要点是：第一，既然在调整图层上操作，就有机会通过降低不透明度来控制混合颜色带的效果，我把它降到了70%。第二，混合颜色带操作在RGB中更难，那时我们要用的是蓝色通道而不是B通道，云和天空在蓝色通道中都足够亮，容易和岩石分开，但岩石的某些亮调也会被排除，这样一来就不得不进入调整图层的图层蒙版，用套索工具选择天空，填充黑色。

另一方面，对于这种图片，你还是应该在LAB中操作，因为据我所知，没有LAB就无法让颜色差异倍增。你还可以把它作为选择的快速方式。

如果你乐意看到LAB的优势的更突出的表现，就回到图4.12B，想象你不得不用混合颜色带将修正限制在最深的蓝色宝石上，在其他色彩空间中这样做是很烦琐的，因为这些蓝色处于从很亮到很暗的范围内。但在LAB中，这没有问题，不管蓝色有多亮或多暗，其B值始终比图中任何其他部分的B值负得更多。

4.8 LAB和工作流程

在严肃认真的Photoshop的用户中，LAB已经完善起来了。为了熟练地使用LAB，人们还在设法提高自己的水平。再者，一些RGB用户不太适应CMYK空间，反之亦然。

颜色诀窍手册

	CMYK	RGB	LAB
红	品红和黄大致相等，青较低	绿和蓝大致相等，红更高	A 和 B 都是强正值，且大致相等
偏黄的红	黄色最高，青最低，品红更接近黄色	红色最高，蓝色最低，绿色更接近蓝色	A 和 B 都是正值，B 最高，A 高于 B 的一半
偏红的黄	黄色最高，青最低，品红更接近青色	红色最高，蓝色最低，绿色更接近红色	A 和 B 都是正值，B 最高，A 低于 B 的一半
黄	黄色高，青和品红大致相平且远低于黄	蓝最低，红和绿大致相等且远高于蓝	A 接近 0，B 强正值
偏绿的黄	黄色高，品红最低，青接近品红	蓝最低，绿最高，红接近绿	A 轻微负值，B 强正值
偏黄的绿	黄色高，品红最低，青接近黄	蓝最低，绿最高，红接近蓝	A 强负值，B 轻微正值
绿	青和黄大致相等，品红很低	红和蓝大致相等，绿很高	A 强负值，B 接近 0
偏青的绿	青最高，品红最低，黄色接近青	红最低，绿最高，蓝接近绿	A 强负值，B 轻微负值
偏绿的青	青最高，品红最低，黄色接近品红	红最低，绿最高，蓝接近红	A 强负值，B 不完全负值
青	青高，品红和黄色大致相等且远低于青	红色低，绿和蓝大致相等且远高于红	A 和 B 都是强负值，且大致相等。
偏蓝的青	青最高，黄最低，品红大体在中间	红最低，蓝最高，绿接近蓝	A 和 B 均不完全为负值
偏青的蓝	由于 CMYK 色域小，与偏蓝的青大致相同	红最低，蓝最高，绿接近红	A 比 B 负值更少
蓝	青最高，品红和青几乎一样高，黄最低	蓝最高，红和绿大致相等且远低于蓝	A 接近 0，B 强负值
偏品红的蓝	黄最低，品红等于或稍高于青	蓝最高，绿最低，红接近绿	A 轻微正值，B 强负值
偏蓝的品红	品红最高，黄最低，青在中间	绿色最低，蓝最高，红接近蓝	A 强正值，B 轻微负值
品红	品红高，黄和青大致相等且远低于品红	绿色最低，红和蓝大致相等且远高于绿	A 强正值，B 接近 0
偏红的品红	品红高，青低，黄接近青	绿色最低，红最高，蓝接近红	A 强正值，B 轻微正值
偏品红的红	品红高，青低，黄接近品红	绿色最低，红最高，蓝接近绿	A 比 B 正值稍多

今天的专业世界越来越多地需要兼顾RGB和CMYK。考虑到质量，常常也需要LAB。前面的表是各种颜色在3种色彩空间中的定义。在理论上你也许不需要它。你要迅速辨别哪些颜色不太合适，并需要调整它们，这个速度很大程度上决定了你在每种色彩空间中调整的速度。因此，你或许愿意遮起答案，把它当作一个测试——一个时不时需要重新做一次的测试。

有些人采用了以LAB为主的工作流程，主张用LAB指导缺乏经验的用户。下面集中了一些相对较保守的方法，能推荐给所有的用户。

• 当图像的颜色有些单调时，LAB能以其他色彩空间无法效仿的方式产生微妙的颜色差异。对于图4.1A、图4.11A和图4.13A这样的风景照片，这种优势特别显著。

• LAB的基本操作——增加L曲线的对比度、把A、B曲线变陡，以及在L通道中锐化，既简单又快捷。某些图非常重要，值得花尽可能多的时间来修正，其他图则不尽然。房地产经纪人要制作有几百张不动产照片的宣传册，报纸摄影师要赶在交稿期限前完成任务，旅行家正准备印出上次旅行时拍摄的堆积如山的照片，这些人都忙得焦头烂额，抽不出一两分钟时间处理一个文件，LAB工作流程对他们很有吸引力。

• 即使你不像上面说的那样在LAB中工作，你也应该学学它的计数系统。利用数值修正颜色——第3章的标题——并非特别简单，尤其是对那些不得不既使用RGB又使用CMYK的人来说。LAB的计数系统比两者都简单。只需要知道任何0^A0^B都是白、灰或黑是节约时间的。适当设置信息面板，使它右边显示LAB数值，不论当前的色彩空间是什么，你在评估原稿时就能节约很多时间。

选择颜色的华丽技巧，剧烈的颜色变化（就像处理珠宝照片制作出图4.12C那样），以及高级曲线，都是可选的利器。如果你对于学习这些东西乐此不疲，你将得到回报。

LAB将颜色和对比度分开了，当你知道在哪种环境中应该使用它时，就在重新整合颜色和对比度的路上迈出了一大步。

本章小结

RGB和CMYK有很多相似之处，但LAB是一个彻底的特立独行者。它能将颜色和对比度彻底区分开，这样一来，一些在别的色彩空间中不能使用的专业手法，在LAB中就成为可能。

通过调整A和B的曲线，能区分开相似的色彩，这是LAB最重要的作用。在必须变换特殊对象的颜色时，LAB还经常可以免去使用选区的麻烦。原则上说，调整L通道的原理类似于调整RGB和CMYK的总通道，但是有些图片在L通道中调整会更好，而有些则应该避免使用L通道。

复习和练习

★ 打开图 4.1 的原稿。用同样的直线形的 A、B 曲线做试验，保持中点不变，但改变陡度。当 A 曲线变陡时，峡谷的红色更加突出了，B 曲线变陡则强调了最黄的区域。

★ 当为对象增加对比度时，何时 L 通道是比把 RGB 或 CMYK 曲线变陡的更好选择？

★ 找一些花的图片，或使用图 4.7 在配套光盘中的原稿，锁定 A 或 B 曲线的中点，按住 Command 键单击图中的花，在曲线上产生新的锚点，然后上下拉动新锚点，看看图中颜色的变化是多么剧烈。

★ 在下面的颜色与 LAB 值之间找到对应关系，括号里的数表示负值。

1	图 4.1B 右下方的棕褐色前景	A、40^{L} 3^{A} $(15)^{B}$
2	图 4.5 前景中的草地	B、80^{L} 5^{A} 65^{B}
3	图 4.8 中的黄色鸭子	C、75^{L} 15^{A} 25^{B}
4	图 4.11B 左上方的深色天空	D、65^{L} $(15)^{A}$ 30^{B}
5	图 4.12B 中紫色宝石周围的金色	E、35^{L} 25^{A} 25^{B}
6	图 4.13B 右上方的橘色岩石	F、75^{L} 12^{A} 60^{B}

第5章
K通道是关键

熟练处理黑色通道是CMYK军火库里最有潜力的武器。使用黑色通道，我们可以控制中性灰，给阴影增加清晰度，突出形体。熟练处理黑色通道需要了解灰成分替代，以及由3个变量组成的色彩空间无法提供、但由4个变量组成的色彩空间可以提供的东西。

一名6岁的儿童、一名科学家和一个图片润饰师做一个相同的测试，询问他们下面几个词有什么共同点：RGB、xyY、LUV、LAB、LCH、XYZ和HSB。

6岁的儿童回答，它们都有3个字母。科学家说，它们都是数字结构，以独特的数值表现视觉印象。润饰师认为，它们都是色彩空间，但其中没有CMYK。

那个6岁的儿童给出的答案最贴切，也是技术上最实用的，这是本章的主题。我们将会发现如何把CMYK和其他色彩空间区分开来——使用黑墨。

本章讨论的很多技巧在只有3个变量的色彩空间里都是不可能完成的。善用4个变量的色彩空间可以避免很多麻烦。

在色光中，黑色本身不是一种颜色，而是颜色的缺失。这不会妨碍我们在色彩修正过程中处理黑色油墨。事实上，黑色油墨能够遮住所有的东西，所以对黑色的小小改动都会造成巨大的变化。

那些要为商业印刷准备文件的人，或者打印条件需要CMYK空间的人，都需要很好地学习本章的知识。即使你从来不需要提供CMYK模式的文件，这个问题也是不容忽视的，你甚至可以忽略LAB。

青色、品红、黄色通道与红色、绿色、蓝色通道有非常亲近的关系。看到这里，你一定以为CMYK是有一个黑色通道的RGB色彩空间。但实际情况比这复杂得多。甚至在我们考虑输出效果之前，CMYK和RGB就有两个明显的区别。

- 在RGB中，物体能够与我们想要的一样暗，$0^R0^G0^B$ 是可能的。但是，CMYK对于墨的使用量有严格的限制，黑色的CMYK值可以有很多种配比。
- 在RGB中，不同的数值代表不同的颜色。但是，不同的CMYK数值有可能代表同样的颜色。

本章将要展示以下两种方法。

- 保守方法：要防止在印刷时出现不理想的颜色。
- 进攻方法：要让颜色修正更简单，更有效。

5.1 虚拟色彩空间

如果印刷不能使用黑墨，印刷品的颜色会令人难过。但是我们可以改变这种情况。图5.1是一幅不用黑墨印刷出来的图片。它是在分色时设置黑版产生量为0而产生的，我们稍后将会看见实例。但是，现在我准备了一个棘手的特殊状况。比如，最暗区域是 $98^C92^M92^Y$，如果黑色没有擅离职守，它应该是 $80^C70^M70^Y$。

这些阴影看起来不够好，但我们肯定能够在黑墨的帮助下改善它们。从另外一方面来说，我们已经

图 5.1　这张图片只使用青、品红和黄色油墨。黑色油墨在分色时就被忽略了，这不是常规的分色方法。

见过比这更糟糕的图片，图 5.1 还没有那么可怕。

简而言之，CMY 方式对这里的处理已经不错。那么，第 4 种油墨能够起多大作用呢？

这个问题有待扩展讨论，除了黑色以外，还可以加入第 5 种或第 6 种颜色，现在有很多打印机就是这样的。

像前面提到的其他色彩空间一样，CMY 只有 3 个字母，即使 6 岁的儿童也能注意到这一点。这个问题比较特殊：仅由 3 个变量组成的数值，不同的数值肯定代表不同的颜色。

就拿 RGB 来说，我们可以给出每种颜色的红、绿、蓝数值，但是每种颜色的数值是唯一的，其他红、绿、蓝数值不能再表现这种颜色。

LAB 非常与众不同，但它在这方面与 RGB 一样。有一个代表明暗的变量（L）、两个代表色相的变量（A 和 B），每种颜色只有一个 LAB 值，不同的 LAB 值代表不同的颜色。

其他三变量色彩空间也是如此，包括 CMY，以及将来可能出现的其他三变量色彩空间。在三变量色彩空间中，每种颜色的数值都是唯一的。

给这些色彩空间增加第 4 种变量不仅可以通过把原来的 3 个变量中的一部分转移到第 4 个变量中来建立不同的颜色数值，还能扩展色域。即使第 4 种变量不是黑色而是橘色，结果也是如此。

假设我们处于一个 CMTY 的世界①，如果我们是柑橘种植者，这将非常有用。利用橘色中存在的基本的黄色成分和品红成分，我们能够表现橘子、柚子和柠檬的颜色。由于橘色墨中的黄色成分很浓，我们甚至可能用它调出更明亮的墙体颜色。

$0^{C}50^{M}100^{T}100^{Y}$ 表示明亮的橘色，是用 CMY 或 CMYK 无法产生的颜色。同样，我们扩展了阴影的颜色范围。尽管橘色是一种明亮的颜色，但如果把它加入 CMY 的阴影中，可以让阴影略为加深。

橘色不仅可以产生明亮的黄色和较深的阴影，还能让一种颜色有不同的油墨配比。

可以认为橘色是大量黄色和少量品红的混合，我们可以用它替代原来 CMY 颜色中的大量黄色和少量品红。

例如，肤色的数值可能接近 $10^{C}40^{M}50^{Y}$，但 $10^{C}39^{M}5^{T}47^{Y}$ 实际上也是肤色，$10^{C}35^{M}25^{T}30^{Y}$ 也是如此，当然还有其他多种可能性。由于印刷中的网点扩大和其他变数，这些数值不一定都使用，但我们在实际工作中会找到合理的数值。

既然肤色理论上可以有这么多种数值，我们不禁要问，在现实中是否真的可以把橘色加入肤色？

我很快会回答这个问题。是的，可以把橘色加入肤色，这样印刷会更稳定，网点叠合更少。更重要的是，它降低了品红和黄色墨的数值范围。可以用曲线能更简单地修正它们。

但是，很抱歉要告诉你们，我们一般不用橘色印刷，而用黑色，这才是我们面临的问题。

① T 代表橘色。

5.2 黑色如同橘色

如同橘色一样，黑色也能扩展我们的色彩范围。当然，它对提高柑橘的颜色的饱和度不起任何作用，但是它能够在阴影中产生更丰富的层次，并且能够让一种颜色有不同的数值，橘色能够取代许多的黄色和少许的品红，而黑色能够同时取代青、品红和黄 3 种颜色。

如果这种说法还有些令人费解，那么让我们暂时忘记网点扩大、不同的印刷条件、在形成中性灰时要比品红和黄更多的青色等复杂因素，来考虑一下理想的油墨。

在理想油墨构成的 CMY 空间中，三变量数值相等，如 $25^C 25^M 25^Y$，会产生中性灰，如同单独使用 25^K 的效果一样。$20^C 20^M 20^Y 5^K$ 和 $15^C 15^M 15^Y 10^K$ 尽管数值不同，产生的也是这种中性灰。

这个原理不仅适用于中性灰，而且适用于 C、M、Y 数值偏离灰平衡的颜色。例如，表示天然绿色的 $75^C 25^M 85^Y$ 可以用 $60^C 10^M 70^Y 15^K$ 来替代。

但是，这一原理不适用于 $50^C 0^M 60^Y$，因为其中缺品红，没有什么东西可以让黑色来替代。颜色中无法用黑色替代的成分叫彩色成分。

$25^C 25^M 25^Y$ 是中性灰，颜色中的中性灰成分可以用黑色替代，叫灰成分。用黑色替代全部或部分灰成分叫灰成分替代（Gray Component Replacement，缩写为 GCR）。如果仅仅在暗调应用灰成分替代，中间调和亮调的灰成分不用黑色来替代，就叫“底色去除”（Under Color Replacement，UCR），这里的“底色”指的是暗调中的灰成分。

以前的平面设计师并不需要操心高品质分色的问题。别人用滚筒扫描仪为他扫描出一张 CMYK 图片，可以直接用于印刷。当他得到图片时，所有与 GCR / UCR 有关的参数都已经被妥善地设置好了。

数字摄影时代的到来终结了以前的工作流程。该流程的起点是数码相机提供的 RGB 图片，而它要用于印刷，或者其他类型的 CMYK 输出。也就是说，GCR 不再是扫描员或印刷厂的问题，而是平面设计师的问题。

5.3 必须使用 GCR 的情形

大多数北美杂志都声称遵循卷筒纸胶印出版作业规范（SWOP）。SWOP 规定，任何区域的油墨总量都不能超过 300%，而大多数印刷厂将此限制调整到了 280%。因为在印刷机高速运转时，油墨数值过高，会引起干燥问题，而且会串色，比如说，品红混入了黄墨变成橘黄色。

纸张吸收能力越强（实际上也就意味着越便宜），问题越糟糕。很多商业印刷都不用铜版纸，油墨总量可以达到的值更低，比如 260%。报纸通常只有 240%，因为报纸与草纸差不多。

出于同样的原因，印刷条件越好，油墨总量可以达到的值越高。对于知名品牌的铜版纸来说，即使 340% 不行，320% 也是可以接受的。

以 RGB 为中心的信息

当阅读本书草稿时，大家的反应很一致。读者要么认为每一章都非常好，要么认为非常糟糕，要么晦涩难懂，要么简单明了。但本章却是个例外。那些有 CMYK 背景的人认为这是小菜一碟，其他人却认为它是噩梦一场。

试读者 John Ruttenberg 的发言很有代表性，他认为：“第 5 章实际上由两部分组成——印刷独立性和印刷具体化。 大家对图 5.4 的牛仔女郎的修正都应该非常感兴趣。它展示了如何使用 CMYK 获得更加丰富的阴影细节，甚至对最终模式为 RGB 的图像也有较佳效果。第 2 部分针对的只是印前专业人士。为了使这些清晰明了，用了诸如‘我们将在深海中畅游’的说法。”

我对此再次声明：本章的上半部分讨论的是理想 CMYK 油墨的问题。如果图像的阴影中有重要的细节，即使最终需要的色彩模式是 RGB，也要先临时转换到 CMYK 进行一些修正，在这种情况下，使用黑色通道是我们的救生圈。

第 2 部分讲述的不是理想油墨，而是目前印刷使用的不够纯的油墨。那些为印刷准备的图片通常需要采取保守姿态，也就是用黑色墨作盾牌，抵挡不理想的颜色变化。如果你从未制作印刷图片，那么从技术角度来说，你就不需要阅读第 2 部分。另一方面，你在工作中会遇到反常的输出情况，输出方式可能是印刷，也可能是别的。无论如何，讨论如何解决这些棘手的问题是非常有意义的。

很多印刷机使用限墨器来执行这些规则，它们就像高速公路上的交警一样。在我的家乡新泽西，主要的高速公路都有“限速 65”的牌子。不过交警并未严格限速，因为他们知道善于说粗话的新泽西司机在车速仅超了 1 英里 / 小时时被拦住会说什么。然而他们心目中有一个限速标准，不一定像牌子上写的那样。我没法告诉你那是什么，你驾车经验多了自然就知道了。我最近在蒙大拿旅行，低估了交警心目中的限速标准，结果吃了罚单。

印刷厂比交警宽容一些，被他们的“油墨警察”开出罚单的人，是有价值的客户。印刷厂不想为 281% 是否超出油墨总量限制而争论。如果“油墨警察”发现暗调的油墨总量略微超标而阻止了你，交警就会在你驾车时速只超了 2 英里 / 小时时拦住你。但是，一旦油墨总量达到或超过了 300%，你的活儿一定会停下来，这可比超速罚单更严重，特别是在生产流程的后期。

印刷条件不好时，这个问题尤其严重。本书推荐的阴影数值 $80^{C}70^{M}70^{Y}70^{K}$，对杂志来说是不合格的，因为杂志的油墨总量原则上不能超过 290%，不过对于区区 10% 的超标，杂志印刷厂不会斤斤计较。300% 用来印报纸就不行了，报纸的油墨总量不能超过 240%，绝对不能接受那样的阴影。不过我们也不希望把阴影印得太浅，在印刷条件差、纸不够白时，这尤其重要。

关于是否使用 GCR 已经讲了这么多。我们在印刷报纸的暗调时必须使用 GCR，因为 1^{K} 可以取代 $1^{C}1^{M}1^{Y}$（在理想情况下）。在理论上，$75^{C}65^{M}65^{Y}75^{K}$ 与 $80^{C}70^{M}70^{Y}70^{K}$ 的明暗是一样的，但油墨总量减少了 10%。事实上，1^{K} 比 $1^{C}1^{M}1^{Y}$ 更有价值，因此，油墨总量为 240% 的 $60^{C}50^{M}50^{Y}80^{K}$ 合乎报纸的要求，也足够暗。

试读者 Clarence Maslowski 管理着一家报纸印刷厂，他认为：“在达到油墨总量上限之后增加更多的油墨，不会产生更暗的阴影，不论用肉眼看还是用分光光度计来测都是如此，它只会激怒印刷工。”

有些人把黑色当成毒药，希望用得越少越好，Photoshop 为他们定制了一种分色方法：在阴影区域强制使用 GCR，在比阴影稍亮的区域也产生少量黑色油墨，以避免这两个区域之间的过渡太过突兀，这是 Photoshop 的标准设置可以产生的最亮的黑版。为将这种几乎只在阴影中使用 GCR 的方法与对全图使用 GCR 的各种方法区别开来，人们给了它另一个名称，一个费解的名称——UCR，即底色去除（Undercolor Removal）。

上述定义通常被人们接受，但没有得到普遍承认。有些人把 UCR 和 GCR 当作同一概念。在欧洲和美国的某些场合，另外一个术语，即非彩色复制，用来表示“较多 GCR”。

Photoshop 使用传统的 UCR 定义，即产生最少的黑色的 GCR。它既保证了阴影的深度又符合油墨总量限制。产生比这多些的黑色称为“较少 GCR”，它没有准确的定义，只是比通常的“中度 GCR”要浅，而“中度 GCR”又比“较多 GCR”浅。有时也可以完全不使用黑墨或最大限度地使用黑墨，这两种情况很少见。图 5.1 是无黑墨的情况，我们稍后会看到，最大限度地使用黑墨通常用来避免细黑线条的套准问题。

为了让大家明白 GCR 在实际工作中的应用，我制作了一种灰绿色，把它按 4 种方式分色，结果是 $60^{C}27^{M}68^{Y}$（UCR 分色结果）、$58^{C}24^{M}66^{Y}4^{K}$（“较少 GCR”分色结果）、$55^{C}19^{M}64^{Y}10^{K}$（“中度 GCR”分色结果）、$52^{C}15^{M}62^{Y}14^{K}$（“较多 GCR”分色结果）。

请注意，随着 GCR 的增加，油墨总量在下降。在以上颜色中，UCR 分色结果的油墨总量是 155%，而“较多 GCR”分色结果的油墨总量只有 143%。

执行“编辑 > 颜色设置”（在某些版本的 Photoshop 中是“Photoshop > 颜色设置”）命令，打开“颜色设置”对话框，在其“工作空间”区域的“CMYK”下拉菜单中选择“自定 CMYK”，打开“自定 CMYK”对话框，就可以设置 GCR 了。建议暂时使用图 5.2 所示的设置。无论如何都要放弃 Photoshop 的默认设置 U.S. Web Coated（SWOP）v2，因为它无法改变 GCR，不适合专业人士。

5.4 何时需要较少的黑色油墨

针对不同的印刷条件，可能需要不同的颜色设置。如果你的印刷条件不变，你就能一直使用某种颜色设置，不必再打开图 5.2 所示的对话框。若要对某一图片设置特别的GCR而不想影响其他图片的分色，就在打开这一图片时使用“编辑 > 转换为配置文件”(CS2和更高版本)或“图像 > 模式 > 转换为配置文件”(较低版本）命令，由此打开的对话框如图5.3所示，在其中选择“自定CMYK”将打开图5.2所示的对话框，但在这种情况下仅控制当前图片的分色，不改变基本的颜色设置。即使当前图片是CMYK模式的，用这种方法也能改变其GCR。换句话说，如果以前对这幅图分色产生的油墨配比在你看来不合适，现在可以用这种方法改变它的油墨配比。若通过“编辑 > 颜色设置”(在某些版本的Photoshop中是“Photoshop > 颜色设置）命令及随后的一些选择打开图5.2所示的对话框，就只能编辑基本的颜色设置，而无法影响已经被转为CMYK模式的图片。

在讲述更深层次的内容前，必须强调，在理论上，对同一幅图选择不同的分色方法产生的不同的油墨配比在Photoshop中显示的颜色是相同的。但本章将要讨论实际工作中的情形，不同的油墨配比印在纸上的颜色有可能是不同的。让我们从一幅服装目录图片开始讨论这个问题。

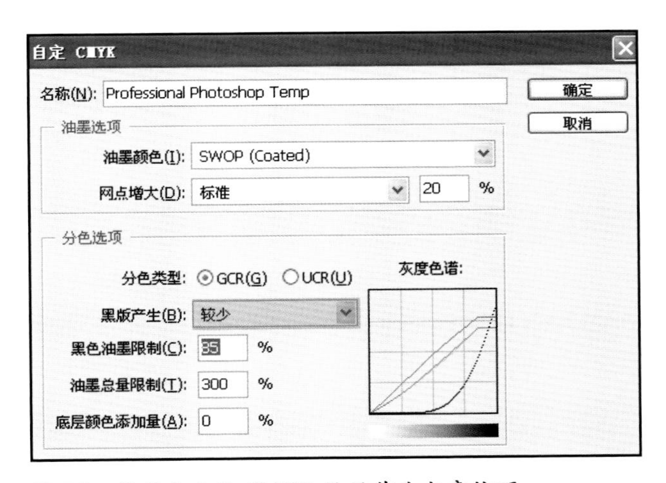

图 5.2 使用自定义CMYK设置作为本章技巧的起点。高亮区域不同于Photoshop默认设置。

5.5 黑色的表演时刻

回头看一看图1.5，可以看到C、M、Y通道在阴影部分有些闷。这是CMYK的一个特点，是油墨总量限制使然①。在图1.5中它尚未影响曲线调节，但当黑色恰好是图片主体的色相时，情况就不一样了，如图5.4所示②。

图5.4的原稿是嵌入Adobe RGB配置文件的

CMYK 图片的修改与编辑

“图像 > 模式 >CMYK 颜色”是 Photoshop 的分色命令。“分色”这个词最初的含义是电子分色机把摄影底片分离为4张黑白胶片③。今天，当我们用Photoshop把图像的色彩模式转换成CMYK时，就轻松地得到了4个通道，对此我们沿用了“分色”这一术语。

通过“编辑 > 颜色设置”命令打开“颜色设置”对话框，在其中的“工作空间”区域的“CMYK”下拉菜单中选择“自定CMYK”打开“自定CMYK”对话框，其中的“分色选项”控制分色。针对单个图片也可以这样控制分色：通过“编辑 > 转换为配置文件”命令打开“转换为配置文件”对话框，在“目标空间”下拉菜单中选择“自定CMYK”，打开“自定CMYK”对话框，其中也有“分色选项”。

使用“自定CMYK”选项预设了分色参数之后，还可以通过“颜色设置”或“转换为配置文件”命令编辑它。比如，如果预设使用了较少GCR，你又希望在某张图片上使用较多GCR，可以通过“转换为配置文件”命令改为较多GCR。乍一看去，图片的颜色没变，但它拥有你想要的更浓的黑色。

默认设置如U.S. Web Coated（SWOP）v2在Photoshop里无法编辑。当你基于它选择“自定CMYK”时，会出现熟悉的对话框，但在这里选择较多GCR时，实际上是在编辑Photoshop5的默认设置，虽然能够用较多GCR产生某些东西，但其色彩和暗度与你习惯的不一致。

---

① 阴影部分需要大量黑色油墨，由于油墨总量被限制在300%以内，彩色油墨就不能随心所欲地增加，其暗调细节的反差就拉不开。

② 这句话的意思是，在图1.5中，彩色油墨的阴影部分尽管有些闷，但还保留着一些层次，可以通过曲线方法改善，但在图5.4中，青色、品红和黄色通道在阴影部分已经完全失去层次，即使调节曲线也不能无中生有地产生层次。接下来将推荐一种方法，索性大量减少在层次方面“无可救药”的彩色油墨，而把层次的问题转移到黑色通道，这种方法适用于以中性灰为主的画面，比如图5.4中的人物穿着一件黑衣服。

③ 更早的时候，是制版照相机把原稿分离为4张黑白胶片，分别用于青、品红、黄、黑的制版。

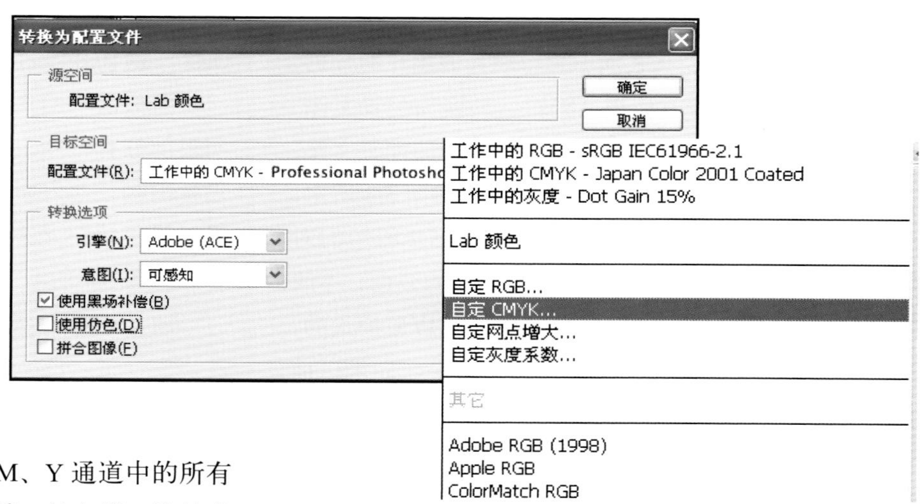

图 5.3 要改变个别图片的油墨配比，可使用"转换为配置文件"命令下的自定 CMYK 功能。

RGB 图像，转到 CMYK 后，将以你现在看到的尺寸印刷在时装画册里，女士们穿上这样的服装出席赛马会一定会引人注目。尽管图中的女士看起来很迷人，但它身上的衣服才是客户最想表现的。

如同你看到的，衣服在 C、M、Y 通道中的所有细节都因为黄昏光线暗而模糊不清。比如说，比较青色通道与分色前的红色通道、品红通道与分色前的绿色通道，脸部的变化不大，但服装却有那么大的差异，在分色产生的青色通道和品红通道中，手套和上衣都糊成一片了①。

问题的症结在于图 5.2 所推荐的 300% 的油墨总量限制。只有原稿中极黑的地方分色后才能达到 300% 的油墨总量，而图 5.4 中的衣服的绝大部分并没有达到极黑。

回过头去看看图 5.1，在完全没有黑墨的情况下，阴影部分的油墨总量达到了 282%，如果要把黑墨加进去（大概 70^K），油墨总量就超出了我们能够驾驭的程度，必须牺牲一些青、品红和黄，无论是用 Photoshop 还是用其他方法分色，否则暗调的细节会糊成一片。我们不能一厢情愿地提高油墨总量，因为不论是印刷那本服装画册的机器还是印刷本书的机器都无法接受超高的油墨总量。

如果图 5.4 中的模特穿的不是黑衣服而是蓝衣服，情况就不一样了。抵消蓝色的黄色的数值会降低到 30^Y 左右，于是在油墨总量不超标的情况下可以将青色增加到 100^C，青色通道就有足够的反差来容纳细节。现在衣服是黑色的，彩色油墨就要减少，彩色油墨通道中的细节就要受损失。

不管你相信与否，这都是好消息。想一想在 RGB 中如何增加一件黑衣服的细节。固然可以在红色和绿色通道中轻松地调整，但衣服最暗的部分无法变得更暗，为了增加反差以容纳更多的细节，就得把较亮的地方变得更亮，这样一来就要压平脸和头发的层次。

在 CMYK 中能够专门对一件黑衣服作快速的调整，因为它的层次基本上都集中在黑色通道中了，调整 1 个通道比调整 3 个通道要简单得多。而且，RGB 的 3 个通道不仅有黑衣服的细节，还有其他东西的细节，这不利于整体调整，原因如下。

在 CMYK 中，黑色通道有足够的反差让衣服的局部更亮或更暗，不仅能够凸现更多的细节，而且不会影响其他局部。在 RGB 中这是很难做到的。在 RGB 中调整黑衣服的 3 个通道可能会损害模特的肤色，而在 CMYK 中单独调整黑色通道几乎不会给肤色带来任何损害。

为此，对原稿分色采用图 5.2 所示的参数，尤其是较少黑版产生量和 85% 的黑色油墨限制。Photoshop 默认的是中度黑版产生量，但针对图 5.4 采用较少黑版产生更合理，这样一来，在中间调和亮调不会产生太多的黑色油墨，在调节衣服中的黑色油墨时不会对脸、头发等部位产生明显的影响。

Photoshop 默认的黑色油墨上限是 100^K，这会在暗调产生大约 $70^C60^M60^Y90^K$ 的黑场，会让 CMY 通道比图 5.4 所示的更闷，也会让黑色油墨接近极限从而没有多少余地来加强黑色通道的反差。对于图 5.4 这样的照片来说，黑色油墨上限应为 75^K ～ 90^K。更

① **RGB 中的红、绿、蓝通道分别与 CMYK 中的青、品红、黄通道有同源关系。分色是把 RGB 模式转换成 CMYK 模式，若不考虑黑版产生，则 CMYK 中的每个通道都是直接由 RGB 的同源通道转换而来的。作者在这里比较的就是同源通道，比如红色通道与青色通道。图 5.4 清楚地表明，本来层次感不错的红色通道在转变为青色通道后变闷了。**

多的黑色油墨无助于丰富层次，反而会压平很多层次。我们以后再讨论何时需要“最多 GCR”。图 5.4 所示是典型的以黑色为主色的图片，让我们进一步研究如何优化这类图片。

5.6 评估中性灰

衣服上获取更多细节是印前首先要考虑的。我认为原稿太平淡，因为很多地方发灰，LAB 至少是对其中一部分进行修正的明智选择。在让 A、B 曲线变陡时，可以锁定它们的中心点以便在深浅不同的地方均保持中性灰。在 RGB 或 CMYK 中调节曲线就很难做到这一点。

在 LAB 中工作，或至少让信息面板显示 LAB 数值，图片的初步评价会容易得多。衣服的明暗变化范围并不窄，我们需要看着很多不同的点，但是我们也不愿意长时间看着它。除了观察黑色景物目前是否为 0^A0^B——中性灰外，我们应该检查第一个地方中某些不应该是黑色的可能性。

骑马装看起来是黑色的，但是它可能有层深紫色的光。幸运的是，我们能够通过比较上下装计算出它是否带有深紫色的光。很明显，衬衣和裤子是一套的，我不知道帽子和它们是不是一套的。我们先把帽子问题放一放，可以肯定的是手套与衬衣、裤子和帽子不是一套的。

为了揭示真相，把信息面板显示数值的模式设置为 LAB，让光标在黑色区域上下左右移动。如果我们发现一直是 0^A0^B 左右，那就说明一切正常。如果衣服的读数与手套不一致，其中有一个就不是真正的黑色。如果测量衣服、帽子和手套得到相同的 AB 值，但它还不是黑色，那么我们就确定了有色偏。如果所有这些物体都是相同的颜色，我不相信它是除黑色以外的颜色。

实际读数表明，衣服、帽子和手套都是相同的颜色。它们在 0^A 上下两个点之内。B 同样有 5 个点的变化，但它不是在 0^B 的上下变化，而是从 $(5)^B$ 到 0^B 变化，圆括号表明是负值（蓝色）。

有些问题一眼看不出来，但经过比较就能发现。我们刚才研究的衣服和手套的颜色就是这样，另外还有一个问题。我估计拍摄此图时的天气不好，因为对

图 5.4　上图原为产品目录所用的数码照片。
下页展示了其 CMYK 通道和 RGB 的红色通道和绿色通道。

天空和衣服测出的B值都是负的一位数。如果是晴天，天空应该更蓝，B 应该负得更多。

服装公司恐怕不希望产品照片里的天空这么灰。有多种方法把天空变蓝，但对这张图片，只需用一种简单的方法。在调整天空的颜色时，我们暂时忽略

衣服偏蓝的问题，就当它是中性灰的。通过“图像 > 模式 > LAB 颜色”命令将此图转到 LAB，按图 5.5 所示增加 A、B 曲线的陡度，结果如图 5.6A 所示。

然后执行“图像 > 模式 > CMYK 颜色”命令，将色彩模式转为 CMYK。目前衣服上的黑色油墨最大值为 62^{K} 左右，我们让曲线变得更陡，把它提升到 95^{K}，同时亮化较浅部分。

我想展示图片现在的状态，但这是不可能的，印刷机不让我这么做，因为现在油墨总量完全超标。图 5.2 推荐的数值为 300%，但该限制只作用于分色环节，分色后再调色，油墨总量就可能超标，图 5.5 所示的黑色曲线就让油墨总量超标了，画面显得非常阴暗。

这恰好提醒我们降低油墨总量。再看看图 5.4 的品红通道、青色通道和黄色通道，它们的颜色这么深又有什么用处呢？

我们最好把这样的底色去掉一部分。图 5.5 的“可选颜色”对话框就是用来做这件事的。在该对话框中选择某一种颜色时，可增加或减少该颜色中的各种油墨。在此对话框中选择黑色（Photoshop 会把衣服的颜色当成黑色）。通常，我们在 CMY 通道中要减少同等的数值。在这里，衣服是冷色调的，所以需要减少更多的青墨。刚才在 LAB 中把天空变蓝时，衣服偏蓝的问题也加重了，现在要通过减少青墨让衣服恢复为中性灰。最终效果是图 5.6B，把它与图 5.6A 比较，是否注意到黑色中少了很多冷色调？

很多图片在不同的色彩空间中修正都有良好效果。大面积中性灰暗调适合在 CMYK 中修正。若要保持中性灰不变而加强其他颜色，最好是在 LAB 中修正。某些类型的通道混合（我们还未涉及这个话题，但若有必要也可将通道混合用于此图）在 RGB 中效果较好。

如果这幅图片需要印刷，刚才所说的从 RGB 到 LAB 再到 CMYK 的工作流程是非常轻松的。但是如果我们最终需要的是 RGB 文件，该怎么办呢？

如果是这样，我们就要用不同的顺序来做。我

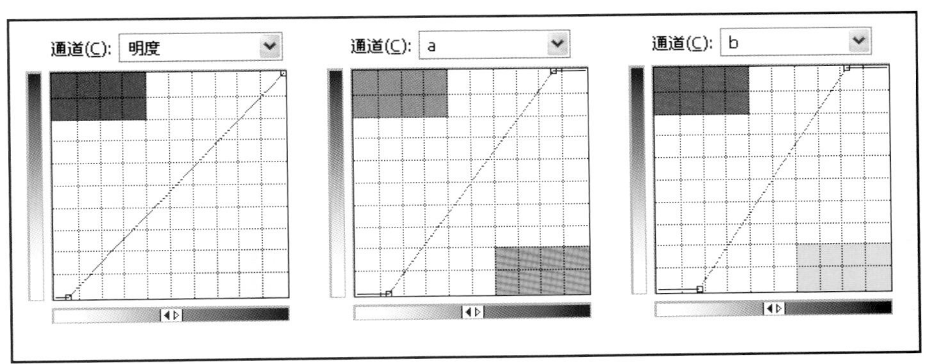

图 5.5　图 5.4 的修正程序。从左上角开始顺时针依次是：LAB 曲线把非中性灰的颜色变鲜艳而保持中性灰不变；在转换到 CMYK 后，黑色通道使用一条很陡的曲线以增强衣服细节；可选颜色命令减少底色，尤其是青色；最后一幅图是黑色通道。

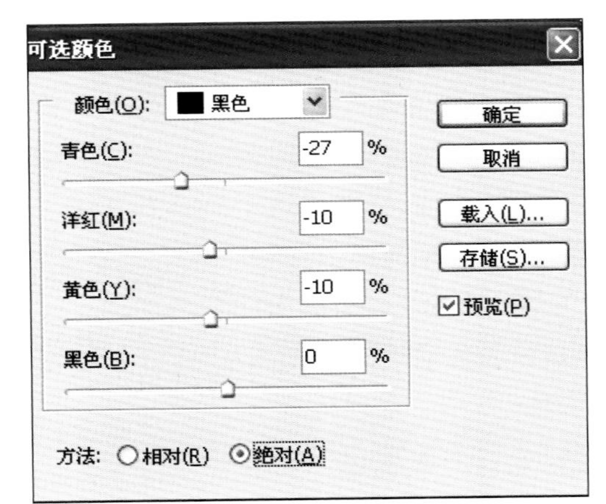

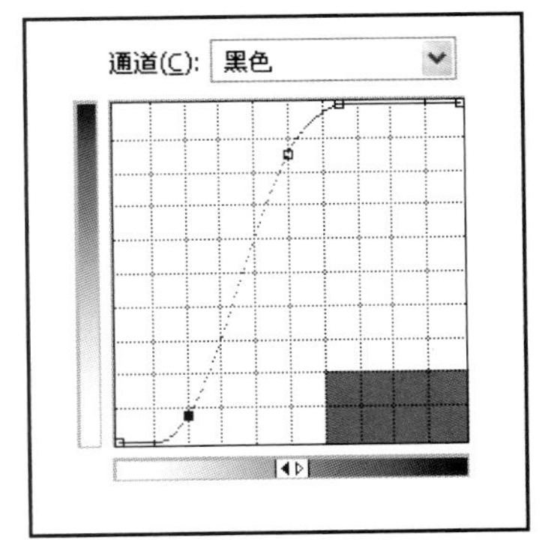

图 5.6A 在 LAB 中用曲线修正的结果。图 5.6B 使用“可选颜色”命令调整的结果。

仍然要使用 CMYK 和 LAB，因为它们对这幅图提供了 RGB 无法提供的东西。我的顺序是从 RGB 到 CMYK 到 LAB 到 RGB。请想想出入 CMYK 的风险——某些生动的颜色将会流失。正是因为这个原因，图 5.4 非常单调，但是图 5.6A 却不是这样。CMYK 处理明艳的颜色有困难，比如衬衫上的粉红色。最好是先在 CMYK 中加强黑色通道的对比度，然后在 LAB 中调整明艳的颜色。

这个程序复杂吗？当然复杂。我也巴不得在 RGB 中完成所有的工作，但我不知道怎样做到。CMYK 修正是必须的吗？我不介意这个。问题是能否用不同的方法获得更佳的最终效果。

5.7 怀疑的时候尽量去做

精细印刷的习惯是使用较浅的黑色，也就是人们所说的“无 GCR”、“最小 GCR”或骨架黑版。这 3 个概念之间没有明确的界线。但一般来说，当 CMY 这 3 种油墨的数值均超过 25% 且 3 种数值的总和达到或超过 100% 时，就要用黑墨来替代它们的一部分。这 3 种油墨变浓时，黑墨以更快的速度变浓，以便最暗区域的 K 值至少与 M 和 Y 值一样高，而且有可能赶上 C 值。Photoshop 的 UCR 和“较少 UCR”产生了这样的分色结果，这也是传统分色工艺的特点。

黑墨差不多有另外 3 种墨加起来那么深，因此，对黑墨的错误使用和误解都将是非常糟糕的——除非我们使用骨架黑版。如果是要进行胶印而不是某种类型的数码打印，我们必须对更重的黑色非常小心，因为印刷时黑墨的密度非常不稳定。黑墨的网点扩大也在 Photoshop 的“自定 CMYK”默认设置中被低估了。

如果黑墨出乎意料地浓，那就像用曲线把通道大大变暗了一样。如果出现了这种情况，我们正使用更重的黑墨，含有黑墨的彩色区域将变得浑浊。使用骨架黑版，它们就不会受影响，因为它们的数值大概在 0^K 左右。若增加黑墨的覆盖范围，骨架黑版的外观会更好，对比度会增强，但是阴影中的细节也会糊。

作为一个普遍规则，Photoshop 的“较少 GCR”比 UCR 有一些技术优势。但它们都是骨架黑版，这对于绝大多数的图片都是很好的选择。

当然，我们现在要面对的是骨架黑版令人不满意的那一小部分的图片。让我们来研究图 5.7 中的两张图片使用各种分色方法的效果，然后阐明何时使用“较多 GCR”的一般准则。

图 5.7 中的 4 行小图反映了 CMY 随着黑墨的增加而减少的过程。这里有 4 种自定 CMYK 设置（UCR、“较少 GCR”、“中度 GCR”和“较多 GCR”），黑色油墨上限均为 85^K。理论上，无论采用哪种设置，把 4 个通道合并后形成的彩色画面都一样。

图 5.7 GCR 用黑墨替代 CMY。GCR 设置越高，效果越显著。下图为两幅原稿。与其他色彩空间不同的是，CMYK 空间中的不同数值可以显示为同样的颜色。下一页：每一行的两端是没有黑色通道的 CMY 合成颜色，在彩色图旁边的是它所缺的黑色通道。从上到下（黑色通道由浅到深，CMY 颜色由深到浅），依次采用 UCR、“较少 GCR”、“中度 GCR”和“较多 GCR”的分色方式。

C
D
E
F
G
H
J
K
L
M
N
O
P
Q
R
S

图 5.8 这些图片反映了“较多 GCR”与意料之外的过大油墨密度结合的效果。这两张图都是图 5.7 底部那排黑色通道结合第 2 排的 CMY 产生的。与原图 5.7A 和 5.7B 相比较，这些修正不当的图片哪张看起来更糟呢？

5.8 印刷的要求

本书不是讲印刷的，但我要说，印刷厂不如印前工作者敢于承担责任，一旦活儿干得不好，他们就会指责摄影师、艺术总监甚至全球气候变暖，当然，我们是首当其冲被指责的。更糟糕的是，客户有时也会偏袒他们，得出错误的结论。预防印刷问题令我们非常关注。

印刷中的黑墨可多可少，如果多一些黑墨有利于处理图像，就使用 GCR 分色。

GCR 最明显的作用是缓解因油墨密度变化而引起的某些混乱。印刷机和印刷工都不是精确的仪器，所以发生这种情况是常有的事情。如果不是用印刷机而是用某种数码打印机输出，关于黑色油墨的某些理论就不适用了。

黑色油墨好处就是它几乎是中性灰。黑色油墨越多，它越不会像青色油墨、品红或者黄色油墨过多一样影响基本色相。它的坏处就是，黑色油墨过量比其他 3 种颜色过量更明显。

图 5.8 模仿了这种令人讨厌的情形。把较多 GCR 产生的黑色通道与较少 GCR 产生的 CMY 通道合并，产生了这两幅图，也就是说，图 5.8A 是图 5.7G 和图 5.7Q 的合并。

肤色太浑浊还不是最大的问题，但头发和上衣的细节损失太多，而且头发颜色也被改变了。看这位女士的黑眼圈，似乎有人打了她的眼睛。

你可能会说，假如没有使用这么多黑色油墨，那么青色或其他油墨就会相应增加，不一样会把画面变浑浊吗？不，青色油墨过量对明暗的影响没有那么厉害。CMY 中每种油墨把画面变暗的程度不及等量的黑色油墨。当画面偏青时，我们的眼睛对其暗化区域的偏色不是特别敏感。我们注意到图中的头发变暗甚过注意到它变蓝。

由此得出第一条规则。

• 规则一：当图片整体上很暗或重要的区域很暗时，避免使用 GCR。

* * *

在《专业 Photoshop 6》第 2 次印刷时，出版方退回了整整 1 个印张（16 页）。就是由于一张雕塑图片（本书中的图 3.5）本来应该是灰色的，却被印成了绿色的。

这样的情况在实际印刷中经常出现。在印刷时修正是非常不方便甚至是不可能的。

图 3.5 和图 3.6 所有的取样点都表明 CMY 油墨以何种比例混合能产生中性灰，每种油墨多一点或少一点都会让中性灰偏色，这对印刷的灰平衡要求很高。

如果不是为了做色彩修正的试验，在任何情况下都不应该让中性灰含有太多的 CMY 油墨。一个经验丰富的人会用“较多 GCR”分色，用黑色油墨替代大量的彩色油墨，防止中性灰偏色。

婚纱、灰色的动物以及图 5.7B 中的餐叉就是这样的，如果需要保持浅中性灰，那就使用较多的黑色油墨。

• 规则二：当最重要区域是比 50^K 浅的中性灰时，GCR 可以防止中性灰偏色。

* * *

当用四色油墨制造双色调效果时，GCR 非常有用。比如，绿色双色调需要全部 4 种 CMYK 油墨，但是不需要过多品红或者黑色。如果青色和黄色油墨在印刷时减少过多，图片的某些部分可能不会有我们所需的统一的绿色调。但是图片中的黑色油墨越多，CMY 越少，错误越不明显。

最普通的双色调更需要如此：我们希望用全部四色来印刷灰色图像。这么做的通常原因是在同一个页面上既要有灰色图像也要有彩色图像。如果灰色只用黑色油墨，网纹就比较粗糙，不像四色网点混合形成的网纹那么柔和。但是如果我们分色时使用习惯的骨架黑版，印刷时的灰平衡就容易失控，印出来很可能就不是我们想要的灰①。

在本书早期的版本中，有关于这类多色调的独立章节。我认为需要这些知识的读者并不多，但那一章仍然有价值。

• 规则三：当用四色创建灰色调、双色调、三色调或四色调时，使用较多 GCR。

* * *

有时，色彩保真十分重要，它能够让你在印刷领域自由驰骋。最好的例子就是邮购衣服的产品目录。如果一件衬衫的色调稍稍有点不对，因为相信产品目录而购买的客户会愤怒地要求退货，这可能会造成数万美元的损失。

在这样的情况下，印刷工和艺术总监不会依赖机械打样，而是会尝试各种油墨配比，以保证印刷后的颜色与手中衬衫的颜色一致。

此时还不宜使用 GCR，因为黑色油墨会将一切中性化。黑色油墨越多，印刷时产生艺术效果的可能性越小。

• 规则四：如果你希望在印刷中对颜色进行微妙的调节，GCR 通常是绊脚石。

* * *

但如果你喜欢在渐变色上增加投影，那就是另一码事了。使用 Photoshop 默认的 GCR 设置创建投影可能是自找麻烦。我们将会用刚刚处理过的那幅图的新版本来证明这点。

这次的任务是把这个女人放到一个背景上，背景中有渐变图，而且包含几道白线，我们要为这个女士增加投影。

按照传统操作，我们把渐变放在底层，女士放在上层，在图层面板中双击该图层，将打开图层样式对话框，在那里我们设置投影效果。投影对话框如图 5.9 所示，在其中设置距离、大小和投影角度。

在默认设置里，投影为黑色，用“正片叠底”模式混合。这两种设置对于大多数投影都适用。

如果没有色域问题，色彩空间的转换是没有害处

① 若分色为骨架黑版，那幅灰色图在中间调和亮调就缺乏黑墨，就要完全靠 CMY 来形成中性灰，在印刷中如果 CMY 比例偏离了灰平衡数据，中性灰就会偏色。

图 5.9　在 Photoshop 里创建投影效果，在要设置投影的物体所在的图层上操作。如果是在 RGB 中创造投影，然后再转化成 CMYK，它会根据颜色设置来分色，只会产生少量的黑色。如果是在 CMYK 里创建投影，默认的结果只有黑色，也不理想。

的——比如我们处理自然风光照片。计算机产生的图形有不同的特点。这位女士可以在任何你喜欢的色彩空间中修正，但背景应该在最终输出的色彩空间中创建。如果你是为 sRGB 设备准备的，那么在制作图形前，需要把文件转换到 sRGB 色彩空间。对于本书而言，基于以下两点原因，背景必须是在 CMYK 中建立的。

首先，CMYK 色域非常有限，正如图中的那些柔和颜色所表现的那样。在 RGB 色彩空间中颜色很难留在这个色域内。如果 RGB 文件中有任何 CMYK 所不能处理的颜色，那么它们会被删掉，渐变效果消失或者可能出现生硬的条带。如果太保守，CMYK 图片会变得单调，毫无生气。如果在 CMYK 中制造渐变效果，这些问题将不复存在，CMYK 空间里不会有超出色域范围的颜色。

同时，由于在 CMYK 空间中能直接区分四色，我们可以把它们尽可能处理得纯净。整个背景色都应该是 0^{Y}，但如果图形是在其他的色彩空间中创建的，黄色的痕迹肯定会显现出来①，这非常重要。这些柔和的 CMYK 颜色若不纯净，任何一种油墨有偏差都会使渐变不自然。

其次，我已经把投影的不透明度调整到了 30%。因为默认色彩是黑色的，所以投影会是灰色的。在 RGB 中进行这样的操作，在进入 CMYK 后，此种灰色投影会像其他灰色一样分色。这取决于你的颜色设置，较好是数值为 $25^{C}20^{M}20^{Y}$。

如果投影印刷不正确，过黑或者过浅都比颜色不对要好。这种灰色中的黑色油墨会阻止这种情况的发生。

因此，在 CMYK 中创建投影非常明智，但这里有一个陷阱。在投影对话框中，双击混合模式右侧的颜色图标，如图 5.9 所示，你会发现默认设置是 $0^{C}0^{M}0^{Y}100^{K}$。对不透明度的选择 30% 产生了 $0^{C}0^{M}0^{Y}30^{K}$。

整个投影都是全黑至少像完全没有黑色一样糟糕。投影渐隐到背景中时会有一条讨厌的界线。如果黑色油墨印刷太重，它产生的将是一条灾难性的深色调投影，而不是适中的投影。这样的投影对于渐变来说，就如同一个陷阱。

少量的黑色会走得更远。双击以上谈到的阴影颜色。在图 5.9 所示的拾色器中，$0^{C}0^{M}0^{Y}100^{K}$ 相当于 $12^{L}2^{A}0^{B}$。注意，我们创建的黑色油墨不一定是绝对的中性灰。

---

① 比如在 RGB 空间中画了一片蓝色，在转成 CMYK 后这块蓝色就会含少量的黄墨，而直接在 CMYK 空间中一片蓝色可以完全不用黄墨。

图 5.10 在拾色器里重新输入 L 的数值，Photoshop 会计算一个等价的 CMYK 数值，以此作为阴影的基色。这样，阴影的颜色会分离为 CMYK 四色，而不是只用黑色。

重新输入其中的任何数值（我重新输入了 12^{L}，在别的色彩空间中重新输入数值也可以），Photoshop 认为我们需要一种新颜色，重新计算了 CMYK 中的匹配数值。如图 5.10 所示，大约是 $70^{C}68^{M}64^{Y}74^{K}$，这取决于你的 CMYK 定义。单击确认，这就是投影的基本色。在信息面板中可以看到，以前的 $0^{C}0^{M}0^{Y}30^{K}$ 突然变成了 $21^{C}20^{M}19^{Y}22^{K}$。

• 规则五：创造投影时，黑色油墨几乎与 CMY 一样多。

* * *

在图片附近盖大量油墨的设计也能影响需要 GCR 的程度。如果一次有很多油墨印在纸上，油墨就很难控制。

所以，如果我们的图片放在实地黑的背景上，图片本身的黑色油墨就要大量减少。如果有人在转换成 CMYK 之前就知道这些，那么他将使用较少 GCR。

黑色可能难以处理的其他情形是：标题或正文的笔画很粗或很细（见后面的蓝框内）。这些因素促使印刷工使用较多的黑色油墨。

• 规则六：如果有理由害怕使用较多黑色油墨印刷，那就是避免使用 GCR。

* * *

因为黑色油墨会最小化色相变化，若要在同一件印刷品上重复使用同一幅图又要保证颜色不变，对此图的分色就要使用 GCR。

这个原则看起来非常明显，以至于我们可能忘记了一幅图不一定是一张照片。平涂的色块也是如此。很多设计方案用同样的颜色（通常是含蓄的、在印刷中易变的颜色）反复填充大面积的背景。

浅色几乎没有使用黑色油墨的地方。但是如果我们要保证该颜色在各页中一致，比如说，一个公司的 logo，这是个非常不错的主意。

• 规则七：当在书刊画册中反复使用同一内容时，千万别忘记了 GCR 原则，甚至当我们对某些线条图和平涂色块指定颜色时。

* * *

很多人不明白为什么 K 代表黑色。其实它主要是为了避免混淆：在印房里，青色常常被叫做“蓝色（Blue）”，缩写为 B，所以用 B 来代表黑色是不合适的。用 K 却非常合适。它还有“关键（Key）”的意思，事实上，黑墨对于 GCR 的重要的终极使用来说确实是关键所在。

对套印来说，黑墨是关键，也就是说，其他 3 种油墨都应该与它套准，而不是让黑墨来套其他油墨。套不准时，出问题的几乎总是其他油墨。

这表明了对于低品质需求的印刷，特别是新闻纸印刷，GCR 的应用日益增长。因为新闻纸印刷的高速，套不准非常普遍。以黑墨为主将把它最小化。注意，在尝试这以前，你必须知道，新闻纸网点扩大比在其他形式的印刷中的大。如果黑色太重，结果肯定不会有吸引力。

• 规则八：针对容易套不准的印刷方式，使用更重的黑色控制它。

* * *

作为最强大的油墨，黑色能够增加细节和对比度，可以让颜色变得污浊或者纯净，快速形成阴影。无论怎么修正，带有更多黑色油墨的图像更趋向于中性灰。

- 规则九：在进入 CMYK 前，问问自己：这张图片需要明亮喜庆的色彩吗？如果不需要，那么选择较重的黑色。

* * *

这样图片的原型是图 5.7B，那些餐叉。它很明显应该是中性灰，但是你能看到在它的一些只有 CMY 的版本中，色彩正在威胁着它们的灰色调，最明显的是图 5.7S。

一切都表明，我们要使用较多的黑色油墨。黑色油墨印刷太重时会像图 5.8B 那样，但它还不像图 5.8A 那样惨不忍睹，固然有些暗，但我宁可让它暗一些，也不愿意看到它偏绿。

相应地，如果这项工作成果准备用于印刷，任何缺少较多 GCR 的设置都愚笨而且懦弱。对于图 5.7A 所示的人像来说则恰恰相反，应该使用“较少 GCR”。有些人是 GCR 的忠实拥趸，但有时不是使用它的时候。记住，如果在印刷中图片被印砸了，你可能会受到谴责。何必给印刷工一包“炸药”呢？选择看起来不容易“爆炸”的 GCR 设置不是更好吗？

注意上面所说的只是把 GCR 作为一种防御策略。这两幅图恰好可以在适当的 GCR 分色后得到较好的修正。餐具在黑色通道中有很多细节，黑色通道不会产生色偏，而对比度又容易增加。妇女的眼睛和头发在骨架黑版中会非常突出，但是她皮肤在骨架黑版中几乎没有细节。

5.9 污迹和用户自定义 CMYK

当初学者首次通过印刷或打印输出彩色文件时，通常都会受到沉重打击。他们总是对缺乏对比度感到失望，而在显示器上它们的对比度是令人满意的。缺乏对比度是事实，我们通过目标曲线来进行补偿，在不需要对比度的区域不使用对比度，在需要的地方增加对比度。但是问题仍然不能完全解决。

非常容易把这种效果与某些更复杂的问题（比预期的更暗、更污浊的效果）混淆。

如果你经常遇到这种情况，那么问题十有八九出在用户自定义 CMYK 上。主要怀疑对象就是网点扩大设置。

- 如果你的图片印刷出来的效果都太暗，那么你需要在 Photoshop 的“自定 CMYK”对话框中设置更高的网点扩大值。
- 黑色油墨的网点扩大一般比 CMY 油墨要多。

对于整体网点扩大数值没有统一答案，一切都取决于印刷时的情况。但是对于其他的用户自定义 CMYK 设置，有绝对错误的答案。为了对图 5.2 所示的对话框给出新的建议，这里给出 Photoshop 的默认设置，以及如何处理效果更好。

- 油墨颜色。默认设置是 SWOP Coated。它适用

Of Layouts and Densities
版面设计和密度

这个英文标题用来表明设计有时是如何影响印刷效果的。它以 Gimbattista Bodon（1740 ~ 1813 年）发明的字体样式为基础。这个字体就是人们所熟知的 Bauer Bodoni，它已被收录进 IBM 字库中。

在 19 世纪早期，Bodoni 完成了他最著名的发明时，技术上把金属切割成细线已经成为可能，如果应用于字体上，字体就可以比以往的更细。

Bodoni 决心展示如何超越极限。在英文标题上，其字体字母顶端和底端要比侧边细很多。正是因为这些轮廓的细度，Bodoni 被印刷工诅咒了 200 年。不独立出这些字母，很难印刷出他的字体。

印刷本书时，印刷工不敢增加印黑墨的压力①，如果把细笔画印实了，粗笔画就会太深。因此，我认为本灰框的内容很难辨认。但是在其他不同的环境下，他们或许会大大加重黑色油墨——并为只会用骨架黑版分色的人感到悲哀。

① 在英文原版中，本灰框内的文字采用笔画粗细反差很大的字体，其细笔画不太清楚，因为黑墨的印刷压力是适中的。

疑难解答：应该请教谁？

• 关于分色的问题应该请教印刷工吗？CMYK 分色是黑色的艺术，那些不知道如何处理的人认为我们应该请教印刷工使用何种 Photoshop 设置。我个人认为，我更希望咨询电工或者管道工，甚至律师，因为这些人对分色的了解可能跟印刷工差不多，他们还不会用一个答案来糊弄我们。现代的印刷工对处理许多不同的 GCR 还是相当成功的。但是了解网点扩大的商业印刷工非常少，了解 GCR 能真正做什么的人就更少了。

• 黑版生成何时发生改变？使用“颜色设置”命令改变分色参数对已经是 CMYK 模式的图片没有任何作用。只有在把色彩模式转换成 CMYK 或使用“转换到配置文件”命令把一个 CMYK 文件转换成另一个时才会改变黑版类型。

• 黑色字体和黑色投影。如果可能，图中出现的字体或细线都应该完全用黑色油墨印刷，这可避免套印问题。有些人把这种情形与“投影”混为一谈，认为投影区域也应该只有黑色油墨。投影区域有大量黑色油墨是个不错的主意，因为这样可以防止色偏，但是只有黑色油墨会变成一个陷阱，这可能在投影消失的地方产生生硬的边界。另一方面，如果投影有轻微的套印不准，没有人会注意到。

• 在 RGB 空间中修改 CMYK 数值通常是无效的。确实有些方法可以在 RGB 中修改 CMYK 数值，例如在拾色器中修改对当前 RGB 假想的 CMYK 数值，在可选颜色对话框里增加黑色。但这都不会影响分色。只要 Photoshop 还没有把 RGB 转换到 CMYK，无论怎样改变假想的 CMYK 数值都没有用，RGB 数值会转为怎样的 CMYK 数值取决于“自定 CMYK”对话框中的分色参数。

• 试图编辑未曾编辑过的配置文件。本章 GCR 的处理先提示用户自定义 CMYK，在用户自定义中，黑版生成、网点扩大和总油墨限制都是可以编辑的。从理论上说，不同的油墨配比可以产生同样的颜色。但 Photoshop 的预设配置文件无法编辑，比如 U.S. Web Coated (SWOP) v2。进入用户自定义命令，你可能会感到非常震惊，你将编辑配置文件，但是你将从 Photoshop 5 的默认设置重新开始，分色结果不会与你预期的一致。

于我的大部分工作。如果你是为新闻纸分色，虽然必须将网点扩大提高到 30%，但对于油墨颜色你仍然可以使用 SWOP Coated。然而，你最好还是切换为 SWOP Newsprint。Photoshop 的分色理论是建立在油墨叠印效果的基础上的。在我的试验中，它产生了更好的新闻纸分色效果。

对于其他的油墨颜色默认设置，我会假装我已经仔细测试过每一种，实际上不可能有人每种都测试过。但是，如果在非涂料纸上或者在欧洲印刷，在开始的时候我就会设置适当的油墨颜色。

• GCR 方式。Photoshop 的默认设置为“中度”黑版，它比传统标准要黑，如前所述，在大多数图片中，它应该尽量避免。

• 黑色油墨限制。当前述油墨达到一定浓度时，无论它们是否使用调色剂、蜂蜡或者染料，所有输出设备都无法保证图片细节。输出条件越恶劣，就越容易出问题。由于多种原因，黑色油墨容易在比较浅的地方出问题。在很多情况下，80^K 就能印刷足够黑，90^K 的黑有时候最精细的印刷机都无法印出来。针对所有印刷情况，我建议使用 85^K 作为最大值。任何介于 75^K 和 90^K 的数值都是可取的。用户自定义 CMYK 的默认设置黑色油墨限制是 100^K，会造成图片比较焦①。

• 油墨总量限制。SWOP 的默认设置是 300%。如果你的印刷条件更好，这个数值可以更高。对于单张印刷来说，它可能是 320% 甚至 340%。如果印刷条件比较恶劣，它会降低。大多数新闻纸需要的是 240%，有些甚至更低。

但务必牢记，在 CMYK 下，限制油墨总量的功能就失效了。如果在转换后，你进行大量修正，那么油墨总量是否超标就掌握在你的手中。如果在油墨总量限制为 300% 的地方使用 330%，在你修改之前，务必想清楚，它通常是 300%。

• UCA（底色增益）给阴影增加青色、品红和黄色。只有正常阴影数值比油墨总量限制少很多时，它的存在才有意义。要想获得阴影细节，设置一个低黑色油

① 这里的各种 K 值的印刷效果是结合适当的 CMY 值来谈的，比如 80^K 能印得足够黑，不可能只有黑墨，肯定是和诸如 $80^C 70^M 70^Y$ 这样的彩色油墨叠印的。

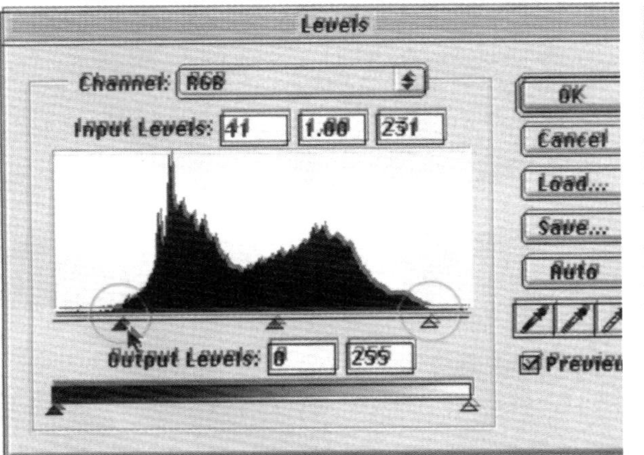

图 5.11 带有细线的图片通常应该用“最多 GCR”来分色，确保细线只能用黑色油墨印刷。否则，就会有套印不准的问题，就像这张杂志页面的劣质效果，让这些线条变模糊了。上面展示的是实际大小的部分页面，本书的印刷机更好吗？左上部分采用无黑版分色，只生成 CMY，右上图采用“最多 GCR”分色，它们的区别明显吗？

墨限制——比如 70^{K}，然后在分色完毕后，使用一条曲线把 70^{K} 改为 90^{K}，如图 5.4 我们所进行的一样。

以上的一个例外是，当文件是为凹版印刷而准备时，如果你印刷数量少于 10 万份，有些东西你无需关注。如其字面意思所示，这项工艺使用雕版滚筒把油墨直接印到纸上，而不通过橡皮布转印。因为油墨渗入，而不是停留在滚筒表面，加上沉重的滚筒所施加的巨大压力，干燥不再是问题。如果你愿意，可以使用 400% 的油墨总量。事实上，凹版印刷机在阴影部分有油墨总量下限，而不是油墨总量上限，否则它们看起来会非常糟糕。使用 UCA 可以保证即使是 3/4 暗调也能达到 300%。

5.10　细线和“最多 GCR”

我们已经尽量避免最多 GCR，可本书中仍然有很多图片使用最多 GCR 分色，你能把它们找出来吗？

的确，我倾向于图 5.2 和图 5.3 所示的对话框中的分色设置。但是请注意对话框附近的细线。在卡通漫画里通常也有这样的黑色细线，我们也会常遇到同样的问题。

人们认为 4 个印刷色版总是很容易套准，这种观念导致很多设计失败。风光摄影通常都没有明显的黑线，因而轻微的套不准并不明显。但黑色文字和细线并不是这样的。

Photoshop 不在意黑色区域是衣服、餐具还是字母。它们以相同的数值(大约为 $80^{C}70^{M}70^{Y}70^{K}$)分色。

某些景物与文字或细线一样清晰，对它们来说，$80^{C}70^{M}70^{Y}70^{K}$ 这样的数值是不适当的。理想的数值是 $0^{C}0^{M}0^{Y}100^{K}$。如果不是这样，像图 5.11，套不准的颜色就会明显地分开。

图 5.11 所示的杂志页面中包含由一个“知名 Photoshop 专家”撰写的文章。他没有对拷屏图使用最大 GCR 分色，在印刷时黑版又往下偏了一大截，拷屏图就变模糊了。

图片上方的文字的黑版也偏了这么多，但是没有人会注意到，因为旁边没有参照物。这些文字只包含黑色油墨，如同大多数图案一样。

在实际工作中，很少看到如此糟糕的套准问题，但是如同你看见的，它实实在在地发生了。

以 RGB 模式扫描了杂志页面后，我使用最大

GCR 进行转换。结果如图 5.11 的右边所示。我又将备份的扫描图使用黑版生成为无的 GCR 设置又转换了一次，就是图 5.11 的左图，像图 5.1 一样根本没有黑色油墨，只有 CMY。

我们处在直接制版的时代，它通常都能套准。这张图在本书上个版本中出现过，上版印刷过两次。有一次，你必须仔细观察才能看到 CMY 版本和 CMYK 版本之间的区别。另外一次，CMY 版本看起来更明显，因为没套准。本书是由另外一家公司出版的。他们印刷得如何？当一个简单的措施能够奏效时，你认为冒险有意义吗？

5.11 动作与后果

屏幕抓图对我来说太频繁，以至于我制作了一个自动处理拷屏图像的动作。首先，通过“图像 > 图像大小”命令将其分辨率改为每英寸 140 像素（不选“重定图像像素”，以保证不改变总的像素数量）。这是我在书中常用的大小。然后，运行“转换到配置文件”，这里使用的是最大 GCR，并且在 CMYK 空间中设置一套特殊的“油墨”，此“油墨”被定义为比 SWOP 所推荐的更纯净，这驱使 Photoshop 用更饱和的数值来匹配 RGB 中的颜色。

不需要其他方法或专门的技术来确定这些油墨的数值——当我进行处理时，我信手写下几个数值。当然，这意味抓图的彩色区域不一定准确。在一张抓图中，只要颜色明亮，不会有人在意它是否死气沉沉。尽管最大 GCR 可能会使图片比较脏，但这些仿制油墨是非常好的对策。

该动作的最后一步是在 CMYK 文件中执行“图像 > 陷印”命令。当两种完全不同的颜色紧靠时，陷印效果可以达到令人满意的效果。如果不这样，印刷时套印不准就会有一条令人讨厌的白线产生。

为了避免图 5.11 这样的灾难发生，如同我们先前看到的，需要使用最大 GCR。但是，这会产生红圈周围的陷印问题。

作为讨论的前提，我们假设红圈是 $0^C 100^M 100^Y$。它会覆盖在 3 个中性灰上：直方图里的白色区域、外部的灰色区域和直方图里的黑色区域。

黑色区域被分色成正常的阴影，至少可能包含 $60^M 60^Y$。当它碰到包含更多两种颜色油墨的红圈时。无论套印有多糟糕，在它们之间都不会有白线。从理论上说，会产生一小块 $0^C 60^M 60^Y$ 区域，但没有人会注意到。

虽然理论上没有问题，但是这些中性区域还需要用不同方法进行处理。圆圈没有黑色，也没有背景里的任何油墨可以和背景衔接。如果这两个版套色不准，必然会在空白的纸上留下白线。

为防止这种情形的发生，有人创建了一个有意的重叠。在圆圈覆盖黑色的地方，我们就把它变“厚”一些，因为没有人会看见黑色上面还有多余的红色。在背景较浅的地方，我们可以采取相反的方法：在圆圈的边缘增加少许的黑色，这样白线就不会出现了。

在图像艺术中，陷印技术是几个最困难的概念之一。幸运的是，本书讨论的大多数工作都不需要它。

当两种几乎没有共同油墨的颜色之间存在清晰明显边缘的时候，就需要陷印了，比如纯正的品红和纯正的青色。在一幅照片中，这种情形永远不会发生。

回顾与练习

★ 请解释为什么青色、品红和黄色通道通常在阴影区域没有细节？

★ 当需要 CMYK 文件时，在别的色彩空间中是否修正过图片通常都不要紧。为什么 CMYK 图像中的投影要尽可能在 CMYK 空间中制作？

★ 什么因素表明一张图片应该使用比通常更多的 GCR 来分色？

★ Photoshop 的 CMYK 默认设置，如 U.S.Web Coated（SWOP），与用户自定义 CMYK 设置有何不同？

★ 在何种情况下，你会使用最大 GCR 来分色？

★ 对 CMYK 几乎一无所知的试读者问，在讨论 Bodoni 字体时我为什么没有提到用最多 GCR 来给文字分色。你能帮他找到答案吗？

因为边缘并不明显，颜色差别非常细微，邻近的颜色总是有某些相同的油墨。

你可能永远都不会对一张照片使用陷印技术，但是大多数人都偶尔会有其他的陷印问题。所以我不想让该主题就此消失。Photoshop 对解决此类问题多少有些帮助。

为了偷懒，我想避免陷印问题，最佳办法是避免需要陷印的情形。图 5.12 是首字下沉的扩大版，首字下沉出现在每章的第 1 页。它是在 Adobe Illustrator 而不是 Photoshop 中创建的。在这样的设计里没有什么因素能产生套不准。背景格是青色的，但两个字母都有明显的青色成分，所以不需要陷印。

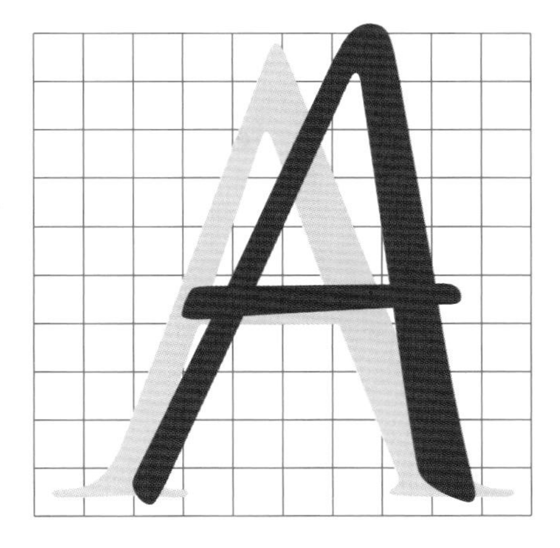

图 5.12　当所有的图形拥有大量的相同油墨（比如这里的青色）时，陷印就不是很重要了。

假设背景字母不是发灰的蓝色，而是纯灰色的。那就需要陷印了，这时的灰色是淡些的黑色，完全由黑色油墨构成。因为网格里没有黑色油墨，所以陷印非常有必要。

当然在此例中你完全不必用单纯的黑色油墨来构成灰色。你知道 GCR 的理论。你知道对灰色使用 CMY 油墨可以像仅仅使用黑色油墨一样棒，而 CMY 灰色有足够的青色，和青色网格之间不存在陷印的问题。

5.12　它适合一切

本章小结

CMYK 和 RGB 乍一看非常相似。当处理黑色和深灰色时，CMYK 的优势非常明显，因为所有的细节都聚集到了黑色通道中，而黑色通道可以大幅度进行处理却不损害图片其他地方。

与 RGB 和 LAB 所有颜色数值都独一无二不同，在 CMYK 中，用一定量的黑色取代 CMY，通常可以用很多种不同的方法描述同一种颜色，反之亦然。使用更多黑色和较少 CMY 的方法被称为 GCR。通常，印刷机更喜欢相对较浅或者“骨架”的黑色。在某些情况下，作为色彩修正的辅助方法以及防止印刷中套不准的保险方法，较多 GCR 设置比较合适。

对于 20 世纪 90 年代初期来说，传统的色彩理论认为 CMYK 色彩修正将会过时，这种观点在本书前几版中非常激进。

当时的观点是，所有转换成 CMYK 的工作都将交给 RIP（光栅图像处理器），如果真是如此，我们刚才学习的很多方法就会变得多余。

这种观念已经不复存在了。RGB 之所以被输出端淘汰，就是因为它无法输出高品质的画面。

从这点上来说，我们可以走得更远。任何类型的色彩空间沙文主义正在不适当地限制着我们。最近两章强调了在 CMYK 和 LAB 中发现的功能。

在锐化时，RGB 是 3 种色彩空间中最糟糕的。但是 RGB 的优点也是其他两种色彩空间所不具备的，只是我们没有谈到它而已。

本书任何一版都至少有一半内容是全新的。只有一张图片（图 3.12）和两段文字从 1994 年第 1 版至今仍保留着，其中一段文字组成了本章的前 5 段。我们用另一段文字来结束本章。

* * *

如果你很顽固，决定永不使用 CMYK，而且你精通曲线，那么你也能够创造出不错的色彩效果。

但如果不错的色彩效果对于你来说不够理想，你必须接受局限在一种色彩空间中的永久惩罚：色彩效果永远只是还不错。有一个声音总是萦绕在你耳边，折磨着你。当你为缺乏好的图片、无法获得中性灰、无法确定黑白场、高光亮不起来、阴影暗不下去等痛苦万分、咬牙切齿时，这个声音会继续搔扰你，无论你有怎样的色彩修正才华，多么接近“比还不错好一些”的境界。即使没有这个声音，你也会知道并理解：如果你希望冲破瓶颈，进入佳境，毫无生气的灰暗大门将被打开——K 通道是关键所在。

图 6.1　锐化寻求的是改善图片清晰度，如 A 所示。通过人为修正，强化非常微小、无法引起人们注意的过渡区域。C、D 为原稿和锐化后的版本的局部放大。

第 6 章
使用锐化滤镜

作为提高清晰度的一种修饰方法，锐化有强大的功能，对大幅图片来说尤其如此。那么锐化的程度应该有多大呢？当然是越大越好。而且，选择某些通道锐化会使你受益匪浅。

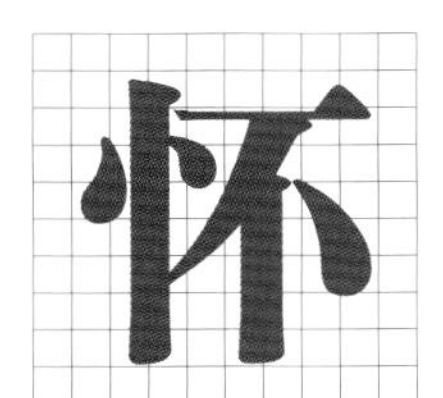

着忐忑不安的心情走进老板办公室，你想让他给你加薪。这时可能需要谈判了，你得提出一个数字。那么你应该要求多少呢？

这里显然有些风险。要得太少，你得到的就少；要得太多，你可能会莫名其妙地被解雇。

加薪的数额很大程度上取决于你的技巧。那些在公司会议上说自己亲和力强、容易相处的人，总比那些强调个人贡献的人挣得多。一味强调自己的贡献，只会让人觉得他是个无能的笨蛋。

当然这也取决于领导的性格。你是否应该向领导暗示有另一家公司会给你更高的薪水？有些领导会屈服于这样的暗示；而另一些领导，比如我，听到这话就会发脾气，而且愿意会给你一个忠告：你离开时最好不要让人家在你背后把门重重地摔上。

事实上，在这种情况下，你会尽可能多地要求加薪，分寸通常是由你来把握的。锐化也是如此。

锐化方面的技巧和职场手腕一样多。这两方面都在迅速发展，因为它们的参与者都在积极开发更新、更好的技巧，可供选择的技巧令人眼花缭乱。

在开始讨论锐化的主要对话框的选项前，我们要像新闻记者一样提出几个问题：谁、什么、何时、何处、为什么和怎样做。

6.1 谁、什么、何时

“谁？”的答案就是你。对你来说，本章非常重要，因为它讲述的技法能给以较大尺寸输出的图片的真实性、独特性带来决定性的改变。

“什么”的答案是锐化，也就是人们常说的 USM，这是一种让图片看起来“聚焦更准”的修饰方法，它使图 6.1B 比图 6.1A 清晰。 通常，图片再怎么清晰都不为过，但要避免修饰痕迹太重。本章旨在如何不留痕迹地让图片变得清晰。

比较图 6.1C 和图 6.1D 就知道应该在“何时”锐化了。看这两张图，就好像在放大镜下看锐化的过程，USM 的作用是把过渡区域修饰得更醒目。这些人工痕迹通常被称为“晕带”，在图 6.1D 中清晰可见。不过我们不希望看图者在原尺寸下看到它们。当晕带小得几乎看不见时，他们才会被我们的技巧迷惑。

寻求加薪时，要是能把最后的 10% 从公司挤出来，我们就会觉得很有面子。USM 也是这样，“边缘政策”① 非常有趣。我们希望一切进展顺利，不希望听到那些看图者发出发现机密的“Aha”声，因为他们看到了令人讨厌的晕带。

---

① “边缘政策”是将危险的政策推到极限，此处比喻锐化得恰到好处，既不暴露人工痕迹，又大大提高图像的清晰度。

图 6.2 肤色图片需要谨慎处理，免得突出不需要的细节。A 原稿。B 在 RGB 里锐化的结果。C 只锐化 CMYK 的黑色通道的结果。

锐化需要在色彩修正之后进行。如果锐化在此之前进行，锐化的晕带就会加重。在把锐化这个筹码扔到谈判桌上以前，我们必须先做色彩修正。

但也不要教条地坚持在锐化之后什么也不能做，只能按打印对话框的“确定”按钮。在锐化之后还可以进行轻微的色彩修正。

6.2 何处

USM 锐化就像在 LAB 下修正颜色，有广阔的空间满足不同的喜好。在这里，我使用了强烈的锐化，使效果看起来明显。你们可能会认为我用得太多或不够，但你们应该明白如何得到自己想要的效果。

错误地选择锐化的通道会产生吓人的缺陷。图 6.2B 就生动地表明了这一点。

人类的皮肤，即使是年轻人的皮肤，也不是雪花石膏做成的，皮肤柔韧而有弹性，对于防止损伤很有用，但有时会引起粉刺，而且很容易起皱。

不仔细的锐化可以让皮肤老得好像晒了 25 年的太阳。图 6.2B 中的细节太夸张了。这位女士不是鳄鱼，不希望自己脸上的这些细节被人看到。

原稿图 6.2A 看起来非常柔和，特别是在头发上。即使是给棕色皮肤的人拍照，头发也不应该聚焦过度。问题是如何在防止头发聚焦过度的同时让皮肤看起来自然。

如果你想加薪，应该直接走到可以拍板的人那里，而不是去找某些散布关于你的流言蜚语的办公室政客。锐化的道理也是这样。问题多半与设置无关，而是选择在哪里锐化。

你必须经常对自己提出一个问题：对于锐化来说，图中的所有颜色都同样重要吗？是否有一种颜色比其他颜色更重要？

如果有一种颜色特别需要锐化，它通常不是红色就是绿色。以蓝色为主的景物几乎总是天空或水，自然界的天空和水是柔和的，不需要特别锐化。紫色的景物也是如此，比如葡萄、茄子或某些花卉，这些景物都应该是光滑的。

我们偶尔会在图中发现重要的黄色物体，又有时青色物体是最重要，但这些颜色从来不会像绿色支配图 6.1 和图 6.3、红色支配图 6.2 那样支配一张图。有时偏青的光源会让衣服（例如图 2.17 中的紫色衬衣）的颜色变得怪异，但这时的青色也不是主色。

大多数图片不是由一种颜色支配的。前两章举出了很好的例子。在这两章里有一打图片，女士照片图 5.7A 和峡谷照片图 4.13 是由红色支配的，黄石国家公园照片图 4.11 是由蓝色支配的，但它是一种柔和的图片，并不需要通常的锐化，其他 9 张图片则没有明显的主色，这种情况更常见。

既然这 9 张图片很典型，我们就用典型的方式来锐化它们。如果是在 RGB 或 CMYK 中锐化，就把整张图片作为目标，如果是在 LAB 空间中，通常只锐化 L 通道，因为 A 和 B 通道仅包含颜色信息，没有细节。

只要有可能转换到 RGB 以外的色彩空间，最好避免在 RGB 中锐化。在 LAB 和 CMYK 中锐化有少许技术优势，但在我看来，如果没有其他原因，这还不足以成为离开 RGB 的理由。在我测试的大约一半的图片中，我根本没看出在 RGB 和其他色彩空间中锐化有何不同，其余图片差异也非常小，以至于如果你可以使用这些图片，你可能根本不需要介意哪种类型适合锐化。

但如果说全面锐化的最佳技术是在 L 通道中进行的，就有失偏颇了，CMYK 也并不逊色。所以如果最终的文件是 CMYK 模式的，你根本不必考虑 RGB 锐化。不过，即使在 RGB 中锐化，世界末日也不会来临。

发生图 6.2B 的灾难，并不是因为在 RGB 中进行了锐化，而是因为操作者没有认识到在某些通道中根本不应该进行锐化。

如果我们直奔 CMYK 而去，而且图片只有一种重要的颜色，我们就应该彻底忘记 RGB 和 LAB。

脸是红色的。形成红色的两个通道是品红和黄色，它们比另外两个通道要深得多，细节都集中到这两个通道里了——比如皱纹、毛孔、疤痕、污点和头发这样的细节。

整体锐化[①] 会强调这些特征，但还会导致错觉，好像这位女士的脸上喷了一层细细的白粉。皮肤的粉红色被破坏了，这些小白点上实际上是锐化在局部去掉了品红和黄色（即红色）的结果。

解决这个问题的方案也许在上一章就出现了。让我们回到图 5.7H，那是人脸在黑色通道中的样子。再看看图 6.2C，为什么锐化没有损坏皮肤呢？因为这时的锐化只在黑色通道中进行，而不是在 CMY 中。在黑色通道中，任何皮肤都不会被损坏。

这个原理不仅仅局限于黑色通道。图 6.3A 的主色是绿色，由黄色和青色混合而成，有很多细小的叶子，不像人脸那样是一整块，整体锐化的雪花斑不会很明显，但我仍然不建议使用整体锐化。图 6.3B 是在 LAB 中对 L 通道锐化的结果，图 6.3C 是在 CMYK 中对黑色和品红通道锐化的结果，决定性的黄色和青色通道没有被锐化，叶子的颜色不会比原来浅很多。

撇开更逼真不说，图 6.3C 对叶子的锐化不露痕迹，又比图 6.3B 展示了更多的细节，这是因为在弱通道中可以使用更重的锐化设置，在弱通道中锐化的

①作者将锐化所有通道叫做“整体锐化”。

主要优势就在于此。如果在青色和黄色通道中锐化，颜色或明暗就会有太大的改变。只要你喜欢，尽管在品红和黑色通道中锐化，树叶无论如何也不会成为绿色以外的其他颜色。

对红色景物的类似做法是锐化黑色和青色通道，这就是为什么要谈到峡谷照片图 4.13。但是，脸部不像图中的其他景物，为了得到更光滑的质感，我们通常会限制细节，尤其是被摄对象是年轻人或婴儿时。青色对表达脸部细节有一定的作用，所以锐化青色是非常危险的。黑色则不然。黑色分布于眼睛、头发、睫毛、眼睑以及所有我们有兴趣锐化的部位。

事实上，只锐化黑色对于几乎所有图片来说都是安全的。锐化黑色的参数可以很大，几乎没有风险。

在进行下一步之前，我们有些提示性的问题。

• 如果我说红色是由品红和黄色构成的，绿色是由黄色和青色构成的，你会立即赞同吗？如果不会，那么现在是回顾本书第 1 章的时候了。理解通道如何呈现、如何相互作用，在随后的章节里将越来越重要。

• 在没有明白如何锐化一张图片之前，关于锐化的这一章已经过了 1/4。这就像在第 1 章里，在学习通道混合之前先讨论了通道结构。锐化这个话题完全可以用厚厚的一本书来探讨。要想很好地掌握锐化，就要在学习锐化之前弄明白哪里应该锐化、为什么要锐化。

• 有很多锐化选项，有些非常生僻，但我把它们分为两个部分来讲述。本章从基本的命令开始。在第

图 6.3　由一种颜色支配的图片应该在 CMYK 较弱的通道中锐化。A 原稿。B 锐化 LAB 的 L 通道的结果。C 锐化 CMYK 的品红和黑色通道的结果。

17、18章中将会有更神奇的选项和更新奇的设置，还要讨论与USM相近的“图像 > 调整 > 阴影/高光”命令。正因为如此，如果你不打算进入CMYK，我就不打算讲解锐化图6.2A和图6.3A的具体做法。在CMYK中锐化是可行的，但这个话题最好先放一放。

• 记住，锐化是主观的，我将进行大量锐化让你明白这一点。如果你认为图6.2C和6.3C的锐化过度了，那么你可以减少参数，或者单独在一个图层上锐化并降低它的不透明度。图6.2B和图6.3B有内在的缺陷，降低不透明度会让它好转一些，但是不能根治它的毛病。

也许你还会问：为什么摄影师不能在第一现场调好焦距呢？那样不就用不着我们来锐化了吗？

简单的答案是，他们不能。复杂的答案就如同向图6.4中的海鸥扔一大堆尖利的石块，你可能会谴责我是一个丝毫不考虑读者接受能力的家伙。

6.3 为什么

锐化的理由和色彩修正的理由一样充分：人类和相机不是用同一种方式看待事物的。在人眼看来，一只飞行中的鸟不会渐隐到天空里，它们是界线分明的两个实体——在鸟的颜色消失的地方，天空的颜色会立即出现，但是相机不能记录这些，原因有三。

其一，我们是在三维空间中，可以感觉到天空在海鸥的后面，而相机采集的是平面图像，它认为天空和海鸥在同一平面上。

其二，数码文件是由像素构成的，像素并不是无限小的。在图6.4的放大部分就能看到它们。它们太钝，不足以产生逼真的边缘。而且即使拍摄时的像素无限地小，输出时的像素也不可能那么小。比如，一个大约0.0003平方厘米的矩形区域相当于印刷本书所用的一个网点，这听起来已经非常小，不用放大镜就不容易看见它，但是，它已经比像素大3～4倍了。

其三，我们看到的都是我们所感觉到的。如果小鸟没有清晰的边缘，我们的想象力也会产生这样的边缘。相机则不具备这样的想象力。

所以必须做些事情来强调边缘和过渡。解决办法就是给边缘增加晕带。油画家已经这样尝试了几个世纪，在生活中也有锐化，图6.2中的模特画了眼线，就像Photoshop的USM一样，这是强化边缘的明智做法，唇线笔和眼影有同样的效果。即使不是为了拍摄美艳动人的照片，女人也会化妆。同样的道理，即使拍摄和打印程序绝对完美，我们也要进行USM锐化。

6.4 怎样做

最后，我们该涉及具体的问题了。如果不打算进行整体锐化，那就要在锐化前选择目标通道，再执行“滤镜 > 锐化 > USM锐化”命令。这将打开图6.5所示的对话框。在还不知道其中的参数代表什么时，我们先随意设置它们，单击“确定”按钮。

有一件事情，Photoshop没有和我们商量，悄悄地做了：它生成了该图的一个模糊版本，将此模糊版本与原图比较，夸大了它所能发现的二者的不同，在此基础上完成锐化，然后它扔掉模糊版本，把最终的锐化效果抛给你。

听到这样的说法，我妻子觉得不可思议，我的一个学生也无法理解模糊怎能产生锐化，于是我和他打赌，除了“高斯模糊”，我不使用任何滤镜，也可以把图片锐化到出版品质。

结果那个学生输了。图6.1B就是这么做的结果，用了23个步骤，大约是使用USM滤镜的5倍。锐化品红和黑色通道还可以得到更理想的效果，如图6.3B所示。不可否认，用上述方法可以在保持真实可信的前提下完成锐化。

我用一张新的图片来示范这种方法，只讲解主要的步骤，你们会知道这个看似荒谬的想法是如何完成任务的。

图6.4嵌入了sRGB配置文件，我对它执行“滤镜 > 模糊 > 高斯模糊”命令，半径为1.0像素，得到图6.6B所示的效果。

在进行了神奇的通道混合和对比度增强后，图6.6A和图6.6C反映了原图（图6.4）和模糊版本（图6.6B）间的差异。图6.6A用黑线表示原图比模糊版本暗的地方，图6.6C用黑线表示原图比模糊版本亮的地方——鸟的外形看起来像是变了。

你们自己分析产生这种现象的原因。鸟的上半截比天空暗，但它的下半截，特别是尾巴上的羽毛，

图 6.4 摄影没有把边缘强化到观察者希望看到的程度，需要锐化。左图为原图，聚焦不实不明显，但是在放大后的右图中，边缘看起来很虚。

比天空亮。在它既不特别亮又不特别暗的地方，模糊版本削弱了它和天空的明暗差别。

鸟翼的上缘在原图中比在模糊版本中暗，再往上，那条白线在原图中又比在模糊版本中亮。因此，图 6.6A 中鸟翼上缘的内侧有条明显的线，图 6.6C 则是在鸟翼上缘的外侧有条明显的线。在尾部的白色羽毛上，情况正好相反，在羽毛的末端，原图比模糊版本亮，而在紧靠羽毛的天空处，原图要暗一些。

总之，模糊版本把紧靠鸟翼上缘的天空变暗了，把紧靠它的尾巴下缘的天空变亮了。于是，图 6.6A 中代表原图比模糊版本暗的部分的线在鸟轮廓的内侧，图 6.6C 中代表原图比模糊版本亮的部分的线在鸟轮廓的外侧。

现在，我们发现了原图和模糊版本间的差异，在原图上将此差异夸大，就可以使画面更清晰。图 6.6A 中的线显示了原图中哪些区域较暗，要夸大这个差异，就要让原图在此区域更暗；图 6.6C 中的线显示了原图中哪些区域较亮，要夸大这个差异，就要让原图在此区域更亮。

我把图 6.6A 粘贴在原图上，在鸟翼上缘内侧和尾羽外侧创建了较暗的晕带。我又用图 6.6C 创建了较亮的晕带。该过程在鸟和天空之间的过渡区域增强了对比。

在世界上很多地方，Photoshop 没有当地语言的版本，用户只能使用英文版。他们通常不知道为什么要用“虚光蒙版”这个词来描述锐化。如果你也曾被这个问题困扰，就看看图 6.6B 吧，它是原图的“虚光”版本，又为锐化提供了“蒙版”。

6.5 用数字来 USM

忘掉这个模糊版本，直接把图 6.5 所示的设置用于原图，就得到了图 6.7A 所示的结果，你能从中看到与图 6.6A 和图 6.6C 一致的亮晕带和暗晕带。

此图对锐化数量的设置达到了最大值 500%。若

提示：模糊黑色通道

在黑色通道中锐化可以非常奏效，把黑色通道变模糊也是如此。当修图者试图强调前景中的对象时，最常用的可怜技法就是模糊背景。

通常的结果是，前景对象好像是从图片上剪下来再贴在背景上的一样，但是，我们偶尔把背景变模糊的愿望是如此强烈以至于在 Photoshop 中有“镜头模糊”滤镜。

如果你曾经尝试过上面的办法或其他技法，而且对它们不满意，那就尝试一下这个吧：把文件转为 CMYK 模式，只模糊黑色通道。这个方法既突出主体，又不会把所有颜色变得平滑。

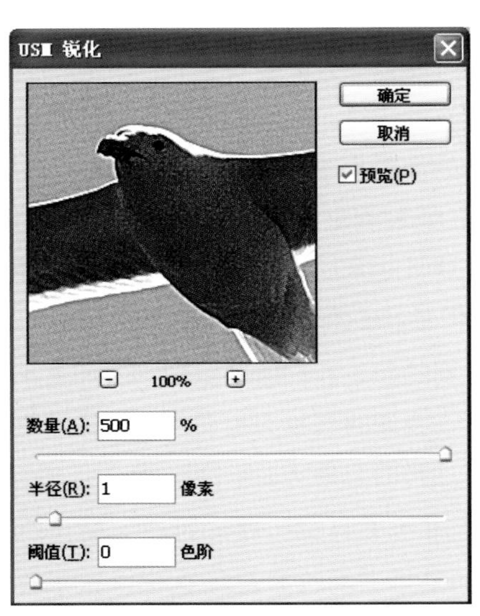

图 6.5 USM 锐化的对话框

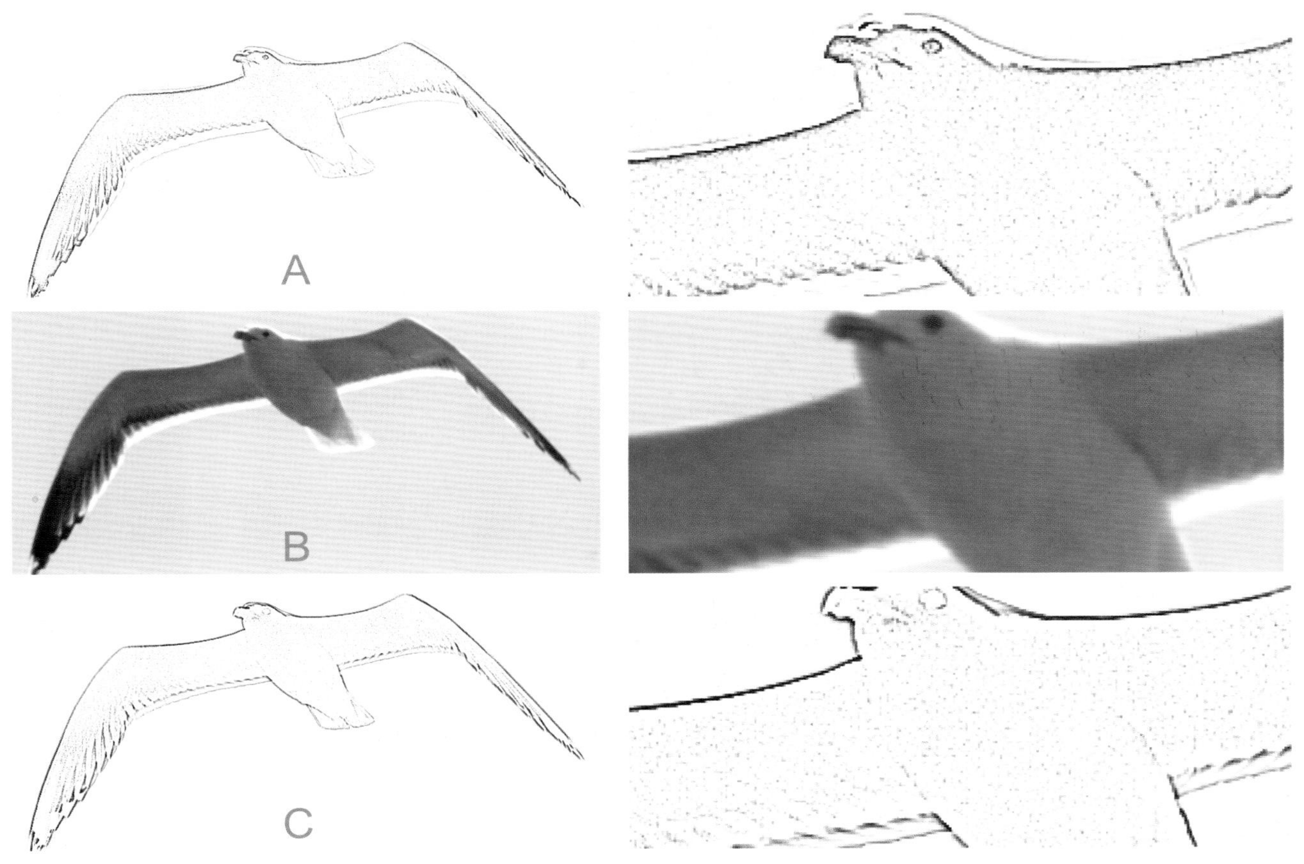

图 6.6　B 基于图 6.4 做了半径为 1.0 像素的高斯模糊。A 和 C 用来比较原图和模糊版本。通过夸大对比度，A 中的线代表原图比模糊版本暗的地方，C 中的线代表原图比模糊版本亮的地方。

要以更有效的方式产生晕带，就要降低数量。图 6.7B 中的数量是 200%，其余参数与图 6.7A 中一样。

图 6.7A 的放大图显示，鸟腹部的蓝色噪点比原图多得多。当我们试图消除噪点时，这些噪点反而会更明显，确切地说，是更加恶化。

原图（图 6.4）有适度的噪点，模糊版本（图 6.6B）消除了噪点，Photoshop 在比较原图与模糊版本时，发现了它们在噪点上的差异（与晕带上的差异相比，这是较小的差异，但是在图 6.6A 和图 6.6C 中，轻微的噪点仍然可见），然后，经过锐化处理，在图 6.7A 中，噪点又被强化了。

如果没有 USM 滤镜，我们必须通过把图 6.6A 或图 6.6C 混合到原图中来创建晕带，这样就不必担心噪点了。对以上两幅图中的任何一幅，打开曲线对话框，把左下角的点（高光）向右拉到噪点的阈值处，噪点是较亮的，调节它不会破坏鸟身、鸟眼睛和鸟喙的轮廓上暗得多的晕带。

USM 滤镜的阈值设置可以达到同样的效果。阈值为 0 意味着差异蒙版[①] 被应用于整个画面，包括噪点。阈值的升高逐渐排除了细小的差别，这通常是噪点与周围颜色的差别。图 6.7C 的数量恢复为 500%，但是阈值为 10，锐化程度接近图 6.7，但是没有令人讨厌的噪点。

USM 对话框中的另一个问题是，用于与原图比较的模糊版本应该模糊到什么程度？对该问题的答案影响到锐化晕带的宽度而不是强度。

我用半径为 1.0 像素的高斯模糊创造了图 6.6B。这种模糊效果使鸟和天空在相接处融合，融合的区域既不是鸟也不是天空，如果它向鸟和天空扩展，表示原图与模糊版本之间的差别的线就会变宽。

假如在模糊时使用更大的半径，比如 3.0，既非鸟也非天空的区域就会向鸟和天空延伸得更多，原图

① “差异蒙版”指比较原图与模糊版本并将它们的明暗差异用黑线来表示的方法。

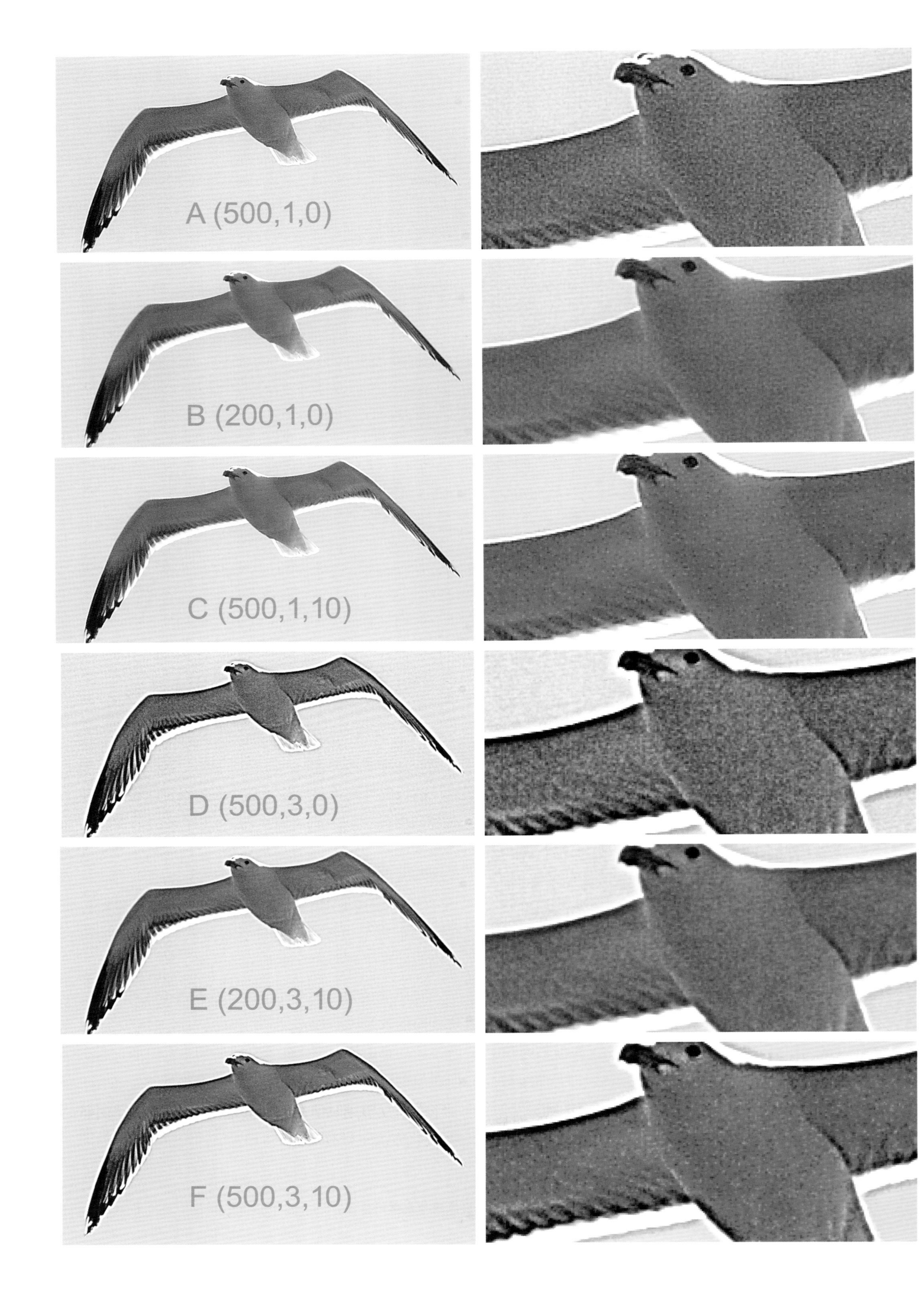

A (500,1,0)
B (200,1,0)
C (500,1,10)
D (500,3,0)
E (200,3,10)
F (500,3,10)

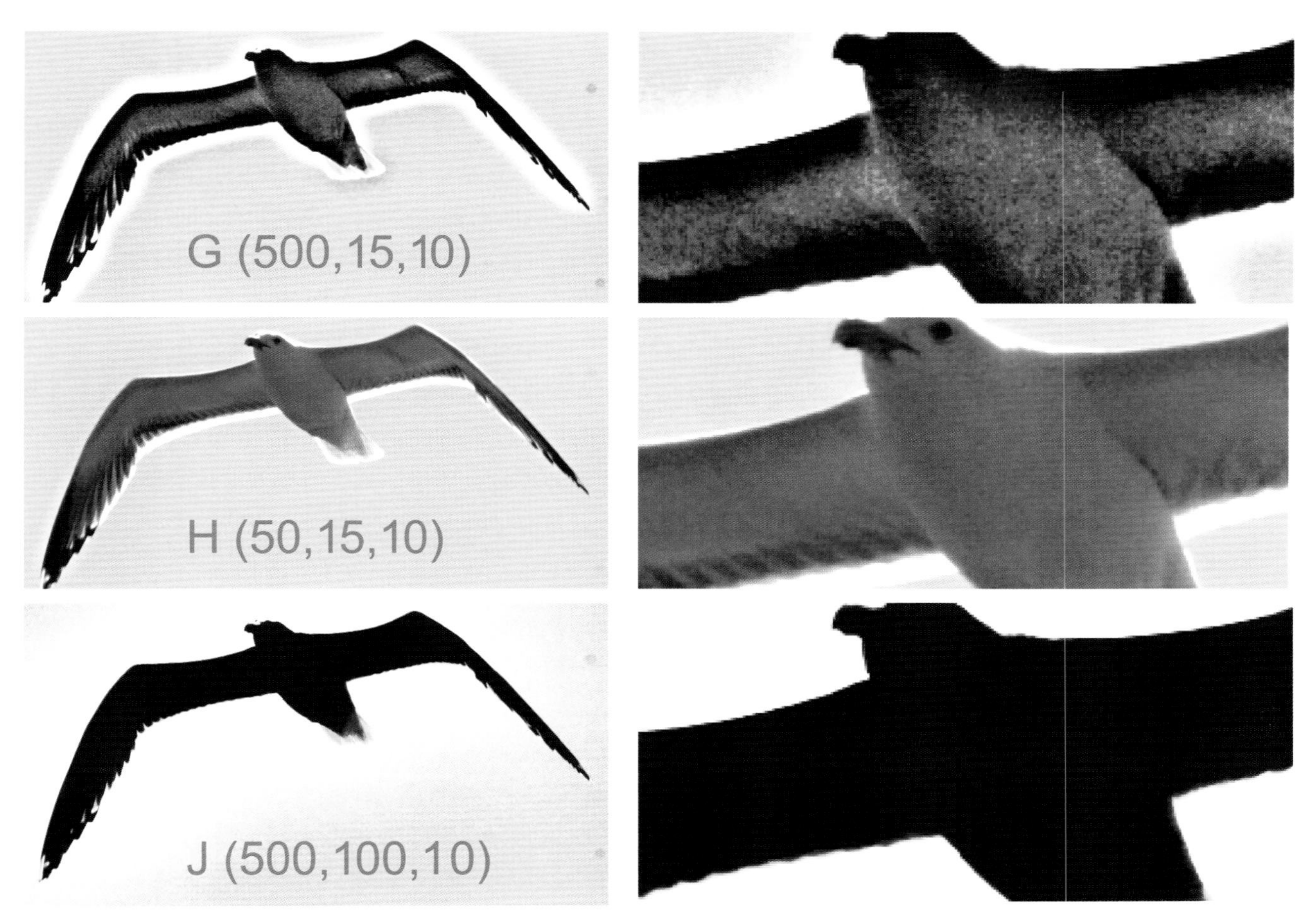

图 6.7　改变 USM 设置的作用。

图 6.7A（上页）以 500% 的数量、1.0 的半径和 0 的阈值锐化。图 6.7B（上页）锐化数量降到了 200%。图 6.7C（上页）锐化数量又回到 500%，但阈值为 10。图 6.7D、E、F（上页）除了半径增加到 3.0，图 6.7 其他设置与 A、B、C 一样。

本页是大半径锐化的结果。图 6.7G 锐化数量为 500%，半径为 15.0，阈值为 10.0。图 6.7H 数量降到 50%。图 6.7J 数量为 500%，半径为 100.0，阈值为 10。

和模糊版本间的差异线就会变得更宽。

USM 滤镜是建立在高斯模糊的基础上的。在这两个命令中，半径的作用是等效的。图 6.7D、图 6.7E 和图 6.7F 使用与图 6.7A、图 6.7B 和图 6.7C 相同的锐化数量和阈值，但是半径增加到了 3.0，晕带宽到了我们可能无法接受的程度。锐化应该不易察觉，我们不希望看图者感觉到晕带的存在。图 6.7F 中海鸥上边和下边的暗晕带是图 6.7D、E、F 这 3 张中最好的，但在我看来它仍然太突出了。

6.6　哪种晕带的效果最棒

尽管半径 3.0 很大，但我们还要试试更高的设置，大胆地增加半径，看看有什么反应。

在这张海鸥图片中消除噪点所需的阈值大约是 10，试验就从这个值开始。图 6.7G 的锐化数量大约是 500%，半径扩大到了 15.0，这导致了在海鸥和天空之间有宽得吓人的白色区域。

锐化的关键是隐藏晕带。在图 6.7C 中，我们把非常亮和非常暗的晕带变窄，把它们隐藏了起来。当晕带非常宽的时候，我们采取相反的做法：急剧降低它们的强度，也可以把它们隐藏起来。

在图 6.7H 中，数量从 500% 降到了 50%。对那些疑惑不解的看图者来说，图 6.7G 中半径为 15.0 的可怕晕带完全不见了。

应该把这张图与原图（图 6.4）进行比较。这些宽宽的、被抑制的晕带的影响非常小，但仍对图片有所影响。我很喜欢这张采用不同寻常的锐化方法的图片。但是，我更喜欢图 6.7C。图 6.7H 的效果是如此不同，以至于对这张图采取的方法根本就不能叫做锐化。对这张特殊的图片来说，这种方法没有通常的小半径锐化方法有效，但对于其他图片，它可能与小半径锐化方法一样有效。

在进入下一步之前，让我们看看图 6.7J 所示的最大半径 100.0 的作用。在使用半径为 100 像素的高斯模糊处理的图片中看不到晕带，只有整个变暗的鸟和被抹去的天空。这种效果对普通学生没有任何指导意义，但对 Photoshop 专家充满了诱惑，一般人只能在这上面看到黑和白，专家们能看到选区和图层蒙版。

6.7 确定数值

现在我们知道了数值之间的关系，那么我们就从对和错开始谈起，其中某些观点只是个人看法。我的观点是大多数人对图片的锐化处理并不够（见下页方框）。但是，某些观点是大家都应该接受的。

首先不可否认的是，图 6.7A ～ F 这 6 张图是同一种风格，图 6.7G ～ H 和图 6.7J 又是完全不同的风格。第一组是传统风格的，与 15 年前的电子分色机的锐化效果相似，但并不完全相同。 我把制作第一组图片的方法叫“传统锐化”；第二组采用大半径、小数量方法，我就叫它“大半径、小数量锐化”。大多数图片用传统锐化方法较好，个别图片适合用“大半径、小数量”方法。我们要做的第一个决定是选择锐化的方法。

稍后我们将回到这个问题。对这张图片使用传统锐化方法效果更好。现在我们就讲讲传统锐化方法。

有了图 6.7C 以后，图 6.7A 就很难讨人喜欢了。没有人会喜欢噪点。这张图需要一个阈值。类似地，你或许会争辩说图 6.7C 的锐化半径应该再大一些，但是很难想象你想要图 6.7F 那样 3.0 的半径。至于数量，取决于你。

不同的人最可能达成一致的是阈值，然后是半径，而数量是最不可能达成一致的。这是我推荐的设置参数的顺序。

我们开始探索。打开图片，执行“视图 > 实际像素”命令 (也被称作 100% 放大)，以免屏幕的低分辨率影响你的判断。除非为了仔细观察，不要放得太大，因为在高倍放大的情况下反而不容易注意到缺陷。如果必须缩小，那就使用 50% 的显示比例，这比 66.7% 或者 33.3% 更可靠。

试读者 André Lopes 有不同的看法。他写道 ：“现代大多数显示器分辨率都可以达到每英寸 100 像素，比传统的每英寸 72 像素要高，但是比通常打印机分辨率要低（通常书和杂志的打印机分辨率为每英寸 200 ～ 300 像素）。所以，当我们在 Photoshop 里使用 100% 的放大倍数时，图片至少显示成最终打印尺寸的两倍，这会把晕带夸大许多。

“我也不喜欢较低的放大倍数，通常我会建议大家在做锐化时退后一定距离来看屏幕。我们读书或杂志时，眼睛和书的距离通常是 16 英寸，如果屏幕上的图片要放大 3 倍，我们就要在 3 倍的距离外看它，也就是说，距离要超过 50 英寸。”

无论你选择哪种方法，使用 500% 的数量、5.0 的半径、0 的阈值对大多数图片来说都是过度的。在降低这些参数前必须提醒自己 ：图片首先要打动自己。每年，我的医生都会在自己身上诊断出至少 8 种绝症，无论什么时候出现了一种症状，她就会把自己与这些绝症联系上，想象自己已经得了绝症。但是，我不认为自己喝了大半瓶朗姆酒感到头痛就和脑瘤有什么关系，所以我的生活很平静，不会自寻烦恼。

同样的问题在锐化中也会发生。我们都知道锐化晕带是什么样子，但我们的客户通常不知道，在我们看来明显锐化过的图片，他们是看不出来的。

另外，输出的图片比显示器上看到的要柔和得多。我们再看看图 6.6A。我并不想为它的噪点辩解，但是大小合适的图片没有这么恐怖。当你在局部放大图或显示器上看到所有这些噪点时，你能预料到这样的结果吗？

如果你跃跃欲试，你现在可能准备寻找正确的阈值。在这些极端的设置里，很容易看出哪里的噪点或其他污点被锐化了。图片颗粒越明显，阈值就应该越大。体育运动照片可能需要至少 15 的阈值，室内静物照片则通常需要 0 或 1 的阈值。

有些学究在对数学真理无休止的追求中建议，锐化半径取决于扫描的分辨率。[①] 这就好比是说，箱子越大，它就越沉。核心问题就在于此。事实上，箱子里的东西对箱子的重量有重要影响，装满铅的小箱子要比装满衣服的大箱子沉得多。

即使尺寸一样，某些图片上的颗粒也比其他图片

① 扫描软件也有锐化功能，与 Photoshop 的类似。

果与图 6.9D 接近，图 6.9D 把图 6.9B 中国旗的鲜明与图 6.9C 中效果更好的天空有效地结合了起来。

锐化可以走极端。你可以花很多时间用一张瀑布图片做试验，先做“大半径、小数量”锐化（例如 100.0 的超大半径、20% 的数量），再做传统锐化。有时这很管用。要意识到，两种方法的结合有可能产生更好的效果。

6.9 牛顿第三定律不过如此

对混合模式的介绍来自一个偶然的机会。关于图 6.7 中海鸥的讨论要在本书第一部分结束时才能告一段落，我们任重而道远。它们很重要，但把我们带到这一点的东西是不可或缺的[1]。

让我们跳过一些章节，谈谈如何修正图 21.1A 所示的原稿。本书只有 20 章，因此图 21.A 是不存在的，但我们就是要假设这样一张图，它是我们没见过的，它的主题是我们不知道的，拍摄时我们不在场。对这种图，如何修正？

我可以告诉你们答案。

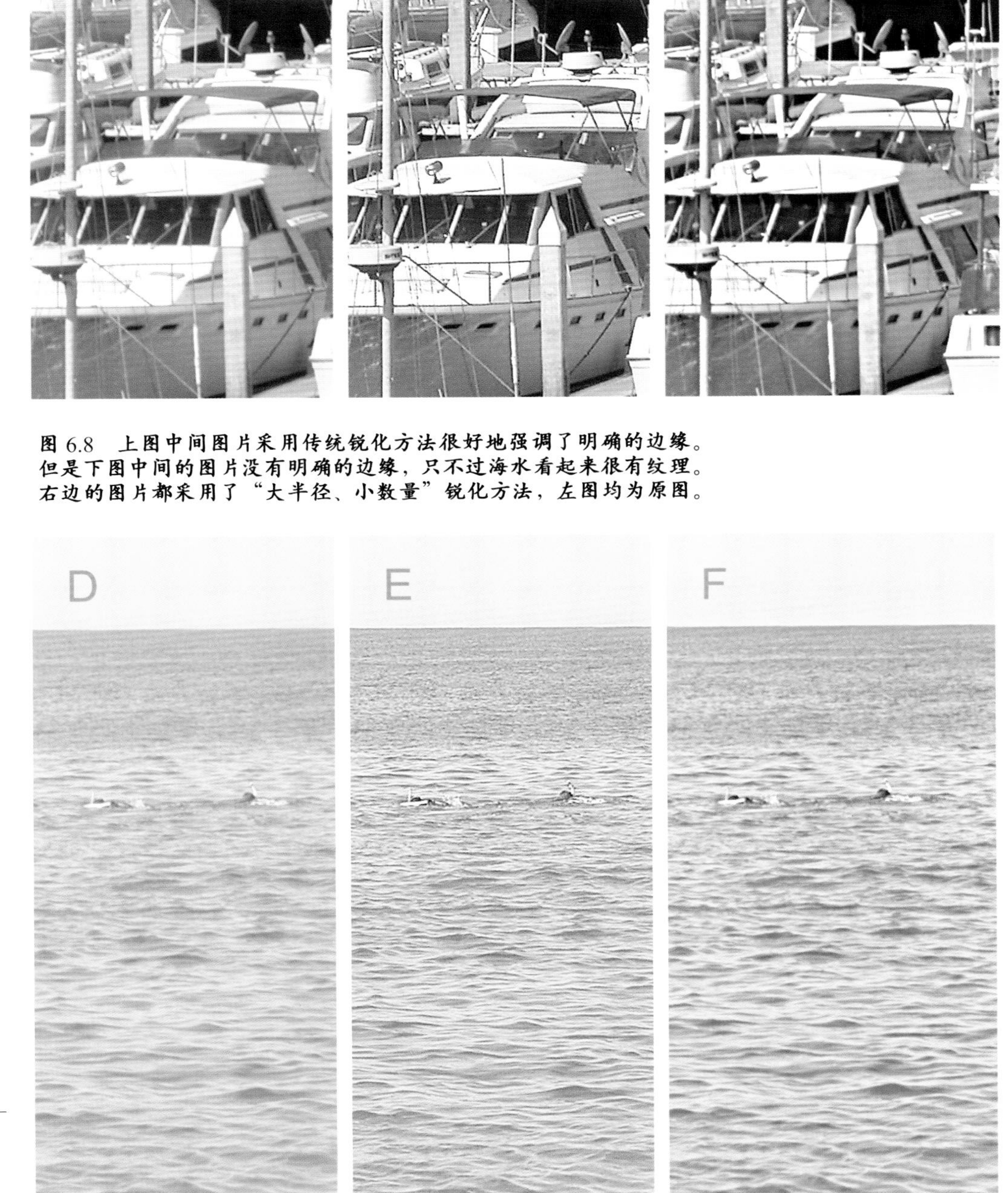

图 6.8　上图中间图片采用传统锐化方法很好地强调了明确的边缘。但是下图中间的图片没有明确的边缘，只不过海水看起来很有纹理。右边的图片都采用了“大半径、小数量”锐化方法，左图均为原图。

① 指随后要介绍的混合模式。

图 6.9 A 原图，下面是对它进行不同类型的锐化的结果。图 6.9B 半径为 1.0 的传统锐化。图 6.9C 半径为 20、数量为 50% 的锐化。图 6.9D 以上两种方法的结合。

多少是太多？读者与作者的讨论

某些人认为过度锐化就像犯了纵火、杀人这样的重罪。这样的恐惧症在专业摄影师中相当普遍。

判断是否锐化过度，依赖直觉是相当危险的。你是一名有偏见的看图者，因为你知道锐化的工作原理，而且对修饰后的图片有相当的敏感度。但是你必须假定自己对修饰过程浑然不知。你能发现图 6.7H 的晕带，因为在右上方的放大图片中明显地看到了它。如果没有看见图 6.6 所示的差异蒙版，一名漫不经心的看图者能看出图 6.7C 是锐化过的吗？

每个人对锐化都有不同的喜好，但有一项非常有效的测试。无论何时，当有摄影师指责我锐化过度时，我总会问他们，是否有客户因为觉得图片锐化过度而拒收他们的作品。他们都斩钉截铁地回答：“当然没有！”我又问他们，是否有客户因为觉得图片太模糊而拒收他们的作品，他们同样毫不犹豫地回答：“有！”

客户对我们的作品不满，有时是因为审美情趣不同，有时是因为我们的作品糟糕，有时根本没有理由，但他们总是抱怨不停，因为他们希望成为创作的一分子。偶尔的抱怨是不可避免的，但如果一名专业人士发现这些抱怨是同一类型的，就要进行纠正。2005 年，在一家为摄影师服务的网站上，我看到了如下有趣的讨论。

“锐化问题确实是印件被退回的一个因素，这让我很迷惑。我知道摄影师们对过度锐化和晕带深怀恐惧，但是我必须说，我做的差不多 100 万张图片都没有因为锐化过度被拒收（虽然我曾经以为它们会被退回，因为人物的皮肤太亮）。在重要的肖像摄影中，我的经验是，对皮肤的锐化要柔和，但客户要求突出眼睛和嘴唇。我们已经收到了差不多 1000 件由于锐化不够而退回的作品，客户认为是我们的印刷机不够好。这就是说，在锐化方面，印刷机是令人失望的，然而客户不会抱怨印刷机。”

担心对柔和的图片锐化过度，就像在 LAB 里担心对单调乏味的颜色修正过度一样，都是没必要的。如果没有人抱怨过你的色彩太喧闹、太艳丽，那它就不够喧闹、不够艳丽。如果没有人说你的图片锐化过度，那么你的 USM 对话框就需要更大的数值。

有些试读者并不赞同以上的观点。André Dumas 是一位摄影师，他认为被摄体应简单化。

他说：“如果我们是在讨论过度锐化，那么问题应该是：‘是否有客户因为不喜欢图片而拒收它们。’答案当然是肯定的。那么是否有图片锐化过度而客户不知道具体原因、只觉得不喜欢的情况呢？答案同样是肯定的。”

“担心锐化过度并不是恐惧症，而是优秀摄影师精益求精的正常反应。当担心锐化不够时，我的格言是：你永远都不必为此苦恼不已，但是锐化过度却很明显，而且让你为此羞愧万分。”

试读者 André Lopes 是一位出版顾问，他补充道：“在这里，我们还要考虑一个问题，特别是对那些 USM 使用经验还不够丰富的修饰者来说，锐化不够的图片看起来不够清晰，客户通常会把这归咎于摄影师；锐化过度则毫无疑问是修饰中的错误，客户会指责你。”

为了方便下面的讨论，我还要说几句。当然，开始进行图像处理都是自娱自乐，很少有专业人士从一开始就了解未知客户的趣味。如果客户得不到满足，我只能建议转移方向。

初出茅庐的修饰者很容易对付。经验丰富的修饰者，就像我，却有很多方法指责摄影师，但实际却是我们的问题。

上的多，对它们的锐化力度应该不一样。

如果图 6.2 是那位女士的半身照，而不是脸部大特写，我们不需要成为爱因斯坦就能知道这是不同的锐化问题，因为细节的大小不同，即使两张图片本身有相同分辨率。

在使用较大半径前，我们必须确认在我们锐化的地方没有任何微妙的细节，这是较大半径的大敌。

小和微妙可不是一回事。眼睫毛很小，但并不是微妙。图 6.3 中树叶的变化微妙，但它们并不小。

因此，对于决定最佳半径来说，图片的特点比分辨率更重要。问问自己：图中是否有微妙的细节？

人的头发或眼睫毛、酒瓶、苏打水中的泡泡，这些东西需要较大的半径。树皮、果皮、草皮、纤维、木屑，这些都是微妙的细节，大半径会抹煞它们。

当以上两种细节都出现时，我们只能使用较小的半径。或者我们需要找到一个没有微妙细节的通道，对于脸部来说，这就是黑色通道。

所以，对图 6.2 中的女士，实际情况是，在黑色通道里，我使用的半径值为 4.0，因为黑色通道只表现了眼睛和头发。数量呢？ 500%。不管图 6.2B 的锐化过度是多么恐怖，图 6.2C 有更生动的眼睛。如果你的球打的够准，你打得是否努力就无关紧要了。

对于数量，如同古罗马人说的那样，如果你认为 500% 太多，那就使用任何你想要的数量，然后单击确定，继续你的生活。

6.8 锐化，而不是模糊

回到这个问题：何时优先于传统方法或作为其辅助手段使用“大半径、小数量”的方法。答案非常直接：如果你看见很多明确的边缘，就可以考虑传统方法；如果不是，就考虑“大半径、小数量”。

可以用两张海景照片来证实。对其中的每一张，左边是原图，中间是用传统方法锐化过的，右边使用“大半径、小数量”方法。

可以总结为：传统锐化方法使用的半径是 0.8 ~ 2.5，数量是变化的，但从来没听说过可以与最大值 500% 一样大。

在“大半径、小数量”方法中，半径更大——10 ~ 25。除非急剧降低数量，比如 50%，或者极少数情况下为 100%，否则高度模糊将毁掉图片。它的效果算得上修整过，但算不上锐化。图片效果有时令人满意。但图 6.8C 的效果并不是如此。船的亮调的所有细节都沉没在“变亮”的海啸中了。虽然船桅稍微有些改善，但很容易看出图 6.8A（原图）更好些。

采用传统锐化方法就没有这样的问题，如图 6.8B 所示。传统锐化方法愉快地发现了图中纷繁的细节并强化了它们，产生了我们期待的较清晰的外观。

图 6.8D 完全是另外一回事。它没有高光需要提亮，没有阴影需要加深，也没有任何看起来需要脆生生的边缘的东西。所以，在图 6.8C 中“大半径、小数量”方法弄糟图像的因素在这张图中并不存在。图 6.8E 使用传统方法锐化，使海水看起来更富于纹理，但我认为图 6.8F 更好，因为它突出了形体，海浪中滚动的阴影更深，海水的反光更亮，都没有损失细节。

如果对图 6.1 中的棕榈叶试图使用这种突出形体的方法，图片就变得平淡了，但也不会像图 6.8C 那样糟糕，叶子将更亮，叶子周围的背景会更暗，但叶子本身的纹理不会得到加强。

通常的情况都是如此。很少有图片能够使用突出形体的锐化方法毫不含糊地改善。但也有例外，回到前两章使用的一大堆图片，只有一张采用“大半径、小数量”方法明显较好，那就是图 4.11A，黄石日落的照片。

但是，锐化发烧友们在寻找兼顾两种情况的最佳方法。对于图 6.9A 的旗帜来说，哪种方法更好呢？

答案是，我们寻找适合传统锐化方法的清晰的边缘和适合“大半径、小数量”方法的大面积相似色。这张图片两种情况都有一点。在云朵与天空接触的地方，边缘不显著，传统锐化方法起不了作用。“大半径、小数量”方法很容易让天空整个变暗。但在加拿大国旗中，红色与白色接触的地方（以及其他国旗上类似的地方），过渡是突然的，这需要使用传统的 USM 方法。然而离读者最近的 3 面旗帜有面积较大的相似色，为了使旗帜有真实的波动效果，“大半径、小数量”的方法更好。

图 6.9B 采用的是传统锐化方法，在 RGB 中完成，设置为 450%、1.0、12。图 6.9C 采用的是“大半径、小数量”方法，50%、20.0、12。这两种方法都给原图增加了受欢迎程度，但方法有所不同。在二者之间进行选择，就像在好的色彩和好的对比度之间取舍或者在意大利面和酱汁之间取舍。成功的锐化处理者会寻求兼顾两种情况的途径。

“大半径、小数量”方法能把噪点强化到低半径锐化能够识别的程度，所以，如果你想把这两种方法结合起来，就应该先做传统锐化。我们应该适当降低每种方法的参数，使其低于该方法单独作用时的参数。从某种程度上说，这两种方法会互相促进。效

锐化前应注意

对一张别人已经锐化过的图片进行锐化可能是令人沮丧的。第一次锐化后，人工修饰的痕迹可能已经定型，甚至不能用高阈值来消除。

进行第一次锐化的可能不是人而是一台机器。如果图片是通过相机制造商提供的程序或 Camera Raw 获得的，它们默认的锐化设置是轻度锐化，如果有这样的功能，就关掉它。

要试图让它更像一个人在相机的位置看到的景象。要找出最亮、最暗的重要点，然后把它们的数值设置为我们的程序所允许的最极端的值。要把图片中最重要的部分放在曲线的较陡部位，要考虑做这一工作的色彩空间为RGB、CMYK还是LAB，对锐化要做出聪明的决定。

对于我们已经修正过的或将要修正的图片来说，这绝对是真理。要是不遵守这些规则，修正效果就无法达到专业级，而利用这些规则处理图片的人将打败我们。

从现在开始，我们要关注这些有时有效但并非总是有效的方法。其中很多方法包含混合，这个话题将伴随我们读完后面的几章。这里只是顺便提一下。

牛顿说，每一个力都有一个相等的反作用力。这是一条很好的物理定律，但对于锐化来说却相当糟糕。

USM比较原图和它的模糊版本。原图中较暗的部分（图6.6A）变得更暗。原图中较亮的部分（图6.6C）变得更亮。那种等量反作用力需要压制。

在图6.9B中，传统锐化方法使加拿大国旗上的红色区域产生了暗晕带，在天空与国旗相接处产生了亮晕带。这两样都是有害的。红色国旗上的黑线看起来很糟糕，蔚蓝天空中的白线也是如此。

在加拿大国旗的左边，安大略省的旗帜却是另一番景象。它的深蓝色可以吞噬黑线，比天空淹没白线更容易。

大多数图片都存在这种情况，暗晕带比亮晕带更容易对付。事实上，任何时候都存在着较暗物体抵消中度暗晕带的情况。1986年以前，此原理对于图片质量来说至关重要，那个时候每台商业电子分色机都用在那个时代算是很大的16KB内存来控制这两种晕带，没有20年后Photoshop要求我们会使用的技巧。

图6.10A中的仙人掌就是很好的例子。我们可以忘记“大半径、小数量”锐化方法。这张图片充满了明确的边缘，特别是仙人掌的刺，你可以在为了逃避与响尾蛇的亲密接触而掉进仙人掌丛的人身上取到这些刺。

这些刺周围有暗晕带是好事——因为它们让刺显得很醒目。刺里面的亮晕带却是我们不想要的，因为它们消除了有显著特征的深红色。

作为一个合理的回应，我提供图6.10B，它需要一些步骤才能完成。图6.10C、D和E都是我们需要避免的。

如果硬盘空间和内存允许，在一个单独图层中进行诸如锐化这样的感性修正是个不错的主意。最后你总是会觉得效果做得过分了，然后降低图层不透明度。事实上，我通常都故意做得很过分，反正能够降低不透明度，要是锐化得不够，我却不能增加不透明度超过100%。我们不想用传统锐化方法在同一个地方做两次锐化，因为锐化的人工痕迹可能是致命的。

为了完成以下步骤，我们不是建议使用另外一个图层，而是必须使用。

• 选择“图层 > 复制图层”命令。

• 在新图层上使用传统方法锐化，产生生硬的效果。“大半径、小数量”的方法与此无关，因为轻微的“大半径、小数量”锐化方法获得的晕带并不总是令人讨厌的，但是轻度传统锐化获得的晕带却通常不招人喜欢。

为了获得这张图片的效果，我使用了充足的数值——450%、1.2、2。这样就得到了图6.10C，刺的周围有了期待中的暗晕带，但是颜色和刺里面的细节变得糟糕了。

图层面板在不透明度设置的左边有一个“模式”

疑难解答：太多，太快

何时锐化：通常人们都是最后进行锐化，但这条规则并不是一成不变的。避免过早锐化的原因就在于后来的曲线会急剧扩大晕带。但如果你认为图片只需要微调，那么提前锐化对图片不会有影响。

锐化不能改变高光/阴影数量？晕带确实可以比通常的高光要亮，比通常的阴影要暗。这并不能说明什么。我们选择高光和阴影不是因为它们像字面意思那样是图片中最亮点和最暗点，而是最亮和最暗的重要点。经过锐化的晕带不能被当成重要的细节。

亮度误区。有些读者已经尝试过锐化一个通道，再使用“编辑 > 渐隐 > 亮度”命令避免颜色的改变。这是一个想当然的方法，它根本不起作用。但是，可以在混合模式为“亮度”的新图层上锐化一个或多个通道。

A

B

下拉菜单，默认的是“正常”模式，这就是说，我们看到的是上面的图层，而不是底层。坏消息是，Photoshop CS2 还有 22 种混合模式，好消息是其中有一打被本书提到的频率就像牛顿的《数学原理》被本书提到一样，也就是说，它们一点用也没有。

对于此例，有两种有用的混合模式：“变暗”和“变亮”。它们的叫法是错误的，“变暗”的真正意义是不要变亮，与“正常”模式在这方面完全相同，不允许任何像素变得更亮。

• 将顶层的混合模式设置为“变暗”。两个图层的唯一区别就是晕带。比底层更暗的暗晕带被保留，但你可以和亮晕带吻别了，因为底层的任何地方都不允许上层变亮。

这样得到的是图 6.10E。亮晕带完全没有了，图片看起来暗得不自然。

• 在上层仍是“变暗”模式时，把它复制成另外一个图层 。上面的两个图层现在都是锐化过的而且都是“变暗”模式的。图片的总体外观没有变化。

• 把顶层的“变暗”模式改为“变亮”模式（在本例中，改为“正常”模式会产生相同的效果）。这么做不会把暗晕带变亮，它们在这两个图层中是一样的。它恢复了在中间图层上被“变暗”模式隐藏的较亮的晕带。整个外观恢复到了图 6.10C。

• 改变上面的“变亮”模式的图层的不透明度到 50%。

现在，“变亮”和“变暗”被分离到两个独立的可控制的图层上了。我没有修正图 6.10B，但可以进一步改变两个锐化图层的不透明度。另外一种可能就是，在“变暗”和“变亮”图层上不仅使用不同的不

图 6.10 A（上页）原稿。图 6.10B（上页）强调暗晕带多于强调亮晕带的锐化结果。图 6.10C 与 B 使用相同的锐化设置，但没有减少较亮的晕带。图 6.10E 完全去掉了较亮的晕带。图 6.10D 在 RGB 中重复在 CMYK 中产生图 B 的步骤。

透明度，而且使用不同的锐化参数。如果锐化中变亮的那部分需要较弱的效果，或许可以对它使用较小的半径。

图 6.10D 是劝你牢记通道结构的另一个广告。它完全是用上述方法做出来的，只不过是在 RGB 中做，图 6.10B 是在锐化前转换到 CMYK 的。RGB 模式的图片并不太坏，但 CMYK 中的图片看起来更有力度。没有这些图层处理，RGB 和 CMYK 中的锐化就会产生相同的效果。

喷墨打印机和其他打印机

除了噪点极多的图片，所有图片都可以通过明智的锐化来改善。但是，输出方式决定了应该锐化到多大程度。这里有 3 种常见的输出方法，打印品质从最差到最佳。

报纸印刷固有的对比度很低，需要较强的锐化，特别是在数量方面。新闻纸白不够白，印上黑墨也不够黑，晕带不明显。

针对大幅面印刷机的处理，取决于产品用途。如果它用于远观，锐化可以较重；如果需要近看（比如，张贴在公共汽车站），你可能希望减小半径。

喷墨打印机和其他照片质量打印机的打印效果比胶印柔和，所以理论上对它们应该进行更多的锐化。但是，它们能够支持更亮的白和更暗的黑。这种结合说明，与胶印相比，半径要稍大，数量要稍低。

当然，如果在你修正后，其他人还要修正，那么你完全不用锐化。

6.10 一些新的皱纹

锐化既能大大增加图片的可信度，也能使人无法辨认图片。但这种危险可以降低，只要我们愿意把虚光蒙版当成一个小锥子，而不是一杆大枪。Photoshop 可以做我们要求的任何事，但有时需要更好地进行不一定必须的两三步操作。

为了使画面上所有的东西像它本来那样清晰，让我们回到导致本章提到的灾难的原因。就像前面所讲的，面部图片，特别是女士面部的图片是真正的雷区，因为皮肤上产生的任何细节都可能是模特希望我们像留意赘肉或静脉曲张一样留意的东西。图 6.2B 就证明了这点。

当然适量的锐化是非常需要的，如图 6.11 所示，看看化妆师和滚筒扫描仪操作员的想法是如何不谋而合的。

这里有两张不同的脸，对它们采用的锐化方法不一样，本章已经讨论过这两种方法。眼球的白色当然要比皮肤亮，需要较暗的晕带。在眼珠里面增加一个较亮的晕带应该也是不错的，但是化妆品业还没有找到这种方法，给他们一些时间，他们可能会用肉毒杆菌做到。

眼线和眉油相当于传统锐化方法。它们用明显的、接近黑色的细线强调了边缘。但是眼影产生的晕带更精细、更宽。它们完全达到了“大半径、小数量”锐化应该产生的效果。

尽管有了锐化前的化妆，我们仍要进行锐化来进一步强调眼睛。我们将以处理男子脸部图像的范例结束本章，要锐化得更多。男子脸部处理得略微粗糙是

回顾与练习

★ 图 6.3B 在 LAB 的 L 通道中进行了锐化，树叶没有改变颜色。你能解释它们为什么比其他版本中的叶子亮很多吗？

★ 为什么通常是在 CMYK 中只对一两个通道进行锐化，而不是在任何方便的色彩空间中同时锐化所有通道？

★ 使用大半径的传统锐化方法与“大半径、小数量”锐化方法有何不同？二者的主要弊端在哪里？

★ 从你所选的图片里随意打开 10 多张图片，编制一个表，看看每张图片是应该使用传统锐化方法还是应该使用“大半径、小数量”锐化方法来处理，或者两种方法都需要，或者完全不需要锐化。对于那些要使用传统锐化方法的图片，确定是要锐化所有通道还是只锐化一个通道，在暗晕带和亮晕带中，是否应该强化前者。对这些效果进行总结，看看哪种方法最常用。如果别人常用的不是这种方法，是否是因为你的图片特殊？

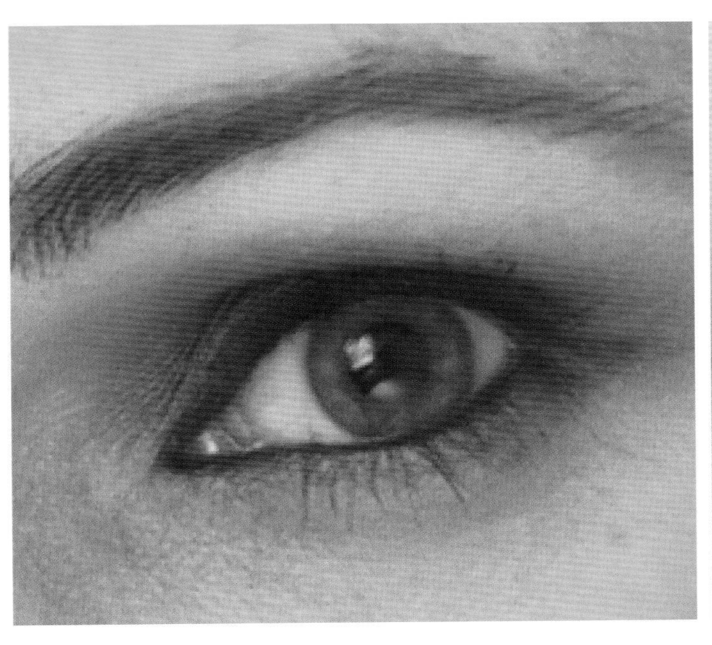

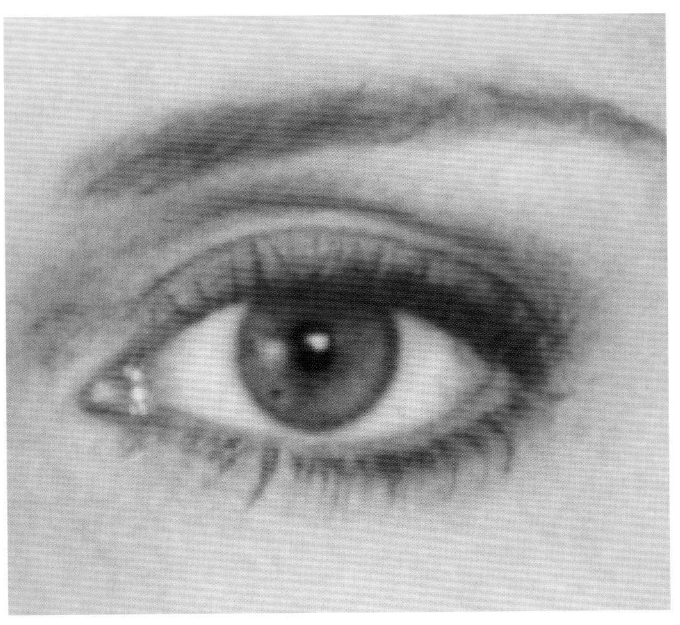

图 6.11　室内模特使用的化妆方法相当于锐化。因为眼睛比四周的颜色亮，眼睛外部边缘就应该有暗晕带。在浓妆图片中，对眼线和眉油的谨慎使用有点像传统锐化方法。在淡妆图片中，眼影的晕带更宽，这与“大半径、小数量”锐化方法不谋而合。

能够让人接受的。而且男士们也不会用眼线、眉油和眼影这些东西，至少现在不会。今后怎么样呢？给化妆品工厂一些时间吧。

这张已经做过色彩修正的图片是 CMYK 模式的。脸部的处理首先应该是“大半径、小数量”，然后在黑色通道用传统锐化方法修正。稍后再说如果不是在 CMYK 中应该怎么做。

我在前面一再提到，找到适当的阈值和半径的最简单的方法就是极其夸张地锐化。为了使用“大半径、小数量”方法，最终数量可能是介于 25% 和 75% 之间，但如果我们设置为夸张的 500%，将会看见更多要发生的事情。为此，我把半径增加到 5.0。图 6.12A、B、C 检验了阈值 0、10 和 20 的不同效果。

图 6.12 中的这位先生，皮肤上有些自然的红点，而且有些胡渣，阈值不应该高得把它们模糊掉。但我们又不希望像图 6.12A 那样过于突出这些胡须和红疹。图 6.12B 要合适得多了。图 6.12C 让整张脸柔和得不自然（与这张过度锐化的图的其他部分相比）。我确信中间的那一张更真实。敢作敢为的锐化在印刷中会很走运，所以我决定用我最终的选择来赌一把。

其他锐化滤镜

除了 USM，Photoshop 还有 6 种锐化滤镜。其中最有意思的是“图像 > 调整 > 阴影 / 高光”，是从 Photoshop CS 开始推出的。大多数人把这个命令当做提高阴影和高光细节的方法，它与 USM 有很多共同点。

在“滤镜”菜单中还有“进一步锐化”、“锐化”、“锐化边缘”等锐化滤镜，这些都是玩腻了的小孩子游戏。非初学者不要使用。

在同一个子目录下还有“智能锐化”，Photoshop CS2 才推出。它把“阴影 / 高光”命令的某些功能转移到了锐化中。“智能锐化”有数量和半径，但没有关键的阈值，所以它功能有限。我们真正需要的是对亮晕带和暗晕带的全阶调独立控制。锐化是 Photoshop 里最重要的滤镜，所以我们很难接受它欠缺上述主要功能，而这种功能 20 年来在印刷业已经被标准化了。

有些人也会通过创建一个新图层来进行锐化，使用“滤镜 > 其他 > 高反差保留”滤镜，然后把图层混合模式设置为“叠加”。在这个滤镜的典型半径设置下，其效果与“大半径、小数量”的锐化方法相同。“高反差保留”锐化不仅需要额外的步骤，而且缺少阈值。另外，很难选择正确的半径，因为我们没法像在图 6.7G 中那样扩大数量参数。所以，与其用这种特殊的杂牌方法，还不如直接用“大半径、小数量”方法。

阈值都被锁定在 13，图 6.12D、E、F 的半径是 25、50 和 75。图 6.12D 中锐化半径只不过让男子有很深的眼袋。图 6.12F 的巨大半径几乎提亮了整张脸。我们要突出形体，图 6.12E 看起来恰如其分。两种设置都被否决了，只有一种符合我们的要求。

在最终设置“大半径、小数量”的参数时，我们关注应该大大提亮的区域。在这里，我们特别注意牙齿、眼袋、鼻尖和前额的上端，这些都在图 6.12E 中可以理解地失去了层次感。不过这只是尝试性操作，最终的设置不能犯这样的错误。我把数量降到 45%，半径仍为 50，阈值仍为 13，得到了图 6.13B，皮肤没有受损。

另一方面，虽然刚才的锐化给眼睛增加了阴影，但没有增加我们所需的数码眼线和眉油。为此，黑色通道必须锐化。在此之前我们需要复制一个图层——也就是说，制作两份用“大半径、小数量”方法锐化的拷贝。

通常人们都在上面的图层中工作，这次，虽然 Photoshop 提供了另外一种方法来完成同样的事情，但是最简单的方法是在下面的图层中处理。所以在图层面板中，单击下面的图层选择它，然后单击上面的图层的眼睛图标使之不显示，免得它在你干活时遮住下面的图层。

在下面的图层上选择黑色通道（在通道面板中单击黑色通道，或使用快捷键 Command-4）。如果你希望在锐化黑色通道时看到彩色画面的变化，可以单击 CMYK 主通道的眼睛图标。

对于这种传统锐化，我发现阈值为 5 可以避免男士鼻子右下方出现难看的“5 点钟”阴影。然后，我使用了对于传统锐化来说比较大的半径 3 和数量

图 6.12　在对脸进行锐化处理前，使用数量 500% 去测量阈值应该有多高（右边使用了 3 种试验设置），确定阈值后，再确定半径（下图）。

图 6.13A 原图。图 6.13B 在图 6.12 的效果的基础上使用“大半径、小数量”方法锐化。图 6.13C 把经过“大半径、小数量”方法锐化的图片复制到一个新图层中，然后只在黑色通道中使用较重的传统锐化方法。图 6.13D 将 B 置于 C 之上并将不透明度设置为 50%，将混合模式设置为“变暗”。

500%，得到了图 6.13C 所示的效果。

暗晕带比亮晕带更好，不仅是针对仙人掌的整体锐化，而且对于处理黑色通道也是如此。你一定喜欢图 6.13C 中眼睛的效果，但头发是个问题。如果你跟我一样认为锐化黑色通道使某些区域亮得很古怪，那么现在应该选择上面的图层，也就是图 6.13B 的副本。我们把它设置为“变暗”模式，也就是说，在下面的图层中所有变暗的效果都将被保留，但是所有变亮的效果不会。然后我们把不透明度降到 50%，让变亮的效果恢复一半，这样就得到了图 6.13D。在上一次把头发锐化成图 6.2C 时，我们可能已经尝试过这种方法或类似的方法。

6.11 定位，定位，还是定位

在大图片里，正确的锐化与其他强有力的修饰武器一样有效——适当的高光和阴影、对比度的正确分配、仔细使用黑版。

在较小的图片里，不同的锐化选项并不是那么重要。小图片确实需要锐化，但是别误会，准确的设置不会像在大图片中那样提高或降低图片的品质。但是，几乎所有目前的文件都举例说明了对邮票大小的图片进行锐化的方法。

因为在书刊杂志里印刷大幅图片成本太高，所以小图片很多。但是也有局限性——为了与版面上的其他东西匹配，必须进行严格的修剪——这样就很难看见细节了。记住，如果这些图片打印得更大，锐化的瑕疵就会比你现在看到的更明显。

而且，锐化不像色彩修正的其他方面，在这里，我们必须依赖显示器来判断锐化参数是否足够。这是件难办的事，因为显示器的荧光粉与实际的桌面打印机和印刷机都不符合。我们只能依靠自己的理解来做到最好。首先，我们应该在 Photoshop 里用 100% 比例来查看图。在大多数显示器上，较低的放大率并不可靠，较高的放大率会产生不需要的瑕疵，这些瑕疵是在打印时看不见的。

更重要的是，如果你的图片不符合分辨率的通常规则，那就需要在头脑中调整它。专家们认为，数字图像的分辨率通常介于网屏分辨率的 1.5 倍到 2 倍之间，再乘以放大倍数。比如本书挂 150 线的网，数字图像的正常分辨率就是每英寸 200 ～ 266 像素。这里所有的图片都在每英寸 240 像素左右，以 100% 的放大倍数印刷。如果我们要印刷 75% 的一幅图，那就需要提高数字图像的分辨率：240 / 0.75=320①。

如果分辨率比通常的要高，或者要在喷墨打印机上打印，那么打印出来的图片会明显比显示器上的柔和。但分辨率比通常的低时，打印出来的图片会很生硬。千万要当心！就像很多人做的那样，如果数字图像的分辨率时不遵守网屏规则，显示器在反映锐化的有效程度时就会对你撒谎。

总之，在锐化时一定要贪婪。记住要求加薪的策略，它没有上限。锐化的程度要尽可能地大。

本章小结

通过添加一些人工痕迹，让观察者看到更明显的过渡带，锐化滤镜显著地提高了清晰度。为了避免这一处理过程产生的人工痕迹太明显，对滤镜设置的谨慎控制是非常重要的。

锐化方法不是由图片大小或分辨率决定的，它因图而异。由一种颜色支配的图片应该在较亮的通道中锐化，而不是在所有通道中。没有明确边缘的对象应该用“大半径、小数量”方法锐化。

为了让大家理解本章的锐化技法，本章的图片都经过了大量锐化。可能在实际修正过程中，你们想要降低锐化参数。在硬盘空间和内存允许的情况下，在单独的图层上进行锐化处理是非常明智的选择，那样稍后可以调整锐化的强度。

①这里的 75% 应是指（数字图像尺寸 / 实际印刷尺寸）×100%，也就是说印刷时的放大倍数是（1 / 75%）= 1.333。按上文，数字图像的分辨率应是加网线数 ×（1.5 ～ 2）× 印刷时的放大倍数，放大倍数越大，原文件的分辨率就要越高以保证放大、将像素变得稀疏后仍能达到 300 像素 / 英寸左右。

第7章 彩色向黑白转换

在彩色图片中，我们能看见色相、饱和度和明暗的对比。当我们必须把它们转换成黑白图片时，色相和饱和度的对比就没有了。进行有效转换的关键是，在操作前把这两种对比变成明暗对比。

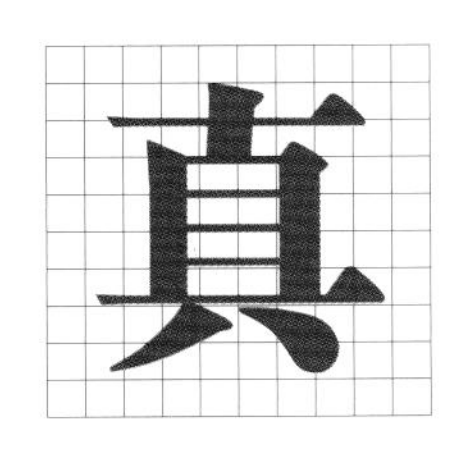

正的数码摄影有10多年历史，真正的底片摄影大约有100年历史，摄影之外的图片大约有1000多年历史。

如此漫长的历史，如此短暂的学习时间。我们还得让工作流程适应有限的时间，对米开朗基罗来说就是这样，对今天的我们来说也是这样。所以，关于何时讨论前人的做法，有必要做出一些选择。

然而，请允许我说明，现代图像艺术的品质被残酷地低估了。若要评价图像艺术的上千年历史，我估计20世纪在创造品质方面位列第二，无论如何它与第一还差得远。第一的荣誉显然属于15世纪，特别是意大利佛罗伦萨地区的15世纪。我们固然拥有一些非常杰出的摄影师、建筑师和其他艺术家，但在15世纪的一座小城内，集中了米开朗基罗、达·芬奇、波提切利、多纳泰罗、吉尔贝蒂和布鲁内勒斯基。

仔细观察这些熠熠生辉的大艺术家们努力在作品中表达着什么，会让你事半功倍，尽管自学壁画不是你的明智选择。我们可以欣赏安塞尔·亚当斯在他的作品中努力表达的东西，但由于我们有Photoshop，就不需要知道他令人叫绝的暗房技法①。

我做这样的介绍，是因为本章是本书最重要的章节之一。即使你认为它与你的工作无关，也不要跳过去。或许表面上是这样，但就像敲响佛罗伦萨钟楼里的钟，它在每个地方都会有余音。

7.1 哪里通往康庄大道

现在的任务是：给你一张彩色原稿，把它转换成尽可能好的黑白图片。随着彩色打印越来越便宜，需要这么做的人越来越少了——至少理论上是这样。

这个问题由来已久。1992年我第一次应邀写文章，就讨论了向黑白图片转换。那时用Photoshop得到的颜色已经可以让人接受，但即使是一个训练有素的Photoshop操作者得到的颜色，也不能比一个同样训练有素的人用20世纪80年代的设备得到的颜色更好。黑和白，如同佛罗伦萨人所说，是另外一双袖子。如今在Photoshop中进行通道操作，可以立即获得比任何人用滚筒扫描仪或Scitex系统所获得的更好的黑白图片。

诚然，现在的专业人士不像在1992年时那么需要黑白图片。除非是为报纸或其他特别需要节约成本的媒体工作，他们从不制作黑白图片。然而这一技法在今天比在当年还重要。在讨论原因之前，让我们先做个小测试。

由彩色鹦鹉照片图7.1E转换而来的黑白图片，图7.1A和图7.1B，哪一张更好？对于加拿大国旗图片，你更喜欢图7.1C还是7.1D？

---

①作者的意思大概是让我们在控制明暗方面向古代画家学习，以便把彩色图片转换成优质的黑白图片。

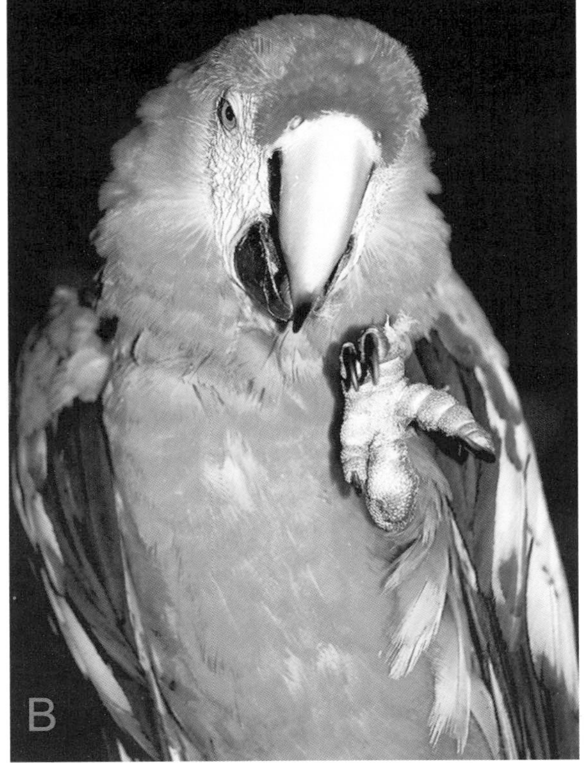

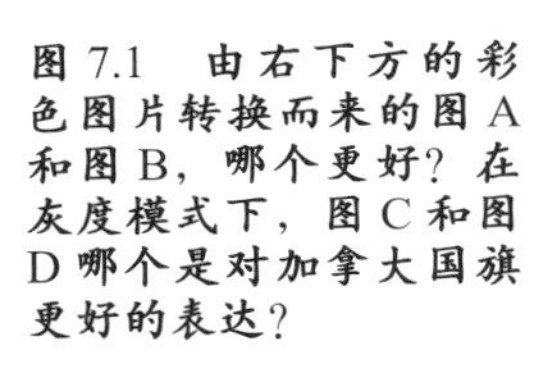

图 7.1　由右下方的彩色图片转换而来的图 A 和图 B，哪个更好？在灰度模式下，图 C 和图 D 哪个是对加拿大国旗更好的表达？

你做出选择后，让我告诉你为什么要学习本章内容，不是因为你在单色环境下工作，需要创建黑白图片。这些原因从轻到重依次列举如下。

• 上乘的双色调取决于获得上乘的黑白素材。

• 校准（我们通常称为色彩管理）中的基本概念和权衡，在向灰度转换中得到了强化的、更容易理解的形式。将 RGB 转换为 CMYK 与转换为灰度的唯一的区别是，后者是一维的。CMYK 中的蓝色不够鲜艳，灰度中的红色和绿色不够鲜艳。问题和解决方法都非常相似，只是向灰度转换时颜色损失更明显。

• 创造出好的黑白图片的技法，是掌握本书第 8 章和第 10 章将要介绍的强有力的方法的基础。

• 现在与 1992 年一样，成功地向灰度转换靠的是通道混合。1992 年还没有人听说过这个概念，但现在，它被公认为图片修正最有效的方式之一，也是最难的。补充通道混合方面的知识是顶级读者对本版的要求。如何把理论应用于实际工作，需要几个章节来介绍，但一切皆从这里开始——黑白。

7.2 3-6-1 公式

我使用图 7.1 作为教学材料已有若干年了。我也问过成千上万的人对此图的看法，他们的观点并不一致，但还是有倾向性的。大约 95% 的被调查者更喜欢图 7.1B 和图 7.1C。

图 7.1A 和图 7.1D 是在默认设置下产生的黑白图片，打开原彩色图片，选择“图像 > 模式 > 灰度”命令即可得到这些黑白图片。为了理解为什么有这么多的人对这两张图片不满意，我们要思考：我们希望达到什么样的效果。

图片拍摄和处理的整个过程就像美第奇策略：妥协后的妥协，徒劳后的徒劳，最后表现可以表现的。照片试图反映现实。很不幸，现实是三维的，而照片是二维的。

这张鹦鹉图片在这方面的缺点不明显，但上一章的图 6.4 表现另一只鸟盘旋在明朗的天空中就比较缺乏空间感了。在我看来，真实的三维场景与平面图像之间的差异，至少有图 7.1B 和图 7.1E 之间的差异那么大。摄影师表现纵深空间并不比我们用黑色油墨表现鹦鹉的红色好多少。

因为这个原因，图 7.1E 本身就是一种妥协。被印刷在这本书上后，图中的蓝色是由青色和品红油墨组成的，远远不如原来 RGB 中的蓝色饱和。CMYK 颜色应该尽量让看图者想起原来的 RGB 颜色，RGB 颜色又应该力求让看图者想起真实世界里的场景，而一只灰度鹦鹉应该让人想起它的 CMYK 版本。

把彩色转为灰度的“图像 > 模式 > 灰度”命令没有思想，没有创造力，因此需要一个公式。你必须牢记这个公式。无论图片处于何种色彩空间中，当 Photoshop 把它转换为灰度时，会首先为它创建一个理想的RGB副本①，再把RGB的3个通道合并成1个，所用的公式是 3-6-1：3 份红、6 份绿和 1 份蓝②。

如同我们刚才所见，用这个公式转换的效果不怎么样。那什么样的效果更好呢？我选择这两张图片来示范，是因为它们含有大致相同的颜色——鹦鹉胸部的红色和加拿大国旗的红色。在图 7.1A 和图 7.1D 中，两块红色被转换成了同样的灰色，但人眼会认为这种转换是不恰当的，我们需要把同样的红色转换成完全不同的灰色，转换为图 7.1B 和图 7.1C 时，我们就是这么做的。把红色转换成什么样的灰色完全取决于它周围的环境。3-6-1 公式无法理解“环境”这个词，因此它的转换失败了。

---

①就是说创建一幅 RGB 模式的、与原图看起来一样的图像。

②这次把红、绿、蓝通道合并，不是加色混合而是减色混合，也就是说，不同于 RGB 模式下 3 个通道混合后变亮，而是把 3 个通道的灰度按一定比例相加，混合后变暗。可以理解为〔(30%× 红色通道的灰度）＋ 60%×（绿色通道的灰度）＋（10%× 蓝色通道的灰度）×N，其中 N 这个因子使混合后的灰度达到视觉上与原来的彩色一样暗的程度。之所以对红、绿、蓝的灰度分别取 3 份、6 份、1 份，是因为人眼对绿光的明暗变化最敏感。如果仍然觉得这个公式比较抽象，可以用 Photoshop 做如下实验：打开一张 RGB 模式的图片，通过“图像 > 调整 > 通道混合器”命令打开“通道混合器”对话框，勾选“预览”及“单色”，在“源”区域对红色、绿色、蓝色分别输入 30、60、10，你会看到彩色画面变成了灰色的，其明暗与通过“图像 > 模式 > 灰度”命令转换成灰度模式一致。

7.3 用我自己的公式

经过适当的转换，黑白图片应该响亮、清澈，应该引导看图者在脑海中形成彩色画面。这是我们在下面的例子中应该达到的目标。很可惜，Photoshop 默认的转换方式无法达到这样的目标。为什么公式会让我们误入歧途呢?

图 7.2A 是 HSB（色相、饱和度和明度）色彩空间的一个基本例证，在该图左边的一列中，红色方块和蓝色方块之间有强烈的色相对比，但很不幸，转换成灰度后，色相对比完全消失了，如图 7.2B 左边的一列所示。所以这次转换并不成功。

再看中间的一列。图 7.2A 的两个绿色方块之间本来有强烈的饱和度对比，但转换成图 7.2B 所示的黑白图片后，饱和度也失去了意义。这次转换同样没有达到我们想要的效果。

右边的一列既没有色相对比也没有饱和度对比，只有亮度的对比。完全正确！黑白图片不仅追求亮度对比，而且只追求亮度对比，这样的转换正是我们想要的。

那么，获得绝佳的灰度图片的首要秘诀就是：如果彩色图片有充分的亮度对比，转换后的黑白图片就很醒目，如果彩色图片没有很好的亮度对比，那我们就要采取一些措施了。我们要找出将要消失的对比度，将它转换成不会消失的对比度。

若用 HSB 模式来描述黑白图片，我们就要记住：H（色相）和 S（饱和度）对黑白图片没有意义。

如果先把图 7.2A 转换成图 7.2B，再对后者进行修正，我们将无功而返。上半部分和下半部分的差别将会消失。无论我们想做什么，都必须在关键的转换之前做，即使它把颜色变得很吓人。这是一个非常重要的理念。一张好的 RGB 彩色图片可能会产生一张令人无法接受的黑白图片，有时一个令人无法接受的 RGB 彩色图片却可能产生一张效果惊人的黑白图片。我们回到图 7.1 的两张原图来说明这一点。

成功的转换取决于三件事：确定当色相对比和饱和度对比消失时还有什么要损失；确定最终效果大致会是什么样；计划好如何获得那种效果。

图 7.1 的两张原图都有图 7.2A 左边一列所示的问题：我们看见的大部分对比度都在红色和蓝色之间，当它们被转换成灰色时，这种对比就会消失。色相对比需要被转换成亮度对比。

图 7.2 某些类型的对比度能很好转换成黑白，但是其他的完全不行。

我们看见在默认转换结果图 7.1D 和图 7.1A 中，旗帜（原为红色）比天空（原为蓝色）暗，鹦鹉的翅膀（原为蓝色）比胸部（原为红色）暗。现在是

L 通道的诱惑

创建两张彩色图片。把一张转换成灰度模式，把另外一张转换成 LAB 模式。比较灰度模式的唯一通道和 L 通道。大多数时候，你会觉得 L 通道更好。但是，对于创建黑白图片，这不是一个行之有效的方法。

L 通道使用的公式就是直接转换成灰度模式的公式，所以它们有共同的优点和缺点，但二者并不等同，因为 LAB 的数学结构需要相对较亮的 L。另外，高光和阴影获得的对比度较少，而中间色调获得的对比度较多。

一张更亮、更明快的直接灰度模式转换图片非常具有诱惑力，如果它是你想要的，你总是可以先转换成灰度模式，再用曲线调整明暗。但它的品质赶不上经过慎重的通道混合创建的黑白图片。

回忆本书第 6 章所讲的锐化时——夸大它们的差异。在国旗图片中，红色要变得更暗，或者蓝色变得更亮，或者两者皆变；在鹦鹉图片中正好相反，蓝色要变得更暗或红色变得更亮。

曲线和锐化可以帮助我们做到这些，但是最好是进行通道混合。当颜色变化丰富时，像图 7.3 显示的那样，至少 RGB 的一个通道会呈现出强烈的对比度。问题是，这种对比度很可能被 Photoshop 的 3-6-1 公式减弱。要是能够使用不同的公式，我们就可以保留这种对比。

7.4 分清敌友

当佛罗伦萨以赫赫有名的艺术家闻名于世时，那里还有务实的政治家，政治家也许能帮助我们制作灰度图片。

马基雅维利说："一个王子要么是真正的朋友，要么是真正的敌人。王子应该一心一意站在他的朋友身后，并同样一心一意地抵抗他的敌人。这永远比保持中立要明智。"

虽然马基雅维利不是 Photoshop 的用户，但他应该深得黑白转换的精髓。成功的秘诀取决于找出敌人，对他们进行大清洗，或者至少铲除他们的主要党羽。

总之，我们在黑白转换中要弄清楚谁是朋友，谁是敌人。

处理国旗图片时，我们已经知道把旗帜变暗，把天空变亮。很不幸的是，红色通道反其道而行之，所以它是我们的大敌。绿色通道稍有些缺乏细节，但它是我们的朋友。蓝色通道是我们的生死之交。

在鹦鹉图片中，翅膀一定要比胸部暗，绿色通道和蓝色通道偏偏不这样，它们是我们的敌人。它们需要知道哪里应该亮，哪里应该暗，我们唯一的朋友——红色通道可以教会它们。

就像任何成熟的应用软件一样，Photoshop 常常提供多种命令来达到一种效果。通道混合可以用许多不同的命令来完成，我们可以创建分图层的文件，设置图层混合模式，也可以执行"图像 > 应用图像"命令、"图像 > 计算"命令或"图像 > 调整 > 通道混合器"命令。

考虑到这些命令每一个都有很多子选项，因此，创建引人入胜的灰度图片的方法比佛罗伦萨的教堂还要多。去网上搜索，你会看见很多解决方案，但是他们都推崇同一个原理：用亮度对比来补偿色相和饱和度对比的损失。

本章将阐述在马基利维亚时代并不流行的基本方法。在进行下面的快速小结后，我对每个命令至少会给出一个范例。

"应用图像"命令和"计算"命令非常相似。它们都可以对任何打开的文件的任何图层进行通道混

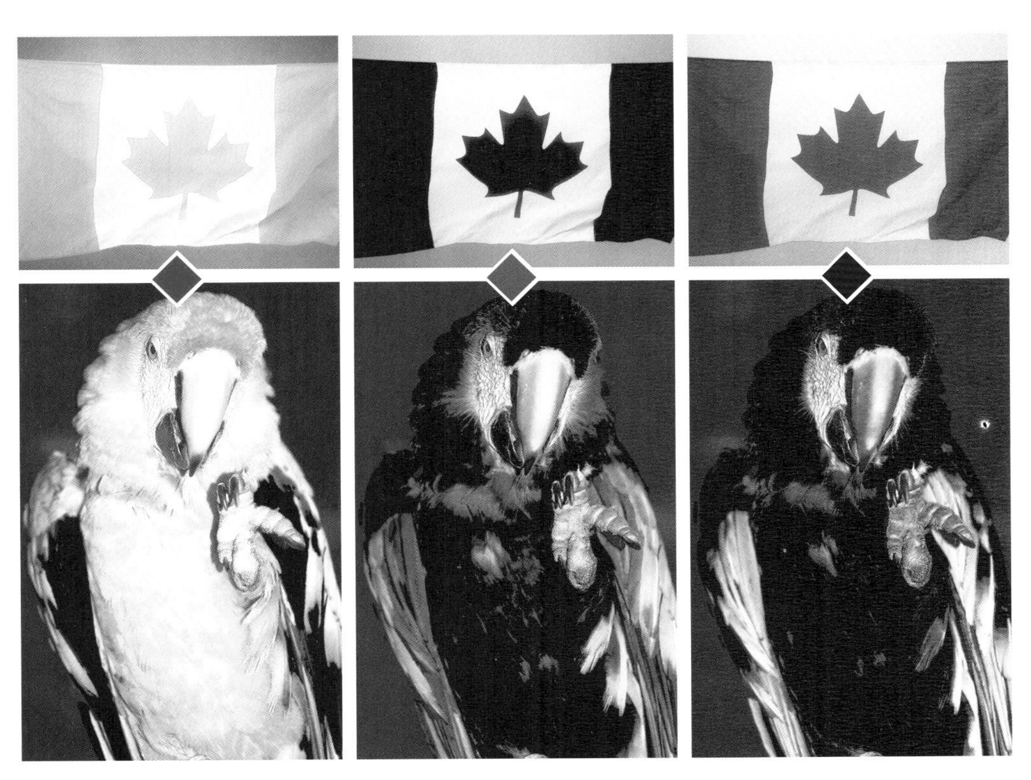

图 7.3 图 7.1 的两张彩色原稿的红色、绿色和蓝色通道。

合，可以使用大多数混合模式，可以使用蒙版，而且可以设置不同的不透明度。这两个命令主要的区别就是，“计算”命令可以把混合后的通道分离出来，“应用图像”命令则只能在现有的通道中编辑。如果你不介意多做一、两步操作，可以使用二者中的任一种，二者也可以互相取代。

“通道混合器”有很多其他命令无法模仿的深奥用途，其他的命令也不会有如此好的效果。但是它不能对 Alpha 通道、不同图层上的通道或不同文件的通道进行混合。“应用图像”命令和“计算”命令却可以，这二者唯一的限制是，通道必须来自同样大小的文件。

我们在处理加拿大国旗图片时不需要新文件或新图层，只需要记住 3-6-1 公式，以及红色通道是我们的敌人。

马基雅维利会知道如何处理这种情况。他会把敌人称作哈肯萨克公爵或者他再也不想听说的职位。

用通道混合器我们也可以做到，只要我们喜欢，可以启用通道混合器，以 1-6-3 的比例创建灰度图片。但是，我相信更有益的是交换红色通道和蓝色通道，以一种更优雅的方式达到 1-6-3 的比例。①

图 7.4 的通道混合器的设置就是如此。以前的红色通道，也就是我们的敌人，现在转移到了弱势的蓝色通道中。以前的蓝色通道，也就是我们的朋友，现在转移到了红色通道中。所以我们的加拿大国旗暂时是蓝色的。灰度模式有一个优势是，没有人会在意以前的颜色是什么样。把蓝色旗帜转换成灰度模式，就得到了图 7.1C，把红色旗帜转换为灰度模式产生的是图 7.1D②。

7.5 向敌人下毒

鹦鹉的图片也可以用同样的方法处理。这次，绿色通道是我们的敌人，可它比我们的朋友红色通道加倍重要③。使用通道混合器可以交换这两个通道，但这次我们要削弱敌人而不仅仅是限制它的权力④。Lucrezia Borgia 青睐的削弱敌人的方法是用浸泡过砒霜的铁环来攻击敌人，现在，我们可以使用“应用图像”命令来管理毒药⑤。

在解决鹦鹉图片的问题之前，我们先游览一下令人神往的 Ponte Vecchio，如图 7.5 所示。图片在底层，绿色方块和所有的文字都在透明的上层。

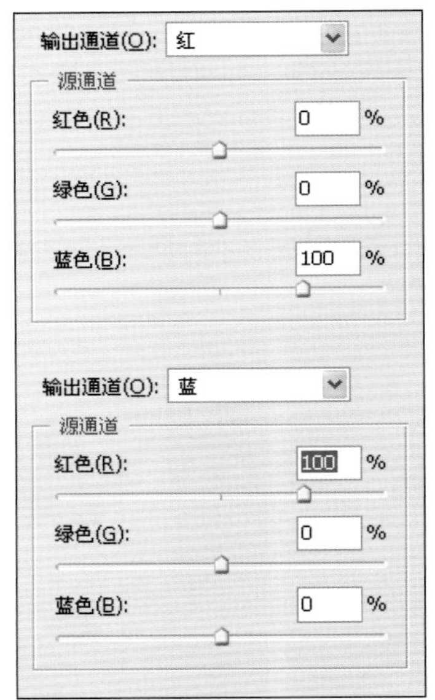

图 7.4 这些通道混合器可以进行红色和蓝色通道的交换，把原红色旗帜变为蓝色旗帜。因为蓝色比红色旗帜更深，所以蓝色旗帜更有利于转换成黑白图片。

①用通道混合器达到 1-6-3 比例的具体做法是：在“通道混合器”对话框左下角勾选“单色”（图 7.4 从拷屏图中切掉了这个选项，但在 Photoshop 中可以看到它），然后在“红色”、“绿色”、“蓝色”处分布输入 10、60、30。不同于默认的 3-6-1，这里采用 1-6-3 是为了交换红色通道与蓝色通道。

②这段话的意思就是红、蓝通道互换。之所以说蓝色通道“弱势”，是因为它在 3-6-1 结构中处于“1”的位置，在转换为灰度模式时，只取蓝色 1 份。但按文中所介绍的方法把蓝色通道的明暗分布转移到红色通道中后，它就获得了“3”的“较强势”。

③说绿色通道“加倍重要”是因为它在 3-6-1 结构中处于“6”的位置，转灰度时从绿色通道取的份数是红色通道的两倍。

④这句话的意思是，像处理加拿大国旗图片那样仅仅把“敌人”转移到“3-6-1”的“1”中已经不够了，现在要让“敌人”的明暗分布与“朋友”一致。

⑤往“敌人”通道里“下毒”，使它与“朋友”通道的明暗分布一致，这“毒药”就是下文要说的“应用图像”命令的“源”。

最开始的两个变量是最简单的。图 7.5A 的图层采用默认的设置："正常"模式、100% 的不透明度，这意味着上层的内容完全遮住了下层。

我们可以选择喜欢的不透明度。图 7.5B 的不透明度是 60%。这不仅把上面的图层变淡了，而且使两个图层的内容混合，混合后的每个像素是两个图层中相应的像素的 60-40 的加权平均，在上层透明的地方，混合后的像素仍然是下层的像素。

这种混合方法可以把鹦鹉图转换成更好的灰度图。"应用图像"命令将别的通道混合到当前选择的通道中，如果没有选择一个特定的通道，它会将源通道混合到整个画面中。

在这里，我们只希望混合作用于绿色通道，因此使用快捷键 Command-2，或在通道面板中单击绿色通道，使绿色通道成为目标通道，然后在图 7.6 所示的"应用图像"对话框中改变它。"源"可以是当前任何同样大小的已打开图片的任何图层上的任何通道①。毋庸置疑，我们要用同样图片的红色通道为源。混合模式和不透明度如图 7.5B 所示："正常"模式、60%。如果把不透明度设置为 100%，绿色通道就会被红色通道的复制品取代，不会产生混合效果。

图 7.6A 是 60-40 混合的效果。也可以通过交换红色通道和绿色通道创建颜色完全不同的另一个版本，如图 7.6B 所示。图 7.6A 与图 7.6B 转为灰度模式后的明暗是一致的。注意，在这两张图片中，鹦鹉腹部和翅膀的差异都比在原图（图 7.1E）中明显。

7.6　王子必须思想开放

用前面的几章讲过的技法，可以把刚才获得的两张黑白图片变得更好。尚未调节的是高光和阴影，对大多数黑白图片来说，它们应该是 3^K 和 90^K。

与处理彩色图片一样，处理黑白图片时目标曲线和创造性锐化是很重要的。但是，若没有刚开始的通道混合，最终效果就不太可能令人满意。问题的关键是确认谁是朋友，谁是敌人②。要把图 7.7 所示的游乐场照片转换成黑白图片，你将采取什么策略？

这是我们连续第 3 张包含红蓝对比的待转换图片，红色在男孩的身体和脸上，蓝色在滑梯上。因为在转换过程中对比度有损失，默认转换的结果图 7.8 就像不招人喜欢的 500 年来一直没有清扫过的壁画。

我在一堂高级色彩修正课上把它作为一组测试灰度转换的图片之一。大家都发现，我们必须要提高

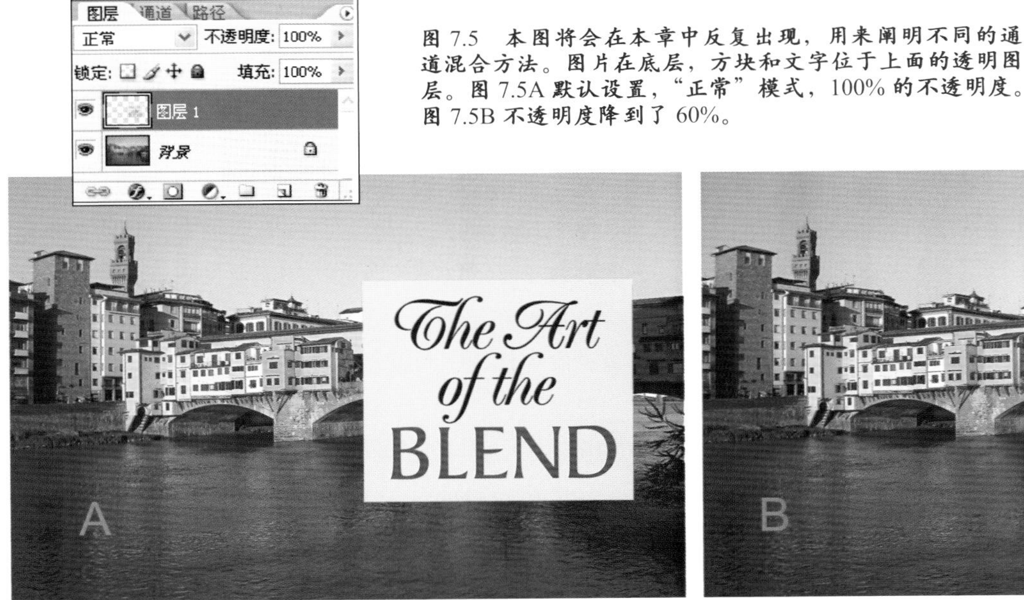

图 7.5　本图将会在本章中反复出现，用来阐明不同的通道混合方法。图片在底层，方块和文字位于上面的透明图层。图 7.5A 默认设置，"正常"模式，100% 的不透明度。图 7.5B 不透明度降到了 60%。

①"源"与"目标"的关系是：把源通道叠加在目标通道上，给源通道设置一定的不透明度，给二者的混合设置一定的模式。

②总结一下如何划分"朋友"和"敌人"：在彩色 RGB 图像的 3 个通道中，哪个通道的明暗分布与人眼看到彩色画面产生的明暗感觉（或者说期待它转为灰度后的明暗分布）一致，该通道就是"朋友"，否则就是"敌人"。

图 7.6 A 使用“应用图像”命令把红色通道混合进绿色通道的结果。图 7.6 B 用通道混合器交换红色和绿色通道的结果，如同处理图 7.4 时一样。

红色和蓝色间的亮度差异，但是有两种方法。如果你们认为蓝色应该变暗或者红色应该变亮，那么原图的红色通道就是你的朋友，蓝色通道就是你的敌人。如果像我一样愿意使用另外一种方法，你可能希望利用冷色调①。

图 7.9 上方是我的作品，下方是我的学生 Mark Bunger 的作品，他持相反观点，他让男孩比滑梯明显地亮得多。

佛罗伦萨的政治活动比一届色彩顾问大会中的要多，所以如果你更喜欢 Mark 的作品，我告诉你为什么应该把你绑在树桩上用火烧也没什么不合适的。不过我宁愿作一个无伤大雅的、显而易见的声明：这两种截然不同的方法，哪一种都比图 7.8 好得多。

图 7.7　包含红蓝对比的另外一张图片。红和蓝在转换成灰度后要有区别，那么哪种颜色应该变暗？

7.7　两个容易让人误解的名称

这张图比我们前面处理过的两张图都复杂，需要更复杂的混合模式。

“变暗”模式,准确地说是“不许变亮”的模式，如图 7.10A 所示，不会让任何东西更亮。在两个图层的内容重叠的区域，我们仍然能看见底下的图层，至少能看见底下的图层的一部分。“变暗”模式逐个通道地发挥作用，所以它经常把一个通道变暗而不管另一个通道②。这导致了意想不到的色彩变化，所以图 7.10A 中天空与色块重叠的部分变成了绿色的。

黑色文字明显比它下面的景物暗，“变暗模式”

---

①作者的方法是把冷色变得比暖色亮。

②例如，在画面上某一处，上面的图层的红色通道比下面的图层的红色通道暗，混合后的红色通道就像上面的图层的红色通道一样暗，而如果上面的图层的绿色通道比下面的图层的绿色通道亮，混合就会忽略上面的图层的绿色通道。

便在这里保持了文字的黑色。亚诺河水比浅绿色块要暗，浅绿色块便消失了。在桥上最亮的部分，色块的红色通道比桥的红色通道略暗，比桥的另外两个通道亮，所以混合后的红色通道变暗了，在此区域产生了偏青的色彩倾向。

再看天空与色块的重叠处，仅仅在蓝色通道中，色块比天空暗，把蓝色通道变暗相当于增加黄色成分，所以这里的天空偏绿。你可能想知道为什么 BLEND 这个词变成了紫色，但是它没有变。它与图 7.5A 中的颜色一样。由于同时对比效应，在偏黄的背景中，它看起来更蓝，在偏青的河水中，它看起来偏紫。

与"变暗"模式相反的是"变亮"模式。在图 7.10B 中，黑色字母遮不住下面的背景，因为字母的 3 个通道比纯黑色亮。桥上被色块压住的某些地方偏红，该色块桥的绿色和蓝色通道变亮了，但是"变亮"模式不允许它把红色通道变暗。天空在与色块重叠的地方不再蓝，因为色块把它的红色通道变亮了[①]。

图 7.8　上图，图 7.7 按默认设置转换为灰度的结果。下图，红色、绿色和蓝色通道。

① "变亮"模式也可以说是"不允变暗模式"，比如上面的图层的红色通道不如下面的图层的红色通道亮时，混合后的红色通道和下面的图层的红色通道一样亮。

7.8 命运就像女人

在图 7.7 中，有些通道作为朋友还不够好，这时我们需要“变暗”和“变亮”两种混合模式。

如果你和我一样赞同把男孩变暗，把滑梯变亮，红色通道就是我们的敌人，绿色通道就是中间派，蓝色通道就是像博尔吉亚一样值得信赖的朋友。背景中的树太过浓密，几乎让人无法辨认[①]。

我们可以尝试把绿色通道混合进红色通道，但是左边男孩的游泳裤的绿色通道像树的蓝色通道一样糟糕[②]。尽管红色通道是我们的明暗计划中最失败的，但它是唯一的在滑梯上有良好细节的通道，所以我们不能完全消除它。

在这种情况下，我们寄希望于混合模式，希望它能帮助我们创造完美的结合。我的第一步是选择绿色通道，然后把蓝色通道混合进来，采用“变亮”模式、100% 的不透明度。关键是要把滑梯和游泳裤变亮，但不能影响背景。这样就产生了图 7.11A。记住，绿色通道在将 3 个通道合并为灰度图的过程中占据了 60% 的比重，所以在绿色通道中把滑梯变亮是正确操作的关键一步。

在上一章中已经知道，锐化通常强调暗晕带，但不会同时消除亮晕带。混合也是如此。我现在切换到红色通道，以“正常”模式、35% 的不透明度将绿色通道混合进红色通道，产生图 7.11B 的效果。我认为为了保持细节，滑梯不能更亮了，但是让男孩在红色通道里跟在绿色通道一样暗，我却没有理由拒绝，所以我再一次把绿色通道混合进红色通道，也就是把图 7.11A 混合进图 7.11B，这次是“变暗”模式，不透明度是 100%。这次的混合不会影响滑梯或背景，因为它们在图 7.11B 中已经足够暗了。

图 7.9　加强红色物体与蓝色物体间的明暗反差的两种方法。

---

①这话的意思是，处理这幅图时可以不管背景中的树。

②就层次感而言，这条游泳裤的绿色通道与它的蓝色通道相比很糟糕，就像树的蓝色通道与树的绿色通道相比很糟糕。

图 7.10 字面上容易让人误解的“变暗”和“变亮”混合模式，通过比较上下两个图层的明暗来决定混合后的明暗。

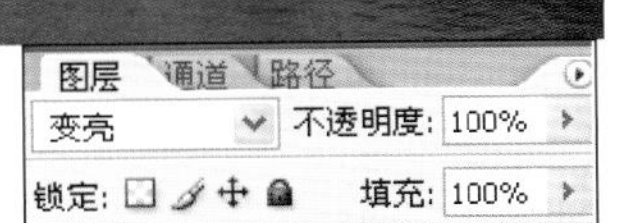

图 7.11 对图 7.9A 进行通道混合的步骤。图 7.11A 在“变亮”模式下，蓝色通道混合进绿色通道。图 7.11B 在正常模式下，不透明度 35%，把左图混合进红色通道。图 7.11C 以“变暗”模式、不透明度 100% 再次混合。

图 7.12 经过图 7.11 所示的步骤后，合并的颜色并不吸引人。幸运的是，它要被转换成黑白图片，没有人会知道 RGB 原图是这样的效果。

结果是图 7.11C，此图是红色通道，图 7.11A 是绿色通道，蓝色通道没变，还是图 7.8C。用这 3 个通道合成的彩色画面，图 7.12，有点奇怪，但转成灰度模式后效果很棒（然后，我用曲线稍稍加强了对比度，也进行了锐化，得到图 7.9A，各部分相得益彰）。

如果这个例子让你困惑，那么下面的范例可能会有趣一些。

在编辑过程中，本书经过大幅度的修订，最后没有人知道哪一章最好，哪一章最糟。但在第一稿中，整个团队基本上都认为本章是前 10 章中最好的，只有一个人认为本章是最糟糕的。

Nick Tressider 点评了本书大部分内容，唯独没有对本章发表建设性的评价，对此他辩解道："对我来说太新潮的东西，我无法（也许是不愿意）进行评价。我过去认为这一章非常不错，我相信做完这些练习的成效，它们给我留下了深刻印象。我很有兴趣知道其他试读者是否有相同的体会。"

他们没有。Fred Drury 说到这里激动起来了："从相对简单的、只有一步操作的'通道混合器'和'应用图像'范例，到三步的、使用三种混合模式、需要改变不透明度的'应用图像'范例，简直是地狱般的鸿沟。我想在它们之间还需要一些范例。"

我同意 Fred Drury 的观点，但本章的目的并不是传授黑白技法，这只是后面色彩斑斓的美味大餐前的一道开胃小菜。我完全知道最后一个范例很复杂，但我并不在意，因为你们知道可以做出这些效果比知道怎么做出来更重要。

另外一位朋友 Nick 有不同的看法："我深信，锐意大胆比谨慎保守要好，因为命运就像女人，相对于冷静表白的男人，她给了那些激情四射的男人更多的机会。一个女人总喜欢和年轻男人打交道，因为他们少了份沉默寡言，多了份狂野不羁，在爱情上也更豁得出去。"

7.9 马基雅维利的光辉

讲过名为"变暗"、实际上并不总能变暗的混合模式后，我们再谈谈那个总能变暗的混合模式。如图 7.13 所示，"正片叠底"模式用一个图层来暗化另一个图层，结果总是比其中任何一个图层都暗，除非其中有一个图层是空白的。

对于创建投影和其他特殊效果，"正片叠底"模式非常有用。在色彩修正过程中，它是使用过度的笨拙工具。它可以制作自然含蓄的投影，它没有曲线灵活，而且 Photoshop CS 版引入了"阴影 / 高光"命令来恢复高光的细节。但是，它拥有一件独门秘器。

马基雅维利不仅强调你的敌人是谁，还说明了仔细选择朋友的重要性。他说："一个同盟如果扶持另一个同盟发展壮大，这个同盟必将自取灭亡。因为这不是靠阴谋诡计就是靠武力，而被授权的那个人谁也不信任。"

本书前面的章节一直穿梭于各种色彩空间中，本章将大量探讨 RGB 空间。截止目前所讨论的曲线和锐化，在 RGB 模式下修正都比在 CMYK 和 LAB 模式下弱。通道混合却完全不一样。LAB 的分色和对比规则不适合通道混合，除非是由经验丰富的资深人士来操作。CMYK 有一个致命问题，在混合时阴影区域的细节会损失（要知道为什么会这样，请回顾本书对图 1.5 和图 5.4 的讨论）。如果你想要创造优质黑白图片或做其他类型的加强对比度的通道混合，就在 RGB 模式下做。

但还有一个办法可以让 CMYK 成为我们的盟友，赋予我们灵魂与力量。

马基雅维里如果知道他的理论已经用于色彩修正，不知会不会从坟墓里跳出来。我们很快就会知道答案了。

与其他名胜一样，佛罗伦萨的圣十字教堂是留给我们的财富，因为它给予死者极高的荣誉。世界上没有别的墓地埋葬着这么多杰出的人，事实上，只有莫斯科的新圣女公墓可以与之相提并论。马基雅维利就够杰出的了，不过比起埋在他旁边的人来说，他只是"一颗小土豆"。那些人是伽利略、米开朗基罗、吉贝尔蒂、罗西尼等，甚至还有但丁的空墓。那里光线不足，不允许使用闪光灯，所以我们要对图 7.14 进行处理，这是转换成黑白图片必需的。

原图太柔和，而且噪点太多，这里光线太昏暗。墓志铭和大理石上的细节都是关键元素（毕竟，我们

图 7.13 正片叠底模式总是能够产生比两个图层都暗的效果。

需要知道这是谁的墓）。如果我们试图使用曲线来处理，整个图片会变得很暗，如果使用 USM，又很难避免噪点的增加。

最简单的解决办法就是把图片复制出一个副本，把副本转换成 CMYK 模式。黑色通道应该接近我们要达到的效果，亮调几乎是空白的，而暗调有大量的细节。我们将把那些细节粘贴在 RGB 原图上，就像图 7.13 把色块和文字粘贴在照片上一样。“应用图像”命令不在乎一个版本是 RGB 模式的、另一个版本是 CMYK 模式的，通道就是通道。

图 7.14　马基雅维利之墓，3 个 RGB 通道和 1 个黑色通道。

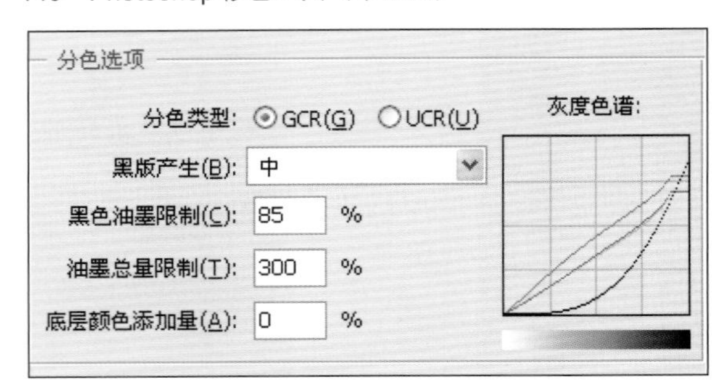

图 7.15 上图对 CMYK 副本进行重新分色的设置。图 7.15 右图 锐化后的黑色通道以“正片叠底”模式与红色通道混合。下面的放大图，红色通道、锐化后的黑色通道以及合并通道的效果。

我们通常使用的骨架黑版的暗调面积不足以完成这种混合。所以要对副本执行“编辑 > 转换为配置文件 > 自定 CMYK”（CS2 和更高版本）或“图像 > 模式 > 转换为配置文件 > 自定 CMYK”（CS 及更低版本）命令，按图 7.15 所示的参数重新分色，然后单击“确定”按钮。

在上一章中，我们看见在黑色通道中锐化人脸是最好的，黑色通道中几乎没有皮肤细节，而又有我们需要锐化的很多东西。这同样适用于这里的黑色。我们可以使用强烈的 USM 锐化（数量为 500%，半径为 2.0，阈值为 5）。

检查图 7.14 的 RGB 通道，红色通道看起来对背景中的油画表现得最好。为了突出红色，我计划用“正片叠底”模式将它与锐化后的黑色通道混合。

有多种方法可以把锐化过的黑色通道中的细节转移到红色通道或 RGB 的主通道中去，我使用“计算”命令创建第 3 个文件，它是灰度模式的。图 7.15 展示了操作步骤，以及红色通道、锐化后的黑色通道和最终的通道。

注意，原图很平，就像愚蠢的机器习惯做的那样，相机把一个不适当的对象（也就是背景中的烛台）当成了图片中最亮的部分，把它设成了高光。

高光应该是图片主体中最亮的区域。我测出高光在墓上方的墙上，大致在雕像头部的高度。所以，我把灰度曲线左下方的端点往里移，直到把那个区域提亮到 3^K。因为本图片的焦点是相对较亮的大理石，所以我在曲线中央建立了一个锚点并升高了它，让曲线亮的那半部分更陡，增强对比度，牺牲了阴影部分。

图 7.16 是新的灰度图和按默认设置转换而成的灰度图的对比。现在，那个单独的 CMYK 文件作为我们忠心的盟友已经完成了使命，我们以最缓慢、

最恋恋不舍的方式把它拖到垃圾桶里，以此表达对马基雅维利的敬意。希望——至少对我来说——在地狱的第二层还能见到它。

7.10 世界上最快的黑白图片转换

几代佛罗伦萨人才建造成圣十字教堂，比建造 Duomo 大教堂花的时间更长。看完上面两个范例，你可能想知道黑白图片转换是否也需要很长时间。幸运的是，并不总是需要那么长的时间。

图 7.17 没有显示出很多在黑白图片转换过程中会损失的色彩对比或饱和度对比。通道测试表明，在每一方面，绿色通道都比红色通道或蓝色通道好。所以，何必自寻烦恼把那两个可怜的通道和它混合在一起呢？我们不使用 3-6-1 混合，而采取 0-10-0。选择绿色通道，执行“图像 > 模式 > 灰度”命令，然后回答 Photoshop 提出的“是否扔掉其他通道”的问题，单击“确定”按钮。

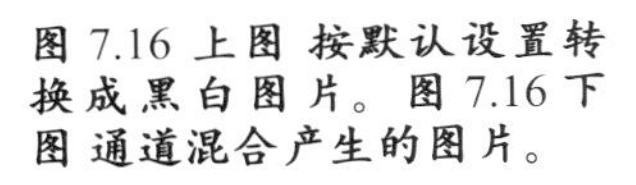
图 7.16 上图 按默认设置转换成黑白图片。图 7.16 下图 通道混合产生的图片。

如果有人让我选出本章的 5 张原稿中每张的最好通道，我会说有两张是红色通道最好，有两张是蓝色通道最好，而在这一张中，绿色通道是最好的，而且我可以说，它是这 5 张图片中唯一可以立即转成黑白图片的。

然而，最好的通道并不是随意确定的。如果你知道画面的主题，可能在打开文件前就已经知道哪个通道最好了，特别是当它属于下面两种常见类型时。

通常，在绿色通道中把人脸变亮是最好的，图 7.17 就适合这样做。然后所需的就是平坦的红色通道和整个很暗的蓝色通道。

天空总是在红色通道中最好。有时，我们低估了天空在户外摄影中的重要性。它们在原图中通常较弱。当强化它们后，图片会更富于变化，下面我们来探索红色通道如何做到这一点。

在涉猎这类天空前，我们需要学习另外一种混合模式，或者更准确地说，混合方法。

图 7.17　大多数图片不像上两张图片那样需要复杂的处理。在这里，绿色通道比另外两个通道要好得多，没有必要进行通道混合。另外两个通道应该放弃。

7.11 好的法律和好的武器

很久以前，Photoshop 就有了魔棒工具，它指引前辈们走进了一个叫做“选区”的死胡同，告诉他们在修正图片时可以假设图片各部分之间没有什么联系。

从那以后，他们的子孙后代就为此原罪付出了代价，图片上的被摄主体就像被剪切下来又贴上去一样。偶尔，我们要把图片的一个部分看作与另外一部分不同。做到这一点的最简单方法就是使用一个选区。在一个已存在的通道上使用蒙版，产生的效果通常更可信。有时，这个蒙版需要保存起来作为一个独立的通道来编辑。有时，这样编辑过的蒙版非常重要，但它们通常能够用混合颜色带滑块来取代。回到图 4.15，我们就能看见它们的功能，但考虑到其重要性，我们用图 7.18 再做一下尝试。

图 7.18 混合颜色带的设置可以排除上面的图层的一部分，而显示下面的图层的内容。

这些滑块排除覆盖在别的图层上的图层中不需要的部分。为方便起见，图 7.18 最上面的图层设置为“正常”模式、100% 的不透明度。但是，任何混合模式和不透明度都可以结合这些滑块使用。

通过双击目标图层打开有这些滑块的对话框。如果滑块没有设置，图 7.18 与图 7.5A 就等同了：上面的图层会完全遮住下面的图层。但是，8 个滑块中的任何一个都可以让 Photoshop 在一定区域内忽略上面的图层，代之以下面的图层。

这里，滑块在底层中蓝色通道暗的地方起作用。我们知道，阴影中的蓝色通道很暗，深黄色、红色和绿色的蓝色通道也是如此。当然，天空的蓝色通道不会很暗，这也是上面图层在那里没有瓦解的原因。上面图层从拱门下面往下被瓦解得最厉害，因为这里的每个通道都很暗，包括蓝色通道。

在其他地方，最上面的图层刚开始瓦解。桥身某些部分的茶色足够浓或足够黑，落在了滑块的左边，但其他部分还不行[①]。

结果，图片在某些地方被生硬地撕碎了。要避免这一点，就要按住 Option 键单击滑块，这会把滑块剖为两半，把其中一半挪开，就可以创建一个过渡区。

今天的人们可以在 1 小时内从 Ponte Vecchio 驱车到达锡耶纳，但在 15 世纪，对于使这两个城市成为军事和文化竞争对手的马力运输来说，这是一段遥远的路途。

如果不是在佛罗伦萨的巨大光环下，锡耶纳也有可能名列最有文化内涵的城市。这座城市的市政厅可能是世界上最精致的公用建筑，如图 7.19 所示，它甚至令威尼斯公爵府黯然失色。它著名的描绘仁政与暴政的壁画三部曲至今也可以教育政客们。

很可惜，我们不得不把这幅原稿转换成黑白的，但是它让我们有机会练习处理天空。

如果简单地增强建筑物的对比度，建筑物就会变亮，当我们这样做的时候，天空的层次感就会完全消失。

如果对原稿中天空的效果感到满意，在混合时使用混合颜色带滑块还原天空就不难。

在第一次混合前，将该图复制一份。绿色通道

① 图 7.18 所示的界面是“图层样式”对话框的一部分，该对话框是在图层面板中双击非背景图层的图标而打开的，该图层在该对话框中叫“上一图层”，被它覆盖的图层叫“下一图层”。在“混合颜色带”下来菜单中选择“蓝”，把“下一图层”的滑块拉到 50 处，那么下一图层中蓝色通道暗于 50（总取值范围是 0 ~ 255）的部分会瓦解上一图层。

看起来在建筑物上有最好的对比度，但它可以更亮。在一个新图层上，我混合绿色通道至整个画面①，然后把下层的红色通道混合进该图层，“变亮”模式，50% 的不透明度，如图 7.20A 所示②。在该图层上用曲线增加建筑的细节，但这牺牲了天空，结果如图 7.20B 所示，这是最终黑白图片所需材料的一半。

为了得到另一半，我切换到刚才做的那个副本。将红色通道混合进它自己，“正片叠底”模式，100%

图 7.19 原图的建筑太暗，若在转换成黑白图片前增加建筑物的对比度，就会让天空的层次感受损失。

图 7.20 3 个中间通道。图 7.20A 把原来的红色通道混合进绿色通道，“变亮”模式，50% 的不透明度。图 7.20B 使用一个曲线到新通道中，强化建筑，去掉天空。图 7.20C 将原红色通道与它本身混合，“正片叠底”模式，100% 的不透明度，创建了一个将用于恢复天空的通道。

①具体操作是：在背景上建立了一个空白的新图层，通过“图像 > 应用图像”命令打开“应用图像”对话框，将“源”设为当前文件的背景层的绿色通道，至于混合模式和不透明度，作者没说，但想必是“正常”模式、100% 的不透明度。

②具体操作是：选择该图层，执行“应用图像”命令，将“源”设为背景层的红色通道，混合模式为“变亮”，不透明度为 50%。

的不透明度，结果如图 7.20C[①]。天空效果非常棒，但建筑物的效果一塌糊涂。

现在，合并两份材料。我觉得图 7.20C 中天空的对比度太强烈了，就让它以 65% 的不透明度成为图 7.20B 上的一个新图层。很容易创建一个混合颜色带混合这两个图层，结果如图 7.21 的右边所示，左边为按默认设置将彩色原稿转为灰度模式的结果。

图 7.21 这个结构产生了最终效果，即下方右图，这是图 7.20B 和图 7.20C 的混合。下方左图，在默认设置下转换为灰度模式的结果。

① **具体操作是：把副本拼合图层，选择红色通道，执行“应用图像”命令，设“源”为同一通道，混合模式为“正片叠底”，不透明度为** 100%。

疑难解答：通道混合

玩游戏有多种方法。在本章中，我们没必要弄清楚为什么混合有如此特殊的作用。对于每种情况，我们有几种不同的方法和命令来达到相近的效果。我们要知道所有成功的方法的基础都是在某些通道里发现细节并把它们转移到合成图像中，记住这一点很重要。

快速选择最好的通道。如果在你的方法中，一个通道是整张图片的关键，那么在混合前好好看看它。快速看一下图片通常能让我们判断出彩色图片是否有问题。但是，一个通道可能有不能放大的瑕疵，要仔细寻找噪点和色彩强烈区域的细节损失。

别忘记最终的步骤。通道混合并不是曲线和锐化的替代品，而是助手。有时，通道混合带来的肌理让人印象如此深刻，以至于人们忘记了检查黑白图片的高光和阴影，或者忘记了图片已经进行了适当的锐化处理。

7.12　致那些理解力良好的人

拷屏图表明，我的这些灰度混合都是在 RGB 模式下进行的。本来也可以完全用“计算”命令来做，不需要图层或另外一张 RGB 图片。但是，就像马基雅维利说的，审慎至关重要。如果你深信你不需要利用灵活的图层来随时改变混合的效果，那就使用“计算”命令吧。同样，图 7.20A 不一定要使用“变亮”模式，也不一定要在 7.21B 的顶层中使用“变暗”模式。我确信，在这两种情况下，“正常”模式能产生同样的效果。但是在有的图片中，忽略这些小地方就会让修正效果适得其反，为什么要冒这样的险呢？

管理转换为黑白图片就像把自然景色转换成照片，或者把 RGB 模式转换成 CMYK 模式。如果处理过程受到了限制，我们就要尽量保持原图的逼真度。原图的色彩空间与要转换到的色彩空间差异越大，所需的人工干涉就越多——这里也是同样的道理。对于通常情况下把 RGB 图片转换成黑白图片来说，3-6-1 公式可能是最佳的，但如果只依赖这一公式，有时会得到不理想的效果。如果不打算采用默认的 3-6-1 公式，你的脑海中就要牢记以下几点。

• 要知道在转换过程中会失去什么。检查原图中有哪些对比是由色相变化而不是由明暗变化产生的。

• 不要认为这是某种理论上的、公式化的转换。在不同的灰度图片中，同样的红色可以有不同的明暗，而且你转换出来的明暗也可以和我的不同。

“我的目的是为那些理解能力强的人提供有益的东西，”马基雅维利说，“寻求问题的本质比保持模棱两可要好。很多人幻想自己在现实中从来没见过或没听说过的共和国、公国，可我们现在的生活与应有的生活相去甚远，那些放弃了自己应尽义务的人会自取灭亡，希望每件事都尽善尽美的人必须停止悲伤，因为还有很多人并不是那么完美。因此，一个王子为了自保必须学会怎样才能不够好。环境会告诉他该怎么做，当他应该知道这些以及要克制自己这么做的时候。”

就像管理图像艺术公司一样，有时你必须苛刻。当你遇上一个有问题的人或者一个态度有问题的通道时，如果劝说没有作用，下一步就是要消灭它。你的员工和你的黑白图片都会因此而感激你。

本章小结

把图片从彩色转换到灰度会损失对比度，因为某些颜色在转换之后失去了差别。如果颜色之间的对比十分重要，在转换成灰度以前就需要把它转换成明暗对比。虽然还有其他方法可以达到相同的效果，但本章鼓励使用“应用图像”命令进行通道混合。最好的混合结果在 RGB 模式而不是 CMYK 模式下，但有时制作一个 CMYK 模式的副本也非常有用，因为黑色通道常常可以用作混合的助手。

那些从来不需要创建黑白图片的人也要了解本章，理由有两个。首先，它是第 8 章的基础，第 8 章扩展了彩色图片的技法。其次，进入灰度模式后面临的困难和解决方案类似于从 RGB 到 CMYK，尽管更极端。了解在某一案例中为什么要那样做，可以让我们举一反三地处理其他案例。

回顾与练习

★ 为什么本章所有的混合练习都是在 RGB 模式下，而不是在 CMYK 模式下？

★ 当我们执行“图像 > 模式 > 灰度”命令时，Photoshop 使用的公式是什么？

★ 如果把美国国旗的彩色图像转换成灰度的，转换取决于背景中的天空的明暗吗？

★ 收集 6 张人脸图片，它们不要有明显的缺陷（比如糟糕的色彩或者在阴影中）。通过简单扔掉红色和蓝色通道，有多少张图片能转换成灰度图？如果你发现有一两张必须使用不同的方法，请解释原因。

第 8 章
用黑白图像修正彩色图像

我们的目的总是既要良好的色彩又要良好的对比度。黑白图片没有色彩，我们就用通道混合来提高它们的对比度。同样的混合方法可能是把彩色图片变得有魅力的最好方法。

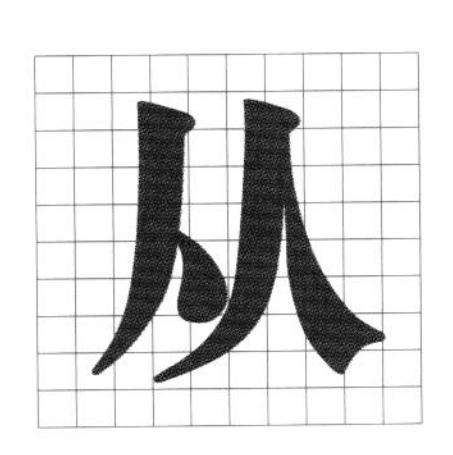

1823 年到 1826 年，耳朵失聪、郁郁不得志、穷困潦倒、孑然一身的贝多芬谱写了五部弦乐四重奏，总体上说，它们达到的音乐美学高度至少领先同时代一个世纪。在其他领域的艺术成就中，从未见过如此超越时空的震撼力。

某些不谐和音的演绎方式令人惊叹，甚至出版商都不能接受它们。最后的一首弦乐四重奏 Op.130，气势磅礴，一反赋格曲风，超越了颠峰。但贝多芬还是被迫提供了一个更简单的终曲。

1992 年，迷人的、反复无常的、善于计算的、有犬齿的贝多芬（小狗的名字）出现在一部同名电影上，这个小家伙可没有贝多芬的艺术特质。这部电影喜剧效果十足，给我们展示了两种不同的结局。如果你有足够的时间和耐心，可以找到它的 DVD。

在本章中，我们有自己的“大赋格”。不断重复的主旋律是色彩和对比度，用不同的声音、不同的调式，在不同的时间演奏。对比度是节奏，色彩是乐曲。它们在一起奏出和谐悦耳的音乐，但如果它们融合得不恰当，结果就是走调。

本书第 1 章是序曲，讲述它们之间的相互关联；第 2 章讲曲线也就是讲对比度；第 3 章讲曲线，是在对比度伴奏下讲解色彩；第 4 章是关于 LAB 的，LAB 完全分离了对比度和色彩这两个主旋律，从而强调了它们；第 5 章讲的是黑色通道的作用，其中大部分是关于对比度的；第 6 章说到锐化，它整个是关于对比度的，但有色彩作为背景小提琴音乐与之配合。

第 7 章是关于黑白图片的，也只有对比度。我们现在要总结第 7 章讲到的一系列混合选项，让另外一个主旋律加入到乐章中。

8.1 另一种结局

为理解图 8.1，让我们想想 LAB。“亮度”和“颜色”这两种混合模式把对比度和色彩区分开了。“亮度”模式指示 Photoshop 把上面图层（如果你喜欢，也就是 L 通道）的细节和下面图层的色彩结合起来。“颜色”模式却正好相反。

在图 8.1A 中，黑色文字保持了黑色，蓝色文字的蓝色消失了，被亚诺河的颜色取代了。亮色块的颜色变得与背景色一致，与河水相对的部位变成了蓝绿色的，与天空相对的部位变成了蓝色的，与桥相对的部位变成了黄色的，是很平的黄色，因为上面图层的阶调很平，没有任何细节。

同样的黑色文字在图 8.1B 中几乎消失了。如果你仔细观察，它还是隐隐约约存在的。它是中性灰，而周围的色块是浅绿色的。BLEND 这几个字母看起来发紫，而不是灰色的，这是同时对比效应的作用。

这两种混合模式让关于把彩色图片转换成良好的黑白图片的第 7 章变得至关重要，即使对不需要黑白图片的人来说也是如此。你知道为什么吗？

回到图 7.7，滑梯旁边有个男孩。对此图进行一系列修改后，我们得到了图 7.12，这张图细节明显，但是太绿。

第 7 章的结局非常简单。图 7.12 像灰姑娘似的被转换成图 7.9A，这比用默认设置转换得到的灰度图片更好。

请允许我提供另外一种结局。

不把图 7.12 转换成灰度模式，而把它粘贴在原 RGB 图片的上面，原 RGB 图片如图 8.2A。把上层的混合模式由“正常”改为“亮度”，这样就产生了图 8.2B。

给故事换一个结局，有可能改变开头的整个意义。实际上，它可能导致读者怀疑作者的意图跟原来声称的不一样。

8.2 新的开始

图 8.2A 和图 8.2B 是两张不同的图片，它们几乎像是在不同的光线条件下拍摄的。有一个问题：混合到什么程度？在“亮度”图层，我使用 90% 的不透明度。但有一点是毫无疑问的，两个男孩是图片的主体，它们在图 8.2B 中更突出了。

这种效果是用曲线或锐化达不到的。这些明亮的蓝色和红色不能妨碍我们看到，产生优质黑白图片的对比度变化也能用于制作优质的彩色图片。

如果你看到上面的图层时能在头脑中把色彩和对比度分开，那些恐怖的绿色就不会妨碍你。如果你已经决定使用“亮度”模式，那么上面图层的颜色有多糟糕都没有关系——它甚至可以是黑白图片。

制作这张图片是整个第 7 章中最难的，但有时候把彩色转换成黑白相当简单，例如图 7.17 中独木舟旁边的男人。哪一个通道更有利于这种转换，在不同的图片中有不同的情况。天空里红色通道总是最好的，明亮的脸部在绿色通道中通常是最好的。所以，在处理图 7.17 时，最好的黑白转换是扔掉红色通道和蓝色通道。

“练习的对象是一张黑白图片，而不是彩色的。”如果我们能摒弃这样的借口而采用与图 8.2 相似的策略，那就不是不同的结局，而是不同的开始了。对各年龄段、不同性别和种族的人脸来说，绿色通道都是 3 个通道中最好的。除了讨论图 7.17 中那个中等脸色的男士，本章还会重新处理前几章用过的一些图片。现在，让我们先看看两个年纪较大的女士，一个是非洲裔美国人，另一个是肤色较浅的白种人。

看图 8.3B 中女士蓝色的眼睛，我们发现她的肤色不仅比图 8.3A 中的女士浅，而且更粉红。尽管有这些不同，但我们一检测通道，共同点就显现出来了。两位女士的红色通道都比较平，蓝色通道都比较暗。

既然我们一致认为绿色通道显示出最好的对比度，通过与处理图 7.17 完全一致的手法——削弱另外两个通道，我们就应该对这些图片和所有类似的图片进行处理。但我们不能完全删除这两个通道，因为我们必须保留一些可信的颜色。可以用 3 步来达到这个效果：

• 复制一个图层；

• 在此图层上执行“应用图像”命令，把合并图

图 8.1 “亮度”和“颜色”模式模仿 LAB 模式，使用一个图层的对比度和另一个图层的颜色。

层的绿色通道定为源，“正常”模式，不透明度为100%;

• 把图层混合模式改为“亮度”。

上述第2步是在顶层中创建一张灰度图。记住，“应用图像”命令会作用于当前选择的任何通道，由于没有特意选择一个通道，RGB的3个通道都被选中了，因此该图层的3个通道都会被原图的绿色通道取代。现在3个通道都一样，R、G、B数值也一样，就创建了一张灰度图片。

因此，上层的色彩不是比下层更差，而是全都消失了。但谁会在意？上面的图层有更好的对比度，采用“亮度”模式就是为了这个。

这种混合并不是故事的结局，而是故事的开始，是最终色彩修正道路上的第一步，比如开始的时候优先使用图8.3C或图8.3D，而不是图8.3A或图8.3B。很明显，无论下一步是什么，都会更有效。

对大多数专业人士来说，再现肤色色调非常关键。开始图片处理的上述3个简单步骤具有从轻微到惊人的影响，但总会把图片变得更好。有人说通道混合是尖端技术，不是这样的。看完本书后再回顾各章节，你就会发现本章是这20章中最简单的。打开图片，寻找比另外两个通道有更好的对比度的通道，把它混合到“亮度”图层上，游戏结束，就是这么简单。

图8.2 上图 曾在图7.7中展示过的原稿。图8.2 下图 曾被用来制作黑白图片的图7.12被放在原稿的一个混合模式为“亮度”的图层上。

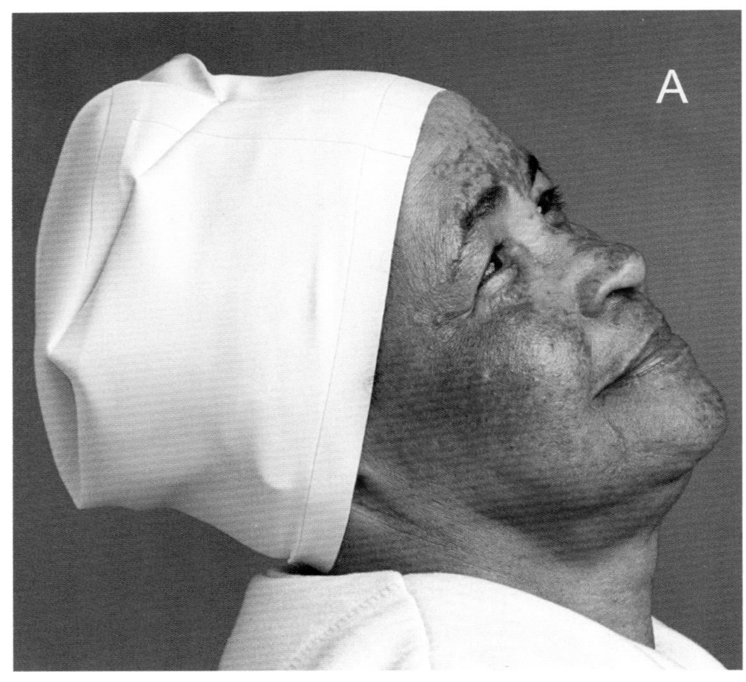

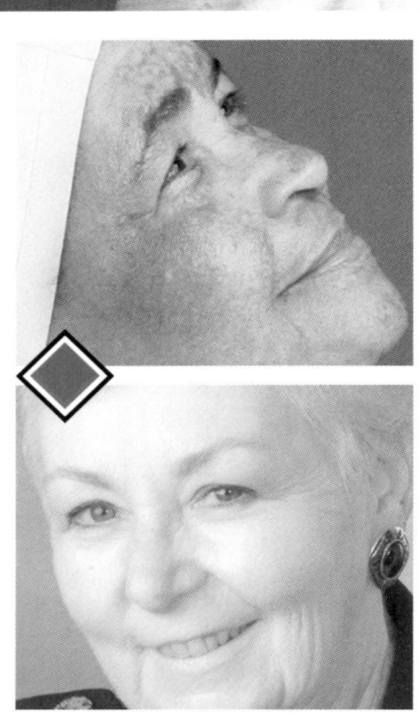

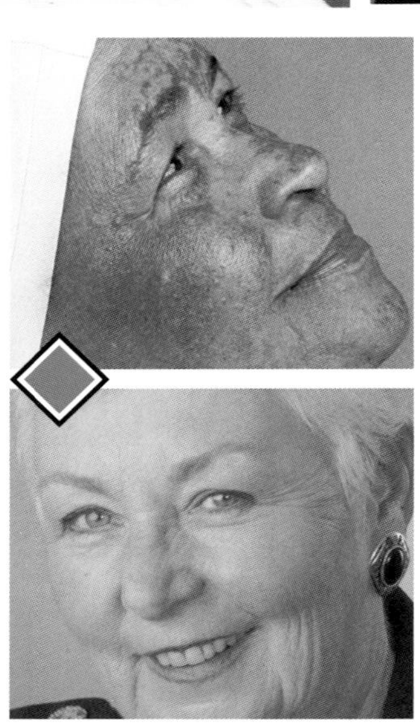

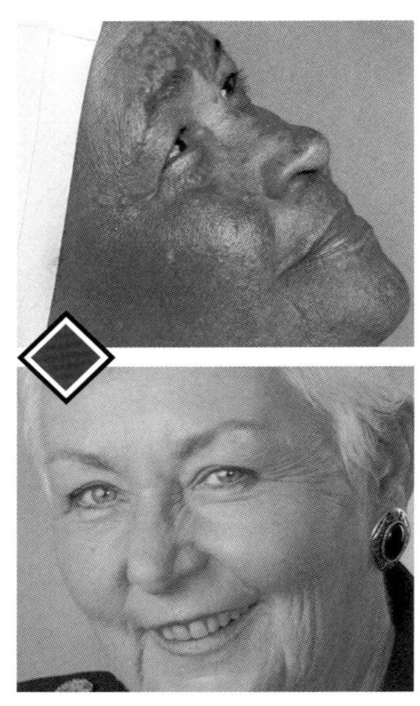

图 8.3　通常，在照片中的肤色中，绿色通道几乎是最好的。上图为原图，把它的绿色通道复制到在它上面新建的一个设置为“亮度”模式的图层上，改善了画面，结果如下图所示。

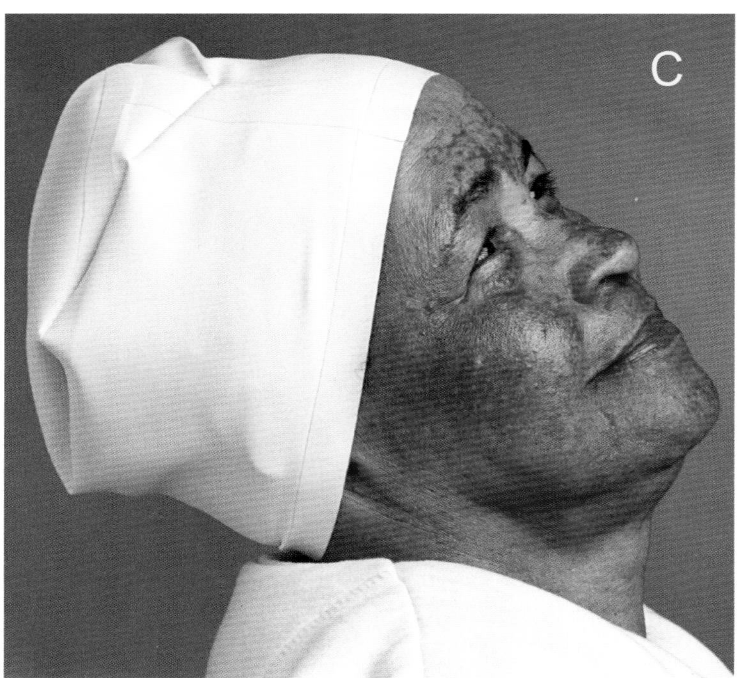

8.3 与背景协调

大多数野生动物，特别是那些肉味无比鲜美的动物，已经进化了与环境相似的保护色，这不仅让食肉动物的生活变得更艰难，也让野生动物摄影师的拍摄变得更艰难。评判图片的人则受益于进化的另外一份礼物：对抗动物保护色的同时对比效应[①]。

我会建议给图 8.4 中的大角羊一个广阔的生存空间，特别是在它们的发情期。但是，如果先问问转换成黑白图片应该做些什么，用数码照片拍摄它们用犄角决斗就会简单得多。

公羊的脸、角和身体在 3 个通道里几乎是一样的，差不多是中性灰，但背景不是这样的。背景中的红色通道更亮，蓝色通道更暗。背景的绿色通道和公羊的绿色通道的明暗是一样的，这就是说，我们应该忘记平淡的绿色通道。如果把它转换成黑白图片，其他的任何通道都是更好的开端，因为我们感兴趣的对象凸现出来了。

但是选哪个通道呢？这是个人看法问题，就像图 7.9 中的滑梯颜色是否应该比男孩的身体颜色更深或更浅，图 8.2 是否也应该变得更深或更浅一样。

为了找到答案，我复制了一个图层，然后把红色通道应用到该图层上，产生一个灰度图层，就像处理图 8.3 中的绿色通道一样。我把图层混合模式改为“亮度”，就产生了图 8.5A。然后我用一张新的图片重复上述步骤，使用蓝色通道而不是绿色通道，产生了图 8.5B。

记住，这只是故事的开始。问题不在于你是否认为这些图片比图 8.4 更好，而是在使用曲线后，你是否认为它们更好。图 8.5A 缺乏力度，我会在曲线 3/4 处创建一个锚点并升高它，不仅暗化了图片，同时增大了公羊所处区段的陡度。

对图 8.5B，我进行了相反的操作，把曲线 1/4 处往下拉，让图片整体稍稍变亮。但我相信从这些图片中的任何一张开始修正都比用图 8.4 这张未经混合的图片要好，因为在公羊和背景之间有很好的区分，这是原图所缺乏的。我个人认为应该

图 8.4　在合成彩色图片中，公羊与背景太接近了。在红色通道中，背景比公羊要亮；在蓝色通道中，它更暗。这些差异通过亮度混合可以突出。

---

① 指人的视觉系统在进化过程中获得了夸大主体的保护色与环境色之间的差别从而更多地注意主体的能力。

从图 8.5B 开始，因为它是 3 张图中变化最明显的。

8.4 无限的天空

通过处理背景来强调前景，是专业人士的普遍做法。额外加深公羊图片背景是一个很好的范例，但更常用的是强化无精打采的天空。我们要使用另外一张在前面出现过的图片来证明这一点，并进一步讨论混合模式。

图 8.6A 原来出现在本书关于锐化的章节，即图 6.9D。在这个练习里，我们需要对天空进行更多的处理。

图片依然在 RGB 模式下，但是没有必要进一步显示各个通道。到目前为止，你应该能够很快想象出它们的样子，通常，天空在红色通道中最醒目。

如果我们增加一个复制图层，在其上应用红色通道，把图层混合模式改为“亮度”，就会产生图 8.6B。红色旗帜之所以红，是因为它们在红色通道中很亮。对整个图片应用红色通道，让它们在每个通道中都很亮，会破坏图片。

因为我们不想让红色旗帜或其他东西变亮，上面的图层采用“亮度”模式就是错误的。应该使用“变暗”模式，这样就产生了图 8.6C，一半是中性灰，一半是彩色。产生这样的效果是因为，在所有蓝色区域中，红色通道比另外两个通道都暗，取代了它们①。这样，所有 3 个通道在天空有相同的数值，天空成了中性灰。

另一方面，红色旗帜中的绿色、蓝色通道都比红色通道暗。因为“变暗”模式不允许变亮，那两个通道就不会变亮。在绿色区域，绿色通道被红色通道取代，但是蓝色通道变暗了，被忽略了。把这张半灰半彩色的图片以“亮度”模式覆盖在原图的副本上，就产生了图 8.6D。

图 8.5A 应用红色通道到图 8.4 的上面的图层中，图层混合模式为“亮度”。图 8.5B 用蓝色通道混合，图层混合模式为“亮度”。

① 在这个练习中，上面的图层是灰色的，其 3 个通道均为原图的红色通道的副本，当它覆盖原图且混合模式为“变暗”时，蓝色通道（即原图红色通道的副本）比原图的蓝色通道暗，混合后的蓝色通道便与原图的红色通道一样暗。绿色通道亦是如此。

图 8.6A 原图。图 8.6B 红色通道以“正常”模式混合到 RGB 文件的“亮度”图层中。图 8.6C 将混有红色通道的图层改为“变暗”模式。图 8.6D 把 C 的图层以“亮度”模式覆盖在原图的一个副本上。

图 8.7 A 原稿。图 8.7B 将绿色通道应用于混合模式为“亮度”的图层改善了脸部，但是极度暗化了外套。图 8.7C 使用混合颜色带滑块将外套排除在通道混合之外。

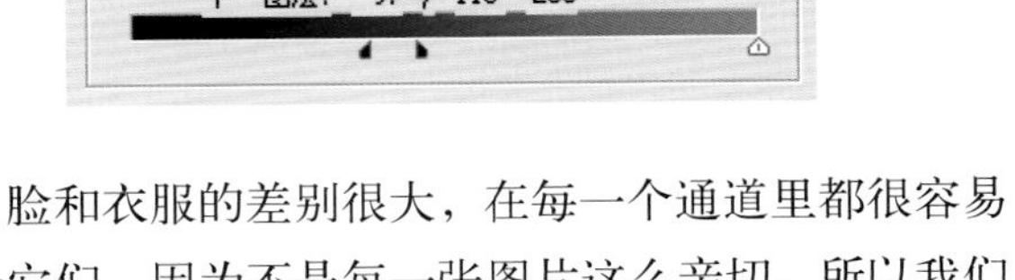

8.5 第二道防线

虽然“变暗”和“变亮”模式可以防止混合影响到不应该受影响的区域，但它们并不总是如此。

无论何时，只要对人脸把绿色通道复制到一个混合模式为“亮度”的图层中，就会产生图 8.7B 那样糟糕的效果，红色外套变黑了。

把该图层改为“变亮”模式也没有用，因为“变亮”模式不仅阻止了外套变暗，也阻止了脸部变暗①。取而代之的是，我们可以用图层混合选项特别是混合颜色带滑块在上面的图层中抠掉外套。

为了解释 Photoshop 的这一概念，我们需要分析通道。我觉得没有必要再单独展示这些通道，因为很容易看出来。脸和外套都是非常明显的红色，它们的红色通道都很亮。但是，因为外套比脸色要暗，因此它们的绿色通道和蓝色通道应该与脸上的完全不同。我们要使用滑块处理其中的一个通道。

脸和衣服的差别很大，在每一个通道里都很容易区分它们。因为不是每一张图片这么亲切，所以我们应该探讨如何正确选择滑块。

我们寻找要在混合中排除的最亮的东西与要在混合中包含的最暗的东西之间的最明显的分界线。这些是嘴唇中最暗的部分和外套中最亮的部分②。

可以从 8 种滑块设置中选择一种：在“图层样式”对话框的“混合颜色带”下来菜单中，可以选择“红”、“绿”、“蓝”或合成的“灰色”，对于每一种选择，又可以移动“本图层”或“下一图层”的滑块。

但是在这张图片上没有 8 种选择，只有 4 种，因为“这一图层”是原图绿色通道的副本，移动它的滑块——无论在“混合颜色带”下拉菜单中选择 4 个通道中的哪一个——都相当于在“混合颜色带”下拉菜

---

①把脸变暗一些正是处理这一幅图所需要的。

②当绿色通道的副本以“亮度”模式覆盖在原图上时，作者希望混合后的脸部比原图的脸部暗，又不想影响衣服，于是动用混合颜色带滑块，抠掉绿色通道的副本中的衣服，这一方法可行的前提是，衣服处处比脸部暗（也就是说，衣服上最亮的颜色也比嘴唇上最暗的颜色亮），而该图恰好满足这一要求。接着是一句绕口令式的话，“寻找要在混合中排除的最亮的东西与要在混合中包含的最暗的东西之间的最明显的分界线”（从原文直译），它的意思是，要找到一个通道，在此通道中衣服和嘴唇有最大的区别。

单中选择“绿”并移动“本图层”的滑块[1]。

通常我们的选择很明确。很显然，衣服和嘴唇在红色通道中的差异很小。同样明显的是，在“混合颜色带”下拉菜单中选择“灰色”也没有什么作用，因为它把红色通道与另外两个通道合并了。

如果外套的颜色是玫瑰红，而不是火红，那么很明显，绿色通道是最好的[2]。肤色在蓝色通道中几乎总是比在绿色通道中暗。这件红色外套的蓝色和绿色通道差不多是一样的。所以我猜测绿色通道对于此混合来说可能仍然是最好的，因为脸部和外套在绿色通道中有更大的差别，下面让我们确定一下。

原图嵌入了 sRGB 配置文件。根据我的测量，嘴唇上最暗的点是 $186^R114^G99^B$，外套上最亮的点是 $175^R38^G25^B$，二者的差异是 $11^R76^G74^B$。为了能够在“图层样式”对话框中给滑块成功地找到一个位置将这两个对象彻底分开，在“混合颜色带”下拉菜单中选择“绿”从技术上是最好的选择，但实际上，你可以扔个硬币来决定是选择“绿”还是“蓝”。

在图层面板中双击上面的图层的图标，打开有混合颜色带滑块的“图层样式”对话框。如果该图层的混合模式不是“正常”，我建议将它改为“正常”。经过这些操作，该图层显示为灰色。把滑块向右拉，下面的图层的红色就会瓦解上面的图层的相应部位而露出来。当上面的图层呈灰色时，如果下面的图层的红色没有完全露出来或者不该露出来的颜色露出来了，就很容易发现。而如果上面的图层像图 8.7B 那样是彩色的，这些问题就不容易发现了。

最后，确定了滑块的最终位置后，我们应该通过按住 Option 键单击滑块，把它分为两半并适当移动其中的一半，使下面的图层露出来的部分与上面的图层保留的部分之间的过渡不突兀。在这张图片中，我们不需要这么做，但是在通常情况下这是需要的，养成这种习惯很好。

如果滑块的最终位置确定了，就将上面的图层的混合模式恢复为“亮度”，这样我们就得到了最终的效果，如图 8.7C 所示。

疑难解答：另一种开始

• 寻找“亮度”。“应用图像”和“计算”命令的混合模式选项中没有“亮度”和“颜色”。如果你希望使用它们进行亮度混合，而且非常自信，那么你可以直接在图片上使用它们，然后选择“编辑 > 渐隐 > 亮度”命令。将它们应用于设置为“亮度”模式的复制图层更为灵活。

• 两种混合模式，一张图片。在图 8.6B 中，在“变暗”和“亮度”模式中都使用了红色通道。没有命令可以同时使用两种混合模式。这里有两个步骤：在“变暗”模式的复制图层中使用“应用图像”命令，然后把图层混合模式改为“亮度”。这样，“应用图像”命令实现了“变暗”模式，图层本身应用“亮度”模式。

• 错误的色彩空间。这些步骤不能在 CMYK 下尝试，因为油墨总量限制会导致阴影中的奇怪表现。有时在 RGB 模式下可以用不同形式的混合。

• 错误的图层。在默认设置下，“应用图像”和“计算”命令认为你希望用分层文件的拼合图层后的副本来进行通道混合。对大多数亮度混合来说，这是错误的，你需要指定的通道，必须从底层中选择。

---

① 如果从字面上理解这句话有困难，可做如下实验。把覆盖在原图上的那个图层的混合模式暂时改为“正常”，在图层面板中双击该图层的图标，打开“图层样式”对话框，在“混合颜色带”下拉菜单中作不同的选择，移动“本图层”滑块；再把“本图层”滑块归于原位（左端），在“混合颜色带”下拉菜单中选择“绿”，移动“下一图层”滑块。在这两种操作中都要注意画面的变化。你会看到它们对画面的影响是一样的。该文件有一个特殊性，就是两个图层的内容不偏不倚地重叠了，如果另外建立一个双图层文件并让它们的内容不重叠，这些选项和滑块的作用就更清楚了。事实上，在“混合颜色带”下拉菜单中选择某通道时，如果把“本图层”滑块向右拉，则“本图层”在该通道中比该滑块所指的颜色暗的颜色会被抠掉，如果把“下一图层”滑块向右拉，则“下一图层”在该通道中比该滑块所指的颜色暗的颜色会穿破“本图层”露出来，也就是说在这些地方把“本图层”抠掉。

② 这么说是因为，玫瑰红的绿色通道是黑的，肤色的绿色通道是明亮的，这样一来玫瑰红衣服与脸部在绿色通道中会有很大的差别。

8.6 小测试

为了把混合作为工作流程中的一种工具，我们再看看前面用过的另一张图。图 8.8A 是图 3.14 再次出现，图 3.14 只用了 CMYK 曲线修正，图 8.8B 使用了同样的曲线，但是故事的开始方式完全不同。

在第 3 章中，我说这张图是 CMYK 模式的。事实上，它本来是一张 Camera Raw 格式图片，我打开它时直接把它的色彩模式转换成了 CMYK。这次，我以 RGB 模式打开了这张图片，然后进行混合处理。如果你不熟悉 Camera Raw 的工作原理，可以暂时忽略这个问题，只考虑我们是以 RGB 模式开始的。

注意，不同于曲线和锐化通常可以用于任何色彩空间（在某些情况下，RGB 的效果较差），这种类型的混合应该在 RGB 空间中进行。我们知道，油墨总量限制会影响 CMY 通道的阴影细节，特别是在品红通道和黄色通道中。混合时，CMY 没有优势。而且，RGB 中性灰的 3 个通道是一样的，但 CMY 的中性灰青色较多。在几乎完全是灰色的对象中，红色通道与绿蓝色通道匹配，但青色通道比品红和黄色通道更高，这种不平衡会导致混合问题。

记住，这种类型的混合也是喜好问题。你在图 8.8B 中可以看见，我认为水需要更深，你可能认为我的修正太过分，或者认为是还不够，甚至认为图 8.8A 更好。你们会有多种看法，在讨论我的混合前，我们先做个测试。

图 8.9A 是原图。其他 7 张随机排列的图片都经过了混合处理。在每一个范例中，我都复制了一个图层，在某一模式下，应用某一通道，不透明度为 100%，然后把混合模式改为“亮度”，不透明度仍为 100%。在一个范例中，我复制出了原图的一个副本，按照图 5.3 推荐的数据进行中度 GCR 分色，然后把其黑色通道混合进 RGB 原图。表 8.1 介绍了 7 种混合方法，你要把图片对应的方法找出来。如果你喜欢挑战，现在就停下来完成此表；如果你需要提示，就继续读下去。

这个测试表明混合能够起到多大的控制作用。这些混合中的任何一种都可以与其他结合起来使用，或者在低不透明度下使用。所以，我们有无限的可能性，这取决于你对图片的安排和理解。

8.7 一个主题和多个变量

这是非常简单的测试，因为它表明了那些被认为是红色、蓝色、绿色和棕色（红色的一种）的较大区域的特点。与色相同名的通道总是 3 个通道中最亮的。因此，海水最亮的那个版本必然是用蓝色通道处理过的。同理，绿草最亮的版本是用绿色通道处理过的，城堡最亮的版本是用红色通道处理过的。

就我自己的混合处理来说，我使用了红色通道，“正常”模式，60% 的不透明度。我认为城堡亮化过度。应该使用“变暗”模式。不过我用另一种方法得到了更好的结果：在 CMYK 模式的副本中取黑色通道，以“正片叠底”模式和 60% 的不透明度覆盖刚才的那两个图层。

因为前两章的大多数图片是人脸和天空，所以我们应该用两者都有的图片来收尾。由于本章介绍了最后一个基本的色彩修正概念，我们应该有一张在前面章节转换过的图片，以回顾基本知识。

现在你们几乎拥有了所有的工具，但本书并不在这里结束，因为难点在于如何使用它们，何时使用它们——如何训练这种思维模式，如何把合适的修正过程展示给大家。

在本章我们已经形成一种思维模式。图片中如果是人脸，我们就应该考虑用绿色通道进行亮度混合。如果是天空，就应该考虑用红色通道进行变暗混合。可以举一反三地处理其他区域。

除了人脸和天空，图 8.10A 对前面的每章进行了总结。

• 在第 1 章中，我们讨论了人眼和相机看景物的差异。我们的注意力会集中在这位男士的脸上，我们看到的他比相机看到的要亮。

• 在第 2 章中，我们讲过，确认画面主体，然后把它锁定在曲线上较陡的区段，人脸也应该落在曲线上较陡的区段。

• 在第 3 章给了我们肤色的目标值，图 8.10A 不符合这点。另外，画面中有一个区域应该是中性灰，也就是灰色的头发。

• 我们在这里被很多单调、相近的色彩所困扰，但第 4 章教我们用 LAB 把它们区分开来。

• 在第 5 章指出处理黑色通道在脸部特别有价值，

图 8.8A 图 3.14 再次出现，图 3.14 只使用曲线在图 3.13 基础上进行修正。图 8.8B 在使用相同曲线前，先使用亮度混合。

图 8.9　亮度混合可以提供多种创造性选择。A 为原稿，其他版本都是用某种亮度混合方法创建的。

表 8.1

图 8.9 中的每张图片都是通过创建复制图层，把一个通道混合进该图层中，然后改变混合模式为“亮度”而获得的。所有的混合都是在 100% 不透明度的基础上的。图 A 为原图。找出与下面混合源通道和模式相匹配的图片。

源通道 / 混合模式	图 8.9 中的序号
黑 / 正片叠底	
蓝 / 变暗	
蓝 / 正常	
绿 / 变亮	
绿 / 正常	
原图（无混合）	A
红 / 变暗	
红 / 正常	

因为这可避免增加不需要的细节。

• 第 6 章建议脸部使用“大半径、小数量”的锐化方法，而不是传统的 USM。

这张图片嵌有 Adobe RGB 配置文件。在混合通道前，我们应该检查色彩有无瑕疵。我怀疑灰色头发有瑕疵，但对天空中较亮部分尤其怀疑。

在调查大面积的中性灰时，让信息面板右半部分显示 LAB 数值较为方便。当我们用鼠标划过上述区域时，RGB 数值会变来变去，因为明暗在不断变化。但是 AB 的数值不会受到明暗的影响，在灰

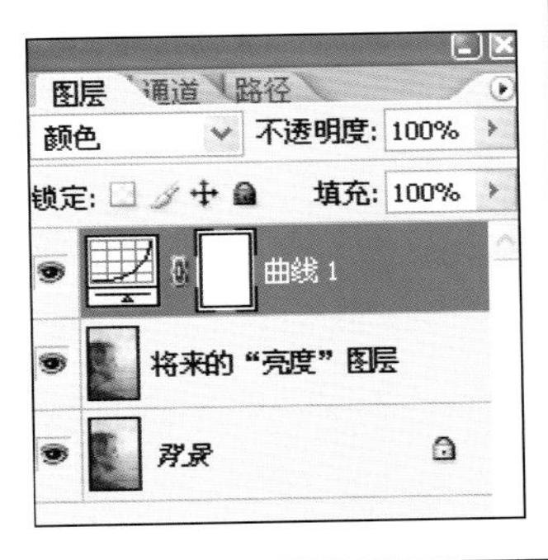

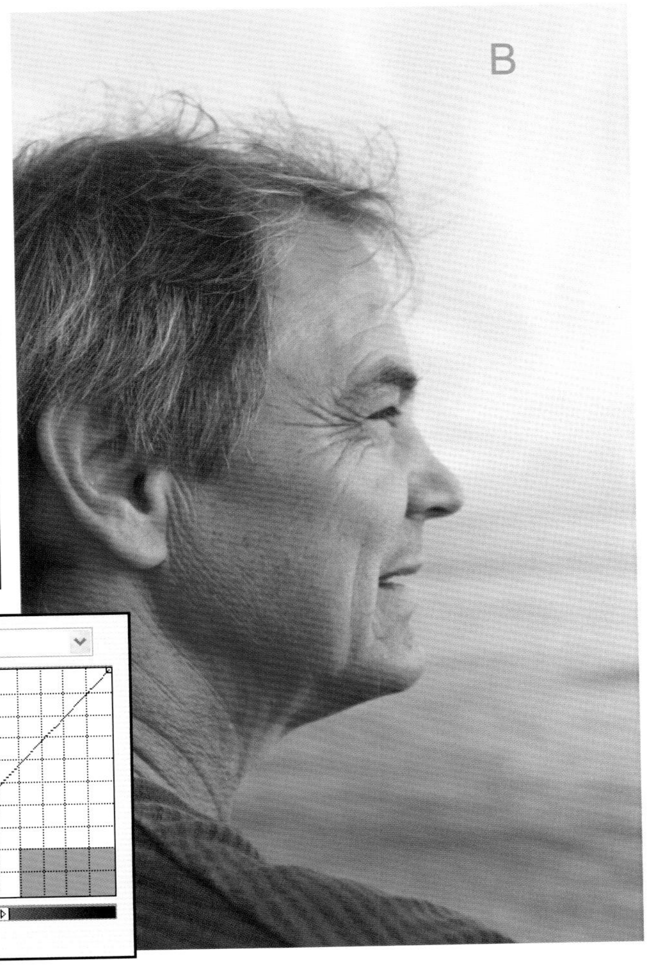

图 8.10A 原稿。图 8.10B 在混合模式为“颜色”的调整图层中使用 RGB 曲线。

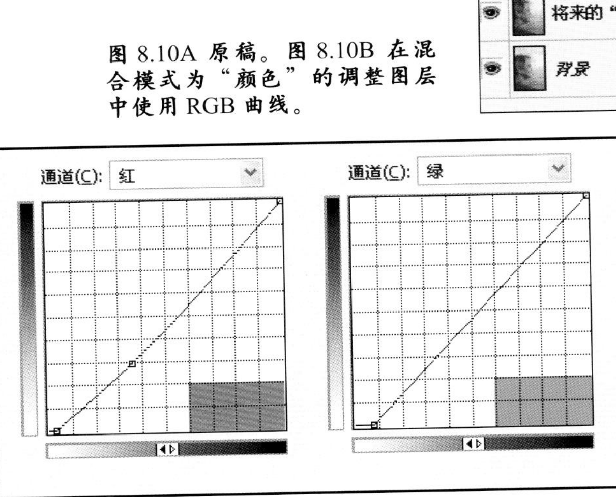

头发中基本上是常数。0^A0^B 是中性灰，数字正值可能令人能够接受，但是负值，至少在头发区域是不行的，因为头发永远不可能是蓝色或绿色的。

结果表明，灰色头发只是稍稍与中性灰有出入，但是较亮的天空部分是 10^A6^B，这太紫了。脸部测出来则太蓝了。

没有蒙版或其他形式的选区，一个随着图片变暗而发展的色偏不能在 LAB 模式下修正。所以，我的第一步是在 RGB 中去掉色偏。正如在图 8.10A 中看到的那样，在一个混合模式为“颜色”（与“亮度”完全相反）的调整图层中进行上述操作。我已经准备稍后进行亮度混合，所以就不需要担心这些曲线的形状会改变对比度。注意给底层做个备份，因为使用色彩曲线后需要合并上面两个图层来创建“亮度”图层。我需要保留一张原图以便用它的通道进行混合。

8.8 LAB 的结局

图 8.11A 是第一次混合。在图 8.10B 的“曲线 1”图层与“将来的‘亮度’图层”合并后，将原图的绿色通道（取自背景层）混合进“亮度”图层，产生图 8.11A。这样得到的效果太暗，但是脸部细节丰富。图 8.11B 的曲线一举两得，既把脸部变亮，也把脸部放在了曲线较陡的部分。在这里调节 RGB 主曲线没有什么不好，因为“亮度”图层中的 3 个通道都一样，都是绿色通道的副本。

这样的曲线消除了天空也没关系。因为我保留着

图 8.11A 调整图层合并后，用原绿色通道进行亮度混合创建的图片，脸部太黑。图 8.11B 更陡的曲线用于“亮度”图层，修正了脸部，但是损失了背景天空中的绝大部分。

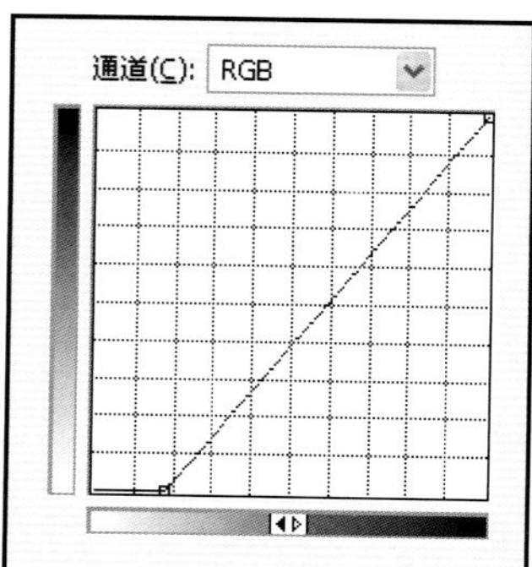

原图的副本。下一步是复制"亮度"图层。通过选择"变暗"模式避免把脸部变亮，我把原图红色通道（在"应用图像"对话框中，一定要选择背景层作为源，默认的"合并图层"在这里没有用）混合进上面的新图层。这样就还原了天空，而不是加强了天空。

在图 8.12A 中，检查在衬衫上发生了什么。这也是我为什么使用第 2 个"亮度"图层而不把第 1 个"亮度"图层的混合模式改为"变暗"。用混合颜色带滑块，我消除了底层的红色通道中非常暗的景物，这样就恢复了衬衫，让下巴下面的海洋变得柔和。

下一步是 LAB。图 8.12B 中的 L 曲线给脸部增加了更宽的色阶；A 曲线和 B 曲线把颜色分开，特别是 B 中的蓝色范围。我把 AB 曲线中间点向更暖的颜色移动，特别是把 B 曲线向着黄色移动，试图给背景创建更阳光的效果。必须承认的是，这多少抵消了图 8.10 中曲线的效果。有时会发生这种情况。当图像平淡而不是接近理想效果时，决定色彩修正的方法更难。

最后的步骤是在 L 通道中进行"大半径、小数量"

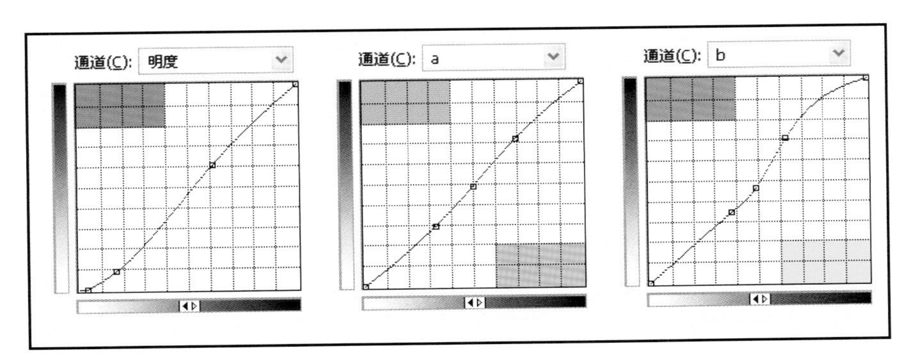

图 8.12A 红色通道以"变暗"模式混合进"亮度"图层。图 8.12B 在使用混合颜色带滑块排除衬衫后，图片的色彩模式被转换成 LAB，并用右边的曲线修正。

锐化。为了获得图 8.13A 的效果，我使用 40% 的数量、50.0 的半径、8 的阈值。

8.9 以 CMYK 终结

就像贝多芬说的，永远不要否认事实，即使是跪在国王的脚下。每个色彩空间都有自身的优势。RGB 适合于混合，LAB 善于把颜色区分开，CMYK 的优势在于微调。这也是我们无须担心准确的数值的原因①。

我们对图 8.13A 所有的疑问都可以归结为它比原稿图 8.10A 更接近理想的色彩。其他的步骤都可以在 CMYK 中完成。

在本书第 3 章中，我们讨论过肤色的 CMYK 色彩平衡，我们说过，肤色最浅的白种人和小孩有几乎相同的品红和黄色数值。其他人有更多的黄色。图 8.3B 中的妇女是浅肤色的，图 8.7 中妇女的肤色较深，而这里的这位男士肤色更深。所以我们希望倾向于黄色的更大的不平衡。

我准备进行 CMYK 曲线处理，但测量表明几乎所有的数值已经接近理想，包括肤色上多余的黄色。但有一个例外：前额的典型数值是 $5^{C}45^{M}50^{Y}$，这违背了青色至少是品红的 1/5 的规则，而且表明脸部太红。你可以在脖子较深区域看见这一偏红的问题，在我看来，这里太暖了。

图 8.13A 在 LAB 中对 L 通道使用“大半径、小数量”锐化之后。图 8.13B 转换到 CMYK 模式，锐化黑色通道，品红通道以“变暗”模式及低不透明度混合进青色通道，减少脸部的红色。

①就是说，即使在 RGB 和 LAB 模式下无法准确地控制数值，转为 CMYK 模式后也可以对数值进行微调。

修正后的图片和天空

数码相机拍摄的图像通常比底片上的平滑，但是有一个重大例外。数码照片中的天空即使很晴朗也会在红色通道中有噪点，比如这里的两张图片。如果文件用常规方法处理，这种效果不会很明显，但是本章讨论的亮度混合会产生这种效果。

我测试过的所有相机都存在这个问题，包括为本书提供图片的摄影师所使用的相机。我在这里不透露相机品牌，只说是两大知名品牌的新款产品。左边的图片是用备受专业摄影师青睐的相机拍摄的，它在 Camera Raw 中打开。右边的图是 JPEG 格式的，是用 1000 美元以下的、针对高端客户群的相机拍摄的。

所有这些图片的分辨率都是常规的 300 像素 / 英寸，放大率是 250%。上面一组是原图，中间一组是红色通道，下面一组是在“亮度”图层上把红色通道混合进 RGB 主通道中。在我看来，在通常洗印方法下，图片瑕疵很好地被遮盖了，但是混合明显地展现了这些瑕疵。

在处理“亮度”混合前，请检查图片中有没有这类问题，特别是当你考虑用蓝色通道（它们的噪点通常很明显）或天空图片的红色通道来混合时。

在混合前，如果需要对天空图片的问题进行修正，有一个笨拙的方法：创建复制图层，对红色通道执行“滤镜 > 模糊 > 表面模糊”命令（Photoshop CS2 或更高版本才有此命令），然后，把文件转到 LAB 下，但不要合并图层，然后使用混合颜色带滑块，把 B 值不是明显的负值的景物都排除掉，除了天空之外的景物都被排除了，然后就可以回到 RGB 模式下进行亮度混合了。

测试答案

图 8.9 的每张图片都是将某一色彩模式下的某通道混合进混合模式为“亮度”的图层的结果。下面是答案。

A	原图	E	蓝，变暗
B	绿，正常	F	红，变暗
C	黑，正片叠底	G	蓝，正常
D	红，正常	H	绿，变亮

如果你认为脸部太深，有一个方法可以解决：执行“图像 > 调整 > 可选颜色”命令，选择红色，减去品红。但我不觉得深，对我来说，相对较深的脸部是可以接受的。最简单的也是最有效的减少红色的方法不仅与此不同，而且是令人惊喜的结局：另外一种混合，这次不使用“亮度”。

我们知道在绿色通道中脸部看起来是最好的，在 CMYK 中对应的是品红通道。在脸部，品红通道比青色通道要深很多。把品红混合进青色，比如，10% 的不透明度，可以增加画面的力度，削弱红色，增加细节。当然，使用“变暗”模式是为了避免把海水、天空和衬衫变亮。

为了达到最终图 8.13B 的效果，我只在黑色通道中使用了传统的 USM 方法(数量为 300%,半径为 1.0，阈值为 8)。

在我进行总结前，试读者有两条建议。André Dumas 对前面图片的建议是：“我们知道没有别的人会像你在这里描述的这样修正图片。初学者和中级水平者会被这个练习彻底征服，如果他们认为你证明这是修正这幅图的唯一正确的方法。但显然它不是。”

另外一条建议来自近年来被许多用户（包括本书的一些试读者）采用的成熟的工作流程。有一个建议在第 2 章和第 3 章很难提出，我现在建议：把本章的原理延伸到曲线处理。有时它适用于色彩，有时适用于对比度。两套曲线，两种不同的图层。

在评述前两章时，Clarence Maslowski 写道：“最近的 5 年甚至更长时间内，我通常用两个图层来处理曲线。较低的一个图层是‘正常’模式，这适用于一般的修正工作，上面的图层是‘亮度’模式。随后，我发现自己在较低图层使用‘颜色’模式代替‘正常’模式。阅读这些章节和遵循你的做法让我觉得使用一组‘正常’曲线是多么大的挑战，有时又多么艰难。当然，对于初学者来说它可能是不可抗拒的。你把这两章分为对比度和色彩。我发现这些概念的延伸比仅仅进行一轮曲线调节要合理得多。我希望你重新审视这两章。”

如果回想一下图 1.5，你当时可能感到很奇怪，10 个通道猜谜游戏的意义是什么，当我们要创造一幅优质的合成图片时，为什么我们必须要能够猜测出各个通道的样子呢？

第 7 章和第 8 章可能已经提供了答案。瞥一眼彩色图片就能想到通道的本事可以让你知道哪种混合是可行的（关于蒙版，以后再讨论）。然后我们可以考虑另外一种开头，找到那种能够带来幸福结局的开头。

本章小结

第 7 章中彩色图片向黑白图片转换的原理得到了强有力的延伸。即使一张彩色原稿有很好的阶调范围，也有可能改变某些对象间的明暗关系。为了做到这一点，在一个复制图层上创建一张图片，这张图片可以很好地转换成黑白图片。然后把图层混合模式改为“亮度”。

这种混合在 RGB 中完成，在进行其他色彩修正前完成，除非混合会恶化色彩的不均衡性。

有效使用这个方法需要我们以 LAB 的方式思考，在脑海中区分色彩与对比度。如果我们进行两套修正，一套针对色彩，一套针对对比度，难题也会变得简单。

回顾与练习

★ 在图 8.6C 中，将红色通道以“变暗”模式混合进“亮度”图层中，强化了天空，这同时也把蓝色旗帜和绿色部分变暗了。如果客户不喜欢这些，你如何消除它们，同时保持天空的亮度？

★ 第 2 章告诫我们尽量不要使用 RGB 主曲线，为什么还要在图 8.11 中使用它呢？

★ 在 RGB 中亮度混合的效果比 CMYK 中更好。图 8.13B 所示的最终混合不是亮度混合，而是以色彩修正为目的的混合。在这个特殊的范例中，在脸部要将某个通道以“变暗”模式混合进最亮的通道。那么，为什么把品红混合进青色通道可能比在 RGB 中进行同类操作（比如把绿色通道混合进红色移动）更好？

第 9 章
推论、幻想，何时为图片下注

本章是关于侦探工作的——寻找正确色彩的内部线索。本章以大家熟知的中性灰开始，但并不以此结尾。进行适当的推论，将揭开图片修正神秘的面纱。

牌高手似乎能看穿对手的牌。牌神秘地在桌上摆成一线，高手迅速地选中了其中的一张，这时，对手的 K 会魔术般地在高手的 A 下俯首称臣。

这些表面上的心灵感应能力对于低手来说难以置信，他们经常断言在高水平的桥牌比赛中有欺骗行为。既然我们不能推断出其中的秘密，高手当然也不可能推断出，他肯定偷看了对手手中的牌。

在色彩修正领域，我们也看见了同样的情况。我在 2001 年的一次演讲曾引起这样的争议，我被控诉为把恶行伪装成了常识。为了澄清，我打开有一棵大树的图片，看了一眼，然后说出树上某一处的数值是 $62^{C}\,21^{M}\,83^{Y}\,3^{K}$。

很明显，这样的精确度大大超出了卫道士们的接受能力。这仅仅说明我有多年的相关经验，别人不可能效仿，而用户们真正需要的是校准他们的显示器。然后，演讲者会顺势向他们兜售一个配置文件。

不要在意我从事这个行业的年头，否则我过去的很多老板可能已经违背了儿童劳工法。关键是，我们这些经验丰富的家伙确实可以引诱新手以为我们已经记住了数百种色彩公式。

事实上，我们现在已经学完了曲线、色彩空间、混合的基本概念，我们需要回顾更基本的概念：如何确定我们努力达到的是哪种颜色？本章将探讨如何让你变成一名色彩侦探。

9.1 红与黑

某些推论对于我们来说非常容易得出，但是对于机器来说却太过复杂。我们将从这些没脑子的机器开始讨论。一次生动的修复工作表现了 20 世纪 90 年代在田纳西州市中心举行的一次婚礼。原图已经严重损坏。我并未参加婚礼，但是我敢肯定照片中应该有某些颜色。当然，你也可以。

桥牌教科书的习惯是让读者把手里的牌遮住，找到某个问题的正确答案。通常，疑问是开拓思路的精神食粮，答案不会马上出现。

所以，在回答前，把图 9.1 中两张修正过的图遮住。下面是问题：

♠ 你认为新娘的婚纱应该是什么颜色？新郎的领结和裤子应该是什么颜色呢？

在你厌烦地把书扔到墙上以前，我要告诉你，这是个合理的问题，它很复杂，但预示着稍后有更多的挑战。你没有参加这次婚礼，又如何确定这些颜色呢？

推销自动色彩修正系统的人通常用这张图片来证明其产品性能优越。事实上，用最简单的“自动色阶”命令来修正图 9.1B，就有令人惊喜的改善。这个命令有效地让图片上的一些地方产生了黑场和白场。但是，当这些端点不是自然的黑色或白色时，随后的灾难就发生了。不应该在新娘礼服之外寻找白场，也不应该在这些男士的领结之外寻找黑场。

A

B

像“自动色阶”命令那样处理，效果很好，但它达不到我们手动设置的效果。人可以找到更合适的颜色来调节。更绝的是，人可以忽略某些颜色——还可以用一种颜色来推测另一种颜色。下面请看：

♥ 左起第二位女士穿着的礼服是什么颜色？

我们不太清楚。但最起码我们知道它不可能是绿色的或蓝色的。随着时间的流逝，无论它褪色有多严重，也可以看出它应该是某种暖色调——红色或橘色，也有可能是紫色。

就像我们能够肯定新娘穿的婚纱是白色的，我们也能肯定这位女士的礼服褪色了，但是这条信息没有用。我们不可能让图中的礼服变成蓝色或绿色的。但是头发的颜色呢？原图很糟糕，我们仍然能判断出每个人的头发都比金发要深得多，根据第3章的规则，他们肤色上的黄色就应该比品红多。这是非常有用的信息，原图就缺黄色。往肤色里增加黄色时，头发不会变得太黄。

◆ 这张图片中有另外一种我们熟悉的颜色，你能说出它的名字吗？

说到颜色，我不是说赤褚色、胡桃棕等，我指的是白色、黑色、红色、绿色、蓝色、品红、青色或黄色。我可以肯定地说，脸上需要的是红色，不管它现在是什么颜色。这种情形不胜枚举，比如我们刚刚讨论过礼服，红色仅仅是其可能颜色中的一种。

事实上，红色的语义不像白色那么明确，它与青色、品红和黄色密切相关。红色仅仅意味着CMYK中的品红和黄色要比青色多得多，或者说RGB中的绿色和蓝色要比红色亮得多。

通过考虑相近色，可以更确切地描述颜色。比如红色的相近色是品红和黄色，人脸最理想的颜色毫无疑问是红色，也就是同样多的品红和黄色、更少的青色，如果偏离了这种配比，那它总是倾向于黄色，至少在人们的头发像你在这里看到的一样黑时是如此。品红永远都不会比黄色多，否则头发就成了紫色的。

图9.1 上页上图 40年前的原图，它经历了岁月的侵蚀。图9.1 上页下图 用自动色阶命令在RGB中修正。本页下图：曲线不仅修正了新郎和新娘的衣服，也修正了木头的颜色。

另外一种我们熟悉的颜色介于红色和黄色之间。我指的是长凳的颜色。某些木头是红棕色的，其他的可能更偏黄色。但是紫色木头的可能性微乎其微。图 9.1B 中的木头就是紫色的。

如图 9.1C 所示，手动修正比机器自动修正更好，因为它知道木头要么是偏黄的红色，要么是偏红的黄色，不会偏绿，不会偏紫，应该是黄色最多，品红其次，青色再次。

这是曲线修正能获得的最佳效果吗？可能不是。我不知道我是否准确地修改了木头的颜色，但我知道毫无疑问它是正确的，图 9.1B 不是。注意图 9.1C 中特别的“细节”：新郎新娘胸前的黄色污渍。

♣ 你如何知道没有完全修正？也许某些校准专家要求所有男士都戴棕色领结，穿棕色裤子，这让数值修正更困难。

有时，桥牌老手能够揭穿精心设计的骗局。比如你作为一个防守者，拿着 A 和小王，你知道对手还有大王，并在你之前打出了 J，如果你用 A 赢得了这一局，就算再过 100 万年，对手也不会想到你手里还有小王，这是他在比赛中最不愉快的经历和体会。

有人已经被这种方式骗过许多次，这没什么可说的，但我们要向赢家致敬。

人们在婚礼上和婚礼后要疯狂庆祝。谁知道这可能是西方文化史上第一位穿着青色礼服的新娘。也许某人把长凳涂成了绿色，或者有可能，所有的婚礼参加者用刷子把他们的脸涂上了厚厚的一层紫粉。

但是我们获胜的几率是多少？换句话说，你有多确信礼服是白色的、领结是黑色的、脸是红色的呢？

答案大概不是 100%，有人会认为我是错误的，但我愿意冒险尝试这种大胆的效果。

因此，这个问题变成了一个给图片下注的问题。如果我们很肯定地知道哪个区域是什么颜色——或者非常肯定它现在不应该是什么颜色——然后我们下注。否则，我们就不参加而等待下一场赌局。看看你能否避免被下面的错牌卷进去。

9.2 不能信任媒体

就像我们刚才看到的一样，肤色可能是色彩精准度的一个重要标志。同时，我们总是在监视那不仅仅是亮或暗，而且是白或黑的颜色。

图 9.2 的海报就有这样的颜色。标题和 Logo 显然是白纸。我们打赌，它们不应该是灰白色，而应该是 $255^R 255^G 255^B$ 或 $0^C 0^M 0^Y$ 。另外，画面中不仅有肤色，而且有两位非洲裔美国人，这对我们修正颜色是有利的。抛开 NBA 的罗德曼不谈，非裔美国人的头发当然是黑色的。

因此，有人可以很轻松地创建图 9.2 下边所示的效果，但不幸地是，海报不是单独存在的。要对图 9.3 也尝试这样的方法，你会被效果吓一跳。如果把这

图 9.2 众所周知，非洲裔美国人的头发是黑色，而且任何一个种族的肤色都很少是绿色的。下图是上图经过曲线修正的效果——但仍然有一个很大的问题。

图 9.3 当海报贴在这个环境中时，很容易明白为什么它的颜色不可信：它们已经被太阳漂白了。

志在成为色彩魔术师的人的最大问题就在于决定画面中的什么颜色应该是中性灰，而不要管它在原稿中是不是中性灰。

♠ 在图 9.4A 中，你估计窗户的边框的颜色应该是什么？9.4B 中最左边的汽车呢？

人们对房屋的颜色有不同的喜好，不过这两幅图中窗户的边框应该是白色的，左边的汽车应该是黑色的，它旁边是一辆深绿色的汽车和两辆深蓝色的汽车。

这些都是刚从相机中导出的 RGB 文件，我们最

些人的头发变成黑色，那些本来应该是黑色的窗框、电话、站牌标志等景物就会变成偏紫的红色。而且，即使我们不能打赌说图中的混凝土是中性灰，它也应该相当接近中性灰，但海报上的人脸比混凝土还绿。我们应该做什么？

图中的阳光看起来太强烈了，广告主把海报贴在了阳光十足的地方，日复一日。如果打印这张海报的人保证了色彩不褪色，那么现在他要为此而感到歉意了。这里的问题就跟刚才我们看见的婚礼老照片一样。把景物暴露在不利环境下，某种着色剂就褪色了。在婚礼照片中是青色大量褪色，黄色少量褪色；海报中品红褪色了。在图 9.2 的原稿的脸部可以测出蓝绿色，因为它现在就是蓝绿色的。

9.3 猜测分布

在桥牌中，高手们尽量推迟决定关键牌的分布。打掉越多不相关的牌，关键牌的位置线索就暴露得越多。如果一个对手非常意外地被发现红心是短套，她的搭档很可能在另外一套花色中失墩。

LAB 和信息面板

信息面板的两个部分都能显示颜色数值。左半部分通常设置为实际数值，也就是当前色彩空间中的数值。在不熟悉的环境（比如 LAB）中处理时，人们使用右半部分作为辅助，把右半分设置为 CMYK 或 RGB。CMYK 用户经常把右半部分设置为油墨总量，为了确保不超出印刷机的油墨总量限制。

无论你在何种色彩空间中工作，在检测中性灰时，都应该把右半部分设置为 LAB，因为 AB 数值不受明暗的影响，也不会相互影响。你可以让光标很快掠过这些区域，检查是否有景物偏离 0^A0^B。在 RGB 中，这个程序要慢得多，因为你必须很快地比较 R、G、B 的 3 个快速变化的数值。

图 9.4　A 中的窗户边框应该是白色的还是浅紫色的？ B 中左边的汽车呢？它是看上去的黑色吗？

终需要的是 CMYK 文件，所以要选择色彩空间来处理。为了便于检测，我把信息面板设置为 LAB（原因见上页方框），它更容易判断中性色，因为我们正在找 $0^{A}0^{B}$，而不管明暗。

让光标在窗户边框上移动，可在信息面板上读出 2^{A} ～ 5^{A} 的 A 值，品红比绿色稍多一点，B 值是 $(6)^{B}$ ～ $(2)^{B}$，蓝色比黄色多。因此，这个边框的颜色是偏蓝的紫色，但没有房子主体的紫色强烈，房子的典型颜色在 $10^{A}(15)^{B}$ 左右。

再看汽车，其尾部较浅的地方的数值是 $0^{A}(20)^{B}$。在中间较暗的区域，大约是 $0^{A}(15)^{B}$。它们都是明显的蓝色。

现在知道了，测出的数值与我们预期的数值不一样，我们已经准备好进行修正，这意味着该讨论关键问题了。

♥ 让图片中这些区域全部或部分成为中性灰，你确信先前为图片下的赌注一定会赢吗？

首先，房子看起来赌得不错。汽车有可能是深蓝色的，无论它看起来有多黑，但是窗户的边框确实很少有浅紫色的。

就像评价婚礼图片时那样，我们常常会忽略还原明显的正确色彩的思路。对图 9.5A，我们可做如下分析（可能我们还没意识到已经进行了分析）：雪当然是白色的，这一点毫无疑问。雪的某些部分跟窗户的边框有同样的亮度，但窗户的边框明显更紫，因此可以认定，窗户的边框是紫色的。

颜色毫无疑问的雪的存在，使这个推论成为可能。这种被人们熟悉的颜色是图 9.4A 所缺乏的。

图 9.4B 就是另外一回事了。分开来看，我们不能确定任何一辆汽车的颜色，但是我确信轮胎是 $0^{A}0^{B}$，像雪一样确定。如果那些轮胎跟哪一辆汽车有同样的颜色，那辆汽车就是黑色的。

测量这些轮胎得到的数值是 $0^{A}(18)^{B}$，与左边的汽车非常接近。因此，我准备为汽车是黑色下注，而不赌现在的蓝色。

污点的处理

使用数值修正意味着要努力确信数值在实际中会产生的效果。依靠一些速成的案例教学并不总是管用，特别是在有正当理由怀疑原图品质时。

图 9.1C 提供了一个重要范例。现在，图片已经进行了修正，由于物理损坏，在新娘和新郎的身体上半部分有一片黄色污迹，非常明显。这片污渍要从文件中处理掉。

在原图（图 9.1A）中很难发现这片污渍，这是我们为什么应该采取措施在多个本应是白色的区域进行处理的原因。只关注损坏区域的内部并对它进行中性化处理，会产生蓝色的色偏。

图 9.5A 另外一种我们熟悉的颜色——雪证明了图 9.4A 的颜色是正确的。图 9.5B 我们熟悉的颜色，轮胎可以用来检验图 9.4B 中的阴影有一个色偏。

◆ 即使没有轮胎，也有两条线索证明汽车是中性灰的，你能说出它们吗？

为了证明现在的汽车颜色不对，我们需要找到更确定的、与轮胎大致一样暗的景物。我们确信轮胎应该是黑色的，它们正好也跟汽车一样暗。我们知道人行道上的标记应该是白色的，但它们在修正前的色彩是否正确无法为汽车的颜色提供证明，因为汽车要暗得多。

但是，单行道标志牌的背景与轮胎一样暗，也是黑色的。

另外，尽管我建议保持信息面板右半部分的读数为 LAB，但可以把它暂时切换到 CMYK 以显示其他的不可能性。我们不知道这些树的绿色具体是哪种绿，但从第 3 章可以了解到，所有天然绿的黄色成分都比青色成分多。测量离汽车最近的绿色，也就是车顶上电线所在的地方，其数值是 $85^{C}59^{M}60^{Y}15^{K}$，青色和品红都比应有的高，青色和品红一起形成蓝色，因此树木太蓝，树木与汽车一样深，因此汽车也一定太蓝。

于是我们把图 9.4B 调整成 9.5B，注意树木的颜色更真实可信了，蓝色色偏消除了。我们通常都会停顿下来讨论这种效果是如何达到的，但是在讨论前，我们必须更进一步寻找中性灰。

♣ 南滩艺术建筑（The Art Deco architecture of South Beach）以其明媚柔和的色调而闻名，例如图 9.6 右边的建筑。中间的酒店数值是 $(3)^{A}(5)^{B}$，柔和的蓝绿色。这应该修正吗？或者说它应该是白色的吗？

首先，如果你需要知道这个酒店的名字，你可能住不起那里。如果你确实知道它，你就知道它的颜色。但是假设我们不知道。

在任何其他名胜地几乎毫

图 9.6　这个地区的建筑物以柔和的色调而闻名。在这种建筑物下，推断哪种景物是中性灰很危险，不是吗？

无例外的是，酒店是白色的。但是我们是在南岸海滩。我们只能说偏绿的蓝色看起来可能不对。因为我们已经看见很多不同寻常的东西。

不幸的是，在南岸海滩没有雪，至少没有急剧的气候变化，所以我们不能像 9.5A 一样进行对比。它也没有轮胎，或者任何其他已知的颜色可以让我们参照。我们也不能确定晒太阳浴的人的原本的肤色，她可能经过日晒，正常的肤色数值对她可能不适用。但我们可以推测。

我们不知道遮阳伞的颜色，虽然我们猜它可能是中性灰。同样，享受太阳浴的所坐的长椅可能是白色的，她右边的长椅像是灰色的，远处的一个圆形屋顶可能是中性灰的。

组成画面的是一些相互独立的东西，我们认为它们可能是中性灰的。单独考虑雨伞，它极有可能是白色的。不过测量这里得到的数值是 $(2)^{A}(4)^{B}$，有蓝绿倾向，这也有可能是它真正的颜色。但是当我们在另外几样东西上测出同样的蓝绿倾向时，就可以否定这种颜色了，因为这些东西不是成套的，如果它们的颜色相同，那就不会是罕见的颜色，它应该是中性灰，我可以为此下注。

这就是否定式的推测。我们不能直接证明一组对象中任何一个的颜色是中性灰，但可以间接证明，先假设它们不是中性灰，然后导致一个荒谬的结果。

9.4　计算点数

图 9.5 和图 9.6 是我们在如今的数码世界面临的色彩修正挑战的典型代表。扫描底片时，这种类型的问题是不存在的。我们能够确定两者的色偏，但只是在阶调范围的一端。一张图的深色汽车太蓝，但浅色人行道正确地呈现出中性灰；另一张图的浅色酒店有冷色偏，但在应该是中性灰的较暗的防风墙上测出的数值是正确的，对阴影的测量也是如此。

前面 8 章介绍了很多方法、工具和选项。本章和下一章的目的在于澄清景物的颜色何时可以随意推测，何时必须是某种颜色或接近这种颜色。

任意性范例应该是如图 9.6 所示的天空。我个人认为它太深了，但是，有人可能希望它更紫，有人可能希望它更青。无论你的选择是什么，Photoshop 提供了至少一打方法让你获得你需要的效果。

而且，我没有讲处理婚礼照片图 9.1C 和汽车照片图 9.5B 的具体方法。在前面的章节中，你已经见识过很多曲线。在这里，曲线并不是必须的，可选择的方法很多。我在 RGB 中修正了婚礼照片，但同样的效果可以在CMYK、LAB中获得，甚至可以用通道混合的方法消除色偏。对于车，我用绿色通道进行最初的亮度混合，然后在LAB中让AB曲线变陡，让树的颜色更丰富。

同样，还有其他方法能够达到这个效果。我不敢展示具体步骤，因为害怕你认为我在鼓吹它们是唯一的方法。然而有一点不可或缺，就是推测应该使用何种颜色。如果你没有在婚礼图片的中间调发现品红色偏，或在汽车图片中发现阴影太蓝，就我的经验来说，你就不能创建一张有竞争力的图片，比图9.1B更好的图片才能与图9.1C竞争。

与这两张图片不一样，某些图片清晰地指明了具体方法——甚至在我们已经判断出正确的色彩以后也是如此。

桥牌的出牌顺序是，庄家左手边的对手出第一张牌，然后庄家的对家把他的牌展示在桌面上，以便其庄家出牌。有经验的庄家现在会停下来思考一两分钟，即使现在能出的只有一张牌。这个停顿是为了组织整体战略的思考，以便让剩下的出牌更快、更准。我建议在开始处理一张难度较大的图片前，我们也这样停下来思考，理由同上。

让我们现在规划一下对这张酒店图片的处理。该RGB文件是由一部老式的数码相机拍摄的，没有嵌入配置文件。我们猜测最终需要的是CMYK文件。

9.5 了解牌怎样有欺骗性

在图9.6中的亮调，我们已经发现了一个冷色调色偏。我相信大家都一致认为这种色偏对于海滩图片来说是不理想的。事实上，有些人可能希望走得更远，不是仅仅把它修正成中性灰，而是让它成为暖色调色偏。另一方面，我们可能对天空的合适颜色和明暗有不同意见。但是对以下几点我们应该能够达成共识。

• 整体阶调范围是糟糕的，因为相机笨拙地选择了沙滩椅作为白场。其实没有人会注意到这里的细节是否消失，高光应该设置在最亮的重要物体上，最有可能是雨伞上。无论何时，你都可以在任何色彩空间中完成这个简单的步骤。

• 不像本章的其他图片，这张图片有严重的分色问题。南岸海滩柔和的颜色在现实中非常生动，但在此图中很单调，需要增加颜色变化，这就意味着我们应该使用LAB。

• 图片有很多明确的边缘，比如窗户和沙滩椅。这表明需要用强烈的传统锐化方法。没有主色，所以必须进行整体锐化。我们知道RGB是相对贫乏的锐化空间。我们已经决定进入LAB，那也就是我们应该锐化的色彩空间。

• 不幸的是，这种色偏只出现在浅色区域，深色部分看起来很合适。这引起了是否使用LAB的争论，它只能改变整体的色偏，除非我们自找麻烦使用一个选区，或者使用混合颜色带滑块。RGB和CMYK不需要这些帮助就可以消除这类色偏。

• 但是，如果我们等到进入CMYK后再修正色偏，它会更困难，因为LAB的颜色增强会让色偏更严重。因此，我们应该在RGB下处理色偏。

• 面对这样一大片色彩浓郁的天空，我们要提防

学会随机应变之道

色彩修正专家沉着冷静，自信地应对各种情况。对于我们这些人来说，不像他们一样经验老到，这点令人沮丧。

但当我们分析他们如何处理时，会发现完全没有秘诀。我们与他们的唯一区别（除了良好的外表）是，他们反应迅速，而这可能需要我们花5分钟去思考，让我们觉得自己很愚蠢，而且很有挫败感。

所以我们需要本章。很多概念非常明显，就像新娘穿的是白色礼服一样。然而对于非专家来说，这是最令人沮丧的区域，在进行了10多年的小班教学后，我想我知道原因。

不用学习很多曲线和锐化方面的知识，非专家级用户也能把图片处理得至少跟专家一样好，虽然专家出的错比较少。非专家级用户会花上5分钟，以本章所讲的方式分析图片，而专家只需在数秒内完成。因此，非专家级选手会觉得自己愚笨不堪，充满挫折感。

我并不是一个夸夸其谈的人，但是请听下去。我们的目标是创造这样的图片，它看起来像那些比你多处理了5万张图片的大人物处理过的。如果那个人得到自己想要的效果比你快，我想你不会恼怒。现在，如果那个人能够让图片比你绞尽脑汁做出的图片要好得多，那才是应该恼怒的。那么，在进行Photoshop魔术表演前，多花点时间吧。

红色通道里的噪点，特别要注意的是，这张照片是由一部老式数码相机拍摄的。

因此，我们有了以下计划。在 RGB 中消除色偏，把图片转换 LAB，以便强化颜色和锐化，然后为最终印刷进入 CMYK。

♠ 如果天空需要减少某些噪点或改变色彩，那么我们应该在哪种色彩空间中操作？如何避免影响图片其他部分？

天空几乎是统一的色彩，它可以在任何色彩空间中改变。某些类型的图片需要在 LAB 中进行细致的模糊处理，但这张图不需要，因为天空中没有什么精细的东西，模糊不会去掉真正的细节。

让图片其他地方清晰是另外一回事。这也是为什么我们必须认清通道的原因。在每个 RGB 和 CMYK 通道中，某些物体的明暗和天空一样。LAB 中的 L 也是如此。A 中，天空的品红比绿色稍微多些，但其他很多景物也是如此。但在 B 中，蓝色比黄色要多得多，比另外唯一的蓝色景物（右边的酒店）要多。所以 LAB 是我们最容易把天空和其他景物区分开的色彩空间。

但是，首先有一件事必须在 RGB 中做。原因很快就明了，我们应该创建一个曲线调整图层，至少暂时应该这样，而不是在基础文件上使用曲线。

随着画面变暗，色偏也消失了，所以使用颜色取样器工具选择几个参考点来评估曲线是否成功是不错的。在图 9.7 中，#1 是伞最亮的部分，#4 是防风林的灰色部位，#2 和 #3 都是酒店本身。虽然文件是 RGB 模式的，但我已经把它们的读数设置为 LAB，这样很容易看清它们是否偏离了 0^A0^B。左上方读数是沙滩的一部分，读数仍然是 RGB。

这些取样点中的每一个都需要完美的 0^A0^B，图 9.7 中的读书差得太多了。不管怎么样，信息面板上“/”符号右边的新数值与左边的原数值相比更接近中性灰。其效果见图 9.7A。

用曲线控制这么多点多少有些难度。我为获得正确的颜色而高兴，但我忽略了对比度问题，曲线太陡或者太平会导致对比度的意外变化。我当然接受因曲线而增加的对比度，但如果原图更好，我也愿意转换到原图的对比度，这是使用调整图层的原因。图 9.7A 的颜色比原图好转了，但我认为随后要进行细节处理。因此，我把调整图层的混合模式改为“颜色”，与“亮度”相反，图 9.7B 恢复了原图的对比度。

♥ 在转换出 RGB 前，我们应该检查些什么呢？

RGB 在通道混合上有独特的优势，所以我们应该检查是否有些工作还需要在 RGB 空间中进行。我们通常使用红色通道加强天空，但是天空没有令人感兴趣的细节，而且比需要的要暗。无论如何，图 9.8A 表明，我们担心可能出现红色噪点是对的。蓝色通道不是取代红色通道的明智选择，因为蓝色通道中的天空与楼群的反差不够，树木非常暗。绿色通道是不错的选择：没有噪点，树木相对较亮，天空适当，沙子的细节也相当不错。在图 9.8B 中，把绿色通道混合到 RGB 总通道中并设为“亮度”图层，其对比度得到了加强。在合并图层后，我们就可以准备进入 LAB 色彩空间了。

L 曲线把高光设置在遮阳伞上，而且稍稍增加了沙滩范围的陡度。一会儿要在 CMYK 中修正的另外一张照片，在相对笨拙的 L 中不能找到一个点实现良好的阴影效果。

调节 AB 曲线非常简单：都保持为直线，围绕中间点旋转，RGB 曲线调节的效果在这里得到了进一步修正。我觉得在暖色调中强调黄色应该多于强调品红，所以我在 B 曲线上使用了一个更陡的角度。这是个人喜好问题，就如同讨论图 9.8C 中是否色彩太浓郁的问题一样。

◆ 图 9.8B 中，相对匀净的绿色通道代替了产生噪点的红色通道，但是，在 LAB 中处理后，为什么图 9.8D 中天空的噪点还是那么多？

品质较差的红色通道不仅有在图 9.8A 中明显的暗色斑，而且还有把颜色变脏的亮色斑。暗色斑导致天空更蓝，亮色斑导致天空更紫。在“亮度”图层中把绿色通道混合进红色通道能最小化暗度变化，但没有改变色彩。

人眼对暗色变化的敏感度与对亮色变化的敏感度是不一样的。原图 9.6 中的天空太深，我们几乎发现不了蓝色和紫色的斑点。但现在，这些景物变亮了，这些斑点更明显了，这就需要使用某种模糊滤镜。

如果你有 PhotoshopCS2 或更高版本，最吸引人的选择就是“滤镜 > 模糊 > 表面模糊”命令，除了大多数模糊滤镜都有的半径外，它还有阈值，阈值越高就越模糊，这与 USM 锐化正好相反。

我们在这里只希望去噪，所以“高斯模糊”、“中间值”或“蒙尘与划痕”滤镜也可以使用。图 9.9A 显示出，“表面模糊”命令作用于复制图层的 LAB 全部 3 个通道上，半径值为 6.0，阈值为 15。我还希望天空更亮一些，所以我对 L 进行了曲线处理。

酒店的边缘随着天空的模糊已经损失了几乎所有的细节。在图 9.8B 中为了恢复细节，用到了混合颜色带滑块，排除了原图中不够蓝的景物，也就是除了天空之外的景物。注意，右边酒店的微微发蓝的区域仍然有细节。

合并图层后，为了锐化，我们增加了一个复制图层。同样地，这个图层是灵活调整的需要。我们知道，由于有很多边缘，这张图片的 USM 应该尽量强烈。因为很难决定锐化的程度，而且它对于图片十分重要，所以最好的办法就是先过度锐化，然后通过图层不透明度或其他技法让它还原。

LAB 中的锐化总是只用在 L 上。我已经选择了 L 通道，设置为数量 500%、半径 9、阈值 10，这样就得到了图 9.10A。

在第 6 章中我们已经知道，当锐化的亮晕带减弱时，像这样的 USM 通常更有效。不幸的是，目前 Photoshop 还不能在 LAB 空间中使用“变暗”和“变亮”模式。

因此，我们把图片转换到最终的 CMYK 空间。通常，

信息

R:	137/ 168	L:	64/ 70
G:	137/ 152	a:	0/ 4
B:	135/ 133	b:	1/ 11
8-bit		8-bit	
#1 L:	86/ 89	#2 L:	72/ 78
a:	-2/ 1	a:	-5/ -1
b:	-5/ -1	b:	-4/ 4
#3 L:	80/ 85	#4 L:	30/ 32
a:	-2/ 1	a:	0/ 0
b:	-6/ 0	b:	1/ -1

图 9.7 在一个调整图层上，RGB 曲线被用来减少图 9.6 的色偏。为了方便起见，把信息面板读数设置为 LAB，使用一些不同的取样点。A 损失了细节，所以调整图层设置为“颜色”模式，这样产生了 B。

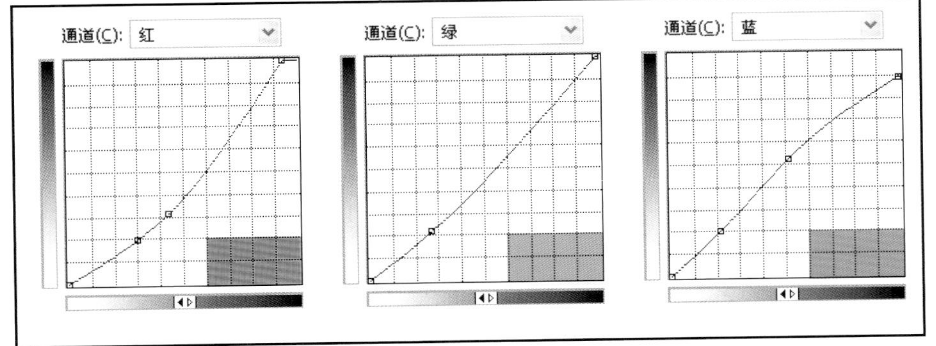

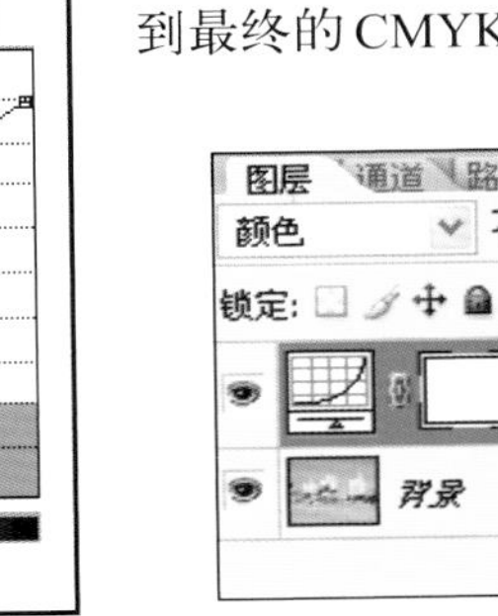

图 9.8A 红色通道有噪点。图 9.8B 将绿色通道以“亮度”模式混合进 RGB 的结果。图 9.8C 进入 LAB 调节曲线的结果。图 9.8D 天空中还有很多噪点。

我们在改变色彩空间时希望合并图层，否则某些操作（例如调整图层）就白做了。但在这里，当是否合并图层的提示出现时，我们选择不合并。转换到 CMYK 后，我们复制上面的图层，将图 9.9B 置为下面的图层，将图 9.10A 置为上面的第 2 个图层。现在，如图 9.10 所示，我们把中间的图层设置为“变暗”模式，上面的图层可能是“正常”模式，或者如果

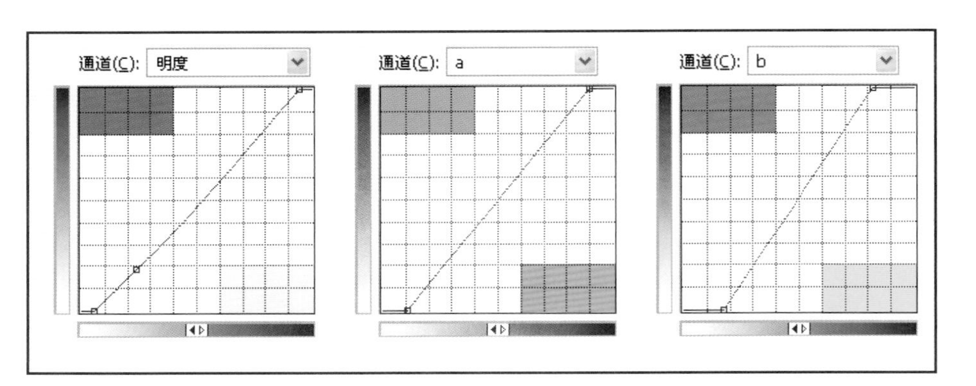

图 9.9A 仍然在 LAB 空间中，“表面模糊”滤镜用于图 9.8，曲线把天空变亮了。图 9.9B 混合颜色带滑块作用于蓝色比黄色多得多的区域——天空。

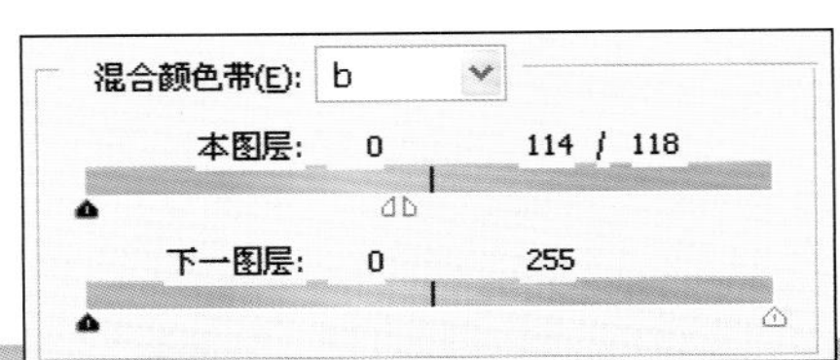

你需要提醒自己它为什么在那儿，把它设置为“变亮”模式。我建议把上面的图层的不透明度设为 50% 再看看效果。当我这么做的时候，我对效果相当满意。我不去理会上面的图层，把中间的图层的不透明度降到 90%，这样就得到了图 9.10B。

没有基础理论的话，最先进的技术也没有用。一个桥牌选手无论有多优秀，仍然要遵守套路，计算 13 手牌。我们还没有通过数值来验证图 9.10B。

如果这张图片有明显的让人感兴趣的焦点，我们应该尝试着把它放在 CMYK 曲线较陡的位置。但它没有，我们要做的就是检验高光是否正确（如果正确，离读者最近的伞就是 $4^{C}2^{M}2^{Y}$），中性灰是否理想（图 9.7 中曲线就是为了这个），阴影是否足够暗和平衡（否，青色太多，而且太亮，因为我们到目前为止一

图 9.10A 在复制图层中，LAB 的 L 通道经过强烈锐化处理。图 9.10B 文件转入 CMYK，通过将锐化的图层复制为顶层并减少不透明度，锐化的亮化影响就减弱了。

直忽略了这个问题）。

因为这张图片中没有很多阴影细节，最暗的区域太小了，印刷机的限墨器测不出来油墨总量超标，所以我把阴影设置为 $80^{C}70^{M}70^{Y}85^{K}$。青色完全不需要调整。曲线的中间点阻止了亮调变暗，提供了阳光明媚的图 9.11，而不是阴暗的图 9.8。

在 CMYK 中创建阴影是非常简单的，就像在 RGB 中进行亮度混合、在 LAB 中增强色彩一样。这张图片很好地利用了这 3 个色彩空间。它可能会让你精神上感觉有些疲倦，接下来我们用一张图片来结束本章，而且只需要 1 个色彩空间。

9.6 不许悔牌

图 9.12 嵌入了 sRGB 配置文件。为了争论，我们说这就是最终要的效果。我们应该离开 RGB 吗？

乍一看不能。不用仔细检查数值就能看出来，明显的黄色色偏没有影响阴影，所以它很难在 LAB 中修正。同样，我们当然也不需要南岸海滩范例中明亮的颜色，这是对 LAB 的另外一次否定。我们也没有足够的理由创建一张 CMYK 图片并用黑色通道进行亮度混合，而且，CMYK 在锐化人脸方面的优势太小，不会带来很大的变化。所以，我们遇到了难题：

♣ 假设这张图片不离开 RGB 空间，为什么某些具有丰富 CMYK 经验的人可以处理得更好？

图 9.11　使用曲线建立理想阴影数值，得到了最终的图片。

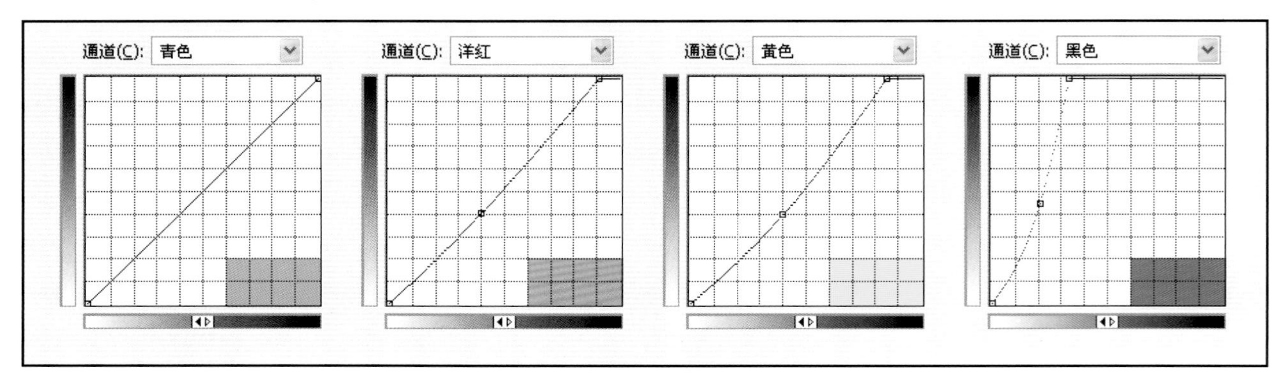

图 9.12 这张图片的黄色色偏集中在亮调和中间调。

只要有可能，摄影师常常把原稿和灰梯尺一起拍下来。这些用于商业用途的图片的来源广泛，可以提供场景本身将要遗失的中性灰参数，这对我们有重要的指导意义。有些人走得更远，把色卡和原稿一起拍下来，如图 9.13 所示。

这是个不错的办法。本章表明，找到图片中可信的参考点并不总是那么容易。色卡的功能是人为增加某些参考点。

如果颜色对于图片非常关键，利用色卡修正图片就很有效。图 9.13 中的局部放大图是从图 2.17A 和图 2.19 借用过来的，原图和修正后的图片都是在空白背景下拍摄的紫色上衣。

♠ 在这两张图片中，哪一张的色卡的颜色更准确？哪一张的上衣的颜色更好？

当然，不同的人有不同的答案。打桥牌作弊的家伙要被赶出牌局，在 Photoshop 中作弊的人却能赚钱。最好的修正为了更好的细节和更重要的区域，牺牲了很少有人感兴趣的区域。

图 9.13A 中左图色卡中的肤色在图 9.13B 中变灰了。浅绿色和橘色几乎相同。有人比我更在意这个问题的原因是，这件衣服的图片中没有肤色、绿色或橘色，只有深紫色。

假如这张色卡已经插入本章的每张图片，有时可能非常有用，特别是在中性灰区域。你可能会想起第 7 章开始我们进行的讨论，它向我们证明了用默认的公式把彩色转换为灰度这一做法是徒劳的。第 7 章主要是关于灰度的，但其中的概念也可用于彩色图片。因此，修正后，卡片中的明暗是否与原图一致在这里并不重要。

到目前为止，在所有的原图中，卡片的灰色区域需要再现为灰色。也许是更浅的灰色，也许是更深的灰色，但决不会是其他颜色。否则，在最终的图片中，它可能会有色偏。这张上衣图片却是一个例外。因为紫色是我们唯一需要的颜色，所以原图灰色是否以这种方式保留并不重要。事实上，在图 9.13A 所示的色卡中，右下方的中度灰色在图 9.13B 中变成了蓝色。

色卡第 3 行左起第 3 个是明亮的红色。因为本

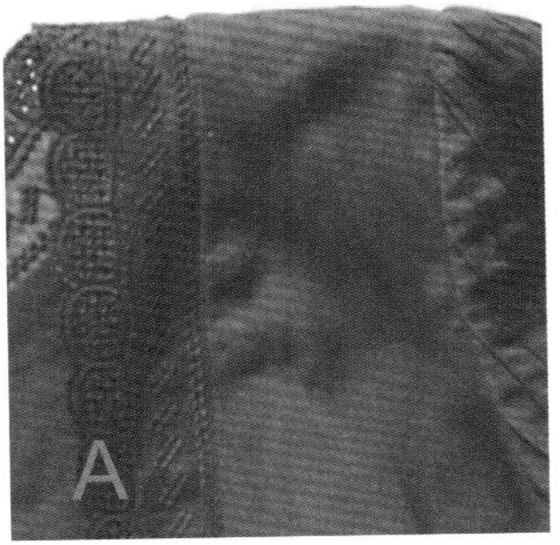

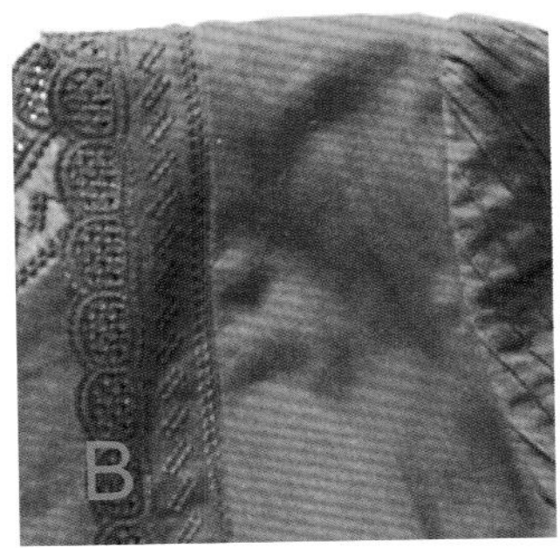

图 9.13 室内摄影师通常插入色卡来辅助稍后的图片修正。在这两张图片中，哪一张的颜色更真实？

章没有出现过明亮的红色，这个色样是浪费精力的，至少目前看是这样的。但是，在我们将要处理的图片中，明亮的红色非常重要，因为 3 个小女孩所穿的衣服与该色样非常接近。如果该色卡已经包含在图 9.12 中，我们的处理就多少会容易一些，即使它没有，我们也要继续下去。幸运的是，有一个合适的替代品，如果你知道该往哪里看。

9.7 计算多少轮

很明显图 9.12 偏黄了。现在应该列举出我们所知道的颜色，证明哪里错了。

• 这节课并不是由学校老师上的，而是美国国会议员。他的头发当然是白色的。而且，他的头发上最亮的部分也是图片中最亮的重要部分。

• 最暗的重要点如果不是他的夹克，就是右边女孩的头发 。我们应该选择头发作为阴影，因为我们知道，她的肤色偏黑，而国会议员的夹克可能是其他略微柔和些的颜色。

• 其他孩子的头发都是棕色的，除了脸被藏起来的那个女孩子，她可能是一头金发。

• 有几个孩子穿着蓝色牛仔裤。

• 肤色一定是红色的，通常偏黄。就 CMYK 色彩空间来说，像这样的小孩有相同的品红和黄色。但有一个例外，但是别急于为这张图片下定论，例外就是老师，他要比孩子们的年纪大得多，他的肤色偏黄。

当一张图片有很多内部关联时，就像这张图片，就会有进一步的推论。虽然这是 RGB 文件，但我们要继续从信息面板读出 LAB 数值。比如，议员头发的最亮点是 $99^L(6)^A 23^B$，最暗点是 $75^L 3^A 35^B$ 。换句话说，头发非常黄，而且略带绿色，向较暗的区域发展，颜色变得更黄，但色调也变得更暖，因为在 A 通道中偏向的是品红而不是绿色。我认为从 AB 通道数值来判断比试图找出 $254^R 255^G 207^B$ 和 $206^R 181^G 119^B$ 的含义要容易很多。

既然我们知道议员的头发需要的是灰色或白色，那么理想的数值就是 $0^A 0^B$。把实际读数与我们期待的数值相比就知道，存在着严重的黄色色偏。

向暗调发展，色偏减轻了。最左边的女孩的牛仔裤的读数是 $30^L(3)^A 3^B$。B 为正值说明黄色比蓝色稍多，这固然不对，但不像议员的头发一样有 35^B 这么高的数值——有它的一半也够受的了。最右边的女孩的头发，读数是 $5^L 1^A 5^B$，只是稍稍有点偏黄。

我们也检查另外一种熟知的颜色。她的上衣是白色的。在图 9.12 中看不出这一点，但是通过测量，其腹部这一最暗区域的数值为 $71^L 1^A 27^B$，这与议员的头发很相似，我们判断出它们是同一种颜色。

另外，数值给了我们惊喜。议员肤色的数值是 $75^L 20^A 36^B$，但是浅肤色女孩的数值大约是 $75^L 10^A 36^B$。议员的 A 值的正数比孩子的更大，他就一定有非常粉红的皮肤。

♥ 我们如何知道议员更粉红的脸部不是由于光线的原因导致的?

如果它是由于光线原因造成的，与肤色一样亮的头发应该有品红色偏，但是它们没有。如果小女孩所处的光线比议员的更绿，让她们的皮肤不是粉红色的——那就会让她们棕色的头发更绿。考虑到黄色色偏，测量到的是 $0^A 35^B$，与我们预测的一样。我们已经看见最右边小女孩身上白色的衬衣与议员的头发一致。如果是在不同的光线下，它们不会这样。

通过观察单独的通道，我们也能确定这些数值。对于所有的关于人脸的图片，我们希望有完美的绿色通道。这是我们在图 9.14 中看见的，但是蓝色通道太暗，这引出了我们以前没有考虑过的一个方法。

因为我们通常试图在不改变颜色的情况下增加对比度，所以以前的大部分混合都是在“亮度”图层中进行的。但是如果我们把图 9.14 中的绿色通道混合进蓝色通道，不仅仅是对比度很有改善，也会通过增加蓝色纠正色偏。

这张图片的色偏比图 9.6 所示的沙滩景色的更糟糕。很难用曲线消除这么严重的色偏。简单的混合并不能解决这个问题，但是能够减轻它，进而用曲线消除它。

所以，用我们前面介绍过的通道混合方法，选择蓝色通道，执行“图像 > 应用图像”命令，以绿色通道为源，混合模式为“变亮”。如果最左边女孩的上衣有些发紫，它的绿色通道应该比蓝色通道暗，我们不希望混合后的蓝色通道变暗。

不透明度需要推敲。人脸上的蓝色通道应该比绿

图 9.14　通过查看原绿色通道和蓝色通道确定了黄色色偏。

色通道暗，所以混合的不透明度不能用 100%。为了创建图 9.15A，我选择了 50%。然后，我创建了一个曲线调整图层，进一步减少了色偏，在看完效果后，像前面的南岸海滩图片 9.7 一样，把调整图层的混合模式改为“颜色”。

这样就产生了图 9.15B，产生它的方法非常接近我们处理人脸的标准方法——把绿色通道混合进来。所以，在合并图层后，我对一个复制图层以“正常”模式、100% 的不透明度应用了绿色通道，这样得到了图 9.16A 所示的效果。

虽然这个方法增加了脸部的反差，但是它破坏了大部分红色区域，特别是左起第 2 个女孩的衬衣。在这种强烈的红色中，绿色通道不应该这么暗。

使用混合颜色带滑块很容易恢复衣服的红色，如图 9.16B 所示。事实上，人的脸部也很红，但比衣服的红色要淡得多，在绿色通道中很容易区分它们，使用“本图层”和“下一图层”滑块都可以，因为上面的“本图层”的每个通道都跟绿色通道一样。

◆ 如果在绿色通道使用混合颜色带滑块违反了规则，那么你会使用其他哪个或哪些通道呢？

像这样深的紫色非常容易区分。如果不能使用绿色，剩下的 9 个通道中的 5 个通道都可以。在 RGB 中，很难在红色通道中进行区分。在蓝色通道中也可以完成，虽然不像绿色通道那样容易，因为在蓝色通道中人脸更深，而最左边的女孩的上衣更浅。

在 CMYK 中，绿色通道的“近亲”品红通道可以轻而易举地区分脸和衣服，黄色通道也是如此，它与 RGB 中的蓝色通道同源。也不要忘记 LAB，L 通道没有帮助，但是 A 和 B 通道很有用，它们仅仅反映颜色，不受明暗的影响，通常能轻易地解决在 RGB 中遇到的问题。与图中的其他景物相比，红衣

疑难解答：肯定推测和否定推测

• 要清楚一定要用什么颜色，一定不能用什么颜色。千万不要习惯于强迫物体成为某种颜色，除非你确实知道它应该是什么颜色。通常，在不知道什么数值是正确的时，我们认为现在的数值是错误的。在这种情况下，我们是在猜测。比如说，图 9.12 中老师的头发应该是白色的，我们修正时才迫使它变成中性灰。如果他是黑头发的、更年轻的人，我们就不会这么肯定了。它可能是中性灰，也可能不是。但是，它不可能是绿色或者蓝色，所以如果信息面板显示 A 或者 B 通道是负值的，我们就要把颜色修正为其他颜色，即使我们不知道其他颜色是什么。

• 何时无法推测。这些技法类似于读一本神秘的小说。不过在这些小说中，侦探总是能揭示悬疑的情节。我们却不可能总是推测正确。如果你不能从图片中获得任何推测线索，可能是因为根本就无线索可寻，就如同图 9.4A 一样。在那样的情况下，只需要设置高光和阴影，然后继续。

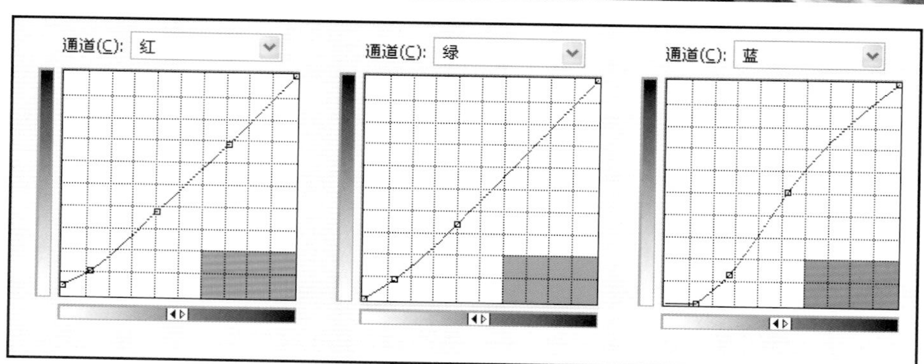

图 9.15 A 以“变亮”模式、50% 的不透明度把绿色通道混合进蓝色通道，这样减少了色偏。图 9.15B 在设为“颜色”模式的调整图层中使用曲线。

服在 A 通道中大大地倾向于红，在 B 通道中大大地倾向于黄。

测量表明，黄色色偏问题只是得到了缓解，并没有彻底解决。因此，我把图层合并，再次把绿色通道混合进蓝色通道，这次是“变亮”模式，不透明度是 40%，结果如图 9.17A 所示。混合不像曲线或锐化，在曲线或锐化中，我们要避免重复使用相同的命令，而图 9.15A 和图 9.17A 重复了“应用图像”命令，它们并不矛盾。

如果一张图片最终要进入 LAB 或 CMYK 空间，锐化就应该在该空间中进行。对图 9.17A，首先用传统方法锐化，再用“大半径、小数量”方法锐化，两

图 9.16A 在“亮度”图层中，绿色通道混合进 RGB 合成图中。
图 9.16B 用混合颜色带滑块恢复红色区域。

次都使用高阈值以避免脸部产生不需要的细节，结果如图 9.17B 所示。

9.8 桌面上的牌

当玩家不小心或故意瞄了一眼对手的牌时，他就获得了一种不公平的优势。在图 9.6 中，我本可能有这种有利条件，因为我意外地知道了 Delano 酒店是白色的，这本来可以避免我推测的麻烦。

任何一个有着丰富 CMYK 经验的人在这里都可以借助类似的拐棍。那些为孩子们设计书籍的美术家相信，任何数值不是 $0^{C}100^{M}100^{Y}$ 的红色并非红色。相对于新娘白色的礼服，我更确信那本书封底的数值符合那个公式。我这么说并不仅仅是因为使用 $0^{C}100^{M}100^{Y}$ 是惯用做法，而是因为它与其封面上的国旗条纹更一致，印前人士都知道它接近 $0^{C}100^{M}100^{Y}$。

左起第 2 个女孩穿着同样颜色的衬衣。所以，我们把信息面板右上部分的读数设置为 CMYK 而不是 LAB 模式的，然后测量她右肩的颜色。我们知道数值为适当的 $100^{M}100^{Y}$，加上一些可以削弱红色的杂色 $13^{C}2^{K}$。但这会产生一个推论：红色区域（包括脸部）有冷色调色偏，即使其他数值看起来都正确。

开始我并不知道这些杂色怎么进入 CMYK 的，至少在 RGB 中没有。所以现在只有两个选择。如果你不希望离开 RGB 色彩空间，就可以使用“图像 > 调整 > 色相 / 饱和度”命令，或者“图像 > 调整 > 可选颜色”命令，这两种命令都可以对 RGBCMY 中的任何一种颜色进行修正。“色相 / 饱和度”在这里是更好的选择，因为能更精确地修正：在选择色相的下拉菜单中选择“红色”，按住 Option 键单击衬衫，指明这里是着重改变的地方，然后设置以下参数：色相为 0，饱和度为 +13，亮度为 +9，结果如图 9.18A 所示。

另一个办法是买一张到 LAB 的双程票，LAB 专门针对这种类型的色彩加强问题。将图片的色彩模式转换为 LAB，打开曲线对话框，按图 9.18B 所示的方法调节曲线。这是最狡猾的 LAB 曲线，也是功能最强大的。B 曲线中间点下边的第一个点下降，使肤色偏黄。但是，再往下的那个点限制了已经非常黄的景物（也就是红色物体）再向黄色发展。没有 LAB，很难既去除肤色中的蓝色又不让红色变为橘黄色。

与原图（图 9.12）比较，图 9.18 中的任何一张都很难引起争议，但试读者 Clyde McConnell，一位图像艺术教授，发表了以下观点。

“以图 9.18 结束的练习很好，也非常清楚，但是如果我和学生一起做，我可能会建议使用简单的图层蒙版。我非常赞同不接受此种方法的聪明做法，

图 9.17A 在“变亮”模式下，绿色通道进一步混合进蓝色通道，与图 9.15A 相似。图 9.17B 除了上述步骤，还要进行锐化。

图 9.18　让脸部和上衣都变得更红的两种尝试。图 9.18A 在 RGB 中，使用“色相/饱和度”命令。图 9.18B 转换成 LAB，然后使用图中所示的曲线。

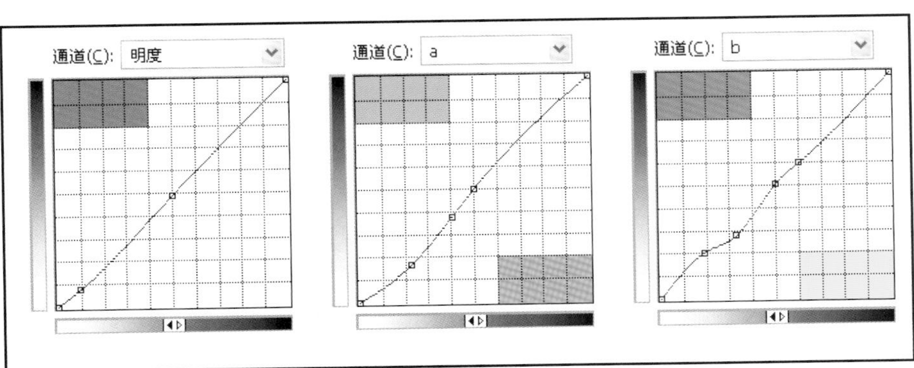

书本上的不一定是全部，但是这张图片丢失的是背景中白炽灯的色彩感觉——门外汉会说那是一种暖融融的感觉，这种背景是学校努力为孩子们提供的。所以，我只是复制了最终的版本，把它的不透明度设置为50%，然后在一个图层蒙版中给顶端做适当的渐变。读者不会转移到重要问题上来，认真观察图片，而不是用某些想象出来的规则处理它们。”

9.9 做好准备

到现在，你知道了我如何利用我的知识确切地知道一棵树的颜色从而让听众发出“WOW”的一声惊呼。所谓的知识几乎完全是由这样的推测构成的——这棵树大概是绿色的，尽管打开图片的时候，它是黄色的。

所以，我靠经验和信心做了一个大胆的推测——树木应该是怎样的一种绿色。当然，它比原图要好很多，因为在图中，任何绿色，不论有多讨厌，总比黄色要好。

任何时候，一个人消除了不可能正确的颜色，然后用至少是可信的颜色取代它，改善的效果总是惊人的。

从某种程度上说，这是一个信心游戏。第一步就是信心百倍地告诉大家新娘的礼服应该是白色的。如果你处在这样的地位，那么过不了多久你也能看穿牌的背面。

本章小结

确认某些区域应该是或者不能是某种颜色，让色彩修正变得更精确。对色彩的推测不限于专家——某些推论是如此明显，以至于我们没有意识到我们进行了推测，就像推测新娘礼服是白色的一样。

最难的是推测某些区域是中性灰，过于急迫地假定某些区域是中性灰要对许多色偏的产生负责。

花些时间对图片进行整体分析。孤立地看某个物体就不知道它应该是什么颜色，与图中的其他物体比较就容易判断了。

回顾与练习

★ 快速理解信息面板上LAB中的AB数值，能够让推测更有效。请说出下面每一种颜色的理想的AB数值（比如：A 应该是 0A 或者小的正值，B 应该是很大的负值）。

1 图 9.1C 中，左起第 2 个女士的浅绿色礼服

2 图 9.11 中的沙滩前景

3 图 9.13 中的上衣

4 图 9.18B 中，3 个女孩的红色上衣（加分题：这 3 件上衣是如何变化的？）

★ 我们还没有完成修正，但是你将使用什么工具来消除图 9.1C 中覆盖新郎和新娘上半身的黄色污迹？

★ 随意收集一些自己的图片，你在其中发现这些颜色的概率有多大：(a) 你熟悉的颜色，例如图 9.1 中的中性灰；(b) 你不熟悉、但可以排除某些可能性的颜色（比如头发肯定不会是绿色的）；(c) 完全没有线索的颜色。

第 10 章
每张图都有 10 个通道

在 3 个色彩空间中处理，可以使用很多工具来提高图片品质。为了避免头脑僵化，我们不仅要学会在这些色彩空间中工作，还要学会在其中思考。

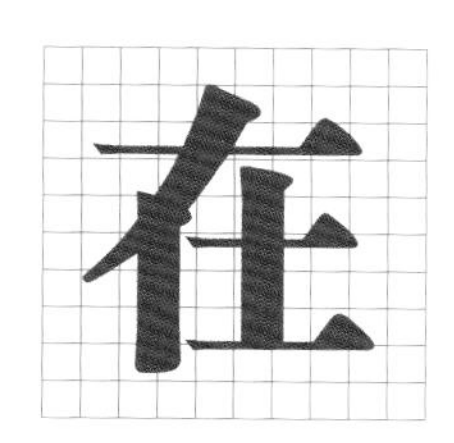

桌面出版的早期，电子元件还不像今天这么发达，我的苹果机上的显卡刚装了一个星期就坏了。我给供货商打电话，经过漫长的等待，问题被移交给了一个刚上班一周的技术代表，他进行了一系列调查，这些调查曾让 Torquemada 很自豪。

“你确定它插进苹果机了吗？”“当然。”“显示器电缆连上了吗？”“当然。”“你确信机器是开着的吗？”……在他问了许多这样低水平的问题后，我告诉他，我在同一台机器上用相同的显卡取代了另一个显卡，紧接着就出现了问题。

这位技术代表把我告诉他的这条信息研究了至少一分钟。“告诉我，在把显卡插在接口上时，你遇到什么问题了吗？”他嘟嘟囔囔地问道。

我在印前领域工作了足够长的时间，我很少谩骂门外汉，但是，我很善于使用冰冷的语调，我的回答就像把上百公斤的冰抛给了他。

“是的，”我说，“你总算说到点子上了，我确实遇到了问题。我想我的锤子还不够大。如果我有更大的锤子，显卡可能会很好地插进接口。”

我得到了一块新显卡。

无论是 Photoshop 操作还是家庭修理，当人们使用错误的工具来工作时，原因通常只有下面两种：他们不知道什么工具更好，或者他们不能找到合适的工具。第 1 个问题是我个人在 Photoshop 中经常遇到的，第 2 个问题则是“硬件”的问题，很多人不能找到合适的工具。下面的第一个范例在重要的阴影区域有细节损失，是我们开始讨论的理想话题，它不仅说明了该如何选择工具，而且说明了如何利用工具获得理想的效果。

10.1 一个很小的工具箱

如果你已经读过前面 9 章，你就要准备进行专业水准的色彩修正了。后面的 10 章几乎可以编成一本完全不同的书，它充实了本书上半部分已经形成的某些概念。

为了得到理想的效果，我们要找出一些工具，这些工具有别于我们曾经用过的任何创建图层或合并图层的工具。如果我没记错，除了那些工具，我们还用过几个命令——曲线、“应用图像”、“可选颜色”和 USM 滤镜。我们没有做过任何常规的选区、Alpha 通道或蒙版，虽然已经用更简单的混合颜色带滑块做了类似的事。

这几个强大的工具都可以配置，而且我们有机会在 3 个色彩空间里应用其中的任何一个。有时只有一个正确的选择，有时选择很多，如果你对选择何种工具感到迷惑，这并不奇怪。

选择要进行修正的色彩空间，可能会让人患上高血压。现在每一个人都是从 RGB 空间开始的，如果最终需要一个 CMYK 文件，我们可以在任何色彩空间中工作，包括 LAB。如果最终输出的模式是 RGB，我们就更喜欢在 RGB 中工作，但是我们应该愿意买一张到 LAB 的双程票，有时也会买一张到 CMYK 的双程票。

在决定色彩空间时，有 3 种可能。

• 各个色彩空间没有差异。例如，设置高光和阴影在 3 个色彩空间中都可以做很得好。

• 一种或更多的色彩空间有技术优势，它可能有或者没有任何实际影响。例如，曲线增加指定区域的对比度，这通常在 CMYK 中更好；锐化，有时在 LAB 中更好。

• 有明确的理由选择一种色彩空间。例如通道混合，毫无疑问，它应该在 RGB 而不是 CMYK 中进行。但是下面的练习选择黑色对象是在 CMYK 中进行的，即使最终要的是 RGB 文件。

本章对本书上半部分进行了总结。第 1 章是关于概念的，第 2 ~ 8 章是关于具体的工具的，其中最后两章讨论了何时使用它们、怎样使用它们。第 9 章是关于颜色分析的，即我们希望获得什么颜色。本章将讲述如何获得自己想要的颜色。

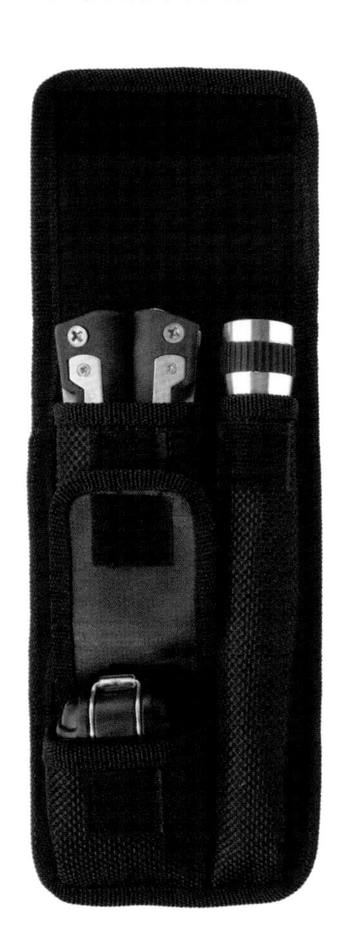

图 10.1　很多图片都有阴影，但通常不像这个一样无法让人接受。

图 10.1 是一张室内照片，是 RGB 模式的，由一个工具制造商提供。它要印刷在产品目录中，因此最终需要的是 CMYK 文件。

为了安全起见，我们要复习一下第 9 章的颜色分析。在这张图中有什么颜色是我们熟悉的？答案就像分析婚礼照片图 9.1 时一样明显。这张图中的每一样东西都是中性灰的，就像新娘礼服或黑色

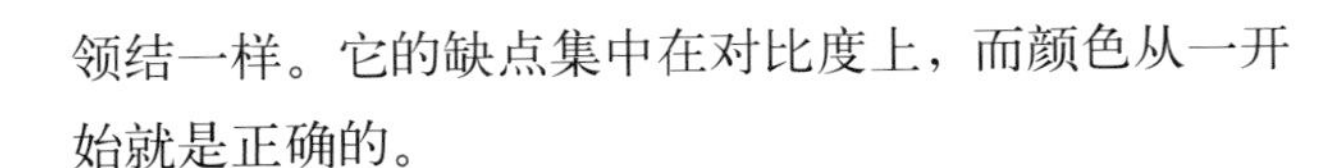

领结一样。它的缺点集中在对比度上，而颜色从一开始就是正确的。

通常我们在 RGB 中考虑亮度混合，但在这里进行通道混合没有意义，因为每一样东西都是中性灰的，3 个通道基本上一样。

第 5 章讲过，由于油墨总量限制产生的独特效果，CMYK 文件最适合产生阴影细节。在较深的中性灰区域（在该图片中占 3/4），在从 RGB 转换为 CMYK 时，CMY 通道会像鬼影一样平，而黑色通道的效果至关重要。如果 CMY 通道不是这么平，在印刷时就会产生超标的油墨总量，印刷机会拒绝接受该值。

在 RGB 中没有这种影响，它既不会有黑色通道，也不会有油墨总量限制。为了验证这种说法，在图 10.2 中，把绿色通道与同源的品红通道进行比较。在暗调，品红通道完全没有细节，所有的细节转移到了黑色通道中。

可以很方便地把有用的信息与垃圾信息区分开。我们在限制 CMY 油墨的同时，只要加强黑色通道就可以了。有多种方法可以做到这一点，下面是最简单直接的方法。

在 CMYK 中，执行“图像 > 调整 > 可选颜色”命令。对色相的默认选择是“红色”，我们把它改成“黑色”，对于“方法”这一选项，选“绝对”。在这里，我们减去相同的 CMY 数值（这样就不会打乱中性灰的油墨配比）。我自己的操作是在每个通道中减 40，去掉无用的彩色油墨，用一种聪明的方式提亮阴影。

现在应该用曲线来处理黑色通道了。没有必要担心失去亮调的层次感，因为刚才 Photoshop 没有把这些区域当成黑色，在“可选颜色”操作中没有减少这里的 CMY。

在完成上述步骤后，我只在黑色通道进行 USM 锐化（何必要费事去锐化那些模糊的通道呢），锐化数量为 350%，半径为 0.7，阈值为 12。你的喜好也许会不同。结果如图 10.3 所示，画面效果有更大的提升。

黑色通道是处理这张图片的正确选择，问题是在开始修正之前就要认识到这一点。我知道这张图片是用于产品目录的，这表明迟早需要一个 CMYK 文件。在这个范例中，不用多想，我就能意识到这一点。

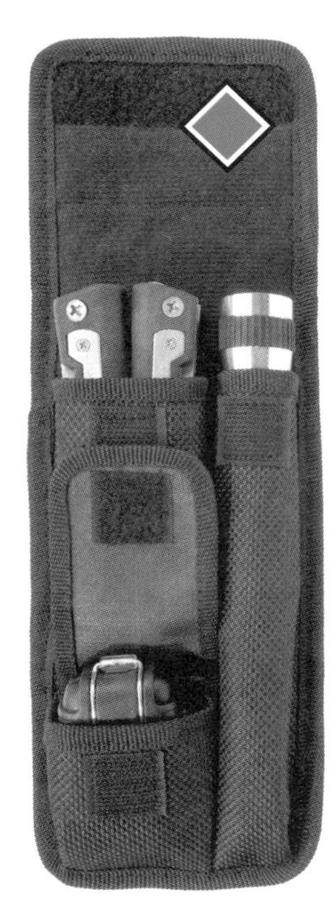

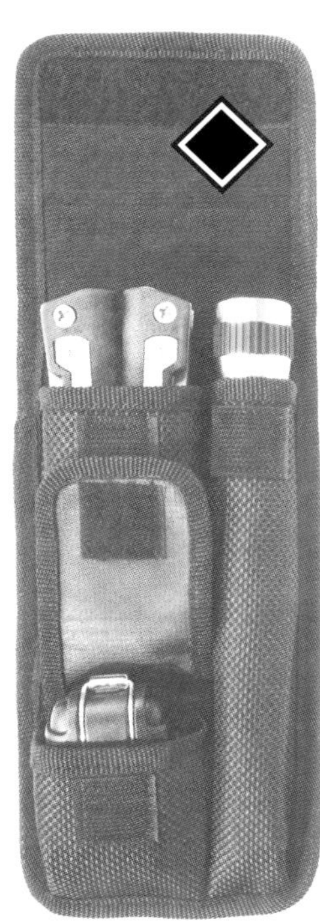

图 10.2 左边的绿色通道以及未在上图中显示的红色通道、蓝色通道在阴影区域有细节。它们在 CMY 中的“近亲”通道，比如绿色通道的“近亲”通道品红通道，却几乎没有细节，因为细节被转入了黑色通道。

但是现在，让我们改变一下规则。假如这张图片不是用来印刷的，而是要用在某些需要 RGB 文件的场合，那么螺丝刀上就没有黑色可以调整，也没有 CMY 值让“可选颜色”命令一展身手。

10.2 不同的色彩空间，不同的工具

如果你认同用刚才所讲的方法可以从给定的 RGB 文件创造出最佳的 CMYK 文件，那么产生最佳 RGB 文件只需遵循相同的步骤，完成处理后再把 CMYK 文件转换成 RGB 就行了。

但是向 CMYK 来回转换比向 LAB 来回转换更难。首先，几乎没有理由这么做。LAB 是一种完全不同的环境，它有很多独特的优势。CMYK 基本上是带有黑色通道的 RGB 空间，和 RGB 的优势和劣势大抵相同。除了这张非常需要一个黑色通道的图片，不必要的转换没有多大意义。

其次，把一张图片从 RGB 转换到 LAB 再转换回来没有什么危险，在某些环境下转换成 CMYK 却很危险。LAB 包含整个 RGB 色域，CMYK 却没有。任何在 CMYK 中不能找到的 RGB 色彩在转换过程中会被去掉，可能也会损失细节。把除去了精华部分的 CMYK 文件转换回 RGB 可能需要费很大的劲把颜色找回来。众所周知，CMYK 处理蓝色特别糟糕，而且亮红色、绿色和任何明亮的、纯粹的颜色在转换后都不能幸存。

当怀疑颜色会有损失时，请保守些。但图 10.3 几乎是黑白的，要说这幅图中有什么颜色是超出 CMYK 色域的，这种可能性比我们从图中真的抽出一个手提钻的可能性还要小。

而且，有些人很害怕转换成 CMYK，因为很难确定 Photoshop 中的 CMYK 定义与现实世界的印刷条件是否一致。如果我们重新转换成 RGB，这种顾虑就没有必要。在这两种转换方向中，Photoshop 都会使用相同的 CMYK 定义，所以 CMYK 的定义是否精准并不重要。

实际上，有些人太喜欢在 CMYK 中进行曲线和锐化处理了，他们避免 CMYK 色域问题的办

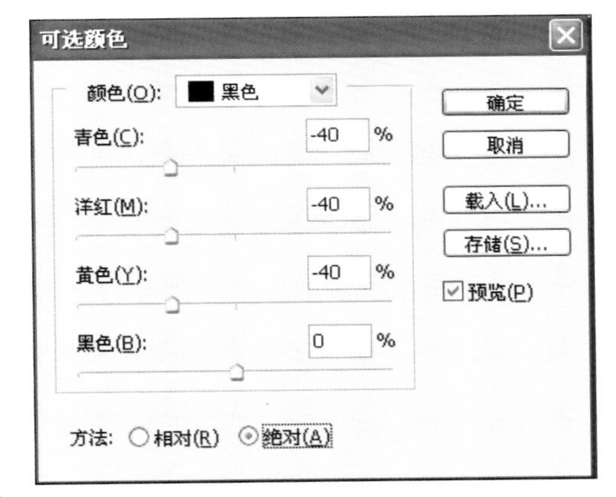

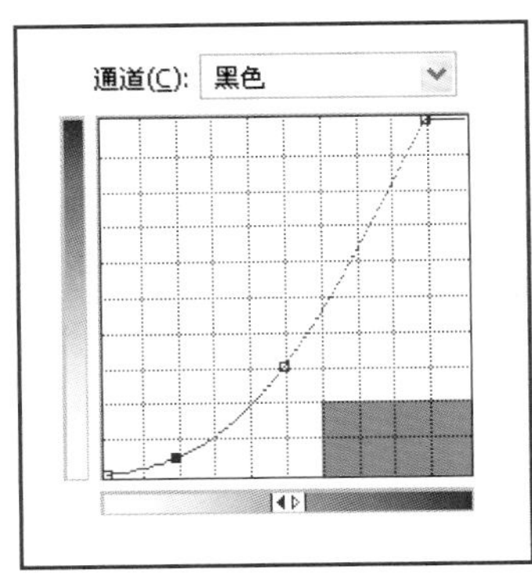

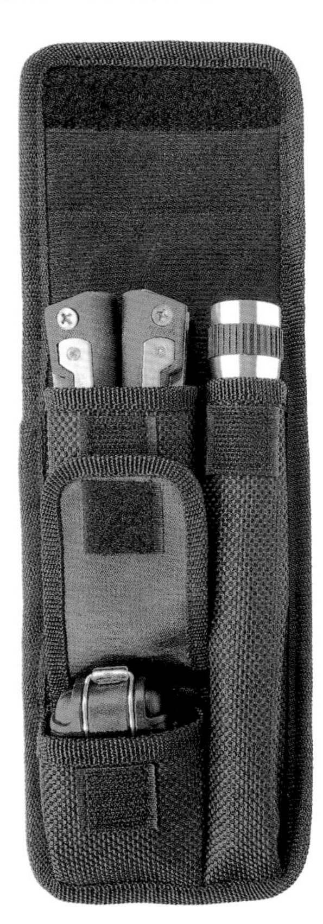

图 10.3 用可选颜色命令减少黑色中的 CMY，随后让黑色曲线变陡，强调阴影细节。

法是将图片转换为人造的CMYK——由其定义的颜色是如此不可能地纯，以至于在理论上没有什么 RGB 颜色印刷不出来，于是，在 RGB 和 CMYK 之间来回转换就变得安全了。对于这个问题，在第 15 章我们会作进一步探讨。

仅使用一个色彩空间可能在 10 年前或 5 年前是人们普遍接受的，但现在的世界已经不同。就像一位红极一时的歌星说的，你不需要一个天气预报员告知风向。

10.3 孤立无援的鸟

下页的方框总结了每种色彩空间的优势。我们刚刚看了一张明确建议使用 CMYK 的图片。在本章的其他部分，我们将寻找相似的建议。

图 10.4 所示的海岸美丽得令人窒息。在现实中，我们看到的色彩变化比相机看到的要多得多（想象一下我们看见的）。图 10.4 明显应该在 LAB 中处理，就像大多数风光片一样。

这并不意味着要从 LAB 开始或者在 LAB 结束。LAB 固然是色彩修正的关键环节，分离相近颜色是它的拿手好戏，但我们仍然会寻找其他的方法，增加一些选择。让我们先放下这张图片，转入我们得出相反结论的地方。

LAB 用于在颜色之间产生差异。在图 10.5A 中，我们对此的迫切需要不亚于珠宝匠

图 10.4　通常颜色相对单调的图片都可以在 LAB 中非常有效地修正。

该使用哪种工具？

Photoshop 支持的 3 种色彩空间各有优势，牢记它们的优势可以让你在工作中得心应手。

CMYK

- 这是增强阴影细节的最佳色彩空间，因为阴影细节在黑色通道中。
- 图片只有一种主色时，该空间有利于锐化（在黑色通道中锐化会略微增加油墨）。
- 在所有色彩空间中，该空间的曲线控制最为精准。
- 有利于在复杂图片中增强小区域的对比度。
- 直接表现印刷中使用的颜色。

LAB

- 当没有充足的时间微调每个数值时，LAB 空间有利于又快又好地修正图片。
- 主色不止一种时，这是进行锐化的最佳色彩空间。
- 该空间能够无成本地模糊彩色噪点。
- 最终的色彩模式不确定时，该空间便于尝试。
- 轻易去除大量彩色色偏。
- 变陡 A 和 B 曲线是看起来最自然的方式，用于创建色彩变化或更强烈的色彩。

RGB

- 这是进行通道混合（如亮度复原、修正色偏）的最好的空间。
- 当交错的色偏阻止我们在 LAB 中大幅度调整颜色时，RGB 是比 CMYK 更好的选择。
- 在该空间中可使用“颜色”混合模式调整颜色，便于在 LAB 中进一步修正。

需要螺丝刀。

鸟和猫之间有很大的差异。猫的黑色皮毛表明应该使用 CMYK，原因与图 10.1 相同。但是鹦鹉呢？我们不能在 RGB 或 LAB 中提亮它吗？

摄影师告诉我，这是一只名为“太阳锥尾鹦哥”的巴西鸟。除了明亮的橘黄色，对它的颜色我们一无所知，但是我们当然知道猫的皮毛应该是白色和黑色的。在原图中，皮毛在浅色区域和深色区域都有一点蓝绿色

图 10.5　应该尽可能灿烂，但是在图 A 中，最暗的通道未达到最大值，最亮的通道未达到最小值。在经过修正的 B 中，这些颜色得到了调整。

$(2)^{A}(1)^{B}$，但是无论何时我们想修正它，它都是微不足道的。下面我们将求助于亮度混合。我相信，你已经知道鹦鹉的 RGB 通道是什么样的：红色通道非常亮，蓝色通道非常暗，所有的细节都聚集在绿色通道中。

在决定要做什么前，我们要达成一致的是：让鸟尽可能地生动，如果我们最终要的是 CMYK 文件，这一点尤其重要。在 CMYK 中，像橘色这样明亮、纯净的颜色是个问题。很明显，要尽可能不放弃最亮的橘色，否则只能得到一片不真实的黄斑。某些部分需要这些颜色。原图中最生动的部分是鹦鹉的翅膀（黄色）和头顶（更橘黄）。那些区域的颜色都是我们熟悉的，至少熟悉其中的大部分。

如果最终的文件是 CMYK 模式的，那些生动的颜色应该是 $0^{C}?^{M}100^{Y}$。对于品红数值，你只有猜测，因为你不知道这种橘色到底要有多深。无论它有多深，都应该消除青色，增加黄色，这会让它更生动。

另一方面，如果我们需要的是 RGB 文件，这一生动的颜色应该是 $255^{R}?^{G}0^{B}$。在进入最终色彩空间之前，要想获得明确的数值是完全不可能的。既然我要用 CMYK 模式把鹦鹉图片印刷在这本书上，我就没有在 RGB 或 LAB 中进行任何处理。第一步是转换到 CMYK，然后测量数值。靠近猫嘴的高光的数值是完美的 $5^{C}2^{M}2^{Y}$，它右眼上面的阴影的数值是 $83^{C}62^{M}72^{Y}72^{K}$，有蓝绿倾向，最开始的 LAB 读数也表明了这种倾向。鹦鹉头顶的数值是 $1^{C}31^{M}87^{Y}$，翅膀上面的数值是 $2^{C}17^{M}88^{Y}$。接下来是 4 步操作。

• 我把品红通道应用于青色通道，采用“变暗”模式，不透明度为 8%，希望给鹦鹉的头部和色彩不是那么斑斓的胸部稍稍增加细节。

• 调节青色曲线，消除任何低于 2^{C} 的青色，把阴影数值减少到 80^{C}；调节品红曲线，把阴影数值增加到 70^{M}（注意，鹦鹉在图 10.5B 中变红了）；在黄色曲线上，锁定 50^{Y}、60^{Y} 和 70^{Y} 的点，但把右上角的端点向内移动，让原来是 82^{Y} 或更高数值的颜色变成 100^{Y}；对黑色使用的曲线与图 10.3 所示的曲线一样，增加黑色皮毛的细节。

• 像图 10.3 所示的那样执行“可选颜色”命令，选择“黑色”，把青、品红和黄 3 种油墨都减少 10%。

• 在黑色通道中进行 USM 锐化。

现在，假如我们的任务是创建 RGB 文件。你可能认为这张图不应该进入 CMYK 空间，毕竟 CMYK 不能产生生动的橘色，转回 RGB 会让鹦鹉的颜色更单调。

但是为什么要在意转换到 CMYK 呢？不管怎么说，你决定用 RGB 曲线强化鹦鹉，因为原图在需要 $255^{R}?^{G}0^{B}$ 的地方不是这种颜色。一只颜色单调的太阳锥尾鹦哥只是意味着曲线螺丝刀拧得太紧①。所以，我会像前面说的那样在 CMYK 中做出图 10.5B，再转回 RGB，创建更明亮的鹦鹉。

在本练习中考虑使用哪种方法比动手操作花的时间还要多。摄影师习惯了喷墨打印机和雪白的纸张，他们可能觉得图 10.5B 中的鹦鹉不是特别生动。但是在本书的印刷条件下，它绝对生动逼真——纯粹的黄色，在最明亮的地方没有青色或黑色。当然，原图也不算太糟糕，但每个人都更喜欢处理过的图 10.5B。

10.4 纠正蓝色色偏

回到图 10.4 所示的海岸，你的提高会更充实。这张图最终需要进入 RGB 空间，它展示出了今天的数码相机非常明显的局部色偏。把信息面板的读数设置为 LAB，图片上的云彩虽然有点深，但是读数不错，$90^{L}1^{A}0^{B}$。图中较暗的区域看起来非常阴森，树木应该是绿色的，但这个岛上的树木并不是绿色的。小岛底部的中间数值是 $25^{L}(10)^{A}(25)^{B}$。这不是偏蓝的绿色，而是偏青的蓝色。A 值还不错，但 B 应该是正值而不是负值。

测量阴影区域，小岛底部的数值为 $15^{L}0^{A}(32)^{B}$，可以确定存在色偏。这里太亮，而且从 0^{A} 可以判断出，这个地方可能应该是中性灰，B 值也应该是 0，这样可以让更绿的地方的 B 为正值。

这是我们见过的最糟糕的色偏。有时，我们试图

①这句话的意思是，如果 CMYK 的颜色太单调，还可以在 RGB 模式下进一步调节曲线。

在 RGB 中减少色偏，但在这里我们要扔掉珠宝匠的螺丝刀，拿起大锤，而且，在消除色偏前我会放弃寻找亮度混合。目前，所有的通道都太平，因为图片暗的那一半的颜色实在是沉闷单调。

转入 LAB 空间，创建调整图层，设置图 10.6 的曲线，L 曲线忽略了阴影偏亮的问题。就像前面提到的，在 CMYK 中加深阴影更安全、简便。我们没有必要在 LAB 中对高光进行过多的亮化，所以曲线左下方稍作移动，让云朵变亮。

A 曲线穿过原中间点的右边，把整个图片微微从绿色向品红移动。陡度够了，最绿的部分（曲线顶端）逆着整体色调改变的方向变得更绿。

B 曲线是色偏克星。它明显地向右移了，从蓝色移向了黄色。S 形内部的两个点用来把海水中最蓝的部分和小岛分开。这些 LAB 曲线的效果如图 10.7A 所示。

与预想中的一样，图片亮的那一半变得太黄。修正它最灵活的方式就是创建图层蒙版，恢复原图中理想的部分，但是这里不需要这么复杂。既然图中越暗的部位色偏越严重，那么我们可以使用混合颜色带滑块来排除整个最亮的部分，建立一个相对长的过渡带，这样就产生图 10.7B。

使用这些投机的曲线，图片效果过分总比不足要好。如果认为图 10.7B 修饰得太过，可以把图层不透明度降低到 75%，这样就得到了图 10.7C。

10.5 排除没用的通道

现在该考虑亮度混合了。在这里寻找亮度混合所用的通道，不像在其他范例中那么明显。为了找出它，要检查这张图片 4 个不同版本的通道：图 10.4（RGB 原图），以及图 10.7C 的 3 个版本——LAB 中的、转回 RGB 的和用中度 GCR 转到 CMYK 的。

进行亮度混合过早可能会坏事。原红色通道（图 10.8A）陷入了阴影，这是在原图中产生可怕的蓝色色偏的原因。如果希望利用它在海水中不错的细节，那么我们最好使用图 10.8D，它是由图 10.7C 的 LAB 版本转回 RGB 后的红色通道。

我们看到在图 10.8 所示的 6 个通道中，有两个用不上。对图 10.8F 所示的新的蓝色通道无话可说。我也为展示图 10.8C 所示的黑色通道而烦恼，本章稍后会有两个案例是得益于这种黑色通道的，但是我想给大家一个不是这样的范例。我们当然不想加深绿色区域，所以把这个黑色通道和蓝色通道一起扔到垃圾桶里去吧。

最有趣的是比较 L 通道（见图 10.8B）和新的红色通道（见图 10.8D)。L 通道稍微亮一些。其亮调的细节也就要少一些，这不好，但是阴影更好了，这是好事。在我看来，这张图片最好的亮度是这两个通道的某种组合。

我们可以对图 10.7C 所示的 LAB 版本进行进一步处理，重新转换成 RGB 的文件也要打开。合并调整图层后，我们创建一个复制图层，然后只显示 L 通道（要么在通道面板中单击该通道，要么按 Command-1 键)。现在，执行“图像 > 应用图像”命令，选择 RGB 图片的红色通道作为源，混合模式选择“正常”，不透明度为 100%。只要文件大小一致，Photoshop 并不在意通道混合是否跨越色彩空间。一个通道就是一个通道，每张图片都有 10 个通道。

现在，图 10.7C 是底下的图层，上面实际上是一个“亮度”图层。由于表示颜色的 A、B 通道在这两个图层中是一样的，因此对上面的图层使用“亮度”模式和“正常”模式效果一样。

这个效果太暗，我提亮了上面图层的 1/4 调，增加了海水和树木的对比度，还把图层不透明度降到 40%，在 L 通道上用“大半径、小数量”方法进行轻微的锐化。

图 10.9 不是最终的作品，但是如果我们暂时换一张图片，以便更好地理解后面的步骤。

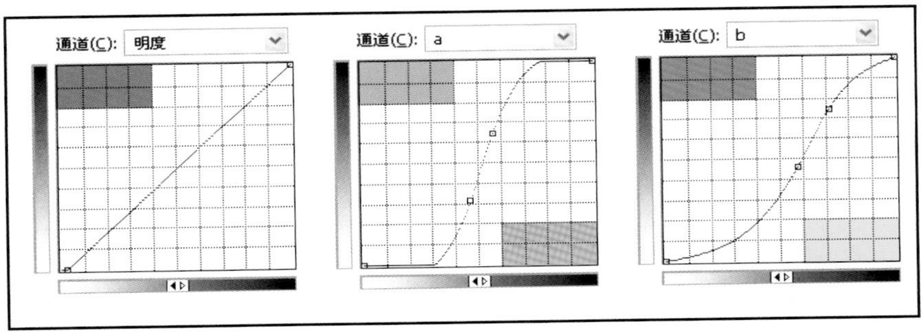

通道(C): 明度　通道(C): a　通道(C): b

图 10.6　这些曲线消除了阴影中的蓝色色偏，但是在高光上产生了黄色色偏。

10.6 源于巧合

本书从一开始就强调人眼和相机所见的不同。这里还有第 3 个角色：记忆。用 Photoshop 中打开的图片和人记忆中的图片可能不一样。

在众所周知的两个领域中，人的记忆是修正主义者。我们记忆中的肤色通常比当时看见的更健康。而且，在我们的记忆中，大多数植物比我们看见的要绿。

第一类差异相对较小。第 2 类差异则需要大动作来强化——也许是曲线的大动作，即使是在 LAB 中。这样的曲线可以分开处理不同的颜色，但是在颜色之间产生了差异，产生了与原图非常不接近的颜色。

我们通常使用“应用图像”而不是“通道混合器”

图 10.7A 在图 10.4 上使用图 10.6 的曲线。图 10.7B 使用混合颜色带滑块在亮调去掉了黄色。图 10.7C 图层不透明度减少为 75%。

混合颜色带(E): 明度

本图层: 0 255

下一图层: 0 149 / 202

命令进行通道混合，因为我们通常要对不同的图层乃至不同图片进行混合。比如，为了产生图 10.9 的效果，就要把 RGB 文件混入 LAB 文件。通道混合器做不到这一点。

但不管怎么说，通道混合器有一个很重要的优势——它能保持绿色调。它允许我们从一个通道的亮度中减去另一个通道的亮度，又常常与增加前一个通道的亮度相结合。下面的范例解释起来更直观。图 10.10A 与图 10.9 有轻微的差异，图中的图腾在不列颠哥伦比亚大学的人类学博物馆附近，可能是世界上最精细的美国土著艺术收藏。

偏棕色的图腾非常不错，但是树木也偏棕色就不妥了。不管原图中的颜色是怎么样，在我们的记忆中比原图更绿。在 RGB 原图中，树木的数值大约是

图 10.8　混合可能使用的通道。图 10.8A 图 10.4 的红色通道。图 10.8B 图 10.7C 的 L 通道。图 10.8C 使用“中度 GCR”将图 10.7C 的副本转换成 CMYK 后的黑色通道。图 10.8D、E 和 F 分别是图 10.7C 的副本转换成 RGB 后的红色、绿色和蓝色通道。

图 10.9　图 10.8D 所示的红色通道混合进了图 10.7C 中的 L 通道，不透明度为 40%，增强了对比度。

90^{R} 100^{G} 60^{B}，这完全是令人惊恐的绿色。为了让图片看起来更真实，绿色通道需要提亮，但是只能提亮树木，否则整张图片会变得太绿（记住，在 RGB 中，数值越高，通道就越亮，所以现在要提高绿色通道的数值而不是降低它）。

通道混合器作用于通道，而不像“色相 / 饱和度”和“可选颜色”命令那样作用于颜色。在图 10.10B 中，我把绿色的数值提高到 140%，于是绿色通道中每一处的亮度都变成了原来的 140%，树木的颜色变成了 90^{R} 140^{G} 60^{B}，这对树木来说非常理想，但图片的其他部分被绿色弄脏了。

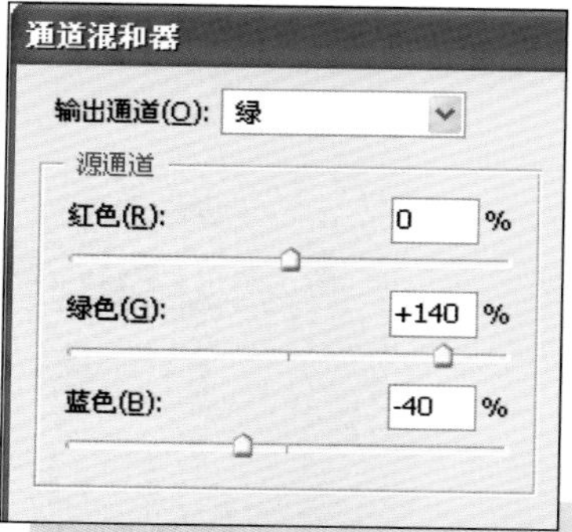

图 10.10　通道混合器可以用来让绿色更强烈。图 10.10A RGB 原图。图 10.10B 调节后的绿色亮度＝＋140% 原绿色亮度。图 10.10C 改变设置为：调节后的绿色亮度＝＋140% 原绿色亮度－40% 蓝色亮度。

我在图 10.10C 中进行了补偿，绿色通道的亮度首先增加到原来的 140%，再减去蓝色通道的亮度的 40%。让我们自己计算一下，就像通道混合器计算的那样，树木的数值开始是 100^G，通道混合器中的 +140% 命令把它改成了 140^G。在此基础上，减去 60^B 的 40%，即 24 个点，最后剩下 116^B，仍然比原图绿。

同时，图片其他地方几乎没有改变。在中性灰区域，绿和蓝的数值都是一样的，所以某一个通道的亮度增加 40% 再减去另一个通道的亮度的 40% 是没有影响的。在原图的图腾中，绿色通道和蓝色通道的数值几乎一样，所以在绿色通道中增加绿色的 40%、减去蓝色的 40% 几乎没有作用。这只有在绿色和蓝色通道差异巨大的区域才会起决定作用。

据我所知，这个方法只能用在绿色调。减小通道数值的问题在于太暗的区域会损失对比度。这又是一个示范比描述容易的问题。看看图 10.8D 中的阴影区域，有很多细节，对吗？如果在别的通道中减少这些阴影，较暗的区域会比其他区域更快地变亮，结果在变亮的同时会变平①。

在天然绿色中，蓝色通道通常平淡无奇，如图 10.8F 所示。在绿色通道中减去蓝色通道的亮度时，所用的蓝色通道像板子一样平②。

10.7 混合的疑惑

让绿色变得更绿对于目前要做的修正是很有用的。图 10.9 的下图比原图 10.4 要绿得多，但是我们到目前为止使用的工具还不够强大。就数值来说，绿色的饱和度仍然不够，仍然太蓝。

很多类型的通道混合在 RGB 中效果较好，但这种绿色增强可以在 CMYK 中进行。我们将要减少品红中的黄色，而不是减少绿色中的蓝色③。所以我对图片进行了最终 3 个步骤的操作，它们显示为图 10.11 所示的 3 个调整图层。因为第一个调整图层是其他步骤的序曲，倒着解释这些步骤可能更容易。

- 在最上面图层（最终操作）中，对黑色应用曲线建立了一个适当暗的阴影。如果最终需要的是 CMYK 文件，就不应该在其他色彩空间中设置阴影。黑色通道总是比 L 或任何 RGB 通道亮。与在 CMYK 中只处理黑色相比，在任何其他色彩空间中加深阴影更容易使阴影污浊。

在 CMYK 中进行如此操作不会浪费时间。就像这张图片，即使我们在其他地方完成了所有的工作，也还是要进入 CMYK 稍做修饰。这里，品红通道和黄色通道都很好，但云朵中的青色略有些少，而阴影中的青色太多，所以我必须进入曲线对话框。

- “可选颜色”命令（对应于中间的图层）在绿色区域增加了必要的黄色，减少了品红。而且，我在青色区域增加了青色，试图在水和绿色植物之间创建更明显的区别。

“可选颜色”和“色相 / 饱和度”命令的作用一样。“色相 / 饱和度”可以更加灵活地处理某种特殊颜色（比如偏黄的绿色和更黄的颜色，但是不会是更蓝的），但处理黑色或中性灰不够灵活。当在 CMYK 中工作时，“可选颜色”命令更强大，我们可以直接调节油墨，而不是拉动某些不代表油墨的滑块，在期待最佳效果时把画面搞乱。

对我来说正确的工作流程是：在确信自己要做什么时使用“可选颜色”命令，在尝试性的操作中使用“色相 / 饱和度”命令。在这里，我很清楚，我希望在绿色中增加更多的黄色，所以我使用了“可选颜色”命令。对于水的修饰，我就没有这样的把握。如果仅仅要调节水的颜色，我本打算使用“色相 / 饱和度”命令，但是现在植物和水的颜色都要调节，要用到“可选颜色”命令，“色相 / 饱和度”和它在功能上相当，用其中的一个命令就可以了，没必要为另

①完整的表述是：如果在图 10.7C 转为 RGB 模式后，让绿色通道的亮度先增加一定比例再减去红色通道的亮度的一定比例，则较暗的区域会比较亮的区域更快地变亮，绿色通道在变亮的同时会损失层次感。在 Photoshop 中用通道混合器对此做一尝试就明白了。

②即蓝色通道亮度均匀，用它来减少绿色通道的亮度，不会影响绿色通道原有的层次感。

③完整的表述是：我们将要做的调节是“调节后的品红油墨的数值 = +（100 + N）% 原品红油墨的数值 − N% 黄色油墨的数值”，而不是“调节后的绿色亮度 = +（100 + N）% 原绿色亮度 − N% 蓝色亮度”。之所以说这是“绿色增强”，是因为在图中树丛的亮调，黄色油墨比品红油墨多得多，按上述公式调节的结果是减少了品红油墨，这也就是增强了绿色；而在树丛的暗调，品红油墨比黄色油墨多，调节的结果是增加品红油墨，加深了暗调。

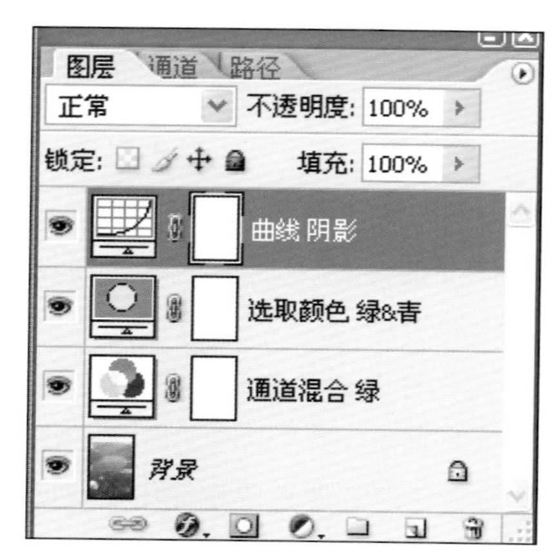

图 10.11　使用“通道混合器”命令把绿色变得更绿，再用“可选颜色”命令增加绿色中的黄色和青色中的青色，然后使用曲线在黑色通道中建立适当暗的阴影，这就是处理图 10.4 的最终效果。

一个命令再创建一个调整图层。我只用了我一直用来处理绿色的“可选颜色”命令。

• 第一步操作与处理图 10.10 相似，使用“通道混合器”命令，设品红为 +125%，黄色为 -25%。这看起来有些多余，似乎在上面的“可选颜色”图层上设置更大的参数就可以免去这一步，但实际上不是。

Photoshop 不是预言家，在“可选颜色”和“色相 / 饱和度”命令中都没有“森林”这个选项。当我们选择“绿色”时，它只会根据颜色数值来识别绿色。若没有“通道混合器”在前面，我们认为是绿色的小岛在“可选颜色”看来就是青色的①。

要在绿色和蓝色之间产生这样大的差异，我想 LAB 是非常必要的。不过，为了把这幅图印在本书中，我还是在 CMYK 中操作了，要知道最后这 3 步不一定要在 CMYK 中进行。对于另一类图片，CMYK 对它们来说更重要的，不管最终是否需要 CMYK 模式的文件。

10.8　让单调的颜色更单调

我们的目光总是聚焦在色彩明艳的物体上。在专业摄影中，我们总是希望看图者的注意力集中在这些东西上，超过在现实中。这给印刷行业带来了一个难题。

图 10.12A 中，旗帜最明亮的部分完全没有青色或黑色油墨，在某些方面与图 10.5B 中的鹦鹉类似。这两个景

①此处通道混合器的作用是把绿色变得更绿，也就是说把人眼认为绿、而 Photoshop 认为青的颜色变为连 Photoshop 都认为是绿的颜色，如果没有这个准备，那么在使用“可选颜色”命令减少绿色中的品红时就会漏掉小岛的大部分区域，这些区域本来是应该被 Photoshop 当成绿色、减少品红的。

图 10.12　人为的黑色通道通常能够用来增加图片的深度，因为它在色彩明艳的区域通常是空白，比如原稿 A 中的旗帜。基础文件没有必要在 CMYK 色彩空间中。图 10.12B 使用中度 GCR 转换产生的黑色通道。图 10.12C 原图转换成 LAB，黑色通道以正片叠底模式混合进 L 通道。图 10.12D 同样的混合重复两次。

图 10.13 这幅原稿缺乏力度和色彩。

物都无法变得更灿烂。我们当然希望颜色变得更生动逼真，就像我希望拥有数百万美元和变得更年轻一样。不幸的是，这些愿望都不是那么容易实现的。考虑到本书的局限性，这两个景物已经尽可能地灿烂了。

如果这张图要打印在相纸上，而不是印刷在这本书所用的纸上，你就可以获得更明亮的颜色，但你仍然会感到失望。当你希望把明亮的颜色变得更明亮而做不到时，下一件事最好是让单调的颜色更单调、更黯淡。所以，我们执“行图像 > 调整 > 色调均化”命令。

由于不同的意见，我们假定所需的是 RGB 文件。但是，我们复制一个副本，然后将它转换成 CMYK。这不仅仅是执行“模式 > CMYK”命令，这会产生轮廓黑版，对这张图来说轮廓黑版与空白差不多。我们选择用户自定义 CMYK，中度或较多 GCR。我使用的是中度 GCR，所产生的黑色通道如图 10.12B 所示。旗帜和船上几乎没有黑色油墨，河水要暗一些，背景的山明显更暗。

有几种方式可以把这种黑色放进 RGB 文件。下面的方法跟其他任何一种方法一样奏效。

• 把 RGB 文件转换成 LAB。

• 把副本中的黑色通道复制到剪贴板中，然后粘贴到 LAB 文件上形成一个新图层。

• 将图层的混合模式改为“正片叠底”。

经过这些步骤就产生了图 10.12C。如果效果不够好，就进入图层面板，选择上面的图层，把它向下拖到图层面板底部的页面图标上，复制一个图层。如果你喜欢，可以重复此操作。图 10.12D 有 3 个相同的“正片叠底”图层，不像图 10.12C 只有 1 个“正片叠底”图层。当然通过降低其中之一的不透明度，你的效果会介于使用 2 ～ 3 个“正片叠底”图层。

用人为分色来产生黑色通道有多种方法。这张旗帜图片是说明这些工作方法的一个良好范例，因为它表明，通过这种混合，颜色鲜亮的景物可以不受影响。但是，使用不同的方法达到同样的效果也不会很难。

疑难解答：恐惧的因素

•“我不知道要做什么。”如果在你自己的某些图片上不知道如何像这样操作，可能意味着它们没有起到作用，仅仅是两把钳子当作一把螺丝刀，大材小用。如果有疑问，那么回到基本理论问题。

• 遗忘用户自定义 CMYK。要制作图 10.12C 和图 10.14B 这样的黑色“正片叠底”图层，就不要用 Photoshop 默认的 SWOP v2 分色方式，它将产生太亮的黑色和太重的阴影。要使用用户自定义 CMYK 来产生中度或较多 GCR 黑色。不要担心它与你的打印条件不匹配，CMYK 文件是否打印适当在该例中不要紧。

• 危险的 CMYK/RGB 转换。如果最终需要的是 RGB 文件，不用顾虑，进入 LAB，然后转换成 RGB。如果你知道进入 CMYK 有一些好处，那么一定要小心谨慎。仔细检查任何可能消失的明艳的颜色。如果对此有疑虑，就复制图片，转换到 CMYK，再转换回来，把它粘贴在 RGB 原文件上，看看你能否辨别出差异。

图 10.14A 几乎完全用 LAB 曲线修正的图片。图 10.14B 代之以人为的黑色通道正片叠底。

在通道混合方面，黑色通道有独特的优势。随着图片越来越复杂，寻找一个它的替代品的困难也越来越大。让我们进入下一个范例，图 10.13 是一张森林的照片。

10.9 当我醒来时，这只鸟已经飞走

sRGB 原图颜色单调、苍白，无精打采。在让你停下来，坐下来之前，我会提供两个可能的修正结果。相对于图 10.14A，我更喜欢图 10.14B，因为树木、树叶和苔藓的表现更好，即使两张图片的明暗几乎一样。

要得到其中任何一张，都需要有一些步骤和色彩空间转换。首先我们意识到，当准备处理的色彩很单调时，我们可能需要 LAB，就像这张图和前面的海景照片图 10.4 一样。在转换成 LAB 前，我们要检查色彩有没有问题，有没有可能进行亮度混合。

原图除了看起来无精打采，我没找出任何颜色问题。再看各个通道，由于图片非常中性，所以各通道之间并无很大差异。绿色通道比其他通道更好，但是需要创建一个新图层。

与其把时间耗费在品尝红酒上，不如利用前面没讲过的 LAB 秘密武器。在下面两章，我们将讨论 gamma 概念，它大致意味着 Photoshop 是如何解释数值 $128^{R}128^{G}128^{B}$ 的明暗的。$128^{R}128^{G}128^{B}$ 的明暗不是固定的，在 RGB 的不同定义下，它会产生不同的明暗。

LAB 被解释得比其中的任何一种都暗，至少 L 通道是如此，因为 A 和 B 通道都不影响暗度。为了补偿，L 通道通常不得不比任何 RGB 通道更亮。这使得混合进 L 通道和用 L 通道混合成为麻烦事，因为它对所见的明暗有重大影响。

图 10.15A　图 10.13 的绿色通道取代了已转换成 LAB 模式的副本的 L 通道。图 10.15B 让 A 和 B 曲线的陡度极大增加。图 10.15C 不透明度降到 22%。右边是正片叠底混合可能使用的 3 个黑色通道。图 10.15D 对图 B 使用最多 GCR 分色产生的黑色通道。图 10.15E 仍然是最多 GCR 对图 C 分色产生的黑色通道。图 10.15F 图 C 用较多 GCR 分色产生的黑色通道。

一个巧合，不是吗？暗化图片恰好是我们想要的，所以：

• 复制出一个副本，把它转换成 LAB，同时保持 RGB 文件处于打开状态。

• 选择副本的 L 通道。执行“图像 > 应用图像”命令，选择 RGB 文件的绿色通道为源，“正常”模式，不透明度为 100%。这样就增加了深度，产生了图 10.15A。

• 虽然我们希望颜色更饱和，但不知道应该饱和到什么程度。在这种情况下，我坚持宁多勿少的原则。在调整图层上极大地变陡 AB 曲线，同时保持它们穿过中间点，这样就可以产生更生动的颜色，然后根据我们的喜好调整不透明度。通常没有必要达到图 10.15B 的程度，但我有足够的理由这样做。

• 为调整图层选择看起来不错的不透明度，产生 10.15C 使用的是 22%。

现在进行下一步试验。创建一个 CMYK 副本看上去会有好处，但是有很多分色参数要改变。我们上一次分色是对图 10.12A 中的河边风景，我们使用的是中度 GCR，图 10.15A 更亮，我们可能需要大刀阔斧地进行修正。

对照片来说，最多 GCR 是个糟糕的选择，因为它尽量少地输入 CMY，而尽可能多地输入黑色。这样就产生数值为 $0^{C}0^{M}0^{Y}100^{K}$ 的阴影，这种阴影只对线条有用，像这样的错误分色只能为通道混合制作源通道。

试验应有序进行。图 10.15D 是图 10.15B 用最大 GCR 产生的黑版。在像红色和绿色这样灿烂的颜色中没有发现黑色，这个黑版比图 10.15E 要亮，图 10.15E 是用同样的最大 GCR 从较沉闷的图 10.15C 分色生成的。而图 10.15F 更保守，它也产生于图 10.15C，但使用的是较多 GCR，而不是最多 GCR。

说实在的，这 3 张中的任何一张都有助于改善原图。但是除非原图特别重要，我们没有兴趣轮流尝试这 3 张。我选择的是图 10.15E。

为了弄明白这样做的收获，让我们看看比较图。图 10.16A 是处理像水洗过一样苍白的图片的传统方法。以图 10.15C 为基础，我提升了 L 曲线的中间调，直至总体力度让我满意。在 RGB 或 CMYK 中操作可能会有类似的效果。图 10.16B 是黑色通道正片叠底。我把图 10.15E 粘贴到图 10.15C 上成为一个新图层，选用“正片叠底”模式；或者创建一个复制图层，选择 L 通道，执行“应用图像”命令，以“正片叠底”模式将黑色通道混合进来。我觉得效果太暗，就把不透明度降到了 66%。

在原图中，森林的亮调和暗调被分得很碎。为了让整体更厚实，需要更紧凑的阴影使亮调和暗调都更突出，为此需要一个单独的图层。下一步就是使用混合颜色带滑块，这将再一次证明当初为什么要通过图 1.5 所示的练习学会想象各个通道的样子。

图 10.16 尝试加强图 10.15C 的力度。图 10.16A 对 L 通道使用曲线。图 10.16B 图 10.15E 混合进图 10.15C 的 L 通道，不透明度为 66%。两种效果都插入了阴影，图 10.17 将对此进行修正。

把图 10.16B 作为讨论的基础，图 10.17A 试图通过排除最上面图层中较暗区域来解决问题。操作没有完全成功。我们需要较长的过渡区，因为这两个图层是如此不同，以至于在它们相接处可能会有粗糙的边缘。在图 10.17A 所示的设置下，这两个图层混合后变模糊了，尽管只比图 10.16B 稍微模糊了一点①。

更好的方法是使用一个颜色通道。颜色通道通常能够更准确地定义原阴影。当一个区域变暗时，它的颜色就变灰了。图 10.17B 中的滑块不管原本中性灰的任何东西，所以，图 10.16A 中最暗的区域（在两个图层中都没有细节）得以保留。但是分离很快，除了那些最暗的区域，底下的图层多少有一些绿色。

在设置混合颜色带时，“B 通道”、“下一图层”是正确的选择。我们希望排除原本是绿色或红色的物体，它们的 B 都是正值。我们并不介意背景天空变暗，图 10.17B 的滑块会引起这一反应，因为蓝色的 B 都是负值。

因此，我在图 10.16A 和图 10.16B 中使用这些设置，而且对它们进行相同程度的 USM 锐化，得到图 10.14A 和图 10.14B 所示的结果。

原图都有瑕疵，目前本章所有的图片都是如此。但是这些方法同样适用于没有瑕疵的图片。图 10.18 是高端广告中的高端图片，在控制严格的灯光条件下拍摄。我们用于改善次级图片的方法也同样会给这些高端图片带来变化。

10.10 利用蓝色通道

不管原图是优、劣还是差强人意，我们都从查看数值、检查通道开始。就像你们在工作室条件下期待的那样，数值都很好。图 10.18 的配置文件是 Adobe RGB。总的来看绿色通道可能是 3 个通道中最好的，但“总的来看”并不是专业人士看这类图片的方式。我们要看的是产品——冒气泡的酒（如果把这种饮料叫做香槟，这片加利福尼亚葡萄园的法国业主会恼怒不已。我个人认为，无法称之为香槟，更无法与纽约 Finger 湖地区出产的更好产品相提并论，该地区让法国赚取了大把欧元）。

虽然蓝色通道太暗，但它在杯中酒的区域比那两个通道有更多的细节。在一个“亮度”图层中，蓝色曲线左下方的点几乎被移到了中间，极大地提亮了通道，大大增加了酒的对比度。因为蓝色通道对图片整体对比度的影响甚微，所以这个点的变化对整体的影

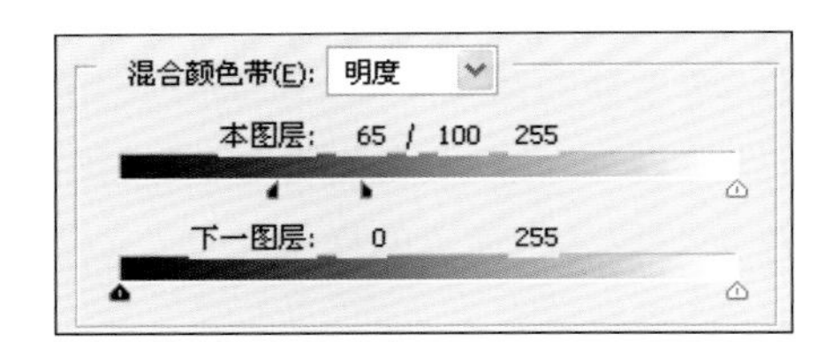

图 10.17 颜色排除通常比明暗排除的效果更好。这两种混合颜色带设置试图还原 10.16B 中丢失的阴影部分。

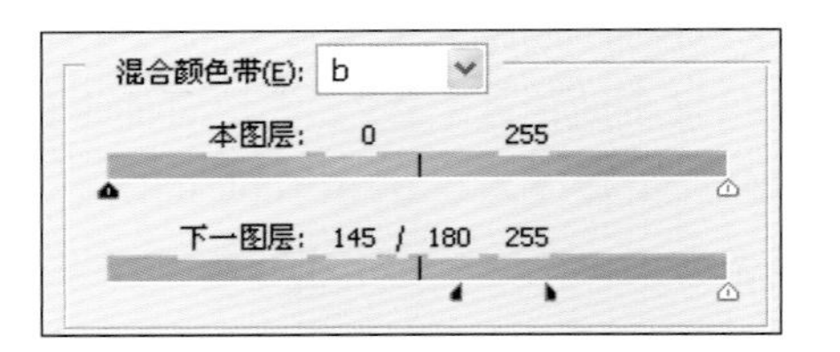

① 原文对图 10.17A 和图 10.17B 所示的混合颜色带操作的描述非常晦涩难懂，但读者只要按图操作，自然会明白作者的意图。

响非常微弱，我就不浪费篇幅来展示了，但是它是整个操作的关键，因为它让 3 个通道在杯中酒的区域都产生了足够多的气泡，便于进一步修正。

现在，我对这张图片进行备份，创建一个复制图层，而不是调整图层，然后我们回顾第 2 章的内容。在第 2 章中，我们在一张交通事故照片和紫上衣照片中使用了非常陡的曲线，产生了比我们所需的更多的对比度。在交通事故照片中，背景不重要，在另一张照片中，完全没有背景。我假设这里也是这样的情形，然后让杯中酒在每个通道的曲线上对应的区段几乎垂直。效果如图 10.19A 所示，冒气泡的酒变得突出了，又足够自然。其他景物看起来是灾难，好东西强调得太过分了。

或者说颜色和对比度这两样好东西强调得太过分了。现在，我复制用曲线调整过的图层，准备试一试颜色和对比度是否可以不过分。

在图层面板中，底下的图层是图 10.18，上面的两个图层是图 10.19A。我把其中的一个设置为“颜色”模式，把另外一个设置为“亮度”模式。曲线不仅增加了酒的对比度，而且增加了背景和酒在颜色上的差异，在我看来，后者是如此有效，以至于图 10.19A 的颜色比细节更合适。

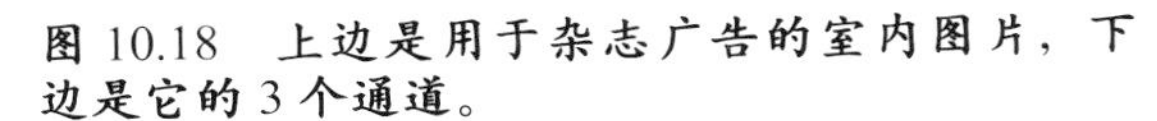
图 10.18　上边是用于杂志广告的室内图片，下边是它的 3 个通道。

因此，我把“颜色”图层的不透明度设置为 60%，把“亮度”图层的不透明度设置为 40%，然后把底层复制为第 4 个图层，置于其他图层之上，对其应用刚才说过的原 RGB 文件中的蓝色通道（要从那个 RGB 文件最上面的图层中获得蓝色通道，而不是拼合图层后再获得蓝色通道，因为在“亮度”图层的影响下，拼合图层后的蓝色通道太柔和了）。对这第 4 个图层寻找尽量足够的不透明度，我选择的是 25%，再把它的混合模式设置为“亮度”，于是产生了图 10.19B。

加利佛尼亚人钟情于他们的豆瓣菜，但是豆瓣菜颜色不像这里这样深。而且，广告主可能会暴跳如雷，除非做点什么让瓶子更绿，而黑色更少。

现在，通过合并上两个图层和下两个图层，我把文件减少为两个图层。我相信，这时候它需要一个 RGB 的图层蒙版来还原绿色区域，因为随着瓶子变暗，其他东西也会变暗。最好是转换到 LAB，不合并图层。在 LAB 中使用混合颜色带滑块排除所有 A 为负值的东西非常容易，A 负值意味着绿色比品红更多。

我决定使用两个滑块，一个用来排除图 10.19B 中最暗的部分，另一个用来排除底层中所有 A 负值的东西。注意，两个滑块都被剖开了，产生了更平滑的过渡区域。完成这些操作后，我认为景物的明暗反差太强烈，所以我把顶层的不透明度降到了 82%，这样就产生了图 10.20A。

原图 10.18 看起来并不太糟糕，但与现在的处理结果相比，它的颜色就显得单调了。只要在 LAB 中，我们就应该尝试进一步区分颜色。这是图 10.20B 所做的努力，使用非常陡的 AB 曲线穿过原中心点，确保任何中性灰（如酒中的气泡）得以保持。

当然，这些曲线都是在新的调整图层上，因为我们的目的是通过改变图层不透明度来尝试较好的效果。我把不透明度降低到 30%，增加某些锐化处理，获得了图 10.21。为了了解事情的进展，图中还展示了玻璃杯在修正前后的对比，都以原尺寸展示。为了控制本书的页数，我不得不裁剪了图片。

10.11 色彩空间与时俱进

在上述修正中，有 3 次我先是修正得比较过分，然后通过降低不透明度来抑制过分的效果。这是一种现代化的策略，我在多年前提到过。稍后，

图 10.19 剧烈的曲线增加了酒的对比度，但其他景物受到了损害。针对颜色和亮度，曲线配置不同数值，进一步的混合使成像更锐利。

混合颜色带(E): 明度
本图层: 0 255
下一图层: 88 / 126 255

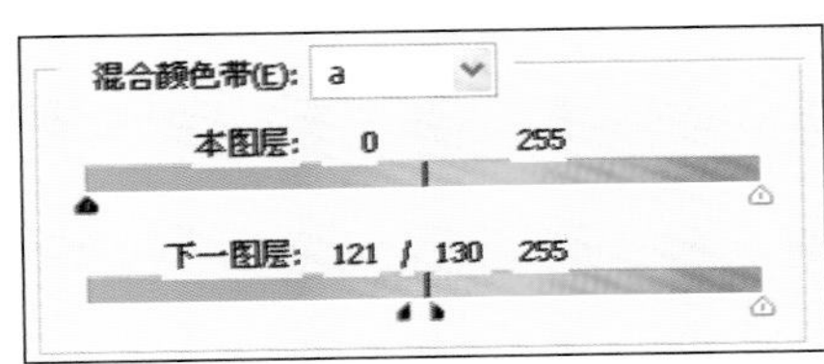

图 10.20A 混合颜色带滑块，不透明度降低到 82%，修改了图 10.19B。图 10.20B 使用极端的 LAB 曲线，产生颜色变化。

我建议使用极陡的 AB 曲线，就像产生图 10.15B 的曲线一样，这种方法让人们了解到 LAB 的威力。因为该范例所用的曲线创造了怪异的蓝色、黄色、绿色和紫色，我称之为“火星人方法”。

最开始看见这张图片，我就认为它适合于初学者。但是很明显，特别是我的上一本书出版后，很多非初学者的读者认为它是非常有用的技巧。现在我也常用这种技巧，我也赞同读者的观点。我不相信 4 年前我们就能够获得图 10.21。

上面 3 张图片没有在 CMYK 中修正，我也没有说这个时候要转换到 RGB。如果图片用于网络或需要 RGB 文件的打印机，就转换为 RGB；如果为印刷或 RIP 输出设备准备文件，就转换为 CMYK。这一点不言而喻。如果我们不知道图片将进入何种色彩空间（这也是我们这个变化的时代的特点），那就当什么也没发生——保持原来的色彩空间。

今天，我们必须做好在任何色彩空间输出的准备。当我们感受每种空间的优点时，就要增加工具。在本章所示的 7 张图片中，我认为有 3 张图片在 LAB 中修正很有必要，包括刚处理过的两张。对另外 3 张图片，选择 LAB 就是坏主意。

同样，我感觉有 4 张图片，RGB 对它们非常重要，但不建议将 RGB 用于另外两张图片。CMYK 有 3 次很有用，有两次应该避免（除非最终需要这种模

式的文件）。在这7张图中有1张，图10.4的海上风景，需要全部3种色彩空间的帮助；另外一张，图10.10的图腾照片，没有充分的理由拒绝3种色彩空间中的任意一种。

选择色彩空间的关键是熟悉全部通道结构——总共有10个通道。一名修理工或计算机技术人员从不会带着半空的工具包，我们也是如此。

回顾与练习

★ 假设你拥有一部用户级的高品质打印机，而且它更青睐于把RGB文件作为输入文件，就色彩理论来说，请解释：为什么你希望图10.5所示的鸟的橘黄色更生动？（提示：你打印用的纸值多少钱？）

★ 在图10.5中，品红通道以“变暗”模式、低不透明度混合进青色通道，试图增加小鸟的细节。从技术上说，为什么在CMYK中进行这种特殊混合比在RGB中进行类似操作（将绿色通道混合进红色通道）更好？

★ 寻找一张森林图片或自然绿色植物图片，最好有稍低的阴影数值（如果图片中没有较浅的阴影，就降低RGB主曲线右上方的端点，人为制造较浅的阴影）。现在，创建3个副本，分别是CMYK、RGB和LAB模式，试着用曲线还原阴影。这个练习应该能够证明，通过处理CMYK的黑色通道，会有更好的色彩和更好细节。

★ 在图10.12中，我们创建了一个人为的黑色通道，将它3次应用于LAB中的L通道。如果你不想进入LAB，那么当你把人为的黑色通道混合进RGB文件时，你如何阻止颜色偏移？

★ 把加深森林颜色的练习再做一遍，一直做到图10.16B所示的插入阴影。如果不像图10.17B所示的那样使用B通道混合颜色带滑块排除很暗的阴影，那么你知道如何用A通道达到这种效果吗？

本章小结

RGB适合于通道混合。CMYK是增加阴影细节的最好的色彩空间。LAB以令人愉悦的方式分离相似色。选择何种空间通常都不是显而易见的。本章主要是关于此方面的策略的，它把每个文件都当做有10个通道的图片，并讨论如何决定使用何种色彩空间。

图10.21 上图 在图10.20B中将不透明度降低为30%并进行锐化处理的结果。图10.21 下图 原稿和最终修正结果的对比，均为以广告原尺寸显示。

第 11 章
使图像匹配

本书从第 11 章开始的第二部分，讨论了如何使拍摄、扫描与屏幕显示匹配，使屏幕显示与印刷匹配，又如何让这三方面都达到我们预期的效果。一个革命性的理念是：要想知道事物到底是什么样子，就要睁开眼睛去观察。

人和仆人都颐指气使，但这二者中最没有主见的是主人。

* * *

这是最伟大的英文作家萧伯纳的最伟大的作品之一《人与超人》的大胆附录《致革命者的箴言》中的一句话。

萧伯纳不仅是音乐和艺术方面的专家，而且对印刷很内行。他对自己的戏剧书籍的出版要求很细，要求必须设置成卡斯龙字体，需要强调的内容必须指定精确的字符间距，禁止用撇号，在拼写方面也是一意孤行。萧伯纳自己的作品不是彩色的，但他大量评论了与他同时代的画家，如威廉·莫里斯和但丁·加布里埃尔·罗塞蒂。所以在关于颜色的一章里谈到萧伯纳并不跑题。谈到萧伯纳，当然应该看看他最富于哲理又最有叛逆精神的作品（比如剧中剧《唐璜地狱》的一些片断），我们要讨论的话题也是既需要哲理又需要叛逆的，这一领域还需要一些常识。

与图 11.1 类似的图出现在图形艺术科技基金会（Graphic Arts Technical Foundation，GATF）出版的一本关于色彩管理的书中。图 11.2 是由麻省理工大学（MIT）的一位教授提供的。这两个例子一个是关于色彩的，另一个是关于对比度的，刚好和本书的主题一致。

编撰 GATF 手册的色彩科学家让我们比较这两行绿色条纹，而 MIT 的教授要我们注意棋盘上标有 A 和 B 的方块。两个教授的结论是，虽然这些东西看起来就像萧伯纳的散文与丹·布朗的散文一样截然不同，但它们实际上是一样的。

学院派专家应该是仪器的主人，可他们变得依赖仆人了，得出了这种让人发呆的不合逻辑的结论。

“循环推理”这个短语描述一个证据依靠其自身的假设。在这里，假设是：如果人工颜色检测仪宣告两种颜色是相同的，它们就是相同的。这两种颜色相同的证据就是人工颜色检测仪这么说，证据依靠的是假设，两者都不如 Photoshop 2 的一个副本有价值。

提供图 11.1 的色彩学家宣称：对于大多数人来说，顶部的绿色块看起来比底部的要暗一些，但它们其实是一样的。这句话前后两个部分都错了。

不是“大多数”人会认为顶部的绿色更深，而是每个人都会这么认为，原因在第 1 章中解释过，我们有古老的生存本能——同时对比。

这句话的后半部分使我们对科技产生了抵触情绪。学院派依赖的技术大约有一个世纪的历史了。可靠的测色仪低于 1000 美元就可以买到，并且如果小心维护，可以用很多年。这类设备一致断定图 11.1 中的两排绿色、图 11.2 中的两块灰色是等同的。

另外一种技术存在的时间要久远得多，而且要昂贵得多。它出错的频率较小，在宽得多的光源条件范围下工作，而且是唯一能在环境中评价色彩的。最妙的是，它在进化的推动下经过了大约一百万年的

图 11.1 这两排绿色是一样的吗？怎么证明？

持续改进。这第二种技术（其中也包括前文提到某些缺陷）一致报告：两种颜色是不同的。

那么，哪种技术提供了正确的答案呢？我主张，这取决于观察者。如果观察者是分光光度仪、色度仪、密度仪等设备，那么第一种技术的答案可能就是正确的，那些颜色就是相同的。如果观察者是人类中的一员，那还会有谁在乎仪器怎么想呢？这就是第 2 种技术的含义。

这种不确定性让你感到不安了吗？如果是这样，就回顾一下第 1 章。在专业背景下，只有当客户认为图片看起来更好时，Photoshop 才算是改善了图片。你的意见、我的意见、仪器的意见都不重要，一切以客户的意见为准。

在我们到此为止看过的很多图片中，很难预测客户会怎么说。但在这里没有这样的问题。客户是人，只要是人，就会说这两个颜色是不同的，因此它们是不同的！

11.1 校准简介

喜欢道听途说的人会迷失自己：别人的说法会束缚那些思想不够强大、不会分辨是非的人。

我们的学习旅程已经过了一半。前 10 章注重色彩修正，现在差不多该休息一下了。当我们在第 15 ～ 19 章重新开始色彩修正时，难度会增加许多。这不仅仅是我的看法，而且是试读者的看法，不管他们的 Photoshop 水平如何，都认为那几章是最难的，也是最有益的，尤其是第 16 章和第 19 章。

同时，在下面的 6 章中有 5 章并非是所有的读者必读的。第 16 章是关于 RAW 格式的数字采集的，如果你从不面对这种文件，就用不着看它。第 14 章涵盖了图像分辨率，如果你对这个话题不感兴趣，尽可以放心地跳过去。

本章和后面两章讨论图像处理中最烦人也最有价值的一个问题：如何保证东西看起来一样[①]？

这个问题也许可以重新表达为：什么是匹配？更具体来说，你的屏幕显示足够匹配最终的输出吗？输出与你预期的效果匹配吗？如果你在批量印刷之前打了样，打样与批量印刷匹配吗？如果在两种条件下印刷，比如印报纸和印杂志，我们怎么知道它们的颜色能匹配呢？而且在这一切后面还隐藏着一个问题：相机捕获的画面与自然界的真实场景匹配吗？

这几章是高度纲领性的，特别是讨论如何处理实际的而不是理论上的商业印刷机。

这几章即使不是革命性的，也有足够的震撼力。

① 指图像在不同的媒介上看起来一样，比如在屏幕和印刷品上。

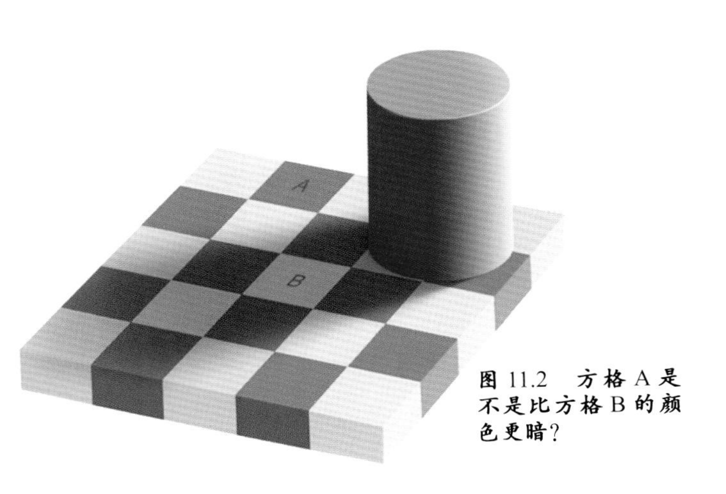

图 11.2 方格 A 是不是比方格 B 的颜色更暗？

我建议，在你决定校准之前，问问自己要通过校准达到什么目的，你选择的工具是否能帮助你做好校准。本章讨论理论、概念，但很少讨论具体操作。如果你在寻找关于如何校准、如何配置特殊型号的桌面打印机的建议，这里没有。事实上，我们在这一章里连 Photoshop 都不谈。那要到第 12 章才谈，那时我们介绍关于“颜色设置”对话框的具体操作。

这个话题比很多权威人士所知的还要深奥。如果你要把这 3 章归为一类并跳过它直接进入第 14 章，这是一个原因。

第 2 个原因是，这个主题常常会引起争议，而无论何时、有何人以何种热度讨论它，我的名字常常被扯进去，伴随着可以或不可以书面记录的感叹词。我估计大多数读者像我一样厌烦这个话题，除了一些聪明人，自从本书上一版面世，他们就戏剧性地改变了看法，关键是，那些一直咒骂我的人，现在基本上站在我这一边，认同了我已经表达了大约 10 年的观念。

无论如何，这是很容易跳过的一章，因为它提出的建议不是直接有用的，还要动很多脑子。然而，我还是建议你读一读它，如果你像许多读者那样，作品通常可以如愿地印刷出来，但偶尔看到生动的颜色被印坏，会大惊失色。

不过，我首先要往谈判桌上扔一个冠冕堂皇的解决方案。如果我和刚才说的那两个学究走到一起，试图对图 11.1 和图 11.2 中的两组颜色达成某种妥协，我们或许会说：它们看起来不一样。

本章的美好愿望是让东西看起来一样，而一开始，就有个仪器把明明看起来不一样的东西说成是一样的。管它呢，我们干嘛要重视仪器的看法，如果它是那样的一个傻瓜？

11.2 我们干嘛要管它？

革命者是这样的人，他渴望推翻现存的社会秩序，建立自己的一套……每个人在他熟悉的领域里都是革命者，例如一个人对一个专业精通到一定程度就会怀疑它，他最终就是一个革命者。

不能相信仪器对颜色做出的审美判断，即使它超乎寻常地正确。这表明有很多条路可以起跑。看来把该哲理延伸到我们在这里讨论的每一件事是合理的。在我们开始之前，这容易被忽视。很少有人像我这样看重校准。我批评别人的计划是因为它们充斥着华丽的辞藻，却不追求质量。在后面的 3 章里，我们将看见大量这样的实例，被推崇的现代解决方案还不如传统方法。

然而，问这样一个问题是公平的：你凭什么要求显示器完全匹配输出？它要匹配到什么程度才能让你满意？你打算做什么让它匹配到那个程度，而它会为你干得多好？

明显的答案是，在图 11.1 中，我把两排颜色叫做“绿色”，如果印刷后它们变成了橘色或紫色，我会显得很傻。

不过这个明显的答案站不住脚。一个有理智的人对显示器做的任何事，包括古怪的颜色设置，都不可能把那两排颜色变成除绿色以外的任何颜色。有可能出现我们意料之外的绿色，但不可能不是绿色。事实是，刚从包装盒里取出来的显示器都被校准到能够胜任我们的大部分工作，至少接近我们想要的效果。

从对图像品质的实际影响来说，显示器校准被过高地估计了。掌握本书头 10 章中任何一章的精华，给不校准显示器的人带来的好处，远远多于给校准显示器却不懂色彩修正的人带来的好处。尽管如此，有责任心的用户会校准显示器，因为不可否认，要是不这么做，有时就会坏事。

假设你对输出效果的预测依赖你在屏幕上看到的画面，当你把输出结果拿在手里，和预期的效果比较时，有 4 种可能的结果，或者说状态。

• 实际输出效果与你期待的相差太远，你只好返工，如果能够返工。

• 你对输出效果并不是很惊讶，但要费力去调整这批活儿。早知如此，你会用不同的方法来准备文件。

• 输出不是完全吻合你的预期，但如果你有机会再干这批活儿，你还会那么做。

• 输出完美地匹配你在屏幕上看到的画面。

如果你达到了第 4 种状态，毫无疑问你会感到十分温暖，你的名字将被黄页收录，显示器商家会把你作为典范以争取新的订单。

我个人感到第 3 种状态就足够好了。我不在乎第 4 种状态，它只能引起“是不是完美匹配”的无用争论。如果没有其他的办法，我认为这就是令人满意的校准。不仅显示器如此，而且任何类型的代表最终效果的打样都是如此。

我们也不得不承认，某些陷阱仍然存在，不管显示器有多准。例如，评价 USM 锐化就相当困难。显示器产生一种虚假的刺眼外观，特别是在液晶屏幕上。我们究竟能得到什么效果，取决于输出条件、分辨率和图像的特性。如果你不相信这个，就看看大多数 Photoshop 教程中关于锐化的章节，作者通常会展示一两幅“锐化过度”的图像，显然认为它们被“严重地”锐化过度了，但它们印刷后的效果通常是不错的，作者被显示器愚弄了。

再说，我对超过 100000 张图片比较过屏幕显示和印刷结果，最终，我的信心增长了，但它并不是容易驾驭的。

你可能用自己的显示器做过类似的研究，发现显示器和印刷品完全不匹配。显示器是自发光的，而印刷品只能反射光线，这仅仅是个开始。

1981 年，我开始用显示器（特别昂贵的）来代替不必要的传统打样。到 20 世纪 80 年代末，印前行业已经建立了显示器软打样方法，在 20 世纪 90 年代初，Photoshop 可用于严格的色彩修正了，在软打样方面经验丰富的人要让显示器和传统打样一致也没有问题了。

在 1981 年的那台显示器上校色，需要打开它的后盖，用一把小螺丝刀拧它的电位计。如果今天你有兴趣校准自己的显示器，你得将这一技巧发扬光大，就像职业摄影师将银版照相术发扬光大。退回 10 年前，这些技术并不古老。

由于这个原因，我要开始谈谈不同类型的校准。我们暂时不用任何第三方软件或人工测色仪。以后有足够的时间使用这些精密仪器，如果你需要。

11.3 当选择有限时

所谓的金科玉律就是没有金科玉律。

我当众演讲时，自然希望连在计算机上的投影仪能够把图像表现得淋漓尽致。我经常花大约 5 分钟时间来检验它。如果它达不到我的要求，那就是功能有限。我用过的大多数投影仪是直接从主机获得未编辑的视频信号的，在电脑上进行任何“校准”都是无效的[①]。当时没有时间去找校准投影仪所需的任何软件和硬件，我只好通过调节投影仪的内部设置来实施色彩管理。

我刚才用了一个术语，到目前为止还没给它下定义，它给缺乏经验的用户带来了无限的烦恼。“色彩管理”是“让东西看起来一样”的学科，特别是在我们不希望看到差别的场合。而色彩修正，本书的主题，是“让东西看起来更好”的技术和艺术。二者之间的关系是密切的。

如果一幅图在屏幕上缺乏层次感，像水洗过一样，那么印刷后也是如此，这是色彩修正的问题，而色彩管理是成功的。如果在显示器上用曲线把它变得好多了，印刷后它却变得又暗又脏，那可能是一次成功的色彩修正，但色彩管理离我们的要求还差得远。

在实际工作中，这二者有时是很难区分的。我们将在第 16 章中讨论的 Camera Raw，它具有某些色彩修正工具的特征。第 15 章将介绍如何为准确的色彩修正应用色彩管理技术。在合理的工作流程中，很多名义上属于色彩管理的工具，可以使随后的色彩修正更容易。

---

①这句话的意思是说，在电脑上“校准”相当于在显示器上编辑视频信号，而这种编辑并未影响投影仪，因为视频信号从主机发出两份，一份发给显示器，另一份发给投影仪，后者无法在电脑上编辑。

但是针对目前的意图——迅速校准一台陌生的投影仪——不需要那些。我并不想提高印刷效果，只想把我在屏幕上看到的画面如实地呈现在观众面前。精确的匹配是不可能的。电脑屏幕是自发光的，而投影系统让光线在投影屏上反射，投影屏的反射性能并不是特别好。电脑屏幕让白显示得足够白，让黑显示得足够黑，而在投影屏上，观众最多只能看到一个平淡的画面。

我的步骤是，首先验证 Photoshop 中的颜色设置是用于讲演的而不是用于日常工作的。如果目前的设置不对，我在更换了正确的设置之后通常会重新启动 Photoshop，以便万一演讲中断 Photoshop 仍然记得那个设置。

第二步，我关掉大厅里的灯，尽管正在找座位的观众会跌跌撞撞、发牢骚。

第三步，打开图 11.3，跳下讲演台，从观众的位置看一眼投影屏上的画面。

最后，如果效果不好（在讲演之前这是常有的事），我就把投影仪技师拖到投影仪前（通常是连踢带吼），教他调节他以前不知道的设置。

这些设置与显示器上的类似。通常有一个叫亮度(偶尔也叫 Gamma)的按钮控制图像中间调的明暗。它并不能把白场变得更白或把黑场变得更黑，但它确实把整个画面变得更亮或更暗了。

关键的设置是对比度。对比度越高，就会牺牲越多的高光和阴影细节以便使中间调更生动。为了讲演，我通常把对比度调得特别高。用 PowerPoint 讲演的人和教色彩修正的人对投影仪使用的命令常常是截然不同的。

调节这两项，勉强足够用来对付演讲了。有时也只能调节这两项。大多数时候还能幸运地找到调节白平衡的设置，让我把“白色”变得蓝一些或黄一些，或者有更特殊的控制，例如调节红、绿、蓝电子枪的亮度。这些多少可仪补偿一些色彩平衡。如果可以找到这些色彩平衡工具，投影常常就可以接近这样的效果：让观众对颜色做出正常的判断。不过，计算机屏幕上的过度锐化、一片惨白的图像会让我发疯。

图 11.3 此图用于测试高光细节、阴影细节、整体力度和肤色，是检验显示器校准得够不够的不错的材料。

11.4 多角度考虑问题

没有痴迷的劲头，任何人都不可能成为专家。

我用了那么长的篇幅来描述讲演的情况，并非因为它采用了很好的色彩管理，而是因为这个例子证明了我们所有人有时都要面对的挑战，以及找不到传统的解决方案时如何解决问题。

解决一种新的色彩管理问题，需要训练有素的思维过程。同样的问题会反复出现。即使在这个简单的例子中，把这些问题过一遍也不是浪费时间。

• 你希望达到什么效果？为什么？

这常常是关键的问题，“干嘛要费事去校准呢？不校准又能怎么样呢？你努力去匹配的是什么？这种匹配要达到什么程度？”

在讲演中，我努力匹配我的显示器，观众不知道匹配得好不好，因为他们没有看到我的屏幕。我不需要精确的色彩匹配，甚至连精确的明暗匹配都不需要，因为我像观众一样关心投影屏上的效果。

尽管如此，我确实需要中性灰正确地显示，否则第 2 章和第 3 章所述的数值修正方法就不起作用。而且我不能冒险失去高光和阴影的细节，因为我所示范的大多数技术重视这些区域。

现在还存在哪些特殊的问题？不像你想的那么多。投影仪上的颜色不会像显示器上的那么生动。对比度会是一个问题，观众可能会意识到这一点并打断讲演。

色彩管理中真正的问题出现在这种情况下：我们努力校准的东西有某些特定的薄弱环节，比如 CMYK 空间无法表现鲜艳的蓝色，即使它能很好地表现红色。这种情况在演讲中没有发生。投影系统表现画面在整体上固然不如优质的显示器，但这两种设备具有同样的强项和弱点。

• 会发生什么样的转换和失真？由于投影仪从主机直接获得视频信号，不受校准显示器的影响，在投影过程中就只有 Photoshop 和投影仪自己在表演。我们必须确认 Photoshop 的颜色设置是我们需要的。除此以外，对投影软件多少也能做一些微调。

• 有哪些选择？不要错误地认为没有第三方软件就什么也做不了。我确实无法用计算机直接控制投影仪，但是，如果我认定我的测试图像不像我希望的那样显示，我可以修正它的颜色，直到它达到要求。我可以把我做过的一切用 Photoshop 的动作记录下来，将它用于我要显示的每一幅图。或者按相同的思路，我可以创建新的颜色设置，故意让 Photoshop 里的颜色失真，补偿投影仪的不足。

如果观众非常专业，或时间非常充裕，我会考虑以上方法中的一种。但我只有几分钟时间，无法考虑它们，只能调节内部设置，或什么也不调节。

• 如何检验结果？很多人在这一步误入歧途，检验了不知道应该是什么样的颜色，或检验了无关紧要的东西，也有人拒绝相信自己的眼睛。

我确切地知道图 11.3 应该是什么样，因为我已经用了它很多年。测色仪是否同意我的看法并不重要，因为它认为图 11.1 中的两排绿色是一样的，这本身就是骗人的。

图 11.3 不是一张色卡，但它包含常用的最关键的颜色。假如尽最大努力也不能让此图准确地显示，我不会特别关心图中女人的草帽，但我需要良好的肤色，需要右上方的高光细节和左下方的阴影细节清晰可见，还有足够的中间调区域让我判断整体效果是否太暗。

• 随着时间的推移，显示出来的颜色有多不稳定？我应该多久重复一次校准程序？在此例中很简单，投影仪只需要在 2 ～ 8 小时的演讲时间内保持稳定，我没有理由认为它做不到。

我们现在用了 3 页来分析使一大批读者痛苦的问题。与我们将要讨论的更普遍的问题相比，这是一个非常简单的问题。

然而我发现，在至少两次商业展示会上，在色彩管理领域被认为是专家的演讲者在做总结时因为投影屏显示得很假向观众道歉，而实际上，他们在责备会议组织者没有购买更好的投影仪。

“即使是简单的色彩管理问题也会变得很难，”试读者 John Ruttenberg（也是萧伯纳的 FANS）补充说，“如果你脑子里不知道从哪里入手。”

11.5　追求完美的代价

不要等别人做好了你再去做，因为他们也在等你做好，你们的口味可能不一样。

去看医生，不管是庸医还是名医，他都会劝告你多做运动，均衡饮食，戒掉吸烟、喝酒之类的恶习，而且不要幻想病情一下子好转。去找色彩专家，不管他是真的专家还是半罐子水，他都会告诉你：校准显示器吧。

没有人质疑这些劝告，因为它们是有道理的。校准过的图像确实比原来的好，但这并不证明这是一次良好的校准。吃菠菜固然对健康有益，但吃得多并不见得会变得更健康。校准显示器固然是个好主意，但它并不能保证你获得足够好的颜色。

不幸的是，在健康和色彩两方面，简单的答案都在引诱人们。如果校准过的显示器能够彻底改善图像品质，世界当然很美好。如果冰淇淋能降低卡路里，世界也会更美好。讲演厅里的投影仪比刚才说到的破玩意儿有更好的校准功能。然而我们必须接受我们所处的真实世界。

说到显示器校准，让我们从头开始。我们承认这是一件麻烦事，为了证明应该花时间在这上面，需要像我分析投影仪一样分析显示器。以下问题讨论的不是你的显示器或我的，没有特别的品牌，没有特别的显示技术，只有普遍的原理。

• 你希望达到什么效果？为什么？我可以想到4种情况，从易到难列举如下。第一，你可能只想在显示器上检查你自己的数码照片，并不打算把它们打印出来。第二，你或许打算在网上发什么东西，希望知道在别人看来它是什么样。第三，最普遍的，你可能就要把图像输出了，不希望出现任何意外。第四，你可能在一个团队中工作，别人偶然会用到你的屏幕，或者你需要用你的显示器检查在另外一台显示器上制作的图像。

如果你的情况属于第一类，就想想萧伯纳的另外一条座右铭吧："永远不要抵制诱惑，检验一切，迅速抓住最好的。"你有独特的优势：显示器不必非得特别匹配任何东西，只要你自己满意就行了。

第二类摆出了这样一个恼人的问题：试图预测自己很难控制的局面。大多数网友不懂得校准显示器，你没法知道他们会看到什么颜色。这类似于把一个文件发给不熟悉的照片冲印社，在这种情况下校色需要不同的思路，不是制作自己看起来不错的东西，而是努力做出在意料之外的场合看起来不会很坏的东西。

因此，下面的讨论限于第三类和第四类情况。第三类在这方面有点像第一类：你的校准不需要取悦任何别的人，只要你自己满意就行。可想而知，你可以用乱七八糟的方式校准，结果是眼下的作品显示得很好，但不一定适合将来的某些作品。如果这样，没有害处和妨碍。但如果别人要使用你的设置，就要多加小心了。

• 有什么特殊的问题？我们大多数人是如此习惯于把显示器当成最终印刷效果的代表，以至于忘记了其中有多少想象的成分。

在我叫做"校准主义"的愚笨的反动理念中，早期最为人推崇的一个原则是：当有可能完全依赖屏幕显示时，传统打样和利用数值修正颜色的方法就可以扔在一边了。

过分推荐并完全依赖校准过的显示器而不看任何数值，是没法把活儿干好的。因为人类的视觉系统面对有可能照射它的无论什么光源都会不怕麻烦坚持重新校准自己。我们对强光做出的反应是让自己对它不敏感，允许自己忽略刺眼的细节。我们盯着一幅偏色的图看得越久，色适应能力就会让我们忽略越多的色偏。

此外，在屏幕上评估细微的对比是有可能的，但在我看来极为困难。正如我们对色偏进行自我调节，我们对屏幕表现高光时发射到我们眼睛里的强光也会进行自我调节，终于对将要印刷的细节（或许是刺眼的细节）变得不敏感。

在阴影中则相反，不管显示器校准得有多好，当我们盯着一个黑暗的区域时，都会变得更敏感，捕获更多的细节，并为此而吃惊：输出后它们都跑到哪儿去了？

保养得好的屏幕能准确地反映颜色之间的关系，特别是让人感觉总体明暗不错。要用各种方法校准它的高光、阴影或中性灰，但并不依赖这些，这就是为什么我们需要信息面板。

• 会发生什么样的转换和失真？有一大堆因素，而且是一大堆讨厌的因素在影响显示器的性能。最开始是视觉环境。屏幕背景被设置成均匀的灰色了吗？如果没有，它会干扰你的视觉。想想同时对比效应，如果背景是蓝色的，屏幕上的所有图片看起来都会偏黄，你在修正中对此做出的无意识的补偿将导致印刷后的图像偏冷。

同样，你的墙壁被涂成灰色了吗？你的地毯是中性灰的吗？显示器周围的灯光稳定吗？如果不是，你的校准就有问题。

然后是硬件问题。如果你用的是LCD显示器，或许校准只能用到几种内部设置，而昂贵的CRT显示器可以有多于一打的设置。

操作系统，特别是苹果机的操作系统，有一些功能会误导你。例如，苹果机有一个快捷键改变Universal Access module设置，该模块被设计得用来使屏幕在发生可见的损坏时变得更可信。这一快捷键强烈增强屏幕的对比度，超过或低于显示器本身的设置，无论怎样校准都会受它们影响。这些特殊的"地雷"可以排除，但默认设置把它们埋在那里，等着一个具有正常视觉的观察者踩上去。

• 有哪些选择？与投影系统类似，但更广泛。我们可以使用出厂默认设置。我们可以进入显示器的内部设置，做某些改变。我们可以买一个显示器校色仪，它将制作它自己的配置文件给系统用，或者在苹果机上，我们可以凭目测来干这件事。或者，我们可以在任何平台上使用 Adobe Gamma 应用程序。

• 如何检验效果？最终要检验的是，你是否满意——你是否认为你的配置使你有能力预测工作流程的下一步。不是我怎么想，或校色仪怎么想，是你在校准。如果你从来不觉得被显示器误导了、要返工，你的校准就达到了力所能及的最佳效果。

我们这些人在这方面花了很多钱之后，还有更大的懊恼。为一个人校准的显示器，不一定适合别人，或至少在调节之后是不适合的。例如，我在一台 9 岁高龄的显示器上，为本书做了大部分颜色校验工作，它的物理性能在 9 年中已经下降了，像我一样衰老了。校色仪遇到它也只好认输，因为颜色差得太远，校色仪根本不知道该怎么办。

不过，我们是一起长大的，互相已经习惯了。它忍受我咒骂它丑陋的画面，我忍受它灰蒙蒙的颜色，我在这台显示器上工作已经没有困难，尽管再也不能让它匹配那些新显示器。

你能在这样的屏幕上做专业水平的工作吗？也许现在还不行，除非你已经有从一台计算机转到另一台计算机的丰富经验。

尽管如此，你能够在大约一天里适应。在显示器上评估图像品质的革命性的一点是，你完全可以把它做好。一个发光的屏幕与一张反光的印刷品是如此不同，以至于能够看出它们的相似性是对人类想象力的礼赞，更不用说这种相似性强得足以让人做出聪明的颜色决定。如果你有那种想象力——你应该有，毕竟你是一个人——那么你适应一台有问题的显示器就不会有问题。

• 随着时间的流逝，颜色有多不稳定？我应该多久重复一次校准的程序？

显示器的物理变化比灯光的变化、更坏的显示器或 Photoshop 的内部设置的意外变化少。如果没有这些可能，我每星期校准一次显示器就满意了。每次坐下来校准时，我对照一幅标准图像（例如图 11.3）来检查。

11.6 颜色中的黑白

幸福和美丽相伴而生，直接追求幸福和美丽是愚蠢的。

我们现在进入一个艰难的领域：让显示器和印刷品互相匹配。让我们首先回顾第 7 章，这一章涵盖了最麻烦的色彩管理问题之一：从 RGB 到灰度。

把黑白看成彩色听起来是疯狂的，但它不“图 11.1 中的两排绿色是一样的”这种说法疯狂。色彩管理的根本原理就在其中。RGB 和灰度空间并不完全匹配，你可以说彩色迷失在黑白中了，或者一个革命家可以说 RGB 文件才是五彩缤纷的。反正当字面上的匹配达不到的时候，我们要的是深层的匹配。

那么，转换为灰度的最好途径是什么呢？如果不太清楚图片的具体情况，我的回答会是：使用 Photoshop 的默认公式，3 份红、6 份绿和 1 份蓝①。

现在假设有一个人走过来开玩笑说，默认的 3-6-1 公式不怎么样，更好的是 4-5-1。为了证明这一点，他提供了将鹦鹉照片图 7.1 转换为灰度的两个版本，而且确实比默认的转换结果好。又来了一个人，声称 3-3-4 是最棒的，她用国旗照片图 7.4 做了试验。而一台老式扫描仪的操作者向我们展示了人物肖像图 7.17，拥护 0-10-0。

你怎么解决这个问题？唯一符合逻辑的检验方法是拿 100 张典型的图片来做试验，把其中每一张用 4 种方法转换成灰度，看哪一种方法是最精确的。我从来没有试过这个，但可以设想，3-3-4 和 0-10-0 在大多数情况下会失败，而 3-6-1 会获胜。

尽管如此，这取决于图像的具体情况。如果这是由肖像摄影师提供的，0-10-0 大概会占优势。

有一件事是明确的：胜利者不会是横扫一切的。如果一种方法对于 100 幅图中的 70 幅图具有优势，那就算是压倒性的优势了。

---

①关于 3-6-1 公式，见第 7 章。

但是谁介意 3-6-1 对我们从没见过或不打算用的图片是不是正确的转换公式呢？如果你买了这本书，你或许就不会介意。你首先要混合通道，但在那种情况下，你会有几次一丝不苟地执行 3-6-1 公式呢？哪怕一生中只有一次？ 3-6-1 是无关紧要的，它无非是为“图像 > 模式 > 灰度”命令创造我们熟悉的效果提供一个方便。即使公式不是这样（假如我们知道它是什么样），对工作流程的影响也是零。

CMYK 只缺蓝色，而黑白没有任何颜色，因此它比 CMYK 还要纯粹。我们以同样的方式来考虑它们，只不过在考虑 CMYK 时要复杂一些。

11.7 丢失的颜色

肤浅的墨守成规者和深刻的思想者之间的区别表现为，后者认为不足挂齿的事在前者看来是了不得的。

当技术不合逻辑时，很难得到合逻辑的解决方案。至少黑白是主张“人人平等”的：根本就没有颜色。从印报纸到使用最昂贵的纸的喷墨打印，在任何类型的彩色输出中，我们都想得到某些颜色而不是别的。

此外，人们有时对丢失的颜色是习以为常的，有时不是。你注意到本书插图的蓝色比红色和黄色难看了吗？或许没有，因为你在别的书和杂志上也没有见过很好的蓝色，在这里没有指望见到更好的。但如果印刷厂愿意在 CMYK 之外添加一种优质的蓝色油墨，你会第一次发觉它表现天空是那么好。

但如果读者对丢失的颜色不是这么愿意原谅，又会怎么样呢？蓝色区域在图像中是如此常见，以至于你必须意识到，至少下意识地知道印刷中的问题。粉红色又怎么样呢？

有两个因素迷惑了我们。首先，CMYK 有品红油墨，它的实地墨层——100^{M}——所呈现的颜色超出了大多数 RGB 色域，包括你的显示器的色域。如果品红油墨淡一些，还能产生如此鲜艳的颜色吗？其次，人脸是粉红色的，印刷人脸看起来没有什么问题，是吗？

我们上当了，人脸上的颜色从来就不够纯，不足以产生问题。即使是天生金发碧眼的白人，其肤色在全人类中是最粉红的，却也有抵消红色的青色成分，加上大量的黄色。但在我们叫做“泡泡糖粉红色”的颜色中，问题出现了，这正是许多花的颜色。

为了全面了解到底发生了什么，你需要打开本书配套光盘，看看图 11.4 的 RGB 原稿，它的颜色比印在书中的鲜艳得多，因为它大大超出了 CMYK 色域。可这是品红色的花啊，品红不是 CMYK 的强项吗？让我们讨论这件奇怪的事到底是怎么发生的。

没有人能制作比印刷所用的白纸更白的颜色[①]。更白的白色会带来更强烈的对比，就像更黑的黑色那样。很昂贵的纸通常既能产生很白的白色，也能产生很黑的黑色。印在廉价的纸上，注定了对比度较弱，图像看起来较平淡。真正的区别在明艳的色彩中，打开配套光盘中的那个文件，执行“图像 > 模式 > CMYK”命令，看看它怎么变灰。如果把 RGB 文件交给桌面喷墨打印机，就能得到更鲜艳的颜色，因为喷墨打印纸更白。而任何摄影师要想告诉客户 CMYK 印刷品红很好，就要对此做出一大堆解释。

品红油墨是很强大的，图 11.5 中的一块实地品

图 11.4 此图 RGB 原稿中的粉红色的花比印在这里的要鲜艳得多。

① 当然，专色除外。

红色样是如此强烈，显示器很难再现它。可是这种颜色从来不出现在自然界，固然有很多品红色的花，可它们都是较亮的品红，像图 11.4 中那样。

或者说，至少，它们在 RGB 空间中时曾经是品红，现在，它们变得很灰，它们在对比度上适度地匹配了原来的景色，但许多颜色丢失了。

当红光和蓝光涌入观察者的眼睛时，他就感觉到了品红。最强烈的品红应该尽可能多地含有红光和蓝光，尽可能少地含有绿光。在显示器上，这是以最大强度发射红色和蓝色电子枪、完全关闭绿色电子枪来实现的。在 CMYK 中，实地品红墨层吸收了绿光，而反射红光和蓝光。

在 RGB 中，通过增加绿光可以产生较亮的品红，因为红光和蓝光已经达到饱和了。在 CMYK 中表现这种色光的方法是减少油墨覆盖面积，更多地暴露纸张。只有当纸张是绝对的、完全的、眩目的白色时，这才能赶上 RGB 的效果。但是实际的纸张不够白，它不仅吸收了绿光，也吸收了对品红很重要的红光和蓝光。纸张越暗，明亮的品红色就越灰。1 美元 1 张的纸是很白的，1 美元 20 张的纸则会吸收 20 倍的红光和蓝光。

因此，如果把图 11.5 左上方的渐变转换到 CMYK，那块与实地品红等价的深颜色在屏幕上不会变化，但渐变中较亮的区域会明显地变灰。图 11.4 中的花也会这样，它们本来在 RGB 中是鲜艳的粉红色，转到 CMYK 后就会变灰。

可怜的摄影师应该怎么办？有几种可能性，但都需要理解为什么 CMYK 不能让人如愿以偿。为了得到看起来很纯的颜色，我们需要纸张少露出来一些，这意味着不得不使用更多的油墨。我们可以增加品红，让花的颜色更深，或增加黄色、消除青色，让它更红，或增加青色、消除黄色，让它更蓝，这取决于我们想撒什么样的谎。但这三个谎言中的任意一个，在我看来，都比让图 11.4 保持原状要好。

做完这些试验后，我可以告诉你，观众不仅在审美上喜欢颜色较深的版本，而且一致认为这更准确地表达了原来的 RGB 颜色。

11.8 颜色、对比度和革命

有学问的人是无所事事，把时间消磨在学习上的人，要当心他的错误学识，那比无知还危险。

我们显然没有机会在印刷中匹配原稿，但是从本书的一个主要话题——对比度来说，图 11.4 算是和原稿比较匹配的，尽管它的颜色损失很严重。

评估过此图的人感到，我们在对比度方面可以再大胆一些，把花的颜色调得更深，这样就和原稿更接近了。这让我们想起图 1.2，那里有类似的争论，有人喜欢一个版本，有人喜欢另一个。这两个例子有一点重大区别，对于这张照片，大多数人——尽管不是每一个人——在提高对比度时希望放弃一些色彩匹配，而在这里，大家几乎一致倾向于在需要更吸引人的颜色的地方舍弃一些对比度。

这使该图成为不寻常的图片。通常，人们重视对

图 11.5 此图是在 RGB 中制作的，渐变的基本色是 100M 的等价 RGB 颜色。将配套光盘中的 RGB 原稿与印刷出来的此图对比，此图在暗调较饱和，但当颜色变亮时也就变灰了。

比度的准确性甚于重视色彩匹配，与你对此图可能持有的看法相反，也与你可能读到的相反。

在色彩领域最具革命性的想法通常来自没有深厚的色彩学背景但了解多种学科的人。我们可以走得更远，几乎每一个做出突出贡献的人都证明，审美的灵感往往不是来自科学而是来自艺术。

阴影中性的理论是由艺术家列奥纳多·达·芬奇提出的，他也研究了由化学家 Michel Eugene Chevreul 于 18 世纪 30 年代详细阐述的同时对比效应。对视知觉的了解很大程度上归功于剧作家和小说家歌德、生物学家达尔文。在非本专业做出突出贡献的远远不止歌德和列奥纳多，萧伯纳就曾对色彩产生浓厚的兴趣，贝多芬也是，还有很多人。

我们的某些基础知识来自精通多学科的牛顿，但在色彩方面最深奥的著作是 19 世纪美国物理学家 Ogden Rood 写的，而他像 Chevreul 一样热衷于艺术。在《现代色彩学》一书中，这位革命家写道：

> 我们对局部色彩的失真比对光和阴影的失真更宽容，这或许是我们在视觉上长期接受的教育造成的。迄今为止，光和阴影一直是人类认识外部世界的至关重要的元素，色彩扮演着次要的角色，它的娱乐性超过了实用性。

我们必须认识到，我们偏爱用更深的、更鲜艳的颜色来再现那些明亮的紫色，与色彩学的独特性有关。如果这些紫色的东西不是花，更不是大朵的重要的花，我们或许会认为图 11.4 中的颜色不能变得更深了。

要说没有一种正确的方法可以为输出转换这些紫色，听起来有些偏激，但在以前的一章中，我们看到了另一种形式的色彩管理把彩色成功地转换成了黑白。图 7.1E 中鹦鹉胸前的红色与图 7.4 中加拿大国旗的红色本来是一样的，但最准确的转换是，把前者转换成图 7.1B 中的浅灰色，而把后者转换成图 7.1C 中深得多的灰色。

我们通常希望 CMYK 颜色能完全匹配 RGB 颜色，如果这不可能，准确就不是一个固定的目标了，这是“校准主义者”的末日，他们笃信目标必须是固定的。

如果人类观察者一致相信一种方法比另一种方法得到更准确的结果，那种方法就被定义为更准确的。从我们上面讨论的两幅图来看，在这两种看法之间并没有什么鸿沟：第 1 种方法比第 2 种方法更准确、第 2 种方法比第 1 种方法更准确。

仪器是无法理解这一简单的概念的，有些人也是如此。试读者们承认上面这一段。但本书的文字编辑 Elissa Rabellino 在最后一句话上加了批注：“这似乎自相矛盾。”

安静一下。我们在处理图像，不是在做数学题。在数学上 2 加 2 肯定等于 4，不会等于 7 或 19 的平方根，但在色彩空间转换中这是常有的事。

再次强调，作为一个革命家，我相信图 11.1 中的两排绿色是不同的，尽管分光光度仪、密度仪、色度仪和相机持有相反的观点。你自己怎么看呢？

11.9 有所得必有所失

> 人的智慧并不与经验成正比，而与获取经验的能力成正比。

一旦确定了校准标准，颜色测量设备在保持这一标准方面是出色的。但它们没有审美能力，不能适应环境或个别图片的变化，对于颜色何时匹配、哪些颜色比其他颜色更重要也不敏感。

如今大多数转换方法是这样产生的：用仪器测量一系列色样（与测量图 11.6 的原理一样，但更复杂），将测量结果与某个参考色彩空间（如 LAB）中的预期值比较，如果不可能匹配预期值，软件就决定以何种方法转换才能把不匹配降到最低限度。

我本人会尝试匹配色样 A、F 和 G。我并没有完全忽略其他色样，但 A、F 和 G 对于成功的校准要重要得多。它们表现了肤色和植物的颜色。在专业工作中，这些区域的品质是生死攸关的。如果需要对另外 5 个色样撒一点小谎，也不得不这样。制作配置文件的人会这样做，所得的整体效果会一起得到加强，除非要测试的是一张色卡印刷得有多好。可是，我们卖的不是色卡而是图像，因此兼顾所有色样不是特别重要的。

再说，没有任何一种方法是自始自终完美的。我们的任务是找到在大多数情况下适用的方法。对我来说，这意味着我打算在肤色和植物的颜色上击败仪器。我知道在处理某些类型的图片时我打不过仪器，不过这无关紧要。

同样，在校准显示器时，我们可以向 Ogden Rood 学一点东西：亮度比颜色重要得多。听到客户抱怨说校准得不好的显示器误导了他，我不得不去调查这是不是真的，这是我的日常工作之一。我可以告诉你，他们的显示器通常是优质的，问题在于他们习惯了偏色，懒得看一眼信息面板，或曲解了高光和阴影的细节的含义。

当人们把问题归咎于校准得不好的显示器时，几乎不变的是，问题出在对比度上而不是颜色上。最常见的情况是显示器太亮了。

因此，在校准显示器时，明智的做法通常是把明暗调好，即使颜色有轻微的失真。仪器在这方面则很教条。

11.10 革命的红旗

所有真正改变生活的人，一开始总是一个革命家。最卓越的人随着年龄的增长而变得更加革命，尽管人们通常认为他们因为不再相信传统的改革方法而变得更保守。

从较大的色彩空间进入较小的色彩空间，例如把 RGB 转换到 CMYK，仪器是缺乏审美能力的，这使我们很痛苦。

理论上，我们希望最大限度地还原原稿的颜色。有时，还原的方法是明显的。大部分国家在国旗中使用强烈的红色，它通常超出输出设备的色域，除非国旗在烈日下飘得太久而褪色。在把这种红色转换为 CMYK 时，我们几乎总是要求数值接近 $0^{C}100^{M}100^{Y}$，不论是报纸、杂志、喷墨打印稿还是像本书一样每年发行的出版物。

国旗上的红色超出输出色域的程度还不算大。很多国旗上的蓝色则不同，它极大地挑战了大多数输出设备的能力，输出的结果千变万化。又比如图 11.4 中的花，它的颜色是那么鲜艳，输出后不知道会变成什么样子。

我们自己是如此容易确定最匹配的颜色，以至于忘了仪器做这件事有多困难。图 11.6 表明了这一点。

表 11.1

图 11.6 的 8 列中，每列有 3 个色样，中间是参考色样。问题是它上面和下面的色样哪一个更匹配它？你可能认为它们差不多。我的答案和常用的色彩转换公式的答案在第 226 页的方框中。很明显，我们的答案通常和仪器的不一致，不过有时候又是一致的。上面一行和下面一行的色样是随机的，无论是我还是仪器，答案都不会全部在一行中。

序号	最匹配的	序号	最匹配的
A		E	
B		F	
C		G	
D		F	

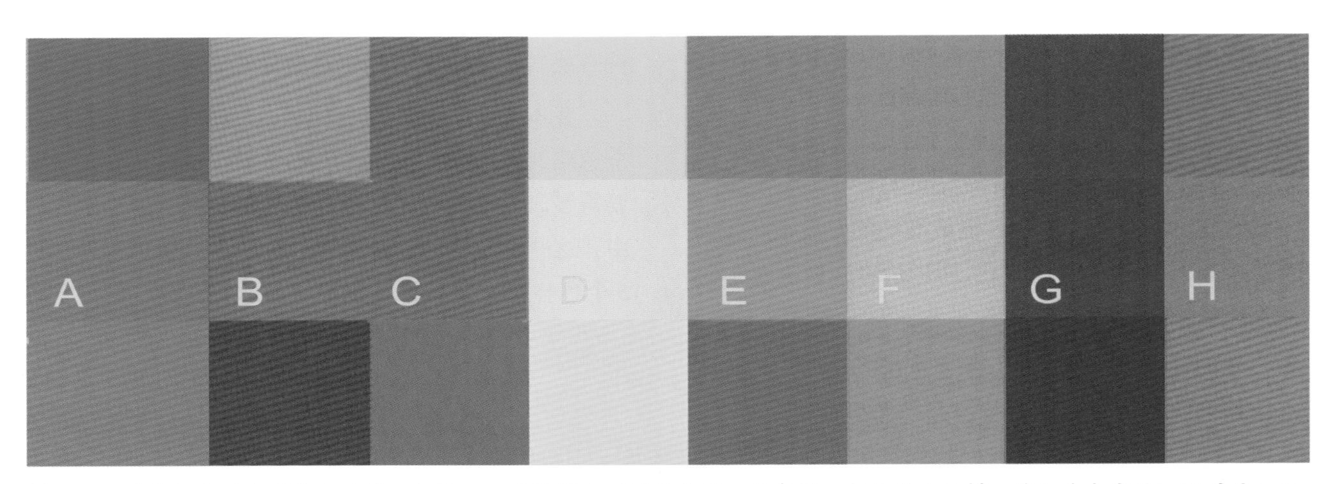

图 11.6 对于颜色匹配到什么程度，仪器和人常常得出不同的答案。对中间一行的每个色样，你认为与它更匹配的是上面的色样还是下面的？

中间的一行是参考色样，其中每种颜色都需要用别的颜色来匹配，问题是它上面和下面的颜色哪一个更能匹配它。这类似于仪器通过比较转换前后的颜色来生成配置文件的过程，而且相比之下，仪器的操作是可疑的。

一台仪器如何确定两个色样中的哪一个更匹配第三个色样呢？你觉得它会像我们一样依靠审美直觉吗？

如果你觉得它干起来很容易，就试着按它的思路来解释一下吧。例如，你可能像它那样说：RGB 的绿色通道有损失比红色通道有损失更难看，但如果底色是红色，绿色通道受一些损失可能还要好一些[①]。

在 LAB 空间中，仪器和人的思路比较接近。LAB 空间是按视觉均匀性的原则来设计的，这就是说，在仪器看来，比预期值多一点或少一点（比如多 5^A 或少 5^A）是一样糟糕的，不管在另外两个通道中发生了什么。

但在人眼看来，这两个方向的偏差是否一样，取决于所观察的颜色。如果那是很饱和的蓝色，减 5^A 就比加 5^A 更能匹配原来的颜色，但对大多数红色来说，情况相反。而在偏青的蓝色中，加 5^A 和减 5^A 的效果大致一样。A 通道中的变化通常比 B 通道中等量的变化更明显，除非观察者是对 B 通道的变化更敏感的色盲。

注意，我们还没有涉及两个最明显的问题。

第 1 个问题是环境。例如为网上图片转换颜色，如果网页背景很鲜艳，转换后的颜色也应该很鲜艳，而如果背景是白色的，就不需要这么鲜艳的转换了。

第 2 个问题是，适合一个人的校准不一定适合另一个人，这不仅仅是因为感觉不同。转换有一大堆花的照片时，若让品红略深一些，从整体上看转换就比较准确，但如果照片中的花不多，让品红浅一些或许更准确。

我曾经为杰出的摄影家 Robert Bergman 制作一本休闲读物。他擅长拍摄那些流落街头、无家可归的穷人。他的作品得到了色彩管理领域许多一流厂商的支持，他不惜一切代价得到最棒的色彩管理工具包，用最复杂的方式把超出一般印刷色域的 RGB 颜色转换成只有高品质印刷条件才支持的 CMYK 颜色。

帮他修正颜色是我在图像艺术领域做过的最浪费时间的工作之一。正如你所期待的，这些照片应该令人压抑，色彩应该收敛一点，但在 Bergman 先生的图像中，除了必须用某种方式单独处理的霓虹灯光外，还充斥着无法印刷的明亮颜色，多得就像 MTV 作品 Major Barbara。我从来没有在什么问题上耗费这么长的时间，找不到完美的解决方案。实际上，他的原照片中的每一种 RGB 颜色都可以在 CMYK 空间中匹配，本来很简单的校准就可以把活儿干好，但是，Bergman 先生将原稿转换到 CMYK 空间的很多操作是与色彩修正背道而驰的，他的色彩管理系统放纵一些假想的颜色产生，在任何精美画册上都没有见过这样的颜色。

11.11 何时使用仪器

在数学家看来，11 是一个普通的数字，而对于丛林中那些只能数出自己 10 个手指头的人来说，这可是一个无法计量的天文数字。

用颜色测量仪来验证你的硬件听你的话是如此明智，以至于这或许可以叫做革命。用这样的仪器来决定硬件应该如何表现，就像让它决定你喜欢哪部电影或吃哪种食物最香一样明智。这种方法所依赖的硬件，看颜色不像人那么准确，不能评价环境，它的规则是残缺的，是由不一定了解颜色的人制定的，让仪器模仿人来匹配颜色。当这一过程完成时，还得由真正的人来评估品质，真正的人清醒地意识到环境，并以人的方式来看颜色。不充分的匹配结果是否会令人无法接受？

当我们试图匹配的东西有着基本相同的色域时——例如数码打样和传统打样——就很容易创建令人满意的匹配。但设备之间的差异越大，匹配就越

① 完整的表述是："你可以模仿仪器这么想：'既然人们对绿色亮度的变化比对红色亮度的变化更敏感，那么在把 RGB 图像转换到较小的色彩空间时，我宁可让红色通道出一点偏差，也要尽量保持绿色通道。'但如果画面的基调是红色，你会灵活地调整自己的思路，会认为保持红色通道比较好，机器就不会这么灵活。"

困难，越需要人的干预。在两台显示器之间获得良好的匹配是容易的，匹配显示器和投影仪也相当容易，但在显示器和高品质印刷之间进行匹配就有点难了，而显示器和报纸颜色之间的匹配是相当困难的。

也就是说，对于相信图 11.1 中的两排绿色一样的仪器来说，匹配是困难的。在两种不同的条件下都要求最佳效果时，少不了人的干预，至少干预一次。希望文件摇身一变同时适合报纸和年鉴，或同时适合报纸和互联网，或同时适合杂志和胶片记录仪，是荒谬的。光是锐化问题就足以让这个想法完蛋了，即使不可克服的颜色问题还没有出现。

依赖测量仪器进行转换的结果不怎么样，这个结论尽管很明显，但迄今为止还没有得到人们的普遍接受。那些没有接受这一观点的人们在本书上一版面世后曾经猛烈地抨击我，说这一章以及我这个始作俑者都应该下地狱。但是我要声明两点。

第一，不用测色仪校准各种设备对我来说非常容易，因为在过去 20 年中我校准过上百台设备，发现各种方法的结果都差不多。如果你没有做过这么多校准，你做起来就不会像我这么得心应手，在这种情况下，用仪器生成的配置文件来校准就是可以理解的，不过不要强迫我用这种办法解决问题。

第二，主张用仪器校准的人说，我之所以拒绝他们的配置文件，不是因为这比我的方法差得远（还要花很多钱），而是因为我讨厌仪器。实际上，很少有人像开印前公司的我一样迫切需要用仪器保持校准结果。

在更早的讨论中，我陈述过原因。当你分析任何校准决定时，问问自己，如果校准得不好会有什么后果，而校准后的设备又有多不稳定。

对提供图像艺术服务的人来说，校准得不好会浪费钱，印刷品会报废，会得罪客户，会失去订单。另外，许多设备（特别是印刷设备）经常发生变动，让它们稳定的方法就是定期地、经常地用仪器测量。图 11.6 可以作为测量的标的。它印刷得对不对，首先是由我们人类来判断的，然后才进行测量，把测量结果记下来。以后再把它印刷出来时，仪器会记得它应该是什么样子，即使我们记不得了，它是否非常接近当初校准后的效果，仪器会给我们更好的答案。

我们可以走多远？

色彩修正技术并不需要精确地把握输出条件。照片冲印和商业印刷的轻微变动不会把修正得很好的图片变得很糟糕。对显示器的输出来说也是如此，我可以提供这方面的一个实例。

在我的课上，有七八个学生用主办单位提供的显示器和计算机处理同一幅图像。完成后，他们把作品传到我的显示器上，我把这些图像排列起来比较。

学生们使用的显示器可能是同一型号的，也可能不是。有些已经严重老化，有些是 CRT 显示器，有些是 LCD 的。在另一节课开始之前，我用大约 30 分钟时间把八九台显示器调节得大致一样——注意，只是大致一样。我没有用到任何额外的硬件。它们都是苹果显示器，只要有时间，可以在系统预置中校准它们，这是 MatOS X v10.3 或更高版本的强大工具，在校准方面比校色仪还棒，不过当时我没有时间那么做。

尽管如此，最好的图像在无论哪台显示器上都是最好的——即使校准像我刚才说的那样不彻底。

在有些教室里，有 3 台或更多的显示器连在我的电脑上，学生们不必围在我的屏幕前就能知道我在干什么。我一般忍着不用这些附加的显示器，因为它们从我的显示器上直接获得未编辑的视频信号，唯一能够影响它们显示的是对亮度、对比度的内部控制。有时我发现某一台附加的显示器显示得很糟糕，就从别的地方找到另一台换上去。但如果某一台显示器上的颜色接近我的显示器上的，学生们对哪幅图最好做出的判断就会和看着我的屏幕时一样。

唯一的例外在 LCD 屏幕上（参阅下一页的方框）。这种显示器显示高光和阴影是如此夸张，以至于有可能某一张图在一台显示器上看起来无法接受，而在另一台显示器上相当不错。但我在 CRT 屏幕上从来没有见过这种问题。

11.12 赢不了就要复仇

行动是获得知识的唯一途径。

2006 年 8 月写这一章的时候，我抽出时间参加了在哥斯达黎加举办的为期两天的研讨会。这个国家没有军队，却有为民众谋福利的革命思想。我通常喜欢给只有 6 ～ 8 个人的班上课，每个人都有一台电脑，可以把结果和别人的比较。在美国我很久没有当众作全天的演讲了，在世界的其他地区也是如此。我要几年才到中美洲讲一次课，因此，我的讲课方式尽量符合当地的习惯，听众大约有 200 人。我建议在第二天用整个下午来回答问题，让大家在午餐时把问题写下来以便节约时间。我估计问题不会超过 50 个，但实际上有两倍。

使我惊讶的是，尽管有那么多挑战性的问题可选择，大约 1/4 的人却问为什么文件从 LAB 进入 CMYK 后从来不会保持原来的颜色，或什么时候从 LAB 转换出来会出问题，以及类似的问题。

对这些问题，我只能用杰出的色彩学家 Yogi Berra 的话来回答：“只要好好观察，你就能注意到很多东西。”

只要不像图 11.4 的 RGB 原稿那样有超出 CMYK 的再现能力的颜色，文件从 LAB 或 RGB 进入 CMYK 会很好。如果确实有这些颜色，我们或许会感到惊讶，不愉快，因为没有一种转换方法可以自始自终正确。

为判断一幅图是否有这样的问题，不需要分光光度仪之类的仪器，连信息面板都不需要，只需要睁开你的眼睛。你在看着有纯的、明亮的颜色的区域，比如强烈的蓝色或其他极度强烈的颜色。有时能确定有问题（就像打开图 11.4 的 RGB 原稿时那样），有时问题是不明显的，例如在婚礼照片图 9.1 中，除了新娘，所有女性都穿着明亮的色彩柔和的衣服，这也许会带来转换问题，我们不得不仔细检查这个 RGB 文件，看看转换后是否有颜色会失真。

匹配失败的恶果——丢失细节、难看的色偏或两者都有——隐藏着一个革命性的秘密。这种匹配失败并不是经常发生的。

为证明这一点，让我们回到第 10 章研究那里的一些图片。作为一本色彩修正教程，人们或许希望本书的图片比普通书中的展示更多的问题。让我们来看一看吧。

• 图 10.1，一个工具箱，几乎是死气沉沉的中性灰。转换问题没有一点机会出现。

• 图 10.4，海景，本来是蓝色的，尽管不是特别强烈。我们应该注意转换，但也不必担心破坏这种蓝色。或许离开 RGB 后它会稍微减弱，即使这样，也不需要对此做什么，因为其中的细节不会损失。

• 图 10.5，除了鸟身上的极黄的颜色，其他颜色都好对付，但黄色是 CMYK 的强项，我们不必担心在转换中出问题，尽管我们一直睁大着眼睛。

• 图 10.10，一个木图腾，有一些树，没什么东西会引起转换问题。

• 图 10.12，中国河流的景色，背景比较灰，有一面红旗，但它还不够灿烂，不足以成为一个问题。

• 图 10.14，挪威森林，全部是含蓄的颜色，没有什么问题。

• 我们处理图 10.21 时，一些食物衬托着一杯冒泡的酒，颜色相当活跃，但没有什么颜色看起来是印不出来的。

如果你是体育运动摄影师（很多运动队有色彩鲜艳的队服），或擅长拍摄花卉、海底景观，如何使印刷品看起来像你期待的样子就是一个大问题了。对于大多数其他类型的图片，这种情况并不多见。但是过分重视这个问题就会把它变得很可怕。

在绪论和第 1 章中我谈到，读者要求这一版用更多的篇幅来讲解通道混合、锐化和正确地印刷难以处

CRT 和 LCD 显示器

是否能用 LCD 显示器代替传统的 CRT 屏幕做专业品质的色彩工作，这个问题对我来说就像是，数码照片的品质能否赶上底片，或 CD 听起来是否比聚乙烯唱片好些。每个问题的具体答案是不重要的，因为市场决定一切。

LCD 显示器较便宜，较轻便，在桌面上占的地方小。它们目前的主要问题是颜色随视角而变。另外，它显示的对比度比 CRT 显示器强，后者在 20 年中一直是专业标准。LCD 的控制功能通常较少，因此难以避免过暗的阴影和过亮和高光。

有些人习惯于用 CRT 显示器干活，常常需要一整天时间来适应 LCD 的显示。同时，印刷工第一次不得不适应盯着一台显示器而不是纸打样时，也得花很长时间来适应。这些都是可以做到的。如果今天我要为高品质工作买一个屏幕，它会是 LCD 的——我喜欢它的轻便，不愿意把沉重的 CRT 显示器在屋里搬来搬去。

理的颜色。前两个问题我可以理解，它们在技术上都有很大难度，光靠直觉是解决不了的。

然而，转换方面的问题是另一回事。每个人都有足够的技术知识来避免它，只要不被那些耸人听闻的说法吓唬住。

这恰如黑白转换。如果在转换之前你没有适当的警惕，可能就会弄出一张很难改善的灰度图。这里的道理也一样，我不是特别想改善图 11.4 中的花，虽然转换到 CMYK 对它们有所损害。

因此我提出一条忠告，如果你对自己的转换方法处理灿烂颜色的效果不满意，就别用它处理这样的颜色。让这些颜色保持在 RGB 或 LAB 中，如果不可能再现你喜欢的颜色，那么至少做出第 2 好的选择，而不是第 9 好的选择，就像图 11.4 那样。

11.13 色彩革命家的格言

• 能做色彩修正就能做色彩管理，做不了色彩修正也做不了色彩管理。

• 结果可以预测，但不能尽善尽美。

• 转换总是需要的，可能比你想象的多。

• 我们想要校准的设备太多，而我们能够用在校准上的时间太少。

• 不要相信任何把公式看得比图像还重要的人，如果图像本身足以说明问题，你只需要看着它，而不必管那些公式。

• 校准印刷机就像校准一阵风。

• 成功的色彩管理不相信 2 加 2 等于 4，它也可能等于 5、7 或 19 的平方根。

• 如果你不知道该怎么校准，命运迟早会报复你，让你的职业生涯离不开理解如何校准。

• 人们生来平等，但颜色是不平等的。

• 准确地再现色卡不是非常重要的。

• 如果你不喜欢运算法则解决问题的办法，就别把问题交给它们解决。

• 不懂色彩管理的人才会把问题归咎于色彩管理。

• 没有人靠出售直方图发财。

• 不是所有的图像都一模一样，不是所有的转换都表现同样的问题，也不是所有的问题都有同样的解决方案。

• 什么叫悟性？就是睁开双眼。

• 在色彩复制的所有领域中，色彩管理是最接近常识的，但也是靠常识最容易出错的。

11.14 寻求规范

魔鬼（生气地）：我好心好意向你告别，你就这样对待我吗，唐璜？

唐璜：绝对不是。虽然一个愤世嫉俗的魔鬼身上有很多值得学习的东西，但我实在无法忍受一个多愁善感的魔鬼。尊敬的指挥官，你知道去地狱边界和天堂的路，最好是指给我看。

雕像：噢，边界只是看待事物的两种方式的差别。如果你真的想去那儿，每条路都通往那儿。

当校准遇到困难时，需要某种规范。它也许是总的规范（例如针对所有绿色调的图像），也许是更精细的东西。

无论如何，都有一个简单的测试。问你自己，现在可以找到规范吗？如果可以，你能在 Photoshop 校正它吗？

设想你要让显示器与某厂的印刷结果一致，如果它们现在不一致，问题可能出在你这边，是你的 CMYK 设置不妥，但可能还有很多其他的问题——这都不是真正要紧的。

你觉得印刷品看起来是好是坏也无关紧要。问题在于，你打开这个文件后能否用某种曲线或其他命令使它在屏幕上看起来像它印刷后那样，或至少接近？如果不能，这可能就不是校准的问题，而是色域的问题，是印刷能力的问题。如果能，问题就是，这套命令能否让大多数其他图像更匹配印刷效果。

如果匹配得不好，问题多半出在操作过程中。比如一半的图像显得过亮，而另一半图像过暗，一半色彩过于浓郁而另一半太灰，你拼命校准到连地狱也结冰，结果还是一团糟。

但如果你已经把本书读到了这里，你就能察觉是否有规范，就能从几个选项中选择任何一个来校准显示器。假设最终的输出模式是 CMYK，你就能为你用到的每一台印刷机生成一个合理的自定义 CMYK，特别是当你读完后面两章后。那个自定义 CMYK 是一个 ICC 配置文件，它可以在不同的应用程序间交换，也可以在不同的场合重新使用。

记住，如果没有规范，做任何事都无从下手。有人给你一幅图，以为你已经校准了，而你没有。

11.15 高级测量仪器

唐璜：经过多年的生存斗争，进化才赋予生命一种了不起的器官——眼睛，于是生物能看到它要去的是什么地方，什么将要来帮助或威胁它，并逃避千万次危险，这些危险在以前能杀死它，今天，进化产生的心灵的眼睛看到的不是物质世界，而是生活的目标。

对色彩的领悟是相当复杂的，依靠人类的高级思维驾驭起来有都很大的难度，更不用说仪器了。我们已经展示了几个同时对比效应、背景色影响前景色的例子。色适应规律表明，如果没有信息面板的帮助，我们不能相信在屏幕上看到的中性灰。我们还没有考虑斯蒂文斯效应、亨特效应、贝佐•布吕克色相偏移、赫尔森•贾德效应和艾比尼效应呢，哦，差点忘了，还有赫尔姆霍•科耳劳奇效应。

如果有人问你这些效应意味着什么，就像我一样回答他们。这些效应意味着，仪器不会像我们那样看东西。

校准是让图像看起来一致的艺术——它科学的成分要少得多。要是认为除了人眼还有什么能做这样的决定，这种想法是靠不住的。要使用眼睛而不是仪器，这不仅会让你的配置文件更便宜，而且做起来更快、更好。

有些科学家为人工设备争辩，但有艺术感觉的科学家比他们懂得多。达尔文的反校准主义观点如下：

很少有可能避免比较眼睛和望远镜。我们知道这一仪器经过最高人类智慧的长期努力被完善了；我们自然会猜想眼睛是由多少类似的程序形成的。但这种猜想是否太冒失了？我们有正当的理由假定造物主以人类的智慧工作吗？如果我们必须比较眼睛和光学仪器，我们应该想象到厚厚的一层透明组织，有神经对外界光线敏感，再假定这一层的每一部分连续地慢慢地改变密度以便分成不同密度和厚度的层，相互间有不同的距离，每一层的表面慢慢改变形状。更进一步，我们必须假定在这些透明的层中有一种力量总是专心地观察着每次轻微的偶然的变化；小心地选择每个改变，这些改变在不同的情况下，或许以任何方式、任何程度倾向于生成独特的图像。我们必须假定这一仪器的每种新状态都可以大量繁衍，都被保存，直到更好的状态产生，旧的被毁掉。在生物体内，变异会引起轻微的改变，一代生物会几乎无限地增殖，而自然选择将以准确无误的技巧挑选出每一次改进，让这一过程继续百万年又百万年，每年都产生许多种类的上百万的个体。我们怎能不相信活生生的光学仪器比玻璃的更优越，造物主的工作比人的更杰出？

* * *

理解进化很像理解色彩。我们知道达尔文是对的，但他证明我们还在蒙昧时代。每年我们在进化论的领域都了解到一些新的东西，并重新审视他的教导，正如我们现在懂得牛顿、谢弗勒尔、歌德甚至列奥纳多在色彩方面还有哪些认识不到的。

出于对我们无与伦比的光学系统的尊敬，我们这个种群最显著的特征是能够甄别各种观念，去伪存真。达尔文迫使我们面对，思考我们从哪里来。但为了这样做，我们不得不放弃我们习惯于盲目接受的一些东西，忍受更不舒适的生活。

大部分时间，即使不是所有时间，你都在针对新的印刷条件校准，你使用的方法是猜测伴随着惊讶的。那就是说，你没有色卡，没有配置文件，所有的只是一大堆看起来太绿和太暗的图片，于是你调节一些设置，希望它们下一次能印得好一些。

因此你得学会用眼睛校准，否则你永远也不能适应某些印刷实际情况，永远不能得到足够可靠的打样让客户放心。

除此以外，如果你希望用仪器校准，就用吧，像几乎所有其他色彩管理方法，这与本书提出的一般方法是一致的。但即使你拒绝相信自己的眼睛，也要依靠常识——在此类争论中常常被忽略的好东西。

11.16 如果我们的主旨是神圣的

通情达理的人让自己适应社会，不讲理的人执意让社会适应自己，因此所有的进步靠的都是不讲理的人。

正如本章指出的，我确实强烈地相信校准，但并不迷信它。我坚持认为，科学和数学是我的仆人，而不是我的主人。我看到一幅恶心的图，就说它恶心，哪怕仪器说它看起来不错。因此，我不是个校准主义者，只是个色彩管理者。

如果有人给你示范什么看起来很科学的伎俩，比如摆出一台人工仪器，测出图 11.1 中的两排绿色是一样的，那你在买它之前要慎重考虑。如果你允许这样的技术愚弄你，如果你的眼睛和智力已经认为某些东西明显错了，你却相信它，那你就要小心了。明天的校准主义者可能就是你。

你可以做得更好。在公正的路上起步，站直，做一个深呼吸，让世界听到这样的声音：那两排绿色是不同的！

这一章列出了很多名人的名字。这是为了提醒你，你被卷入了一个已经困扰了人类精英几个世纪的话题。在这几个世纪中我们关于它已经学到了很多东西，但还有很多未知的。

并非这一领域的每样东西都像恶魔般复杂。如果你通读了我在这里写的所有内容，你会发现它们十分单纯——只要你别被术语或仪器吓倒。如果你开始被吓倒，请记住，在整个图像艺术中，再没有别的领域像这个领域一样，有那么多专家都如此一致地被证明是错了。

正因为如此，某些犬儒主义者出现了，而这一章和下一章引用的格言出自 20 世纪两位最愤世嫉俗的人。以下内容来自下一章将要出现的重要人物 H. L. Mencken 对本章的明星们的评价。

实际上萧伯纳所有的睿智都集中在他的特立独行的语言上……为什么他会被认为是与伽利略、尼采、Simon Magnus 等人齐名的极端异教徒？最简单的原因，他对工作有极大的热情，他对艺术欣赏展现出常人无法预料的犀利眼光，他是逻辑推理的大师，能够把表面上毫不相干的事件联系起来，得出常人认为不合理、不合时宜的结论……这里隐藏着萧伯纳久负盛名的原因。他具有非同寻常的、富于煽动性的口才。他知道如何把自己激进的个性同世俗的教条融合在一起，他永远满怀憧憬，永远富有挑战性，永远卓尔不群。

接着，只有让萧伯纳自己来下结论才合适了：

我崇敬米开朗基罗、委拉斯凯兹和伦勃朗作品中的力量、神秘的色彩、为永恒的美所展现的一切，以及让他们的手成为无价之宝的艺术灵感。

测验题答案

图 11.6 提出的问题是，说出每一列两端的色样哪个更匹配中间的色样，或者同样匹配。下面是我的答案和按最常用的计算机公式得到的答案。

序号	我的答案	机器的答案
A（绿色）	顶部	顶部
B（玫瑰红）	同样匹配	底部
C（紫色）	顶部	底部
D（黄色）	顶部	底部
E（蓝色）	顶部	同样匹配
F（肤色）	同样匹配	底部
G（橄榄色）	底部	顶部
H（暗肤色）	顶部	同样匹配

本章内容概要

这是讨论校准和转换问题的 3 章中的第 1 章。不是讨论具体的图像，而是纲领性的，问到校准的目的是什么，有哪些方法可以达到这个目的，忽视它会有什么后果。

只有当颜色超出了目标空间的色域从而不能准确输出时，转换才有问题。大多数人知道强烈的蓝色在几乎所有印刷条件下都很难再现，但这一章讨论了另外几种必须应对的薄弱环节。

仪器对于保证校准过的系统稳定是有价值的，但让它们替一个人做决定就不合适了，这是色彩管理的一个不幸的倾向。

第 12 章 管理颜色设置

"颜色设置"对话框有不错的选项也有糟糕的选项，这有时是个人观点问题。有些选项在过去有争议，但以后不会了。选择适当的设置不仅需要扎实的理论，而且需要理解别人的选择。具有讽刺意味的是，这门学科是在争吵和诅咒中发展起来的。

hotoshop 在不同的语言下使用不同的术语。意大利文版把"黑版产生"翻译成"灰度函数"，西班牙版则把"覆盖"翻译成"重叠"，你要是在拉丁美洲使用这个术语，就没人能明白你在说什么，他们都用英文版的 Photoshop。在德文版的 Photoshop 中，"覆盖"变成了不知所云的 Ineinanderkopieren，而"历史面板"变成了"Protokol 面板"。网上论坛没有国界，这些问题就引起了无休无止的争议。

在翻译书籍和其他技术文献时，这也带来了诸多不便。大多数专业翻译并不是 Photoshop 专家。在使用非英文版 Photoshop 的地区，我说"自定 CMYK"，译者可能会把它当成一个特定的术语，有可能花很长时间在程序中寻找它的位置。在使用英文版 Photoshop 的地区，我说"sponge out the color"，译者未必知道英文版中有 sponge 这个词。

很多专业翻译要求我专门写一章来介绍"颜色设置"对话框、色彩空间之间的"翻译"以及（有时候）色彩空间的"方言"之间的"翻译"。色彩学与语言学是如此相似，以至于常常可以参考语言的翻译来解释色彩空间之间的转换。

在开始本章之前，我们需要对色彩上的语言达成一致的看法，虽然几乎所有这些术语都是最近形成的，但并不是每个人都同意以下定义。

12.1 这些术语是如何定义的

• 我相信"色彩管理"这个词是 20 世纪 90 年代早期产生的，虽然我不能肯定其来源。对这个术语，我的理解是：在有不同定义的颜色之间、不同的设备之间（如在显示器与印刷机之间、在我的显示器与你的显示器之间）"翻译"时，试图保证预期的效果。它与本书的主题"色彩修正"不同，后者意味着让图片看起来更好，也与"过程控制"不同，后者试图让今天的效果在明天或明年可以重现。

在 20 世纪 90 年代晚期，色彩管理被称为"颜色的世界语"，某些人把它形容得像天堂一样，每个文件都由一个嵌入的标签指定了颜色。这种想法随着 Windows 95 一起离去了，只留下最初的完整定义。

•"校准主义"这个词是 1994 年由我创造的，描述那些崇拜颜色测量设备的人的信仰，以及这样的本事：一旦看见有什么东西显示了数据和直方图，就失去了主见。这是一个贬义词。

早期的校准主义者相信，所有复制的目的是尽可能与原照片在表面上匹配，我们已经有十几年没有听到过这样的白痴想法了。

校准主义者以相信完美转换有可能存在而闻名于世。这与常识相悖，我们知道任何转换都可能存在某些普遍的指导方针，但也有大量的"如果"、"但是"、"除非"和"然而"。

•“传统的色彩管理智慧（Conventional Color Management Wisdom）”或者说 CCMW，是我于 1998 年创造的术语，是对色彩顾问和 Photoshop 作者们关于这些问题发表的观点的总称。它并不是一个贬义词。那批人通常是有责任心的，偶尔成为校准主义的推动力。我之所以在 1998 年需要这个词，是因为我想指出我的观点还没有得到广泛接受。当时，CCMW 基本上与我一致，只在某些关键问题上不赞成我。

随着时间的流逝，CCMW 分崩离析了，其中有些人的立场曾经与我接近。如同本书前两版那样，我们将讨论我和 CCMW 都对之改变了看法的事物。

•“愚民”这个词已经有大约 90 年的历史了，它的创始人是美国最权威的语言学家之一、愤世嫉俗的新闻记者 H.L.Mencken。该词指的是对当今数码图像发展影响最大的群体。听起来是贬义词,但它不是。它只是指那些没有兴趣学习新知识的人。我使用这个词是因为找不到更合适的词，“傻瓜”太严厉，“低端用户”又不够准确。

幸运的是，你自己不会是愚民中的一员，因为只要打开这本书,你就会渴望学点什么东西。尽管如此，你和我都深受他们的影响，他们的人数比我们多得多，厂商的产品是为他们量身定做的，设计数码相机时要重点考虑他们，在 Camera Raw 和类似的采样模块中也是如此。在下面的 5 章中，我们将看到专门让没有经验的人拍出好照片的功能对我们不一定灵，随后会讨论如何关掉这些功能。

•“配置文件”是 20 世纪 80 年代晚期出现的术语，如今有许多种用法。一个配置文件是对某种设备如何运行的猜测，也被用来描述现有的文件应该如何解释。

最后一句话本身就需要好好解释一番，我举一个例子。假设你刚刚印刷了 20 张图，不管在哪里印、怎么印，反正你对印刷质量不满意，觉得应该重印。你聘请我解决这个问题。我检查了这批印刷品，认定 20 张图都太绿。

现在，我在你的显示器上打开这些图。如果它们在这里也显得很绿，我就把这本书送给你，让你读第 1 ～ 10 章，然后回家。你的文件太糟糕，但你的色彩管理不错，它准确地预测到了你已经接受并且注定要接受的严重后果。

另外一方面，如果图片在屏幕上看起来很好，那就是色彩管理很糟糕。我解决这个问题的办法是，对每个文件使用相同的曲线并用 Photoshop 的“动作”把它记录下来。如果是在 RGB 中，这个曲线就把绿色通道变暗或把红色、蓝色通道变亮，如果是在 CMYK 中，这个曲线就加深品红通道，或提亮青色、黄色通道。

这就是色彩管理，它排除了意料之外的效果。刚才说的还不是色彩管理特别理想的模式，因为当印刷条件变化时你还会遇到同样的问题，到时候还要怪罪显示器。

这种形式的色彩管理有一个配置文件，它假设印刷结果比我们想象的要绿。它不是特别理想的配置文件，因为它只存在于我的头脑中，别人用不了它。但它也许相当复杂。为了能够使用“动作”这一批处理命令，我必须知道图像是在每个暗阶调都太绿，还是只在阴影的中间调偏绿。我也必须看出整体效果是否太暗、太亮，或者恰好合适。这些调查会指导我的配置文件是否需要把绿色通道变暗，把另外两个通道变亮，或者让它们都变。

那些渴望理解这个晦涩课题的人来说是不幸的，信奉一种方法的人经常声称，除了他们认可的色彩管理形式，任何色彩管理形式都不是色彩管理形式，除了与他们认可的配置文件一致的配置文件，任何配置文件都不是配置文件。对于这些论调，我们有一个简单的回答：任何这么说的文章都不是文章，任何这么说的人都没有这么说过。

12.2 颜色是如何定义的

到现在为止，我们不分青红皂白地抛出了 RGB 和 CMYK 这两个术语。有时书中说到某个原稿“有标签”，对此却没有解释。我严重怀疑本书的读者是否有一半知道它的确切含义。

你读小学一年级时，老师不由分说地给你一支粉笔，说这是红色的，你不见得知道这种颜色的 LAB 数值，但这个数值的作用就是让我们知道这到底是什么样的红。

在 RGB 中，$255^R 0^G 0^B$ 是红色，这一点毫无疑

问。但它是谁的红色？你的？我的？还是对图 11.1 和图 11.2 胡说八道的色彩学家的？当某一个人说到红色的时候，指的可能是很鲜艳的红色，另一个人说的可能是偏黄的红色，而 Photoshop 必须给每一种红色下个定义，否则，当需要“翻译”成 CMYK 时，Photoshop 就不知道该把 $255^R 0^G 0^B$ 或阴影中的红色当成什么样的红色来“翻译”。

同样，它也需要知道“青色”这样的词意味着什么。北美商业印刷机用的青色油墨就比欧洲的更亮、更蓝，而品红在世界各地的变化更大。

Photoshop 不仅要知道哪些数值对应于哪些颜色，还要知道那些颜色有多暗。与此有关的两个概念很容易混淆——在 RGB 中，暗度因子被称为 Gamma，在 CMYK 中，它叫“网点扩大”。

可以接受的定义颜色的方法很多，这是好消息。坏消息是，一旦愚民掺和进来，很多看起来可以接受的方法也迅速变得无法接受了。

对 RGB 或 CMYK 的定义叫“配置文件”，业内的每个人都这么称呼它。通过更换整个颜色设置文件（后缀为 .csf），可以单独改变 RGB 配置文件和 CMYK 配置文件中的任何一个，也可以同时改变它们，灰度和彩色的色彩管理也可以用 .csf 文件一网打尽。唯一不会改变的是对 LAB 的定义。自然界存在其他的 LAB 空间，但在 Photoshop 中只有一个。

图 12.1 是在 Photoshop CS2 中通过“编辑 > 颜色设置”菜单第一次打开“颜色设置”对话框时的样子。自 Photoshop 6（2000 年）以来，这个对话框始终没有变化，但在不同的版本中通过不同的菜单打开。

12.3 指定、猜想和嵌入

Mencken 在许多智力领域蔑视美国，特别是在骂粗话方面。他在《美国语言》这本教材中写道：“在普通美国人使用的所有贬义词中，‘狗娘养的（son of a bitch）’算是最厉害的，而迄今为止……‘狗娘养的’在斯拉夫人和拉丁人听来就像梦呓一样苍白无力。巴勒莫最沉默的警察在早餐和午餐吹口哨之间就可以想到一打更好的。更糟的是，‘狗娘养的’经常演变为孩子气的‘流氓（son of a gun）’。后者是如此缺乏杀伤力，以至于我们中间的意大利人借用它给美国人起了个外号——la sanemagogna，以此蔑视美国人在艺术上的落后，而意大利人在这方面是相当自豪的。在标准的意大利语中，至少有 40 个骂人的词相当于‘狗娘养的’，但是哪个都比‘狗娘养的’更粗野、更刺激、更有影响力。”

我对此有三点回应。第一，Mencken 要是认识我老婆，就不会忽视美国人在这门艺术上的成就了，她被惹恼时说的话能吓跑一个炮兵连，或至少一个印刷工。第二，Mencken 住在巴尔的摩而不是新泽西，新泽西会改变他的看法。第三，如果你觉得读这么长的两段只是在浪费时间，我只不过在制造一些噱头拐弯抹角地说明制作配置文件的问题如何比 Photoshop 中的其他问题引起更多的争议，随你怎么想吧。但我有我的苦衷，多年来我始终无法让学生懂得指定的、假定的和嵌入的配置文件之间有什么关系、如何相互作用，最终发现讲一个骂人的故事还挺管用。

在我上过的一堂课上，有 5 个学生来自加拿大安大略省，说的是文法学家们熟悉的比较温和的语言，

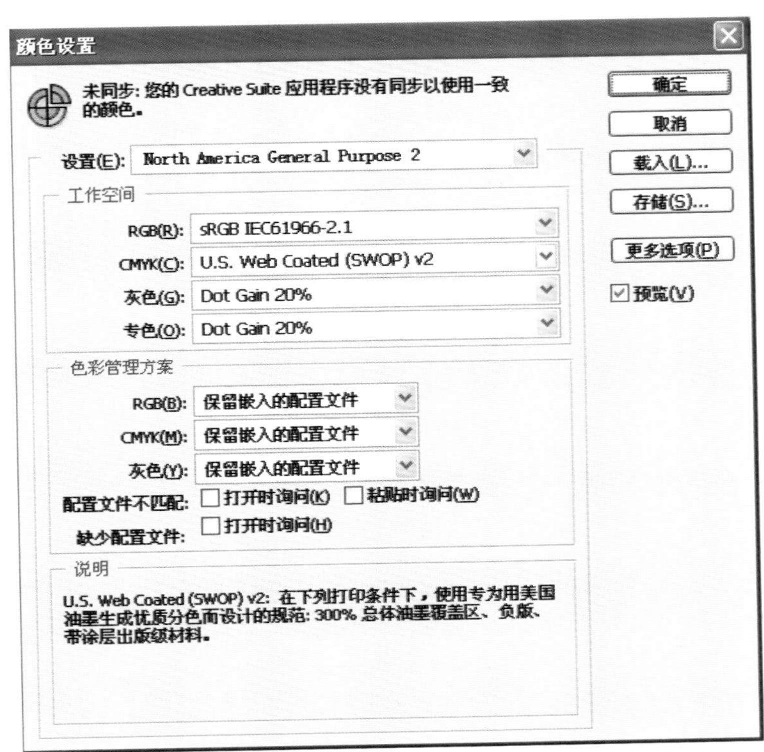

图 12.1 “颜色设置”对话框

标准的加拿大英语，还有两个纽约人。可能国外读者不太熟悉这种情况，我要解释一下。纽约人，特别是新泽西郊区的居民，以创造性地、攻击性地运用粗话而闻名，尽管 Mencken 没有注意到他们。

7 个学生对同一幅原稿进行了修正，把作业发给了我，然后我们投票选出最好的。通常，投票是不记名的，但有时获胜者的优势并不明显，于是产生了争论。这次，两个纽约人的作业明显是最好的。但每个人都激动地为自己的作业辩解，当一个人无数次重申同样的观点时，其他人就会毫不留情地驳斥："它连 Peachpit 出版社的标准都达不到。"话越说越难听，于是加拿大人喘起粗气来，认为下一步应该是决斗，或者按今天加拿大流行的某种做法来解决问题。我只好劝他们说不至于这样。纽约人以他们惯常的方式交头接耳了一番，说了一句俚语，它的意思大概是："你在拉我的腿吗，先生，嗯？"

如果必须把无法书面记录的纽约新泽西俚语翻译成意大利语，我们面临的问题会和色彩转换一样。译者绝对应该知道，翻译结果应该像一个新泽西人对另一个新泽西人咬耳朵一样明白，否则会让人讨厌。与此类似，如果忽略了应该嵌入的配置文件，或用到了不该嵌入的配置文件，印刷结果就会一塌糊涂。

在我们的颜色设置中，输入（RGB 值）是新泽西方言，输出（CMYK 值）是意大利语，或许是那不勒斯方言。只要我们坚守自己的体系，从不改变这些设置，几乎不会发生错误。

同样，如果把"意大利语"的最终文件传给其他人，不会有问题。只要已经翻译成了意大利语，就没有人知道或在意它原来在英语中是什么，买印刷品的客户也不关心原来的 RGB 文件是什么样。

问题是，如果我们把英语原文传给别人，别人就会发现原文中的某些信息（如新泽西人说的悄悄话）并没有翻译出来。

从理论上说，通过把配置文件（或者说标签）嵌入图像，这是可以避免的。这个标签可以不理会下一个用户的设置，保持如何解释这个文件的重要信息。但在实际应用中，这个体系通常会被破坏，我们在本章稍后的"色彩管理方案"中会讨论这个问题。

真正机智的，不是把一种语言翻译成另外一种，而是把一种方言翻译成另外一种——就像把新泽西粗话翻译成加拿大英语，或者把 sRGB"翻译"成 Adobe RGB。这两个概念是很多人在色彩转换中容易混淆的。

执行"编辑 > 指定配置文件"（CS2 和更高版本）或"图像 > 模式 > 指定配置文件"（较低的版本）命令，不会改变文件，或者说，不会改变"原来的词汇"。它不理会我们的标准设置，指示 Photoshop 用另一种方式来"翻译"。尽管如此，"译文"不是不可改变的，别人可以把这个文件"翻译"成另一种"语言"或"方言"。到那时，原始信息仍然原封不动，当然也有可能随时出错。

因此，指定新的配置文件没有改变"原文"，却有可能让人误解它。这是危险的，因为如果最初的配置文件是正确的，指定一个新配置文件的来重新"翻译"就有可能出错。尽管如此，只要使用得当，错误的配置文件也是有力武器。

补充的命令"转换到配置文件"更常用。我们已经在第 5 章中多次用到它。不像"指定配置文件"，它改变的是当前文件，而不是将来的"译文"。打个比方说，Photoshop 改变了新泽西人的原话，以便加拿大人一下子就能听懂。如果还有一个意大利人在听，可以直接把新泽西人的话翻译成意大利语，也可以先把它翻译成加拿大语，再把加拿大语翻译成意大利语，结果是一样的，因为原话实际上已经变成加拿大式的了。在色彩转换中害怕出问题，就用"转换到配置文件"这个安全的命令。温和的加拿大语在转述时不容易被严重曲解，而把刻薄的新泽西方言直接翻译成别的语言就很容易把人惹恼。

色彩也有同样的问题。某些 RGB 颜色天生就很温和，即使"翻译"错误，后果也不会很严重。

12.4 RGB 工作空间

在"颜色设置"对话框中单击"工作空间"区域的"RGB"下拉菜单，会看到一些默认的选项：Adobe RGB、Apple RGB、Color Match RGB 和 sRGB。如果单击"更多选项"按钮（CS2 和更高版本）或"高级模式"按钮（较低版本），还会有更多选项可以使用。

这一设置定义了红色、绿色和蓝色的纯度，它们决定了图片应该显示的鲜艳程度。这一设置还控制着Gamma。对于Gamma，除了需要知道它的值越高画面就显示得越暗，我们不需要知道太多的技术细节。Apple RGB和Color Match RGB使用的是苹果机的传统Gamma值1.8，Adobe RGB和sRGB使用的是PC常用的Gamma值2.2。

当打开相同的文件时，使用后两种配置文件会比前两种暗一些，到目前为止，Adobe RGB是这4种中最绚丽的，sRGB的表现力要弱得多，Apple RGB和Color Match RGB要比sRGB鲜艳一些，但是这3种都不如Adobe RGB绚丽。

此外，本章还会谈到两种配置文件，它们具有超广色域，比Adobe RGB更绚丽，在某些情况下甚至超过LAB。一个是Wide Gamut RGB，它的Gamma值是2.2，另一个是ProPhoto RGB，它的Gamma值是1.8。

首先让我们做一个测试。图12.2展示了1张图片的6种变化，每种变化都使用了以上6种RGB定

图12.2 在RGB中，上面6个版本都有相同的数值，由前文介绍的6种配置文件中的1种表达为颜色。你能把配置文件与图片对号入座吗？

表 12.1

图 12.2 中的 6 张小图，是同样的 RGB 原稿在 6 种 RGB 定义下的不同显示，请指出每张小图所用的配置文件。

加分题：对 RGB 原稿使用什么命令产生了这些变化？

☐指定配置文件 ☐转换到配置文件

配置文件	图片
Adobe RGB	
Apple RGB	
Color match RGB	
ProPhoto RGB	
sRGB	
Wide gamut RGB	

义中的 1 种。你的首要任务就是指出每种变化使用的是哪种 RGB 定义。

然后，假设有一种变化——无所谓哪种——是被指定了当前 RGB 工作空间的配置文件的，要把它用于印刷，只要把色彩模式转为 CMYK 就行了。但如果那 5 种也要转成 CMYK，是否应该事先指定当前 RGB 工作空间的配置文件，或转换到这个配置文件？

该测试不像本书中的其他测试那么难。答案请见第 238 页的方框。让我们来探讨一下你的 RGB 定义应该是什么，Photoshop 提供了很多种 RGB 定义让我们选择，先来关注一下同行们是怎么选择的吧，即使他们的出发点是错误的。

• 别人是怎么选择的。在 2002 年，我把 RGB 工作空间形容为“所有设置中最不确定的”。但是现在不是这样了，有两种 RGB 定义脱颖而出。我曾调查过大约一千次商业展示会的参加者，约 90% 的人不是用 sRGB 就是用 Adobe RGB。这有别于 5 年前的情况，当时我怀疑任何 RGB 空间能够享有超过 30% 的支持率。现在，人们似乎均分为这两种空间的支持者了。

在那些知道自己为何选择一种色彩空间的人中，偏爱 sRGB 的人通常都以互联网为目标。也就是说，他们可能必须跟陌生人共享 RGB 文件，对他们来说，sRGB 是比 Adobe RGB 更安全的选择。但专业摄影师大都偏爱 Adobe RGB，就像大多数需要印刷品而不是电子版的人一样。

• 历史和发展。历史上的 Photoshop 采用的标准 RGB 空 间 是 Apple RGB。1998 年，Adobe 在 Photoshop 5 中不明智地把它改成了 sRGB。当时，CCMW 和我都把 sRGB 叫做“默认的废物”。如今我已经放弃了这种观点，但 CCMW 越发激烈地反对 sRGB，其成员的文章常常把这一选项诙谐地称为“愚蠢的 RGB”、“病态的 RGB”、“悲伤的 RGB”、“傻乎乎的 RGB”，以及其他够本章多次提到的 Peachpit 出版社审查一番的名称。

有一个由色彩管理领域的杰出人士组成的组织，鼓吹更好的商业印刷标准，顽固地宣称：“如果品质重要，就不能选择 sRGB。”

盲目拒绝 sRGB 这样一个 Adobe RGB 的完美的明智的替代品，是 CCMW 内部罕见的能够真正达成一致的事情，实际上他们相信 sRGB 是个祸害。这也是 CCMW 尚未认同我的立场的少数领域之一。我认为对本书的大多数读者来说，sRGB 是比 Adobe RGB 更好的选择。

在讨论为什么之前，让我们探讨一下某些达成共识的领域。sRGB 的色域较窄，也就是说颜色不是特别绚丽。Adobe RGB 色域较宽。CCMW 和我都同意这二者都不是最好的 RGB 空间——因为 sRGB 窄得不合理，Adobe RGB 对绿色的定义又远远超出印刷的实际情况。

我们也同意，即使这两个都不是我们喜欢的，有时也得选择大多数同行所选择的工作空间。稍后，我们会讨论更好的 RGB 空间。但现在，假设 sRGB 和 Adobe RGB 是我们唯一可用的，无论我们是否喜欢，必须从中选择一种。

对于那些把图片用于网上的人来说，sRGB 是最佳选择。Windows 浏览器用 sRGB 阅读图片。现在，Mac OS 系统还不允许这样，它使用用户指定的色彩模块，意味着用户可能看见的比在 Windows 平台上更容易出问题。

如果需要通过照片冲印、激光打印、胶印等方式输出图片，Adobe RGB 是不错的选择。但是对缺乏色彩修正训练的愚民来说，在 Adobe RGB 中固然能看到绚丽的颜色，但用第 5 章所述的“较多 GCR”方法处理文件，在 CMYK 空间中就会得到较灰的结果。Adobe RGB 的绚丽可能要付出代价，就是印刷后在色彩饱和的地方失去细节。但对初学者来说那是一个公平的代价，因此，我推荐初学者使用 Adobe RGB，即使最终必须以 CMYK 模式输出。如果要在明艳悦人但缺乏细节的色彩和反差强烈的灰之间做出选择，我赞成他们选择色彩。

在 Adobe RGB 中使用曲线和类似的修正方法时必须非常谨慎，因为该空间纵容明艳的颜色。如果要制作中性灰，sRGB 对轻微的偏差会更宽容。为本章做准备时，我把一些图片在两个空间中都做了修正，发现这个问题并不严重，虽然在 ProPhoto RGB 或 Wide Gamut RGB 中这是令人头疼的。

真正的问题出在图 12.2 的 3 个最绚丽的版本中的红色手提包和衬衣上。

• 色域警告。某些读者仅仅制作在网上或显示器上显示的文件，但大多数人对印刷品更感兴趣。印刷品都是 CMYK 模式的，把原来的模式转换成 CMYK 模式的要么是用户，要么是输出设备。

无论转换如何成功，RGB 和 CMYK 毕竟是不同的语言。像所有的语言一样，它们各有优势。正如 Mencken 所说，很难把意大利粗话翻译成英语，后者没有那么多问候别人的祖宗的方式。不过他忘了这一点：英语中的很多粗话暗示着身体器官，也无法优雅地翻译成意大利语。

色彩空间也是如此。RGB 和 CMYK 这两种空间的特长都在完全饱和的原色上。RGB 中鲜艳的红、绿和蓝是 CMYK 油墨无法表现的，而 CMYK 的青、品红和黄的实地墨层的鲜艳程度又是很多 RGB 空间没有的。

在理想世界中，这些问题都不存在。完全饱和的红色不是 $255^R 0^G 0^B$ 就是 $0^C 100^M 100^Y$，完全饱和的品红不是 $255^R 0^G 255^B$ 就是 $0^C 100^M 0^Y$。遗憾的是，真实的油墨中总有一些杂色破坏颜色的纯度。

色彩语言之间的这种不匹配很不好对付，有点像新泽西语和加拿大语在骂人方面的不匹配。如果不存在这些问题，校准主义者就赢了，如果没有这种不匹配，校准主义神学所依赖的理想转换就能随时实现。

不匹配在蓝色中最严重，这是 CMYK 臭名昭著的灾害区域。对于所有的颜色来说，颜色越亮，这个问题就越严重。正如我们在第 11 章中讨论过的，CMYK 靠白纸增加亮度，而 RGB 实际上是增加色光。纸的白色不像白光那么纯，因此 CMYK 色域在快要接近明艳颜色时就到头了。我们在更早的明亮的品红花照片图 11.4 中看到了这一点，即使是 sRGB 也严重地超出了最宽的 CMYK 色域。

尽管 CCMW 在其他领域取得了那么大的进步，在这方面却仍然忠实于它的校准主义传统。它嘲笑“转换困难”的想法——只要按按钮，戏法就变出来了！系统会把一切搞定的。

它真正感到不可克服的困难是有些 RGB 空间不能囊括整个 CMYK 空间。它不能接受 sRGB，因为 sRGB 不能表现最深的青、品红和黄。

我们可以很快检验那个问题，但首先要考虑 CCMW 不会承认的一个问题。如果你坚持让 RGB 超出 CMYK 色域（即使是在 CMYK 颜色最好的地方），那就是在找一个极其宽广的色域，CMYK 在其中处处都不如 RGB。

• 718900 种无法印刷的颜色。为了更简单起见，我们会把其他选择放在后面，然后猜想 sRGB 和 Adobe RGB 是世界上唯一的选择。在下一个范例中，通过限制针对那些只对商业胶印感兴趣的人的讨论，我们把问题更加简化。

图 12.3A 显示在 CMYK 中有可能获得的最明艳的黄绿色——$60^C 0^M 100^Y$，更多的青色会让这个颜色太蓝。

单独看这块绿色是很明艳的，但把它摆在 Adobe RGB 空间中根本就算不了什么。按照 Photoshop 的计算，这块“明艳”的绿色进入 Adobe RGB 空间后应该是 $140^R 190^G 79^B$，在任何 RGB 空间中，最明艳的绿色应该是 $0^R 255^G 0^B$，因此，Adobe RGB 空间中 G 值高于 190^G、另外两个值低于 140^R 和 79^B 的颜色都会明艳得无法印刷，如果 Photoshop 的数值正确。这种颜色就有一大批，准确地说有 718900 种。

如果这 718900 种颜色都出现在某个 Adobe RGB 文件中，我们又如何转换它们呢？如果把它们全部转

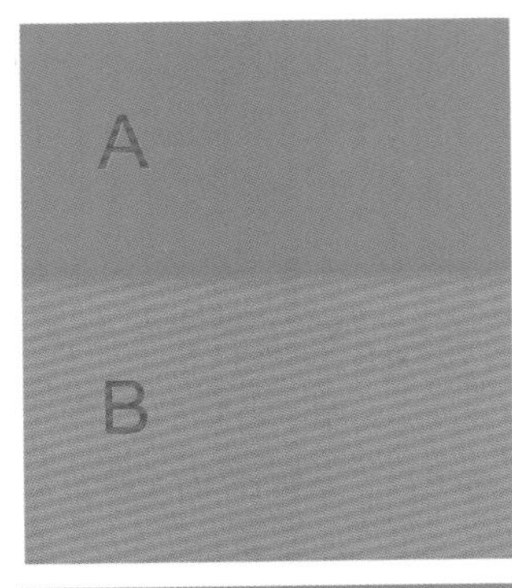

图 12.3 Adobe RGB 色域比本书使用的 CMYK 要大得多。色样 A 的数值是 $60^C0^M100^Y$，这是我们能够打印出的最生动的黄绿色。Adobe RGB 可以产生 700000 多种更绿的颜色。印刷时为了有足够的空间区分它们，这一色样应该变灰一些，变成图 12.3B，数值是 $45^C25^M69^Y$。下面的两张图，图 12.3C 是把图 12.3A 转换到 Adobe RGB 中，图 12.3D 是把图 12.3A 转换到 sRGB 中，这两张图中的字母都是以 $0^R255^G0^B$ 的数值插进去的，印在这里又是重新转换成 CMYK 的，与 RGB 的效果不一样。

换成在 CMYK 中可以得到的最绿的绿色，这 718900 种颜色就会齐刷刷地变成图 12.3A 那样，在原来的 Adobe RGB 文件中由它们组成的细节就会全部消失。

减轻（当然无法消除）这个问题的一般建议是，在分色时降低所有绿色的饱和度，以便突出在原 Adobe RGB 文件中较明艳的绿色。

这一方法很像往大海里吐唾沫试图激起波浪。确实，如果画面中有图 12.3A 所示的绿色，我们或许可以把这个绿色变灰一点，突出更明艳的绿色，同时不破坏整体效果，但这还不足以找回迷失的 718900 种绿色。

为了让这 718900 种绿色在转换后有不同的数值，我们不得不迫使图 12.3A 所示的绿色变成图 12.3B 所示的灰绿色——$45^C25^M69^Y$，这样就可以让 718900 种明艳的绿色在 CMYK 中复活了。

但是没有人愿意把这块绿色变得这么灰。现在办法只有两个：一是不改变这块绿色，让比它更绿的区域遭受细节损失的灾难；二是把它微微变灰，在这种情况下，更绿的区域仍有惊人的损失。

我个人认为，解释到这里已经令人满意了，我们该离开这个话题了。但试读者们（你或许愿意知道，他们觉得我关于粗话和配置文件的讨论非常切题）要求我提供更多的实例，说一说超出色域还会酿成什么悲剧，他们急得快把我的脑袋咬下来了。

为了让他们不再抱怨，我额外制作了两个版本。图 12.3A 本来是在 CMYK 空间中制作的，我把它转换到 Adobe RGB 中，成为图 12.3C，又把它转换到 sRGB 中，成为图 12.3D。在这两个新文件中我插入了适当的字母，指定它的数值是 $0^R255^G0^B$——RGB 中最明艳的绿。然后我为了印刷这本书，重新将他们转换到 CMYK。

在 RGB 中，两幅图中的字母都是明显的，但是到了图 12.3D 中，字母变得像个鬼影，你不仔细看就看不出来，图 12.3C 中的字母要好一些，但是在 RGB 原图中，字母比背景亮得多。

Peachpit 出版社的编辑会质问我这些字母是怎么回事，还有人会怀疑这是印刷上的错误，因此我要重申：字母 C 本来比背景亮得多。你要是不相信就去看配套光盘中的原图，并和印刷在书上的图 12.3A 比较，否则你就不知道 RGB 的绿色有多亮。

在实际生活中，这种绿色可以用在指示灯上照亮黑暗。

再看图 12.4，它的 Adobe RGB 原文件在绿色部分有大量的细节，这归功于 718900 种明艳的绿色，这是 CMYK 望尘莫及的。转换到 CMYK 以后，Photoshop 把差不多每个细节都变成了同样的绿色，于是就有了令人绝望的图 12.4A。

在图 12.2B、图 12.2C 和图 12.2E 中，我们也见过同样的悲剧，尽管程度较轻，在那里指定一个绚丽的 RGB 配置文件把很多红色赶出了 CMYK 色域，结果抹煞了红色衬衣和手提包中的细节。

• 反直觉的数值测量。我回到原 Adobe RGB 文件，执行“图像 > 调整 > 色相 / 饱和度”命令，对主通道输入数值 -35，降低其饱和度。

如果你一定要让 RGB 文件含有远远超出 CMYK 色域的颜色，这就是不得不习惯的玩笑，类似于图 12.3C 和图 12.3D。我们以为“色相 / 饱和度”会把颜色急剧变灰，在 RGB 中确实如此，但印刷后图 12.4A 和图 12.4B 几乎是同样的颜色。我们以为“色相 / 饱和度”不会增加细节，但图 12.4B 收获了大量细节，因为它的 RGB 颜色都是 CMYK 可以理解的，不像那 718900 种明艳的绿色。

要想用其他方法获得这类效果，都需要费一番心思。偶尔我们听说转换这类图像时应该使用“可感知”渲染意图[①]。我们稍后将更充分地讨论这一点，但用“可感知”方法处理这幅图的原理和刚才一样：故意降低应该是 $60^C 0^M 100^Y$ 的颜色的饱和度，以便把更绿的绿色和它区分开。

不幸的是，“可感知”连做梦也做不到把这种绿色变灰到图 12.3B 的程度以获得更多的细节，只能达到图 12.5A 的程度。非要仔细看才能看出来它的细节比图 12.4A 稍微多一点，这等于在需要榴弹炮的时候只用到了玩具手枪。

图 12.5B 是另一次徒劳的努力。在转换之前我指定了 sRGB 配置文件（尽管原照片是在 Adobe RGB 空间中拍摄的）。除了轻微改变颜色以外，这种方法无济于事，因为即使是 sRGB 也在这一颜色范围内大

图 12.4A 在 Adobe RGB 中，这盏灯有很多细节，但几乎全都超出了 CMYK 色域，在转换到 CMYK 以后，细节大量损失。图 12.4B 同样的 Adobe RGB 图片，在转换前大大降低了饱和度。

图 12.5 A 使用“可感知”渲染意图把原 Adobe RGB 文件转换到 CMYK 中，细节表现力并不比图 12.4A 好多少。图 12.5B 在转换前指定了 sRGB 配置文件。

① “颜色设置”对话框在显示所有选项时，下方有“转换选项”，在“意图”下拉菜单中有几种渲染意图，其中的“可感知”的意思是，将图像由较大的色彩空间转换到较小的色彩空间时，将所有颜色等比例压缩，保留原来的颜色关系，通常适用于照片式图像的转换。

大超出了 CMYK 色域。总之原稿是 CMYK 无法表现的，要是用 Adobe RGB，就是 CMYK 远远无法表现的了。既然这样，我们就停止讨论为什么太宽的 RGB 色域不是好事，转而讨论为什么不足的 RGB 色域也不是好事。

• 缺乏例证。我通常反对使用不是照片的图来说明照片怎样工作，但图 12.3 是个例外，它可以给下一个话题搭好台阶，即实际工作中的图像受到我们正在讨论的问题的影响。确实，灯的照片印在产品目录上会与图 12.4A 一样糟糕。

某些人试图以同样的方式解释为什么 sRGB 色域是个问题。就像图 12.3A 和图 12.3B 的 RGB 原图中有些颜色超出了 CMYK 色域，CMYK 颜色也有超出 sRGB 色域的，比如这 3 种：$100^C 0^M 0^Y$、$0^C 100^M 0^Y$ 和 $0^C 0^M 100^Y$。他会解释说，这 3 种颜色都在 sRGB 色域之外，因此在转换后不可能立即找到这些颜色，即使转换后把它们修正为适当的数值，可能大量的细节已经被小气的 sRGB 砍掉了。

然后就需要一张反映真实世界的照片，像图 12.4A 说明 CMYK 破坏 Adobe RGB 颜色那样，说明 sRGB 破坏 CMYK 颜色。

可惜永远找不到那样的照片。

* * *

为了证明 sRGB 会破坏 CMYK 颜色，他需要一张很棒的 CMYK 图——图中的有些颜色是 sRGB 不能表现的。将此图从 CMYK 转换到 sRGB，再转换回去，应该看到品质的损失。第一步应该是做出图 12.6A，这时还没有进入 sRGB。图中明亮的黄色超出了 sRGB 色域。黄色油墨是如此明亮以至于不容易在其中看到对比度问题。图 12.6B 是转换到 sRGB 再转回 CMYK 的结果。结果并不比来回转换任何其他 CMYK 文件更坏。不匹配只不过把 $0^C 5^M 100^Y$ 变成了 $2^C 5^M 99^Y$。

每当要在 CMYK 中创建真正灿烂的颜色，我们就检查最终文件的通道以便看见那种灿烂的颜色在最弱的通道中是白的，在最强的通道中是黑的。例如，转换图 12.4B 到 CMYK 后，我们希望没有品红或黑色油墨出现在最绿的区域，而黄色达到 100^Y。我省略了这一步骤，因为讲解图 12.4A 时也没有讲到这样的步骤。

照这样做，会看到图 12.6B 和图 12.6A 的通道即使不是完全一样，也是差不多的。就算把文件转换到没有色域问题的 LAB，通道检查也是必要的。

简单地说，sRGB 色域有限，对黄色对象来说是无关紧要的。但对品红来说，不匹配要严重一些，对青色来说，不匹配要严重得多，这些颜色中的细节又要比黄色对象中的明显得多。

使用通道混合器，我制作了一只青色的辣椒和一只品红的辣椒，它们分别是图 12.7A 和图 12.7C，和图 12.6A 中的黄辣椒一样深、一样饱和。这次，当转换到 sRGB 再转换回来时，破坏是明显的。如果图 12.7A 和图 12.7C 的效果是我们需要的，我们将花很长时间把图 12.7B 和 12.7D 变成那样的效果。

只有一个问题。辣椒可以是绿色的、红色的、黄色的甚至橘色的，但据我所知永远不可能是品红的或青色的。这些图像不真实。

由于 CMYK 表现亮颜色很糟糕，因此唯一有可能让 sRGB 色域不够用的情况是，CMYK 的每个通道非白即黑（或许允许有 10% 的变化）。

这样的颜色在自然界确实存在。图 12.6A 中的黄辣椒就是一个例子。如果你想要另一个例子，回到国会议员和学生的照片图 9.18B。3 个女孩身上的红衣服介于 $10^C 90^M 90^Y$ 和 $0^C 100^M 100^Y$ 之间。同样的红

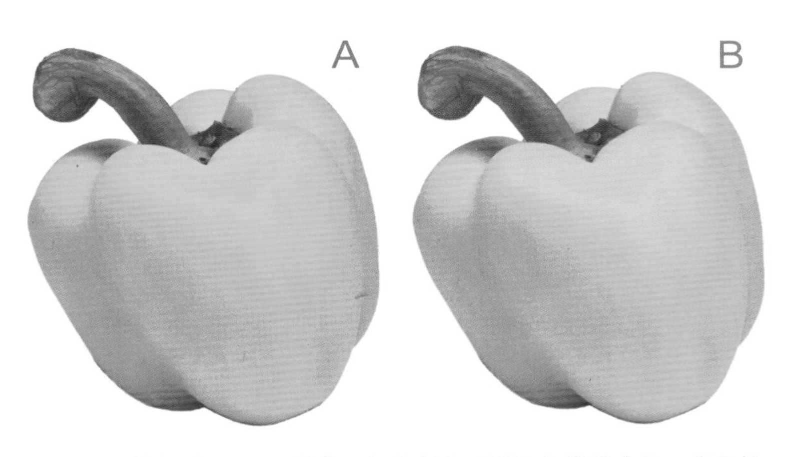

图 12.6A 辣椒是 CMYK 原稿，包含超出 sRGB 色域的黄色。将它转换到 sRGB 再转回 CMYK，成为图 12.6B。它们的差异微乎其微，表明这种不匹配无关紧要。

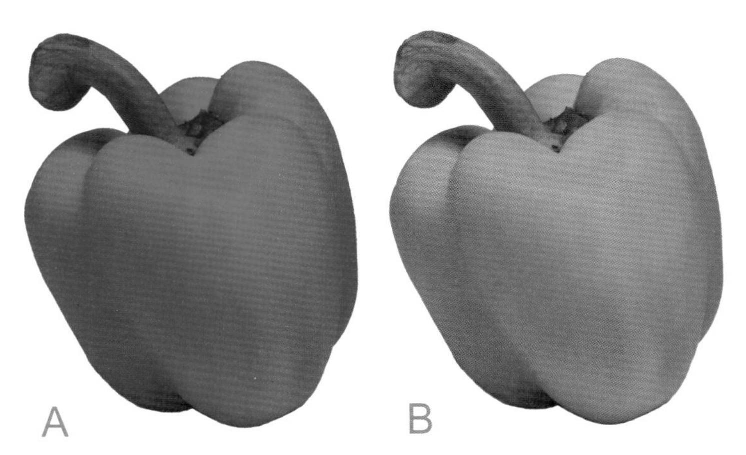

图 12.7　对图 12.6A 使用通道混合方法交换了通道，把辣椒变成了青色（A）或品红色（C）。把它们转换到 sRGB 再转回 CMYK，产生了图 12.7B 和图 12.7D。与对黄色辣椒进行来回转换的结果相比，它们要逊色得多。

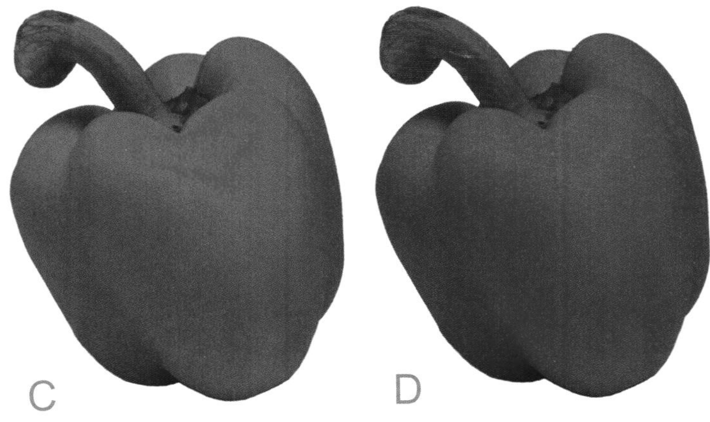

色出现在图 10.12 中的中国红旗上，它红得像火一样。这种颜色是常见的，如果它落在 sRGB 色域之外，在转到 sRGB 后就会有强烈的反应。

不过红色是 RGB 的原色，因此 sRGB 的红色比 CMYK 中最鲜艳的红色还要鲜艳。为了搞出问题来，我们需要像这些红色一样鲜艳的品红或青色。

我幸运地找到了这样的图。自从 2002 年本书上一版面世我就开始寻找这样的图，在屏幕上查看过几万张图，但没有一张含有超出 sRGB 色域、在 CMYK 中却可以得到的品红或青色。

我还请求研究色彩理论的同行帮助我。两个人提供了有超出 sRGB 色域的极鲜艳的品红的文件。图 12.8A 是其中的一个，另一个是本书后面会出现的图 15.14。我还有几张仙人掌花的图，其颜色类似于图 12.8A。由捐献图片给本书的一位摄影师提供的一张 DVD 包含类似颜色的衣服。

这些图片或许表明，这么纯的品红在生活中会时不时地出现，但它们都不像图 12.7C 中的辣椒的品红那么深，品红这么深时，sRGB 色域才会出问题。而青色在自然界中是如此罕见，以至于没有人能够给我任何比图 12.8B 更好的东西，这是解冻的瑞士湖泊，融化的雪中的矿物质使它产生了奇异的颜色。

在加拿大落基山也发现了有类似颜色的湖，那里一直存在着冰川。但你无法在自然界中找到任何更青的东西。这种青色太浅、太绿，尚未超出 sRGB 的表现能力。

因此，针对“sRGB 色域过于狭小”的论调，Mencken 的话一针见血：“简单地说，整个故事是伪造的、虚假的、空洞的、乏力的、弱智的，是不知所云的。”

接着我要提出一些忠告。请记住，我们曾经假定 sRGB 和 Adobe RGB 是这个世界上仅有的两种选择。

• 为输出选择输入。如果你从别人那里接受了一个嵌入了配置文件的文件，没有什么阻止你让这张特定的图在自己的 RGB 定义下工作。不过，你确实需要为自己的工作选择更普通的空间。到目前为止最重要的因素是，你在多大程度上能控制那些把你的 RGB 文件拿去处理的人。

我们中很多人可以保证，只要把嵌入了配置文件的 RGB 文件传给别人，就肯定知道别人需要的是什么类型的 RGB 文件。如果你没有达到这个水平，那就连想都不要想除 sRGB 以外的任何东西。图片社、商业印刷厂和愚民全都一丝不苟地假定，任何 RGB 文件都是 sRGB，即使被贴上了 Adobe RGB 的标签也是这样。在这种情况下，你本来希望得到图 12.2C，却得到了图 12.2F[①]。这种事在重要的业务中哪怕发生一次，它的教训也够你记一辈子的。

另外，训练有素的人在 sRGB 这样的窄色域中

①这句话的意思是，即使你交给图片社的 RGB 数码照片是嵌入了 Adobe RGB 配置文件的，他们也会在 sRGB 空间中处理它，这样一来，冲印出来的照片就不会像你想的那么鲜艳。更糟的是，如果你事先把颜色调得很含蓄，冲印出来就会很灰。

测试答案

图 12.2 中的 6 张小图是由同样的 RGB 文件转换而来的，但指定了不同的配置文件。虽然原图的 RGB 数值相同，但转换后的 CMYK 数值不同。如果使用“转换到配置文件”命令，则原图的 RGB 数值会不同，而转换到 CMYK 后会基本相同。对它们指定的配置文件如下：

A	Apple RGB	D	color match RGB
B	ProPhoto RGB	E	Wide gamut RGB
C	Adobe RGB	F	sRGB

工作能获得较好的结果，这时所有操作都需要比在 Adobe RGB 这样的宽色域中精巧。但如果你没有这种技术，在较宽的 Adobe RGB 色域中就更容易获得让你愉快的结果。

如果你训练有素，但时间非常紧张，想走很多捷径，我的忠告就是压根不要进入 RGB，只把文件转换到 LAB，在那里可以得到更多更快的回报。

如果你决定采用在 LAB 中速战速决的工作流程，那么为了自我保护，你的 RGB 工作空间应该是 Adobe RGB。在 LAB 中匆匆忙忙地工作，颜色一不留神就会超出 sRGB 色域。

如果上面说的都不能帮你做决定，那就让你的输出条件来决定吧。

你是一心为商业印刷生成 CMYK 文件的人吗？那么 sRGB 对你没有坏处，Adobe RGB 却有。

或许输出条件比印刷好，选择就变得更有问题了。用白得多的纸（就像很多人喷墨打印用的纸），可以表现比图 12.8A 中花的品红色还要鲜艳的颜色，那么 sRGB 色域就显得有限了。

所有的输出，包括照片冲印，都是建立在 CMY 着色剂的基础上的，但很多设备在输入端不接受 CMYK 文件，一定要 RGB 文件，然后在内部把它转换到 CMYK，这一过程是我们无法控制的。

我们得买一只安全阀。比方说，我们需要那只青色辣椒的图输出成图 12.7A 的样子，受 sRGB 的限制，实际得到的是图 12.7B，那么只要转换到 CMYK 后还能干预，我们就可以用曲线加深青色通道，匹配图 12.7A。如果输出系统不允许干预，就没有多少办法可想了。

如果输出设备确实是 CMYK 的，问题不大，因为要找到 sRGB 不能表现的颜色并不容易。但如果输出设备使用特殊的油墨（常常是粉红色和明亮的青色），就会出现很多明艳的颜色。例如，图 5.10 和图 11.5 的渐变和图 11.4 中的花中的浅品红，其鲜艳程度是我们目前的 CMYK 条件力所能及的，在

图 12.8　像图 12.7A 和图 12.7C 中的辣椒那么深的青色和品红色在自然界中是没有的。图 12.8 下图花是品红色的，但不够深，不足以造成图 12.7D 的问题。图 12.8 右图 湖水的青色比图 12.7B 更浅、更绿。

sRGB 中表现它们也不难，但如果印刷将要用到粉红油墨，sRGB 就无能为力了。那种粉红油墨相当鲜艳，sRGB 无法匹配。

• 合理的替代品。开发 sRGB 是为了描述廉价显示器的性能，Adobe RGB 则源于一次“排字错误”，有人打算把现成的 RGB“说明书”复制到 Photoshop 里去，却忘了“校对数值”[①]。两者都不是色彩修正的理想选择也就不奇怪了。

Apple RGB 和 ColorMatch RGB，弥补了 sRGB 的很多缺陷。如果你想找到什么东西和 Adobe RGB 思路一样，但更符合逻辑、更有组织，至少有 3 个定义在广为流传。你得在网上找到它们，把它们下载到专门存放配置文件的文件夹里。前面说过的欧洲色彩创建会（European Color Initiative）有这样的一个配置文件，我的朋友 Bruce Fraser 制作了一个叫做 BruceRGB 的配置文件，一个德国团体发行了一个 Gamma 值很高的、叫做 L-Star RGB 的配置文件，试图强调与 LAB 的 L 通道的相似性。

如果我们从头开始使用这 3 个配置文件，它们在技术上都比 Adobe RGB 好，但我们不能从头开始。而且我看不见冒险使用它们有多少好处。另外，我觉得这 4 个配置文件全都有极宽的色域。直到本书出版之前，我从来没见过有哪一幅照片使用色域有节制的 ColorMatch RGB 不能胜任任何输出条件。

真要是从头开始，我可能会选择 ColorMatch RGB，也有可能发明一种色域稍宽的 RGB，但我用的是 Apple RGB。在 1998 年之前，用任何别的东西都是痛苦的。当 1998 年来临时，我仍然不肯转向 sRGB 或 Adobe RGB，它们尚待完善。我考虑到了 ColorMatch RGB，但比较图 12.2A 和图 12.2D，我发现很难区分它们。我花了 10 年时间来猜测，或者说一直在猜测，可能有一两张图用色域稍宽些的 ColorMatch RGB 能得到较好的结果，但它和我用了几年的文件不兼容，我很难相信这是值得的。

如果我没有坦白这个可怕的秘密，你未必会知道，因为我永远不会傻到把一个 Apple RGB 文件发到陌生人手里，我宁可拿出定义明确的 LAB 文件。如果需要 RGB 文件，我就在发出之前将它转换到 sRGB。

• 怪异的替代品。当理论到了无所顾忌的极端时，我们看见了这样的两种方案：第一，使用超宽 RGB 色域，大大地扩展了色域（而不是 Gamma），连 Adobe RGB 都不如它宽；第二，使用超低 Gamma 值（而不是色域）——1.0。

最初的数码采样有时包括非常强烈的色彩，甚至有可能超出 Adobe RGB 的色域。把这些信息保存在 LAB、XYZ 或其他理论上鼓舞人心的色彩空间中，是个好主意。但替换掉超宽的 RGB 空间是合理的。事实上，Photoshop 的 Camera Raw 就是这样的，它的参考空间是 ProPhoto RGB。

在某个色彩空间中进行色彩修正就是另一回事了。宽色域空间是如此敏感，非得进行十分精确的操作。如果你想知道为什么，就回顾第 2 章和第 3 章的一些练习。在处理文件之前把它转换到宽色域 RGB 或 ProPhoto RGB，你会发现更难避免色偏。中性灰应该是 R、G、B 数值相等的，在 sRGB 或 Adobe RGB 中，我们差不多调节 4、5 个点就可以解决问题，但超宽 RGB 对色偏的宽容度只有一半。

这些空间像 LAB 一样宽广，但更难控制。例如，在 LAB 中保持中性灰是容易的，如果有必要，可以把 A 和 B 曲线在靠近中点处弄平。一个超宽 CMYK，假如它存在，也很容易对付，因为有黑色通道。LAB 和超宽 CMYK 都能把一些文件处理得比 sRGB 或 Adobe RGB 处理得更好，其他的则不如 sRGB 或 Adobe RGB。在超宽 RGB 中工作没有那些优势。

使用超宽空间的常用借口是，有可能找到只有它们才能再现的颜色，在将来的某一天也许可以在印刷中再现这些颜色。如果有人对你说这样的话，请让他找一张图来证明。如果这样的图确实存在（我怀疑），我就要说，对这种罕见的画面，在需要它的时候专门为它设置一个 RGB 空间不就行了吗，何必把笨头笨

①这是一个贬义的比喻，可以这样来理解，“RGB 说明书”上写的是每个 RGB 数值应该在屏幕上显示为什么颜色，但这份说明书有错，屏幕按它的指示显示的颜色过于鲜艳。

脑的超宽色域当成永久的 RGB 工作空间呢？

另外一类奇怪的定义，使用超低 Gamma 值，仅适用于勇敢的人。很多技术在低 Gamma 值的另类方式下操作。模糊常常干得不错。锐化通常会糟糕。高光细节容易对付，但阴影很容易崩溃。由于这个原因，除非文件要转入 CMYK，我不会考虑这一功能。CMYK 的黑色通道或许能补偿阴影的问题。

选择一个 RGB 空间：工作流程图

这是选择 RGB 工作空间的推荐程序，当然前提是我们只有 sRGB 和 Adobe RGB 两种选择。

1 你能确定 RGB 文件不会落入陌生人之手，或者这个陌生人可能不知道它所包含的配置文件吗？如果不确定，那么就此打住。你应该使用 sRGB。

2 你对色彩修正精通吗？或者说你没有阅读本书第 2 ~ 6 章，直接跳到这里的吗？如果你不精通色彩修正，而且第一个问题的回答是确定的，那么就此打住，使用 Adobe RGB。

3 你对图片的品质足够关注吗？如果有需要，你会至少花上数分钟对它们进行修正吗？如果你的回答是否定的，那么请就此打住。把文件转换成 LAB，然后进行处理。如果有必要，把它重新转换成 Adobe RGB，而不是 sRGB。

4 相对于其他打印类型而言，你对商业印刷更有兴趣吗？如果是，那么请就此打住，使用 sRGB。

5 你的图片来源几乎相同吗，比如同一台相机，它们给图片嵌入的配置文件或者说在某种 RGB 中处理的效果比其他的更好吗？如果是的，那么请就此打住，使用这个空间。

6 你的作品颜色通常都非常生动逼真吗？这些生动逼真的颜色对于图片来说至关重要吗？如果你的回答是肯定的，使用 Adobe RGB，但是你要确定清楚稍后图 15.11~ 图 15.15 中所展示的技法，如果你需要把这些色彩带进更小的色域的话。如果回答是否定的，那么使用 sRGB。

12.5 CMYK 工作空间

我们用了 15 页来讨论 RGB 工作空间和配置文件。坏消息是 CMYK 中的选项更多，结构更复杂。好消息是争论较少，下一章将涵盖其中的一些选项。

Photoshop 适当地提供了两个基本选择，两个都有瑕疵。“自定 CMYK”从 19 世纪 90 年代早期出现，在 1998 年得到了改进。你可以用它制作十分管用的配置文件。尽管如此，默认的选项是贫乏的，且不能兼容任何形式的仪器测量，诸如 CCMW 推荐的仪器测量。

替代品是使用现成的配置文件，其中的一些被打包在 Photoshop 中，有些可以由第三方提供。但这些配置文件完全不能编辑。如果需要不同的黑版产生，如果印刷要求较低或较高的油墨总量限制，如果你想为通道混合定制黑色通道，如果你发现现成的配置文件把文件搞得比你希望的亮得多或暗得多——当你落入其中任何一种境地时，都无法编辑配置文件，都不走运。

• 别人在做什么。有经验的 CMYK 用户对默认选项嗤之以鼻，使用“自定 CMYK”。那些不熟悉 CMYK 威力的人通常使用 Photoshop 内置的叫做 U.S. Web Coated (SWOP) v2 的配置文件。有些人还用这个配置文件来预览但不是分色，而其他人，比如我，有时为这两个目的使用它。

似乎在 1998 年，CCMW 和我同意，Photoshop 就应该允许用户编辑配置文件，但 Adobe 拒绝听这方面的意见，所以它对配置文件提供的所有替代品都很糟糕。CCMW 温和地赞同在必要时购买第三方软件来生成替代的配置文件。当他们在订购后的漫长等待中煎熬时，“自定 CMYK”在几秒钟内就搞定了，而且是免费的。真是一笔好买卖。

• 两种方法的短处。选择这些毒药中的哪一种来咽下，很大程度上取决于你对它们的短处容忍限度。“自定 CMYK”需要很长时间的学习。除非你仔细地读第 5 章和第 13 章，否则你得不到好结果。

如果你研究得够细，会发现“自定 CMYK”会让不同的油墨组合反映同样的 LAB 颜色。如果你打算用分光光度仪测量色卡再把读数填到那些表格里去，拉倒吧[①]。这一引擎[②]是很久以前拼凑起来的，有很多杂牌货，它给出的数据并不真实反映任何东西。为了校正它们，你得学习我调节空调的办法。我觉得空调把屋里变得太冷时，在它的控制面板上把温度提高 2°C。我并不认为这个读数和真实的温度有什么关系，只是把屋子变得暖和一些。

屏幕的预览也是有欺骗性的，因为形成预览时，“自定 CMYK”假定黑色油墨是绝对的黑色。100^K 和 $100^C 100^M 100^Y 100^K$ 的预览是一样的。于是在任何 K 值很高的区域，屏幕都把黑色夸大（一种可能的解决方案：用“自定 CMYK”分色，然后用“指定配置文件”指定其他配置文件来预览印刷效果）。

* * *

内置的配置文件的短处已经告诉过你：你无法改变它们，哪怕是小小的改变。有些人以为可以改变，先载入内置的配置文件，再进入“自定 CMYK”，但那是个假象。这实际上是从 Photoshop 5 的默认设置开始重新建立一个配置文件，离开了最初选择的那个配置文件。

对我来说，那是一个交易路由器，尽管我确实偶尔使用 SWOP v2 配置文件，包括为本书进行大多数非 CMYK 修正。

对别人来说，Photoshop 含有声称适合欧洲和日本印刷条件的各种配置文件，包括 4 个以 U.S. 开头的、针对涂布和非涂布的单张纸和卷筒纸（轮转）印刷的配置文件[③]，我从来没有测试过它们。

“转换到配置文件”命令是在 2000 年由 Photoshop 6 引入的。它方便了 CMYK 用户，因为它能够在分色后再次改变黑版生成量，而不需要用“颜色设置”命令改变分色选项、重新分色。从那以后，Photoshop 再没有增加 CMYK 方面的功能——对纯粹为 CMYK 工作的用户来说，Photoshop 6 毫无争议地成为了比 Photoshop CS2 更好的选择。

这 4 个以 U.S. 开头的配置文件是令人惊讶地脆弱。可以毫不夸张地说，任何有起码的印刷知识的人都知道网点扩大在卷筒纸印刷中比在单张纸印刷中多得多。我们将在下一章更多地讨论这一点，现在只要知道为单张纸印刷分色需要比为卷筒纸印刷分色暗得多就行了。由于同样的原因，一个为 Apple RGB 或 Color-Match RGB 准备的 RGB 文件必须有比为高 Gamma 值的 sRGB 或 Adobe RGB 准备的 RGB 文件更暗的通道结构。

然而，Photoshop 针对单张涂布纸的配置文件比针对卷筒涂布纸的 SWOP v2 提供了较亮的分色[④]。由于它允许油墨总量超过卷筒纸印刷机不会接受的 350%，因此它毫无用处。

在非涂布纸方面有另一个误区。针对单张纸和卷筒纸的配置文件居然是等同的，也就是说用其中任意一种来给文件分色连一个像素的区别也没有。

简单地说，两个单张纸配置文件都是毫无价值的。针对卷筒纸的配置文件要好些。比较它们，针对非涂布纸的应该（而且确实）比 SWOP v2 提供较亮的分色结果、较干净的颜色。在较差的纸上印刷时，需要较多的网点扩大以补偿纸表面不平滑对着墨性的影响。

下面的评论仅限于 SWOP v2，但我相信另外 3 个也适用，如果你打算印刷在非涂布纸上并使用针对非涂布卷筒纸的配置文件。

• 蓝色的颂歌。在 RGB 与 CMYK 之间转换的难度几乎赶上了第 7 章所讨论的向灰度转换。在堤坝上有如此多的漏洞，而没有足够的手指头来堵它们。唯一的问题是堵不住的漏洞藏在哪里。“自定 CMYK”

①这里说的表格就是“油墨颜色”对话框，是在“自定 CMYK”对话框的“油墨颜色”下拉菜单中选择“自定”打开的。而“自定 CMYK”对话框，也许有些读者需要提示，是在图 12.1 所示的“颜色设置”对话框的“工作空间”区域的“CMYK”下拉菜单中选择“自定 CMYK”打开的，在这个下拉菜单中还有作者说到的其他“毒药”——Photoshop 内置的 CMYK 配置文件。

②指 Photoshop 的色彩管理引擎。

③涂布纸预涂了无机涂料、表面较光洁，如铜版纸；非涂布纸表面较粗糙，如胶版纸、新闻纸；单张纸印刷是把纸裁成对开、4 开等幅面后让纸逐张进入印刷机；卷筒纸印刷是将长幅纸卷起来连续输入印刷机。

④所谓“较亮的分色”，就是分色后的油墨总量较低，或者说 C、M、Y、K 值的总和较低。

配置文件反映明亮颜色常常是不准确的。SWOP v2 对红色和大多数绿色表现不错，但对蓝色不行。

图 12.9　对这类图片指定 SWOP v2 配置文件会很糟糕。

图 12.9 曾作为曲线调整练习出现在本书以前的 3 个版本中。这一次，没有曲线，配套光盘中只是一个 CMYK 文件。当你打开它时，如果 SWOP v2 不是你当前的 CMYK 工作空间，就使用“指定配置文件”命令将它指定给图 12.9。我预料你屏幕上的颜色会比印在本书中的图 12.9 蓝得多。

SWOP v2 相信颜色比它们实际的更蓝，这引出了一个更重要的问题。

在 CMYK 中，我们已经努力寻找无法真正匹配的颜色的替代品。迄今为止，罪魁祸首都是蓝色，CMYK 色域中的蓝色实在是很有限。在晴天，天空比 CMYK 可以表现的更蓝，但我们也只好凑合着用 CMYK 的蓝色，因为没法用一句简单的英语来翻译英语里并不存在的粗话。

要是相信 SWOP v2 能给出优质的蓝色，世界上就没有粗话了。图 12.10 比较 5 个不同的 CMYK 配置文件干的活儿，每个都宣称是针对 SWOP 印刷条件的。

这些色样取自我在最近关于 LAB 的演讲中用到的 4 张蓝色图片。顶端的色样是湖水的颜色，底下的 3 个是 3 位不同的摄影师在 3 个不同的季节拍摄的天空的颜色，从上到下，它们是：秋天、高海拔的无云的夏天和冬天泛青的天空。如果你想知道它们本来应该是什么样的颜色，就到本书的配套光盘中找转换前的 LAB 文件。

差不多可以看出来，在这些色块中完全没有黄色和黑色油墨，它们绝对是 CMYK 力所能及的最蓝的颜色。“翻译”的不同没什么好吃惊的，但你真的料到在第 2 行中会看到那么大的变化吗？

图 12.10A 所用的配置文件有 10 多年的历史了。它来自 Linotype-Hell，由前桌面出版时代滚筒扫描仪最著名的厂商之一发展而来。图 12.10E 差不多也这么老——它是 Photoshop 5 自 1998 年以来的默认设

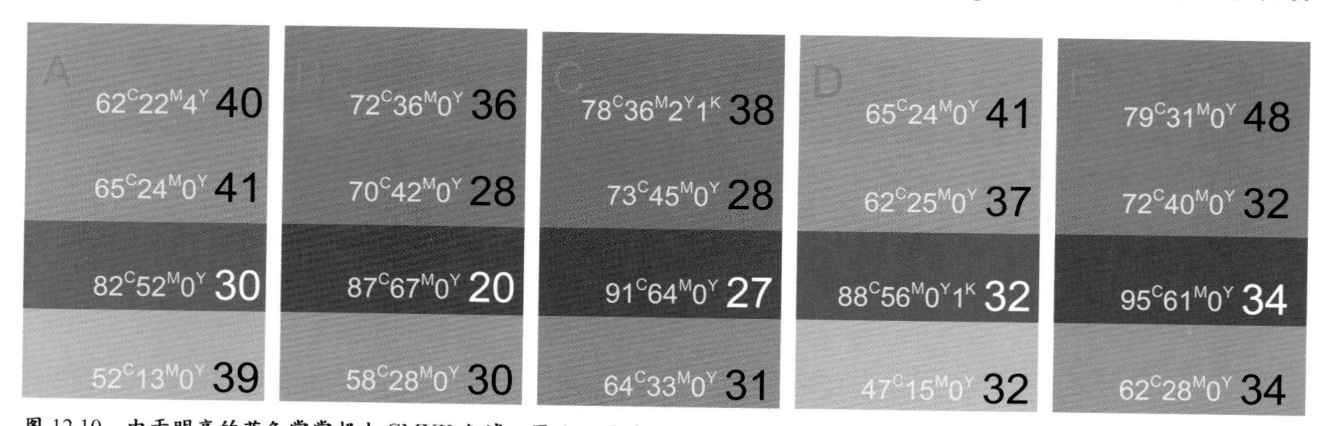

图 12.10　由于明亮的蓝色常常超出 CMYK 色域，因此不同的配置文件常常产生不同的效果。这 4 种蓝色用 5 种配置文件分色，它们都声称针对 SWOP 印刷条件。图中的大号数字表示蓝色油墨超过了品红油墨多少个百分点，是保持蓝色不发紫的关键。这个数值越小，颜色就越紫。Photoshop 的 SWOP v2（序号为 B 的那一列）产生的颜色最紫。

置。图 12.10C 是我制作的自定义 CMYK 配置文件，而图 12.10D 是由 RIP 厂商 ColorBurst 提供的现代配置文件。

图 12.10B 是 SWOP v2，是投决定性一票的家伙。在每一个色样中，大号数字表示青色油墨超过品红的程度。我们知道，如果油墨像我们希望的那么纯，等量的品红和青色就会混合出很好看的蓝色，但在真实世界中它们制造出的是紫色。图 12.10B 比图 12.10C 略紫些，又比另外 3 排要紫得多。

这一表现对于仪器产生的配置文件来说是典型的。在对图 11.6 的讨论中，我们注意到仪器在判断一种颜色与另一种颜色有多接近时不是好判官，常常与人看到的有分歧。这仪器在 LAB 中思考，知道在印刷中永远无法匹配 LAB 文件中最强的 B 负值，但它没找到什么理由把 A 通道变灰来匹配。一个人——正是人调试出另外 4 个配置文件——本能地知道如果“蓝对黄”的 B 通道变灰了，“品红对绿”的 A 通道也要相应地变灰①。

不管原因是什么，任何使用 SWOP v2 的人都需要用“可选颜色”、“色相 / 饱和度”或其他命令从转换后的蓝色中移去品红。客户讨厌过紫的蓝色，宁可接受过青的蓝色。

上一版有一个练习展示了最让人眼花缭乱的景象之一。要我来描述，还不如听听卓越的游记作家 Alexander Theroux 是怎么说的：“奥勒冈州迷人的火山湖，北美最深的湖的深蓝色，几乎美得令人窒息，给人心灵深处的震撼。该湖最大的深度是 1932 英尺。只有雪和雨、阳光和风，没有流水带来的泥沙，阳光照在湖面上，反射着蓝光，其他光线都被吸收了，一切都在制造世界上最蓝的湖。”

总之，这个湖实在太蓝了，或许是整个自然界中最蓝的东西。图 12.11A 是未修正的原稿，用图 12.10C 所用的配置文件分色。我建议加一些黄色到天空和背景的湖滨中，使观察者觉得湖水更蓝。

我们停下来，评价一下 3 种非常不同的分色。图 12.11B 是用 SWOP v2 分色的，图 12.11C 是用产生图 12.10A 的同样的 Linotype 配置文件分色的。结果说明了一切。

• 保险政策和忠告

我想图 12.11B 会印刷得太紫。在油墨印到纸上以前谁也说不清楚，但印出来再后悔就晚了。图 12.11A 的效果是我上次希望看到的。未修正的照片在本书配套光盘中，比较合理地反映了该湖本来的颜色。印刷出来必然会有些平淡，但还算令人满意。

印刷图 12.11B 还会这么幸运吗？印出来就知道了。我虽然不知道图 12.11B 会印得这么紫，但完全可以预测，它会比另外两个版本印得更紫，除非印品红时发生什么变化。

另外一件确凿无疑的事是，如果印刷中发生了什么意外，图 12.11B 是最容易被指责的。

在下一章，我们将讨论商业印刷是多么可变。我们还将重申职业生涯中最令人遗憾的事之一：当印刷机把活干砸时，客户会抱怨我们。

合乎逻辑的回答，以及大多数成功的 CMYK 从业者坚持的是，最适合印刷的文件并非是最准确的，而是看起来不容易印坏的。假如你喜欢图 12.11B，就问问自己，品红印得太重会发生什么？青色印得太重呢？在这两种情况下图 12.11A 又会怎么样呢？

我想，答案是，其中只有一种情况会是真正招人讨厌的，那就是图 12.11B 的品红过量。这时本来应该是蓝色的湖水就会明显地变成紫色，客户说不定就会拒收。如果你同意，图 12.10A 就是较好的选择——这就是保险政策。

图 12.11C 是对这一思路的表达。记住，该配置文件来自在印刷和印前进行了大量实践的公司，从印

① “变灰”的原文是“be toned down”，如果要直译的话就是“变缓和”，但在本书中这个词总是指偏离最饱和的颜色、接近中性灰。LAB 文件中的蓝色非常饱和，B 值是强烈的负值，在转换到 CMYK 中后，若以 LAB 读数的色度仪来测量，B 值就没有那么负了，向代表中性灰的 0B 偏移了一点，这就是 B 通道“变灰”或“be toned down”的意思。转换后如果总的颜色发紫，A 值就一定大于 0（A 值越高越红，A 值越低越绿），那么就应该适当降低 A 值，这就是 A 通道“变灰”或“be toned down”的意思。作者认为人可以主动把 A 通道变灰以纠正紫色色偏，仪器却不会，制作 SWOP v2 配置文件所用的仪器发现了 B 通道在转换后变灰的问题，但想不到在 A 通道中作相应的调整，因此在 SWOP v2 控制下转换所得的蓝色太紫了。

图 12.11　从上到下，这张未修正的图片用图 12.10C、12.10B 和 12.10A 用过的配置文件分色。

刷比今天不可靠得多的时代以来，如果有可能，图 12.10C 是彻头彻尾的保守分色的结果，给了足够的余地让印刷机随便出错。比之于过轻，油墨覆盖更容易过重，而图 12.11C 可以优雅地缓冲这一错误，尤其是印刷工对品红油墨进行的误操作。

我想把画面变得这么淡对今天的世界来说太极端了，但在 10 年前这是很有名的。人们甚至有可能说图 12.10C 是这 3 个版本中最好的。

让我们总结一下。如果你想使用第 5 章所述的强大技术，目前在 Photoshop 中除了“自定 CMYK”没有别的选择。同样，如果采用单张纸印刷方式来印报纸或其他较少见的印刷品，比如多通道的、四色灰的图像，Photoshop 合乎体统的回答除了“自定 CMYK”没有别的。

对其余情况，SWOP v2 是情有可原的选择。记住，所有的配置文件都有强处和弱点，SWOP v2 的弱点就在蓝色上。我们刚刚看到了它分色不怎么样的实例，但如果图 12.11 是红色的而不是蓝色的，SWOP v2 或许能比其他主要配置文件（包括我的配置文件）得到较好的结果。

12.6　灰度和专色工作空间

转换到灰度的默认选项（在“颜色设置”对话框的“工作空间”区域的“灰色”下拉菜单中）是“Dot Gain 20%”。如果你本来准备把灰度图输出成 RGB 模式用于互联网，就应该把这个设置改成“Gray Gamma 2.2”，与大多数人一致。

如果为印刷把 RGB 文件转成灰度的，可以把网点扩大看成 Gamma 的一种形式。如果它被设置得较高，灰度转换就将产生数值较低的文件，以补偿印刷得较暗的效果。而如果提高网点扩大值是正确的，印刷确实会暗些，与屏幕显示匹配。

黑色油墨的网点扩大通常多于其他油墨，因此 CMY 油墨常用的网点扩大值 20% 对黑色来说太少了（注意，这一设置并不影响转换到 CMYK 时的黑版生成，只影响向灰度转换）。

如果默认的设置都不适用，就在“工作空间”区域的“灰色”下拉菜单中选择“自定网点增大”，这会打开一个有网点扩大曲线的对话框。它对网点扩大的定义不是特别合理：20% 意味着 50^K 的网点会扩大到 70^K。你可以将它提高到 73^K，也就是让网点扩大达到 23%。

如果印刷机的工作空间是你熟悉的，为它准备文件时可以更精确，只要你既有 CMYK 文件又有印刷结果在手里。打开那个文件，在“颜色设置”对话框的“工作空间”区域的“CMYK”下拉菜单中选择“自定 CMYK”，改变网点扩大设置（具体方法在下一章中）直到你认为屏幕和印刷品在明暗（不是颜色）上匹配。例如，撇开颜色问题不说，图 12.11B 比图 12.11C 暗，要想管住自己不去比较它们的颜色，就通过“色相 / 饱和度”命令去掉整个画面的饱和度。

一旦估算出 CMYK 总的网点扩大，最好让黑色的网点扩大再高出 4% 左右，把增加了 4% 的值用在灰度工作空间中。

专色工作空间属于那些人，他们不得不准备有附加的印刷通道的 CMYK 文件。这对 Alpha 通道（蒙版）不起作用，也不适用于在 CMYK 之外还用到别的墨水但只能输入 RGB 文件的桌面打印机。在这种情况下我们无法把握额外的墨水的打印量。

疑难解答：该问谁？

“编辑”一个不能编辑的配置文件。对不懂配置文件的人来说这简直是妖术，他们被吓坏了，跑去问印刷工在 Photoshop 中应该怎么设置。我个人更愿意问电工或水暖工，甚至律师，因为他们在这方面和典型的印刷工知道的差不多，还不会不懂装懂。每一位印刷工都能成功地应对 GCR 的各种变化，但知道网点扩大的具体数值的印刷工很少，知道 GCR 是什么意思的就更少了。

“指定配置文件”和“转换到配置文件”，这差不多是 Photoshop 中最容易混淆的两个概念。“指定配置文件”改变显示，但不会真正地改变文件——除非文件被转换到另一个色彩空间。“转换到配置文件”保持显示不变（如果有可能），但为此会改变数值。

“相对比色”和“绝对比色”。如果你不知道“绝对比色”是什么意思，那我告诉你，它除了危险什么也不会给你带来。代之以“相对比色”。

“工作空间”区域的“专色”下拉菜单控制我们可以控制的额外油墨。例如，假如客户坚持用比青色和黄色混合而成的绿色更绿的油墨来印刷一个标志，我们又有足够的进取心，就可以建立一个 CGMYK 文件，它或许比仅仅用 CMYK 印刷得好些。

过去我会用一整章来讨论这个话题，和多通道一起讨论。但只有少量读者需要这一技术，因此我们简要地说说它以节约篇幅。原来的那一章（从本书 1998 年的那一版开始）仍然有效，它解释了在哪种情况下应该在“工作空间”区域的“专色”下拉菜单中改变设置。

12.7 转换选项：渲染意图

我们绕过“颜色设置”对话框中的“色彩管理方案”，讨论一个更合乎逻辑的区域：“转换选项”。对其中的“意图”下拉菜单曾有过争论，但现在没有了。CCMW 在以下方面已经与我取得一致。

- 在“引擎”下拉菜单中选择默认的“Adobe（ACE）”。
- 在“意图”下拉菜单中选择“相对比色”。
- 勾选“使用黑场补偿”。
- 勾选“使用仿色”（在转换过程中巧妙地添加一些噪点以掩盖不理想的渐变产生的生硬条带）不是很重要的，除非文件包含由计算机生成的渐变，这时应该勾选“使用仿色”。我建议始终勾选它，除非你打算在 LAB 和 RGB 之间多次转换一个特定的文件，在这种情况下取消“使用仿色”并使用“转换到配置文件”命令。

目前，“意图”仅用于转换到 CMYK。CCMW 曾认为对此应该选择“可感知”，作为解决色域问题的一个小花招，把所有颜色变灰以便转换到较窄的色彩空间后仍然能够区分它们，就像图 12.4A 所示的灯的绿色。

当这一选项于 1998 年出现时，CCMW 和 Adobe 公司都宣称，这是进行转换的正确方法。但是，就像 Mencken 说的，当头一棒胜过 里 唆。在本书第 5 版中，我把它叫做 PCCM（Politically Correct Calibrationist Method，立场坚定的校准主义方法），把它形容成“庸人的菜谱”。

我拥护的是 EIAM（Every Image an Adventure Method，对每一幅图使用一种冒险的方法），匹配每一种可以匹配的 RGB 颜色，那些无法匹配的颜色只有过于饱和地跳出来时才为它们操心。EIAM 高兴地得到了一个更学院气的名称："相对比色"，令人头疼的是几乎所有人都叫它"Relcol"①。

如果 RGB 文件没有什么超出色域的颜色，Relcol 就是更好的方法，因为"可感知"会从一切变灰中获利。如果超出色域的颜色并不重要，Relcol 也更好。

"可感知"是无伤大雅的。没有人会推荐它作为给所有文件分色的一般方法。理论上的争辩是，它有可能保持某些东西，比如前面提到的图 12.4A 中超出 CMYK 色域的重要细节。但在这种情况下，"可感知"没有实用价值。这种图需要"大手术"。图 12.5A 是用"可感知"转换的（你可以通过"转换到配置文件"命令这样做，而无须改变基本颜色设置文件），你很难说出它与不太令人满意的图 12.4A 的区别。如果一定要说出哪一个更好、为什么，我得说图 12.5A 更好，但事实上，修正一个并不比另一个困难。

在 2004 年和 2005 年，CCMW 的几个成员优雅地承认，他们一直搞错了，Relcol 才是更好的选择。

另外两种渲染意图对我们没有吸引力。"饱和度"据说能保持灿烂的颜色，但不能准确地保持所有的颜色。理论上，它对 PowerPoint 展示是有用的。

最后一个选项，"绝对比度（Absolute Colorimetric，简称为 Abscol）"，换一个角度来解释会更清楚。到目前为止我们一直在谈论如何"翻译"颜色，但也有一个问题是如何"翻译"明暗。LAB 和 RGB 比 CMYK 支持暗得多的黑色——超出 CMYK 色域的黑色，如果你用得着它。

不像超出色域的绿色，压缩这些黑色的阶调不会破坏阴影细节。明智的方法是把最暗的输入黑色"翻译"成最暗的 CMYK 黑色，把所有颜色变得稍亮一些。这一功能通过勾选"使用黑场补偿"来激活。如果不勾选它，你的阴影在转换中就会糊。

没有白场补偿的选项，因为 $255^R 255^G 255^B$ 或 $100^L 0^A 0^B$ 不大可能被"翻译"成除 $0^C 0^M 0^Y$ 以外的任何颜色。但有一个例外，RGB 和 LAB 被定义得比油墨亮时，会有一个明确的白场，它不一定是真正的白色。在少数情况下，你要把 RGB 或 LAB 的白色转换成类似于 $1^C 0^M 0^Y$ 的颜色，就选择 Abscol。

错误地选择 Abscol（很容易犯这种错，因为在"转换到配置文件"对话框中它就在 Relcol 下面）很容易破坏轮廓鲜明的图像，例如图 12.6 中的辣椒。CCMW 和我都同意，应该在软件中把 Abscol 藏起来，让外行找不到它，而专家迫不及待要用它时也不会马上找到它。

12.8 色彩管理方案

除了 RGB 色彩空间，在本章的其他部分，CCMW 已转向我的立场，对于合适的设置，我们不再有严重的分歧。

• 对于 RGB，选择"保留嵌入的配置文件"；对于 CMYK 和灰度，选择"关闭"。

不像关于渲染意图的争吵以文明的方式平息了，达到这方面一致的过程是血腥的。我把本书以前版本中关于该过程的内容放在本书的配套光盘中了，说明那段时间人们的想法发生了多么大的变化。

给每个文件嵌入配置文件以表达制作者想让它显示成什么颜色，这个主意太老了。它或多或少在 1998 年发布的 Photoshop 5.0 中采用了。在这个时期，用户被鼓励让上千种不同的 RGB 工作空间遍地开花，在此之前要使用 Apple RGB 之外的任何东西都很困难。

Photoshop 5.0 的整体理念有两个错误。第一，它把默认的配置文件改成了 sRGB，取代了某些人不喜欢、但大多数人能容忍的定义，那一定义中有些东西是被普遍谴责的。于是，人们分道扬镳，各自使用可带来灾难性后果的 RGB 定义。某种普遍能理解的"RGB"是特别需要的。

更糟的是，Photoshop 5.0 过高地估计了外行们的能力。它默认的是——没有事先警告——在用户打开任何文件时，不要指定当前的工作空间，而要转换到

① "Relcol"是"Relative Colorimetric（相对比色）"的简称。

在当前的工作空间。

至少要用100页来解释这一误导在1998年的用户中引起了多大的麻烦。在几个月后的升级中，它得到了纠正，但对那些已经相信这就是制作配置文件或进行所谓“色彩管理”的正确方法的人来说，已经太迟了。CCMW和我都相信，在打开文件时自动转换很不对劲，这一功能压根就不应该在有。使用Abscol渲染意图时，这或许可用，但这不是愚民可以熟练掌握的。

如果你只处理自己的文件，在打开文件时怎样设置都没有区别。问题是打开别人的嵌入了与你自己的配置文件不一致的配置文件的文件时怎么办。这一程序设计的整个关键是，用户能注意到新的配置文件，要么转换到他自己的设置下，要么继续使用别人的定义工作（这在Photoshop 6中变得可能了）。

服务提供商拒绝此工作流程，宁愿忽视所有外来的配置文件。解释其中的原因是浪费篇幅，关键在于，即使在今天，在CCMW极端分子发出诅咒——拒绝配置文件的服务提供商会在1年内死掉——的8年后，让印刷厂或照片冲印社接受嵌入的配置文件的可能性也接近零。嵌入了Adobe RGB的文件将被打开得好像它嵌入了sRGB，印出来会变灰，像水洗过一样。为了让他们留点神，你不得不当面提醒他们，或最好是给他们一个不会被曲解的文件，例如未嵌入配置文件的CMYK或LAB文件。

“色彩管理方案”中的参数涉及打开和保存文件两方面。如果选择“保留嵌入的配置文件”，文件会被打开在它所嵌入的RGB或CMYK工作空间中。当保存文件时，当前配置文件（或任何被直接指定给这个文件的配置文件）被嵌入，除非你在保存文件的对话框中告诉Photoshop不要这样做。

对于RGB文件，嵌入配置文件需要大约4KB的空间。我没见过有什么报告表明转换或处理嵌入了配置文件的RGB文件有程序错误或其他技术困难。如果这个配置文件不被认可——典型的是，Adobe RGB被照片冲印社曲解为sRGB——那么结果可能会很坏。但如果没人注意到它，配置文件就是无害的。

也不能保证陌生人的RGB文件中的配置文件有什么意义。它可能是错误地放在那里的，没有任何意义，因为那个人相信一台没校准好的显示器。不过，打开它看一眼并不会给我们造成什么损失。如果我们怀疑这个配置文件不准确，就在“指定配置文件”命令下选择“不对此文档应用色彩管理”，以便使用自己的工作空间。

CCMW最大的错误是假定CMYK和RGB遵循相同的规则。所有围绕着是否嵌入RGB配置文件的争论也涉及是否嵌入CMYK配置文件。CMYK配置文件可在文件中增加多达1MB。有人以为CMYK文件会按这个配置文件输出，不会被“翻译”。但是，从任何CMYK空间转换出去，由于黑版产生和色域压缩的反复无常，天生就比从RGB转换出去更不可靠。嵌入CMYK配置文件，特别是第三方配置文件，在某些RIP和应用程序中会引起小故障。不至于每天或每个星期发生这样的故障，但偶然发生也足以让大量用户怀疑它的稳定性。

CMYK的各种定义是如此相近，以至于如果有什么偏差（例如，为欧洲印刷准备的文件与针对北美的文件之间的偏差），人们也不会注意到。CMYK文件通常能准确地印刷，确实不需要转换。不管怎样，合格的服务提供商都不会不和我们商量就对CMYK文件进行转换。至于嵌入配置文件，不像嵌入RGB还能干点好事，嵌入CMYK——特别是嵌入到一个给陌生人的文件中——只能干坏事。

同样，给你的文件中的任何CMYK配置文件几乎都肯定是个错误。它或许是用于打样的某个配置文件，或完全彻底是个错误。还要记住，最好的CMYK从业者不会一厢情愿地拿出只能在最好的条件下印刷的文件——他们宁愿把文件做得不容易印坏。最明显的例子是火山湖的变化图12.11A和图12.11C，它们故意比真正要的青得多、亮得多。嵌入配置文件会很糟糕，因为它意味着只有正常印刷出来才是用户需要的。

近年来，在这一点上的意见发生了变化。很少有人怀疑过应该在RGB文件中嵌入配置文件。在本书2000年的版本中，我仅仅在为报纸或类似这样的条件下准备文件时赞成CMYK嵌入配置文件：这些印刷条件如此不寻常，如果按常规条件来准备文件就会坏事。CCMW仍然相信配置文件始终应该嵌人。在 2002 年，我收回了这个建议，因为反复看到了关于意外转换的报告。然后我说："CCMW 在嵌入 CMYK 配置文件上言不由衷，它喜欢理论上的说法，知道 CMYK 的真实世界不会这样，但还将理论强加于人。"

但是到了 2006 年，即使最极端的 CCMW 成员也忍着不嵌入 CMYK 配置文件了，尽管有很多责难印刷厂的龌龊评论。

在保存文件时你总是可以不理会基本的设置。保存文件的对话框会劝你嵌入配置文件（如果那是 Photoshop 的预设），但你可以不选它。而且，如果你曾经用过"指定配置文件"，Photoshop 会以为你需要嵌入配置文件，直到你在保存文件时告诉它不是这么回事。

12.9 走出知识的荒漠

随着新技术、新挑战的出现，像这样的书应该变得更厚。例如，本书比 1994 的版本厚了两倍多。

尽管如此，这一章和上一章在近年来变短了——直到目前为止。这一领域的发展落后了。这个产业正变得更复杂，即使其主流声音宣扬了一种过时的、停滞的观念。

最终，这方面传统的智慧本质上是正确的，即使现在有各种花言巧语在混淆视听。考虑以下问题，它们曾经引起争论，但现在人人都达成了一致的意见（其中大部分问题即使在 2002 年本书上一版面世时仍然有争议，尽管有些问题从那以后解决了）。某些人态度的改变已经在本章中讨论过了。

• 陌生人，例如不熟悉的印刷厂和照片冲印社，不能把嵌入配置文件的文件交给他们。最好是给他们符合他们的输出色彩空间的文件。

• 没有嵌入配置文件的文件，必须假定它有某种配置文件。如果缺少别的信息，没有嵌入配置文件的 RGB 文件就应该被当成嵌入了 sRGB 配置文件，没有嵌入配置文件的 CMYK 文件应该被当成是为 SWOP 条件制作的。这不同于 5 年前的 CCMW，那时他们剔除了"无意义的神秘东西"的文件。

• 作为必然的结果，摄影师、设计师和所有其他现在需要为商业印刷准备文件的人不得不学习 CMYK 知识。这取代了以前的教条：适当地嵌入配置文件的 RGB 文件应该提供给印刷厂，印刷厂或许——CCMW 错误地认为——有某种线索来处理它。

• 更远的必然结果。准备文件的人不仅要知道如何分色，还要知道如何在 CMYK 中进行最起码的编辑，因为像图 12.4 和图 12.11B 那样的范例。以前，人们认为理想的配置文件会进行理想的分色，随后的编辑很少或不需要。

• 还有一个结果。分色不是为了让颜色准确得恰好能够拿去印刷。这意味着进行稍微不饱和的分色，给增加颜色留下余地，这比在已经失去细节的灿烂区域添加细节要容易。

• CMYK 文件不应该嵌入配置文件。

• 在"色彩管理方案"中使用"相对比色"意图，而不是"可感知"。

• 1998 版的 Photoshop 5 对阻止采用嵌入配置文件的工作流程的全面影响最终得到了认可。在那一

回顾与练习

★ Gamma 和色域之间的区别是什么？

★ Gamma 和网点扩大之间的区别是什么？

★ 如果你的文件需要的是 Adobe RGB，但是别人把它当作 sRGB 打开，它看起来会怎样？你会建议别人怎样修改系统中相应的设置？

★ 下面 4 种东西哪两种最容易超出 CMYK 色域？
（A）香蕉（B）粉红色的花（C）绿叶（D）无云的天空

时期，我写道，它默认的颜色设置是如此有破坏力，以至于整个版本都应该叫做“对该产业的一次重创”。这引起了公众的强烈谴责。从那以后，CCMW 不仅改变了立场，而且比我还激进。

我曾经和 CCMW 的两个成员一起反对一个色彩管理专门小组。Photoshop 5 的问题出现了。一个色彩管理拥护者说它是“图像艺术史上设计得最无能的界面”。另一个说：“不可能比这更糟了。等着吧，等 Photoshop 5 在启动时格掉你的硬盘，你就知道厉害了。它真的是糟得不能再糟了。”我什么也没说。

• 由仪器生成的配置文件并不神圣，需要由人来复查，有可能还要编辑。

• 很多最好的印刷系统使用自己的校准方法，有异于某些开放的标准。CCMW 现在赞成了，这是非常大的转变。

• 在胶印中将系统设计得保证优质时，我们不要试图校准印刷机或为它制作配置文件，CCMW 在几年前还强烈地相信这一点，但打样系统需要校准。我们将在下一章中进一步讨论这个问题。

• 除了那些在室内拍摄的图片或在其他可重复的环境下拍摄的图片，很少有必要给相机制作配置文件。在获取图片时使用特别的方法制作配置文件会更好。比如我们将在第 16 章讨论的 Photoshop 的 Camera Raw 程序，在很多方面就是一个制作配置文件的工具。

• 至关重要的是，校准远远不如过程控制重要。缺少了过程控制，任何形式的色彩管理都无济于事。有了过程控制，几乎任何形式的色彩管理都管用。

因为这些原因，如果你发觉这些话题富有挑战性，就不要对它们视而不见。记住，传统的智慧在这一领域曾经犯很长时间的错误。

Mencken 写到了我们的职业：“十次有九次，在艺术中就像在生活中，实际上没有真理可发现，只有错误可揭示。人类所有的调查部门都不大可能发现真理。然而，对世界自以为是的人总是假定，揭示错误和发现真理是等同的——把错误和真理简单地对立起来。他们是无名小卒。当纠正了一个错误时，世界的变化只是发生另一个错误，可能比上一个更糟。简单地说这就是人类智慧的整个历史。”

保持开放的头脑，运用常识，问问自己到底要用颜色设置达到什么效果，你就可以证明他是错的。

本章小结

色彩空间之间的“翻译”是由 Photoshop 的“颜色设置”对话框中的选项决定的。在 RGB 与 CMYK 之间在转换没有理想的方法，这两个色彩空间有不同的优势和弱点。对 RGB 定义的正确选择取决于个人环境。大多数用户固定于要么是 sRGB 要么是 Adobe RGB。

实际上所有的印刷厂和照片冲印点都会忽略嵌入的配置文件。他们喜欢把所有 RGB 文件解释为 sRGB。和不熟悉的服务提供商打交道时，你应该提供一个 sRGB、LAB 或 CMYK 文件——永远不要给他们别的 RGB。

在 CMYK 中，可以选择较为困难的“自定 CMYK”，它从 1998 以来还没有升级，也可以选择由 Adobe 或第三方提供的“罐装”的配置文件。这些配置文件无法在 Photoshop 中编辑诸如黑版产生、网点扩大和油墨总量限制之类的参数，这大大地限制了它们的效用。

第 13 章
印刷中的“一点点”

为商业印刷机准备文件稍不留神就会进入雷区。好的建议很难得到。很多可以说是魔术弹的东西在被兜售。印前专家固然弄出了很好的效果——但他们面对印刷机就不像在图片冲印社那么从容了。

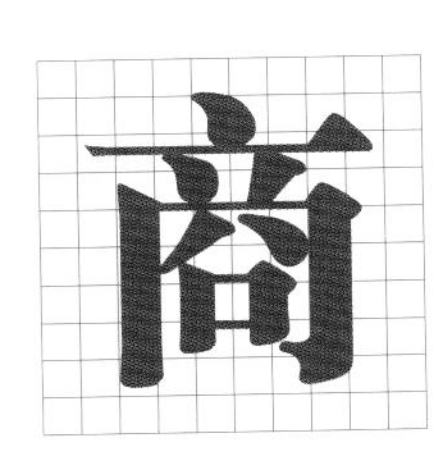

业印刷像政客的宣言一样不可靠。意外的复杂局面频繁出现，这时印刷厂和政客都不可避免地要找一个替罪羊。

让我们假定活儿刚刚印刷出来——不满意，在你看来或在你的客户看来。让我们再排除与图像无关的问题，例如字体替换，或者在客户的活儿上印上了他的竞争者的标志。不，我们只是说有一张或几张关键的图片是无法接受的。

原因按可能的程度列举如下。

• 你相信你的显示器而不是信息面板，处理偏色图像时，没有意识到你的眼睛已经适应了色偏，不管你的显示器校准没有。

• 你没有像第 2 章和第 3 章说的那样给每幅图全阶调，于是它印出来后显得平淡，不像在显示器上那么活跃，在你预测印刷效果时，校准过的显示器迷惑了你的眼睛。

• 实际上是印刷厂把活儿弄脏了。给墨过多或过少，油墨变脏，改变了颜色，或失去了对网点扩大的控制，还可能有上千种原因。

• 你在寻求某种不可能的效果，要么是把关键的颜色调得超出了印刷色域，要么是把版面设计得不可能正确印刷。

• 印刷厂按自己的标准印刷这批活儿，但你不了解那些标准。

在这 5 种可能性中，有 3 种是你的错，但只要有 1 种就足够让你成为替罪羊了。但出于同情，让我们假定原因是第 3 种，纯粹是印刷厂的错，从技术上说，是不适当的印刷。

现在，有一个尖锐的问题：你是如何知道的？你把这话告诉别人时，谁能相信？

我们将在这个笑话中增加一些假设。首先，客户需要印刷厂做出解释，不过没有一家印刷厂在受到这种责备时会感到高兴，因此，你这个专业摄影师就要成为替罪羊了。

在所有可能的情况下，印刷厂的辩解在客户听来会非常像这样：“这个与你合作的摄影师对如何准备一份数码文件简直是一窍不通。你自己来看，这儿，这片肤色，他竟然用 Slithy Toves 滤镜，不按 SWOP 的标准来做，多么愚蠢啊，我在问你呢。再看这儿，大桥左边，他想限制黑色油墨却不会控制灰平衡，结果颜色偏了。他沾沾自喜的油墨比例其实是一塌糊涂。”

在真实的生活中，这个解释听起来比写在这里可信，因为商业印刷工在把自己的过错转嫁给摄影师方面是如此训练有素，以至于他们可以装得很让人信服。

遇上这样的一派胡言，客户会有三种反映，其中两种是非常糟糕的。他可能被这些说法骗了，可能认为你和印刷工人配合不好，也可能认为你们之中有一个人应该滚蛋。你认为应该是哪种呢？

• 规则一：即使印刷厂印得不好，你也有可能成为替罪羊。

不干印刷的人很少知道使印刷企业不同于其他图像艺术行业的经济情况。最突出的例子是：如果你雇了摄影师、设计师、版面艺术家、照片冲印社或广告顾问，你不想和这个人或这家公司合作下去了，那你们的关系就长不了。但找印刷厂不是这么回事。决定由谁来印刷常常不是处在我们的职位上能控制的。即使我们想换一家厂、有这个权利，也常常做不到，从这里到上海可能都找不到一家合适的厂，就算他们有设备和能力接这个活儿，你也受不了他们开的价。

人们常说印刷厂冷酷无情，不考虑客户的利益。其实他们也有苦衷。我认识一些非常无能的印刷厂，无能得就像有些摄影师、设计师、色彩管理顾问甚至 Photoshop 教程作者。在其中任何领域中我从来没遇到什么人当主顾喜欢他们的作品时高兴不起来，或当他们的工作被为难时不觉得难受。

尽管如此，在商业印刷和所有其他领域之间仍然有很大的区别。如果你工作在别处，十分确定的是，在你的职业生涯中的某些，甚至是很多时候，明明是客户错了，损失却算在你头上，或让你大打折扣。

印刷厂很少这么做。如果你我不得不把活儿砸在手里，损失不会很惨重，无非是一些时间，不用来做这单活儿，也会耗在其他乏味的事情上。但一家印刷厂可能已经花了几万块钱买纸，你的错误迫使他们把纸卖给废品回收站。印刷机又是非常昂贵的。印刷企业靠每天 24 小时、每星期 7 天让它们运转赚钱，事先把活儿排满，让印刷机没有一刻闲着。如果他们不得不给你返工，就会影响安排别人的活儿。

在上一章暗示过，印刷工以创造性地运用粗话而闻名，其实他们知道的最难听的话无过于“免费返工”。是的，如果那确凿无疑是印刷厂的错，或许争议很少，你有权利要求他们返工。但哪怕他们有一点点迂回的余地——比如你已经在打样上签了字，没注意到上面有个致命的错误——那你就倒霉了，谁让你签字的？错在你！

• 规则二：你没法让印刷厂返工，除非他们确凿无疑地制造了你无法预知的一个严重错误。

13.1 “政治派系”的起源

这是一本技术书，从技术上说，这一章不应该属于本书。但是如何为商业印刷的实际情况做准备又是急需的话题之一。

写这一章的一个原因是，有太多简单的答案在被兜售。这里就是一个：读完这本书剩下的部分，给印刷厂一个很棒的 CMYK 文件。问题出在哪儿？

还有另一个：给印刷厂一个很棒的 RGB 文件，让他们去操心剩下的事。

这一章将涵盖实际印刷和预期效果不一样的某些原因，有实际经验的人可以做些什么来补偿，色彩管理和过程控制的区别，如何对印刷工有礼貌，网点扩大到底是什么意思，为什么你在别处读到的关于这一话题的大部分说法都不能增长你的知识，为什么摄影师和印刷工互相憎恨，为什么照片冲印不如印刷，为什么理解“一点点”的概念是高品质复制的关键元素。在休息时间，我们会说一说“自定 CMYK”对话框。

如果不了解 19 世纪 80 年代中期以来的一段历史，就很难理解印刷厂和客户之间的“政治”的很多现实。

这一章不会解决凹印或柔印的问题，它们玩的是略微不同的规则。胶印在 20 世纪上半叶发展起来，但直到 20 世纪 60 年代才在商业上普及。从那以后，印刷工艺得到了持续的改进，但基本原理没变。印刷机的寿命很长——用 20 年或更多年也不奇怪。

电子分色机出现于 20 世纪 70 年代，它们直接输出胶片。色彩修正是手工操作，大都由专门的印前公司来进行。数码色彩修正在 20 世纪 80 年代早期变为可能，成本惊人，80 年代后期变得便宜一些了。这一工作是由印前公司而不是印刷厂来做的。

Photoshop、苹果机和廉价扫描仪扼杀了这一模式。

我们为什么要顶着压力去和难以驾驭的印刷厂打交道？要是把印刷机搬到自己办公室里岂不是更容易干活儿？干嘛要向他们支付那么高的价钱，忍受他们暴躁的脾气和糟糕的质量呢？

不幸的是，为了逃避他们，我们就得花几百万美元来购置车间和设备，所以还是面对现实，让印刷厂拿我们一把吧。

建立印前室也曾经是这样。除非有100万美元和半工业化的工作空间，否则你没法干这类工作，而今天用Photoshop就可以干。因此，你（我说的是你，不是我，当时我在为“敌人”工作，谢天谢地①）也被拿了一把。如果印前公司做好色彩修正并且（因为他们总是小心和印刷厂搞好关系）在印刷出来的页面上得到很好的结果，你也沾光，否则，世界上最好的艺术品原稿印出来也会很业余。

早期的拓荒者偶尔使用Photoshop 2和一台桌面扫描仪得到尚可的结果。随着时间的流逝，软件和硬件越来越快、越来越好，原来大量出租印前器材的公司开始惊诧，凭什么被它们抢走了市场。当他们仍然做得较好、较快时，客户已经纷纷离开他们。

现在很少有人愿意花100美元或者更多的钱去请人处理一张本可以自己处理的图片，甚至觉得自己处理的效果更好，当然并不总是自己的效果更好。于是市场迅速瓦解，很多公司有了内部图像处理部门，与社会上的某些印前室一样大，许多大的独立印前提供商在世纪之交偃旗息鼓了。

13.2 “政治”不喜欢真空

没了那些印前公司在设计师和印刷厂之间沟通，导致了接近内战的局面。从照片到印刷品有一个漫长的过程，而关于这个过程的大部分知识都藏在那个业已消失的产业中。

图像艺术以外的某些大公司知道自己在做什么。有些印刷厂有足够的印前技巧，可以给设计师提供关于什么类型的文件可用的合理建议。

可是，他们没能帮助大部分设计师。印刷厂现在的客户（或许包括你）已经习惯于被别人搀扶，现在却不得不直接和印刷厂打交道，印刷厂可不喜欢搀扶别人。

更糟糕的是，每一方都有足够的动机不喜欢另一方。客户会询问听起来非常合理的问题，比如油墨限制和网点扩大，而印刷厂可能不知道他在说是什么。同时，业务不再来自以制作胶片让印刷厂满意为生的公司，印刷厂不得不面对新的客户，他们可能连什么叫轮转印刷都不知道，却习惯于在自己把文件弄得一塌糊涂的时候要印刷厂免费返工。

这是一个火药桶，而很多火柴被扔了进去。

现在谁应该粉墨登场，继印前公司之后扮演印前专家？许多摄影师寄希望于印刷厂。少数印刷厂保留着印前部门，这些印前部门可以救“同党”的急。但大多数印刷厂都把印前部门撤了。想知道原因吗？一是懒得管理这些部门，但还有两个更正当的理由。

记住第二条规则，印刷厂绝对不会退钱，除非毫无疑问是他的错。如果他关于印前或如何做文件给了建议，而印刷证明这个文件有某些缺陷，可能就会引起争议——谁为返工买单？印刷厂把责任推得一干二净，他做100次印前的活儿获得的利润，只要重印一次就赔光了。

还有一个实际困难。大印刷厂需要庞大的建筑，不仅是为了放印刷机。他们还需要足够的地方来储存几百吨的纸，这不大可能塞到壁橱里。所以需要大量的土地，最好能把铁轨通进去。你很少在市中心发现大印刷厂，他们把胳膊和腿都卖了也租不起市中心那么大的地。这些印刷厂安家的地方没有多少训练有素的润饰者。再说，也很难找到额外的印前业务来支持一个印前部门。

- 规则三：除非你确实跟他们学到了东西，否则你必须假定，印刷厂在关于如何准备文件方面比你知道得还少。

13.3 媒体的力量

当然，确实有些印刷厂在这些事情上可以提供很大援助。找到他们非常有必要——如果可以找到。

如果印刷厂确实雇佣了某个在准备文件方面懂得一些皮毛的人，这个人一定会很忙，你很难找到他。如果我们找不到这样的人，也想不出其他的办法，可能就只好假定一个最合理的情形了：印刷厂对印前一窍不通。

许多Photoshop教程用若干段落讲怎么为印刷准备文件，建议读者去请教印刷厂。我不想侮辱其他的Photoshop作者，我无法理解他们怎么会对准备

①“敌人”可能是指印刷厂。作者在本章把设计师和印刷厂的矛盾比喻为“政治”，那么印刷厂和设计师就算是敌对的“党派”。

CMYK 文件知道得这么少，比大多数印刷工知道得还少，而印刷工知道的通常是 0。我也不想侮辱印刷工，所以我说他们知道的也不比印刷工多。

向印刷工请教还有一个严重的问题。如果询问一个电工或者水工关于如何准备 Photoshop 文件，至少你会得到一个坦率的回答：他们不知道你说的是什么。如果问一个印刷工人，他不见得比前面提到的电工或者水工对这个话题了解得多，他会为此感到尴尬。他可能认为自己本就应该知道这个问题的答案，所以他可能会滔滔不绝地胡言乱语，希望你能到他那儿印东西。

如果没记错，第一本意义非凡的 Photoshop 书籍出现在 1992 年。作者是 David Biedny 和 Ber Monry，前者是图片润饰者，后者是一名专攻 Photoshop 和 Illustrator 之间关系的数码艺术家。就像我一样，他们都靠 Photoshop 谋生。

在当时的软件书籍作者中像他们这样的很少见。其他作者大都擅长解释软件的操作，在写作上达到了专业水平，但自己操作起软件来力不从心。这类作者创作了 20 世纪晚期的大多数 Photoshop 书籍，他们是合格的作家，生疏的 Photoshop 用户。对于初学 Photoshop 的人来说，这可能是段不错的时光，但是这些书几乎都不是为专家级用户准备的。

今天，这种情况将不复存在。随意从书架上拿起一本 Photoshop 书籍，它更可能出自一位知识渊博的作者，与过去的情形完全不一样。从技术书籍行业那段艰难的日子里，读者们受益匪浅。当时数码摄影非常热门，出版商看到其他书卖不出去就大肆出版 Photoshop 书籍。

雇职业写手来写这些书也不是那么令人绝望。现在市面上有 1000 多种以 Photoshop 为标题的书。出版商必须大胆使用令人耳目一新的标题，而不需要证明作者是一位技术行家。同时，那些希望靠教 Photoshop 谋生的人也需要出版一本书来获取专业权威，因此他们非常小心翼翼去写下一本好书。

但所有的专家来自哪里？国家 Photoshop 职业协会（National Association of Photoshop Professionals）一年举行两次叫做“Photoshop 世界”的展览。展会的讲师团就囊括了大多数为大家广泛认可的 Photoshop 方面的前沿权威。我有 2006 年 9 月份的展览会名单，包括我在内，一共有 35 名讲师。

在这 35 个人中，16 位是或曾经是专业摄影师，另有 13 位是我认为应该划入职业专家一类的：他们是一直在从事培训，或者进行 Photoshop 方面书籍创作的人，但是却没有实际生产经验。他们是最受人欢迎的演讲者。另外两个人，Bert Monroy 是其中一位，他们已经用 Photoshop 完成了大量的印刷工作。但其他 4 个人我不确认。

这 35 位才华横溢的人士的每次演讲都让我学习到新的东西。他们的确是这个领域的佼佼者，但是这个领域是如何平衡的呢？

在这 35 个人中，据我了解，其中两位具有准备 CMYK 文件的实战经验，但没有人曾经是专职修图者，或者曾经从事商业印刷，或者全职用 Photoshop 为服务提供商工作。

一方面，投票表明，1/3 以上的人认为在 CMYK 中工作比在 RGB 工作中要得心应手。另一方面，不少人认为在 RGB 下工作游刃有余。就你可能找到的商业印刷方面的信息品质来说，这意味着什么？它解释了为什么对此话题有那么多能说会道的回答经不起检验，向印刷工人咨询 Photoshop 设置问题也是一个令人感到毛骨悚然的问题。另外一个问题就是在哪种色彩空间中提供文件。对我来说，这是个没脑子的问题。谁都知道应该转换成 CMYK。如果你读这本书时深入研究了这个问题，又要和一家陌生的印刷厂打交道，你应该知道最有知识的人当印刷工的可能性非常低。正如在前两章看见的，转换到 CMYK 并不总是容易的，我们真的不需要别人帮我们做这件事，以他们的能力做好这件事有问题。还是给印刷厂 CMYK 文件吧。

13.4 民意测验专家，印刷和可预见性

商业印刷比常用的其他任何输出方式都不可靠得多。产生这种现象的具体原因很难说清楚。

图 13.1 来自我写的一个有关行业标准的专栏。它被称作“冠军的早餐”，因为这 3 个应用最广泛的标准是 SNAP、GRACLOL 和 SWOP。

为了便于大家讨论，我们将简单介绍卷筒纸（轮

转）印刷的操作。在大多数情况下，印刷厂声称拥护SWOP，即卷筒纸胶印出版规范（GRACLO适用于单张纸印刷，SNAP适用于新闻纸印刷）。

根据我的经验，标榜自己服从SWOP是一文不值的。但这确实让我们想起，如果使用上一章所说的任何设置给RGB文件分色，结果都可以打个60分。

SWOP有某些要求，但是RGB用户会熟悉最重要的三点。第1点是明确油墨颜色；第2点是实际印刷的密度，第3点是以50%的网点面积覆盖率印刷时的明暗变化。这三点总的来说类似于定义一个RGB色彩空间。油墨颜色和密度相当于原色，关于50%的明暗变化，在RGB中的术语是Gamma，在CMYK中的术语是网点扩大。我们稍后将探讨关键的网点扩大设置。但是首先，让我们谈谈可能出错的部分。

现在。印版可以直接由电脑文件生成，与过去先输出为胶片，再把印版暴露在它上面相比，这个方法更容易控制。印版都是由大块的铝板做成的，印刷区域暗，其他地方亮。较暗的区域亲墨斥水，较亮的区域相反。在印刷过程中，印版逐渐磨损，使得印刷的产品不能保持一致，这样整个处理程序就变得不可信了。

每个印版都非常大，它被固定在一个很重的金属滚筒上，印刷时，滚筒高速旋转。有一个相似的滚筒与之对滚，该滚筒表面裹着一块叫“橡皮布”的橡胶材料。同时，有一种油墨从墨辊间的缝隙被挤了进来，缝隙的宽度在印刷过程中是可变的，形成这些缝隙的墨辊是最不可靠的，它们的运动受正在印刷的版面的影响——大面积实地油墨要求墨辊稍微分开一点，让更多的油墨进来。

图13.1 印刷行业有不同标准，但是印刷过程中的变化又影响着这些标准。

墨辊接触到旋转的印版，印版把图像传递给旋转的橡皮布，印在橡皮布上的图像是反的（镜像的）。旋转的橡皮布又把图像传给纸，这时又是正的了。与此同时，纸的另一端被另一组橡皮布和印版“亲吻”，迅速进入第2个印刷单位，印上第2种油墨，然后是第3种、第4种。整个周期在1小时内会重复上万次，也就是说，滚筒每秒钟通常要转整整10周。

这张图会有什么问题？让我们算算有多少种因素影响它。油墨在同一批印刷中本应是相同的，但如果印刷不够稳定，同一批的颜色也会变。刚清洗过印刷机印出的颜色就不同于油墨互相污染后印出的颜色。橡皮布对热、潮湿敏感，也会老化。它的表现有赖于它和滚筒之间的包衬，以及固定它的螺栓拧得有多紧。如果这两步做得不仔细，印张中间的网点扩大就会比边缘多得多。整个过程的变化不仅取决于这台印刷机的运行速度，而且取决于是否有其他印刷机同时在附近运行，以及在这种情况下喷出什么类型的微粒。即使是花粉状的微粒都会改变颜色。

这似乎还不够，纸张还会受到气候条件的影响，以及把它搬到车间里以前储存它的地方的条件、出厂时包得有多紧、用纸的哪一面来印刷。

在印刷过程中，印刷工在计算机的帮助下，不时看监视屏，调节给墨量，他们必须大声喊叫让同伴知道自己的想法，这影响了调节速度。车间实在是太嘈杂了，他们需要戴上耳塞。

13.5 一个“党派”和它的平台

GRACLO有它的权力。它的口号是：“变化是所有变量的总和。”高品质印刷的整个秘诀就是给这些变量尽可能地催眠。但即使在最好的条件下，可变性仍远远超出我们喜欢的，或者说远远超出在图片冲印社这样的单位能够产生的变化。好的商业印刷厂的印刷效果多少有点变化，糟糕的印厂的效果会非常可怕。

在决定做出怎样的反应之前，让我们看一看实际工作中的变化。我见过很多，因为我的很多工作，

图 13.2　这些图片曾出现在 6 种不同的出版物上，但来自同样的 CMYK 文件。

包括我的杂志专栏，都曾把同样的文件交给不同国家的不同的印刷厂。为了好玩，我又做了一些调查。我准备了 25 张 sRGB 图片，把它们发给不同的州的一打不同的图片社，还有一些自助服务机构和在线服务站点，想看看与印刷结果相比会有多大的变化。这个结果非常有教育意义。

图 13.2 中的女士多年前在 6 种不同的出版物中出现过，当时的尺寸非常接近你在这里看到的。每张图片都来自相同的数码文件。为了印刷在这里，所有的图片都以相同的设置扫描。虽然我已经修正它们以消除再次印刷的龟纹，但是 6 张图片都使用相同的步骤，所以它们的颜色关系没有变化。在每张图片的背景区域，你可以看见纸的颜色。

图 13.3 是对照片冲印社的测试，对其中每张小图的扫描和修正是一样的，输出这些图片的冲印社使用不同品牌和型号的设备，是我测试过的头 6 家冲印社。

在反映印刷的图 13.2 或反映照片冲印的图 13.3 中，我们都希望看到 6 张一模一样的图片，而且是衷心希望。但两组图片有太多的不同。

从印刷那一头说起。就像你那友好的前任质检员说的，这活儿邋里邋遢，还要逼着人挑出最好的，这颜色变得也太离谱了。依我看图 13.2D 和图 13.2F 还算和原稿匹配。图 13.2A 不匹配，它的网点扩大有点重，但如果那两张就是所要的效果，图 13.2A 也能接受。

图 13.2B 是特殊情况。我事先知道印刷条件，知道这家厂印得比别的厂浅，所以这算是预期的效果，也能接受。

另外两张图。图 13.2E 太浅也太蓝。图 13.2C

图 13.3　这是同样的 sRGB 文件在 6 家不同的冲印社输出的结果。

太饱和了。很多印刷厂会为此辩解。它可能落入了 SWOP 对油墨总量慷慨大度的范围。

我没指望照片冲印的结果比印刷结果好，但也没想到它们会如此糟糕。这 6 张图中的任何两张都不像图 13.2A、图 13.2D 和图 13.2F 那样彼此一致。

图 13.3A 与我期待的效果非常接近，图 13.3C 和图 13.3F 有点靠谱。至于其他的，如果你喜欢绿色的头发和巫婆的眼睛，图 13.3B 非常棒。图 13.3 D 中的妇女就像刚刚被吸血鬼拜访过一样。制作图 13.3E 的冲印社相信，如果加大对比度是不错的，那最好是把它加过头，我的上帝啊。

不仅如此，一个月后，我拿着这些文件重新检测冲印社时，效果还是一样糟糕。这就是照片冲印社和印刷公司之间的巨大差异。

13.6　来自反对派的消息

图片看起来很糟糕，像选举失败一样，这可归咎于一两个因素：没有预见环境，做出了愚蠢的决定。糟糕的印刷通常都是由第一个原因造成的，照片冲印社或其他图片服务商的错误通常归咎于后者。

差异是主要原因。如果你把一个文件交给不熟悉的胶印厂和不熟悉的照片冲印社，那么从印刷厂那里得到预期效果的可能性更大。根据我的测试，我对此深信不疑。

或者说，你和那家印刷厂第一次合作的效果会比较好，但以后，就很难说了。

看看图 13.4，这是刚才那 6 家冲印社对另一张图冲印的结果，和第一次测试相隔一个月。冲印社的顺序和以前一样，但即使是随机排列，也很容易找到哪张图片是哪一家冲印的。图 13.4D 的云彩被冲掉了，正如图 13.3D 的高光被冲掉了，图 13.4B 的黄绿色偏与图 13.3B 如出一辙。图 13.4A 与我预期的效果最接近，而上次的图 13.3A 也是这样。比较之下，图 13.4F 更温暖，有更强烈的对比度，就像图 13.3F。

某些图片的糟糕效果是机器的错。这些输出设备都是自动校准的。由人来校准会和产生 B 和 C 版本的那些公司校准非常不同。如果哪家公司知道用人来校准，那才叫精明。F 的暖色偏、过强的对比度在这两次测试中还不算太过分，但可能弄糟愚民带来的一般图片。

简而言之，我知道其中的每一家冲印社都有可能处理我的文件，得采取措施。如果我拿 100 张新图片去冲印，想看到 A 版本的效果，却找了另外一家冲印社，不出一小时，一百张图冲印出来了。如果像 B 那样有黄绿色偏，我就创建一个 Photoshop 的动作（Action）来修正它，在一百张图片上使用这个动作，刻一张 CD，把它交给 B 版本的制造者，可以肯定的是，这将产生看起来很接近 A 版本的图片。

但是胶印比冲印照片更难控制。如果我请印刷过图 13.2 的 6 家印刷厂重新印刷这张图，所用的纸张和印刷机都不变，仍然有风险。可重复性是商业印刷中缺乏的关键因素，我们已经习惯了在各家印刷厂忍受这一点。其中有很多人为的错误。

验证印刷效果需要小型放大镜和原稿。图 13.2C 太红，用放大镜可以看出，人脸高光上的一些青色网点被印丢了，它们本来可以抵消一些红色。如果这样的效果不是我们想要的，同样的活儿再印一次也好不到哪里去。

另一方面，图 13.3E 是一件邋遢的印刷品。我已经检查过，黄色油墨的密度比正常的低得多。如果同一家印刷厂把它重印一次，第二次的效果可想而知。这类不可预知又无法避免的人为错误，就是“印刷政治”的推动力。

我并不是以前给我印杂志专栏的那家印刷厂的拥趸，图 13.5 会告诉大家为什么。这张照片连续出现在 8 期刊物上，用同样的印刷机和同样的纸印刷，别问我为什么 8 次扫描的构图有点不一样。

既然这一章要揭秘印刷厂，所以说一些印刷车间的粗话也就情有可原了。我得说，这帮人不配干印刷。我希望停工检修的时候印刷机里长出个马蜂窝，这伙人重新开机的时候给叮得抱头鼠窜，一头扎到警察的怀里，警察正等着“咔嚓”一声铐住他们，因为他们假冒印刷工。

13.7 花言巧语和实质

刚才那一组图在 3 个方面暗示了印刷的现实和“政治”，以及印刷为什么与大多数输出形式不同。

• 别无选择。我们通常能控制为我们输出数码文件的冲印社，制造图 13.3D 和图 13.4D 的冲印社至少期待着在下一次总统选举时得到我的又一批活儿，尽管那时候犹他州可能已经属于民主党。可杂志的印刷厂呢？他们才懒得管我怎么想呢。我说出来也没人重视。通常，专业人士连在哪儿印都不知道，更别说换一家厂了。

• 想想哪里应该受指责。在本书中，你已经看见了一些别人拍摄的非常糟糕的照片。我假定你从未想过指责我，虽然这些照片中可能也有我修正的痕迹。你已经看过我的近 50 次色彩修正。假定你喜欢其中一些胜过另一些，我要问你：如果你不喜欢某一张图，那是否是因为印刷得不好？比如本来应该是黑色油墨的地方戏剧性地变成了绿色油墨，很可能在这种情况下你就会指责我。

• 诅咒有用吗？在幻想中对印刷工实施一些身体暴力确实可以安慰自己。（这个白日梦值得回味。印刷工人整天推着半吨重的纸，有着砖头般的二头肌，你敢真的惹他们吗？）

不幸的是，发个毒誓一点也无助于下次得到预期的效果，或者让客户责备你少一些。其实你应该问问自己，为什么这么多的印前专业人员挖空心思追求高品质。答案其实非常简单。

• 规则四：期望最好的效果，但做最坏的打算。

如果你认为邋遢的印刷品会伤害你，那么你可以采取预防措施。想得保守些——特别是当你不熟悉合作的印刷厂时。如果是为长期光顾的冲印社准备图片，就可以拍摄自己想拍的，但面对不熟悉的印刷厂，要尽量避免意外。在冲印社和印刷厂之间是有差异的。

这里针对一些假想的图片，提出一些问题——它

图 13.4　同一个文件的不同冲印结果，找的还是冲印图 13.3 的那 6 家冲印社，排列顺序也相同。

真的是假想的，你只能得到最含糊的描述——但在我看来，你不需要更多信息也能找到正确答案。

• 你的图片是时装模特的肖像，你希望她的脸过红，还是过于苍白？

• 在国家公园户外拍摄的图片中，你希望天空过冷（过青），还是过紫？

• 一张表现很多绿色植物的风景照片，你希望它过亮、过于干净，还是过暗、过脏？

• 一张都市夜景图片，摩天大楼的黑暗边缘在天空中若隐若现，但灯光和星星都清晰可见。这张图印出来是暗一些好，还是绿一些更好？

• 如果是一张银饰的图片，是过暗好，还是过绿好呢？

13.8 预防“一点点”

印刷效果确实是不稳定的。唯一的问题是，有多不稳定？很可悲，像图 13.5 那样糟糕的图片非常普遍，我们无法强迫客人接受它。如果出版物中的广告像这些小图一样糟，广告代理商会要求返工，或者对设计师的能力产生怀疑。所以毫无疑问，你要重新处理它们。

如果变化仍然明显，但没有这些小图的变化这么大，那还是可以接受的。比如回到“指定配置文件”测试，把图 12.2A（Apple RGB）与图 12.2F（sRGB）比较。如果印刷厂向你承诺的是一种效果，实际上得到的却是另一种，你就有权利抱怨了。如果差异只有一半，那你就不走运了，必要的话，印刷工会把 SWOP 宽容度标准贴在你脸上。

斯多葛学派哲学家埃皮克提图说过：“不要奢望事情会像你希望的那样，你只能接受它们本来的样子。”可以想象，一个真正的斯多葛派学者把文件交给印刷厂，他会虚伪地说无论印出来是什么样他都喜欢。让埃皮克提图靠边站吧，我们要采取实际行动，帮助印刷厂别把事情搞得一团糟。

对认真对待测量的人来说，“一点点”是测量中一个至关重要的单位。在技术术语中，“一点点”是 0.313 弧度。它是经验丰富的人对抗印刷意外结果的保险措施。

你如何回答刚才那个测试中的问题？会像我一样赞成较紫的天空和较红的肤色吗？如果你认为其他的选择更好，那么解决办法是明摆着的：让品红比你有把握交给输出设备的少“一点点”。杂志社也应该这么处理我的照片——图 13.5。在它的 8 次印刷中确实有两次是比较一致的，可另外 6 次的差异也太大了，就算我这长得有点黑，也应该把照片提亮些，那样 8 次印刷的结果看起来就更像同一个人的照片了。

如果你喜欢颜色干净，不喜欢脏，或者你认为夜景照片有点偏色也比黑成一团好，那就让图片比你预测的印刷效果亮“一点点”吧，这是不错的保险措施。如果你喜欢把图片变得更暗而不是更鲜艳，可以用另一种计谋来打败 RGB 中心主义者。我们在第 5 章中已经探讨过，但是这里又需要重复了。

在 RGB 中，只有一种定义色彩的方式。在 CMYK 中，除了灿烂的颜色，任何颜色都可以通过不同的方式建立，可以增加色油墨、减少 CMY 油墨，或者相反。如果物体色是某种中性灰，比如珠宝的颜色，那就在印刷中增加黑色油墨，黑色油墨只能印出灰色，即使印刷工像印刷图 13.5 时那样粗心，也不容易产生难看的色偏。

• 规则五：印刷品不会像你想要的那么好，但你宁可排除得到不想要的结果的可能性。

“一点点”是测量中的可变单位。

“一点点”的科学，或多或少支配着为印刷做准备的艺术。校准退居次位。这需要对打样进行更多的讨论。

图 13.5 这张小图被印在连续 8 期同样的杂志上，每次都使用相同的印刷机和纸张。

13.9 合同和打样

对于印刷厂来说，减少印刷中的可变性需要极大的、通常是昂贵的努力，经常还需要严格的调查，从一打嫌疑犯中找出罪魁祸首。某些印刷厂非常在意这一点，但也有很多印刷厂认为品质仅仅是个小问题。看起来很明显，那些希望印刷业进步的人会集中精力改变这种态度。

但是焦点曾经集中在3个伪问题上。我们已经探讨了其中的一个：印刷工人——正如我们刚刚看到的，他们中的很多人，光是印刷就够难为他们的了——有责任学习如何教客户在Photoshop里准备文件。另外两个伪问题是：打样有什么作用，是否需要更多的校准。

错误地理解叫做“合同打样”的东西，通常都是因为没有弄明白“合同”和“打样”这两个听起来很简单的词。

由于有太多的因素影响印刷效果，形成了这样的系统：印刷工经常对给墨量进行微量，有时又进行大量调节。这样做的动机有3类。

- 色标和其他测控条出现在成品的裁切线以外，从理论上说，如果它们印刷适当，成品的效果也差不了。当印刷工察觉这些区域的异常时，会试图弥补。
- 印刷工可能会做出单方面的审美判断。比如，遇到图13.3B，他作为有30年经验的印刷工，可能会想，没有人喜欢绿头发，不用客户说，也应该增加品红墨，减少青墨。
- 还有一个更实在的理由让印刷工觉得客户希望做出改变。这种感觉可能来自这样的合同打样：它看起来不像是印刷出来的，可能是简单得多的东西——喷墨打印稿、从杂志上撕下来的一页、一张写着“千万不要印得太红”的纸条等。

在这些情况下，印刷厂不需要品质非常高的打样，但有一类人需要——我们，否则就无法让印刷厂对质量负责。难以想象我们花了上千美元，在东西印坏时还求助无门。

注意，我还没说过合同打样应该达到什么样的质量。这个术语让我们想到某些品牌的名字，比如Matchprint（匹配印刷），Signature（签字）或Cromalin（铝合金电镀），但它不一定要达到那么高的要求。一份合同打样，顾名思义，是客户和印刷厂之间的合同。在合理的范围内，印刷厂承诺印刷品与打样一致，如果他们做到了，客户就付款。合同打样不拘一格，只要双方一致认为从某种彩色复制设备中出来的东西是合同打样，它就是。

- 规则六：合同打样保护的是你，而不是印刷厂。

为了全面理解这条规则，我们必须回到规则二。印刷经济学表明，免费返工是不可能的，除非印刷厂的错误是证据确凿的。合同打样就是悬在印刷厂头顶的达摩克利斯之剑，如果他已经承诺印刷品与打样一致，他就必须尽一切努力做到，否则报酬就要减少。

这带来了两个明显的结果：一、印刷厂在建立自己的打样系统时会非常小心，因为要是连本厂的打样都匹配不了，它就无法生存；二、印刷厂对外来的无法匹配的打样是老大不情愿接受的，比如你用喷墨打印机打印出来的图。他们几乎总是接受大品牌的合同打样，不管文件是谁准备的，而SWOP为某些打样系统提供了标准，如果打样符合此标准，大多数印刷厂是会接受的。

同时，那些有出色的、可靠的打样系统的公司把胶印搞乱了，印前室不再重视质量控制，一些夸夸其谈的人趁机狂妄起来。

13.10 平台得到了发展

即使在用胶片打样的时代，打样仍然是可靠的。今天，无压式的打样让生活变得简单了[①]。如果处理得好，它们会非常稳定。

总结一下，打样系统是稳定的、可重复的，但是印刷不是。打样好，印刷的活儿就干得好，在这种情况下印刷厂再不好好干，就会遇到大麻烦。

在我们看来，结论非常明显：我们提供一个好打样，让印刷厂去操心剩下的事。我们不需要弄清楚他们的印刷条件。如果需要换橡皮布或者在滚筒上换一个零件，那是他们的事，不是我们的。

从印刷厂的角度看，结论也相当明显。调节打样系统，让印刷工觉得舒服，可以匹配，然后保持这种

---

①即数码打样。

状态。不能让打样系统去适应印刷条件的变化，要改变的是印刷条件，让它符合打样的需要。

但 20 世纪 90 年代的半罐子水理论家并不明白，一份准确的打样即目标。这导致了至今仍发生着激烈“战斗”的“政治分裂”。

每台印刷机都有不同的表现，Adobe 支持这个理论，尽管不是他们提出的，这是千真万确的。从这一点出发，产生了一个惊心动魄的推论：每一台印刷机都需要校准，每一个 CMYK 文件都要背负一个配置文件，标记着它要用哪一台印刷机来印刷，那么，一旦改变了印刷机的设置，文件就得经受从 CMYK 到 CMYK 的痛苦转换，以便和新的印刷效果完美匹配。

这些理论家忽略了真正的问题——那些粗心的印刷厂不会每天都获得同样的效果——因为普遍的混乱。记住，即使不是全部，也有大部分专业 CMYK 文件是在不知道由谁来印刷的情况下准备的。记住，印刷厂习惯了接受第三方 Matchpints 和 Cromalins 的打样作为合同打样。如果印刷厂与印刷厂之间有巨大差异，这些打样服务商就不可能发展起来。

图 13.3 和图 13.4 展示过照片冲印业的混乱，理论家们认为商业印刷也会面临这种混乱，但实际上不会。印刷厂——例如印刷图 13.2 的厂——过去和现在都能做好起码的工作。如果他们按照自己的规程适当印刷，那么一家厂的活儿与另一家厂的活儿就能匹配到一定程度，就不必为转换操心了。如果他们印刷不当，弄出图 13.5 这样的效果，那么世界上任何精确的转换都无济于事。

这些理论家到现在也没有弄清楚 CMYK 不只是 RGB 换了几个字母，他们忽视了一个杀手。从 CMYK 转换成 CMYK 重组了黑色油墨。如果某人为了上述目的或第 5 章说过的目的创建了特殊的黑色通道，无论他用的是什么配置文件，一旦转换到新的配置文件，就会有新的黑色通道取代那个特殊的黑色通道，这个特殊效果立刻就完蛋了。有能力创建不同寻常的黑色通道是高品质复制所需的。如果缺乏控制，整个理念还没有开始就会被淘汰。

他们还忘了提供具体的工作方法。那一理论或许能满足照片冲印的需要，因为照片冲印社需要 RGB 输入，而 RGB 到 RGB 的转换已经被证明是完全可靠的。从 CMYK 到 CMYK 的计算则要复杂得多，错误并不少见。Adobe 曾经宣称至少 95% 的转换是成功的，这或许是对的，但回头看看关于印刷厂返工的规则二，你就会理解为什么印刷厂对这样的成功率没有好印象。

最后，这一理论高估了印刷厂是否有兴趣合作。要看看理论家们有多错误，我们只需要离开印刷厂，回到冲印社。

理论家们错误地认为对付印刷厂可以借鉴对付冲印社的方法。把文件发给不熟悉的冲印社，我们对最终的结果几乎一无所知，理论家们对此提供了一个解决方案——嵌入配置文件，从 RGB 转换到 RGB。在冲印社没有黑版生成的技术问题，它的设备全无运行，相当有可预见性，而印刷不是这样的。

理论家们确实提供了一个解决实际问题的有效的、可靠的方案，但这仅限于照片冲印社。在印刷领域中正好相反，他们给并不存在的问题提供了无效的、不可靠的解决方案。

到了 2006 年，不仅印刷厂不尊重嵌入配置文件，冲印社也是如此。我的某些 RGB 测试图片嵌入了配置文件，有些没有。每一家冲印社都忽略了它们，甚至没有一家冲印社肯跟我商量一下。

13.11　消极战役的代价

指望 CMYK 用户采用在简单得多的 RGB 空间里都失败了的工作流程，即使在政客看来也是幼稚的。毕竟，它使品质更糟，价格更昂贵，需要更精确的曲线，而且更容易出错，这些缺点都被打包了。市场的反应正是它对这样的产品的通常反应。不过，被误用的基本想法还是有意义的。

另一方面，试图给印刷而不是打样指定配置文件的想法，是校准主义者最后的叹息。他们哀怨，只要有一台测量仪，不管它多不可靠、和工作多不相干，命运都会发出微笑。

不幸的是，即使在控制得最好的条件下，印刷机也不会稳定不变，把测量仪带到这里，15 分钟内就没用了。

而打样系统是稳定的。印刷厂承认印刷能匹配打样。有见识的印前人士不会用魔杖来预测印刷品好不好。要认识到需要测量的东西是打样而不是印刷品，就那么难吗？

1998年，麻烦的Photoshop 5.0刚刚发布不久——据我所知在它的开发过程中没有聘请任何有商业印刷经验的人，理论家们却建议用户远离那些不给印刷机制作配置文件，也不给客户提供配置文件的印刷厂。一位在线用户问，如果这是真的，那为什么老练的CMYK用户还要把劲使在打样上而不是印刷品上？

Chris Cox，一名程序员，Adboe在色彩方面最著名的代言人之一，他回应道：“客户试图获得可信的、高品质的颜色，却与死心眼的印刷厂合作，他们连想都不想用一下色彩管理……如果我给了他们能够印出很好的打样的数据，他们就可以在印刷中匹配，用不着担心所有那些新发明的校准主义色彩同步，我们不需要它们，因为我们知道数值，我的爸爸也不需要，他的爸爸等等等等都不需要。有一台可靠的印刷机、一个给它定制的配置文件就够了。这件事还得等那些印刷厂觉醒才好办。”

用户引用了我的一段话（我曾说过给胶印机制作配置文件就像给风制作配置文件），字斟句酌地问：“DM是个笨蛋吗[①]？”（当然不是。）

Cox先生回答：“是，笨死了，而且被埋葬在印刷的‘石器时代’中了。Dan的色彩管理观会埋葬他和他的追随者，就像计算机排版埋葬了所有冥顽不化的铅印热排车间。我只是不想看到有那么多天真无邪的用户给他殉葬。”

结果是，大约4星期后，5.0.2版发布了，改变了我曾抱怨过的5.0版的色彩管理性能。到了Photoshop 6，整个5.0版的颜色设置界面都被抛弃了，6.0版的颜色设置和今天的差不多。现在关于Photoshop 5.0的优点的主流观点在本书中讨论过。Cox先生反转了他的观点，那正是我们在战斗旅程中吹响又一次号角的时候，2002年，Photoshop 7.0版发布了。

13.12 不听劝的印刷厂

当打开一个嵌入配置文件的文件，我们可能接受它，或者是忽略它，而使用我们自己的。正如上章中所讨论的，合理的方法是接受RGB配置文件，忽略CMYK配置文件（有时也有例外）。允许用户决定打开RGB和CMYK文件时默认的设置是否是嵌入配置文件，这一功能在“颜色设置”对话框中已经出现很长时间了。

在Photoshop7.0中，Adobe令人费解地决定，如果我们打开文件只是为了看看它，而忽略了嵌入的配置文件，这应该算是改变了文件，在关闭它时会出现一个提示：“是否保存对此文档所做的改变？”而改变是不存在的。

大多数Photoshop用户不用打开来自陌生人的CMYK文件，不会受到这个功能的影响。但是，它让商业印刷工无法使用Photoshop。当他们打开客人的CMYK文件检查或者把文件置入排版软件时，必须忽略配置文件，否则其预览效果与印刷出来的不一致。他们使用Photoshop本来就不熟练，每天还要以这种方式打开几百个文件。且不说回答几百个伪问题浪耗的时间，如果不留神保存了所谓的“改变”（默认设置的选择是保存“改变”），那么就会有一项记录显示客户的文件在印刷之前已经被改过，万一印刷品质出了问题，这就成了把柄捏在人家手里了。

而且，Photoshop 7.0不像以前的版本，它会识别某些相机的EXIF数据中的一类RGB“配置文件”，Adobe没有人调查过这些“配置文件”是否有意义，实际上没有意义。这些“配置文件”认为几乎所有的相机都提供sRGB。谁有这种相机，要想在适当的工作空间中批量打开文件，就得像刚才的印刷工那样折腾一番。

在我公开指出这些困难之后，一个用户在网上说：“保存为PSD格式时如果没有选Composite，Photoshop总是抱怨，还有，打开一个文件时如果忽略配置文件，Photoshop总是把它标记成已改变的，这些新功能实在是EAB（Excessively Annoying Behavior，极度招人讨厌的行为）。要是纠正了这些

---

① DM是本书作者的姓名Dan Margulis的缩写。

问题，我或许会升级，现在我恐怕只能忍受。”

Cox 先生回应道：“你好像是听了活力四射的 Dan Margulis 的话，还没有了解真相……Dan 的瞎嚷嚷用不着你这么认真——那只不过是他个人不喜欢的东西的一份清单，是他狭隘的世界观接受不了的。”

Jeff Schewe，与 Photoshop 团队有紧密联系的摄影师，他补充道：“他说 7.0 的做法与 6.0 不一样是对的，但他反对这种变化就不对了（出于他狭隘的世界观）。大多数人（事实上，我不记得有哪位试用版用户同意过他的看法）希望，如果打开文件后对它做了任何事，比如忽略了一个配置文件，这都应该算是改变。这种在 6.0 中被很多人认为是错误的行为，现在 7.0 中已经被修正。”

“Dan 用他的老把戏试图传播恐惧和不确定性。只能推测 Dan 担心他在这个行业的地位下滑，所以他必须制造出一些声音来炒作自己。往他嘴里撒上一大把盐吧！”

结果是：修正版 7.0.1 在 3 个星期后出来了，收回了“打开就算是改变”的做法。用户指出的另一个新问题，每次存储一个新的分层文件时如果没有让文件变得臃肿的 Composite 就会出现一个多余的警告，在 Photoshop CS 中颠倒过来了。

Adobe 对印刷厂的敌意至今仍在延续。2006 年，有一个用户认为准备 CMYK 文件有点复杂，Schewe 先生争辩道：

“如果今天的印刷业听了我们一半的劝，问题也就解决了……我不嵌入 CMYK 配置文件是因为有人在抵制，我也不想发电报提醒他们那里有一个配置文件——印刷厂通常不会为你做什么免费的事，给他们一个 CMYK 文件，我敢肯定他们只想把它直接印刷出来。

“说到 Photoshop 中陈旧的、不讲理的‘自定 CMYK’设置——沿用了一千年的 CMYK 分色方法——真的令人遗憾。通常，我认为 Photoshop 中像‘自定 CMYK’和色域警告这样的老功能是 Adobe 当成鸡肋舍不得删除的。不过，CMYK 配置文件和 Photoshop 的软打样已经取代了这些老功能。”

* * *

我花了两页篇幅来引用这些论战，以便你明确自己的立场，如果你想在实际工作中得到精美的印刷效果。

像 Cox 先生主张的那样删除“自定 CMYK”，是一种赤裸裸的惩罚，它会让印刷厂不接受 Photoshop 5！

编辑分色方法的能力是基本的。没有它，就无法预防套准错误，比如图 5.11 所示的灾难。没有它，就无法预防中性灰在印刷中偏色，就像图 3.6 和图 5.7B 那样。如果既没有它，又不信任印刷厂的能力，我们就无法改变像 SWOP v2 这样的配置文件，它假定印刷条件是最好的，对图 12.11 这样的图来说是安全的。如果对印刷效果一直很满意，但突然要换用网点扩大更多的纸，那只有“自定 CMYK”才可以补偿网点扩大。

我非常赞同“自定 CMYK”还有很多需要改善的地方，它最后一次改善是在 1998 年。如果 Adobe 愿意把规划所用的两天时间——他们只能花这么多时间，从技术上说很容易——来创建一个替代品，可以按前面说过的方法编辑任何人的配置文件，我会幸福地拥抱这个新方法。但是，现在，用户就像司机要在 1992 年的雪佛兰和崭新却没有引擎的奔驰之间做出选择。

因此，我们本章的其他部分都将探讨“自定 CMYK”，但是我们要暂停一下，来探讨如何比 Adobe 更好地与印刷厂搞好关系。在离开这一节之前，我们将让 Dashiell Hammett 宣布关于生活而不仅仅是印刷的一条重要规则。

- 规则七：拐棍越便宜，叫卖就越起劲。

13.13 欢迎加入团队

我妈妈经常告诉我，谁要想引诱苍蝇，蜂蜜比醋管用。和印刷厂打交道，这两者都需要，还要有一定的谨慎。

假设别人替你选择了一家印刷厂，你不知道它的印刷质量怎么样（要是你自己选，肯定会选一家最好的）。现在，有一点可以肯定。

• 规则八：无论是否喜欢，印刷厂是你的“队友”，一损俱损，一荣俱荣。

每个从事过竞技体育的人都曾经被迫和不称职的队友共事。胜利者是这样的人，他们和较平庸的人在一起也能奉献最佳的表演。胜利者发现队友能做什么，很难做到什么。如果没有可靠的情报，胜利者不会轻易假定队友和自己一样棒而制定冒险的战术。

你的“队友”将要把油墨印在纸上，这是真的。你得估量他有多大的能力准确地做这件事。如果你觉得情况不妙，就要采用完全保守的方式，给文件穿上厚厚的“防弹衣”，即使那意味着它不会像印刷条件很好时那么好看。

在“比赛”中还要假定“队友”无法帮你准备文件。大多数印刷厂确实不行——他们知道如何匹配自己的打样，却不知道如何转换文件使打样看起来像 RGB 原稿。

但是，如果碰巧他们知道，对团队该是多么有利啊，特别是当他们愿意和大家共享这一信息的时候。很多印刷厂愿意共享，你唯一需要的技巧是甄别这些信息是否有价值。

如果你需要本章，这或许是因为在某种程度上你被迫适应了自己不完全了解的一个过程。就在你觉得已经把握住了什么东西时，印刷厂的客户服务代表却突然说出像“滑动重影”或“叠印色斑”这样的术语，好像你应该懂似的。

发生这件事时，你会说你不明白吗？或者你像大多数人那样尴尬地点点头，希望没有人发现你的无知？

印刷工也是人（这确实令人惊讶），他们也受制于同样的精神压力。如果你跟他们打听的是他们不知道的东西——比如应该在“自定 CMYK”对话框中设置多少网点扩大，有些人会理智地告诉你：“不知道。”但另外一些人，脸会红成 $100^{M}100^{Y}$，编些瞎话。仍然有一些人知道答案，会提供有用的信息，这要由你来甄别。

除非到厂里盯活儿，否则，你和印刷工交谈的机会很少。印刷工以对客户说不该说的话而臭名昭著，如果你被允许和某人交谈，倒有可能是被一个推销员或客户服务代表缠上了。

13.14 调查继续

即使你没有机会和印刷工交谈，也不能找到帮助你的人，也可以从网上找到某些东西——印刷厂炫耀它的水平的作品。杂志印刷厂可能比书籍印刷厂遵循更高的标准，因为书商很少因为颜色不好而拒收产品，而杂志广告商却会。印企业画册的商业印刷厂可能比上面两种都干得更好。一家声称完成了很多休闲读物的书籍印刷厂，可能比一般的书籍印刷厂干得好，这只是开始。

如果印刷厂公布了自己使用的设备型号，那他们的设备就可能比其他厂的高级。其实基本的工艺是一样的，高级印刷机通常有更复杂的高速数据传输纠错控制来减轻不稳定性。

要是印刷厂在网上发表了关于准备文件的指南，你不必和他们拉关系也能得到它。这个文件通常不会很好。如果它建议你使用 Photoshop 默认的分色方法，或在坚持要你提交 CMYK 文件时又告诉你应该用什么样的 RGB 定义，你就可以毫不犹豫地忽略它。

我举一个极端的例子。2004 年，有一家商业印刷厂给我发来一个邮件，我本来想把它放入本书的配套光盘，但他们肯定不会允许的。邮件中有一些 PDF 文件，介绍 Acrobat、Illustrator 、InDesign、Photoshop 和 QuarkXPress 中的色彩管理设置，还有在 InDesign 的一个版本、Acrobat Distiller 的两个版本和 Quark 的 3 个版本中准备可用于印刷的 PDF 文件的指南。然后是 42 种不同的 CMYK 配置文件（针对光面铜版纸、哑光铜版纸和非涂布纸，每种纸都按 70 磅及 70 磅以上、60 磅及 60 磅以下来分类，针对每个类型都有不同的 GCR 变量以及灰度转换参数）。还有一个很大的电子表格总结了各种配置文件的要点（比如理想的阴影数值）。

当然，这些可能已经被某些辞了职的叛徒卷走了，于是该厂不再是唯一有优秀的印前部门和无能的印刷工的厂。但是为印刷做准备是一连串的赌博，如果我要做的全部事情就是背那个表格，而不是把文件朝安全的方向作“一点点”调整，我会把老本都赔光。

13.15　个人感触

客户服务代表被训练成彬彬有礼、恭恭敬敬和乐于助人的样子。印刷厂教他们少说话、早点让客户安心，这倒不是为了让他们在乏味的日常工作中有喘息之机，而是因为有人发现用这种态度对待客户更容易把客户勾搭上。

总而言之，客户服务代表也是人，你希望与他们合作，你也希望他们对你的抱怨做出回应。当他们肯定无法回应的时候，一定是你抱怨了他们无法掌控的事情。

别跟他们要关于如何准备文件的指南，相反，应该问他们："印前部门的小伙子们难道就没有任何机会给我的 Photoshop 工作提供一点帮助吗？"如果没有，千万不要发脾气，连嘴都不要咂一下。那无济于事。如果那家厂没有人知道任何有关 Photoshop 的东西，给你干活时他们也不会现学。

- 规则九：你要是抱怨，只能在印刷厂真正能够回应的范围内抱怨，比如印刷品质。

客户服务代表通常很乐意提供公司的样品，但是你要索取这样的样品：它用的印刷机和纸，是你的业务将要用到的，至少要接近。否则你会得到他们最昂贵的业务的样品，不同的业务之间是有巨大的品质差异的，那份样品可能会强烈地暗示你，这就是他们的一般水平。如果整体看不错，但有一两张图有强烈的色偏或严重失去层次感，那么比文件错误更有可能的是糟糕的印刷。

要是能把印刷这张样品的一些文件搞到就好了。按这个思路来考虑这个问题吧。设想有很多图像图 13.3B 和图 13.4B 那样有黄绿色偏，问题可能出在文件上，也可能出在印刷中。如果是印刷的问题，给每个文件增加"一点点"品红会提高成功率。但如果你搞到了印刷那张样品的哪怕两个文件，你就能肯定到底是哪个环节出问题了，然后就可以掂量掂量怎么处理文件，避免色偏。

我从他们的印前部门的小伙子那里成功地得到到了这样的文件，这比跟客户服务代表要更容易，因为在客户服务代表看来这是商业机密。

我得以和这些小伙子聊一聊，因为我是在下班后，在客户服务代表指望不上的时候，打电话过去的。我解释说我有紧急情况，明天一早就要把这些文件给我的客户看。

知道谁是搞技术的，这很有用。找到这些人的方法，是向客户服务代表请教一个对她来说很难的问题。请教时应该有礼貌，别吓着她。你会由此看出她是恨不得找个地缝钻进去，还是简单地坦白："我不知道，要不要我帮你找个人来回答这个问题？"

我是从询问打样机开始的。如果她连品牌名都不知道，就得换个话题，否则我会问打样的油墨是否与印刷的油墨一样，她告诉我不是，我再会问色序是否一样，如果不一样，那么打样的色序是怎样的？

客户服务代表多半不能回答这些问题，但如果她可以回答，而答案不是标准的 CMYK，就要找一个人来解释为什么该厂使用非标准色序。

客户服务代表中的一些人非常难对付，因为他们有产品背景。如果是这样，下面的方法总是管用的。询问激光照排机或直接制版机的品牌，或者你感兴趣的任何部件。她告诉了你，然后你说："噢，等一等，那不是他们刚刚发现在输出 InDesign 中设置了透明度的青色 3/4 调时有隐藏的程序错误的东西吗？"这个问题保证能让你知道你想找的人的名字。如果你有良心，半小时后可以给她打个电话说："对不起我弄错了，有问题的是 Linotron 202 型的，不是你们的，别介意。"

13.16　政客有时也说真话

商业印刷的世界是残酷的。相应地采取一些变通手段（例如按照印刷的偏差把文件的颜色改变"一点点"）也是情理之中的。这种情况在过去更严重。在胶片时代，我会时不时把 Matchprint 打样机已经打过样的胶片中的品红片扔掉，换一张浅一点的，这样一来，印刷工怕印出来偏绿，就会加大品红的给墨量，而这些活儿恰好有特别鲜艳的红色，比标准情况下多给些品红墨，红色就印得更鲜艳了①。

如果你认为自己是个很守规矩的人，永远不会

---

①新的品红胶片只是在中间调比原来的品红胶片浅，但实地的深浅没有变，印刷工加大品红的给墨量以后，品红的中间调没有过火，实地则更饱和了，而鲜艳的红色中的品红是实地。

堕落到使用这种伎俩，就问问自己是不是足够诚实，因为有两个常见的领域，客户忘了对印刷厂说实话，永远意识不到自己出了多高的价钱。

每一批活儿都有一些地方比其他地方重要得多。那常常是一两张图片，有时是整个区域。例如，我不在乎这本书里的拷屏图印得多糟糕，如果有一章要印得很糟糕，我希望就是这一章，千万别是那些反映困难的色彩修正的章。

把这样的信息反馈给印刷厂对你很有好处。如果你挑出两三张图，他们就肯定给予特别重视。如果你的活儿有多个印张，你的诚实就能弥补印刷厂常常不诚实的某些方面。

我合作过的每一家印刷厂（连同所有其他服务提供商）却宣称自己是由极为重视质量、勤劳、负责和技术精湛的员工组成的，他们遵守着优良的传统，等等。就算是吧。但那些每天 24 小时开工的印刷厂（大多数印刷厂都是这样）常常告诉我们，由哪一班来印活儿都一样，因为他们一样好。坦率地说，这是胡说八道。印刷是技术活儿。没有——重复一遍，没有任何印刷厂在不同的班次有同等的质量。最好的通常（但并不总）是白天的第一班，因为最老练的工人被安排在这一班。有时优势不明显，有时很大，但总是这样。

如果你把你的印张按难度或重要程度排序，印刷厂会悄悄地把较难的分配给最好的班组。例如，本书有 33 个印张，每印张 16 页[①]，第 33 印张差不多是黑白的，我希望由最差的班组来印，不要让它和有很多图片的印张混在一起印。相比之下，第 6、7 印张有第 3 章末尾和第 4 章的 LAB 操作的大部分，正确地印刷它们是非常重要的。于是，快要开印时，我会把所有的印张按重要程度分成 4 类，把这个清单交给印刷厂。

在以质量为导向的公司，所有的印张在裁切线以外都有某种类型的测控条，印刷工会一丝不苟地测量四色实地色样的密度，以保证符合该公司的标准。如今，与计算机连接的探头有助于调节印刷中的油墨，即使不好的班组也能做到符合数值，就像如今即使 Photoshop 新手也能得到不错的高光和阴影。

好的印刷工以人们没有注意到的方式赢得了好的名声，就像好的润饰者那样。理想的测量并不保证理想的印刷结果，机敏的印刷工看见条件变化时，会给予补偿，他们不仅在客户提出要求时进行调节，而且在确信客户会喜欢那种改变时。

我们在本书中一再看见类似的操作。我多次指出，刚刚展示的那一步仅仅是我个人的喜好，你有几次看到我的操作是没有商量余地的？

印刷工不一定完全以我们的态度来操作，但他们仍然需要在客户的要求之外灵活处理。

例如，设想我们把产生图 13.3A 的 CMYK 文件给一家印刷厂，并把这本书代替打样给他们，他们的印刷机在自然状态下不会匹配印在这本书上的图。如果印刷工非常努力地匹配图中的女人，背景就可能改变颜色。我不怕这个。我可以接受图图 13.3 中另外 5 个版本的背景，只要那个女人印得好。

问题是印刷工没有水晶球。他们明白背景不如人物重要，但他们不能自行断定背景是否有意义。只有我们可以这么说，这就是为什么我会清楚地在打样上写“背景颜色变了也无所谓。”

13.17 Gamma 一网点扩大联盟

简单地说，我们需要好的班组对油墨进行微调来帮助我们。但是，对油墨大量地调节意味着某个人犯了某个错误。可能是文件本身的错，也许我们提交了一张明显偏冷的图，以至于需要减少青色油墨来“修正”。这是印刷工艺上的修正。

如果过程控制不妥，印刷机在印张的不同区域的表现可能是不同的，印刷工可能不得不改变给墨量来补偿。或者是另一种情况：我们提交了一个文件，它不是为这种特定的印刷条件准备的，它错误地预测了网点扩大，印刷工就不得不想尽办法来挽救它。

对 RGB 感到更舒服的读者可以从这里开始：把网点扩大当成 Gamma 值的 CMYK 版本。在软件中设置较大的网点扩大值，等于预期印刷后的图像较

①这指的是英文版《Professional Photoshop》。

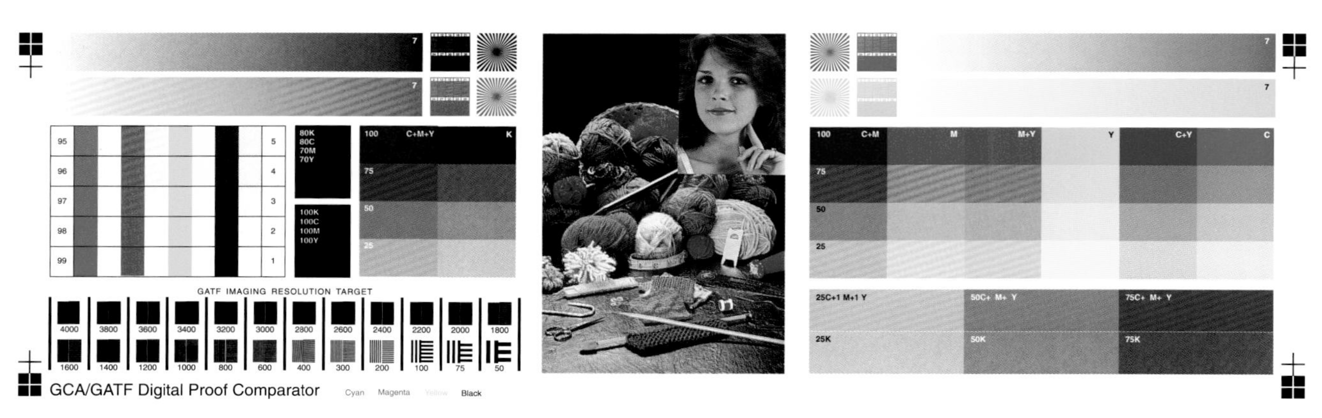

图 13.6 像这样的测控条有助于准确印刷。

暗。如果你对一个 CMYK 文件执行“转换到配置文件”命令，增加了网点扩大值，它的通道必然会变亮①，因为 Photoshop 会把文件解释得较暗②。如果你使用“指定配置文件”命令，给一个 CMYK 文件指定了较高的网点扩大值，你会看到屏幕显示变暗了，但内部数据没变。

若使用 Photoshop 内置的 CMYK 配置文件，例如 SWOP v2（图 12.10 和图 12.11 就用过这种配置文件），网点扩大设置就是隐藏的、固定的、不可改变的。要想改变这个设置，就得使用“自定 CMYK”来生成一个全新的配置文件。

现在让我们讨论网点扩大和 Gamma 有哪些区别，以及“转换到配置文件”和“指定配置文件”处理 CMYK 的结果的一切区别。

•Gamma 是由计算机生成的，它调节颜色的结果是可预测的。网点扩大是物理现象，难以测量，而且在软件中设置的网点扩大和印刷中发生的网点扩大是不同质的。

• 我们要求 Gamma 值在 RGB 的 3 个通道中一样。但网点扩大在 CMYK 的 4 个通道中永远不会一样。

• 在 RGB 之间转换是无损的。但是在 CMYK 之间转换可能不准确，很可能产生新的黑色通道，它不一定符合特定的图像的需要。

• 对于最终要进入 CMYK 的 RGB 文件，指定一个新的 Gamma 值会改变屏幕显示，但实际上也改变了输出——新的配置文件将影响今后向 CMYK 转换。指定一个新的网点扩大给 CMYK 文件改变屏幕显示，但没有更多的改变，CMYK 文件没有经受更多的转换，输出结果就像从来没有指定过新的网点扩大一样。

• 尽管 Gamma 可以是 0.75 ~ 3.0 之间的任何值，但在真实世界中很少看到 1.8 和 2.2 以外的值。网点扩大的范围大致在 10% ~ 40% 之间，而且可以是其中的任何数值。

• 很少有人在自制的 RGB 文件中使用多种配置文件，尽管从别人那里得到的文件可能嵌入了配置文件。但是，和许多印刷厂有业务往来的人常常备有多种 CMYK 设置。

• 最重要的是：我们很少“转换”任何东西到我们自己的 RGB 空间——只需要把相应的配置文件简单地“指定”给外来文件就行了。但 CMYK 经常需要“转换”，比如你无法“指定”一个 CMYK 配置文件给一个 RGB 文件③。

13.18 拥护变化

“图像 > 模式 > CMYK”是如此简单的命令，以至于它能隐藏 CMYK 设置的不足。如果你对 CMYK 文件的输出结果总是不满意（包括输出设备不是印刷机时），很有可能罪魁祸首就是你的 CMYK 工作空间，那么你就得好好检查一下了。

①也就是说 CMYK 数值降低。

②这句话可以表述为：“因为 Photoshop 需要把 4 个通道合成的颜色解释得较暗以保证转换后的颜色在屏幕上的显示不变。”注意，“转换到配置文件”命令不改变屏幕显示，只改变数值。

③要给 RGB 文件嵌入一个 CMYK 配置文件，必须先把色彩模式转为 CMYK。

如果有些图印得很亮，有些图印得很暗，有些很绿，有些很黄，那你就在和一群马马虎虎的印刷工打交道，就像印出图 13.5 的那些家伙。但如果几乎每张图印出来都——比如说都太暗，责任就在你了。你设置的网点扩大值太低了。

• 规则十：如果一系列图的不满意都在意料之中，通常错在你，而如果问题是意外的，那就是印刷厂的错。

向印刷厂请教没什么用。别说大多数印刷厂不知道他们典型的网点扩大值是多少——他们凭什么知道呢——就算他们知道，他们通常也不肯说。高网点扩大通常意味着印刷质量差，他们可不愿意揭这个短。

在我们看来，网点扩大就是网点扩大，谁要想在这方面误导我们，我们最好把他们的网点扩大想得高些。如果我们提交一个太亮的文件（因为我们预测印刷中的网点扩大严重），印刷工会加大给墨量以补偿，这会损害某些阴影细节，但它们不一定重要，这取决于图片的具体情况。在这种情况下我们仍然有可能对印刷品满意。另一方面，如果我们提供的图像太暗，他们就不得不减少给墨量了，于是我们的阴影会看起来很单薄，整体效果会过于平。

如果你需要一个新的 CMYK 空间，有 3 种选择。你可以从第三方买一套编辑配置文件的软件；可以雇一个顾问帮你制作新的配置文件；也可以使用“自定 CMYK”命令。

提供前两种服务的人可能向你游说，这是一个高科技过程，至少需要一个分光光度仪。正如你所知，Adobe 说如果你使用“自定 CMYK”,你就是“恐龙”。

你真的需要一个分光光度仪来告诉你是否你的图像看起来总是太暗吗？如果你需要的是在分色中限制油墨总量，难道 Photoshop 不应该在它的分色选项中把默认的油墨总量降低一点吗？难道 Adobe 把分色模块改得比 1992 年版好一点在技术上就那么难吗？不管怎么说，“自定 CMYK”包括两个部分，下半部分是关于黑版生成和油墨总量限制的，上半部分是网点扩大和——如果你有足够的进取心——精确的油墨控制。

你没有什么迫切的需要比了解 Gamma 更了解网点扩大在工艺上的定义。这两者都是设置得越高，显示就越暗，而转换后的数值就要越低以弥补显示。

无论何时，你注意观察水滴在纸上，就会发现它有一部分被吸收了，纸的吸收性越强，液体就扩散得越多。这就是为什么 Bounty 牌纸巾的制造商 Procter & Gamble 能够大赚特赚。

上述物理规律对油墨也适用。如果用 Photoshop 做的文件规定了 50% 的网点面积覆盖率，在理论上，这个值会出现在印版上，印版上的网点看起来会是整齐的小方块，正好覆盖一半的面积，另一半是空白。但是印刷时由于油墨的扩散，纸上被油墨覆盖的面积会超过一半，比较印张和印版就能看到，印张明显较暗。而纸的吸收性越强（或者说是越便宜），印出来就越暗。

网点扩大在工艺上的定义和令人讨厌的数学有关，根据复杂的叫做 Murray-Davies 的公式计算出 50% 的网点在印刷后的增量（而不是比例），20% 的网点扩大意味着 50% 的网点印刷后在纸上覆盖了 70% 的面积。

涂布纸上的商业印刷的网点扩大介于 15% ～ 25% 之间，非涂布纸吸收更多的油墨，网点扩大比涂布纸上的高 5% 左右。新闻纸的网点扩大达到了 30% ～ 40%。

为了解网点扩大的意义，以及商业印刷中多大的变化是可以接受的，我建议比较图 12.2A（指定了 Apple RGB 配置文件）和图 12.2F（同样的文件被指定了 sRGB 配置文件）。这两张图印刷后的区别相当于 6% 左右的网点扩大。那就是说，如果你看过图 12.2A 后，又按 20% 的网点扩大给它分色，而实际的网点扩大达到了 26%，它在屏幕上的显示会很好，但在印刷后会呈现图 12.2F 的效果。

SWOP 的标准网点扩大是 22%，但有正负 3% 的宽容度。因此，如果你在屏幕上看到的是 12.2A 而印刷后得到的是图 12.2F，你就有权利发牢骚了，这超出了 SWOP 许诺的宽容度。但如果你要的是介于这二者之间的效果，那么图 12.2A 和图 12.2F 都可以接受，二者的网点扩大偏差都落在了许可的范围内。

同一家印刷厂在不同的日子印刷同一幅图，会得到这两种结果，而印刷业的现实迫使你承认这两者都是正确的，你惊讶吗？

所以，听某些人说什么“精确测量”、“嵌入配置文件”、“印刷厂死不改悔不肯校准印刷机”都是浪费时间。一个接近印刷效果的 CMYK 设置就足够好了，因为如果适当的变化是可以接受的，“精确”就是与之矛盾的。

13.19 设置“自定 CMYK”

你有这样一些 CMYK 文件，它们是在一段时间内分开印的，但都印得比你预期的暗（不要用个别的图或某一次印刷的结果来校准，那一次说不定机长跑出去喝啤酒了，或者某个白痴把黑墨灌到品红机组里去了）。我们还得假定你的显示器至少已经校准得能够准确显示 RGB 文件了。

• 打开一些 CMYK 文件，手里拿着印得太暗的印张，和屏幕上的图比较。

• “自定 CMYK”可通过“转换到配置文件”命令打开，但那是一次性处理方式，更适合改变个别图像的 GCR 设置。为了设置网点扩大，应执行“编辑 > 颜色设置”命令，在打开的对话框的“工作空间”区域的“CMYK”下拉菜单中选择“自定 CMYK”。如果你从来没有设置过“自定 CMYK”，你现在看到的就是 Photoshop 5 的默认设置：20% 的网点扩大，中度 GCR，100% 的黑色油墨限制，300% 的油墨总量限制，0% 的 UCA。第 5 章解释过为什么“较少 GCR”和 85% 的黑色油墨限制是较好的选择。

• 油墨颜色：在“油墨颜色”下拉菜单中，“SWOP (Coated)”可能是你需要的，另外还有 11 种选择，它们大多数用于新闻纸和其他非涂布纸。根据你的具体情况来选择。

• 仅供专家使用的选项。在“油墨颜色”下拉菜单中选择“自定”，可打开“油墨颜色”对话框，并在现有的无论什么数值的基础上编辑油墨的 LAB 或 xyY 值。“SWOP (Coated)”是默认的油墨颜色。千万不要试图把仪器测量结果填入这个对话框。这个色彩管理引擎太老了，里面的数值是靠不住的。如果你想让品红油墨黄一些，就把它的 B 值提高一点点。我习惯于在这里降低所有油墨的饱和度，算是对 Photoshop 撒了一个谎，迫使它产生更鲜艳的分色。现在我更倾向于在 LAB 中调节油墨颜色。再一次强调，如果你不够勇敢，就躲开这些设置。

• 如果对其他设置都满意了，只剩下网点扩大需要设置了，就单击“自定 CMYK”对话框和“颜色设置”对话框的“确定”按钮。自然你有原始设置的一个备份，必要时可以恢复它。

• 重新打开“自定 CMYK”对话框，提高网点扩大值，直到图像的显示开始匹配印刷品。暂时忽略颜色问题，你只是在校准整体明暗。集中注意力于中间调，那是网点扩大最明显的地方。当你觉得差不多的时候，单击“确定”按钮，退出“颜色设置”对话框。仔细检查打开的图像，按快捷键 Command–Z，迅速切换校准前后的状态，看看是否需要退后一步把网点扩大值增加或减少一两个点。当你满意的时候，重新打开“自定 CMYK”对话框。

• 假定 25% 的网点扩大是合适的设置。现在，在“油墨选项”区域的“网点扩大”下拉菜单中选择“曲线”，打开图 13.7 所示的对话框。青色曲线只有一个锚点，代表 50% 的网点扩大到 79%。根据前面说过的定义，这意味着网点扩大值是 29%，但是你刚才定的网点扩大值是 25%，这是“自定 CMYK”对话框中的一个程序错误，它总是让青色的网点扩大值比其他油墨的高 4 个点，这不符合地球上的任何印刷条件。

• 实际情况是，黑色油墨的网点扩大值要略高一些。一个常用的好办法是让品红的网点扩大比青色高 1 个点，让黄色的网点扩大低 1 个点，让黑色的网点扩大多 4 个点。在我们的例子中，应该让 50% 在青色曲线上扩大到 75%，在品红曲线上扩大到 76%，在黄色曲线上扩大到 74%，在黑色曲线上扩大到 79%。

• 单击“确定”按钮，重新评估画面。偶尔你想进一步校准颜色，而不是明暗。品红印得过重是很常见的，如果你手里的印刷品仍然比屏幕图像红，你或许希望把品红的网点扩大值再提高一些，或在它的曲线上调节 50% 以外的点。

• 给配置文件取名。或许要包含这次校准针对的印刷厂的名称。完成后，单击“自定 CMYK”对话框的“确定”按钮，但不要关闭“颜色设置”对话框。“工作空间”区域的“CMYK”下拉菜单现在会显示新的配置文件的名称。重新打开这个下拉菜单，选择“存储 CMYK”（注意，这不同于在“颜色设置”对话框右上方单击“存储”按钮）。你必须马上把新的配置文件存储到有其他配置文件的文件夹里。

祝贺你！你已经创建了一个 ICC 配置文件，你想用它多少次就可以用多少次。即使你针对别的印刷厂改变了 CMYK 定义，这个配置文件也保存着，随时可以调用。

13.20 利用这些设置

有了这些 CMYK 配置文件意味着你可以轻松地针对不同的印刷条件分色。例如，很多大容量数码快印机喜欢 CMYK 文件，这些机器与传统的印刷机竞争，但运行方式不同。你可以有一个 CMYK 设置针对它，又有一个针对传统印刷。

即使你已经有了自己喜欢的配置文件，我也建议你制作一个刚才说过的有 25% 网点扩大的，以及一个有 20% 网点扩大的，原因恰如本章的标题所说[①]。如果你为卷筒纸胶印做准备，按你通常的方式进行 CMYK 分色，然后指定 SWOP v2 配置文件，如果那不是当前的配置文件。然后指定 20% 网点扩大的配置文件，然后是 25% 的。

所有这些指定对印刷结果都没有影响，因为没有人会做任何进一步的转换。但是，这确实改变了屏幕显示，让你可以很好地预测油墨印在纸上会发生什么。这 3 个配置文件代表了印刷的 3 种可能性，好的印刷机印出来的效果可能像其中的任何一种，只因为正常的变化。

你不应该偏爱这 3 种中的任何一种，因为在印刷中要听天由命。你应该问自己，这 3 种效果中是否有太过分的。如果是这样，你就要假定印刷后最坏的那种效果，通过修正避开潜在的问题。例如，我们在上一章中看到 SWOP v2 比其他配置文件把蓝色变得更紫，如果你的文件中有重要的蓝色，再指定“自定 CMYK”配置文件可提醒你是否会有麻烦。如果蓝色看起来仍然可以接受，就没有问题。否则你就应该降低品红以保险。

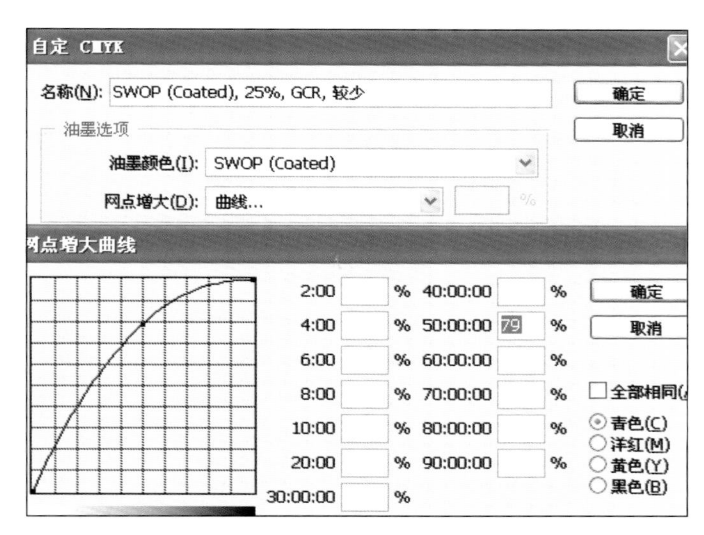

图 13.7 在“自定 CMYK”对话框的“油墨选项”区域的“网点扩大”下拉菜单中选择“曲线”，打开一个熟悉的界面。网点扩大的定义是：油墨覆盖纸张面积的百分比减去 50%。上面的青色曲线表现了 29% 的网点扩大，尽管在“自定 CMYK”对话框中设置的网点扩大是 25%。

再说一次，把文件转到 CMYK 中后，“指定配置文件”就不会改变文件，而“转换到配置文件”会改变文件。这里有个测试。

图 13.8 使用与图 12.2 一样的原文件，如果你想跟着我练习，它在配套光盘中第 12 章的目录下。首先，当 RGB 文件没有嵌入配置文件时，我指定了 Color Match RGB 给它。然后我用 6 种不同的方法给它分色，有 5 种自定义的 CMYK，加上一个 SWOP v2。自定义的 CMYK 全都使用未编辑的 SWOP (Coated) 油墨颜色和第 5 章推荐的黑版设置。它们只是在网点扩大设置上有区别。这 5 种网点扩大设置在表 13.1 中。你能说出哪种设置产生了图 13.8 中的哪张小图吗？

13.21 网点扩大可能增加的迹象

在揭开答案之前，让我们简单地谈谈有可能让你事先提高网点扩大设置的因素。

首先，网线变密时网点扩大会略有增加。如果你习惯于使用 150 线印刷，而突然决定使用 175 线甚至 200 线，

①即本章标题中的“一点点”，给网点扩大的变化留“一点点”余地。

你就应该在设置网点扩大时增加一两个点。

换了纸也要小心，纸的表面越平滑，网点扩大就越少，反之，网点扩大越大。

由于机械上的某些原因，如果印刷机新，网点扩大就倾向于较低。另外，如果你听说这家印刷厂在质量上的名声不好，这也表示要设置较大的网点扩大。也许你不得不估计网点扩大——这不正是这一章的故事吗？

这一测试反映了网点扩大干的不讨人喜欢的事——对脸部颜色的影响。最左边的女人的白衬衣在 6 个版本中变化不太大，中间的女人的黑头发也是。但比较一下图 13.8A 和 13.8D 中的脸吧！

• 规则十一：错误地估计网点扩大，对肤色的影响最大。

网点扩大把它全部的愤怒发泄在中间调。亮调的网点太小了，即使扩大也难以察觉。在暗调，网点已

图 13.8　这些随机排列的图片是由同一个 RGB 文件分色而成的。一张用 SWOP v2 分色，另外 5 张用下一页方框中的自定义 CMYK 设置来分色。你能说出每张图用的分色设置吗？

表 13.1

每个 CMYK 文件都是从 RGB 原文件中分离出来的，有一个使用 SWOP v2 配置文件，另外 5 个使用自定义 CMYK，这些自定义 CMYK 的油墨和 SWOP 相同，青色、品红、黄色和黑色的网点扩大排列如下。你指出每种分色方法对应于图 13.8 中的哪张小图吗？答案见下页。

分色设置	图13.8中的序号
15，16，14，19	
15，25，25，29	
20，30，20，24	
22，23，21，26	
30，31，29，33	
SWOP v2	

经几乎完全覆盖纸张。但介于 30% ~ 60% 的区域受到了严重影响。这就是为什么中间的女人的上衣和右边的大手提包不像脸那样受影响，即使这些对象都是红的。上衣和手提包较暗，品红和黄色网点都太大，网点扩大对它们起不了多大的作用，这里的青色和黑色网点又太小。

当你在印刷品上看见红得离谱的脸时，这个人不大可能是在害羞，很可能是给这个文件分色时低估了网点扩大。

在做这个测试的时候，记住，对较暗的图像应该预测较少的网点扩大。要是预测较多的网点扩大，Photoshop 就会进行较亮的分色，以补偿印刷中的变暗。

图 13.8 中的一个版本假定了非常低的青色网点扩大，其结果就是重得不合理的青版。另一个假定非常高的品红网点扩大，造成了不合理的亮品红版。你能指出青色网点扩大的另一种奇怪设置引起的绿色色偏在哪张图中吗？看起来最像是这种情况的两张是 22% 网点扩大的自定义 CMYK 和 SWOP v2。你可以把它们分开，因为后者在牛仔衬衣上有 SWOP v2 典型的偏红。其中有一张会更接近 RGB 原稿，到底是哪一张，要等印刷出来才知道，但我估计那是 SWOP v2，因为它对红色分色要比自定义 CMYK 好一些。

13.22 权力斗争和“一点点”

为印刷准备文件总是猜测，总是赌博。学会设置网点扩大并乐于改变它，是提高胜率的好办法。

是的，理解这个概念是困难的。是的，很多人即使不懂它，也得到了很好的颜色。第 2 ~ 10 章的方法会让你的图看起来好些，无论你是否校正了网点扩大设置。但是，一旦你掌握了要领，改变这些设置是如此容易！到底有什么必要让每一张图都印得比屏幕上暗呢？为什么要因为原稿分色太臭而在每一张图的暗调牺牲细节呢？为什么要把每一张脸印得那么红？当你几秒钟就可以搞定时，为什么要这样？

印刷游戏的冒险性注定了我们有时会失望。但如果你总是失望，就一定有什么地方不对劲。这一章介绍了减少失望的一些实用方法，不是在每一样东西都像钟表一样准确的想象世界里，而是在真实的世界里，面对它所有的技术问题——以及“政治”。由此我们将更好地理解本书剩下的部分。

合并自定义 CMYK 和“不可编辑的”配置文件

来自第三方软件的 CMYK 配置文件在专业环境中的应用是有限的，因为它们无法编辑。在我看来，很久以前没有添加这种编辑功能使 Adobe 公司成为要对图 13.5 所示的问题负责的公司之一。但在这一可悲的情况下，我们也只好凑合着用它的软件。

有一个笨办法（但可以设置为批处理），将“自定 CMYK”的灵活性和“打包的”配置文件在颜色上的潜在优势结合起来，具体操作如下：CMYK 中的“亮度”图层把 CMY 通道和黑色通道分开来计算，如果你想用 SWOP v2 或某种第三方配置文件来准确地再现颜色，但又需要较多的 GCR 或特殊的油墨总量限制，就用相应的自定义 CMYK 进行分色，将分色结果粘贴到常规分色的文件中成为一个“亮度”图层，上层较暗的黑色通道会整个替代底层较亮的黑色通道，底层的 CMY 通道既保持颜色又匹配顶层的明暗，结果是较亮的 CMY 通道，因为顶层的 CMY 通道为了补偿较暗的黑色通道会较亮。最终的油墨总量会接近（尽管不是等于）顶层的油墨总量。

测试答案

图 13.8 中的每张小图都是同一张 RGB 图片用不同的分色方法产生的，它们在屏幕上看起来一样，因为它们是在分色所用的配置文件的控制下显示的，但是印刷出来的效果大不一样。假定的网点扩大越多，分色结果就越浅，以补偿网点扩大。SWOP v2 形成的牛仔衬衣较紫，凭这一点可以将它与其他分色方法区别开来。

A	15,16,14,19	D	30,31,29,33
B	15,25,25,2	E	SWOP v2
C	22,23,21,26	F	20,30,20,24

在印刷中成功，取决于某种程度的运气，但很大程度上要靠常识。记住，印刷厂是你的“队友”——你们一起成功，一起失败。如果你发现他足够训练有素，足够当队长，那就太好了，但如果他不是，这个角色就该属于你。别被吓倒，否则你会把队伍带坏。

如果你认为队友有能力，那就想方设法让他挑起重担。如果那是不熟悉的印刷厂，而你怀疑他在图像分色方面可能比你强，你就得问问自己，你是否喜欢这种情况，准备为此做什么。如果你自己可以挑大梁，还要坚持让印刷厂来做，仅仅因为你觉得他不这么做就不够专业，那就照照镜子吧，问问自己，你是在为自己认为正确的事业而战斗，还是在自怨自艾，以及——无论你的回答是什么——这么做是否真正符合团队的意愿？

本章小结

因为印刷中可能的意外变化，为商业印刷准备文件是困难的。由于人们常常抱怨劣质印刷品是文件准备得不好或照片拍得不好，因此这个领域充满了争执和谩骂。

有人斥责印刷厂色彩管理差劲，但比较输出结果可以看到，在平均水平上，商业印刷比照片冲印更接近原稿。真正的问题在于过程控制，即印刷质量是否能够日复一日保持稳定。

这一遗憾的现实意味着，我们必须保守地准备文件，应对某些可能破坏画面的错误。在分色设置中改变预期的网点扩大，是文件准备中重要的元素。不幸的是，在 Photoshop 中这样做的唯一途径是使用陈旧的“自定 CMYK”对话框。

第 14 章
百万像素时代的分辨率

今天的专业人士收到的图像的分辨率常常远远低于他们的需要，或者高得太多。我们所需要的数据不像在底片时代习惯的那么多。信息量对文件大小有什么影响？对图像品质又有什么影响？

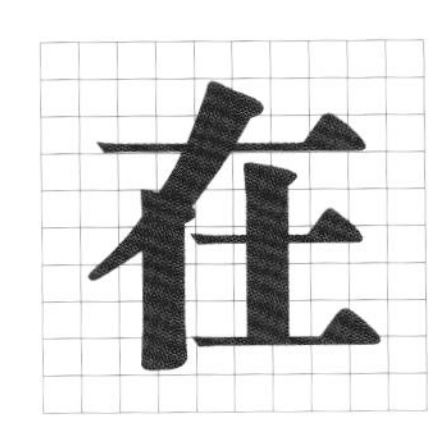

破晓时分，蜜月中的夫妻醒来了，但不是因为通常的原因。他们在 Phuket 的海滨公寓看起来比他们记忆中的更靠近大海了——海水破墙而入，几乎淹没了他们的床。丈夫往窗外看了一眼，发现他们的轿车漂在海上，村庄也是这样，于是所有迷人的、充满乡土气息和浪漫的感觉都消散了。作为本世纪的蜜月夫妻，他们当然带了数码相机，还能拨号上网，把图 14.1A 发给焦虑的朋友们。文件大小是 216KB。

报纸和杂志对这种灾难图片的渴求就像恶狼一样。尽管这个文件的大小远远低于他们的常规要求，他们还是努力把它印了出来。图像品质可以提高，但只有曾经身临其境的人才会被图 14.1B 打动。原稿缺乏足够的分辨率供我处理（此外还有很多严重问题）。

分辨率是整个图像艺术中最重要的问题之一。它涉及诸如喷墨打印机、直接制版机或半色调印刷的“分辨率”①。这些分辨率的概念是容易混淆的，因此在本书以前的版本中有一整章来罗列所有类型的分辨率，给出更确切的定义。那一章仍然有效，仍然被推荐，但在这一版中，我把它放在了配套光盘中的 PDF 中，以便在书中有更多的空间来讨论 Photoshop 的分辨率问题。

这一话题在今天比过去尤为重要，因为我们被两个方向的问题困扰：我们得到的大量文件分辨率不够，还有很多文件分辨率太高。

一方面，今天的客户常常希望把他们从网上下载的图片印刷出来，却很少想到这种图的分辨率比所需的低得多，我们被迫对它进行力所能及的改善，就像处理图 14.1A 那样。

另一方面，厂家标榜的数码相机分辨率一直在提高。标榜上千万像素的采样分辨率现在已十分普遍，据说上亿像素的分辨率已经呼之欲出了。

“标榜”这个词是我故意采用的。一个文件的分辨率有时被表述为它的像素总和，但更常见的表述是每英寸的像素数量。问题在于我们并不总是知道这些像素的来源，或者它们有多准确。

例如，图 14.1B 有 300 像素 / 英寸（PixelsPer Inch，ppi）的分辨率——比本书的大多数图片的分辨率都高。如果真是这样当然再好不过了，但有相当一部分分辨率是人工产生的，很难掩盖图像固有的缺陷。

14.1 ppi 的很多类型

扩大采样、尺寸缩放和加网线数很容易被不熟悉分辨率的新手混淆，所以我要慢慢地讲解对这个文件的处理。

---

①半色调即明暗变化不连续，最常见的就是印刷品上的网点。

图 14.1A 数码照片原稿以该尺寸印刷时分辨率不够。图 14.1B 修正后的版本试图弥补某些不足。

图 14.2 按传统规则，这是图 14.1 可以印刷的最小尺寸。你还能看见它以大尺寸印刷时呈现的明显缺陷吗？

图 14.1A 本来是宽 500 像素、高 375 像素的，总共有 187500 个像素。那是非常少的，目前很多家用数码相机也能拍出大约 2560 像素 ×1920 像素或者说总共 4951200 像素的图片，比 500 万像素略少一点，“百万像素（megapixel）”大致被定义为 100 万个像素。刚才说过，千万像素现在是标准配置，所以我们在这里不得不处理的 18.8 万像素（或 18.3 万像素，根据你的二进制定义）看起来简直是骨瘦如柴。

商业胶印的传统规则是，文件的有效分辨率——不是标示分辨率——应该是加网线数的 1.5 ~ 2 倍。杂志和书籍典型的加网线数是 133 线 / 英寸和 150 线 / 英寸，这本书使用 150 线 / 英寸。因此，传统规则要求至少 225ppi（加网线数的 1.5 倍）、最多 300ppi。我们的原稿是 500 × 375 像素的，按照上述规则，它至少可印刷到 1.67 × 1.25 英寸，最多可印刷到 2.22 × 1.67 英寸（这就是图 14.2 的尺寸）。不幸的是现在要印刷到 7 × 5 英寸。

要检查文件的原始分辨率，就执行“图像 > 图像大小”命令。在图 14.3A 所示的“图像大小”对话框中，起点是 6.94 × 5.2 英寸——但分辨率只有 72ppi。

即使在如此可怕的低分辨率之下，文件的尺寸也小得可怜。有时印刷厂还要求“出血”——接触到切口的图片必须超出切口大约 1/18 英寸，以免裁切不准时留下白边[①]。

在实际工作中，我们把这幅图置入排版软件时可能会将它放大到 102%。但为了看看这将如何改变有效分辨率，让我们假定要在 Photoshop 中改变它的尺寸，再以 100% 的比例将它置入排版软件。

这一过程对像素没有任何实质的影响——至少在 Photoshop 中没有。我们取消“重定图像像素”，改变图像尺寸或分辨率中的任一项，Photoshop 会自动改变另一项。在图 14.3B 中，分辨率变成了 70.5ppi，让宽度稍稍超过 7 英寸的效果是一样的。无论如何，当我们要求像素变大一些（每英寸的像素数量略少一些）时，Photoshop 告诉我们，图片理论上的尺寸增加到了 7.09 × 5.32 英寸，我们在排版软件中再把它裁到 7 × 5 英寸。

接下来是出片的魔术，有一些秘而不宣的玄机。光栅图像处理器将输入的数据转换成网点，将网点图像发送到照排机。对于此图，RIP[②] 需要以每英寸 150 个半色调网点填充 35 平方英寸的面积，那就是说每张胶片需要 7 × 5 × 150 × 150 ＝ 787500 个网点——大约 4 倍于目前图像中的像素数量。大多数 RIP 要求相反的倍数，即文件中要有 3 ~ 4 个像素与每个半色调网点对应。

RIP 的生产商对其产品的工作原理是讳莫如深的。文件常常是在 RIP 内部重新采样的。可能的原因是，如同处理这里的文件时一样，文件太小，现有的像素需要缩小，需要通过插值添加新的像素，还有一种不常见的情况，RIP 认为输入的图像太大了，要减少像素并扩大每个像素。

在我看来，让 RIP 进行大量重新采样是很冒险的。谁也不知道它用的是什么复杂方法，但我们知道 Photoshop 提供 5 种重新采样方法，如图 14.3C 所示。

“两次立方”是默认的，在生成每个新像素之前分析 16 个像素的区域。比较粗略的两次线性（4 像素）和比较原始的“邻近”（1 像素）是计算机运算速度慢的时代遗留下来的，当时使用“两次立方”重新采样可能会花很长时间。最后两项，“两次立方较

① 1 英寸等于 25.4 毫米，1/18 英寸相当于 1.4 毫米，但国内一般的出血量是 3 毫米。

② RIP 是光栅图像处理器（Raster Image Processor）的缩写，国内亦广泛采用这一称呼，因此在译文中保留它。

A

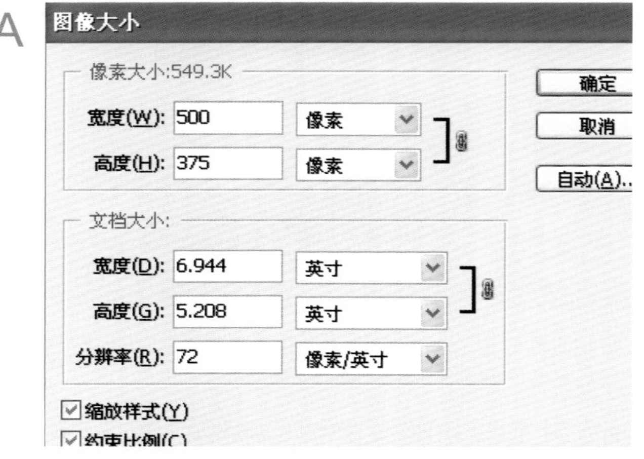

B

图像大小
像素大小:549.3K
宽度：500 像素
高度：375 像素
确定
取消
自动(A)...
文档大小:
宽度(D): 7.092 英寸
高度(G): 5.319 英寸
分辨率(R): 70.5 像素/英寸
缩放样式(Y)
约束比例(C)

C

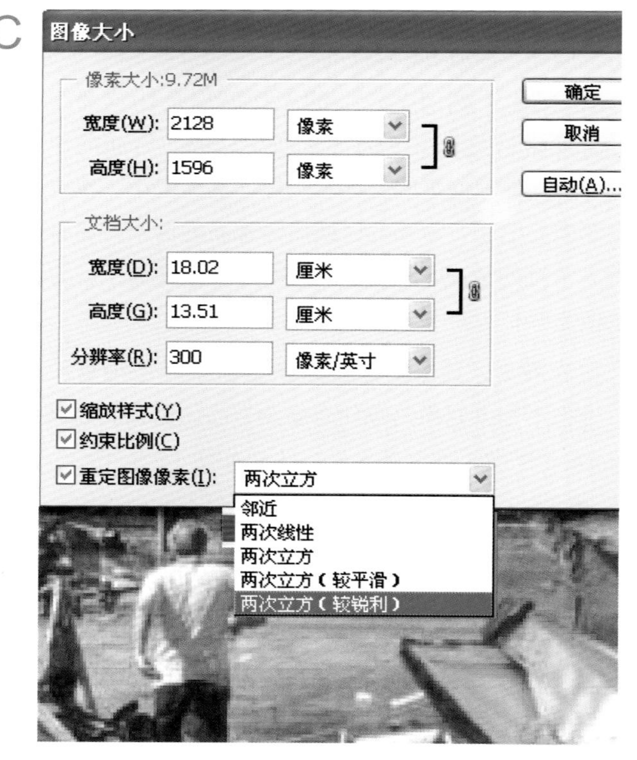

图 14.3A 原稿的分辨率。图 14.3B 在不勾选“重定图像像素”时改变尺寸或分辨率并不改变像素总和。图 14.3C 勾选“重定图像像素”进行重新取样，则产生了新的像素，改变了文件大小。

平滑”和“两次立方较锐利”，由 Photoshop CS 版引进，它们运用边缘敏感运算法则，分别将边缘略微淡化和加强。就算会有最终的修正，我也不认为始终使用“两次立方”有什么不妥，但由于图 14.1A 有大量的边缘，我还是选择“两次立方较锐利”。

14.2 像素从哪里来？

在相信厂商标榜的数码相机分辨率的表面数值之前，想想你刚才看到了什么。通过隐蔽的重新采样，可以模拟千兆像素甚至兆兆像素的数码相机。厂商严守着他们解码的秘密，我们不知道他们的数码相机是否进行了重新采样，或者重新采样造成了多大的模糊以掩盖劣质光学元件产生的噪点。

正如对图 14.1B 的重新采样所表明的，像素数量本身并不重要——问题在于像素的质量有多高。感谢为本书提供图片的摄影师，使我有机会比较不同型号的数码相机，它们都标榜同样的分辨率。我就不说它们的品牌了（因为不管我说什么都会在 6 个月后过期，新的型号又诞生了），在我看来有些相机确实达到了厂商许诺的分辨率，但其他的看起来在提供来源可疑的像素。

对于我来说，这是图像处理中最令人气馁的领域之一，因为很少有人有兴趣去调查它。特别是，关于需要多大分辨率的传统规则是在扫描底片的时代发展起来的。在当时它是基本正确的，但数码摄影破坏了这一规则，它显然不需要那么大的分辨率。没有人知道它到底少多少，因为据我所知，没有人对此做过测试。

下一个范例中的秋天风景来自上千万像素（3528 像素 ×4704 像素）的文件。我用 4 种方法裁剪了它，分别产生了 75ppi、150ppi、225ppi 和 300 ppi 的有效分辨率。

按照传统规则，图 14.4C（加网线数的 1.5 倍）是最低限度的要求，特别对于这幅有大量精致细节的图像。我在这 4 个版本中发现了以下问题。

- 图 14.4A（有效分辨率为加网线数的 0.5 倍）有严重的问题，但比图 14.1A 看起来还好些，二者的有效分辨率几乎是一样的。这多半是因为，在这一不合理的放大倍数下，我们可以看见 JPEG 压缩强加于海啸照片上的一些人工痕迹。但这也和相机的品质、摄影师的能力有关。秋色照片是由专业摄影师使用专业设备拍摄的，海啸照片则不是。

A
D

图 14.4 上页 一个文件的几种裁剪方式，有效分辨率分别为 75 像素 / 英寸、150 像素 / 英寸、225 像素 / 英寸和 300 像素 / 英寸。图 14.4 上图 全图缩小后的效果。

记住，图 14.4A 从一大幅图上剪下来的一小块，而图 14.1A 是整幅图。那应该让它清楚些，但看起来不是这样。无论如何，在此图中与其他有价值的特点相比，分辨率就不重要了。

• 比较图 14.4B（加网线数的 1.0 倍）与图 14.4C 是不公平的，因为它们的放大倍数是那么不同。放大倍数小的当然看起来好些。真正的问题是，图片要放大多少倍才需要动“大手术”？我不赞成图 14.4B，我们都看见印刷出来效果多么差，它还没有被修正过。介于图 14.4B 和图 14.4C 之间的效果会让我舒服得多——也就是说，分辨率接近加网线数的 1.3 倍。

• 如果你不相信，就回顾一下女人的照片图 8.7。我想这是混合颜色带操作的一个特别好的范例，但为本书选择它时，我并没有意识到这个文件是这么小，印刷后，它的有效分辨率和图 14.4B 一样——加网线数的 1.0 倍。你注意到任何问题了吗？

• 不幸的是，没有人在不同的图片上对此进行过完整的测试。像那位女士的照片那样柔和的原稿对分辨率的要求不高，但在某些特殊光线下拍摄的照片要求高分辨率。另外，我们不知道拍摄这幅照片的相机是否在减少噪点方面比其他型号的相机更先进。在底片时代做过这样的测试，分辨率低于图 14.4C 的分辨率时，结果很坏。

• 为照片冲印、大多数喷墨打印机和商业印刷准备照片看起来需要同样的分辨率。有些照片冲印社要求 400ppi 的分辨率，但这有些过分了，可能是底片时代遗留下来的规矩。正如第 13 章所说，我用一套图片测试过许多照片冲印社的颜色差别，也测试过分辨率问题。所用的纸会产生差别——无光的相纸通常比光面相纸表现出略锐化的效果，这可能需要更高的分辨率。但我使用任何有效分辨率高于 200ppi 的数码图像没有遇到任何困难，200ppi 大约就是我在这本书上使用的。有几张 150ppi 的图仅仅表现出有问题的迹象。

顺便说一下，有几个试读者评价了我刚才的说法，其中包括 George Harding，他说在他用 180 ～ 240ppi 的有效分辨率进行喷墨打印没有看到差别。尽管如此，他写道：

“我看到关于无光纸比光面纸显示更锐化的效果、需要更大的分辨率的说法时有点惊讶。完全凭感觉，我还以为光面纸能显示更多细节、需要更高的分辨率呢。”

如果说额外的细节是一回事，看起来锐化过度是另一回事，分辨率不足就会被误解为锐化过度。光面纸产生的整体上更光滑的效果比无光纸更容易掩盖分辨率的不足。

14.3 更多的信息意味着更少的变化

分辨率的影响容易与 USM 锐化的影响混淆。在分辨率不足的情况下处理图像造成的人工痕迹让我们想起草率的 USM 锐化产生的人工痕迹。

为了看到这为什么会发生，我们需要对不同分辨率的结果作直接的、纯粹的比较。在图 14.4 中无法进行这种比较，因为那些小图的比例不一样。我有一些很好的范例，但我们得回到胶片时代。

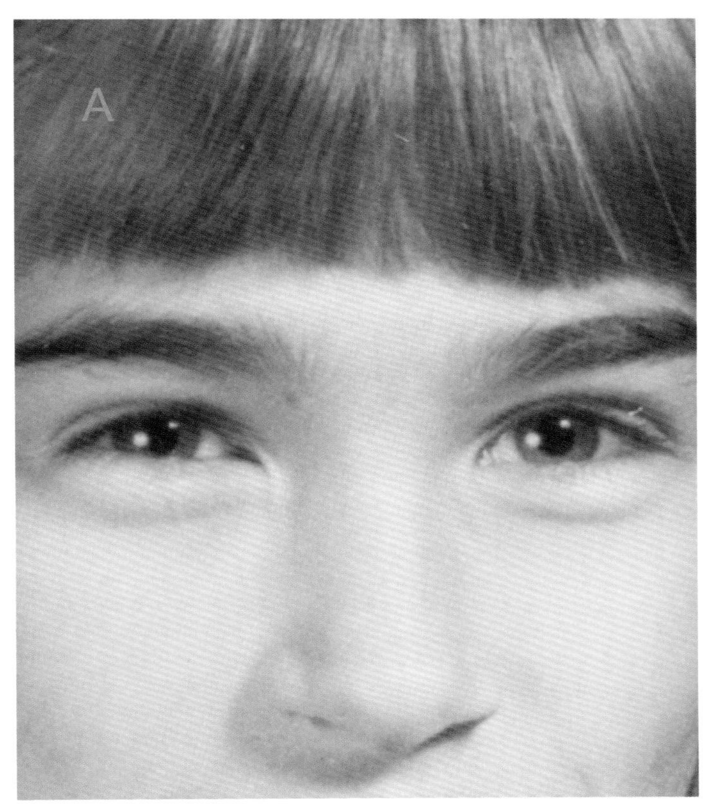

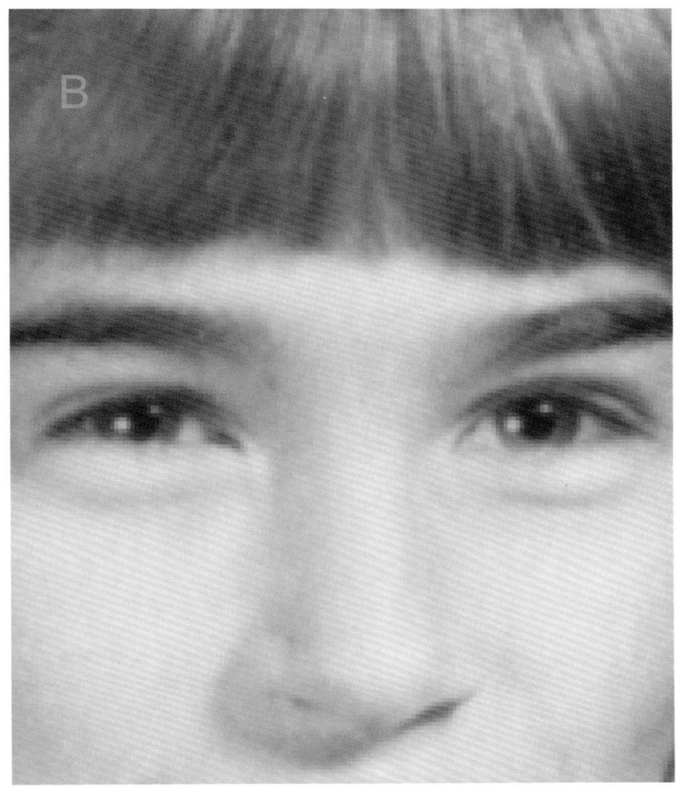

图 14.5　这两幅图在原来的胶片和印刷品上本来有不同的尺寸，为了印刷在这里，以同样的设置扫描了原稿。图 14.5A 有效分辨率为 100 像素 / 英寸。图 14.5B 有效分辨率为 40ppi。

图 14.5 是一个学生的肖像，在胶片上有这幅图的不同尺寸的版本，印刷到纸上也是如此。我以同样的过程扫描了印刷品上的大图和小图，再以同样的尺寸把它们印刷在这里。图 14.5A 的原稿是图 14.5B 的原稿的 2.5 倍，前者的有效分辨率是 100ppi，这就是说，后者的分辨率只有可怜的 40ppi，比关于海啸的图 14.1 都差得远。

孩子的皮肤是娇嫩的，光滑的[①]。再看看相反的效果[②]，图 14.6 表现的是一个嘈杂的场景，原稿是 35 毫米正片，用滚筒扫描仪以两种分辨率扫描，低分辨率版本仍然在右边。在你看到的尺寸下，图 14.6A 的分辨率是 900ppi，图 14.6B 的是 300ppi。尺寸扩大到 3 倍成为图 14.6C 和图 14.6D 以后，前者恰好按扫描者希望的那样印刷[③]，后者则只有 100ppi 的分辨率。

对图 14.5 和图 14.6 的比较强调了一个不仅仅适用于图像分辨率的规律：文件中的信息越多，对它的改变就越不明显。

光滑是孩子的脸和许多其他图像的优点。我们可以更多地对它采用高分辨率，这是由于平均律[④]。像素不是完美的，它们会表现灰尘、数码相机的电压波动、噪点或外部环境的干扰，也有一些像素是准确表现被摄体的。与印刷有关的像素越小，异常的像素就越不容易被发现。

图 14.6B 的分辨率几乎恰好是加网线数的 2 倍——在垂直和水平方向上，每个半色调网点都是由两个像素生成的，因而每个网点总共是由 4 个像素生成的。

---

①画面中的对象光滑时，分辨率不足产生的噪点较明显，这一点将在后面的“平均律”一节中解释。

②“相反的效果”指画面嘈杂时分辨率不足对画质的影响不明显，因为这样的画面把人的注意力从模糊、噪点等问题上转移开了。

③即分辨率达到了印刷要求的 300ppi。

④平均律（The Law of Averages）指偏差在发展过程中可能相互均衡而达到某种预期的中间状态。

图 14.6　该图的原稿底片被滚筒扫描了两次，分辨率相差 3 倍（文件大小相差 9 倍），左边是以高分辨率扫描的。每一次扫描以不同的放大倍数印在这里（上下排列）。图 14.6A、B 的有效分辨率分别是 900ppi 和 300ppi。图 14.6C、D 的有效分辨率分别是 300ppi 和 100ppi。

图 14.6A 的分辨率则是图 14.6B 的 3 倍，由于前者在垂直、水平两个方向上的像素数量都是后者的 3 倍，因此前者的文件大小是后者的 9 倍。此外，在出片过程中，图 14.6A 不是每个网点由 4 个像素生成，而是每个网点由 36 个像素生成——水平和垂直方向的乘积。

在存储设备很贫乏的年代（我曾经花 17000 美元买一个 25MB——是的，单位是 MB——的硬盘，那是多么老的古董啊），过高的分辨率会一下子吞噬大量空间。当 200ppi 就足够的时候，如果你使用 300ppi，文件就会 2 倍于所需的，若是 400ppi，文件就会达到 4 倍。

对付分辨率不足的办法

处理低得离谱的分辨率要花些时间。完整的讨论超出了本书的容量，但基本原理可以用一句话来总结：尽可能增加一些视觉元素使人们不去注意分辨率低的问题，让边缘可信。

制造喧闹的颜色是常常需要的，因为它将人们的注意力从贫乏的细节上转移开。这是在 LAB 中工作的一个强烈理由，因为在增加 A 和 B 通道的饱和度之前它们可以很模糊。另外，别忘了海绵工具。在图 14.1B 中，我用它提高水中男人的粉红色衬衣的饱和度。

文件的像素总是需要增加，因为太大的像素会妨碍某些润饰技术和大多数必要的模糊。

似乎每个人都有自己偏爱的重新采样方法。我尝试过几种，发现不管是在什么色彩空间中，重新采样是一次到位还是一次次扩大图像，是否在第三方插件中重新采样，最终的品质都没有差别。

试图识别边缘的“表面模糊”滤镜（CS2 和更高版本）可以很有帮助，特别是在 LAB 的 L 通道中。

要有手动创建边缘的准备。在重新采样的过程中，物体的颜色可能会扩散，在图 14.1B 中，我抹去了人物、旗帜和它左边的红字周围的某些颜色。另外，由于在人物上半身与背景之间缺乏亮边缘，我就画了一些，赶上了 USM 锐化的效果。

14.4 平均律

掷 4 次硬币，赌“人头”朝上会有 75% 的胜率——也就是说，可能有 3 次“人头”朝上。掷 36 次，就不大可能有 27 次“人头”朝上了，而如果你掷 100 次希望有 75 次“人头”朝上，我看你还是另找一枚硬币吧。

低分辨率采样有很大的可变性。过低的分辨率有如此大的可变性以至于很可能产生图 14.1A 及那样的垃圾。

我们已经在刚才的 4 个范例中看到了这种可变性。图 14.5A 中女孩的一缕缕头发表现得很好，而在图 14.5B 中就难以分辨它们。但是眼睛大得足够让图 14.5B 的像素来表现，这一表现比图 14.5A 刺眼、笨拙。

同时，你注意到图 14.5B 中的皮肤上多余的杂色了吗？那是没有被平均化的异常像素在捣乱[①]。

另一方面，我们看到的是高倍放大的图像，其网点是由比它小的像素产生的[②]。我可以把图 14.5B 显示成正常尺寸，并且对图 14.5A 缩减采样来达到同样小的尺寸，但这是浪费篇幅，它们缩小后的区别会很有限以至于你很难区分它们。

图 14.6B 讲了另一个故事。它是按扫描者预期的尺寸印刷的，却比分辨率高得多的图 14.6A 印得更好，蓝色对象（特别是羽毛）看起来更细致。不像图 14.5 中的头发，这些羽毛太细微了，图 14.6A 和图 14.6B 两个版本都无法淋漓尽致地表现它们。但我们看看放大图，特别是图 14.6D，就知道多余的细节给我们带来的除了刺眼没有别的感觉[③]。

14.5 分辨率要多大才够？

在没有数码相机的年代，大家都知道，太大的分辨率和太小的分辨率一样坏。在本书上一版中，我出示了这样的图，图中有一大片草，每匹草叶都很小，在图中很难看清，而再一次出现了这样的情况：更灵活的低分辨率版本让读者觉得自己看到了更多的细节。

由于这些结果，且不说存储空间的问题，我一度提出这样的理论：数码摄影师应该故意以低分辨率拍摄——让主体离镜头远一些，然后从画面中把主体裁下来[④]。无论如何，一部数码相机只不过是可以调节焦距的扫描仪。

---

①这里的“平均化”的意思是，如果分辨率高，异常像素（比如由数码相机产生的噪点）和正常像素一起来表现一个细节，那么你看到的会是它们的平均效果——比较正常的颜色。但当分辨率低时，这里只有一个像素而且它是异常像素，没有正常像素把它“平均化”，你就会看到杂色。

②这时的网点不仅是由比它小的像素产生的，而且是只是由一个像素产生的，结果就是模糊。

③这里的“多余的细节”指的是原景物中没有、由数码相机或图像处理软件插补进去的像素。

④也就是说刚拍摄出来的画面是高分辨率的，主体并未充满画面，甚至只占很小的面积，把主体裁下来放大，主体的分辨率就降低到恰好满足印刷需要的程度了。这个办法当然是在数码相机没有由高到低多种分辨率可选择的情况下不得已而为之的。但作者接着又要否定自己提出的这个办法。

这个话题引起了摄影师们浓厚的兴趣，有几个专业摄影师踊跃地尝试证明或推翻它。Darren Bernaerdt、Stuart Block、Ric Cohn 和 David Moore 都拍摄了几个系列的图试图得到答案。感谢他们。

这些人的努力带来了一个明确的结论：你在决定拍摄尺寸时应该首先考虑照片品质。

结果是明摆着的。如果其他条件相同，你应该避免拍摄时的分辨率大大超过将来的需要。但是，其他条件并不永远相同。即使是光、拍摄角度或任何其他因素的最轻微的变化也会降低分辨率的作用。

例如，图 14.4E 是对同样的秋日墓地进行几次拍摄中的一次，设置为不同的拍摄距离。不管摄影师如何小心，这些照片也缺乏直接的可比性，就像图 14.5 中的两个版本和图 14.6 中的两个版本缺乏直接的可比性①。其他系列的照片也是如此。但下一个范例会更好地说明这一观点②。

图 14.7B 和图 14.7C 是分两次拍摄的照片，拍摄的都是两串珠宝。客户希望印刷的尺寸就是你在这里看到的尺寸。摄影师按他通常的方式拍摄出图 14.7B，取景主要集中于产品，使用了数码相机允许的最大分辨率。这产生了 127MB 的文件。他在“图像大小”对话框中将尺寸减少到原来的 21%，对此文件进行了缩减采样。

另一次拍摄也得到了巨大的文件，缩减采样后如图 14.7A 所示。图 14.7C 是把珠宝从原稿中裁剪出来的结果，没有改变大小。

对照原稿，你可以看到我对图 14.7C 进行了旋转和修正以使它接近 14.7B 的颜色和阶调范围，但这并不影响整个的结论——图 14.7B 要好些。图 14.7C 试图证明低分辨率较好，但由于轻微的聚焦不准，实际效果不怎么样。图 14.7B 好，是因为拍摄技术好，而不是因为分辨率特别高。

采用高分辨率还有另外的理由。客户说这张照片要按这个尺寸复制。要是她改了主意，要以大得多的

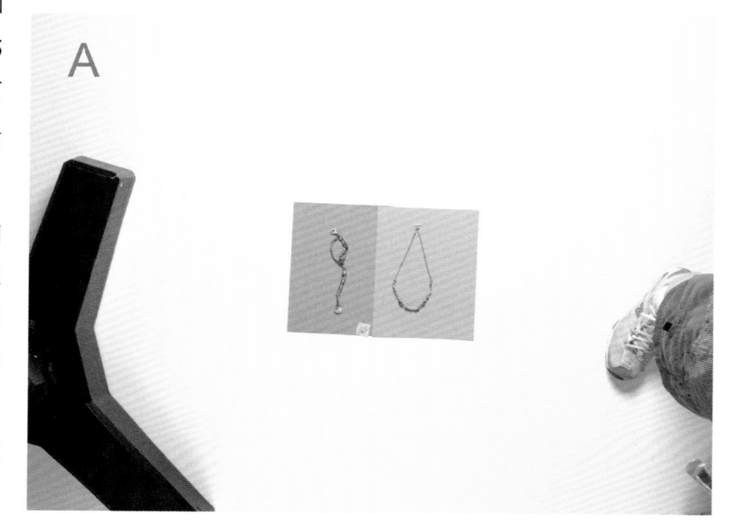

图 14.7 客户希望这些珠宝以下面两张图的尺寸印刷。图 A 是以数码相机的最高分辨率拍摄的，文件大小达到了 127MB，图 C 是从原稿中裁出来的，没有缩放，A 是原稿大大缩小后的效果。图 B 和图 C 哪一个更好？

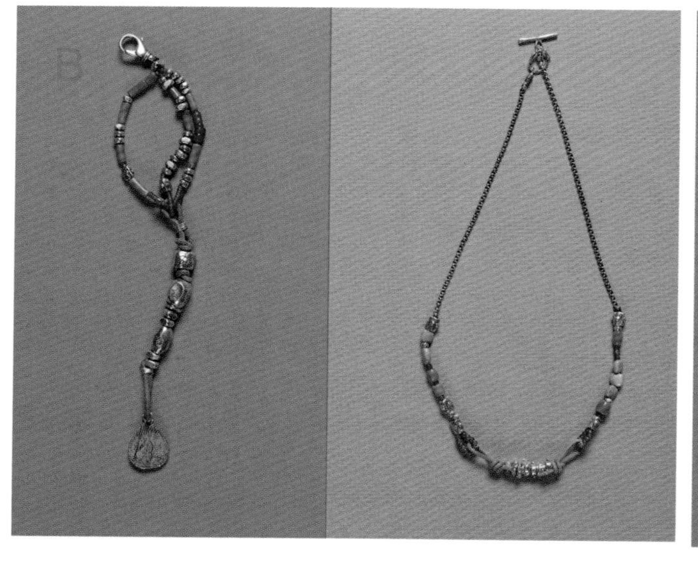

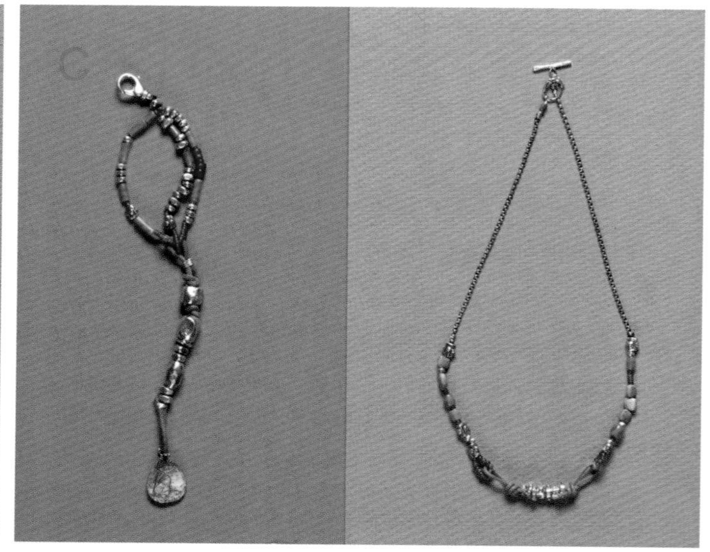

①几张秋日墓地照片缺乏直接的可比性可能是由于光线变化了。

②“这一观点”即“在决定拍摄尺寸时应该首先考虑照片品质而不是分辨率”。

尺寸输出怎么办？这种可能性不是特别大，但也不是没有。因此，明智的摄影师在拍摄时应该忽略分辨率的问题，让拍摄结果尽量满足各种可能的用途。更重要的是获得尽可能好的图像。

14.6 增加 1 位就增加 1 倍的文件大小

将图 14.7B 的原稿缩减采样后的 RGB 文件在转成 CMYK 以前有多大？（本书出版时，放大倍数是 100%，分辨率是 300ppi。）答案是：2.6 MB。

原稿的分辨率约为现在的 4.8 倍（100÷21）。由于文件大小随分辨率的平方而增加，原文件应该大约是现在的 23 倍或达到 60MB 左右。但事实上，它有 128MB，几乎比我们估算的翻了倍（Photoshop 格式的文件使用了某种形式的压缩，因此我们无法准确地预测文件大小）。

翻倍的原因是，Photoshop 允许以每像素 16 位而不仅仅是 8 位对文件进行编码和处理。计算机在使用或弃用这一功能之前需要一个简单的技术上的解释。计算机以二进制或者说“位”的方式思考，1 位常常被描述为 0 和 1，或“开”和“关”——有两种可能的状态，而且只有两种。

所有的存储设备，以及所有的程序，都是建立在对“位”的操作之上的。

打开一个灰度图像，执行“图像 > 模式 > 位图”命令，就工作在 1 位模式下。画面被分解成了微小的黑点，远看好像是连续调的，但它是真正的黑白图，每个像素非黑即白，不像我们常常叫做“黑白图”的灰度图，“灰度”这个名称意味着灰色有很多层次。

如果每个像素的信息量是 2 位的而不是 1 位的，文件大小就会翻倍。我们还可以制作一个实例，每个像素不是有两种可能的颜色，而是有 4 种——黑、白、浅灰色和深灰色。

依此类推，每次增加 1 位，每个像素可能的阶调就会翻倍，文件也就变大了。3 位让每个像素有 8 种可能的阶调，4 位则产生 16 种可能性。“层次”这个词常用来描述这些可能性，在以前的版本中我建议采用“阶调变化”这个词。

30 年前电子分色机刚出现的时候，图像是以模拟的电信号而不是“位”获取的。电信号是无级的，至少在文件输出以前是这样。为了输出（不同的电子分色机输出半色调胶片的输出单元是不同的），模拟的文件被转换成了“位”，在 CMYK 的每个通道中，每像素有 8 位（256 级电压），也可以有 32 位。

刚才说过，那时候的计算机元件贵得吓人，超过 8 位可能会让电子分色机贵上百万美元。但没有必要使用更高的位深度，输出的标准位深度就是 8 位，因为它被证明是足够的。即使在今天，除了少数的例外，所有的输出文件都必须是 8 位的。

尽管如此，很多人相信，8 对采样来说是不够精确的。很多数码相机在内部使用 10 位——每通道 1024 级电压。当电子分色机发展成数码的滚筒扫描仪后，有些使用 12 位——4096 级电压。

到目前为止，这类似于文件分辨率的问题——数据多，尺寸就大。但是，位深度和分辨率在以下方面有区别。

• Photoshop 几乎允许我们以无限小的增量来调节分辨率，但只给了我们两种位深度，如果需要超过 8 位，就只能选择 16 位，如果我们打开一个 10 位的数码相机文件，Photoshop 会强加 6 位给它。

疑难解答：有多少像素？

• 标示的和有效的分辨率．有效分辨率是标示分辨率除以放大倍数。例如，一个 300ppi 的文件被放大到 110% 倍，其有效分辨率就是 270ppi。

• 重新采样和缩放。在“图像大小”对话框中改变分辨率，只有在勾选“重定图像像素”的情况下才会改变像素数量，如果没有勾选这一项，文件的标示分辨率会改变，但像素保持不变。

• 文字和矢量图比照片需要高得多的分辨率，但那是不同类型的分辨率。被渲染到照片文件中的文字和矢量图可以看见锯齿，这就是为什么 Photoshop 允许我们在位图文件中保留单独的矢量对象。

• 喷墨打印机、印刷机和观察距离。关于使用多大的分辨率的规则，在桌面打印机出现之前就有了，而且常常被表达为半色调网屏规则，这是喷墨打印机没有的。对于近看的打印稿、喷绘品，使用与高品质胶印相同的分辨率是合理的。但如果产品要在很远的距离外观看，分辨率就可以大大降低。

• 分辨率大幅度变化的作用是显而易见的，但增加位深度几乎看不见变化。

• 到现在我们才提出这一问题：数码相机标榜的高分辨率是否实际上采集了无意义的数据——看起来有的数码相机是这样的，有的不是。但有一件事早就清楚了，数码相机和扫描仪都不能捕获其位深度允许的最微小的阶调变化。例如，在天空和很深的阴影中，数码相机的表现力达到 6 位就相当不错了，更不要说 8 位了。

14.7 测试表明了什么

数码相机厂商额外添加的位深度是否有用并不重要，因为我们在购买时无法选择。如果你使用 Camera Raw 程序（我们将在第 16 章中讲解），你就得处理 16 位的文件。许多其他厂商提供的 raw 格式也是这样。只有当文件进入 Photoshop 时我们才可以选择位深度。如果数码相机或扫描仪支持，我们可以把文件打开为 16 位，在此条件下工作。我们还可以立即把它转换到 8 位。若有一个 8 位的文件，同样可以把它转换到 16 位。

在某种程度上，所有的文件都必须转换到 8 位，否则就无法印刷。

本书迄今为止讨论的所有方法，在这两种位深度中都能干得很好，只要你处理的是照片而不是由计算机生成的图形。你喜欢哪种位深度就使用哪种，没有任何重要的区别。

在本书配套光盘中有对此问题的进一步讨论，还总结了一个延续了将近 10 年、但现在已经平息的争论。非常简单：在桌面出版的早期，计算机生成的渐变中的条带是非常让人头疼的，缓解这一问题的权宜之计是给渐变添加噪点——一些随机的像素，它们有效地掩盖了条带。

还有另一种强力手段解决这个问题，使用更多的位数来定义渐变，增加级数，降低输出时出现明显突变的可能性。这确实提高了输出质量，而有些人（是的，包括我）还打起了这个主意：增加额外的位数是不是可以让色彩修正更精确。

测试表明，这毫无优势——但 Adobe 随即投入大量的程序设计时间用于重组 Photoshop 以支持 16 位。Photoshop 6 中的很多命令（除了图层命令和大多数滤镜）支持它，到了 Photoshop 7，几乎所有的命令都支持它了。

支持在 16 位中工作，夸下了这样的海口：图像品质可以得到惊人的提高，人人都可以看到“像白天和黑夜一样不同”的改善。我们知道这种宣传在图像艺术发展史中并不少见——今天的数码相机制造商说什么迫切需要不断提高分辨率也如出一炉。

真的要在 16 位中操作，品质的改善是看不见的。当年我对此进行了大量测试。据我所知大约还有 20 个人做了类似的测试。结果全都一样：与实际工作中任何类型的修正没有什么有意义的区别，不管多么极端、多么牵强附会。那些拥护这一工作流程的人也承认，他们没有做过测试，也没有认真地提供针对我们的反例。

也有人频繁地在网上冒出来，声称自己知道有些实例确实展现了 16 位的优越性。我私下与大约 50 个这样的人交流过，没有人真正做过测试。

总之，据我所知，没有任何人在任何地方宣称过自己有这样的图：(a) 它是不需要大量润饰的彩色图像；(b) 它是在一个标准的色彩空间中处理的，无论这个空间多么无能，也排除了明显会破坏图像的操作；(c) 由于在 16 位而不是 8 位中操作，图像显然看起来好些了。

如果你能找到这样的空间，在里面觉得舒服，就没有理由不进行 16 位的修正——但在这方面捞不到什么好处是证据确凿的。

至于为什么 16 位在处理渐变时有那么明显的优势，而一遇到照片就无能为力了，我得进行长长的技术上的讨论，这得在别的地方说。

那么要点是什么？如果 16 位能改善照片的理论是正确的，就该有可信的实例。这显然是不可能的，而且一大批人已经尝试过，足够证明这一理论有某些缺陷。

同时，你应该避免将 16 位投入创造性的工作。这里有 3 个重要的实例，其中两个甚至不需要你从 16 文件开始。

14.8 进出 16 位

• 渐变应该在 16 中创建。如果你把渐变插入目前是 8 位的文件，可能会担心条带，让它们进入和离开 16 位不会引起什么问题。

但有一点要注意，16 位并不能解决色彩空间转换的所有问题。只要有可能，就应该在目标空间中制作渐变。如果文件是为商业印刷制作的，你就得在已经进入 CMYK 之后再插入渐变——只要有可能。这种可能并不总是有。如果你是为喷墨打印机准备文件，而打印机只能使用 RGB 文件，你就不走运了。

我准备图 11.5 时遇到了类似的问题。我愿意在 CMYK 中制作品红的渐变，但这一练习的要点就是说明转换到 CMYK 时的问题，由于我不希望出现刚才说过的条带问题，我就在 16 位中准备该文件，只有在进入 CMYK 后才把它转换为 8 位。

• 某些私人 raw 采样模块从 16 位转换到 8 位的效果不好，它们简单地忽略了其中的 8 位，把文件输出成某种 Photoshop 无法识别的 8 位格式。这就像为了得到整数而砍掉小数点后面的数字。要说四舍五入，我们希望 19.99 美元变成 20 美元，而不是 19 美元。在所有 raw 采样模块中，Camera Raw 做得比较适当，但有些模块不是。如果你被这种问题困扰，就应该在 raw 模块中以 16 位输出文件，然后当你准备好的时候在 Photoshop 中转换。

• 更高级的方法可创建前所未有的效果。这本书对这种进步的贡献是一系列包括高度模糊的技巧。

我们已经见过这样的操作——用高度模糊的副本去影响图像，这就是第 6 章介绍的大半径、小数量锐化。我们始终看不见那个模糊的副本，但它确实在背景中创建了微妙的晕带。我们将在第 18 章和第 19 章中扩展这一技术，使用极大的模糊不仅进行大半径、小数量锐化，而且用于图层蒙版、叠加和“阴影 / 高光”命令。

图 14.8A 是其中一个文件的绿色通道。第 19 章将要描述的技巧将从中制作出图 14.8B，这是图 14.8A 的反相，但使用了半径为 50.0 像素的高斯模糊。这一效果不再有照片的特征，它从亮到暗的过渡变得非常缓和，就像计算机生成的渐变。由于在这里已经展示了图 14.8B，它就不再出现在第 19 章中，但在对图 19.17 的描述中会提到它。

渐变和其他由计算机生成的图形是第一手的素材，它们的数据是理想的，没有瑕疵。自然色照片——即使是拍摄计算机生成的渐变所得的照片——充满了崎岖不平可以掩盖任何类型的条带，正因为如此，迄今为止的所有测试都肯定地表明，使用 16 位处理自然色图像没有优势。

在实际工作中以 16 位修正渐变能产生看起来更好的效果，永远不会把渐变变糟（以 16 位修正一幅照片在理论上可以比 8 位糟糕，尽管在实际工作中这从未发生）。因此推荐在创建渐变时使用 16 位，特别是在目标色彩空间外进行此操作时。

一个严重的问题是：图 14.8B 到底是照片还是计算机生成的图形？如果回答错误会有什么后果吗？

后果很严重。如上所说，我把图 14.8B 用于目标文件了，它表现不错。但现在，假设为某些原因需要更强的对比度，如图 14.8C 所示，它是对图 14.8B 使用很陡的曲线产生的，你在它的右上角能看到条带。

也许在这本书上看不到这些条带，因为印刷的瑕疵有可能会掩盖它。我建议你打开本书配套光盘，找到印刷图 14.8A 和图 14.8C 所用的 TIFF 文件。在屏幕上条带会很明显，如果用你的喷墨打印机把它打印出来也是这样。在这本书上，我不太有把握。所以

回顾与练习

★ 文件的标示分辨率和有效分辨率之间有什么区别？

★ 关于为胶印准备文件需要多大的有效分辨率的传统规则是什么？为什么直到今天这个规则仍然有效？

★“图像大小”对话框中的“重定图像像素”的功能是什么？

★ 如果文件的分辨率比需要的大得多，为什么在将它置入排版软件之前最好在 Photoshop 中对它缩减采样？

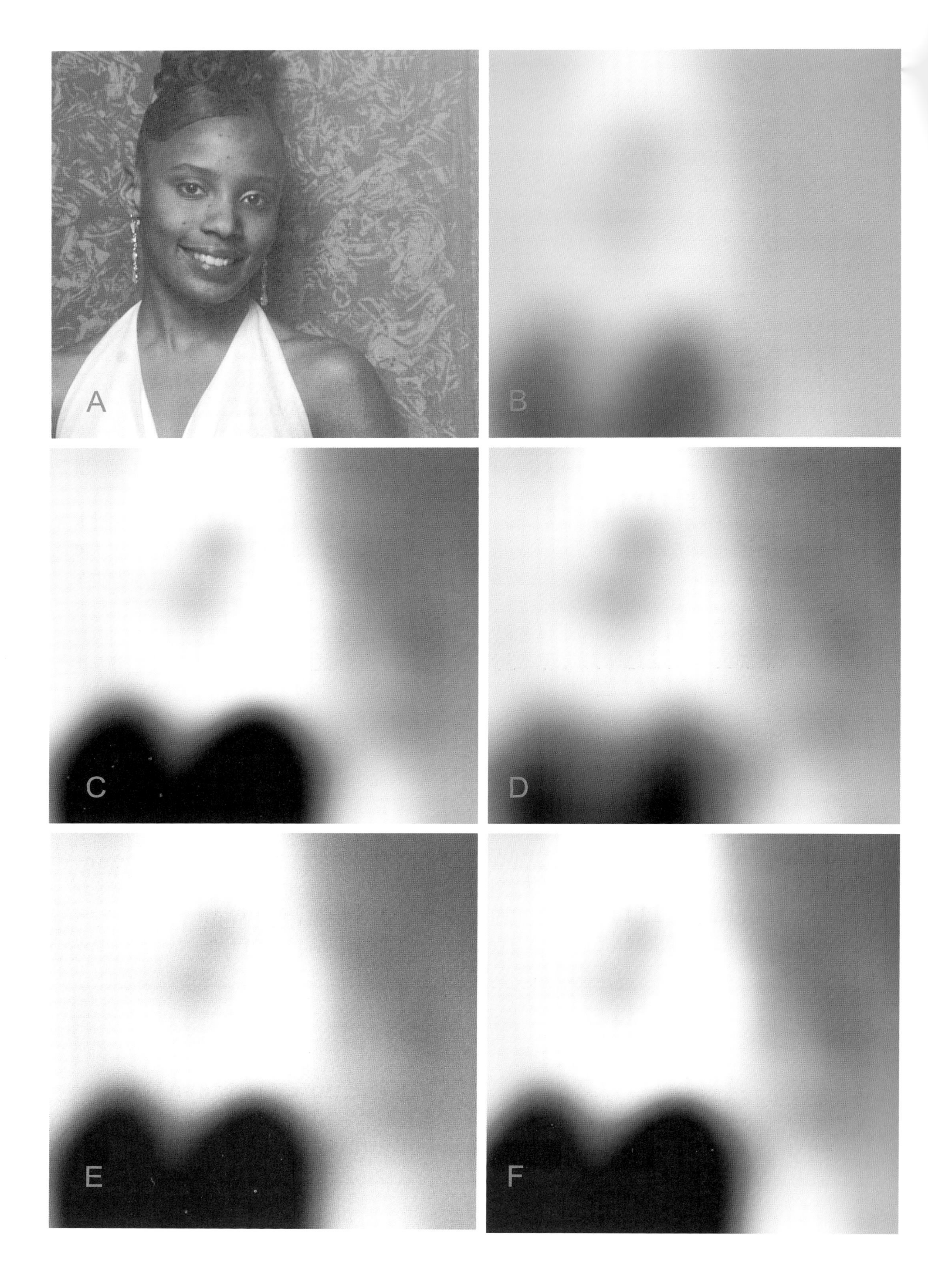
A
B
C
D
E
F

你应该在配套光盘中找找原文件。我还附上了一个类似的用于印刷的黑白文件，它曾经被印在上一版中，在本书配套光盘中是 PP4E 的图 15.13C。它显示了类似的条带，该条带在打样上也很明显。在印版上也是如此，我知道这一点，因为我曾经让印刷机停机，很别扭地趴下来往印黑墨的机组里看。印刷品的整体明暗和打样是匹配的，但条带完全消失了，即使放大检查，即使换了橡皮布（当时印刷机里有杂音，印刷工搞不清杂音从哪里来，就换了橡皮布）。

回到图 14.8C，至少有 3 种方法可解决条带问题。

• 在曲线调整之后（而不是之前）进行模糊处理。这将产生光滑得多的图 14.8D。

• 先添加噪点，然后再用曲线（如图 14.8E 所示）。

• 将此通道存储为另一个文件，将它转换为 16 位，然后模糊，然后曲线，然后转换回 8 位（如图 14.8F 所示）。或者，你只需要将整个 RGB 文件转换到 16 位，然后为所欲为。

14.9 再练练脑子

现在假定，我不想把图 14.8C 印刷出来，只需要用它改变你还没有看到的一幅彩色图像。而且，我不需要像图 14.8C 那样极端的效果，即使我需要，那张自然色图像的肌理也会掩盖它右上角的条带。

但偶尔，照片也有大面积光滑的区域——常常是裸露的皮肤——至少在理论上可能被这种条带影响。刚才说过的 3 种减弱条带的方法中有两种就不能用来对付“大半径、小数量”锐化和“阴影 / 高光”命令在高度模糊中的表现了。那可以用第 3 种方法吗？

第 19 章正好有这样一张半裸的人的照片，与那个练习无关，我在这里要做两套不同的假想的修正，仅仅为了练脑子。而且，每套修正都会用两种方法来做。我没有 16 位文件来开始这个练习，但我把 8 位的原稿转换到了 16 位，重复了我在 8 位中的操作。

没有必要把 8 位和 16 位的处理结果排列在一起比较，因为总是看不到它们的区别，即使放大也看不到。但它们的像素是不同的，而且 Photoshop 允许我们以“猛烈”这个词都不足以形容的方法强化细节。图 14.9 的两个版本比较了 16 位和 8 位的修正——它们的差别可以说被夸大了几千倍[1]。

产生图 14.9A 的“修正”是一条很陡的曲线，接着是很重的传统锐化。这里显示的极微小的差别表现在颗粒和图像中其他真正细节上。想不出什么条件能让它们导致品质上的差异。

图 14.9B 中的差别由“大半径、小数量”的 USM 锐化产生，半径为 35.0。其结果让我们想起图 14.8C 中的条带，或者各种莫尔纹[2]。

第 19 章中的练习涉及的高度模糊不是 1 种而是 4 种。除了“大半径、小数量”锐化，还有叠加、图层蒙版和“阴影 / 高光”命令。如果文件在使用这 4 种模糊之前没有被转换到 16 位，它们结合起来会不会在肤色中造成缺陷？许多年以后，会不会有一张图显示对彩色照片的某些操作在 16 位中无可置疑地有更好的效果？

我知道答案，因为我已经把这个练习做了 3 遍，一遍是在 8 位中，一遍是在 16 位中，还有一遍是在 8 位中添加了噪点。但我的嘴闭上了，而且我不会在第 19 章再钻这个牛角尖。你可以自己试试这 3 种方

图 14.8 上页 高度模糊的通道类似于由计算机生成的图形，它也许需要额外的位深度。图 14.8A 原稿的通道。图 14.8B 该通道被高度模糊且颠倒黑白。图 14.8C 由于需要高对比度，使用了很陡的曲线，但在右上角产生了生硬的条带。图 14.8D 在使用曲线之后再做模糊处理，效果可能会好些。图 14.8E 在使用曲线之前添加一些噪点。图 14.8F 在 16 位中使用曲线。

① 注意，这段话极容易引起误解，以为图 14.9A 和图 14.9B 分别代表 16 位图像和 8 位图像，但作者的本意不是这样的！这是又一处作者自己明白却没有表达清楚的地方。他的真正意图是：把 8 位和 16 位图像混合在一起，用 Photoshop 的某些技巧夸大它们的差别，无论图 14.9A 还是图 14.9B 都是这种混合，而不仅仅是 8 位或 16 位图像。以图 14.9A 为例，混合的技巧是这样的：从 8 位的原图复制出一个副本并转为 16 位，用同样的曲线和锐化（它们的效果都要很强烈）来调节原图和副本，然后把调节后的原图复制到调节后的副本中形成一个新图层，对此图层应用“差值”混合模式，这时画面上变成一团漆黑，但在信息面板中可以看见黑色是变化的。“差值”混合模式会把两个图层完全相同的地方变成纯黑，而不够黑就表示两个图层有微小的色差，也就是说经过同样处理的 8 位和 16 位图像有微小的色差，这种色差是肉眼无法察觉的，夸大它的办法是，拼合图层，执行“曲线”命令，把曲线左下端向右拉到不能再拉的地方（如果曲线左边代表亮颜色，右边代表暗颜色）。

② 莫尔纹是两种网纹重叠产生的干扰视觉的花纹，将印刷品扫描再次印刷就会产生这种花纹。

图 14.9　这些斑点和条纹将经过同样修正的 8 位和 16 位版本的区别夸大了几千倍。图 14.9A 两个版本都使用了曲线和传统 USM 锐化，然后比较它们。图 14.9B 重新开始，对这两个版本应用了“大半径、小数量”锐化，半径是 35.0 像素。

法，如果这个话题引起了你的兴趣。但不要走火入魔。

这些模糊技术是闻所未闻的。它们戏剧性地提高了图像品质，超越以前的方法。正如我们在这一章里看到的，分辨率问题（位深度问题是它的分支）在比较各种图片修正技巧的优劣时几乎无关紧要。

还要说明一点，写一本关于色彩修正的书和做实际工作是两码事。在第一种情况下，我不反对制作 3 个（或更多的）版本，如果这有助于理解事情的来龙去脉。在第 2 种情况下，要忘掉它。

如果这一练习是我的日常工作，我得对自己说：看，我已经用每种类型的照片测试过，从来没有发现在 16 位中处理自然色图像哪怕有一点点好处。这张图，面对着我打算处理它的 3 种方法，完全会尖叫着请求第 1 种方法。但我真的在意用哪种方法吗？如果一定要用 16 位的拥趸们推荐的安全方法来处理一辈子只能遇到一次的特殊案例，那也不过多费些硬盘空间和内存，那就把它转换成 16 位好了，修正完之后再回到 8 位，继续我的生活。

说了这么多，我们就要离开关于数据的这一章，回到纯粹的图像处理了。我们在这一章里得到的教训是：在比试图像品质的“赛马会”上，马比骑手重要。

本章小结

关于需要多大的图像分辨率的传统规则在今天没有被完全遵守，因为数码相机比底片时代提供更光滑的文件。降低文件分辨率有时是灵活的方法，有时让人讨厌。以极高的分辨率用电子分色机扫描底片，已经被证明会产生过软的文件。这一章试图表明类似的效果是否存在于数码照片中。结果表明，摄影师应该集中精力获取尽可能好的图像，而不是非得以最佳的分辨率拍摄。

第 15 章
错误配置文件的艺术

如果一幅图显得暗，那可能是因为你预期的效果太亮了。改变 RGB 定义，可以大大地拓展思路。处理因颜色太亮而缺乏细节的图也是如此，只需要找到能恢复细节的 RGB 定义。

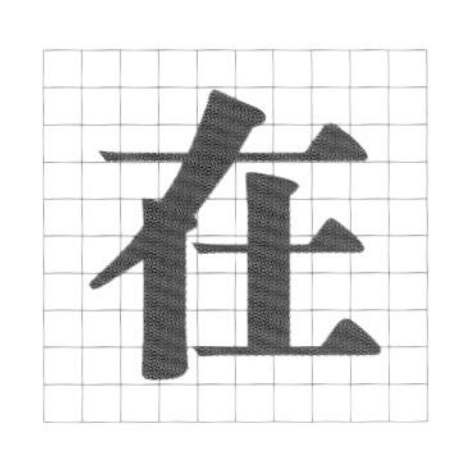

4 章的间断后，我们回到色彩修正的主题，讨论一些具体问题。正如将彩色文件转换为灰度的第 7 章给后面与灰度无关的 3 章打了基础，本章是后两章的序曲。

讨论从两个问题开始。

首先，看一眼图 15.1，不用说，它是没有修正过的。这是一场交友聚会开始的一瞬间，拍摄时没有打开闪光灯。那么，你怎么知道这是一张数码照片，而不是用底片拍摄的?

第 2 个问题和以前的一个测试有关。在第 12 章中，我曾要你识别图 12.2 中的每张小图是由哪种配置文件产生的。乍一看，这个测试和本书另外几个测试很相似，但实际上它们有一个重大区别，你能说出这个区别吗?

* * *

这个行业弥漫着“政治斗争”，正如我们在第 12 章和第 13 章中说过的，印刷得不好时，客户会怪罪我们，有时是丑陋的文件造成了丑陋的印刷品，印刷厂却要背黑锅，当糟糕的照片被糟糕地冲印出来时，摄影师又埋怨照片冲印社，而业余摄影爱好者拍出确实很业余的照片时会怪罪相机。

数码相机制造商感到很有必要让愚民也能以最小的努力拍出最好的照片，相机的功能要简单易懂，效果还要好，后台操作要照顾大多数业余摄影爱好者的水平，有时它确实能提高拍摄质量，但有时它只会捣乱。

图 15.1 是一个很好的例子。在如此暗的环境中，跳舞的男人夹克上的白条纹不应该那么突出。如果这是用底片拍摄的，它们就不会这么突出，但数码相机的逻辑是，每张图都必须有一个白场，于是数码相机在这张图中插入了白场。

数码相机不像它使用底片的前辈，它考虑到大多数图像的品质取决于中间调的细节，就故意削弱了高光和阴影，以便使中间调活跃起来，这些白条纹上的细节就消失了。当然它们本来就没有多少细节，这还不算太大的损失。不幸的是连阴影细节也牺牲了，相机把正在接吻的男人和女人当成了阴影，只因为他们太暗了。

修正这张图在技术上是很困难的，但计划起来并不复杂。我们并不在乎亮调发生了什么，因此我们只需要找到一种方法尽可能多地改善阴影，然后用某种办法修补平淡的棕色调。

我们的实际任务，让图 15.2 不像图 15.1 那么暗，也不是那么单调乏味，其中的阴影是关键的。对于一幅冬夜的照片来说，也不能忽视高光。要是用底片拍摄，前景的飘雪不会这么亮，对曲线进行一次简单的设置就有可能让我们如愿以偿，但数码相机的逻辑实际上把这幅可怜的图割裂成了两部分——非常亮的部分和非常暗的部分。

图 15.1　数码相机常常插入不自然的白场，就像左边的男人的夹克上的白条纹。

在修复 Humpty Dumpty 以前①，让我们先回答第 2 个问题。

---

① Humpty Dumpty 的意思是很容易摔坏的蛋，源于一个古老的英国谜语：

Humpty Dumpty sat on a wall,
Humpty Dumpty had a great fall.
All the King's horses and all the King's men,
Couldn't put Humpty Dumpty in his place again.

有个家伙坐在墙头，
一不留神跌了下来，
国王调集全部兵马，
没法把它摆回原处。

谜底是“蛋”。当很多人都知道这个谜底时，它就成了一首儿歌。本书作者用 Humpty Dumpty 比喻被数码相机割裂的亮调和暗调，本来很难修复，但下面的练习就要把这个“摔坏的蛋”复原。

图 15.2　这幅图整体上太暗了，而重要的高光也失去了层次感。数码照片的这一缺陷不会发生在底片摄影中，改善它的最好办法是把图像分成亮和暗两部分分别修正。

15.1 让词汇表达我想让它表达的意思

在前面的几乎所有测试中，我们都指出了原稿，其他版本是原稿的变化。但是在图 12.2 中，6 个不同的配置文件被指定给了同样的原稿，却无法指出哪个是原稿。其实，你喜欢哪个哪个就是原稿。当我们打开一个嵌入了配置文件的 RGB 文件时，Photoshop 把它当成已经指定了配置文件来对待，如果它没有嵌入配置文件，Photoshop 就把当前 RGB 空间所用的配置文件指定给它。但没有谁强迫我们接受这个配置文件，随时可以指定一个新的配置文件，丢弃 Photoshop 指定的那个。记住，文件本身尚未真正地改变，除非我们改变了色彩空间，或将它转换到了其他 RGB 空间。

这一章会大量运用色彩管理中的“双胞胎”——“指定配置文件”命令和“转换到配置文件”命令。在 Photoshop 的不同版本中，它们出现在不同的地方，在 CS2 及更高版本中，它们在“编辑”菜单下，在较早的版本中，它们在“图像 > 模式”菜单下。

打开图 15.2 时需要一个配置文件。第 12 章解释过，我个人喜欢把这种图在 Apple RGB 中打开。像大多数过暗的照片一样，它的颜色也不够饱和。

我们应该想到把 Adobe RGB 配置文件指定给它，Adobe RGB 定义所有颜色都比 Apple RGB 鲜艳。但这个办法很容易被忽略，因为 Adobe RGB 还会以 2.2 的 Gamma 值把颜色表达得比 Gamma 值为 1.8 的 Apple RGB 暗。其实图 15.2 还需要再暗一些，就像我需要更多的高热量食物。

说到这里，我想起了我的医生，她对我的生活方式的看法类似于我自己对校准主义的看法，但更强烈。有一次她向我出示了一张电子表格，说明美国医药协会认为各种身高的人体重应该是多少，还问我对此有何感想。

我问了推荐的重量是以磅为单位还是以公斤为单位，听错答案以后，回答道：“显然我太矮了，如果我再高一英尺，对这张表格就没有意见了。”

她的反应难以描述的。刚才那两张图的情况与此类似，你认为它们太暗了，那是因为你预期的效果太亮了。

* * *

回顾一下图 10.12，一条河流的风景，以及图 10.13 的森林。当时我们故意进行了错误的分色，给 CMYK 文件生成了非常规的黑版，用于通道混合。这些练习需要创造性地运用 Photoshop 的“自定 CMYK”。“自定 RGB”在 Photoshop 中也有，尽管很多人不知道它。它可以用来建立类似的有价值的错误配置文件。

我们希望颜色更饱和，因此要用 Adobe RGB，它的名字，就像 Humpty Dumpty 曾经评论过的，“这名字可真够蠢的，到底是什么意思？”①

“名字非得有意思吗？”爱丽丝疑惑不解地问。

“当然，”Humpty Dumpty 冷笑着说，“我的名字的意思就是我的体形——而且那是很帅的体形。”

我们现在就要改变 Adobe RGB 的“体形”，或者，将它塑造成与原来不同的两种“体形”，因为我们需要它的两个版本，一个把图 15.2 变亮以恢复阴影细节，另一个把它变暗，反衬出雪中的所有细节。

15.2 数值的意义

在处理难以处理的图像时，我们一开始总要计划好在哪种色彩空间中工作。我们当然要更亮的颜色，这让我们想起了 LAB。而暗调有重要的细节，这又启发我们进入 CMYK 利用黑色通道。另外，像这样感光不足的图常常在阴影中布满噪点，我们还得在某一个空间中解决这个问题。

但在进入别的色彩空间之前，我们需要比图 15.2 更好的起点。我的计划是制作两份副本，一份用来处理高光，一份用来处理阴影，然后把它们合并在一起。有几种方法做这件事，我要展示的方法比较复杂，但也比较灵活。

我假定你在自己的系统中既没有制作过这样的错误配置文件，也没有载入过本书配套光盘所附的配置文件，所以尽量多讲一些步骤。

• 打开图 15.2 的 3 个副本。为方便后续操作，可将它们命名为“基础文件”、“用于阴影”和“用于高光”。

---

① 在 19 世纪数学家刘易斯·卡洛尔所著的童话《爱丽丝镜中奇遇记》中，爱丽丝遇到了传说中的 Humpty Dumpty。

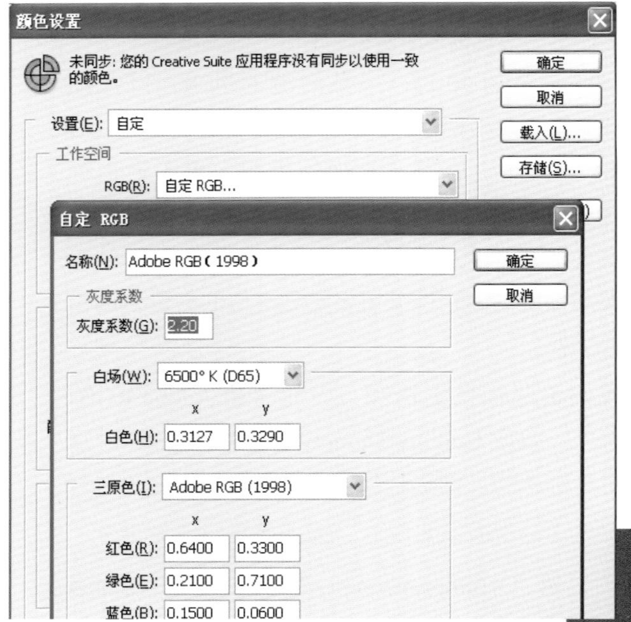

图 15.3 在“颜色设置”对话框中选择“自定 RGB”打开的对话框显示了先前的 RGB 工作空间的参数，但我们可以改变这些参数，创建前所未有的 RGB 定义。

• 进入“颜色设置”对话框，打开它的方法取决于 Photoshop 的版本（快捷键都是 Shift-Command-K）。注意该对话框上端对色彩空间的描述，如果这是 Photoshop 默认的色彩空间，我喜欢图 12.1 中的拷屏图所示的“北美常规用途默认设置”。在改变了默认设置之后总是可以恢复它。如果你平时使用的不是默认设置，在做后面的练习之前，你就应该单击“颜色设置”对话框右上方的“存储”按钮，把整个颜色设置备份一下（备份文件的后缀为 .csf）。

• 如果“工作空间”区域的“RGB”下拉菜单的当前选择不是“Adobe RGB”，就改成“Adobe RGB”。

• 若无法进行下述操作，就在“颜色设置”对话框中单击“更多选项”（CS2 和更高版本）或“高级模式”（较低版本）按钮。

• “工作空间”区域的“RGB”下拉菜单中目前是“Adobe RGB”，重新打开此下拉菜单，选择“自定 RGB”，打开图 15.3 所示的对话框。它的基本设置基于在此之前选择的 RGB 工作空间（刚才选择的是 Adobe RGB）。

• 输入新的 Gamma 值 1.0，自定 RGB 的名称会立即从“Adobe RGB”变成“自定 RGB”。将这个名称改得更贴切些，比如“Adobe RGB 1-0 Gamma”（有些操作系统不支持文件名中的小数点）。可以看到对话框后面的 3 幅图变得亮多了，其效果如图 15.4A 所示。

• 单击“确定”按钮回到“颜色设置”对话框。“工作空间”区域的“RGB”下拉菜单的当前选择是“Adobe RGB 1-0

图 15.4 A 把 Adobe RGB 的 Gamma 值改为 1.0，生成一个错误的配置文件，指定给图 15.2。图 15.4 B Gamma 值变成了 3.0（Adobe RGB 的常规 Gamma 值是 2.2）。

Gamma”，重新打开此下拉菜单，选择“存储 RGB”（不是该对话框右上方的“存储”按钮）。应该及时地将新的配置文件存储在所有其他配置文件存储的地方，该目录随平台、操作系统和 Photoshop 的版本而变。

• 单击“颜色设置”对话框中的“取消”按钮，恢复最初的设置。那3张图都恢复成了图 15.2 的样子。

• 重复上述操作，但在需要改变 Gamma 值时输入 3.0 而不是 1.0。当你这样做的时候，那 3 幅图全都变暗了，效果如图 15.4B 所示。存储这个 RGB 配置文件，在“颜色设置”对话框中单击“取消”按钮。

15.3 请你玩槌球

刚才的操作只证明了 RGB 中的显示是多变的，什么实际效果也没做出来。那 3 个副本看起来和刚开始时一模一样，我们先是把它们变亮，然后又把它们变暗，然后又让它们恢复了原状，实际上内部数据一点也没变。

在做这个练习之前，我们已经学过更快捷的方法把图 15.2 改成图 15.4A 和 15.4B 的样子，但我们现在要使用新的工具。

• 对“用于阴影”文件执行“指定配置文件”命令，在配置文件的一长串列表中你会看到刚才保存的两个配置文件。指定“Adobe RGB 1-0 gamma”给该图，单击“确定”按钮。

先前这 3 幅图没有嵌入配置文件，受当前的 RGB 工作空间控制，改变工作空间就会改变显示。但现在，已经有一个配置文件被指定给了“用于阴影”文件，它不再理会当前工作空间。现在它看起来比另外两张图更亮了，但这是一个骗局，文件还是原来那个文件，因为还没有进行转换。我们很快就要进行转换。

在图 15.4A 的尺寸下很难看到阴影中的噪点，但放大成图 15.5A 后，问题就明显了。除去这些噪点看起来和这一章讨论的话题没有关系，但让我们先这么做，然后再说为什么它没有跑题。

15.4 模糊和 Gamma 值

消灭这些噪点需要某种类型的模糊滤镜。在 Photoshop CS2 之前，这方面的功能是有限的。有几种方法允许在比较暗的区域限制模糊，但仍会削弱一些我们并不想丢失的细节。“滤镜 > 模糊 > 高斯模糊”或“滤镜 > 模糊 > 蒙尘和划痕”可以擦掉阴影中的噪点，但只要设置高得足以达到这一效果，就会擦掉图 15.4A 中雕像的大部分。

CS2 版提供的更好的解决方案是“滤镜 > 模糊 > 表面模糊”，可以把它理解为有边缘探测器的“高斯

图 15.5 A 图 15.4A 被放大后，显示了暗调中的噪点。图 15.5B“表面模糊”滤镜消除了这些噪点，但保留着其他区域的大部分细节。

模糊”。在该滤镜认为是边缘的地方，如图 15.4A 中的窗户和雕像的明暗交界处，模糊被限制了。

“表面模糊”对话框让我们想起第 6 章讲过的“USM 锐化”滤镜。它也有半径和阈值可调节（人们希望某一天还能有“数量”这个参数）。与“USM 锐化”不同的是，在“表面模糊”中提高阈值会使该滤镜更活跃，阈值越高，被该滤镜当成是边缘的地方就越少，对象就变得越模糊。

• 把“用于阴影”的画面复制成一个新的图层，对它使用半径为 14、阈值为 9 的“表面模糊”。这些参数可以随个人喜好设置，你不一定要用我刚才说的参数。我的设置产生了图 15.5B。

这些参数是怎么来的呢？找到正确数值的策略与使用“USM 锐化”时大致一样：以极高的参数开始，逐一调节它们。因此，可以从 150 的阈值开始，这个阈值高得就像在使用“高斯模糊”，这时“表面模糊”不会识别任何边缘。然后找到能消除噪点的适当半径，然后降低阈值。阈值要低到这个程度：能够识别建筑物的边缘，但不把噪点周围的像素当成边缘。

• 把“用于阴影”的图变模糊后，切换到“用于高光”的图，指定 Gamma 值为 3.0 的配置文件给它。

• 用曲线强化此图高光中的细节。这会把阴影变得更焦，但此图中的阴影毫无用处，因为我们会从另一幅图中获得阴影细节。

但如何把这幅图的高光细节和另一幅图的阴影细节结合起来呢？记住，所有这些指定的配置文件都纯属尝试性的，虽然 3 个文件现在看起来不一样，但如果我们丢弃这些配置文件（通过在“指定位置文件”对话框中选择“不对此文档应用色彩管理”，可让文件重新受“颜色设置”对话框中现用的 RGB 配置文件控制），它们会变得一样暗。因此，现在把“用于阴影”和“用于高光”这两个版本结合起来是无济于事的，当我们这样做时，它们的明暗是一样的，“用于阴影”等于“没用”。只有在转换后，刚才指定配置文件的效果才能真正保留下来。

• 回到“用于阴影”文件，这次不是指定配置文件而是使用“转换到配置文件”命令，转换到“Adobe RGB 3-0 Gamma”这个配置文件，在转换中要确保不拼合图层，以便保留刚才做出的新图层。

在这 3 个文件中终于有一个真正地改变了，不仅仅是显示的改变。“用于阴影”这个文件的 RGB 数值已经大大增加，以便在 Gamma 值为 3.0 的配置文件控制下显示得更接近图 15.2。现在可以把它与 RGB 值小得多的“用于高光”结合起来了，但还有一个常规处理要做，我们还没有限制图 15.5B 所示的模糊效果呢。

• 在图层面板中双击顶层图标的右边，打开有混合颜色带滑块的对话框。要使用“下一图层”（即未模糊的图层）的滑块，而不是“本图层”的，因为在模糊过的顶层中，无法把噪点和周围的颜色分开，而在未模糊的图层中，噪点明显比周围的颜色暗。把右边的滑块向左移动，以便在顶层中排除比较亮的区域。当你对效果满意时，按住 Option 键单击此滑块，将它剖为两半，把这两半适当分开，使顶层保留的暗颜色和底层露出的亮颜色过渡自然。

现在得到的是图 15.6B，“用于阴影”文件就要起作用了。现在该把它和“用于高光”结合起来了。

15.5 使用图层蒙版混合

• 把“用于高光”复制到“用于阴影”中，成为最上面的图层（你愿意在此之前将“用于阴影”拼合图层也可以）。

• 执行“图层 > 图层蒙版 > 显示全部”，或在图层面板下端单击图层蒙版图标。

现在的任务是把顶层的亮调和底层的暗调结合起来。颜色混合带是一种可能的方法，但在这里需要更缓和的过渡，最好是把一个现成的通道用作选区。图层蒙版允许“用于阴影”图层的大部分区域透过“用于高光”的顶层显示出来，同时保持顶层中的亮调。

图层蒙版是 Photoshop 最强大的润饰工具之一。该蒙版中的白色让顶层保持不变，黑色让底层透过顶层显示出来。在该蒙版中灰色的区域，我们看见顶层与底层结合的效果，该蒙版中的灰色越亮，顶层就显示得越多。刚开始，图层蒙版是白色的，这意味着我们看到的只是顶层。

• 在建立图层蒙版之后如果你还没有进行别的操作，它就是当前选择的通道。在这种情况下执行“图像 > 应用图像”命令，可以改变这个蒙版。应用图

图 15.6A 将图 15.4A 转换到 Gamma 值为 3.0 的配置文件后再对它使用“表面模糊”滤镜，滤镜的设置与处理图 15.5A 时一样。图 15.6B 将图 15.5B 转换到 Gamma 值为 3.0 的配置文件，再使用混合颜色带功能将模糊限制在阴影中。

像的源通道可以有多种选择——现在有 3 个文件打开了，每个文件都有 3 个通道，有些还有额外的图层。将任何通道（包括合成的 RGB 图像）应用于图层蒙版，大致上都能得到我们想要的效果。所有这些通道都是前景比背景亮得多的，这意味着“用于高光”图层前景的建筑物将被保留，而天空将隐藏。

在“应用图像”对话框中改变选项时，Photoshop 会同时改变显示，这有助于我们尝试各种选项。我曾以为源通道应该是叫做“基础文件”那张图的红色通道，这就是我为什么保留了这个文件。我没想到会用到通过曲线加强了对比度的“用于高光”文件。当我偶然用到它时，就发现原来的想法错了。于是我选择“用于高光”的 RGB 合成图像作为源通道，“应用图像”命令不允许我们选择目标通道，目标通道就是在执行该命令之前选择的通道，刚才我们选择的是那个图层蒙版。

混合后的效果如图 15.7 所示。你能看见亮颜色和暗颜色之间的交界线吗？当用现成的通道来修改图层蒙版时，这种生

图 15.7 把“用于高光”的图复制到“用于阴影”的文件中成为一个新图层后，图层蒙版合并了这两个版本。.

硬的过渡是看不见的。

这一系列操作是从痛苦地改变 Gamma 值的转换开始的。

• 将图 15.7 拼合图层再转换到 LAB。到了这一步，我们不再担心配置文件——不管是指定的、转换到的还是嵌入的。Photoshop 的 LAB 空间只有一个，我们现在就在其中。

• 用第 4 章说过的办法，用曲线加强色彩变化。图 15.8 中的 L 曲线旨在加强天空的变化，对于最终要转换到 CMYK 的 LAB 文件，通常最好的办法是让阴影稍亮一些，给将来在黑色通道中用曲线把它变暗留一些余地。

A 曲线着重于品红和绿色的变化，同时把整个图像稍微变暖了些。在 B 曲线上，我感觉整个图像应该应该从黄色朝蓝色变化。原来的天空是一片死灰，我觉得夜空应该是很暗的蓝色，B 值应该是负的，而不是 0^A0^B。这些曲线产生了图 15.8。

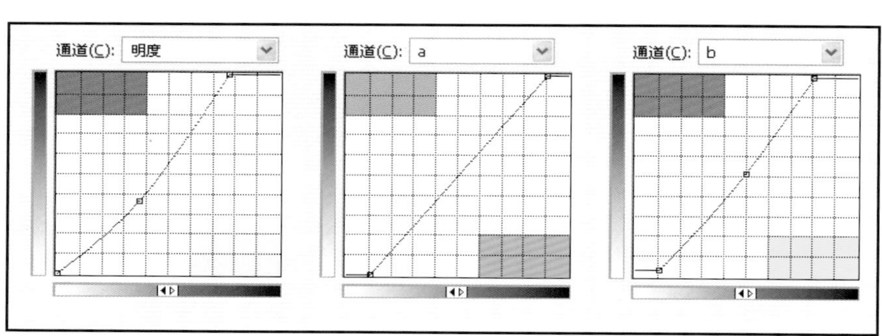

图 15.8 把图 15.7 转换到 LAB 并使用了图中所示的曲线。

• 在 L 通道中进行“大半径、小数量”锐化（传统的 USM 锐化处理有这么多噪点的图像不好）。“大半径、小数量”锐化在第 6 章中讲过。

• 转换到 CMYK。进行最终的曲线调整，使高光中性化（刚才的 LAB 曲线把它变得太红了），并增加黑色的深度。最终效果如图 15.9 所示。

15.6 我就是法官，我就是陪审团

图 15.7 的制作过程好像太兜圈子了。什么时候需要采用这种方法，而不仅仅是用曲线制作一个亮版本、一个暗版本，再用图层蒙版结合它们呢？

• 在我们处理过的图中，这不是最后一张暗得离谱的。处理下一张会快得多，因为错误的配置文件已经在我们的系统中了。刚才我们制作了两个副本，给一个指定了 Gamma 值为 3.0 的配置文件，给另一个指定了 Gamma 值为 1.0 的配置文件，又将它转换到了 Gamma 值为 3.0 的配置文件，然后把它们合并。在本书配套光盘中可以找到更多的配置文件，它们是在 Apple RGB、Adobe RGB 和 Wide Gamut RGB 的基础上建立的，Gamma 值有 1.0、1.4、1.8 和 2.6 几种。不需要 2.2 的 Gamma 值，因为真正的 Adobe RGB 和 Wide Gamut RGB 的 Gamma 值已经是 2.2 了，而且 Gamma 值为 2.2 的 Apple RGB 对这样的技术来说很跟 sRGB 差不多。

• 如果图像仅仅需要大大提亮，这种方法也比曲线强，后者容易让亮调失去层次感。此外，使用这种技术不需要为原稿备份，我们什么时候需要恢复原貌，重新指定原来的 Gamma 值就是了。

• 这些错误的配置文件是有用的诊断工具。图 15.10A 和图 15.10C 是深入茂密的森林拍摄的，看起来就像图 15.2 一样糟糕。它们还有救吗？最简单的办法是花两秒钟时间指定刚才用过的 Gamma 值为 1.0 的配置文件。我不是说在实际的修正中要用到这

图 15.9 最终效果整合了“大半径、小数量”锐化和 CMYK 的品红和黑色的曲线。

个配置文件，但图 15.10B 表明原稿有足够的细节，仔细修正还可以改善，而图 15.10D 告诉我们，试图改善图 15.10C 是浪费时间，因为树木完全糊成一片了。

• 尤其重要的是，从品质上说，在两个差异巨大的 Gamma 值下工作有时会是有益的。解释很复杂。

在像 1.0 这样低的 Gamma 值下，图像显示得非常亮，如果我们转换一个文件到 Gamma 值为 1.0 的配置文件——不仅仅是指定那个配置文件——内部像素就一定会变暗，以便补偿较亮的显示。

例如，sRGB 或 Adobe RGB（它们的 Gamma 值都是 2.2）中的中间亮度的灰色 128R128G128B，被转换到 Gamma 值为 1.0 的配置文件中后变成了暗得一塌糊涂（姑且用这个词）的 $55^R 55^G 55^B$，将它转换到我们的 Gamma 值为 3.0 的错误的配置文件后会是 $153^R 153^G 153^B$。

这些颜色在寻找边缘的“表面模糊”滤镜下的表现大不相同。我们的目的是尽可能多地消灭阴影噪点，而在亮调限制这种效果。Gamma 值为 3.0 时，阴影数值占用的空间几乎 3 倍于 Gamma 值为 1.0 时。因而，在较低的 Gamma 值下，阴影噪点与周围颜色之间在数值上的差异仅有 Gamma 值为 3.0 时的 1/3。于是我们可以把表面模糊的阈值设置得很低，在这种情况下表面模糊会把阴影噪点当成噪点，而把前景噪点当成必须保留的边缘。

图 15.5B 是在 1.8 而不是 1.0 的 Gamma 值下模糊的[①]，图 15.6A 是在转换到 3.0 的 Gamma 值后以同样的参数模糊的，比较这二者，图 15.5B 的去噪效

① 作者说过他打开这种图时喜欢指定 Adobe RGB，该配置文件的 Gamma 值是 1.8。虽然后来指定了一个 Gamma 值为 1.0 的配置文件——仅仅是指定而不是转换——但文件内部的数值没有丝毫变化，只有转换才会改变数值。在这种情况下做表面模糊，对数值的影响等同于没有离开过 1.8 这个 Gamma 值。但接下来作者会坦白，他其实对图 15.5 是进行了转换的。

果显然要好些。但为了不把读者的脑子搅乱，我撒了个谎。我曾说过图 15.5B 在模糊之前被指定了 Gamma 值为 1.0 的错误的配置文件，这等同于给原始的中度 Gamma 值文件施加同样的滤镜。但实际上我在指定 Gamma 值变为 1.0 的 Adobe RGB 之后又做了一件事，就是转换到 Gamma 值变为 1.0 的 Apple RGB（我们无法转换到一个使用中的配置文件），然后才做表面模糊，这才是图 15.7 所示的最终混合所用的材料。

试读者 George Harding 把上述段落描述为“彻头彻尾的虐待狂”，还说 ：“这是到此为止所有章节里最难的。讨论和说明都合乎逻辑，解释也条理清晰，但这并不意味着读者一下子就能消化。这确实是个很强大的技术，我可以展望用它处理我不得不处理的许多文件，我只建议作者在讲解表面模糊之前一步步讲解如何把文件转换到 Gamma 值为 1.0 的配置文件。作者对读者理解力的照顾令人感动，但我们既然漫步在充满错误配置文件的天地里，就不怕读昏了头。我在被这个范例折磨够之后忽然看见‘撒了个谎’这段话，脑袋都要炸了。在 1.0 的 Gamma 值下做表面模糊可以更好地处理暗调噪点，这并不是可有可无的步骤。”

谢谢，但是随它去吧。要说这一章是到此为止最难的，后面还有更难的、难得多的，这不是我一个人的看法，读完第 17 ～ 19 章的试读者也都这么说。

驾驭 Gamma 这匹烈马奔向模糊，是一种闻所未闻的行为，不过在整个色彩修正的大环境中，它只是个小动作。如果某些人的脑袋要炸了，请等我做完下一个练习再炸，我还可以把很差的原稿弄好，不要用爆炸来打断色彩修正，否则还得叫清洁工拿个墩布来打扫教室，我们自己还得硬撑着做练习。

刚才已经用错误的配置文件增加了对比度，现在让我们回到色彩问题上。有两个范例，它们没有 Gamma 的问题，但有色域的问题。

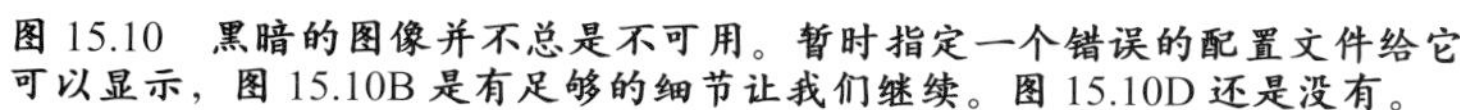
图 15.10 黑暗的图像并不总是不可用。暂时指定一个错误的配置文件给它可以显示，图 15.10B 是有足够的细节让我们继续。图 15.10D 还是没有。

15.7 求知欲强些，再强些

图 12.2 曾要我们指出在 RGB 文件被转成 CMYK 之前指定了 6 个配置文件中的哪一个给它。我们再次使用这 6 个 RGB 定义，但其中的 5 个使用“转换到配置文件”而不是“指定配置文件”命令。

表面上看不出这 6 个配置文件的区别，因为转换到 CMYK 后看起来都差不多。记住，“转换到配置文件”保持显示不变，而改变通道结构。

那么，你能指出图 15.11 中的每个红色通道是由哪个配置文件产生的吗？提示：这是一张联欢晚会的照片，占据画面右边的丝绸是灿烂的品红色，多少有点像以前图 12.8A 中的花。进入 CMYK 后，这个区域的细节是很难保持的，这或许会让你们窃窃私语，为什么要做这个练习。

我们先把这个练习放一放，看看另一张原稿，它被制作得没有 CMYK 方面的限制，但要立即面对那个贫乏的色彩空间的迫切需要。图 15.12A 是在 Adobe RGB 中打开的，并不比我们在图 12.4A 中见过的绿灯差，但有同样的问题。

RGB 原稿（可在本书配套光盘中找到）中的橘色太强烈了，在印刷中难以复制，因此印刷后的细节有损失。

到现在为止，我们可以想到最终的效果。对于大面积灿烂的颜色，如果我们不能把它印刷得像我们希望的那样鲜艳，就得确保它的某些部分印得尽可能鲜艳。问题就是这样的橘色需要 $0^C ?^M 100^Y$。品红是问题的关键，因为我们不知道应该让这种颜色接近黄色多少，或接近红色多少。但无论它最后是什么颜色，青色油墨都会破坏它，黄色油墨都会加强它。

向 CMYK 的任何转换都不能恰好生成 $0^C ?^M 100^Y$ 的数值。这迫使我们在 CMYK 中至少还要做点什么，因此我们没必要担心转换时的少量色偏，只要得到所需的细节就行了。

获得所需细节的快捷方法是在转换到 CMYK 之前指定窄色域的 sRGB。图 15.12B 看起来很灰，因为现在衣服包含大量的青色。这是一个优势。图 15.12A 太没有特点，因为把超出色域的红色和橘色转入 CMYK 时几乎处处都是 0^C。最简单的办法是生成更多的青色细节，然后用 CMYK 曲线把它们变亮。

也可以用“色相 / 饱和度”命令得到类似于图 15.12B 的效果，花的时间稍微多一些。如果你还可以再花几分钟时间，那就可以在 LAB 中得到更好的效果（不需要通道混合）。

将 Adobe RGB 原稿转换到 LAB，用颜色取样器工具建立 4 个固定的取样点，它们的数值会显示在信息面板中。由于我们关心进入 CMYK 后会发生什么，因此单击信息面板中除左上角的数值（它应该始终是当前色彩空间中的数值）以外的 5 组数值左边的滴管图标，在弹出的下拉菜单中选择“CMYK”以显示将来的 CMYK 数值。取样点要建立在图像中明亮的颜色附近。

L 曲线应该增加对比度。A、B 曲线的调节方法与第 4 章中相反，在第 4 章中，我们试图把颜色变得更鲜艳，因此把曲线变陡了，但在这里，我们希望把颜色变灰，因此把曲线变平，确保曲线的中点不变。试读者 André Dumas 推荐了一种锁住曲线中点的方法，在曲线中间建立一个锚点，在“曲线”对话框的“输入”和“输出”栏中输入相同的数值——按本书的曲线方向，此数值是“50”，若曲线左边代表暗颜色，此数值就是“0”。他提醒我们：“在 LAB 中，即使是一毫米的波动也会造成巨大的变化。”

图 15.13 右上方的信息面板反映了 4 个取样点和和光标所在点的数值。我在对这个信息面板拷屏时，“曲线”对话框是打开的，因此信息面板反映了每个取样点在调整前和调整后的数值，以“/”符号隔开。#1 和 #2 取样点调整前的数值带有“!”符号，表示这两个取样点在 LAB 中的颜色超出了 CMYK 色域，在信息面板中显示的 CMYK 数值是估计的。比较这两个取样点的数值和信息面板顶端的数值（即光标所在点的数值），可以明显地看出为什么图 15.12A 那么缺乏细节。这两个取样点的超出 CMYK 色域的颜色和光标所在点的被 Photoshop 认为在 CMYK 色域之中的颜色，本来是明显不同的，但转换后会变得难以区分：$0^C 81^M 97^Y$、$0^C 80^M 98^Y$ 和 $0^C 78^M 96^Y$（注意，即使我们要容忍这种对比度的缺失，也还得在转换后修正这些颜色，因为它们都没有达到 100^Y）。

这些 LAB 曲线产生了图 15.12C，它比图 15.12A 有更多的细节，但变亮了，变灰了。在进入 CMYK 后可以用简单的直线形曲线来修正这些问题，获得预

图 15.11　某个 RGB 文件被转换到 6 个不同的配置文件后的红色通道。

表 15.1

同样的原稿经"转换到配置文件"命令生成的 6 幅 RGB 图像，分别进入了以下 6 个色彩空间。6 幅合成的彩色画面看起来是一样的，但它们的通道结构不同。图中飘动的丝绸是品红色的，它太鲜艳，超出了 CMYK 色域。上页的 6 种变化是这 6 个文件的红色通道。指出每个红色通道来自哪个配置文件（答案在第 307 页）。

转换到的配置文件	图片序号
Adobe RGB	
Apple RGB	
ColorMatch RGB	
ProPhoto RGB	
sRGB	
Wide Gamut RGB	

期的颜色。

由于这是一张室内照片，因此没有理由怀疑原稿的橘色是正确的。假如转换到 CMYK 后完全不需要修正，刚才说到的 3 个点的数值应该是什么？应该接近 $80^{M}100^{Y}$。但是，在图 15.13 下方的信息面板（反映已经进入 CMYK 后的数值）中，我们看见几个调整前的数值比这低，特别是 Y 值。

最终版本图 15.12D 和原稿 15.12A 之间的区别，反映了 CMYK 中弱通道（在这一范例中是青色通道）在塑造形体方面的威力。这两个版本的品红和黄色数值几乎一样，但图 15.12A 中光标所在点和 4 个取样点的青色数值（注意图 15.13 上方的信息面板，从上往下读"/"符号左边的 C 值）是 0、0、0、1 和 7，而图 15.12D 中相应的数值（注意图 15.13 下方的信息面板，从上往下读"/"符号右边的 C 值）是 5、0、0、2 和 14，可以看出额外的抵消橘色的青色使衣服的暗调更可信了。

15.8 回到红色皇后身边

为了找到新的方法恢复超出色域的颜色中的细节，让我们解决图 15.11 提出的问题，即把原稿转换到 6 种不同的 RGB 空间后，哪种转换生成的红色通道是现在的图 15.14 所用的。

区分"Gamma 值"和"色域"这两个概念是关键。如果你能够区分它们，这就是本书中最简单的测试，否则它差不多就是最难的。

那 6 种 RGB 空间有 3 种用到了 1.8 的 Gamma 值，另外 3 种用到了 2.2 的 Gamma 值。Gamma 值为 2.2 的空间显示得较暗，因而图像内部的 RGB 数值一定较高，以便匹配 Gamma 值较低时的显示。

在观察图中的绸子时很容易混淆 Gamma 值和色域。有些图在色域较窄的空间中，品红对该空间来说太鲜艳了，必须以极亮的红色通道来表现，其原因和图 15.12 的蓝色通道必须极亮一样。

因而，首先要看的不是绸子，而是舞者的头发。从她的种族可以知道，她的头发必然是黑色或接近黑色的。黑色属于中性灰，RGB 的 3 个通道一样，无论在哪个色彩空间中。

唯一影响头发颜色的是 Gamma 值。尽管 sRGB 和 Wide Gamut RGB 的区别就像"三月野兔"和"疯子海特"一样①，但它们对头发颜色的影响是差不多的，Adobe RGB 也是如此，把头发转换到这 3 种色彩空间（Gamma 值为 2.2），都比转换到另外 3 种色彩空间（Gamma 值为 1.8）有更高的 RGB 值，通道会更亮。

那就好办了。由头发的明暗可以断定，图 15.11B、图 15.11D 和图 15.11E 在 Gamma 值为 2.2 的空间中。现在，我们可以在 Gamma 值相同的 3 张图中比较彩色的丝绸了。它越暗，所处的色彩空间就越宽，因为这个空间显然可以表现更极端的颜色②。这 3 张图中最亮的图 15.11E 必然在最窄的 sRGB 中，较暗的图 15.11D 在 Adobe RGB 中，最暗的图 15.11B 在 Wide Gamut RGB 中③。

① "三月野兔（March Hare）"和"疯子海特（Mad Hatter）"是 19 世纪数学家刘易斯·卡洛尔的童话《爱丽丝漫游仙境》中的人物。

②就是说，在宽色域中，这块绸子的颜色算不上最鲜艳的，不需要用最亮的红色通道来表现它。

③由于印刷此书时油墨可能稍微有些不匀，要在图 15.11 中分辨头发的明暗和绸子的明暗可能有些困难。

图 15.12A 包含超出 CMYK 色域的颜色的 Adobe RGB 原稿。图 15.12B 在转换到 CMYK 之前指定了 sRGB 配置文件。图 15.12C 把文件从 Adobe RGB 转换到 LAB 然后使用图 15.13 所示的曲线。图 15.12D 在 LAB 中使用曲线之后，再转换到 CMYK 进行最终的曲线调整，迫使最亮的区域成为极端的数值 0C 和 100Y。

至于另外的 3 张图，图 15.11C 中的绸子显然是最暗的，因此它在 ProPhoto RGB 中。剩下的两张不太容易区分，但图 15.11F 比图 15.11A 略暗些，因此前者在 ColorMatch RGB 中，后者在 Apple RGB 中。

从图 15.14 的彩色画面可以看出，这个测试的意义不仅仅在理论上。打开配套光盘中的 RGB 原稿，

图 15.13 下面第一组曲线是产生图 15.12C 的 LAB 曲线，第 2 组曲线是产生图 15.12D 的 CMYK 曲线。第 1 个信息面板反映了在 LAB 中调节曲线时有多少青色成分进入了图像以加强橘色中的细节，第 2 个信息面板反映了在 CMYK 中调节曲线时的数值变化。

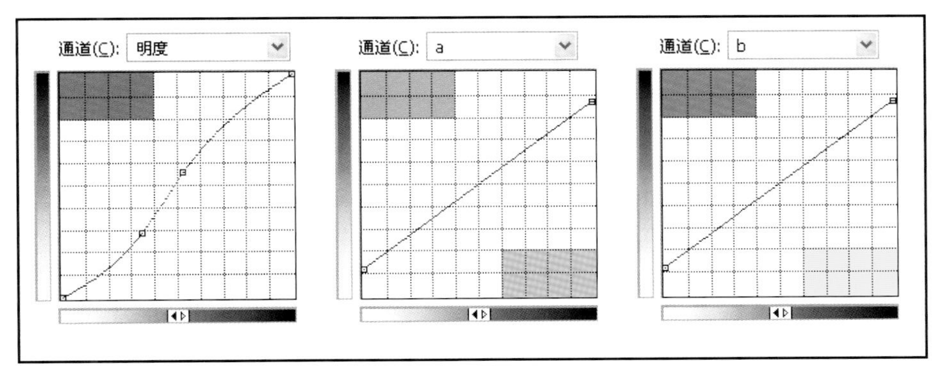

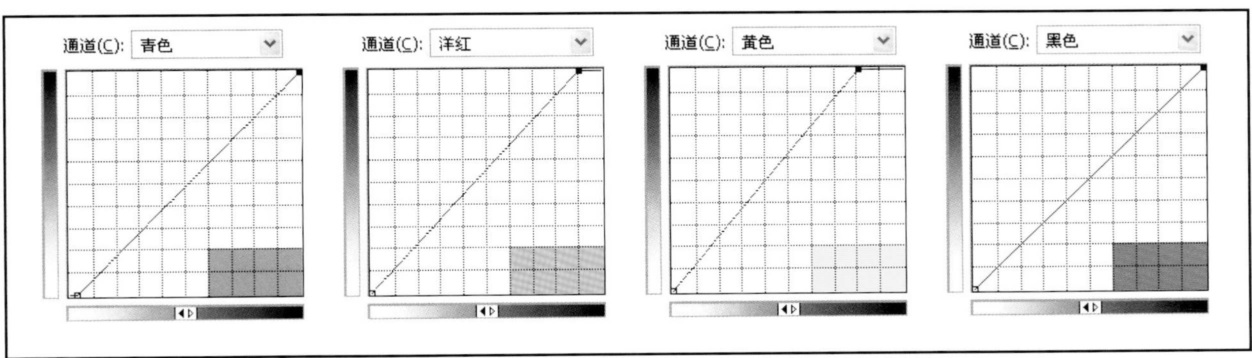

图 15.14 产生图 15.11 中各种红色通道的彩色画面。丝绸的品红色远远超出了 CMYK 色域，而且印刷在这里时损失了细节，改变了颜色。

你就知道图 15.14 对颜色是何等的糟蹋。正是这样的图让摄影师和所有其他注重品质而缺乏 CMYK 经验的人受挫，正是这样的图使本书的读者迫切需要学习一些技术，正是这样的图提出了技术上的难题，也的确需要挽救。在处理图 11.4 中的花卉、图 12.4 中的灯和刚才的图 15.12 中的橘色衣服时，我们已经学到了一些皮毛。处理这张图尤为困难，因为重要的部分并不仅仅是那些超出 CMYK 色域的颜色，只要降低这块绸子的饱和度，就会把女人的皮肤变灰。

15.9 透过现象看本质

下面要讲的是许多种可能的方法中的一种。它不仅用到错误的配置文件，而且用到本书头 10 章讲过的一些技术，还强调了第 11 ～ 13 章中的大部分色彩管理理念。我们假定这一文件需要转换到 CMYK 以便印刷在本书中，但稍后我们会谈到如果输出环境困难该如何准备它。

在实际工作中，我们不大可能从 6 个版本开始，那么哪一个看起来看起来更容易开始呢？在图 15.11 中，似乎 ProPhoto 的版本在丝绸中有较多的细节，比 Adobe RGB 等版本好。先让我们回顾一下橘色衣服的图。给 Adobe RGB 原稿指定 sRGB 的错误配置文件形成图 15.12B 后，反而恢复了细节。可不可以更狡猾一些，先把 Adobe RGB 原稿转换到 Wide Gamut RGB，再指定那个错误的配置文件？

既然有了图 15.11 可以检查各种配置文件的效果，就可以看出 ProPhoto RGB 最有利于保持绸子中的细节。为了利用它，我们必须指定一个色域较窄的配置文件。但那不应该是 sRGB，因为 sRGB 的 Gamma 值不一样，sRGB 应该与 Gamma 值为 2.2 的 Wide Gamut RGB 配合使用。对于 Gamma 值为 1.8 的 ProPhoto RGB，我们应该使用 Apple RGB。

这么做会破坏脸部。你或许猜想我们应该从原稿转换到 Apple RGB 的较“可信”的版本开始，但这会忽略一件事：图 15.14 既有 Gamma 的问题又有色域的问题。我们很容易被那块绸子的品红迷惑，忽视了脸部也印得很暗。这幅图需要两个错误的配置文件，而不仅仅是一个。

• 如果你手头没有原稿转换到 6 个 RGB 空间的全部版本，就将原稿复制成两份，将一份转换到（不是指定）sRGB（不是 Apple RGB），将另一份转换到 ProPhoto RGB。

• 对转换到 sRGB 的版本，通过“指定配置文件”命令指定 Apple RGB。这会让显示变亮，如图 15.15A 所示。注意它比图 15.14 好的地方。

• 正如我们在第 8 章中看到的，常常可以通过在一个亮度图层上把绿色通道混合进整个文件来改善脸部。这种办法在这里不管用，因为这里的脸部已经很暗了，混合会把它变得更暗。我们应该在一个新图层或调整图层上对绿色通道简单地使用一个加强对比度的曲线，提亮它的 1/4 调。这样得到的是图 15.15B。

• 现在皮肤的颜色变得太绿了，要恢复原先的颜色，就把调整图层的混合模式改成“亮度”，这样得到的是图 15.15C。

• 将转换到 ProPhoto RGB 的版本复制到我们刚才处理的文件上成为一个新的图层。在复制之前没有必要给 ProPhoto RGB 版本指定 Apple RGB 配置文件，因为当它进入有不同配置文件的文件时，会自动被指定新的配置文件，这时它所有的颜色都大大地降低了饱和度，这样得到的是图 15.15D。

疑难解答：容易混淆的命令

·存储 RGB 和存储 CSF 文件。“颜色设置”对话框右上方的“存储”按钮存储第 12 章所述的所有设置，而不仅仅存储 RGB 设置。作为一个大文件，这个 CSF 文件（颜色设置文件）在你希望替换“颜色设置”对话框中的任何东西时可以立即载入，但不能用来指定系统中存在的其他 RGB 配置文件。为了指定配置文件，当“工作空间”的“RGB”下拉菜单的当前选择是 Gamma 值变为 1.0 的 Adobe RGB 或者你自己命名的别的配置文件时，重新打开此下拉菜单，选择“存储 RGB”，要及时存储将来可能用到的错误配置文件。

·为什么不使用错误的 LAB 配置文件？ RGB 和 CMYK 可以随你的意思改变，但 Photoshop 中的 LAB 只有一个。

·为什么不使用错误的 CMYK 配置文件？如果你对你的 CMYK 文件的外观不满意，可以试试指定新的配置文件，但印刷后的效果同样令人遗憾，就像从来没有指定过新的配置文件一样。记住，只有转换才可以把新的外观永久保持。如果你指定了 RGB 配置文件然后转换到 LAB 或 CMYK，你将得到你想要的。但如果你指定了 RGB 配置文件，又把 RGB 文件交给一家照片冲印社，而他们又忽略了你的配置文件（他们大多会这样做），指定的配置文件就毫无用处了。在 CMYK 中也是同样的道理，几乎所有的印刷厂都会忽略你的 CMYK 配置文件。

图 15.15A 将 Apple RGB 指定给图 15.14 的 sRGB 版本。图 15.15B 用曲线调整图层加强绿色通道的对比度。图 15.15C 将调整图层改为“亮度”模式。图 15.15D 将 Apple RGB 指定给图 15.14 的 ProPhoto RGB 版本。图 15.15E 用曲线调整它的绿色和红色通道。

测试答案

图 15.11 中的每张小图都是对同一 RGB 文件执行“转换到配置文件”命令后的红色通道。虽然为了进一步转换到 CMYK，这 6 种红色通道对应的彩色画面显示得一样，但它们的颜色数值和通道结构是不同的，所以这些红色通道也不同。如果当初使用的是“指定配置文件”命令，这 6 个红色通道就是一样的了，但转换到 CMYK 后这 6 张图会截然不同。每张图使用的 RGB 配置文件如下。

A　Apple RGB

B　Wide Gamut RGB

C　ProPhoto RGB

D　Adobe RGB

E　sRGB

F　ColorMatch RGB

• 现在的操作离开了错误的配置文件就无法进行。在图 15.15C 所示的 Apple RGB 文件中，在那块绸子上，红色通道几乎是纯白的，绿色通道几乎是纯黑的，这是你能够想到的最极端的颜色，无法用曲线变得更极端。但在更宽广的 ProPhoto RGB 空间中，这种品红不是极端的颜色，红色和绿色通道都没有达到纯白和纯黑，我们确实可以用曲线加强它们的对比度，我在一个调整图层上这么做，得到了图 15.15E。我考虑过把这个调整图层的混合模式改为“亮度”，但还是觉得现在的效果比较好。

• 图 15.16 简直是给 LAB 做广告①，这个空间既擅长改变颜色又能加强明暗对比。关键是 A 曲线，我把它的中心点向左移了，远离了品红，靠近了绿色，目的在于让相对较灰的区域少一些品红。同时我把曲线下边的一个点往下拉，与此对应的最亮的区域就变得更红了。

• 最后是 LAB 的另一个专长。图 15.15C（它还在底下的图层中）和图 15.16 需要结合起来。由于绸子中的品红比其他成分多得多，因此在 A 通道中用颜色混合带方法可以把它分离出来，如图 15.17 所示，这是最终效果。

该图进入 CMYK 时，高光和阴影的数值都很棒，这要归功于 LAB 中的简单曲线。在绸子最亮的区域，黄色油墨和黑色油墨是适当的 $0^{Y}0^{K}$，这也是令人接受的。该练习中的任何变化都是我的个人喜好。你或许希望增加更多的品红，把这块绸子变得更鲜艳，或者加一些青色，把它变得紫一些。至于我，做成这样就挺满意了。

15.10 最后一个错误配置文件

某些人看到 RGB 原稿后很容易对图 15.17 感到失望，但这就是商业印刷的现实。在目前的条件下，图中的亮颜色已经不能印得再亮了。唯一的问题是，你是喜欢有立体感的图 15.17 还是一片灿烂的图 15.14。（小提示：处理这样的图时，最好有这两种效果的备份，一种在转换到 CMYK 后丝毫不需要修正，另一种需要较艰苦的处理。你或许希望将它们混合，如果把图 15.14 复制到图 15.17 上成为一个新图层并将它的不透明度设置成 10% 会怎么样呢？）

如果这一文件是为某些优质的输出条件准备的——比如照片质量的桌面打印——那么既有好消息也有坏消息。好消息是，你的打印纸比 Peachpit 出版社用的纸贵 50 倍，它是这么白，不会吸收太多的红光和蓝光，而它们对这幅图来说是很重要的，你可以轻松地打印把图中的绸子打印得很鲜艳。坏消息是，你或许得不到你想要的细节。我知道图 15.17 印刷后

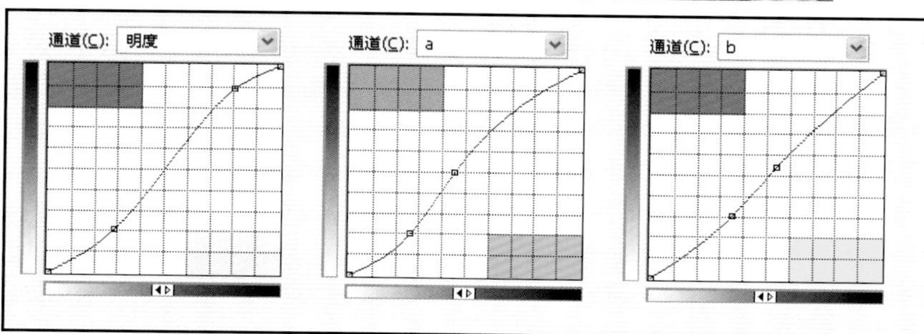

图 15.16　用于图 15.15E 的这些 LAB 曲线旨在增强图中丝绸的对比度。

①有一个步骤被作者省略了，在做这一步之前应该执行“图像 > 模式 > LAB 颜色”命令。

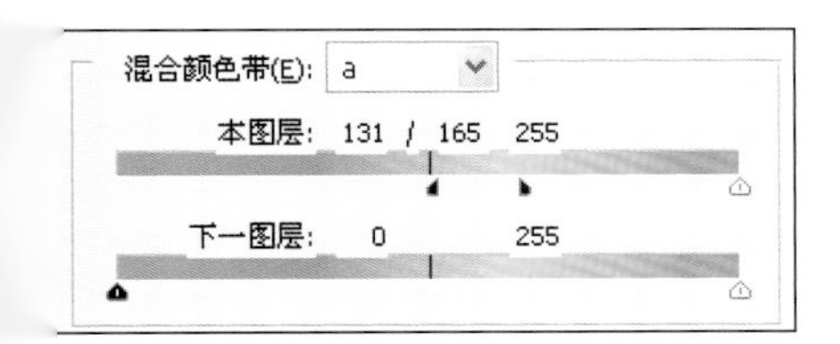

图 15.17 这些颜色混合带滑块将顶层的绸子（来自图 15.16）和底层的脸部（来自图 15.15C）结合起来。

不会损失细节，因为我有它的 CMYK 文件，可以查看让那块绸子有立体感的青色和蓝色通道，但如果桌面打印机或照片冲印设备只能输入 RGB 文件（通常是这样），它们就会自作主张地生成一个 CMYK 文件，使用你无法控制、无法改变、无法预测，或许还靠不住的规则。

第 13 章说过，我用一组有挑战性的图测试了几家照片冲印社。其中一张图中的花差不多就有这么多品红，细节又像图 15.17 这么好。大约一半的冲印社把它处理得很好，另一半则设置了自己的系统以轻微提高每样东西的饱和度。他们主要的客户群，除了提交灰暗的图片什么也不懂，给这些图增加饱和度当然是好处多于坏处，但是，我那张图中的花被这些冲印社弄得像图 15.14 一样离谱。你的桌面打印机或与你合作的照片冲印社是否在以同样的方式迎合客户呢？测试它们，看清事实。

一旦接受了错误配置文件的另类逻辑，像图 15.18 这样的东西就不可避免地出现了。它和图 15.17 使用同样的 LAB 原稿，但显然，CMYK 配置文件不一样。据我所知很多由测色仪生成的配置文件也比它强，简直应该给它发个最差奖。为什么会有这样的图？谁认为它有用？

它的用处就像刚才那张图的 ProPhoto RGB 版本，或处理图 10.12 所示的河流风景时为通道混合制作的中度 GCR 版本。这完全是一个中间材料，是达到目的的手段，永远不打算影响最终输出的颜色。

在 CMYK 中修正对某些图片特别有利，主要是那些需要精细的曲线或锐化的图片，还

图 15.18 这个 CMYK 文件是由产生图 15.17 的 LAB 文件分色而成的，但使用了一个错误的配置文件，它假定所有的 CMYK 油墨都令人难以置信地鲜艳。

有黑色通道很重要的图片。因此，有时候即使文件最终需要 RGB 模式，人们也在 CMYK 中处理一下。

CMYK 会毁掉明艳的颜色。例如，要是把图 15.11 从 RGB 转换到 CMYK 再转换回去，那块绸子的颜色就会变灰。我们得找到一个办法恢复这些三心二意的颜色，得有一点想象力。这一章把我们从 Gamma 值不能低于 1.8 的思想中解放了出来，尽管世界上的其他人都是这么想的。

我们得想象出一个新的世界，青墨和品红都比我们现在知道的更饱和。尽管明艳的蓝色在真实的 CMYK 世界里是不可能表现的，但这不能阻止我们创造一个有着虚拟的蓝色的 CMYK 世界。

本书配套光盘提供了 Wide Gamut CMYK 配置文件，它扩展了 CMYK 色域。图 15.18 中的品红之所以这么灰，是因为它在 Wide Gamut CMYK 光怪陆离的仙境中是比较灰的颜色。因此，如果你在 Adobe RGB 中，又想买一张到 CMYK 的双程车票，这个配置文件就是一瓶贴着“喝掉我”的标签的美酒。

Wide Gamut CMYK 是 由 Mike Russell 创建的，他还开发了仅适用于 Windows 系统的 Photoshop 插件 Curvemeister，其界面允许 RGB 曲线模仿 CMYK 或 LAB 曲线的外形和性能，反之亦然，这样就不急于进行正式的转换了。本书配套光盘提供了该插件的试用版。

15.11 金钥匙

在做最后一个练习之前，让我们回顾一下没有数码的时代。图 15.19 是摄影师的噩梦，摄影正片上的图是那么引人入胜，却没有什么 CMYK 空间可以再现它，而 CMYK 空间是它非去不可的地方。今天，它会给我们上完全不同的一课，在第 16 章还要继续这一课。

图 15.19 A、B，对色彩明艳的摄影底片进行两次扫描的结果。图 15.19C 扫描仪用于生成图 15.19B 的内部材料，是未经任何加工的文件。

这幅照片反映的是有摩天大楼的怀基基海滩。海水是湛蓝的，挂着明艳的帆的小船打破了海面的宁静。热带的阳光直射下来，给摩天大楼铺上了一层金色。画面顶端的天空特别蓝，而大朵的白云从地平线上升起，似乎就要淹没建筑物后面的绿色小山了。

不幸的是，底片上令人惊讶的阶调范围在印刷后大打折扣。印刷品勉强留住了一些吸引人的东西，但不是全部。扫描员对建筑物进行了折中处理，虽然提亮了它们，但幅度不敢太大，怕云朵跟着变亮，失去层次感。

过去的扫描员像我们今天在 Photoshop 里一样富有创造性，在图像进入数码世界之前努力修正它。他们最喜欢的工具是曲线，但也使用等效的可选颜色，是否还利用了错误的配置文件就不得而知了。让我们看看这样的两个扫描员是如何处理这幅图的。

处理该图的感觉就像面前摆着两个选择——一包毒药，一张皇后的手谕，上面写着要砍掉我的脑袋。

图 15.19A 偏蓝，有一只小船不够黄，建筑物太阴暗了。不过我们在颜色的饱和度上确实得到了比较好的感觉。

图 15.19B 解决了图 15.19A 的问题，不过这只不过是从一艘将沉的船跳入了漩涡。现在颜色变得不冷不热的，还有紫色色偏，最糟糕的是，天空的美感被压抑了。

我喜欢第 3 种解决方案。图 15.19C 是未修正的扫描图，潜伏在生成图 15.19B 的扫描仪内部。

无视另外两个方案而选择这个怪胎，似乎是发疯了。确实，如果我没见过原稿，我也会这么想。在这张图上无法确定建筑物是否有什么细节可以显出来，或提亮它们是否会引起大量的噪点。

今天的数码相机的弱点就在于阴影细节。拍摄时如果真的曝光不足——像本章的前 4 张原稿那样——阴影区域就几乎全是随机的像素。无论数码相机有多贵，试图提亮一幅曝光不足的照片总会暴露严重的噪点。不相信就回顾一下图 15.5A。

但是，图 15.19C 并不是曝光不足的照片，它只不过是扫描得比较暗。它的阴影会充满细节。

图 15.19C 吸引我的另一个原因是，它像处女一样纯洁，没有人曾经试图把任何类型的修正强加于它。扫描员对图 15.19A 和图 15.19B 做的事都会妨碍我们修正。

计划中的第一步当然是错误的配置文件，然后我们要提亮建筑物，这必然会损坏天空，因此我们需要从第 7 章和第 8 章找到一些办法。就像处理不够生动的肤色通常需要把亮度图层与绿色通道混合，修正过亮的天空需要与红色通道混合。

关于对比度说了这么多，我们该转到色彩问题上了。遍布画面的蓝色提醒我们在 LAB 中修正，但我们不太确定。

看起来没有什么东西推荐 CMYK 修正，但注意到需要强调的东西比较暗，我们必须想到强调暗晕带的锐化。

图 15.19C 这么暗，连 1.0 的 Gamma 值也不能让它达到足够的亮度，而当原稿有那么多令人愉快的颜色时，Adobe RGB 或许不够鲜艳。我给它指定了一个错误的配置文件——Gamma 值变为 0.8 的 Wide

回顾与练习

★ 比较图 15.11B 和图 15.11E 所示的红色通道中的丝绸，既然它们来自看起来一样的彩色文件，为什么前者（转换到 Wide Gamut RGB 的结果）比后者（转换到 sRGB 的结果）暗得多？

★“颜色设置”对话框右上方的“存储”按钮和该对话框的“工作空间”区域的“RGB”下拉菜单中的“存储 RGB”选项有什么区别？

★ 在你自己的原稿中，找一张特别暗的和一张特别亮的，试着用曲线修正它们，再试着先使用错误的配置文件再用曲线修正它们（如果你希望从本书中找到材料，就试试有白毛巾和浴缸的图 2.8 和有悲伤的男人的图 3.9）。

★ 你的一张图有灿烂的颜色，必须转换到 CMYK。不管你喜欢在 RGB 还是 LAB 中修正，当它进入 CMYK 时，必须做什么样的最终检查（或许还有调节）？

图 15.20A 一个错误的配置文件——Gamma 值变为 0.8 的 Wide Gamut RGB，被指定给图 15.19C。图 15.20B 在转换到 Apple RGB 后，用曲线改善了高光。图 15.20C 使用上述曲线之后的红色、绿色和蓝色通道。

Gamut RGB，生成了图 15.20A。由于在如此极端的定义下很多操作受到限制，我立即将图像转换到了一个让我更舒服的 RGB 空间——Apple RGB。

我测出云朵最亮的区域的数值是 $218^R216^G195^B$——太暗了，太黄了。而云的暗调又太蓝。这种数值偏色警告我们，LAB 中的色彩修正不管用，因此我在 RGB 中用曲线做了一些预备工作。

如果打算进一步修正，设置通常的高光就是危险的。我确实在所有 3 个通道中提亮了云朵的最亮处，但只提亮到大约 $230^R230^G230^B$。我把蓝色曲线上的一个点向下拉，迫使有更多的黄色进入画面，但我并没有降低另外两条曲线的中点，因为我怕在保守的混合之前损失云的细节。现在得到的是图 15.20B，它看起来好一些了，但仍然有轻微的蓝色色偏。

如我所料，天空的红色通道比另外两个通道要醒目得多，但看看红色通道里的船有多亮吧！我做了一个复制图层，使用“应用图像”命令应用红色通道，设置为“变暗”模式，这令 Photoshop 仅仅在红色通道比较暗的地方用红色通道的灰度替换绿色和蓝色通道中一方或双方的灰度。

品红色、红色或黄色的对象的红色通道是

3 个通道中最亮的，对蓝色或紫色的对象来说，红色通道比绿色通道亮，但比蓝色通道暗。这就是为什么图 15.21A 中小船的红色通道没有替换另外两个通道，而其他区域变成了黑白的。

然后我把图层的混合模式改为“亮度”，得到了图 15.21B。再把该文件转换到 LAB，用曲线提亮建筑物，创建更多的色彩变化——注意水面上出现的黄色反光。

然后对复制图层的 L 通道进行 USM 锐化，数量为 500%，半径为 1.2，阈值为 15。阈值这么高是为了避免天空中出现噪点。将锐化过的图层复制为第 3 个图层。在 LAB 中无法采用“变亮”和“变暗”模式，因此我先把文件转换到 CMYK，再把第 2 个图层的混合模式改为“变暗”，把它的不透明度改为 80%，把第 3 个图层的混合模式改为“变亮”，把它的不透明度改为 45%。

本章小结

RGB 的定义是短暂的。如果一幅图显示得太亮，我们可以修正它，也可以改变 RGB 定义以便转换到下一个色彩空间后它会显示得暗一些。如果它太灰，我们可以给它指定一个更鲜艳的配置文件。指定错误的配置文件是诱人的，因为做起来很快。

将文件的副本转换到错误的配置文件是一种强大的修正方法，因为这样得到的通道结构可能古怪得足以用来与原稿混合，即使它的彩色画面毫无用处。

最后使用一套曲线，降低品红和青色的 1/4 调，保持阴影，减轻云朵暗调的蓝色倾向。这些曲线也修正了黑色，原来的黑色在阴影中少了几个百分点。结果如图 15.22 所示。这一章终于接近尾声，说来说去，我们就是要让 RGB 表达我们想要它表达的意思。

* * *

“我使用词汇的时候，”Humpty Dumpty 以相当轻蔑的语调说，“总是从它的各种意思里选择我要的意思来表达——不多也不少。”

“问题是，”爱丽丝说，“你怎么能造出有这么多意思的词来呢？”

“问题是，”Humpty Dumpty 说，“主要的意思是什么——如此而已。”

图 15.21A 使用“应用图像”命令将红色通道以“变暗”模式应用于图 15.20B。图 15.21B 将应用了红色通道的图层的混合模式改为“亮度”。

图 15.22 在 LAB 中进行曲线调整和适量锐化之后的最终效果。

第 16 章
从哪里来，回哪里去

Camera Raw 和类似的采样模块，让我们在应用自动修正之前回到最初的场景——相机所见的场景。这类似于底片时代的扫描仪，那时的人们不喜欢扫描结果，就找回底片，重新扫描。

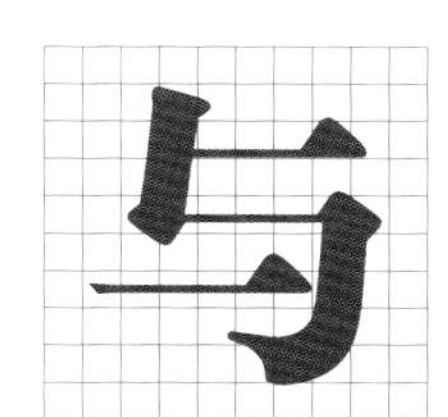

其他艺术门类一样，在摄影界，有人怀念着过去的好时光，于是争论开始了，而谁也不能肯定过去的时光真的那么好。不过每个人都承认，那个时代真的很久远。

关于底片和数码照片哪个品质更好的争论也是这样。这是有价值的，正如争论数码音响是否比唱片好。不管对还是错，该发生的已经发生了。

因此，讨论一些技术上的差异不是浪费时间。在大多数方面，数码采样比底片光滑，但正如我们在上一章开头看到的，数码摄影处理暗调不够好，回到第 163 页还能看见它们处理天空也不够好的证据。

这些不足并不影响色彩修正的理念。如果阴影中有噪点，我们就消除它们。在数码摄影中更容易遇到这一问题，但两种摄影对这一问题的解决方案是一样的。

另一方面，某些类型的修正在底片时代是很少见的。为了理解其原因，最好回顾我们的上一个范例，图 15.19 展示了一些传统方法。该底片是由一位有创造力的扫描操作员处理的。大多数扫描仪都可修正到一定程度，昂贵的滚筒扫描仪的很多能力可与 Photoshop 媲美。因此，扫描员至少会设置高光和阴影，可能还会用曲线来加强对比度和颜色，类似于第 2 章和第 3 章所讲的。

在摄影师争先恐后地学习计算机和 Photoshop 之前，这一系统是最棒的。扫描员可以像我们今天一样用很好的曲线挽救原稿。这对能力不足的摄影师来说是好事，正是他们认为那是一个黄金时代。

另一方面，扫描时的错误决定可以把优质原稿处理成劣质数码文件。谁的原稿被蹧蹋，他就会产生深深的挫折感，而又求助无门。

16.1 日新月异

在刚才说到的旧日子里，人们对扫描结果不满意时，就重新扫描。实际上我们在上一章快结束时就是这么处理风景照片的。是否有可能把图 15.19B 所示的劣质扫描图改得好一点并不重要，其实不必补偿扫描员的错误设置，重新扫描会更轻松，也更节约时间。就是现在，讨论这种问题也不过时。

底片记录信息时，不带主观色彩，如果光线是黄色的，采样就是黄色的，如果拍摄时曝光不足，结果也会很暗。

然后，某个扫描员解读了画面。解读得好时，皆大欢喜，解读得不好时，会引起真正的混乱，比如画面上一半很黄，一半很蓝，或一半太暗，一半太亮。在这种情况下，重新开始可能比反向修正更容易，品质更高，或二者兼有。

在今天的世界上，我们面临同样的问题，造成问题的不是一个扫描员，而是一种运算法则。当我们打开数码照片时，它被解读了。在大多数时候，我们对此浑然不知，就像人们当初注意不到扫描员给底片采样时做了改善。

数码运算法则的初衷是改善大多数图像。当它们做不到时，我们便回到了反向修正的事务中。我们不久前还在图 15.2 中看到这一情况，谁也没法阻止相机把图片变得一半太亮，一半太暗，我们只好事后把它们协调起来。

运算法则并不重视图像的特征，于是它们比过去的扫描员更容易犯这种审美上的愚蠢错误。因此，本书阐述的大量修正是以前版本中没有的。

软件公司刚刚看清摄影数码化的趋势，就认识到像图 15.19C 这样用来挽回图 15.19B 所示的错误的扫描决定的扫描仪内部采样文件，在 21 世纪会有数值。也就是说，在运算法则开始设置白场和黑场并以人们不赞同的其他方法干预画面时，人们需要知道，相机本来看到的是什么。

这些未解读的信息，通常被叫做 raw 文件。操作它最广为人知的方法是使用 Camera Raw，2003 年推出的 Photoshop CS 版整合了这一模块。目前，对 raw 的控制已成为图像处理软件发展中最热门的领域。大多数相机厂商都开发了类似的模块。Apple 公司发布了 Aperture，Adobe 公司以 Lightroom 来反击它，Microsoft 公司则推出了 Vista 操作系统。

我曾想过讨论所有这些产品，但又意识到区区一章是不够的，这需要一本书，而且过几个月就要更新一次。Photoshop、QuarkXPress、Illustrator、Flash、InDesign 等都是成熟的产品，主要功能都已经完善了，因此我每隔四五年更新一次《Photoshop 修色圣典》是没有问题的。我已经阐述了我在 2002 年不知道的一些新技术，也讨论了那以后的数码文件的新特性，但对 Photoshop 本身，到这一章为止，我们的操作在 Photoshop 6 中也可以做。

这些 Raw 产品则不同，它们的性能和功能都发展迅速，若要取笑它们的不足，就像批评 Photoshop 2.0 没有图层一样。再说，这些工作流程都太新了，究竟哪一类工作流程将要流传下去，连软件厂商都没有把握。

因此，本章只涉及 Camera Raw，典型的设置是 CS2 版的，首先要声明，今后可能还会有大的改进。

16.2 注意事项

摄影师是否应该以 raw 格式拍摄？这个问题超出了本书的范围。本书假定，在客户需要我们的服务时，照片已经拍下来了，如果其文件格式只有 raw 模块可以识别，我们就得讨论下一步该怎么办，否则这一章剩余的部分就无关紧要，你就可以放心地跳过去。尽管如此，我们将讨论一种有趣的情形：相机既产生 raw 文件，又产生非 raw 格式的文件。

批处理也超出了我们的讨论范畴。本章紧跟着关于错误的配置文件的一章，原因在于，Camera Raw 的所作所为非常像指定一个新的配置文件，除了 Gamma 和原色，它还有很多选项。另外，像错误的配置文件那样，Camera Raw 设置可以保存，然后应用于类似的图像，特别是在同样的光源条件下拍摄的图像，我们可以配置 Camera Raw，让它按我们需要的设置自动打开所有这些图像。由于这是一项重要功能，我们将继续讨论它。但我们的焦点是单个的图像，而不是一组图像。因而我们不会探索批处理。

适合用 raw 来处理的情况，刚才已经说过了：raw 使我们有机会挽回由人工智能产生的我们不需要的变化，使用老式的但更精确的方法重新扫描图像，使我们有机会恢复原稿底片的样子。大家听说过 DNG 格式，它就是 Adobe 为数码负片推出的一种 raw 格式，DNG 是个非常贴切的名称①。

raw 的缺点是操作慢。数码相机生成 raw 文件所需的空间相当于生成 JPEG 文件的几倍，相机需要较长的时间来保存 raw 文件，并为拍摄下一张照片做准备。所有的 raw 产品操作起来都很慢。

Camera Raw 运行起来尤其慢，在速度上与某些同类产品相比，就像北美西部的一只饥饿的小狼。它的色彩修正能力也有待提高。所有这些不足都可能随着时间而改变。同时，可怜的用户还得忍受天花乱坠的宣传，Adobe 和其他厂商力图让我们相信，这一工作流程可大大提高图像品质，是将来的第几波……。

在写这一章前不久，我从一家大报社的技术部门知道了原因：“自身的分辨率不再是一个强大的卖点，现在几乎所有的数码相机都可以达到 500 万像素——足够以高品质印刷成至少 8.5×11 英寸大小。

① DNG 是 Digital Negative（数码负片）的缩写。

于是厂商扩展了其他功能，例如，某相机既能拍出所有相机都使用的 JPEG 格式，又能拍出可用于高品质印刷的 raw 格式。”

除了最后一句话，他说的都对。最后一句是胡说八道。我不认为任何懂色彩修正技术的人曾经试图弄明白 raw 操作有多大的好处（如果有）。由于我愿意知道答案，因此这一章做了大量工作。

一种相机的 raw 文件表现如何，不太能证明另一种如何。我在自己的色彩理论讨论组中寻求支持，得到了一打 DVD，装着 5 家不同制造商的 10 种不同型号的 raw 文件。我从中寻找有挑战性的图像，找到后，尝试几种不同的方法处理它们，不仅寻找效果最好的方法，而且寻找操作起来最快的。

通过这些试验，我对 raw 模块好在哪里的看法变了。在前面几章中，似乎修正图像越来越复杂，但使用 raw 模块，它可以变得简单些——只要我们记住一条最简单的理念：如果不喜欢运算法则修正图片的方式，就不让它们修正。

16.3 面临两种选择

当相机既能生成 raw 文件又能生成 JPEG 文件时，最容易看出何时以及如何使用 raw 模块。应该让相机生成哪种格式？怎样证明你的决定是正确的？

第一个答案很简单：我们更习惯于 JPEG。进入 Camera Raw 很耗时间，除非为某些特殊目的需要它。

第二个答案就没有这么简单了。Camera Raw 文件必须用相应的软件打开，首先要决定怎样打开它，然后才能把它存储为 Photoshop 可以读取的格式。如果禁止所有的自动修正功能，创建一个可以真正称为“raw”的文件供 Photoshop 处理[①]，理所当然，它几乎不会像 JPEG 文件那么好看，因为它不会有自己的黑白场设置或色彩平衡。但是，修正它可能比修正 JPEG 文件容易。

另一方面，如果我们先在 Camera Raw 中手动调节 raw 文件，再把它打开并与 JPEG 文件比较，它很可能会更好看。大多数校正过的版本都是这样。

还有一种方法——用人工智能来匹配人工智能，我们可以允许 Camera Raw 自己来分析图像，在图像符合它要求时打开图像。我这样处理过很多图[②]，超过一半的图用上述两种方法处理差别不大——它们找到同样的黑白场，也以同样的方式来处理。在用两种方法处理有显著差异的图中，有大约 3/4 是这样的：由相机自动处理的版本要比由 Camera Raw 自动处理的好。图 16.1 中各有一种方法占优势，由 Camera Raw 自动调节的版本在左边，由相机自动调节生成的 JPEG 文件在右边。

Camera Raw 运算法则在提高对比度方面更有侵略性，但由此产生的图 16.1A 不怎么样，黑熊背部的毛几乎失去了层次。

图 16.1A 还证明 Camera Raw 自动调节的另一种风险：对 RGB 的所有 3 个通道进行同样的操作，这是 Camera Raw 干得很蹩脚的地方。在一个通道明显比另外两个通道亮的地方（比如黑熊的背部、白熊的腹部），Camera Raw 的提亮操作使亮通道与其他通道失去均衡，过于强调红色，虽然看起来不是很坏，但一头动物身上各处皮毛的颜色不一致了。这一缺陷会妨碍后面的修正。其他 raw 模块没有这种缺陷。

我们当然要假定后面还有修正。如果这就是最终的版本，恐怕要采用的是图 16.1A。但明摆着，两个版本都不怎么样，图 16.1B 处理起来还容易些。

相反的是另一组，图 16.1D 一片惨白，这是另一部相机拍摄的 JPEG 图。任何人都会更喜欢 Camera Raw 自动调节形成的图 16.1C。

因此，如果你的相机既能输出 JPEG 格式也能输出 raw 格式，你可以以 JPEG 格式打开照片，但注意，若高光或阴影中有重要的细节（这会被数码相机的取悦于愚民的运算法则毁掉），有明显的色偏（对这种图，人为指定黑白场会使它非常难以修正），或者如下一个范例所示的那样有灿烂的颜色，raw 格式可能有优势。但那两头熊的照片没有上述任何一种特征，不像花的照片。

我得冒昧地指出，如果你不喜欢 raw 格式通常是

① raw 在英文中有“生”、“天然”、“未加工”的意思。

② 据下文，作者采用了两种方法来处理这些图片——第一种方法是让相机输出 JPEG 格式的图（已由相机自动调节过）；第二种方法是让相机输出 raw 格式的图，用 Camera Raw 软件打开该图并进行自动调节。

图 16.1 Camera Raw 的自动修正通常比大多数相机的自动修正更有侵略性。这两组图片比较了用 Camera Raw 的自动修正打开的文件（图 A、C）与由相机生成的 JPEG 文件（图 B、D）。

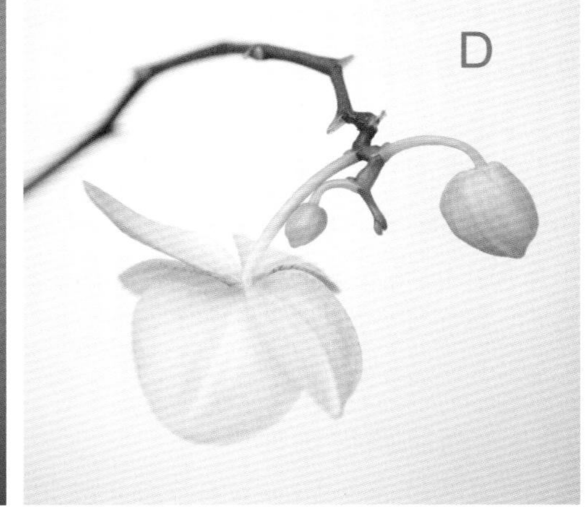

因为它用起来不方便；而你又可以选择 raw 格式，那么上述规则是有用的指南。你应该能够认识到，raw 文件对那两头熊的照片可能是没用的，但对大多数花卉照片可能是很有用的。

16.4 多通道方法

在本章剩下的部分，我们将考察 3 张图。它们都以 raw 格式进入了本书配套光盘。如果你愿意跟着我练习，我从 Camera Raw 输出文件时总是使用 sRGB 空间，但如果你选择其他色彩空间，对画质也没有影响。配套光盘中没有这 3 张图的 JPEG 文件，要打开它们，只能用 raw 采集模块打开，再存储为 Photoshop 可以读取的格式。

Camera Raw 中的工具名称，并不都是我们熟悉的，但也似曾相识。大多数让我们感兴趣的东西在图 16.2 所示的“调整”选项卡下。

- “曝光度”设置的是亮度而不是高光的颜色。
- “阴影”对黑场进行同样的调节。
- “亮度”调节中间调，在不改变白场和黑场的情况下，把图像变亮或变暗。
- “对比度”使中间调更生动，付出的代价是高光和阴影的细节。

前 3 个滑块可以看成是主通道中的（即对所有通道进行同样修正的）“色阶”命令，或主通道中只能调节两个端点和一个中间点的“曲线”对话框。

上述 4 个滑块在“曲线”选项卡下都有相应的操作。这是对主通道的另一种调节，这次采用的是比较灵活的曲线形式。与本书中的其他曲线不同，此处曲线右上端代表亮颜色，因此降低曲线上的点会把画面变暗。默认的曲线设置如图 16.2 所示，在刚才描述的“对比度”滑块所定义的对比度之上，进一步增加了中间调的对比度，这是取悦于愚民、敌视专家的。

“调整”选项卡下“白平衡”区域中的两个滑块

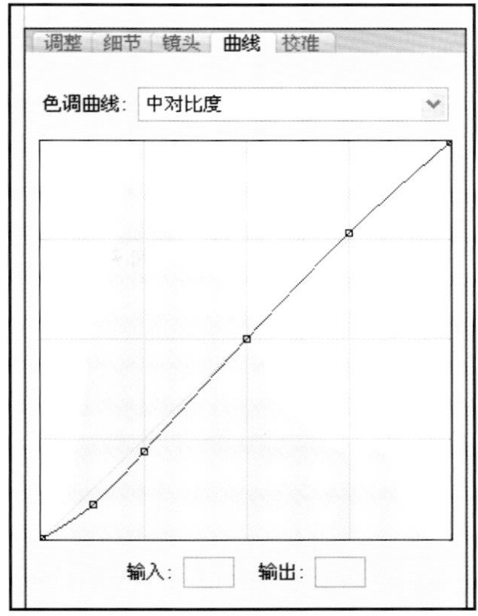

图 16.2　Camera Raw 颜色修正的基本界面。

是有用的，可修正亮调偏色。与它相对的是“阴影色调”，在“校准”选项卡下。其他选项卡下的几个调节饱和度的滑块大致相当于 Photoshop 的“色相 / 饱和度”和“色彩平衡”命令。

对这些滑块的整个设置可以存储起来，用于其他文件，或通过 Bridge 程序成批地打开 Camera Raw 文件。如果能够将相同的 Camera Raw 修正应用于若干文件，这样做也许就是值得的。但如果你一张张地处理图像，就有以下 3 种可能。

• 以 Camera Raw 自动调节的方式打开文件，允许该模块分析图像，将其默认的设置用于 4 个主要的滑块。正如我们看到的，这一过程类似于数码相机生成 JPEG 文件，只是略多一些侵略性。在大多数时候，它会让图像看起来好些，但有时像相机生成 JPEG 那样，会破坏图像。

• 取消每一种自动修正功能，将曲线设置为直线，将文件打开为尽量接近“天然”的格式。这看起来肯定有些平淡，因为还没有人设置过黑白场，但这会使进一步的修正更容易。

• 将上述两种方法结合起来，打开图 16.2 所示的对话框，看看 Camera Raw 在无人干预的情况下打算干什么，然后调节那些滑块以补偿它的不足。

似乎明显应该选择第 3 种方法，那也是我刚开始处理这类图像时想过的。不过我再也不会那么想了。

16.5　为将来做准备

考虑以下竞争，就知道第 3 种方法是有问题的。Camera Raw 的修正工具试图和更成熟、更强大的 Photoshop 中相应的工具竞争，这就好像让一支中学篮球队和纽约扬基队比赛。Photoshop 代表了 21 世纪第 1 个年代后期的艺术，而 Camera Raw 的功能甚至不如它的前辈——20 世纪 80 年代中期的滚筒扫描仪。

20 年前的扫描仪尚且能够单独处理各个通道，Camera Raw 目前还不能。在第 2 章和第 3 章，我们看见以同样的方式处理所有通道是低级的方法，它只适用于黑白图像，或者重要区域接近中性灰的彩色图像，就像图 2.13 中的鹈鹕。但是，颜色越鲜艳，各通道的表现就越不同，主通道调节就越不管用。

当然，问题最大的是我们从第 12 章中段直到现在一直在关注的一类图像：引人注目的焦点是某些灿烂的、接近或超出输出条件再现能力的对象。

即使没有看到数码文件，我们也能指出，图 16.2 表现出了 Camera Raw 无法解决的问题。这朵花一定处于红色通道最亮的区域、另外两个通道最暗的区域。背景中的植物不在这些区域中，因为这些植物的颜色不鲜艳。植物必然在中等明度的区域中，绿色通道比红色通道稍亮，蓝色通道比它们稍暗。

在这种情况下，单独调节每个通道的能力是必不可少的，而以同样的方法处理各个通道，在改善某些东西的同时会破坏另一些东西。

以 Camera Raw 自动调节方式打开此图，产生的是形体单薄的图 16.3A。我们自然希望获得更多的细节，但是情况如何呢？移动“曝光度”和“阴影”滑块达不到目的。如果把“亮度”滑块向右移动，就破坏了红色通道中重要的细节，把它向左移动，又损伤了另外两个通道。降低饱和度对罂粟亮调的损害超过了对细节丰富的区域的帮助。

调节主曲线也无济于事。让花在红色通道中显示更多的细节，需要把亮调曲线变陡，但这会抹煞另外两个通道中的细节，它们需要把暗调曲线变陡。如果试图兼顾亮调和暗调，把主曲线调节成反 S 形，背景就被抹掉了。

简单地说，对这张图的修正在 RGB 中本来是很简单的，但在 Camera Raw 中就是一个无法解决的问题。因此，我们希望在尽可能少地损伤图像的情况下尽快地离开 Camera Raw。

要想不让 Camera Raw 损伤图像，最好的办法就是禁止它做出色彩修正决定。于是我们关闭它所有自动调节功能，设置曲线为直线，结果如图 16.3B 所示。

失去了能改善典型图像的自动调节功能后，这一非典型图像显得很平，甚至可能比图 16.3A 还差，假如这两个版本是我们仅有的选择。但它们不是。客户并不关心这幅图刚刚从 Camera Raw 中导出时看起来怎么样。问题在于它印刷后怎么样。给图 16.3B 设置适当的黑白场当然比在图 16.3A 中加强细节容易。

但还有一件事要做。Camera Raw 打开图 16.3B 尽管使用了不加修正的默认设置，但并没有把曲线设置为直线，“对比度”滑块也处在 +25 的位置上，这对大多数图像来说是合理的，但并不适合于这幅图。我们真的不需要在这里干涉高光和阴影，因为这是花所处的区域。应该把“对比度”设为 0，结果如图 16.3C 所示。与图 16.3A 相比，花中的细节要光滑一些，向阴影过渡要柔和一些。

然后在 Photoshop 中进行曲线调节，这里所用的曲线直接来自第 2 章。在红色通道中，花很亮，而绿叶处于中间调至 3/4 调之间，它们在曲线上对应的区段都变陡了。在绿色通道中，叶子在 1/4 调至中间调之间，花在暗调，曲线上相应区段也变陡了。

16.6 机器的思维方式

如果你觉得刚才的范例是对 raw 的某种打击，请慎重考虑。在该范例中没有由相机生成的 JPEG 文件，如果有，它可能会类似于图 16.3A。如果我们必须从这样的图开始修正，前面的几章已经介绍了解决问题的几种方法。即使曲线和标准混合方法不起作用，还可以指定一个窄色域的 RGB 空间。我们也可以将该图的一个副本转换到一个超宽的 RGB 空间，在红色通道中突出细节，然后将该通道用于混合，或者转换到 LAB 空间，专门设置一套曲线，夸大花中的色彩变化，由此制作某些混合通道。

我对这幅图做过以上尝试，尽管可以大大改善原稿，但要匹配图 16.3D 中的细节也是不容易的。即使可以匹配又怎么样呢，通过 Camera Raw 处理该图要快得多，只要知道应该关闭哪些功能。

该规则也适用于有强烈色偏的图像。我们到目前为止使用的滑块都避开了色彩问题。要在 Camera Raw 中纠正色偏，就要使用“白平衡”区域中的两个滑块。我们可以手动配置它们，不过 Camera Raw 也提供了预设。我在“白平衡”下拉菜单中选择“白炽灯”，没有改变其他参数，产生了图 16.4B。

这一预设假定图像有暖色偏，修正的方法是让图像向青的方向偏移。但更准切的表述是，图像是偏黄的而不是偏暖的，因此这一预设并不完全正确。不过还是值得展示一下，因为图 16.4B 出乎意料地、令人吃惊地比 16.4A 亮得多了。

允许自动调节，就会产生图 16.4A 这样的东西。记住，Camera Raw 让图像讨人喜欢的办法是稳定整个阶调。该图被图中男人眼镜片上、前额上和左肩上方的极高光搞复杂了，运算法则上当了，以为此图的整体明暗是令人满意的，过于加强高光是危险的。对机器和依赖直方图的人来说，这样的错误是常见的。

新的设置是，迫使青色进入这些极高光，把它们变暗[①]，于是极高光和人可能选择的高光（即图中女人的头发上最亮的部分）之间的亮度差异减少了。

① 如果作者指的是产生图 16.4B 的操作，从图中可以看出，应该是高光中的品红和黄色减少了，高光变亮并接近极高光了。

现在，Camera Raw 认定这可以安全地提亮这张图。

如果仔细选择新的白平衡设置，可以相对安全地纠正色偏。如果你想自己调节，恐怕最好是先在“白平衡”下拉菜单中选择“自动”，让 Camera Raw 估计出所需的数值，然后按你的喜好来调节“色温”和“色调”滑块。这两个滑块的名称不妥，实际上它们大致对应于 LAB 的 B 通道和 A 通道。向左移动“色温”滑块使图像变蓝，向右移动它使图像变黄，而“色调”滑块左边代表绿，右边代表品红。

让我们再看看第 3 种效果。图 16.4C 与更早的图 16.3B 是以同样方法生成的，都是“天然地”打开的，没有进行任何自动调节。由于没有试图设置适当的黑白场，这张图看起来很暗（我并没有像对图 16.3C 那样把“对比度”滑块设置为 0，因为在高光和阴影中没有重要的细节）。

假设我们为图 16.4B 选择了比“白炽灯”更好的白平衡预设，避免了整体色偏，那么在这 3 个版本中，你会选择哪个开始修正？

图 16.3A（上页）用 Camera Raw 对花进行自动修正，损失了细节。图 16.3B（上页）不用自动修正打开的图像。图 16.3C 不用自动修正，而且将对比度设置为 0 的结果。图 16.3D 使用右边的曲线修正图 16.3C 的结果。

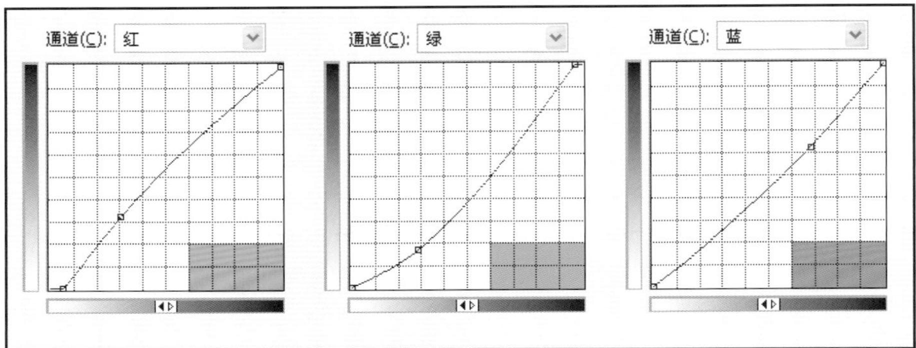

16.7 丑小鸭变白天鹅

理论上，有些人可能没有时间或没有兴趣做进一步的修正，而满足于 Camera Raw 提供的图像。在这种情况下，最佳的选择是用刚才假设的白平衡预设改善原稿得到的图 16.4B。

但我怀疑在实际工作中能有几次采用这一工作流程。Camera Raw 没有能力精致地调节黑白场、进行通道混合或加强所选区域的对比度。谁要是放弃了做这种改善的机会，就肯定认为节约时间比优化品质更重要。

这么看是罪过。我知道每个图像艺术家时不时都要走一下捷径来赶最后期限，但这个问题的本身就给出了答案：如果节约时间重要得需要牺牲品质，那么究竟为什么还要耽误那么多时间用 raw 格式处理照片？

假如要在 Photoshop 中进一步处理，比较图 16.4A 和图 16.4C 的处理结果是最容易的。可能大多数人认为图 16.4A 看起来好些，修正起来容易些。这话的前半部分是对的，但并不能由此得出后半部分。

无论是在 RGB、CMYK 还是在 LAB 中修正，

图 16.4A（上页）用 Camera Raw 的自动修正功能打开的版本。图 16.4B（上页）对白平衡选择“白炽灯”预设，意外地提亮了图像。图 16.4C 打开图像时未进行自动修正的结果。图 16.4D 用右边的 LAB 曲线修正图 16.4C 的结果。

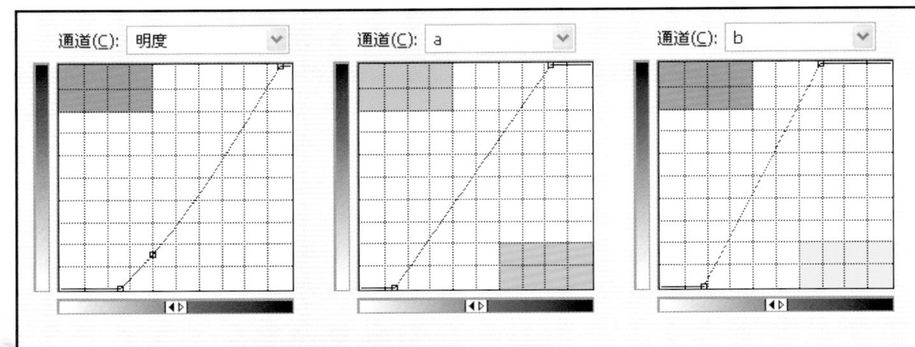

这两幅图的明暗差别都不重要。我们的曲线会以同样长的时间修正每一幅图，只不过用于图 16.4C 的曲线会更陡。

对这类特殊图像来说，LAB 是最佳选择。脸部处于 L 通道中狭窄的范围内，很容易为增加对比度定位。原来的颜色不冷不热，需要把 A、B 曲线变陡。在 A、B 曲线中也可以消除色偏，除非机器修正已经抢先把这变得不可能了。

将图 16.4C 转换到 LAB 后，就容易得到图 16.4D 了。我们使用的是第 4 章讲过的基本曲线。把

L 曲线的左下端向右移动，强调图中女人的头发上的高光，把脸在曲线上对应的区段下方的点向下移动，使重要区域变陡。A 和 B 曲线都是直线形的，但都变陡了，加强了色彩变化。A 曲线的中点向左偏移了一点点，使图像从品红向绿色稍稍偏移，B 曲线的中点向右偏移了很多，使图像从黄色向蓝色大量偏移。

现在，假设我们要从图 16.4A 开始修正。似乎可以把 L 曲线下半截向左移动，补偿原稿过亮的问题，达到刚才处理图 16.4C 的效果。但是，Camera Raw 对此图已经做过的自动调节会妨碍我们现在对颜色的修正。

为了解释这一点，需要按第 9 章的思路做一些“侦探工作”。图中女人的衬衣是什么颜色的？似乎是白色的，但基于图 16.4A 和图 16.4C，我们可以断定它是象牙白的。

通过比较它的数值与那两个人头发的数值，可以证明或推翻这一点。如果这些数值表示相同的颜色，那么它们就都是白色的，或者是一种奇怪的巧合——Enron 公司的高级主管们一边向全世界宣扬该公司有多么光明的前景，一边抛售自己持有的股票[①]。

如我们所知，Camera Raw 通过同样地修正所有 3 个通道把原稿提亮成了图 16.4A。我们还知道，这种方法增强了任何有一个或两个通道特别亮的颜色，因为这个或这些通道变亮的幅度超过了较暗的通道。头发和衬衣变得越亮，Camera Raw 就把黄色夸大得越多。

我测量了图中女人头发上最亮的部分和她的衬衣中间亮度适中的区域。信息面板以 LAB 模式报告，图 16.4A 中头发的数值是 $87^L 2^A 13^B$，图 16.4C 中头发的数值是 $82^L 2^A 17^B$，衬衣较暗，在图 16.4A 中是 $71^L 2^A 16^B$，在图 16.4C 中是 $62^L 2^A 15^B$。

L 数值是意料之中的。我们知道图 16.4A 较暗（L 值较低）[②]。A 值在两幅图中一样。图 16.4C 看起来是这两幅图中较黄的（B 值较高）。但有一个惊喜，在图 16.4A 中，衬衣明显比头发黄，在图 16.4C 中，头发比衬衣黄。从这两幅图开始修正可能得到以下几种结果。

- 头发略呈蓝紫色，衬衣是白色的。
- 头发是白色的，衬衣略呈黄褐色。
- 头发是白色的，衬衣略呈蓝紫色。
- 头发略呈黄褐色，衬衣是白色的。

头两种效果是由图 16.4A 开始修正得到的，最后两种效果是由图 16.4C 开始修正得到的。我相信第 4 种是明显正确的。Camera Raw 的自动调节已经把图 16.4A 破坏到了一定程度，对它进一步修正的效果赶不上图 16.4D。

我还主张不要修正图 16.4B 的假想的更准确的版本[③]，因为它比图 16.4A 更亮，会引起更多的色彩变化问题。再说这是浪费时间，如果我们一心一意在 LAB 中修正（要得到像图 16.4D 那样生动的颜色和鲜明的脸部就应该这样做），当然应该测量头发和衬衣，看看把 A、B 曲线变陡后是否还应该让它们向左或向右偏移。即使已经花时间调节了 Camera Raw 的“白平衡”区域中的滑块，LAB 中的调节幅度减少了，也要按上述测量所确定的方法来调节曲线。

在离开这幅图之前，应该指出，如果没有极高光，图 16.4C 所示的“天然”采样的优势可能会更明显。没有极高光时，Camera Raw 的自动调节就会给图像强加一个白场，图中的女人就会有带白色高光的黄头发，可能没有蒙版或选区就无法修正了。

图 16.4D 并不是最终的效果，但它是修正过程中必要的一步。从图 16.4A 或图 16.4C 开始修正会比使用 JPEG 原稿花更长的时间，但如果有相机生成的 JPEG 原稿，我们还得选择是使用 JPEG 原稿还是费事去打开 raw 文件。

16.8 来自深水的怪物

专业摄影师在大多数情况下可以从容地拍摄，但如果有一头大型野兽正在走近他，他的方寸就乱了。

①也许可以这样来理解这种美国式幽默吧：图中两个人的头发和女人的衬衣不大可能都是黄色的，就像 Enron 公司的高级主管们不大可能抛售自己持有的本公司股票。

②英文版有误，应是图 16.4A 较亮（L 值较高）。

③即在“白平衡”下拉菜单中选择比“白炽灯”更好的预设项目而产生的版本。

这体现在下一个范例中。图 16.5 是一位非常优秀的摄影师的作品。这并不是他最好的作品，不过考虑到拍摄环境，拍成这样也是可以理解的。我们在 Camera Raw 中以自动调节方式打开这张图，只能看见有个大家伙从水里冒了出来，但它是一头熊，还是尼斯湖怪兽或幻觉，尚无法判断。

对在色彩修正上积累了丰富经验的人来说，开始的图像是有一些模式的。这一张让我们想起图 15.2 的夜景，一半很暗，一半很亮，几乎没有过渡。在那个练习中没有 raw 文件可用，因此我们不得不充分利用劣质原稿，创建两个副本，把它们结合起来。现在有 raw 文件，亮的一半和暗的一半可以接近些，可以在同一个文件中处理。不过我认为这还不够，因为相机看见的景象和人看见的不一样。

相机看待此类场景的方式是乏味的。人类处在同样的位置上，会看到水、岩石和植物，但更能注意到一头有可能对他造成严重的人身伤害的动物。

我们的视觉系统是进化的产物，能够一下子把注意力集中于潜在的威胁，这是其优秀的遗传品质之一。为了在画面中达到这一效果，我们必须给暗的一半大大增强对比度，但这会扼杀亮的一半。

相应的，我们需要一个有充足的高光细节的版本，用于后期混合。幸运的是，这是 raw 的强项。

为业余爱好者获得最好看的图片而设计的采样运算法则，不仅仅给图像设置全阶调，实际上还允许一些高光白得失去层次，阴影变焦，其理论依据是，人们很少能注意到为增加其他区域的对比度而放弃了高光和阴影中的细节。

raw 采集过程不会放弃任何细节，因此图 16.5 是很好的，只要提亮就可以恢复高光。如果我们觉得现在的高光不合适，只需要将“曝光度”（高光）滑块适当向左移动，使亮调落在 Camera Raw 的曲线上较陡的区段，然后将结果存储为一个副本。我们不在乎这时阴影的细节完全变焦了，因为我们不打算单独使用这幅图。我们也不在乎高光的细节被强调得过分了，因为我们总能以较低的不透明度将它混合到最终的图片中。

因此，我们将图 16.5 存储为 Photoshop 可以读取的格式，再重新打开 raw 文件，以便制作用于混合的暗的那一半。我用两种方法来做，最后比较哪种更好。一种方法是发挥 Camera Raw 的处理能力，另一种是不让它处理。

首先，在 Camera 中打开 raw 文件，不应用自动修正。这一步没有图例，因为它的效果和图 16.5 差不多。对这张图，我采用了以前处理夏威夷风景图 15.19C 时用过的策略：将一个错误的配置文件——

图 16.5　在 Camera Raw 中打开原稿时没有使用自动修正。

Gamma值变为0.8的Wide Gamut RGB——指定给它，它的显示变亮了，又由于这种奇怪的设置让我不舒服，我随即使用“转换到配置文件”命令将它恢复到sRGB，得到了图16.6A。

与之对比的是图16.6B，它是用Camera Raw的滑块和曲线在原稿的基础上提亮的。这一操作要小心，因为滑块和曲线是相互影响的。我们不希望靠近我们的礁石或那头动物的臀部消失，我希望进一步提亮阴影，但“阴影”滑块已经向左移到了不能再移的位置[①]。

得到有价值的色彩信息后，该动物种类之谜就揭开了。假如这是一头熊，它的颜色就会是浅肉桂色、黑色或介于这二者之间的任何颜色。但我们知道这是一只雌麋鹿，它一定是灰褐色的。那是很不饱和的红色，在自然界中频繁出现，值得我们重申一下产生它的数值。在RGB中，它的绿色和蓝色成分基本上一样多，红色要稍亮一些；在CMYK中，它的品红和黄色成分大致相等，青色略浅；在LAB中，A和B大致相等，都是小的正值。在任何色彩空间中，如果刚才说的应该相等的成分并不相等，那么偏黄的情况比偏紫的情况多。

图16.6中的两个版本都太紫了。它们都在RGB空间中，动物的暗调明暗变化太大，通过读取LAB数值更容易比较它们的颜色，因为明暗不影响A、B值。图16.6A中麋鹿的平均数值是$7^{A}(6)^{B}$，图16.6B中是$6^{A}(9)^{B}$。这是一个小小的惊喜。记住，当图16.6A实际上是在sRGB空间中时，我曾经给把Wide Gamut RGB指定给它，那肯定削弱了一些鲜艳的颜色，因此图16.6B中的麋鹿较蓝。

岸边偏蓝的现象更严重。图16.6A中前景的典型数值是$3^{A}(8)^{B}$，图16.6B中是$3^{A}(12)^{B}$；它们的背景分别是$4^{A}(10)^{B}$和$5^{A}(12)^{B}$。由Camera Raw的主通道处理方法产生的这种差异还不太要紧，我们仍然可以对图像进行更多的处理。

这些数值表明的蓝紫色偏恐怕在RGB或CMYK中比在LAB中更容易纠正，因为它还没有影响水面。我喜欢在RGB中纠正色偏，但由于两个版本都还太平淡，在纠正色偏之后我还想进入LAB使用较陡的曲线强化色彩，对后一步，我宁愿进入LAB，进、出CMYK是没有必要的。

将图16.6A变为图16.7A的曲线是缓和的，绿色通道变亮了，红色通道变亮得较少，蓝色通道变暗了，相当于增加了黄色。产生图16.6B的曲线没有展示出来，与产生图16.7A的曲线类似，但更强烈。不幸的是，要想用这些曲线把前景和背景中性化，就无法避免把麋鹿变得太红。

16.9 红色、饱和度及其他

现在，色偏多多少少消除了。我们该考虑亮度混合了。当时，我们看到绿色通道常常是处理脸部最好的材料，我还建议把绿色通道混合进一个“亮度”图层。现在，麋鹿皮毛的颜色不像人脸上的红色那么饱和，但它仍然是一种红色，适用同样的规则——绿色通道比另外两个通道有更好的对比度。图16.7B与图16.8B之间的区别不算大，但还是有区别，我们花1分钟时间来讨论一下。

图16.7A比图16.7B亮得多，用这种方法处理它更好：复制出一个副本，转换到LAB，然后将原图的绿色通道直接应用于副本的L通道，而不是应用到原图的亮度图层上。结果如图16.8A所示，注意它比图16.7A充实了多少。

这个办法管用，是因为L通道被解释得很暗，几乎就像有一个Gamma值为2.6或2.7的错误配置文件被指定给了它（用Gamma来描述L通道的表现有点勉强，因为它的高光和阴影多少有些古怪，不过在此例中我们不必为此担心）。由于解释得较暗，L通道本身就必须较亮——比任何RGB通道都更亮。于是，用绿色通道来替换L通道必然把图像变暗。

图16.8A已经在LAB中了，我们再来看图16.8B，它是在RGB中用更常规的方法——把绿色通道应用于一个“亮度”图层——而创建的。这次修正中最重要的部分就要来了。最好先反省一下我们为什么首先要在LAB中处理。

LAB的优势在于把颜色分开来处理，能把灰蒙蒙的图像变生动。在本章已经处理过的3幅图中，有两幅——这张麋鹿照片和前面两个老人的照片——

①作者想说的是：当他再也拉不动“阴影”滑块时，可以调节曲线，把阴影变得更亮。

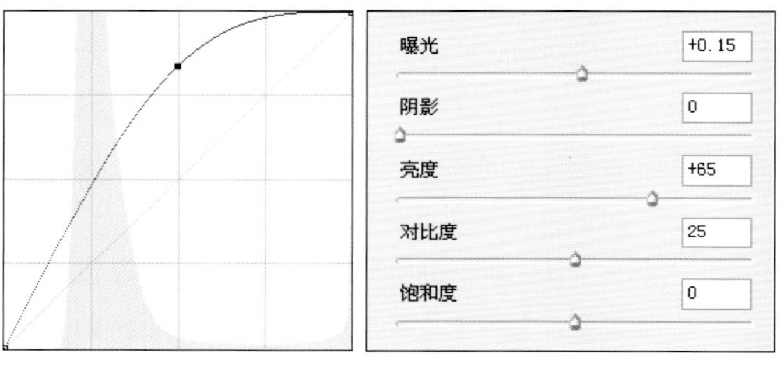

图 16.6　用两种方法为该文件将来的混合准备暗的一半。图 16.6A 文件从 Camera Raw 输出到 sRGB，没有自动修正，指定了一个错误的配置文件——Gamma 值得变为 0.8 的 Wide Gamut RGB。图 16.6B 在 Camera Raw 中打开文件，使用图中所示的设置。

都有这样的问题。另一方面，图 16.3 以鲜艳的罂粟为主，这种色相太强烈，需要在别的空间中处理。

简单的色偏在 LAB 中也比较容易处理，图 16.4C 就是这样，我们只需要让整个图像偏离黄色，图中的男人和女人就变得生动了，这在 LAB 中比在 RGB 或 CMYK 中容易。

在图 16.7A 和图 16.7B 中，色偏更复杂：中间调太偏蓝紫，而高光是正确的。这就是为什么在进入 LAB 之前要在 RGB 中调节曲线。

当我们感兴趣的主要对象落在狭窄的阶调范围中时（例如这里的麋鹿），LAB 甚至其 L 通道也干得不错。由于不可思议的陡 L 曲线，图 16.9A 中动物的立体感大为增强。在图 16.9B 中曲线不能这么陡，因为它的基础文件（图 16.8B）本身就比较暗。A 曲线的陡度也只能达到一半。背景已经很紫了，更陡的 A 曲线会使其恶化。结果，注意鹿脑袋上方和左方的礁石的红色区域比在图 16.9A 中更红，在图 16.9B 中更像是橘色。

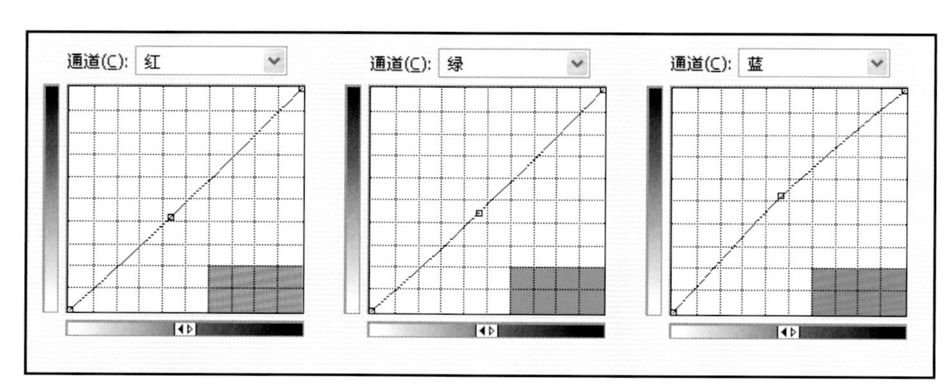

图 16.7 麋鹿的颜色是灰褐色，但图 16.6A 和图 16.6B 中的麋鹿明显偏紫。出示在这里的曲线产生了图 A，但产生图 B 的曲线没有出示在这里，它们较陡。

图 16.8　在像这头麋鹿一样红的对象上，绿色通道常常比另外两个通道有更强的对比度。图 16.8A 图 16.7A 的一个副本被转换到了 LAB，来自原稿的绿色通道被应用到该副本的 L 通道，产生了较暗的、主体较突出的效果。图 16.8B 图 16.7B 一开始就比较暗，因此用更常规的方法混合，将绿色通道应用于合成 RGB 图像的一个复制图层，将此图层的混合模式改为“亮度”。

图 16.9A 和图 16.9B 都是可信的，特别是与惨不忍睹的图 16.4 比较。我更喜欢图 16.9A，因为动物更突出，它与中性灰的礁石的对比强于图 16.9B 中较紫的动物与礁石的对比。我不想对图 16.9B 吹毛求疵，但我宁愿用错误配置文件工作流程得到最终的效果。要把图 16.9B 调整成图 16.9A 就困难得多了，因为它是在 Camera Raw 中提亮的。

如果你决定让动物像在图 16.9A 中那样突出，你可能也需要使用错误的配置文件，而在这种情况下，我们必然要问：当仅仅打开一个未修正的版本就有可能做出不错的效果时，何必还要费事用 Camera Raw 调节出图 16.6B 呢?

这是我测试许多图像时屡屡对自己提出的问题，在回答它之前，让我们完成本章最后一次修正。

16.10　用图层蒙版混合

假定你同意忘掉图 16.9B，继续处理图 16.9A，下一步就是找回图 16.5，将它转换到 LAB（或将图 16.9A 转换到 RGB），再将图 16.5 复制到图 16.9A 中成为最上面的图层，将该层中效果较好的水与底层中我们如此煞费苦心制作的动物和背景结合起来。

乍一看，似乎应该用混合颜色带来混合这两个图层，排除顶层中的暗调，但这不管用，因为水中有些波纹比水中最亮的区域暗，更不要说动物的臀部了。其实我们需要这样一个图层蒙版：它在有水的地方是白色的，在有麋鹿和背景的地方是黑色的，在这两部分相接的地方是灰色的。

根据这一定义，制作蒙版的起点不外乎是顶层本身，下面是制作步骤。

• 选择来自图 16.5 的顶层，执行“图层 > 图层蒙版 > 显示全部”命令，生成图层蒙版。

• 现在图层蒙版是被选中的通道，执行“图像 > 应用图像”命令，以合并图像本身为源通道，100% 的不透明度，“正常”或“正片叠底”混合模式。

• 按住 Option 键单击图层面板中顶层的图层蒙版的图标，屏幕上便显示图层蒙版的画面而不是合成图像的画面。

• 用曲线把图层蒙版上最亮的区域变成纯白，把它最暗的区域变成纯黑。

• 背景和动物最亮的部分在图层蒙版上对应的区域还没有完全变黑，可以把它们画黑，或用套索选择它们，删除它们，使它们变黑。对水中不够白的区域进行相反的处理。

• 执行“滤镜 > 模糊 > 高斯模糊”命令，半径大约是 10 像素。这是为了把水与岸的交接处变得柔和，也就是说让上下两个图层自然地过渡。

• 按住 Option 键单击图层蒙版的图标，让屏幕重新显示合成图像，设置顶层的不透明度，我选择 65%，因为我觉得不透明度再高就会让水与动物相比暗得不真实。

图 16.10 显示了完成后的图层蒙版。在混合后，还要对 L 通道进行轻微的“大半径、小数量”锐化，然后转换到 CMYK，稍微调节一下阴影。最终结果如图 16.11 所示。

16.11　总结：KISS 方法

在最后一个范例中，两种方法都有那么多步骤，很难证明哪种方法哪种更好。如果你喜欢图 16.9 中

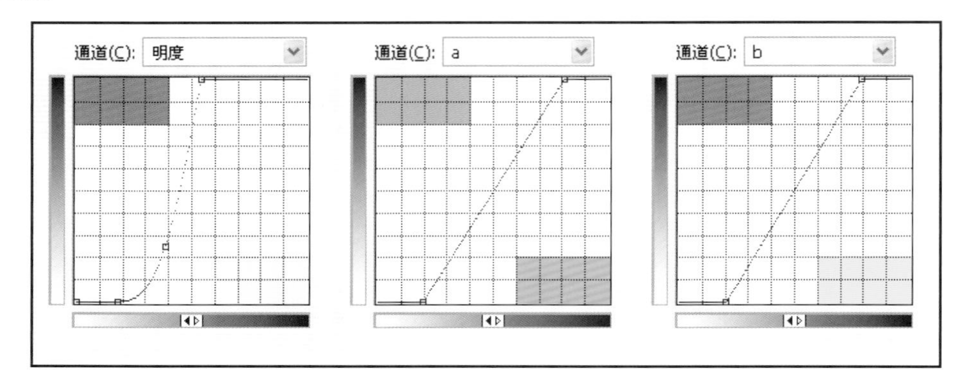

图 16.9 出示在这里的曲线将图 16.8A 变成本图中的 A。类似的曲线（L 曲线没有那么陡）将图 16.8B 变成本图中的 B。

的某一个版本，那可能是因为它用到了某种高级方法，或我这方面的某些错误或反常。尽管如此，基于这次修正和本章没有展示的许多次修正，还是可以总结出一些普遍规律。在开始之前，我头脑中有一些问题，下面是我自己觉得满意的回答。

• 进入 Camera Raw 或类似的模块对大多数图像都有好处吗？不，raw 模块绕过的标准自动修正之所以标准，是因为它们常常管用。

• 是否有一些图像从中得到好处？是的，以下图像用 raw 方法处理较好：有重要的、鲜艳的颜色，如罂粟花照片图 16.2；有明显的色偏，如两位老人的照片图 16.3；问题严重的原稿，例如图 16.5 中的麋鹿几乎看不见了。

到此为止，这些发现都是我预料之中的。但下一个不是。

• 用 Camera Raw 打开文件之前是否有必要做最初的修正？就目前的设置而言，我不认为有这个必要。据我所知，打开未修正的版本，不让 Camera Raw 进行自动调节，才能获得最好的图像品质。

Camera Raw 的最大好处就是让我们打开未修正版本，而不是在进入 Photoshop 之前处理图像。例如，我不认为图 16.3D 可以通过处理由相机生成的 JPEG 文件而得到。

• 尽管如此，某些用户使用这些工具是否会容易一些？某些用户会发现，使用 Camera Raw 的白平衡滴管工具，比将图像传给 Photoshop 修正更容易减弱色偏。对那些傲慢得不肯使用滴管工具的人，我得说，白平衡滴管在对付少量色偏时还是有吸引力的。但“白平衡”区域的两个滑块的关系不直观，任何人只要懂得它们，恐怕也不会认为曲线很困难。

另一方面，与对比度有关的调节，可与同时调整所有通道的“色阶”命令相比。有些人可能发现这种方法很好用，但我不推荐严肃的用户使用它，原因在第 2 章和第 3 章中讲过。

• raw 给我们带来的最大惊喜是什么？让色彩修正更容易。我们在本书中见过一些复杂的曲线，但在这一章中没有复杂的曲线。本章用到了 4 套曲线、12 个通道，没有一条曲线有超过一个内部锚点。本章的内容，特别是与错误的配置文件相结合的内容，看起来有点难，但全部 3 个练习都使用入门水平的曲线，可与第 2 ～ 4 章中最简单的范例相比。固然麋鹿的图需要错误的配置文件、“亮度”混合和图层蒙版混合，但拿到一张非常拙劣的、我们恨不得不修正就扔掉它的原稿时，也需要这些。

前两个练习是容易的。再看一眼图 16.4C，未修正的、整体上很暗的两个老人的照片，用 LAB 曲线最简单的形式在几秒钟内就可以修正它。为了看到这有多容易，你或许愿意跳过几章看看图 19.6，这是大

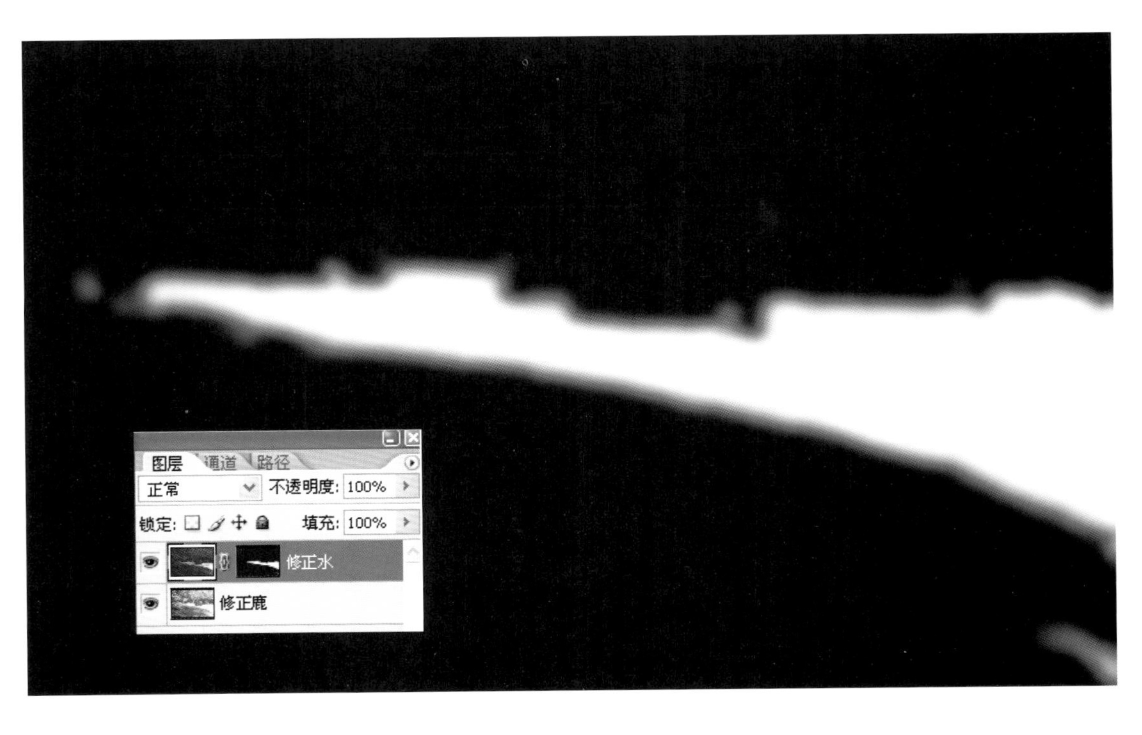

图 16.10　将图 16.5 中的水、图 16.9A 中的麋鹿和背景结合起来需要一个图层蒙版。本图所示的图层蒙版直接来自图 16.5 本身，加强了对比度，去掉了不必要的颜色。按照出示在这里的图层结构，图层蒙版上白色的区域允许顶层显示，黑色区域允许底层显示。

图 16.11　从 16.5 开始修正的最终效果，使用图 16.10 所示的图层蒙版将原稿中的水重新混合了进来。

体类似的图片——有一个老妇人，有黄色色偏，但没有 raw 文件可用，我们不得不使用相机生成的 JPEG 文件，可以修正它，但快不了，它之所以被放在最后一章，也是因为它不容易处理。

色彩修正像人类其他方面的努力一样，我们知道的最好的方法之一是 KISS——Keep It Simple，Stupid（保持简单、傻瓜式）。对此最好的诠释无过于 raw 采样模块了，使用它最大的好处是，避免运算法则事先修正我们的图像，允许 Photoshop 中简单的处理。享受这一好处的最好方法就是用 raw 模块打开接近天然状态的文件，禁止任何运算法则或非 Photoshop 修正。

当面对新工具时，问问自己，如果用不上该工具该如何进行，这是明智的。这就是在本章开始之前用图 15.19 所示的夏威夷风光回顾底片时代的整个目的。当时，保留未修正版本的做法是有用的，今天它更有用了。

旧日子并不像多愁善感的人记忆中那么美好，今天的数码摄影给了我们 20 年前做梦也想不到的力量，为了充分地利用它，我们需要理解旧日子留下来的一些好东西。Raw 采样模块是一种承前启后的东西——是我们应该好好感谢的。

本章小结

像 Photoshop 的 Camera Raw 这样的采样模块，绕过了自动修正，允许我们处理尚未设置黑白场的文件。

对严重曝光不足或曝光过度的图像、有灿烂颜色的图像或有色偏的图像，这一功能特别有用。

目前，raw 模块的运行速度还很慢，而且修正能力是初级的。可以接受它们自动修正的结果，也可以关闭所有自动修正功能，从文件的天然状态开始。

目前，raw 模块是图像处理软件发展中最热门的领域。可以展望，在今后的若干年中，它们的能力和运行速度都会迅速提高。

回顾与练习

★ 对罂粟照片图 16.3 创建一个新版本，方法是：在 Camera Raw 中处理该文件直到你觉得合适，但后续的操作都在 LAB 而不是 RGB 中进行（提示：操作过程类似于在上一章中制作图 15.12C 和图 15.12D）。

★ 对图 16.4 所示的两位老人的 raw 采样，调节“白平衡”区域的“色温”和“色调”滑块，达到比图 16.4B 更准确的颜色。

★ Camera Raw 中的哪两种设置为加强中间调的对比度而牺牲了高光和阴影？

第 17 章
模糊、蒙版和锐化中的安全

有效地应用 USM 锐化取决于理解锐化和模糊是近亲，取决于分析通道结构，这使我们能够将两种不同类型的锐化混合为一个和谐的整体。

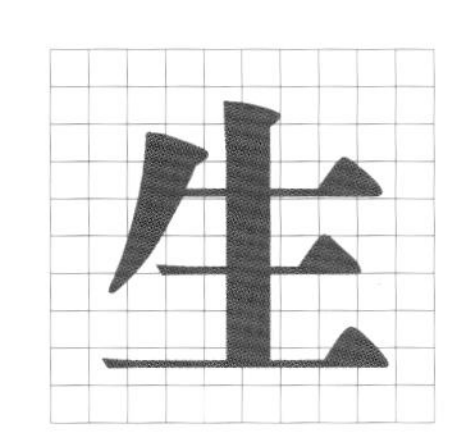

活就像 Photoshop，最诱人的事物也是最冒险的。最好的牛排充满了胆固醇，最好的葡萄酒会醉人，最好的户外探险是危险的，而最诚挚的愿望也许会落空，尤其是在恋爱中，本书在这方面就没有什么可说的了。

Photoshop 最诱人的地方是 USM 锐化。每个人都想这么做，但是除了最放肆的“亡命徒”，所有人——我自己也算一个——都怕锐化过度。如果控制得当，锐化就能得到与曲线和通道混合媲美的效果，若是失控，就会毁掉图片。幸运的是，有避免这种后果的方法，但这些方法又会带出别的问题。

第 6 章描述了“USM 锐化”滤镜如何创建明显的晕带，这是传统的、约定俗成的锐化类型的特征。我还推荐了一种叫“大半径、小数量”的形式——非常大的半径、非常小的数量——它创建了大大扩散的晕带。有人说这种效果与传统锐化太不一样了，以至于锐化与改善图像的其他形式的界线模糊了。

“模糊”这个动词是很宽泛的，我们已经知道，锐化有赖于模糊——大多数用户不知道的隐藏的模糊处理。但有些东西仍然会变模糊，因为暗中的模糊比单纯的 USM 锐化更有用。现在很难说锐化从哪里开始、到哪里结束。后面的 3 章将探索这方面的尖端技术，推荐一种标准方法。

冒险行为让人上瘾。学习锐化的人希望学到更好的、更勇敢的方法。第 6 章对一般的用户确实够用了，但不足以满足“亡命徒”，他们很多人要求我传授以前版本中没有的更冒险的方法。

看看图 17.1B。它有点像对图 17.1A 进行 USM 锐化的结果，又有点像曲线调整的结果。其实两者都不是。产生该图的命令是“阴影 / 高光”，由 Photoshop CS 引进的强大工具，但没有得到充分的运用。要用好它，要知道什么时候有更好的替代品，就要理解它为什么这么像“大半径、小数量”的 USM 锐化，又怎样相当于对某些区域做出了选区。

这几章首先是关于通道结构的，如果你不能完成图 1.5 所示的识别通道的测试，就无法完成第 19 章。为什么人们会对这一神秘的话题感兴趣？完美主义者 Ansel Adams 解释道：

某些摄影问题似乎拒绝精确的解释。视觉印象是难以言传的，而我们仍然在寻求一些词汇来描述这种媒介的品质。其中一个难以捉摸的概念就是锐化度。有必要从物理学的角度考虑锐化度及相关概念，但在讨论机械或光学问题时，我们不能忽视重要得多的图像内容——情感上的、审美上的或表面的。我相信没有什么比锐化本来应该模糊的画面更烦人的了。

A

B

17.1 将损失降到最低限度

下面 3 章的共同点是讨论隐藏的模糊，在这方面难以分割。理论上，本章是关于锐化的，第 18 章是关于“图像 > 调整 > 阴影 / 高光”命令的，第 19 章运用选区和蒙版把两种方法分开处理过的图像片断结合在一起。在实践中，这 3 章所讲的方法有密切的联系，互相渗透。

“亡命徒”不会注意锐化的好的区域，而把注意力集中于锐化出问题的地方，因此他们想方设法发挥锐化的长处，避免它的副作用。

由于前两章所述的原因，数码相机在高光和阴影区域比其前辈光学相机更容易出问题。适当地锐化这些区域，在技术上是一大挑战。另外，高光和阴影不一定意味着白和黑。颜色鲜艳的对象在最亮的通道中是高光，在最暗的通道中又常常是阴影。

在开始之前，有两个警告。某些胆小鬼用这种方法来代替 USM 锐化：做两个图层，一个锐化过，一个没有，然后用图层蒙版遮住锐化过的区域，或用历史画笔涂抹这些区域，让其他区域看起来很不协调。如果要让前景比背景更多地锐化，这固然不错，但还有其他方法既能限制背景的锐化，又不会让人觉得前景好像是从画面中剪了下来又贴了回去。

第二个警告是，锐化的口味是相当个人化的，这正是本章始终要让你看到锐化效果的原因。范例中的锐化设置是很重的，而且是在同一个图层上锐化，如果你觉得锐化过度了，只需要设想一个不透明度较低的版本。

实际上，“亡命徒”使用 500% 的锐化数量就像把蘑菇和大蒜一起吞下去，就像综合运用通道混合与“亮度”模式，就像色彩管理和天花乱坠的测色仪广告相伴。有些人会被巨大的锐化数量吓坏，读这一章会比不用降落伞跳伞更伤身体。因此，本章讲到传统锐化时，不敢标明锐化数量，只说 YKW，即 You Know What（随你怎么想）。这样一来就不会有心脏病发作了。

现在做一个测试。图 17.2 中的 6 张小图是本章将要用到的素材。每次使用它们都需要了解通道结构，以便找到能够最好地控制锐化效果的通道。现在，你不需要给这些图制作副本并查看通道结构，只要看着这些小图，说出哪一个通道可能最有利于锐化。对每一张小图，表 17.1 都提示了要用锐化区分的两种对象，你的任务就是指出它们在 RGB 和 LAB 的哪个通道中区别最大。

17.2 瀑布和锐化高光

Adams 写道：

> 在生机勃勃的流水大合唱中，瀑布仅仅是一个小插曲。流水从山顶石缝间的小喷泉开始，最终汇入山下的大河。追溯这旺盛的生命，我们可以在闪烁的冰雪世界中找到它的源头，它穿过清爽的高山草甸、澄净的湖泊，带着涓涓细流进入繁花似锦的高地，又经过漫长的、林木葱茏的溪谷，到达约塞米蒂国家公园的边缘。突然间它急转直下，激起无数浪花，然后平静地汇集在谷底。

专业图像润饰师不像 Adams 那么会说话，说到瀑布，他们只能简单地说：找到它落下的地方，锐化个够。

图 17.3A 是 Adams 喜欢的国家公园中瀑布落下的地方，它将得益于剧烈的传统锐化。假如 Adams 在有生之年获得这样的机会，他也会这么干。

采用大得吓人的 USM 锐化参数：“随你怎么想”的数量、4.0 的半径、0 的阈值，得到了图 17.3B。大半径是处理激烈流水的标准设置，可以让暴风雨或暴风雪来得更猛烈些，在第 20 章中还会让一杯啤酒的气泡冒得更欢。大半径对小细节是有害的，不过刚才说的图和图 17.3A 没有小细节，只需要这样的外观——奔涌的、泡沫翻滚的水。

大多数人会觉得图 17.3B 锐化过度了，这不是一个问题。当我们下这么重的手来锐化时，是在一个单独的图层上，以后可以降低它的不透明度，让效果适中。问题在于前面的岩石比水锐化得更过分，要是降低不透明度使岩石锐化适当，水就锐化得不够了。

17.3 有什么不好？

一旦决定图像中某些部分需要比其他部分锐化

图 17.1 新工具的出现让我们很难说清到底是什么造成了锐化。图 B 是用“阴影 / 高光”命令制作的，但显示了 USM 锐化的很多特征。

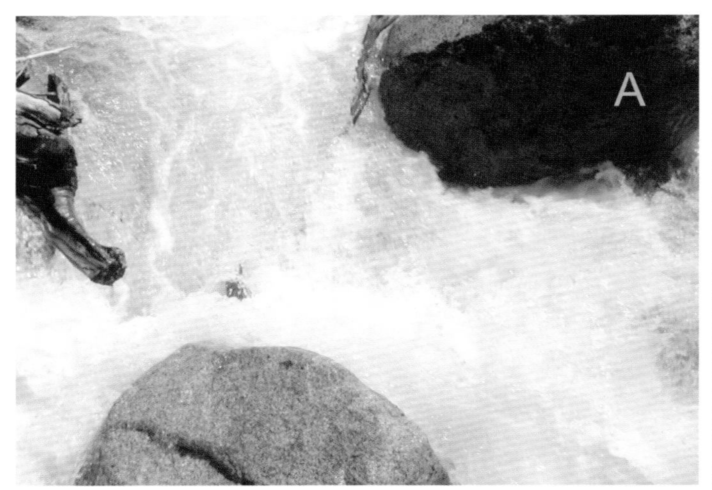

HISTORIC NEW YORK F

THE CHIPPEWA BAY AREA

This area was settled early in the 1800's by immigra
om Scotland. They were encouraged to come here by age
George Parish, a large landholder in the North Count
ese conscientious farmers and tradesmen came up
Lawrence River from Montreal with true pioneer det
nation. The hardships of the frontier were especially
e since much of the land had to be redeemed with the a

As the trials of the first years passed, fields of gr
placed the forest and gave way to prosperous far
adually, the original log cabins were replaced by st
uses, many of which survive to this day. Superb workm
p, firmness of principle and industriousness were part
s Scottish tradition that is now part of our heritage.

图 17.3 A 反映瀑布落下的原稿。图 17.3B 对 A 进行了强烈的 USM 锐化，努力渲染水的动感。

得少一些，关于通道结构的知识就派上用场了。我会展示我喜欢的方法，当然还有其他方法。

对锐化的选择通常介于传统锐化和“大半径、小数量”锐化之间。传统方法通常更令人信服，但充满了潜在的麻烦。使用“大半径、小数量”方法哪怕稍加小心，也很少会让人讨厌。

图 17.4A 就是“大半径、小数量”锐化的结果，锐化得很温柔，参数是 60%、25.0、0。纽约的润饰师把这样的图叫 WNTL，即 What' s Not to Like（这样有什么不好）。

答案是，这幅图中没什么东西不好。我们当然可以把水中的细节变得更好，但现有的画面并没有什么不讨人喜欢的东西。如果一定要说原稿（图 17.3A）和现在的图 17.4A 哪个更好，不难判断出来。但在图 17.3A 和图 17.3B 之间选择可能就让人“给两个总统候选人投票”。

在这种情况下，我主张建立 3 个图层的文件，底层是未锐化的原稿（按理说它是不需要的，但使用它是一种保险策略，有时我们看到更好的方法，改变了锐化的主意，就可以用它重新锐化），中间的图层是“有什么不好”的版本，它没有明显的缺陷，与原稿在无论哪个方面比都更讨人喜欢，顶层是尝试性的，既有长处也有弱点，可以预料到在混合中会惹很多麻烦。

现在，图 17.3B 是顶层，图 17.4A 是中间层，图 17.3A 是底层。刚才的测试问到，如何把锐化过度的前景岩石和锐化得还可以的水分开，它的答案现在用得上了。一个诱人的想法是，岩石比水暗，在任何通道中都可以把它们分开。但事实上，岩石既比较暗又比较黄，它和水最大的区别在 RGB 的蓝色通道和 CMYK 的黄色通道中，使用这两个通道中的任何一个，都比纯粹基于明暗的操作好。

我恰好在 RGB 中处理这个文件，因此我的下一步是使用颜色混合带，让中间图层蓝色通道较暗的区域透过顶层显示出来。由于混合颜色

表 17.1

如果在 USM 锐化中没有限制锐化的蒙版，图 17.2 中的 6 张小图可能就会锐化过度。在每张小图中有两个主要区域，是需要加强或限制锐化的。下面对每张小图列出两种对象，请说出在 RGB 的哪个通道以及 LAB 的哪个通道中这两种对象的区别最大。

小图序号	两种对象区别最大的通道
A	水和前景的岩石
B	雪和前景的树木
C	水和叶子
D	植物和背景
E	人脸和背景中的树木
F	字母和背景

图 17.2 成功的锐化的关键是找到最能分辨重要对象的通道。

带滑块被剖为两半，产生了过渡带，顶层中的岩石就没有被完全排除，但水只显示了顶层中的。到这一步，我们不再为岩石的问题操心，只需要决定图 17.3B 中的水的锐化应该保留到什么程度。我把顶层的不透明度降到了 50%，得到了最终效果，图 17.4B。

图 17.4 A 对图 17.3A 进行“大半径、小数量”USM 锐化的结果。图 17.4B 用混合颜色带功能把两个锐化版本混合在一起，并降低了不透明度。

混合颜色带(E): 蓝
本图层: 0 255
下一图层: 75 / 149 255

图层 通道 路径
正常 不透明度: 100%
锁定: 填充: 100%
500,4,0锐化
60,25,0锐化
原稿

17.4 平静的深水

刚才给出的是一般的技巧，其具体用法因图而异。图 17.5A 又是水景，但这次我们要用不同的方法来锐化它，对“有什么不好”的图层的选择是出乎意料的，混合颜色带功能也在不同的色彩空间中运用。

在第 6 章中，我们发现传统 USM 锐化在找到明确的边缘时效果最好。图 17.5A 的下半部分充满了这样的边缘——叶子与背景相接处，瓷砖、灰浆和混凝土相接处。图 17.5B 改善了这些区域。

但“大半径、小数量”方法在边缘模糊或不存在时效果较好，例如在水中。图 17.5C 靠这种方法获得了更好的形体和更明显的水波。

在 RGB 和 CMYK 中混合这两种效果并不容易。在红色通道和青色通道中，水和叶子都比较暗，它们在蓝色和黄色通道中也难以区分。

LAB 的颜色通道常

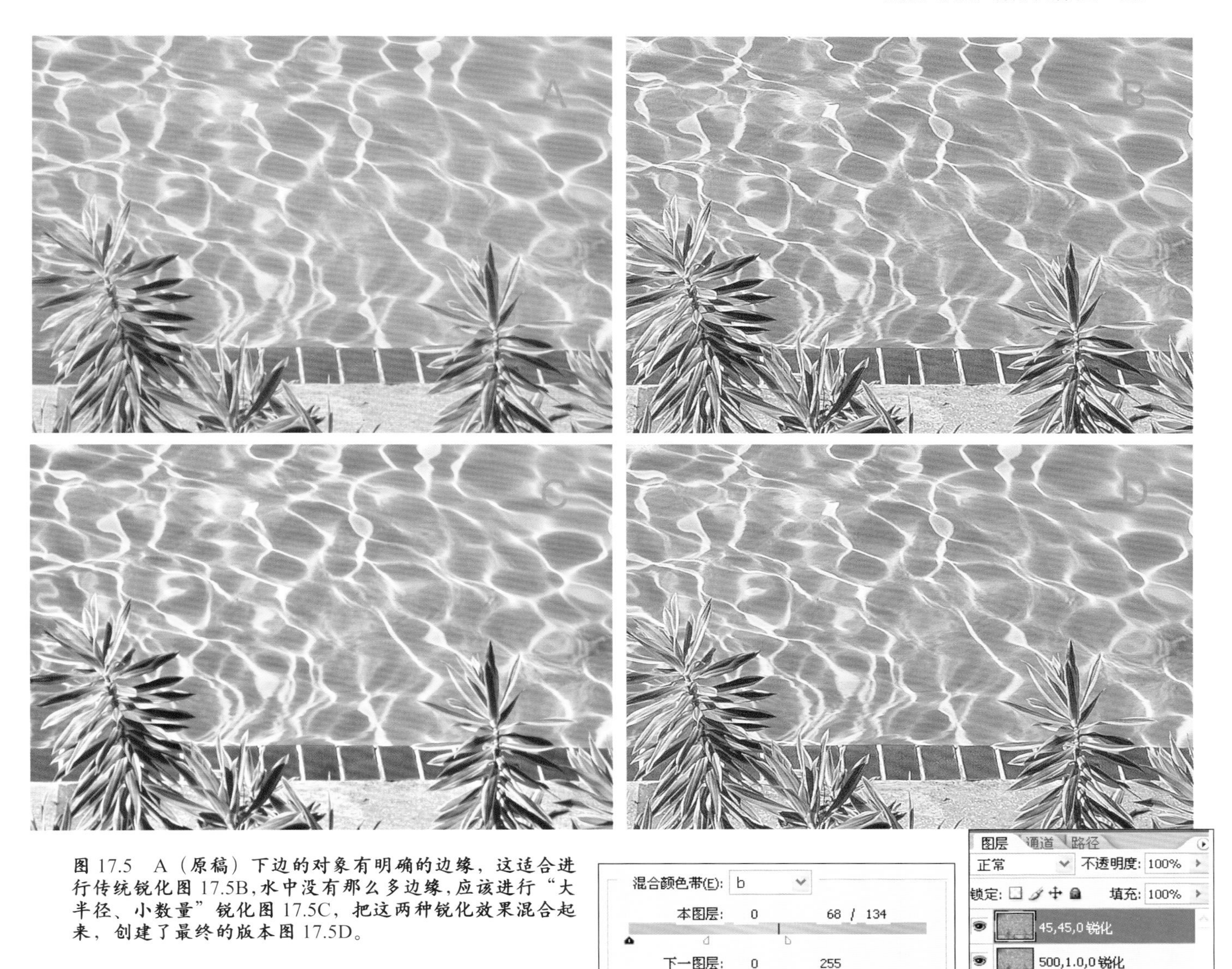

图 17.5 A（原稿）下边的对象有明确的边缘，这适合进行传统锐化图 17.5B，水中没有那么多边缘，应该进行“大半径、小数量”锐化图 17.5C，把这两种锐化效果混合起来，创建了最终的版本图 17.5D。

常能解决选择的问题。首先看 A 通道，在这个通道中，水和叶子都是绿多于品红，因此我们可以忘记这个通道。但是水的黄色成分多于蓝色成分，而画面下半部分的任何东西都是黄多于蓝，因此它们可以在 B 通道中用混合颜色带分开。

对中间图层（“有什么不好”的图层）的选择也不同于上一个范例。水在传统锐化的图 17.5B 中不如在“大半径、小数量”锐化的图 17.5C 中吸引人，但比在原稿中好。这些图“有什么不好”？在图 17.5C 中，我不喜欢叶子那么暗，尽管图中的水不错。所以这次的图层顺序是：原稿在底层，传统锐化的版本在中间层，“大半径、小数量”锐化的版本在顶层。

我用混合颜色带滑块排除了顶层中不是特别蓝的任何东西，将该层的不透明度设为 75%，这意味着画面下半部分来自中间层，而上半部分，水，是顶层和中间层的混合效果。这样修正得到的是图 17.5D。

最后一个问题是，中间层，即图 17.5B，是否锐化得太厉害了？我个人认为不是，因此我不再管它。不过如果你有不同的看法，可以利用底层，即图 17.5A，你只需要把中间层的不透明度改为 80% 或让你觉得不错的任何数值，使未锐化的原稿多多少少透过中间层显示出来。

17.5 锐化、阴影和工作流程

锐化 L 通道有时效果较好，甚至比在 RGB 中锐化一个亮度图层更好。只要觉得方便就可以锐化 L

通道。但除了少数例外，我不会仅仅为了锐化而费事地转换到 LAB。对模糊来说，LAB 确实比 RGB 好得多，但锐化不是这样。

不过有时候工作流程确实把我们带到 LAB 中了。在下一个范例中，均衡两种锐化效果的明显方法就是，使用基于 B 通道的颜色混合带，在 RGB 中没有等效的简便操作。不管怎么说，我们既然已经进了 LAB，就尽量在那儿锐化吧。

为了看看锐化是怎样服务于整个计划的，让我们做一次完整的修正，不仅要锐化而且要使用曲线。

在高光区域，我们对颜色变化较敏感，对对比度变化不太敏感，在阴影中正相反。锐化高光适合于图 17.3A 所示的情况，此图需要刺眼的甚至令人不安的水。但在大多数情况下我们不得不锐化暗调，这时往往需要比混合颜色带更精确的工具。

图 17.6A 打开时未嵌入 RGB 配置文件，存在着我们刚刚在第 16 章中见过的问题——画面中大部分有蓝色色偏，测量雪的暗调就可以发现这种问题。但很亮的区域成了相机运算法则的受害者，成了白色的。相对比较灰暗的颜色，比如大片的灰绿色，提示我们在 LAB 中修正，但对这一幅半偏色的照片来说马上进入

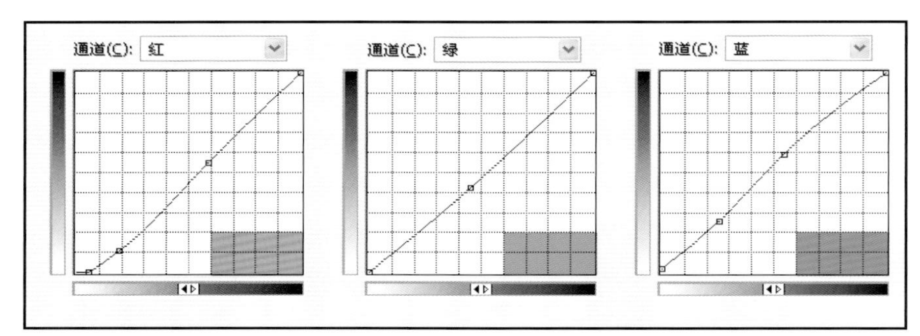

图 17.6A 原稿。图 17.6B 在 RGB 中创建曲线调整图层，该图层的混合模式为“颜色”。图 17.6C（下页）LAB 曲线增强了色彩变化。图 17.6D（下页）传统 USM 锐化的结果。图 17.6E “大半径、小数量”锐化的结果。图 17.6F 最终的混合效果。

C
D
E
F

应用图像
源(S): DSCN0539rainer
图层(L): 背景
通道(C): 明度 ☑反相(I)
目标: DSCN0539rainer(图层 1, Lab)
混合(B): 正常
不透明度(O): 100 %
☐保留透明区域(T)
☐蒙版(K)...
确定
取消
☑预览

图 17.7 为了在混合中均衡图 17.6D 和图 17.6E，顶层需要图层蒙版（右边的黑白图），它是由 L 通道的反相生成的，其亮调允许顶层显示，其暗调让中间层透过顶层显示。

LAB 不合适，如果把较暗的雪变成中性灰，较亮的雪就会发红。以前的图 16.4（两位老人的照片）曾表现出同样的问题，当时我们用 Camera Raw 恢复了原稿的白场，然后很容易在 LAB 中按部就班地修正。但现在没有 raw 文件可用，这幅照片是以 JPEG 格式拍摄的。

我预见到了以下步骤。

• 在 RGB 中用最初的曲线把雪调成中性灰。这样会把青色成分变浅，如果曲线调整图层的混合模式是“正常”，就会抹煞细节，所以曲线调整图层的混合模式应该设置为“颜色”以保持亮度。

• 消灭色偏后，进入 LAB，使用通常的陡曲线，大大增强色彩变化。

• 既然已经进了 LAB，就尽量在这里面做锐化。但就像本章中另外两幅图那样，这幅图也是“人格分裂”的：背景不能像前景那样锐化，我们当然不希望此图中的雪变得像图 17.3B 中的瀑布一样。

具体的处理过程如下。

• 图 17.6A 是原稿，按常规给它指定 Apple RGB 配置文件。

• 创建曲线调整图层，将其混合模式设置为“颜色”，既消除雪的色偏又不破坏细节，得到图 17.6B。

• 拼合图层，转换到 LAB，以通常的方式把 A、B 曲线变陡，产生图 17.6C。

然后进行两种类型的锐化。图 17.6D 是传统锐化（小半径、大数量）的结果，具体参数是“随你怎么想”的数量、1.0 的半径、8 的阈值。它让前景充满希望，但背景中的雪惨遭蹂躏。图 17.6E 是“大半径、小数量”的结果，具体参数是 60%、25.0、8。这张图“有什么不好”？

表 17.2 答案

图 17.2 包含本章用到的 6 张示范图片，表 17.1 提出的问题是，对每张小图找到 1 个 RGB 通道和 1 个 LAB 通道，图中重要的两个区域在此通道中有最大的区别，因而此通道对制作蒙版是最有用的。

A　最容易区分水和岩石的是：RGB 的蓝色通道和 LAB 的 L 通道。

B　最容易区分前景和背景的是：RGB 蓝色通道和 LAB 的 L 通道。

C　最容易区分水池和前景的是：LAB 中的 B 通道(RGB 中无通道可选)。

D　最容易区分植物和背景的是：RGB 的绿色通道和 LAB 的 A 通道。

E　最容易区分人脸和背景的是：RGB 的红色通道和 LAB 的 L 通道。

F　最容易区分字母和背景的是：RGB 的蓝色通道和 LAB 的 B 通道。

• 我们再一次创建 3 个图层的文件，图 17.6C 是底层，图 17.6E 是中间层，图 17.6D 是顶层。在前面的练习中，我们一直是用混合颜色带功能把顶层和中间层混合在一起并得到了令人满意的效果，但现在，为了更精确，我们考虑另一种方法——图层蒙版，在必要时可以用曲线轻松地改变它。

• 当一部分修正在 RGB 中进行、另一部分在 LAB 中进行时，我建议保留 RGB 的一个副本，因为说不定哪个通道会用于混合或蒙版。现在，蓝色通道中的边缘变化比另外两个通道丰富，但噪点也更多。我得说，不值得费事去除掉这些噪点。我们在试图限制一幅没有灿烂颜色的图中暗的一半的传统 USM 锐化，任何通道都能给我们一个过得去的起点——包括 L 通道。

• 选择顶层，执行“图层 > 图层蒙版 > 显示全部”命令，或单击图层面板下端的图层蒙版图标，添加图层蒙版。

• 执行“图像 > 应用图像”命令。图层蒙版目前是被激活的（除非刚才碰了图层面板中别的地方），因此它是“应用图像”命令的目标。至于源，选择底层的 L 通道，它还没有锐化。必须勾选“反相”，因为图层蒙版上的亮颜色允许顶层显示，暗颜色允许下层显示，如果不勾选“反相”，我们就会在画面的亮调看见更多的传统 USM 锐化，在前景中看见较多的“大半径、小数量”锐化，但我们需要的是相反的效果。图层蒙版需要像图 17.7 所示的那样，黑白颠倒。

• 可以编辑图层蒙版。比如说，它可以把传统锐化的雪与传统锐化的前景一起排除，而不是听任传统锐化的雪对画面施加图 17.6F 所示的轻微影响。我们可以用曲线把图 17.7 中较暗的地方彻底变成黑色，或者提亮该蒙版的中间调，保留较锐化的雪和背景中的悬崖。

尽管图层蒙版用起来很灵活，但也很费时间。让我来推荐一种更简单的方法，用于不需要那么保险地处理的图像。

疑难解答：安全地锐化

在“大半径、小数量”锐化中找到正确的半径值。找对了，该滤镜就能产生很好的立体感；找错了，就只是随随便便地提亮或加深画面。为了找到合适的半径值，先设置一个极大的数量，即使是“随你怎么想”的数量，然后观察不同的半径值怎样影响立体感。当你满意的时候，恢复数量到 50% 左右。

两个图层的混合颜色带滑块。本章中所有的颜色混合带滑块（除了用于图 17.5 的）都是“下一图层”的，这意味着 Photoshop 检查下一图层是否符合要求。这通常比较容易操作，但偶尔，更有效的方法是调节“本图层”滑块，特别是当 LAB 中一个调整图层上的曲线把颜色分得很明显时。在这种情况下，顶层的色彩范围很宽，调节“本图层”滑块的效果较精确。

图层蒙版工作流程中的误区。编辑图层蒙版缺乏经验的人难免会返工，当他们以为自己在编辑图层蒙版时，实际上是在编辑图像本身，或者反过来。注意检查图层面板，图层图标带一个亮边框时，编辑的就是图像，蒙版图标带一个亮边框时，编辑的就是蒙版。

忘记让给蒙版做反相。尽管为制作蒙版挑选通道是本章的难点，但有时人们会忘记较容易的——让蒙版黑白颠倒。蒙版亮的地方允许修正或允许顶层显示，蒙版暗的地方限制修正或隐藏顶层。看看图 17.7 就更容易理解这一点，原稿中暗的地方在蒙版中应该亮，原稿中亮的地方在蒙版中应该暗。给蒙版做反相只需要一个快捷键。

17.6 高风险，高回报

正如第 115 页的方框指出的，有些摄影师把过度锐化看作没有教养的标志，至少像订购七分熟的鞑靼牛肉沫一样骇人听闻。正是由于这种看法，人们才对“大半径、小数量”方法和仅仅锐化黑色通道（如果恰好在 CMYK 中工作）抱有好感。这两种方法都比较老实。显然，锐化得太厉害就会让整个图像看起来奇怪。

传统锐化更危险，因为它对图像的破坏容易被忽视。很讨厌的是，刚做完锐化时用肉眼检查，觉得效果不错，可是在 8 步修正以后才发现，锐化早就把一些小区域砍成碎片了。

上一段文字应该强调，应该用本章和第 6 章讲过的方法给它来一点 USM 锐化。传统锐化的危险既表现在自然提亮的区域，又常常表现在过度提亮的晕带上。在处理图 6.10B 所示的仙人掌时，我们采用了这样的对策：把亮晕带和暗晕带放在不同的图层上，调节它们的不透明度。类似的方法对那些不想碰运

图 17.8 很多图像暗调的锐化可以比亮调更重。此图中的头发可以使用传统 USM 锐化，但这会破坏脸部。

气、只想在快速工作流程中将传统锐化和“大半径、小数量”锐化结合起来的人也管用。这牵涉基于亮度建立选区，将选区反转，在选区内进行传统锐化，然后以“大半径、小数量”方法锐化整个图像。

我将在 RGB 中示范这一快速方法，但在任何色彩空间中都可以用它。让我们假定没有配置文件的图 17.8 在颜色和对比度方面都没问题，只需要 USM 锐化。

• 选择适当的通道来做反相选区。对自己说：“对应于该通道中暗的部分，在彩色画面上要做最大程度的锐化，对应于该通道中亮的部分，在彩色画面上要做最少的锐化。”我们想锐化图中每个人的头发，它们在可以选择的任何通道中都是最暗的。我们不想锐化他们的脸，这在绿色通道和蓝色通道中较暗，但在黑色通道中较亮。

• 要将红色通道的反相载为选区，可连续使用两个快捷键：先用 Command-Option-1 将第 1 个通道载为选区，再用 Shift-Command-I 将该选区反转。比较麻烦的办法是先按住 Command 键单击通道面板中红色通道的图标，再执行“选择 > 反向”命令。

• 进行传统锐化，我使用这样的参数：“随你怎么想”的数量、1.3 的半径、0 的阈值。图 17.9A 是将这些参数应用于图 17.8 的结果，图 17.9B 是在刚才做出的选区内对图 17.8 应用这些参数的结果。

• 执行“选择 > 取消选择”命令，然后进行整体锐化，将“大半径、小数量”USM 方法应用于已经在选区中锐化过的那张图，我使用的参数是 55% 的数量、30.0 的半径、9 的阈值，结果如图 17.9C 所示。

这一方法有两个要点。

第一，以前我们总是用传统锐化和“大半径、小数量”锐化做出两个版本再把它们混合，但这次是连续使用了这两种锐化，在这种情况下，传统锐化应该

回顾与练习

★ 选用“大半径、小数量”方法而不是传统方法来锐化时，应该了解什么普遍规则？

★ 在有两个图层的文件中将某通道载入为图层蒙版，应该遵守什么规则？

★ 对一幅肖像进行传统 USM 锐化时，RGB 用户可能喜欢将哪个通道载入为选区或图层蒙版？应该给它做反相吗？

★ 图 17.12C 中的图层蒙版与其他版本相比很暗，因而对该图的锐化几乎都是“大半径、小数量”锐化。如果有人告诉你，该图中每个地方都至少需要一些传统锐化，你怎么编辑它？（对该练习，假定至少需要 20% 的传统锐化，最多需要 80% 的“大半径、小数量”锐化。）

★ 找一张用普通方法提亮的森林照片或其他绿色植物的照片，或使用本书的图 6.1，在一个复制图层上，使用强烈的传统锐化，先后将红色通道、绿色通道、蓝色通道、黑色通道和 L 通道载入为图层蒙版，比较它们对锐化的影响，再转换到 LAB，使用颜色混合带排除任何 A 值不是正值的东西。

先做，如果在它之前还有锐化，即使是轻微的锐化，也会被它夸大。

第二，美德有时会给自己回报。我曾给图 17.9 做出其他的版本，比如用绿色通道而不是红色通道做选区，看看到底会发生什么。我几乎没有看到区别。放大的画面显示使用绿色通道会在人物脸上产生一些噪点，仅此而已。但做这种比较有什么意义呢？关于通道的知识告诉我，红色通道在技术上必然是最好的选择。我们无须审查使用绿色通道是比使用红色通道差得远、差一点还是几乎没有区别。

为了看看基于亮度建立选区、将选区反转在锐化中的应用，我再举一个例子。

17.7 探索图层蒙版

图 17.10 是沙漠中最美的一幕，丝兰这种植物的花有象牙色的，也有红色的。它整合了本章中的许多问题，因此在操作之前，让我们讨论一下可以选择哪些方法。

依我看，花是焦点，但表现得不好，因为花的红色和白色都太暗。我们

图 17.9 A 对图 17.8 进行传统锐化的结果。图 17.9B 先将红色通道的反相载入为选区，再进行与图 A 相同的锐化。图 17.9C 在图 B 中取消选区后，进行“大半径、小数量”USM 锐化。

知道，传统 USM 锐化（小半径、大数量锐化）在高光中常常有问题。图 17.11A 就是一个例子，它在改善了红花的同时损害了娇嫩的白花。另外，绿色的茎在自然界中要柔软一些，这里锐化过度了。

对策是从原稿制作出另一个版本，使用“大半径、小数量”锐化，如图 17.11B 所示。制作这两个版本的参数和色彩空间都不是特别重要，我的操作过程是，在 LAB 中对 L 通道进行 USM 锐化，传统锐化参数是“随你怎么想”的数量、1.3 的半径、0 的阈值，“大半径、小数量”锐化的参数是 40% 的数量、22 的半径、0 的数量。

你制作自己的版本时可以使用自己喜欢的参数，但我们对这两个版本的看法会一样。在传统锐化的图 17.11A 中，我喜欢较暗的部分，不喜欢白色的部分。“大半径、小数量”锐化的图 17.11B 不太引人注目，但它在任何方面都优于原稿，即使我不喜欢其中红色的部分。现在需要一些技巧把图 17.11A 中锐化强烈的部分（或者你自己做出的版本中相应的部分）和比较保守的图 17.11B 结合起来。

我至少可以想到 5 种方法，它们全都从有 3 个图层的文件开始。就像本章的另一个范例那样，原稿在底层，锐化得较含蓄的版本（“有什么不好”的版本）在中间，最冒险的版本在顶层。那么，应该用什么样的蒙版或混合颜色带来混合这两种锐化效果呢？

• 我们可载入 L 通道的反相作为顶层的蒙版。反相意味着原来亮的区域变暗了，顶层在这些区域不显示，那么中间图层中较亮的区域就会显示出来，这是用“大半径、小数量”方法锐化过的白花。

• 我们还可以使用原稿绿色通道的反相，从技术上说这种方法更好，因为在 L 通道中红色和绿色的明暗差不多，而在绿色通道中，白花较亮，红花较暗，绿叶是中间调。因此用绿色通道的反相而不是 L 通道的反相来制作蒙版能保留顶层中锐化得较强烈的红花。

• 我们可以用中度 GCR 将该文件的副本转换到 CMYK，以黑色通道的反相为图层蒙版。与前两种方法相比，这比较较保守，专门在较暗的区域（如红花）以外限制传统锐化的作用。

• 混合也可以不基于亮度而基于颜色，这需要

图 17.10　原稿

LAB 文件，使用混合颜色带滑块，不用图层蒙版。在由绿到红变化的 A 通道中，绿叶较暗，红花较亮，白花表现为 50% 的灰度（数值为 0A）。在 B 通道中，每一样东西都是黄多于蓝，但绿叶和红花比白花更黄。于是，我们可以用 B 通道的混合颜色带滑块降低白花的锐化程度，而不影响红花和绿叶，再用 A 通道的混合颜色带滑块把绿叶的锐化程度稍稍降低一些。我们甚至可以使用 L 通道的混合颜色带滑块，降低非常亮的区域的锐化程度。

• 现在完全改变思路，回顾图 6.7J 对海鸥的锐化，我们看到用疯狂的数量和半径做 USM 锐化相当于选择了某些对象。再回到本范例，图 17.11C 是在 RGB 中以 Photoshop 可以达到的极限参数来锐化的：“随你怎么想”的数量、250.0 的半径和 0 的阈值。这种 USM 锐化，像错误的配置文件一样，不能直接把画面变得好看，只为混合或蒙版做准备。现在叶子完全变成黄色的了，花变成黑白的了，于是蓝色通道就可

以用于蒙版了。以蓝色通道的反相为蒙版，就能强调红花的传统 USM 锐化、白花的“大半径、小数量”锐化，让绿叶的两种锐化效果混合。

现在做一个测试。图 17.12 显示了以上 4 种将传统锐化和“大半径、小数量”锐化混合起来的方法，打乱了顺序（忘掉第 1 种方法，即以 L 通道的反相为蒙版的方法，如果你喜欢它，你也一定会喜欢第 2 种方法，即以绿色通道的反相为蒙版的方法，因为第 2 种更好）。在这 4 种方法中，有 3 种用到了图层蒙版——其中一种以未润饰的 RGB 版本的绿色通道的反相为蒙版，一种以中度 GCR 分色产生的黑色通道的反相为蒙版，还有一种以超级锐化的图 17.11C 的蓝色通道的反相为蒙版。第 4 种方法在 LAB 中使用 A 通道和 B 通道的混合颜色带滑块，没有用到图层蒙版，在顶层（传统 USM 锐化的图层）中，这大大强调了 A 和 B 都是很大的正值的对象，

图 17.11　对图 17.10 进行的 3 种锐化，都没有选区或蒙版。图 17.11A 传统锐化。图 17.11B“大半径、小数量”锐化。图 17.11C 仅用于制作图层蒙版的版本，以“随你怎么想”的数量、250.0 的半径和 0 的阈值锐化。

A
B
C
D

适当强调了A为负值、B为正值的对象，不强调中性灰对象。你能说出图17.12中每张小图用的是哪种混合方法吗？你又喜欢哪一种？

这是一个艰难的测试。在我看来，如果你需要提示（或者按试读者的说法，需要我泄露一点机密——他们也被这个测试难住了），那就看看图17.13吧，其中小图的排列顺序就是刚才提出4种方法的顺序，这些小图都是局部放大图，加上了图层蒙版的黑白画面或混合颜色带操作界面。

记住，蒙版越暗，中间的图层（“有什么不好”的图层）露出来的就越多。注意，所有蒙版在白花上都很暗或半暗。那么，哪张最好呢？下面是Adams的意见。

有时把某个对象从环境中孤立出来，能够使它更突出，更有魅力。把景深最小化是做出这一效果的方法之一。设置较大的光圈，就能把景深变小，前景和背景的对象就会明显地脱离焦点，不再分散我们的注意力。这一效应叫偏离焦点或可选焦点，有很多方法可以缩小景深、增强这一效应——换一只长焦镜头、缩小拍摄距离或使用大光圈等。

我个人喜欢以黑色通道的反相为蒙版的版本。你可以认出它来，因为黑色通道总是最亮的通道，也就是说由它的反相制作的蒙版是最暗的，作用于锐化后的效果是最保守的。我还喜欢基于颜色差异用混合颜色带排除顶层内容的那个版本，它是唯一在适当锐化花朵时真正保持整个背景柔和的。

当然，你可以选择这4个版本中的任何一个，改变不透明度，在图层蒙版上做一些手脚……那么我们可以再用10页来展示这幅图的各种变化。

本章用于图片的空间已经大大超过了上一章。其实，对这个话题非常感兴趣的人无法看着小图判断锐化效果。还有一个问题就是你打算在这上面花多少时间。为了保证在上一个练习中检验各种方法花这么多时间是值得的，你就得有很扎实的色彩修正基础。曲线或混合做得稍微差一些，就会影响你在图17.12中选择最佳版本。

图17.12　将传统锐化所得的图17.11A与“大半径、小数量”锐化所得的图17.11B混合起来的4种形式。局部放大图及与此有关的表17.2的测试的答案在第351页。

17.8　为确定的事情打赌

还要记住，这些图片都是为关于高级锐化技术的一章选择的，但大多数图片不需要锐化两次。

不过，要是做点什么能让图片无可争议地改善，这种想法是多么诱人、不可抗拒啊！让我们以一个简单理念的复杂贯彻来结束本章吧。

图17.14A中的历史碑文充满了明显的边缘，似乎传统USM锐化的效果会比“大半径、小数量”锐化好，但没有什么理由让我们克制把这两种方法结合起来的念头。

这一未嵌入配置文件的图像以240ppi的分辨率印刷在这里。图17.14B使用了正常的USM设置：“随你怎么想”的数量、2.0的半径和0的阈值。我们再次看见了在本章中多次困扰我们的问题：高光不能令人满意。图中的字母失去了古色古香的颜色，本来应该是蓝底子上的金色，现在成了蓝底子上莫名其妙的乏味颜色。

由于这是最后一个范例，因此我们得作一个总结，一次坦白。锐化的瀑布是供“亡命徒”、“海盗”和完美主义者玩耍的，我们得有即兴表演的本事，这就是为什么本章以一个骗局开始——两幅图并不代表我们要在本章中面对的典型问题。对高光使用传

图17.12的表

图17.12中的每个版本都是传统USM锐化过的图17.11A和“大半径、小数量”锐化过的图17.11B混合的效果，它们处于不同的图层中，前者在顶层。在1个版本中，颜色混合带功能限制了顶层中A为负值或B为负值的东西。另外3个版本用到了图层蒙版——原稿的绿色通道的反相、中度GCR分色产生的黑色通道的反相、超级锐化的图17.11C的蓝色通道的反相。指出每个版本用的是什么图层蒙版或混合颜色带设置。答案见第351页。

图层蒙版	版本序号
中度GCR分色产生的黑色通道的反相	
图17.11C的蓝色通道的反相	
原稿的绿色通道的反相	
在LAB中用混合颜色带排除了冷色	

A
B
混合颜色带(E): a
本图层: 0 255
下一图层: 99 / 119 255
混合颜色带(E): b
本图层: 143 / 157 255
下一图层: 0 255
C
D

图 17.12 答案

上一页是图 17.12 中 4 个版本的局部放大图，按它们的图层蒙版的顺序排列。解答可以从 C 开始，它比其他版本更明显地倾向于“大半径、小数量”锐化，其图层蒙版一定是最暗的，黑色通道是所有通道中最亮的，由黑色通道的反相生成的图层蒙版就是最暗的。类似地，D 最倾向于传统锐化，其图层蒙版必然是最亮的，那就必然是由图 17.11C 的蓝色通道的反相生成的。剩下的两个版本，一个在 LAB 中用了混合颜色带滑块，另一个的图层蒙版是由原稿绿色通道的反相生成的，可以认出 B 是 LAB 中用了混合颜色带滑块的，因为它背景柔和——混合颜色带滑块在传统锐化的图层中排除了任何不是黄多于蓝的东西，即远山和天空，又减弱了绿多于品红的东西，即叶子，特别是背景中的叶子。因此，答案是：

A 以绿色通道的反相为图层蒙版；
B 在 LAB 中使用了混合颜色带滑块；
C 以黑色通道的反相为图层蒙版；
D 以过度锐化的版本的蓝色通道的反相为图层蒙版。

统锐化（如同对图 17.3 所示的瀑布做的那样）是很少见的，我们更愿意使用“大半径、小数量”方法，或根本就不管高光。“大半径、小数量”即使不总是可取的，也是比较安全的。传统 USM 锐化出错机会少的图，图 17.5 是不常见的。

像图 17.14A 那样的图是我们始终要面对的，我们判断传统 USM 锐化在哪里容易出错（常常在提亮对象时，或在高光区域），制定一套策略来对付它——通常是以符合逻辑的方式、以计算机能够理解的语言对 Photoshop 解释我们的意图。

对这幅图很容易作出解释。我们想要锐化蓝色的东西，避免锐化黄色的东西。解决方案也很简单，可以在自己喜欢的任何色彩空间中工作，因为每个色彩空间都有一个通道可以把黄色和蓝色明显地区分开——在 CMYK 中是黄色通道，在 LAB 中是 B 通道，在 RGB 中是蓝色通道。我将在 RGB 中锐化这幅图，但每一个色彩空间都可以用。

如果急于完成任务，你可连续使用快捷键 Command-Option-3 和 Shift-Command-I（前者将蓝色通道载入为一个选区，后者反转该选区），然后往下进行。不过这会让你错过某些值得了解的操作，因此要放弃这两个快捷键，领会曲径通幽之妙。图 17.14B 是复制图层上的效果，在图 17.14C 中，蓝色通道的反相被载入为图层蒙版，有几种方法制作这个蒙版，我的办法是，先创建一个空白的图层蒙版，再使用“应用图像”命令，应用背景的（不是默认的合并图层的）蓝色通道，设混合模式为“正常”，勾选“反相”。

图 17.13 （上页）图 17.12 中 4 种变化及所用图层蒙版的局部放大图。

结果证明这一步走对了，图中的字母在锐化中受到了保护，变得突出了。但没有理由满足于这一步。如果小心操作，可以在传统锐化之后使用“大半径、小数量”锐化，而不是把这两种锐化分开做再混合。如果图层蒙版还在起作用，就单击顶层的图标（否则编辑的就是图层蒙版而不是图像本身），重新锐化图 17.14C，参数为 50%、25.0、2，这样产生的是图 17.15A。

“大半径、小数量”锐化效果是神奇的，有着难以察觉的宽阔晕带。但它对内容繁杂的画面不管用，因为宽晕带会从一个重要对象侵入另一个重要对象。

如果接触到主要对象的背景很平，例如天空，又比如本练习所用图片中字母间的空隙，另一种方法就浮现出来了：以超大的半径锐化。图 17.15B 就是图 17.15A 以 40% 的数量、100.0 的半径和 2 的阈值重新锐化的结果。

3 种类型的锐化应该足够了。剩下的事就是判断

本章小结

大数量、小半径的传统锐化方法之所以传统，是有一定道理的。但是对某些类型的图像——甚至某些区域——它显得很冒失。“大半径、小数量”锐化方法没有这么剧烈，但有时显得保守。

锐化某些图像需要把这两种方法结合起来，先做一个传统锐化的版本和一个“大半径、小数量”锐化的版本，再把它们放在不同的图层上，利用混合颜色带或图层蒙版，把每种锐化方法限制在它能达到最好效果的区域。

这是讨论锐化、模糊、“阴影 / 高光”命令、选区、蒙版和混合的 3 章中的第 1 章。

锐化是否过度。如果是这样，可以降低锐化过的图层的不透明度，但还有更妙的方法。

如果你觉得图 17.15B 锐化过度了，可能是由于顶层中黄色字母被排除得太明显。为了修正这一点，单击进入图层蒙版，轻微地模糊它。我使用“滤镜 > 模糊 > 高斯模糊”命令，半径为 1.5，这样产生了最终版本，图 17.15C。

17.9 锐化，过去和未来

在最好的环境中，USM 锐化都把名声搞臭了，何况我们一下子推出这么多野性的锐化。其中大多数是 10 年前无法想象的，因为有人在 Photoshop 急于计算锐化参数时跑出去喝啤酒了。在试验中没有新的思路，任何人都无法超越第 6 章所述的传统锐化，它只不过是在模仿滚筒扫描仪。

也许有人开始抱怨了，说这只不过是太空时代的花招，不适合有成熟品位的人，那就让他们去读点书吧。据我所知，传统意义上的 USM 锐化——狭窄的、可感知的亮晕带和暗晕带——由米开朗基罗首创，又由艾尔·格列珂发挥到了极致。20 世纪的锐化思想——通过通道或“亮度”模式来锐化——属于我，本章所展示的混合方法也是如此。可惜“大半径、小数量”锐化是我从委拉斯凯兹那儿剽窃过来的。

把两种锐化混合起来取长补

A

B

C

图 17.14A RGB 原稿。图 17.14B 在一个单独的图层上进行传统 USM 锐化。图 17.14C 给图 17.14B 添加了一个图层蒙版，它是原稿蓝色通道的反相，阻止了金色字母的大部分锐化。

短，是一种新思想，以正当的理由来改革没有错。在我们回去喝不醉人的酒，找一些低热量、无胆固醇的甜食下酒之前，重温一下 Adams 的话吧：

我充分信任摄影用品产业的优秀科学家和工程师们，他们在研究、发展、设计和产品等方面都是非凡的。尽管如此，只有很少的摄影生产技术人员理解摄影是一门艺术，知道创造性人才需要什么样的设备。某些领域的标准在提高，在我看来，现代镜头已趋于完美，今天的负片和印刷材料比我知道和用过的都要优越，我确信下一步是发展电子图像，希望在有生之年能够看到它。但我相信，有创造力的眼睛仍将发挥作用，无论技术革新发展到什么程度。

A

HISTORIC NEW YORK

THE CHIPPEWA BAY AREA

This area was settled early in the 1800's by immigrants from Scotland. They were encouraged to come here by agents of George Parish, a large landholder in the North Country. These conscientious farmers and tradesmen came up the St. Lawrence River from Montreal with true pioneer determination. The hardships of the frontier were especially severe since much of the land had to be redeemed with the axe.

As the trials of the first years passed, fields of grain replaced the forest and gave way to prosperous farms. Gradually, the original log cabins were replaced by stone houses, many of which survive to this day. Superb workmanship, firmness of principle and industriousness were part of this Scottish tradition that is now part of our heritage.

EDUCATION DEPARTMENT STATE OF NEW YORK 1969 DEPARTMENT OF TRANSPORTATION

B

HISTORIC NEW YORK

THE CHIPPEWA BAY AREA

This area was settled early in the 1800's by immigrants from Scotland. They were encouraged to come here by agents of George Parish, a large landholder in the North Country. These conscientious farmers and tradesmen came up the St. Lawrence River from Montreal with true pioneer determination. The hardships of the frontier were especially severe since much of the land had to be redeemed with the axe.

As the trials of the first years passed, fields of grain replaced the forest and gave way to prosperous farms. Gradually, the original log cabins were replaced by stone houses, many of which survive to this day. Superb workmanship, firmness of principle and industriousness were part of this Scottish tradition that is now part of our heritage.

EDUCATION DEPARTMENT STATE OF NEW YORK 1969 DEPARTMENT OF TRANSPORTATION

C

HISTORIC NEW YORK

THE CHIPPEWA BAY AREA

This area was settled early in the 1800's by immigrants from Scotland. They were encouraged to come here by agents of George Parish, a large landholder in the North Country. These conscientious farmers and tradesmen came up the St. Lawrence River from Montreal with true pioneer determination. The hardships of the frontier were especially severe since much of the land had to be redeemed with the axe.

As the trials of the first years passed, fields of grain replaced the forest and gave way to prosperous farms. Gradually, the original log cabins were replaced by stone houses, many of which survive to this day. Superb workmanship, firmness of principle and industriousness were part of this Scottish tradition that is now part of our heritage.

EDUCATION DEPARTMENT STATE OF NEW YORK 1969 DEPARTMENT OF TRANSPORTATION

图 17.15A 在图层蒙版仍然起作用时，对图 17.14C 进行"大半径、小数量"USM 锐化，半径为 25。图 17.15B 对 A 使用超大半径 100 的 USM 锐化。图 17.15C 以 1.5 的半径把图层蒙版变模糊，使锐化晕带变柔和。

A

B

C

D

第 18 章

叠加，“大半径、小数量”和“阴影 / 高光”

在数码相机看来，中间调是至高无上的。于是，阶调的端点——阴影和高光——比在底片时代更频繁地需要修复。幸运的是，Photoshop 恰好有这样的工具，只要操作者有锐化和模糊的基础知识。

18.1 中拱桥的左边是威尼斯公爵府的后墙，当时世界上最豪华的建筑，右边是阴森、悲惨的地牢。囚犯在左边受完审判，被押过桥，在匆忙中向大运河投去留恋的一瞥，然后被扔进右边的小牢房直到腐烂。所以这座桥叫“叹息桥”。

意大利的这一地区是所有商业出版、印刷和凸版印刷的发源地[1]。固然有很多技术发源于其他地区，但都由威尼斯人于 15 世纪后期率先商业化。他们是坚强的商人，有人胆敢挑战官方对印刷的垄断，便发现自己走上了“叹息桥”。

“叹息桥”的左边阳光灿烂，右边却陷入了阴影。相机把这个场景看成了一半极亮、一半极暗的。你和我都不会这么看，因为人的视觉系统对异常光线条件更宽容，再说我们都不是数码相机不中用的逻辑的囚徒，它给画面强加一个白场，扯开中间调的对比度，就像土耳其人攻进了威尼斯。

我们已经用几章的篇幅反复讨论这种图像，到此为止提出的方法对这张图却不管用。要是用曲线加强高光的对比度，就会把其他部分变得太暗，要想阻止相机提高对比度，又找不到 raw 文件。通道混合也不管用，因为图中的大理石都接近中性灰，所有的通道都差不多。

是不是可以试试第 15 章处理曝光过度的照片的方法呢？那就得把画面分成亮的一半和暗的一半，将某个通道（无论哪个通道都行，因为这幅图的 3 个通道都差不多）载为选区或图层蒙版，用曲线加强高光的对比度。

对积雪构成的高光，这种基于亮度的蒙版或许管用。但“叹息桥”图片的大部分高光不属于这种类型。桥本身或许是白的，但它精致的装饰条纹属于中间调，用那种蒙版不能准确地选择，条纹不能跟着大理石一起变暗，反差拉不开，结果如图 18.1B 所示。

图 18.1C 像是我们想要的效果。也许你更喜欢图 18.1D，它是图 18.1C 以“变暗”模式应用于图 18.1A 的结果。

还有一种我们熟悉的方法。图 18.2B 是一个反相的、高度模糊的蒙版，就像我们在第 17 章中用过的那样。看看图 18.2C（将图 18.1C 的局部放大），拱桥下面的天空有宽阔的、微微发亮的晕带，这似乎是“大半径、小数量”锐化的痕迹。果真这样吗？

18.1　高效率的命令

在前两章中，我们已经看见，依赖计算机智能的图像处理技术，如“自动颜色”命令、相机生成白场的运算法则，对专业人士来说用途有限，而且实际上常常达不到预期的目标。目前的话题，“图像 >

① 地球人都知道这话说得不对。凸版印刷的发源地在中国。

图 18.1 （上页）A 原稿。图 18.1B 在基于亮度的蒙版中使用曲线，加强了高光。图 18.1C 另一种修正方法，“叠加”混合。图 18.1D 图 A、C 的“变亮”混合。

调整 > 阴影 / 高光”命令，是我们期待的。它是从 Photoshop CS（2002 年）开始引进的，是自调整图层（1996 年）以来 Photoshop 最重要的色彩修正工具。它尚未得到充分的利用，这令人遗憾，也可以理解。大多数人不敢冒险离开它的默认设置走得太远，因为其关键区域既不直观又缺乏教程。

“阴影 / 高光”获得好评的原因是它能挽救第 15 章展示过的严重曝光不足的图像。但这只是它的初级功能之一，它应该成为你生活中离不开的部分。它之所以没有更早地出现在本书中，是因为首先要理解第 17 章，掌握反相图层蒙版，掌握“大半径、小数量”锐化与传统锐化的混合，才能妥当地使用它。不相信吗？回顾上一章开头的沙漠照片，图 17.1B 就是用“阴影 / 高光”做的，注意山与天空的相接处、植物与山的相接处，你看见“大半径、小数量”锐化的晕带了吗？它们说明了问题。

制作图 17.1B 只花了大约 1 分钟，可见“阴影 / 高光”的效率有多高。达到或超过这种效果的另一种方法是，扩大云的阶调范围，提亮绿草，但这要花很长时间，即使是老手。

图 18.1C 和图 18.1D 则是“阴影 / 高光”的慢动作表演。有人需要最大限度地挖掘这种图的潜力，慢动作用起来更灵活。如果图中有强烈的色彩，这种办法也很合适。

我们先讲解“阴影 / 高光”的基本功能，再解释为什么要用慢动作，并展示其操作过程。下一个范例带我们进入美国的法庭，离威尼斯法官将犯人送上穿过“叹息桥”的不归之路已经过了 500 年。

18.2 “阴影 / 高光”概述

我不认识图 18.3A 中的法官，但他看起来像是对闪光灯缺乏幽默感的法学家，闪光灯会打扰他的听证会。这样一来我们就可以原谅原稿整体上那么暗了。

我们知道，数码相机会扼杀高光和阴影中的细节，因为它觉得这些细节不重要。这张图是很好的例子。衬衣、杯子、法官的头发和胡子都不是最重要的，

图 18.2A 图 18.1A 的局部放大。图 18.2B 红色通道的模糊的、反相的副本，用于“叠加”混合。图 18.2C 图 18.1C 的局部放大，显示对天空进行“大半径、小数量”锐化的特征。

同样，尽管法官的法袍要是多一些细节会更好，但它们不像脸上的细节那么重要。问题在于，该图的起点太暗了，以至于脸被当成了阴影。

如果我们从来没听说过“阴影 / 高光”，就会用第 15 章讲过的错误的配置文件来解决这类问题。图 18.3A 在 sRGB 中打开，我对它指定了 Gamma 值变为 1.4 的 Apple RGB（配套光盘中有这个配置文件），得到了图 18.3B。Apple RGB 和 sRGB 很接近，因此图 18.3B 和图 18.3A 在色彩上区别不大。我把 Gamma 值设为 1.4 并不是因为它会把图变得好看，而是因为它能把明暗变得和图 18.3C 差不多，后者是对图 18.3A 直接使用“阴影 / 高光”的默认设置的结果。

尽管图 18.3B 和图 18.3C 在明暗上差不多，但在三个方面区别很大。第一，图 18.3C 阴影中的噪点较多；第二，图 18.3C 的色彩较饱和；第三，图 18.3C 的脸部看起来更有立体感。让我们来看看为什么。

18.3 “阴影 / 高光”默认设置的含义

第一次执行“阴影 / 高光”命令时，迎接我们的是简化的“阴影 / 高光”对话框。立即忘掉它，勾选“显示其他选项”，让对话框变成图 18.4 那样。

图 18.3A sRGB 原稿。图 18.3B 使用了一个错误的配置文件——Gamma 值变为 1.4 的 Apple RGB。图 18.3C 用“阴影 / 高光”的默认设置制作的另一个版本。图 18.3D 以 30 像素的半径锐化有错误的配置文件的版本（B）。

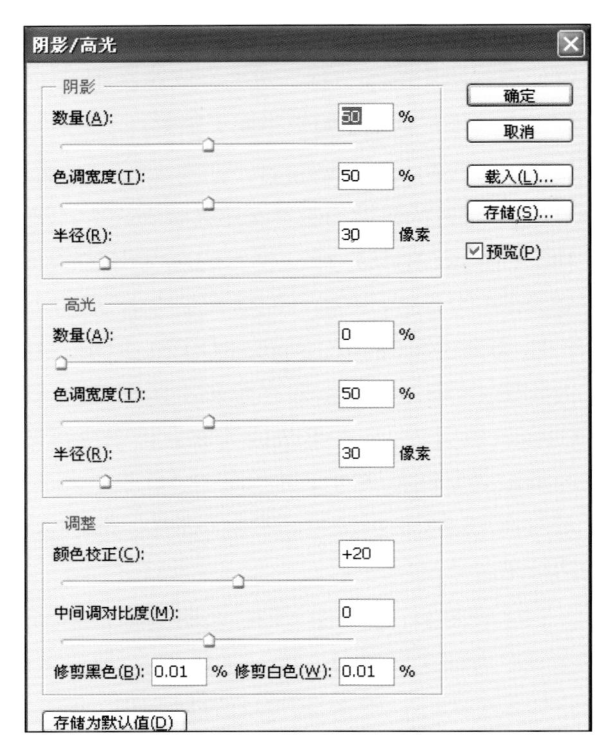

图 18.4 “阴影 / 高光”命令的默认设置。

看起来高光和阴影是分开的，撇开其他参数不说，如果把高光或阴影的“数量”设为 0，画面就没有变化。你已经看到，默认设置的高光“数量”就是 0，但这幅图是需要调节高光的。

该命令把画面中的一些区域解释为阴影，提亮这些区域，从而突出阴影中的细节，同时又保持黑场不变。不过要是画面很闷，它也会加深黑场，这种效果是难以察觉的。要是要求它调节高光，在高光中也会发生类似的事。

接下来的事是一部分混合、一部分曲线。原稿的一个副本被制成反相，用于提亮画面。事实上，尽管我们看不见那个副本，“阴影 / 高光”却悄悄用它做了我们对图 18.2 做的事。让我们回顾那一次辛苦的操作。

图 18.2B 是“叹息桥”图像的红色通道的模糊的、反相的副本，它成了图 18.2A 上一个单独的图层，该图层的混合模式被设置为“叠加”。在该图层上比 50% 的灰度亮的地方，混合后的颜色比下层的颜色亮，在该图层上比 50% 的灰度暗的地方，混合后的颜色比下层的颜色暗，在该图层上相当于 50% 的灰度的地方，混合后的颜色与下层的颜色一样。

在图 18.2 中，“叠加”模式既加深了高光，又提亮了阴影，而“阴影 / 高光”命令是把这二者分开来调节的。我们可以这样来模仿“阴影 / 高光”命令：添加第 3 个图层（原稿的副本），将其混合模式设为“变暗”，将修正限制在高光中，或设其混合模式为“变亮”，将修正限制在阴影中（如果你不想再次把图 18.2B 变模糊，那只需要在两个图层中做同样的事：在顶层中使用混合模式为“叠加”而不是“正常”的“应用图像”命令，允许我们对那个图层本身选择“变亮”或“变暗”模式）[①]。

这一方法，以及适当运用“阴影 / 高光”命令，关键是模糊。没有模糊，白色大理石就会变暗，桥上的条纹就会变亮，结果会像图 18.1B 那样闷。解决方案是把“叠加”图层变得足够模糊，让它亮的部分和暗的部分互相渗透，从而加深整个画面，而不是只加深白色大理石。

这意味着模糊程度要相当大。我们使用“高斯模糊”滤镜时，一般是把半径设成小小的几个像素，但这次即使“叹息桥”上的条纹很细，图 18.2B 也用到了多达 11.5 像素的模糊半径。

对于更典型的图像，例如那位法官的照片，模糊半径还要大，大得足以模糊掉他的眼睛，否则眼珠就会变亮。我们很快就会看到模糊不足的效果。

“阴影 / 高光”默认的模糊半径是明智的 30 像素，这勾起了我们对“大半径、小数量”锐化的美好回忆——它们使用同样的模糊计算方法。

为证明这一点，我们以同样的大半径来锐化

①括号中的内容是作者没有说清楚的。完整的表述是：为了模仿“阴影 / 高光”命令，可以在刚才说的第 3 个图层上面建第 4 个图层，它是原稿的副本通过“应用图像”命令以“叠加”模式应用第 2 个图层（即原稿的红色通道的反相的模糊版本）的结果，对原稿的暗调和亮调都进行了修正，如果隐藏这个图层，看到的就是只修正了暗调或只修正了亮调的结果。假如把第 3 个图层的混合模式设为“变亮”，先隐藏第 4 个图层，再重新显示它，就好像看到“阴影 / 高光”命令先修正原稿的暗调，再修正原稿的亮调。若把第 3 个图层的混合模式设为“变暗”，用同样的方法可模仿“阴影 / 高光”命令先修正亮调、再修正暗调的过程。

Gamma 值为 1.4 的版本——图 18.3B，锐化数量为 80%，半径为 30，阈值为 2，结果如图 18.3D 所示，它比图 18.3B 更接近“阴影 / 高光”版本图 18.3C，主要的区别在于脸的颜色。

注意，在图 18.4 所示的“阴影 / 高光”的默认设置下，“颜色校正”参数是 +20%，这是迎合非专业人士的设置，它认为过暗或过亮通常伴随着发灰，干脆增加所有颜色的饱和度。

与色彩单调的图 18.3D 相比，图 18.3C 当然更可取，但它确实太暖了，在后续操作中要去掉这种色偏是很痛苦的。因此，如果你将来要进一步修正这幅图，就得提防这一设置，它有时有用（我们会看到实例），但除非你急于完成任务，首先应该把它设为 0。

下面的滑块，“中间调对比度”，是对所有通道的操作，我们已经知道这通常不是好事。你既然有时间补救它引起的混乱，也就有时间取消它，设置一套合理的曲线。

但是，上面的 3 种设置——“数量”、“色调宽度”和“半径”，是精妙的、有用的。

18.4 模糊和混合

为了说明这些参数如何相互影响，以及针对每一张图如何设置合适的参数，图 18.5 展示了 8 种变化。

我们已经讨论过“半径”，它和“大半径、小数量”USM 锐化密切相关。确实，所有的 USM 锐化都是建立在模糊的基础上的。还记得吗，第 6 章开始的那幅图，看起来像是用传统方法锐化过的，但我对它用过的唯一的滤镜是“高斯”模糊。

“阴影 / 高光”命令的“数量”和“色调宽度”很容易混淆。像在 USM 锐化中一样，“数量”控制效果的强度。但是，“色调宽度”限制“阴影 / 高光”滤镜作用的明暗范围，该值越小，该命令就越局限于纯粹的阴影或高光之中。

图 18.5A 使用了最大数量 100%，另外两个参数则保持默认值 50% 和 30，画面看起来很傻，暗调被提亮得太过分了，与图像其他部分不协调，其中的噪点尤其让人讨厌。

图 18.5B 要好些，色调宽度被加到了 100%，数量和半径则保持默认值 50% 和 30。唯一的问题是，它提亮了整个画面，而不仅仅是让阴影更清楚。如果这就是你要的效果，还是去找更好的方法吧。

为了找到合适的参数，可借鉴对图 6.12 进行“大半径、小数量”锐化的次序，也就是说，先把两个参数设置到极限，试验第 3 个参数，最后再把那两个参数调节好。我先把数量设为 100%，把半径设为 3，试验色调宽度。在图 18.5C 中，那两个反常的参数和保守的色调宽度 30% 结合在一起，现在很容易看出

更聪明的锐化滤镜？

“USM 锐化”滤镜出现于 20 世纪 90 年代早期，当时就成了丰功伟绩，但它的机理直到今天才广为人知。

当时的计算机内存局限于 8MB，运算速度是今天的零头，更复杂的滤镜在当时是不可能的，“USM 锐化”本身就够占内存的了。

即使“USM 锐化”不是 Photoshop 最重要的滤镜，至少也能名列前三。更强大的滤镜来得比较迟。为满足这一需要，Photoshop CS2 引进了“智能锐化”，它在以下方面是失败的：基本的功能和 USM 锐化一样，但不知道怎么回事，没有关键的“阈值”，只有“数量”和“半径”。它的创新在于把阴影和高光分开来调节，类似于本章讨论的“阴影 / 高光”命令，阴影和高光都有“渐隐量”（相当于“数量”）、“色调宽度”和“半径”可调。在“阴影 / 高光”命令中，“半径”是关键参数，但“智能锐化”的“半径”几乎没有作用。尽管如此，适当调节“渐隐量”和“色调宽度”还是能减弱亮调和暗调中的锐化。

这一功能有时是有用的，尤其是有大量的图需要以同样的方式锐化时，就像 Camera Raw 修正成批的原稿比处理个别图片灵。不幸的是，作为一次使用的工具，“智能锐化”令人失望。缺乏“阈值”参数是极大的缺陷。要说高光和阴影的渐隐，混合颜色带会干得更好，而且可以用于任何通道。

对更重要的工作，第 19 章将要讨论的基于通道的图层蒙版提供了近无限的灵活性。

目前的“USM 锐化”滤镜要是能提高到能分别控制亮晕带和暗晕带就更好了。第 6 章展示了我们为得到这些效果不得不走的一些弯路。

20 世纪 80 年代的电子分色机在运行中做 USM 锐化，有些能够控制相当于“半径”的参数，其他的只能控制“数量”。但所有的都能把亮晕带和暗晕带分开了处理。如果这种功能在 20 年前就足够重要，今天就尤其重要了，希望它能够进入程序。

半径为什么要大得足以模糊掉法官的双眼，在试验色调宽度时，脸部会失去立体感，色调宽度的作用实际上是调节头部与背景的明暗关系，如果模糊半径足够大，它引起的锐化效果会迷惑我们，使我们看不到色调宽度的作用。

我感到 30 的色调宽度太小，但当我在图 18.5D 中把色调宽度加到 60 时，头部就亮得不真实了。因此我把色调宽度降到 40，产生了图 18.5E。

正如在“大半径、小数量”锐化中那样，太小的模糊半径会破坏画面，太大的模糊半径又只是简单地提亮或加深大块颜色，无助于塑造形体。我们在图 18.3C 中已经看到了半径为 30 的效果，因此我在图 18.5F 中使用 20 的半径，在图 18.5G 中使用 50 的半径，我喜欢后者。

最后，按自己的口味降低数量。我喜欢图 18.5H 所用的 60%，而且觉得这一张比图 18.3 中的 4 张都要好。

该图是演示“阴影 / 高光”的很好的范例，但在实际工作中这是比较初级的用法，除非时间紧迫。在专业工作中我们常常不情愿地赶工，这张图就是一个例子，它要印刷在日报上。制作图 18.3C 花了 10 秒钟，图 18.5H 用了不到 1 分钟。如果那就是我干活的期限，我会衷心拥护“阴影 / 高光”。

但时间宽裕时，从“阴影 / 高光”开始就是个坏主意。我们得想想早先在类似的图 3.9 中是怎么做的。那是一个悲伤的男人，也有一头白发。在这两幅图中，相机都找错了白场。在图 3.9 中，白场成了背景中的极高光，现在，法官头发外侧的反光被当成了白场。我们知道，白场必须被设置在图像主体中最亮的区域，在这两幅图中，主体最亮的区域都是男人的头发。使用曲线（或许还要结合一个错误的配置文件）很容易对付这个问题，不需要“阴影 / 高光”的帮助。

不过在用过“阴影 / 高光”以后再用这种方法就不能如愿了。图 18.5H 中头发最亮处是 200^R^ 170^G^ 125^B^，实在不够亮，把它调节成适当的 245^R^ 245^G^ 245^B^ 会剧烈提亮整个画面，而且会强调“阴影 / 高光”在阴影中产生的噪点。我没有出示这样的版本，它仅仅比图 18.3A 好一些，但比不上从错误的配置文件开始的修正。

我们还知道，应该把锐化推迟到修正工作的最后阶段，以免后面的修正把本来可以接受的锐化变得很刺眼。“阴影 / 高光”在这方面类似于锐化。

总结一下，这幅图不是“阴影 / 高光”的好广告，首先，它需要大幅度的提高，“阴影 / 高光”算是这方面的一道开胃菜，但 Photoshop 还有一桌大餐在那儿摆着，有的是好工具可选。其次，我们对这幅图用“阴影 / 高光”提亮的是整体，没能有选择地把阴影或高光明朗化。接下来看看什么样的图真正需要这种修正。

18.5 一半阴影，一半高光

“叹息桥”照片需要修正是因为相机和人眼的

图 18.5 A、B 比较“数量”和“色调宽度”的作用。C ~ H（下页），为选择合适的设置推荐的工作流程，先在极高的“数量”和很低的“半径”下调试“色调宽度”，然后找到合适的“半径”，最后把“数量”调好。

C (100,30,3)
D (100,60,3)
E (100,40,3)
F (100,40,20)
G (100,40,50)
H (60,40,50)

观察方法不同，该图左边充满阳光，右边陷入阴影，像制作图 18.1C 那样加深高光、提亮阴影是对路子的，不过依我看，阴影被提得过亮了，所以我又做出了图 18.1D，恢复了阴影。我更喜欢介于二者之间的效果。

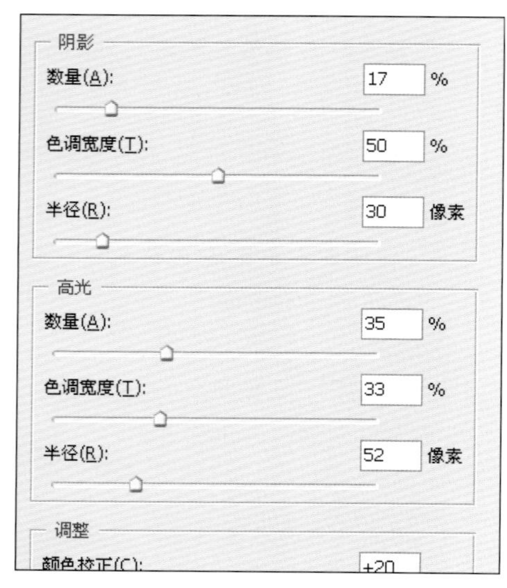

图 18.6　这些“阴影 / 高光”设置将原稿（A）转变为下面的版本（B）。

“阴影 / 高光”或许可以做到。

对于其他有阳光和阴影的图像，类似的操作是合情合理的，最重要的就是有人脸的图像。图 18.6A 就是这方面的典型，它不算太差，但左边与右边相比太亮了。在本章后面，我们会跟一幅类似的肖像较劲，它的问题更严重，让“阴影 / 高光”做超出它能力的事会更危险。但图 18.6A 属于让“阴影 / 高光”挣表现、给传统方法惹麻烦的一类图。

对脸部，我们习惯于把绿色通道混合到一个“亮度”图层，如第 8 章所述。这一技术处理大多数脸部图像都很棒，但在这里不灵，它虽然会按我们的意思加深左边的一半，但右边的一半也会跟着变暗。

图 18.6 所示的高光设置让脸的两半较接近了，也让画面接近了我们处在相机的位置上有可能看到的场景。我是按图 18.5 所示的方法来调节参数的：先找到合适的色调宽度，再调节半径，然后调节数量。

这次，调节阴影是事后的想法。本来不需要什么大动作来加强黑衣服的对比度，不过既然用不了多少时间就可以把画面微调得令人愉快，那就尝试一下吧。数量只调到了 17%，在这么小的数量下没必要过于仔细地调节另外两个参数，效果会差不多。

这次，颜色校正被设为 +20，颜色在变暗或变亮的同时也变得饱和了，这至少证明头发不是黑色的而是棕色的，左边的脸也变红了。我们或许会争论，这个女人鼻子左边的笑纹是不是太红了。

我们可以期待在“阴影 / 高光”将来的版本中，颜色校正可以对阴影和高光分别起作用，而不是像现在这样同时改变它们。但目前，没什么能阻止我们连续使用两次“阴影 / 高光”命令，一次对付高光，另一次对付阴影。或者，如果图 18.6B 中的笑纹真的不讨你喜欢，你可以用海绵工具涂抹它，把该工具的模式设为“去色”，降低流量，就可以把红色变灰些，而不会把它变亮。

到此为止，本章使用的所有素材都比较灰，但对较鲜艳的图片，“阴影 / 高光”也管用——只是你得了解它们的通道结构，知道怎么设置“阴影 / 高光”的参数。

18.6 通道之间的区别

图 18.7A 中的黑色手提包是让 RGB 中心主义者急出病来的东西，但在 CMYK 中处理它从来就不难，如此黑、中性的对象，正如第 5 章所说，大都转移到黑色通道中了，很好对付。在“阴影 / 高光”出现之前，对这张图没有简易的 RGB 解决方案，但现在，如果你想修复这个手提包又不想进入 CMYK，就可以使用仅对阴影起作用的“阴影 / 高光”命令。难点在于，图中女人的粉红色外套的边缘几乎失去层次了。

没有什么能阻止我们按通常的方式对这张图使用“阴影 / 高光”命令。我的阴影参数是 20%、50% 和 90，对高光的设置是 30%、45% 和 15。注意高光中的模糊半径比较小，因为衣服的经纬已经很精细，不需要用多大的半径来强调它。

总的来说，图 18.7B 是对路子的，但有两个问题。第一，即使使用了颜色校正，衣服的粉红还是太灰了；第二，虽然衣服变暗是我们需要的，但女人的手也跟着变暗了，这就不好了。

通道结构给我们提供了解决方案。粉红是红色的一种，因此绿色通道和蓝色通道必然比红色通道暗。如果是鲜红或橘红，蓝色通道就比绿色通道暗，但这里是偏玫瑰红或偏紫的颜色，绿色通道比蓝色通道暗。

但是，在绿色和蓝色通道中手比衣服暗的程度超过在红色通道中手比衣服暗的程度，这意味着对单个通道使用“阴影 / 高光”可能要好些。如果将该命令用于合成的彩色图像，弱的红色通道就被平均进来了，手就亮得足够被该命令当成高光。

图 18.7C 显示了把“阴影 / 高光”单独用于绿色通道的效果。由于另外两个通道没变，我就对阴影和高光分别设置了较高的数量 30% 和 40%，其他参数不动。手的颜色更合理了。不幸的是，手提包变成了绿色的。

这种偏色常常发生在对单个通道进行锐化或使用“阴影 / 高光”命令时，但我们总是可以把这样的操作放在一个复制图层上，有必要的话，可以把该图层的混合模式改为“亮度”以恢复原稿的颜色。我就是这样做出了图 18.7D。

与原稿相比，手变暗了一些，但不像图 18.7B 变暗得那么厉害。衣服边缘的细节也出来了。

“阴影 / 高光”和色彩空间

本章中的范例都是 RGB 的，但“阴影 / 高光”也可在 LAB 中做。由于 Photoshop CS2 的出现，它在 CMYK 中也可以做了。

尽管有一些例外，但 CMYK 通常不是做“阴影 / 高光”的好地方。高光已经被分色过程中调节网点扩大所破坏，由于第 5 章所述的原因，CMY 中的阴影又缺乏细节。如果你希望在 CMYK 中加强阴影，就对黑色通道使用曲线或锐化。

在 LAB 中，“阴影 / 高光”处理阴影能获得比在 RGB 中稍好的效果，在 RGB 中，Gamma 值越高，处理阴影的效果就越好，而处理高光就越糟。

在《Photoshop LAB Color》中，我展示了 LAB 在加强阴影方面的优势的实例，RGB 在高光方面的优势，尽管有，却很难看到。

需要“阴影 / 高光”的图像常常需要颜色增强，所以默认的颜色校正参数是 +20。但这种颜色增强在 LAB 中做更准确，只要方便。因而，我很多时候在 LAB 中使用“阴影 / 高光”。这不是一个大问题。

如果计划把色彩变强烈而又没有别的理由进入 LAB，我宁愿留在 RGB 中，除非要修正的是重要的图像中重要的部分，在这种情况下我会在 RGB 中修正高光，然后在 LAB 中修正阴影。

我们再来怀念一下被我们抛弃的粉红色。图 18.7A 很平淡，衣服的粉红显然应该更饱和一些。图 18.7B 由于使用了颜色校正，粉红变得太强烈了，而图 18.7D 又恢复了原稿的颜色。我们得试一试双图层文件，让图 18.7B 在底层，让图 18.7C 在顶层并且混合模式为“亮度”。在我看来还有更好的方法。图 18.7C 的颜色令人激动，但太紫了，特别是在手和纽扣上，为了让它变成它应该呈现的较亮的红色，不仅对绿色通道而且对蓝色通道使用“阴影 / 高光”，忘掉“亮度”图层。这样得到的是图 18.7E，如果觉得它太鲜艳，当然可以把它稍微变灰些。

做图 18.7E 时，我确实没有管“阴影 / 高光”命令中的阴影部分（高光的数量是 35%），否则，阴影的绿色通道和蓝色通道变亮了，而红色通道没有变，手提包就会变成青色的。不过正如本节刚开始谈到的，改善这个手提包没有什么坏处，最简单的办法就是对主通道使用只影响阴影的“阴影 / 高光”命令。

这是数码相机对中间调对比度的锲而不舍的追求与我们为敌的另一个例子，这就是为什么原稿的粉红会失去层次，手提包会这么暗，也正是“阴影 / 高光”命令在今天如此有价值的原因。

18.7 USM、伪 USM 和立体感

“USM 锐化”滤镜适合于大多数图像，但时不时地，特别是在高光很重要时，连“大半径、小数量”锐化都不好使了。这时我们可以发挥“阴影 / 高光”的“伪锐化”功能，甚至可以寻找更机智的替代品。

图 18.8 是为印刷广告而拍摄的产品照片，高光占很大的分量，但这些瓶子看起来还是有些平，如果能再增加一些立体感，客户无疑会更高兴。“阴影 / 高光”可以办到，但如果你像我一样认为这是图中

图 18.7A 原稿及其红色、绿色和绿色通道。图 18.7B（下页）将“阴影 / 高光”应用于合成 RGB 图像。图 18.7C（下页）将“阴影 / 高光”只用于绿色通道。图 18.7D（下页）图 18.7C 所在的图层变成了“亮度”模式。图 18.7E 最后一种可选方法，将“阴影 / 高光用于绿色通道和蓝色通道。

B
C
D
E

图 18.8　原稿及其 3 个通道。红色通道是后面的混合的关键,因为白色和蓝色区域在这个通道中区别最大。

最重要的部分，还是去找更好的办法吧。

首先让我们假设“阴影 / 高光”命令不存在，到哪儿去找类似的解决方案。通常，关于通道表现的知识是关键。

下面的想法充实了曾经用来处理图 18.1 所示的“叹息桥”的方法。把一个通道（或许是合成彩色图像）的模糊的、反相的副本放在原稿上成为一个新的图层,并设置其混合模式为“叠加”,这可加强立体感。

我不想加深画面中的蓝色，因此应用了红色通道，这是白色和蓝色区别最大的通道。在另外两个通道中，背景墙的白色和瓶子上的白色差不多，即使是蓝色商标也很亮，有可能部分地被解释为高光。

我们使用有 3 个图层的文件，顶层和底层都是原稿的副本，中间层是红色通道的反相的、未模糊的副本。Photoshop 提供很多种方法来做这件事，例如：一开始 3 个图层完全一样，在图层面板中隐藏顶层，选择中间层，然后执行“应用图像”命令，以任何图层的红色通道为源,混合模式为“正常”,勾选“反相”。

隐藏顶层并将中间层的混合模式改为“叠加”后，怪事来了，如图 18.9A 所示，你胃里那种下沉的感觉很可能告诉你这是恶作剧，不是色彩修正。“叠加”剧烈地提亮了所有蓝色区域。就连我们寄予厚望的亮调也很糟，它们只是变暗了，而不是变得更有立体感了。

图 18.9B 是未模糊的原稿的红色通道的反相，另外 3 个版本是对它施加半径分别为 20、40 和 60 的“高斯模糊”滤镜的结果。半径变化的影响是明显的，但不做一连串示范就极其费解，所以我会慢慢讲，在展示最终效果之前还会出示一些反常的图形。

“叠加”图层上亮于 50% 的灰度会把画面变亮，再看一眼图 18.9B 中的商标，就知道为什么图 18.9A 中的蓝色被破坏了：“叠加”最大限度地提亮了这些蓝色。

我们根本不需要这样的提亮，所以需要第 3 个图层，它是底层的副本，但要设置成“变暗”模式。在图 18.8A 所示的图层面板中，它是隐藏的，现在要显示它，这样就可以禁止中间层（“叠加”图层）把画面变亮，而它愿意把画面变得有多暗都可以。

图 18.9A 将红色通道的模糊的、反相的副本以“叠加”模式应用于图 18.8。图 18.9B 用于“叠加”的通道未模糊时。图 18.9C 该通道模糊半径为 20 像素。图 18.9D 该通道模糊半径为 40 像素。图 18.9E 该通道模糊半径为 60 像素。

即使顶层“官复原职”了，画面还是很平。别的不说，每个商标中间的白色字母“milk”都暗得无法让人接受，看看这些字母在图 18.9B 中有多暗就知道原因了。

所以中间的图层需要模糊，至少要达到图 18.9C 的模糊程度，模糊 20 像素，文字几乎被模糊掉，几乎成为商标的一部分，不会让画面中的文字再变暗。

图 18.10 帮你想象图 18.9 中的每种模糊对画面的影响。我给模糊的“叠加”图层增加了对比度，染上了颜色，让你看清它作用在哪儿、有多强。原稿露出来的地方是“叠加”图层本来要提亮画面、却被顶层禁止了的地方[①]（原稿中完全没有层次的白色背景也露了出来，因为“叠加”不影响白色[②]）。

注意，大的模糊半径并不意味着更多的区域受影响。被这 3 个模糊版本加深的区域大致上是一样多的，

---

①这么说更容易理解：图 18.10 中的酱油色代表“叠加”图层把画面变暗的地方。

②“‘叠加’图层上亮于 50% 的灰度把画面变亮、暗于 50% 的灰度把画面变暗”的原则并不适用于纯白和纯黑，这就是为什么图 18.2C 中“叠加”虽然提亮了较暗的颜色、加深了较亮的颜色，却没有改变黑白场。

但它们并不在同一个地方发挥作用，每一个都比另外两个更强调某些区域。

比较模糊得最少和最多的两个版本更容易理解，还要看看图 18.11 所示的实际操作中发生了什么。

模糊 20 像素的版本，图 18.10A，润肤霜的中部变暗了，而模糊 60 像素的图 18.10C 不是这样，这种变暗清楚地表现在实际操作中图 18.11A 和图 18.11C 的对比上。带塞子的瓶子受到了类似的影响。注意标签的蓝色和白色相接的地方，就在“milk”这个词上面。图 18.10A 表明“叠加”图层的变暗作用到达了这个区域，但在图 18.10C 中，更大的模糊把变暗的作用范围扫掉了很宽的一截。结果是：图 18.11A 中带塞子的瓶子比图 18.11C 中的暗。

较小的模糊保留了对亮调的最大的影响，对

图 18.10　显示图 18.9 中的 3 个模糊版本“叠加”在原稿上的不同效果，在“叠加”图层上还有一个图层是原稿的副本，不让“叠加”图层把画面变亮。在染成红棕色的区域，画面会变暗，其他部分不会变。

这张图来说这不是一个好主意。图 18.10A 表明最右边的两个瓶子的左边强烈地变暗了，因此图 18.11A 中这两个瓶子左边比右边变暗得更快。在图 18.10C 中，每一个产品上的变暗要均匀一些，因此图 18.11C 中的瓶子更生动。

18.8 瞧这一家子

由于以上原因，在模糊 20 像素和模糊 60 像素的两个版本间做选择，对我，或许对你，都比较容易。然而在图 18.11B 和图 18.11C 之间做选择就难一些了。你可以检查任何地方，此图在本书配套光盘中，是高分辨率的。我选择模糊 50 像素的版本。经过适度的润饰（用锐化和曲线提亮高光），最终版本是图 18.12A。

将图 18.12A 与图 18.12B、图 18.12C 比较，如果你觉得它们像一家子，那是因为它们出自同样的模糊策略，而且都使用了 50 的模糊半径。图 18.12B 用

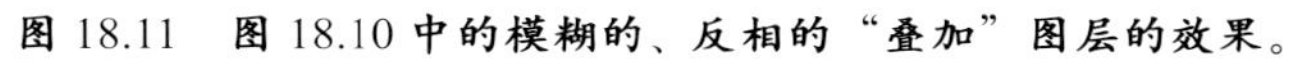
图 18.11　图 18.10 中的模糊的、反相的“叠加”图层的效果。

到了“阴影 / 高光”命令，没有管阴影，对高光的设置是是 25%、45% 和 50，其效果最接近图 18.12A，美中不足的是白瓶子的立体感差些。另外，由于“阴影 / 高光”不得不作用于图像整体的明暗（不像使用红色通道可以把白的部分和蓝的部分分开），便没有办法阻止蓝色区域变暗。当然很容易用蒙版罩住较暗的蓝色，但背景中较亮的蓝色会出问题。

图 18.12C 提醒我们为什么要用别的方法替代“大半径、小数量”锐化（我们曾经算计过要用“大半径、小数量”锐化）：“大半径、小数量”锐化实在无法保持高光中的细节，其参数是 60%、50 和 50，让产品的一部分失去了层次，又把蓝色变得太暗。模糊的“叠加”图层的长处很明显，允许我们保留那些地方，又避免了直接锐化的缺点。

不过不要偏执于一种方法。锐化、“阴影 / 高光”和选区是“队友”，而不是“对手”。如果其中的一个

图 18.12A 使用了 50 像素的模糊、轻微的锐化和曲线的版本。其他功能不重要。图 18.12B“阴影 / 高光”不能产生同样的立体感。图 18.12C“大半径、小数量”USM 锐化让一些区域损失了层次。

可以为我们做任何事，在操作中就不用浪费时间去找别的了。但它们常常互相促进。让我们看看它们如何互相配合来处理我们早先在图 18.6 中曾经面对的特别讨厌的失去层次的肤色问题。

18.9 模糊和混合的平衡

肤色苍白的问题通常可以用第 8 章讲过的技术来解决：将绿色通道应用到一个新的图层，把该图层的混合模式设为“亮度”。在某种限度内这干得不错，这个限度就是图 18.13A 所示的皮肤像水洗过一样苍白。

我们不是没有办法，很快就要用到“阴影 / 高光”，不过让我们先试试混合。绿色通道看起来太亮了，得不到什么好结果。脸上的蓝色通道常常太暗，不适合混合，但既然原稿如此苍白，蓝色通道或许能派上用场——只要稍加改变。

警告：如果文件曾经被 JPEG 压缩，就不要用蓝色通道做这种混合，那种压缩破坏蓝色通道比破坏另外两个通道厉害得多。在将蓝色通道应用于此图之前，我在屏幕上把它放大到 300% 仔细检查过，确信没有讨厌的、明显的人工痕迹会在混合中。然后我制作图 18.13B。

肤色明显改善了，但头发变黑了。我们在处理图 8.7 时处理过类似的问题（当时是一件红衣服被“亮度”混合变得太暗）——使用混合颜色带功能。我们可以在这里试验它，在顶层中排除蓝色通道很暗的区域。

上一章讨论过更灵活的方法，现在主要用它。要限制顶层，可以不用混合颜色带，而用图层蒙版。如果时间比较紧迫，也可以直接在选区中混合。为制作图 18.13C，我从底层载入原稿的红色通道，作为顶层的图层蒙版。

回顾一下这为什么管用：我们从两个图层开始，原稿，图 18.13A，在底层，蓝色通道的副本在顶层，但针对我们的意图，可以把顶层假想为图 18.13B，尽管真正的顶层是灰色的（它的每个通道都是原稿的蓝色通道的副本），但它的混合模式是“亮度”，透过它看见的还是原稿的颜色。

如果创建一个调整图层，就会自动产生一个空白的图层蒙版。但现在我们得手动添加图层蒙版，方法是执行“图层 > 图层蒙版 > 显示全部”命令或单击图层面板下方的图层蒙版图标。

在图层蒙版中白色的区域，我们看见顶层，在图层蒙版中黑色的区域，我们看见底层，在图层蒙版中灰色的区域，我们看见顶层和底层的混合。刚开始，图层蒙版是空白的——纯白色——因此画面没有变化，我们看见的还是图 18.13B。

现在，首先确定图层面板中图层蒙版的图标周围有亮边框，这表示它被激活了，编辑的是它，再使用“应用图像”命令，插入来自背景层的红色通道的副本（即图 18.13 左上角所示的通道）。在这个通道中，脸部几乎是空白，因此它作为图层蒙版不会影响图 18.13B 中的脸部。该蒙版中的头发比较黑，假如它的灰度是 50%，画面上的头发就是两个图层的平均混合。我们在图 18.13C 中看见的就是这种效果——头发的明暗介于前两个版本之间。

确实有更快的方法：在把蓝色通道混合到顶层之前，载入红色通道作为选区（Command-Option-1，

疑难解答：全垒打得分

奇迹会发生吗？“阴影 / 高光”的小剂量效果较好，为进一步修正留下余地，而不是一口气解决所有问题。注意，这里展示的大多数有效的“阴影 / 高光”修正，数量都小于默认的 50%。确实，该命令修正严重曝光不足或曝光过度的图像给人印象深刻，但你可以找到更容易的办法，而且获得更好的效果。

速度与质量。什么时候使用“阴影 / 高光”代替图 18.3 和图 18.9 所示的有 3 个图层的“叠加”混合？答案很简单。永远不！那就是说，假如做每一个活儿都有无限的时间，“叠加”混合方法更强大、更灵活，永远不会得到更坏的结果，因为你总是可以直接使用基于亮度的蒙版。有时两种方法是等效的，但有时使用“叠加”有好处，甚至是大好处。不过它花的时间是“阴影 / 高光”的 20 倍。这就是为什么这一章要同时传授两种方法。没有什么范例是“阴影 / 高光”更优越的。

“叠加”只能使用单通道吗？本章建议通过把一个反相的、模糊的通道应用到设为“叠加”模式的图层上来加强阴影和高光，别试图代之以整个文件的模糊的、反相的副本。如果这么做，颜色肯定会中性化，因为亮颜色会变暗，暗颜色会变亮。如果你用单个的通道来“叠加”而不是所有 3 个通道，这就不会发生。当然，一个很大的问题是，应该用哪个通道来“叠加”。

图 18.13A RGB 原稿，左边是它的3个通道。图 18.13B 蓝色通道被应用到“亮度”图层，加深了肤色。由于头发也跟着变暗了，因此添加了一个图层蒙版——红色通道的副本——产生了图 18.13C。

或按住 Command 键单击通道面板中红色通道的图标)，而不是制作一个永久的蒙版。这方法很有效，但缺乏灵活性。例如，假如我们感觉图 18.13C 中的头发尽管比图 18.13B 中的好，还是太暗，有图层蒙版就可以改变图层蒙版，而不用编辑图像本身，用曲线加深图层蒙版的阴影，图层蒙版中的头发变暗时，最终的效果就更接近底层（图 18.13A)，画面上的头发就变亮了。

最后一个注意事项：正如本章中一贯坚持的那样，图层蒙版要模糊，否则头发的细节会有损失。对此例来说这不是一个大问题，但确实有这种事。在图 18.9 中非常明显，使用未模糊的反相“叠加”图层，类似的细节就损失惨重。

18.10 别用力过猛

让我们继续练习，该用“阴影 / 高光”了。原稿很像有法官的图 18.3A，在这两张图中，“阴影 / 高光”都能产生给人印象深刻的变化。但试图用它追求完美的效果是罪过。“阴影 / 高光”最适合让阴影和高光明朗起来——真正的阴影和高光，而不是由低劣的摄影产生的人工阴影和高光。法官的图很暗，所以法官的脸没有完全陷入阴影，但这张原稿太亮了，肤色落在了高光范围内。

试着用“阴影 / 高光”全面加强图 18.13C 中的脸部细节，你会陷入混乱。降低你的期望，效果就会好一些。

我制作图 18.14A 用的高光设置是 15%、40% 和 50，颜色校正参数是 +20%，让皮肤的品红更饱和些。

另外，我料到头发会跟着变暗，就抢先给阴影加了 10%、50% 和 30 的参数。有些人会发觉这样做的效果比图 18.13C 美。这只是从我们检查有公猪的图 1.2 开始的永无休止的战争中的另一场战斗。图 18.14A 中的颜色好些了，但很明显，图 18.13C 中有更多细节。谁能说哪张更好呢？

我们或许会想到把一张放在另一张上面并设置混合模式为“亮度”或“颜色”，但有更有效的方法。

记住，通常的手段是把绿色通道用于“亮度”图层。对这幅原稿来说这是不可能的，但图 18.14A 加

图 18.14　另一种修正方法。图 18.14A 将“阴影 / 高光用于图 18.13A，所得的绿色通道（上图）用于“亮度”图层，产生了图 18.14C。

了足够的“调味品”，新的绿色通道就足够好了。于是，我们按惯例把它放到“亮度”图层中（我设置了 70% 的不透明度，相信这幅图现在已经足够暗了），这样得到的是图 18.14B。我估计它暂时是比图 18.13C 更好的版本。这并不是最终的作品，它仅仅解决了皮肤失去层次的大问题，剩下的事情，你知道该怎么办。

18.11 财富的尴尬

总的来说，我们刚刚看到了获得一种效果的两种方法，即使在 5 年前，大多数专业润饰师还没有用过它们。这引出了制作蒙版的不同方法。另外，我们以前也没有考虑过“叠加”混合方法（处理有护肤品的图 18.9 时它肯定管用），以及第 15 章讲过的错误配置文件方法（它或许也管用）。

这类讨厌的图像的很多，都可以用“阴影 / 高光”来处理，所用的时间是“叠加”的零头——只要你能说出关键的模糊设置有什么用。对这一章的课程作个总结：模糊必须大到足以在蒙版中模糊掉纤细的细节，又要小得足以在画面中保持立体感。

如果在本章开头你曾满足于高光和阴影细节的轻微改善，那就想想在意大利怎么吃饭吧。在那个地方必须贪吃，因为有很多美味佳肴在餐桌上摆着。本章有很多图片可以用多种方法来处理，你首先要精通模糊和混合，然后才能找到你想要的任何方法。

精通模糊、混合，在“叹息桥”上转个身，大踏步回到光明的世界吧！

本章小结

由 Photoshop CS 引进的“阴影 / 高光”命令使接近黑白场的细节明朗起来，是强大的工具。它解决了数码照片的一个大问题——为强调中间调而牺牲了高光和阴影。

有些人把“阴影 / 高光”理解为挽救没有希望的曝光不足的图像的手段，但事实上，适度操作它的效果更好。本章展示了另一种更强大但更费时的手段：单通道“叠加”混合，它具有“大半径、小数量”锐化塑造形体的特征。在有些场合，该方法可能优于“阴影 / 高光”——有大面积需要改善，或有灿烂的颜色。

回顾与练习

★ 为什么数码照片比用底片拍摄的照片更需要“阴影 / 高光”命令？

★ 在默认设置下，“阴影 / 高光”对阴影进行强烈的调节，却不改变高光，如果你只想改变高光，怎么能让该命令不影响阴影呢？

★“阴影 / 高光”的“色彩校正”滑块是干什么用的？为什么、何时使用它最好？

★ 回顾第 17 章开头的图片，一幅沙漠场景，你能用“阴影 / 高光”重新做出图 17.1B 的效果，而不查阅配套光盘中的设置吗？你愿意用“阴影 / 高光”来处理这幅图，还是用图 18.11 所示的“叠加”混合方法？

★ 为了把噪点模糊掉，常常采用“表面模糊”滤镜（Photoshop CS2 和更高版本），因为它可以避免模糊边缘。但在这一章里，我们用的是“高斯模糊”，为什么？

★ 在有手提包的练习中，你制作了让客户高兴的图 18.7D 和图 18.7E，她检查了这两个版本，说她打算采用图 18.7D 中的手提包，但其余部分应该是 18.7E 的 2/3 和图 18.7D 的 1/3 的混合。你如何满足她的要求？

第 19 章
色彩、对比度和蒙版“安全守则”

如果修正的目标是完全改变原作，或对它进行微妙的重新解读，有时就需要选区或蒙版。最好的蒙版是建立在现有通道基础上的，这一章教你怎样找到合适的通道。

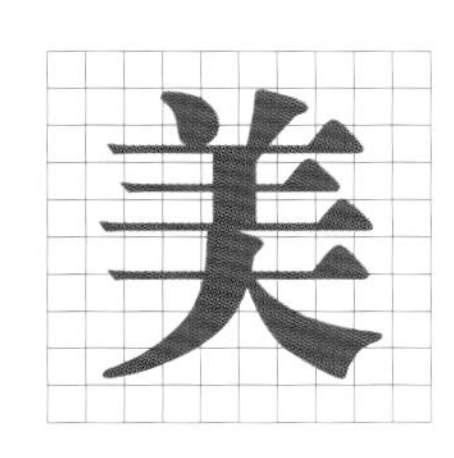
国军舰“密苏里号”，有人认为它在 60 年前就报废了，但它并没有真的变成一个废物。今天，它是一个水上博物馆，停泊在与它的事迹密切相关的地方——珍珠港。

当年建造这艘军舰快得难以置信，可在第二次世界大战中，它在各方僵持了很长时间以后才派上用场。在对日的战役中，它一战成名，成了当时最有威慑力的海军武器。

它的 3 组 16 英寸大炮可以把半吨重的炮弹发射到 20 英里以外，还异乎寻常地准确，图 19.1 展示了其中的 1 组。“密苏里号”威风到了这个程度：战争结束时，它被选为接受日方投降的地点。

此后有人认为它该退役了，因为在空中力量占优势时，它只不过是个大靶子，至少和另一个超级大国打仗时是这样。正因为如此，前苏联没有费事去建造这样的军舰，也没有谁把这样的军舰加入舰队。不过人们随后发现，不是所有的战争都发生在超级大国之间，这种军舰在对付不能将它击沉的敌人时还是管用的。

“密苏里号”至少 3 次带着它的巨炮重新服役——击碎了朝鲜、越南和科威特的军事重地。1992 年，它似乎真的退役了，可谁知道它还会不会复出呢。

由于有这么多的故事发生在这艘军舰上，它的任何一张照片都是值得我们认真对待的，最起码，应该确认照片中的颜色对不对。幸运的是，我们完全清楚它应该是什么颜色，因为海军把它叫做“灰色战舰”。我不知道涂它用的油漆配方，但我愿意用加拿大元对菜豆打赌，它不像图 19.1 中那么蓝。

19.1 为使用蒙版找个理由

前两章让人眼花缭乱的内容充满了反相的、模糊的蒙版和其他花招，但这个练习要回归本源了——遵循第 2 章讲过的基本原理。与加强对比度相比，这艘船不需要太多的锐化，只需要曲线就可以加强它的对比度。无论如何我们必须做一些调整，得到正确的颜色，比较容易的办法是把“密苏里号”放在每条曲线最陡的区段上。

与第 2 章和第 3 章强烈推荐的方法不同，这里的曲线，以及本章将要进行的其他修正，都要用到蒙版。蒙版强调某些区域的变化，限制其他区域的变化。蒙版是 Photoshop 中的 16 英寸炮——异常强大，但如果用在错误的场合，就会事与愿违。借助蒙版来修正通常是下策，因此在使用蒙版之前，我们得找到一些理由。

最明显的理由被润饰师们叫做“不忠实于原作”——调出和原照片没有关系的新颜色。本章稍后会把一件衣服的绿色变成橘色，这就是不忠实于原作。我们用蒙版做这件事时，不必怀有负罪感。

但是，在没有充分理由的情况下使用蒙版，就会把图像搞乱。在许多页以前，我曾举例反对使用选区，比如图 3.12 中粉红色的马表明图像的整个亮调都太粉红，如果把马孤立出来修正，就会弄出粉红背景上的白马。

我们手头的图片也是这样，如果战舰偏蓝，明暗与它接近的其他对象也会偏蓝，因而我们必须假定，图 19.1 中的天空太蓝了。

这种推理或许在校准主义的海军中能够浮起来，但在我这儿会沉没。我喜欢天空现在的样子，这种背景与它历史上重要的一幕很般配。只要云是白的（在原稿中它们确实是白的），我就打算让天空蓝个够。

该文件打开时未嵌入 RGB 配置文件，它最终要转换到 CMYK，我们应该在那儿使用曲线。那么我们应该使用哪个或哪些通道来制作蒙版呢？

在以前的通道混合中，我们知道天空总是在 RGB 的红色通道或 CMYK 的青色通道中最暗，因此这两个通道不能用于制作蒙版，这里面的天空会像战舰一样暗。我们可以用蓝色通道或黄色通道，天空在这些通道中比在绿色和品红通道中更突出。第 3 种选择是 CMYK 的黑色通道，可能是用“较多 GCR”分色得到的（第 5 章讲过）。所有这 3 种通道都必须做成反相，才能用于蒙版，蒙版上的天空应该是黑色的，以便让底层的天空透过上层显示出来。

由于此文件不需要加强色彩变化，就没有什么理由在 LAB 中修正。也没有太多的理由在 RGB 中修正。

在讨论有红衣服的图 2.17 时，我们已经知道，当我们只关注细节时，用 4 个通道比用 3 个通道更能突出细节，而且，当主要对象应该呈中性灰时，黑色通道是最佳的选择。

因此，修正此图的步骤是：

• 转换到 CMYK。

图 19.1 大家都知道这艘军舰是灰色的，但原稿采样把它变蓝了。

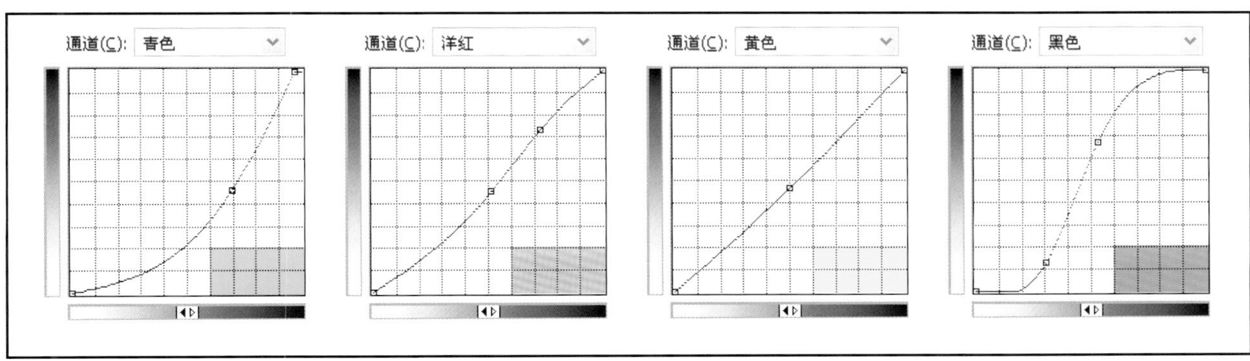

图 19.2　使用这些曲线，再加上一个图层蒙版（RGB 原稿的蓝色通道的副本的反相），使船恢复了适当的灰色，加强了它的对比度，而没有影响天空。

• 添加曲线调整图层。

• 使用如图 19.2 所示的曲线，在每条曲线上把船所在的区段变陡，并且把蓝色修正为中性灰。

• 通过单击，激活调整图层自动生成的图层蒙版。

• 执行“图像 > 应用图像”命令，以你选择的通道为源。我是这么做的：将原稿存储为一个 RGB 副本并打开它，以其蓝色通道的反相为源。这比使用 CMYK 的黄色通道稍好些，因为第 5 章讲过的油墨总量限制使黄色通道中的船不够暗。

• 重新评估船，看图层蒙版是否使它偏离了中性灰，如果是，就对图层蒙版使用曲线，迫使它的亮调接近白色，从而保证图 19.2 所示的曲线在船上完全发挥作用。这就是为什么黄色或黑色通道的反相也可以用作蒙版，尽管未被分色破坏的蓝色通道在技术上更好。

19.2 早晨的红色天空

在进入本章的其他内容之前，我要客气而坚决地请海军军校的学员们聆听以下安全守则。

• 客户不在乎图片是滚筒扫描的还是用手机拍摄的，也不在乎修正它的工具是“亮度 / 对比度”、一套曲线还是一个 ICC 配置文件。他们不会被 Photoshop 的华丽技巧迷住，因为他们根本就不懂。如果你使用蒙版，你就得把自己当成老手，想客户之所想。没有人会因为你用了蒙版就给你发奖，除非是“最差奖”，奖励你在蒙版上浪费了这么多时间，效果还不如整体修正。

• 不能胜任图像处理的最明显的迹象是，在处理到一半时发现自己需要蒙版或选区。如果确实需要它们，应该在一打开图像时就知道（至少预料到）。

• 使用蒙版，即使使用得当，也不能脱离第 1 ～ 10 章讲过的那些规则，特别是第 3 章和第 9 章讲过的数值方法的规则。如果你的竞争对手不知道怎么做蒙版，但用到了数值，那么世界上所有的蒙版都不能阻止你的业务流失到他那儿去，除非你自己也了解数值。

牢记这些严肃的忠告。在两种情况下应该使用蒙版。第一是重新修正别人或别的机器修正得不好的图，最常见的例子就是运算法则给文件插入了一个白场，使其余部分的色彩失控。第二是把相机永远看不到的东西加到文件里去，前两章已经说得很清楚，USM 的全称——“虚光蒙版”，暗示着蒙版的存在，“阴影 / 高光”命令也有这样的蒙版。这两种命令都旨在产生原稿中缺失的细节，因此是“不忠实于原稿”的操作。在第 17 章中，我们走得更远，使用了另一类蒙版——图层蒙版，来混合被我们叫做“虚光”的蒙版的两种变化。

对于更传统的色彩修正类型——曲线和通道混合，有 3 种对象是人的记忆与相机所见常常不一致的，对它们使用蒙版是合适的。“密苏里号”的照片就是很好的例子。这 3 种对象是：

• 天空。我们喜欢它是蓝色的、深蓝色的。

• 绿色植物。在我们的记忆中，它们常常比相机记录下来的鲜艳。

• 最重要的是，脸部。无论是出于对死亡的恐惧还是别的未知原因，我们记忆中的脸色都是健康的。白皙的脸色应该有太阳晒过的感觉，黝黑的脸色应该泛红。如果有这些因素或类似的因素，就有必要使用蒙版了。如果时间紧迫，也可以不用蒙版而直接基于一个通道做出选区，或者用颜色混合带滑块来改变一个单独的图层。

按照本书前几百页离不开的两种类型的修正来解释蒙版，或许更容易理解。有些蒙版用来控制对比度的，有些是用来控制颜色的，前者通常可以在 RGB 中找到，偶尔可以在 CMYK 中找到，后者总是来自 LAB 的 A、B 通道。

19.3 让扫描员掌舵会发生什么

基于对比度的选区常常被叫做“亮度蒙版”，图 19.2 中用过的蒙版也可以叫“反相亮度蒙版”。

我们在前两章中已经屡次见到这样的蒙版。例如，我们常常用反相亮度蒙版来限制暗调中的传统 USM 锐化，但在处理图 18.13 时也用过非反相亮度蒙版，它通过混合加深了令人不快的苍白肤色（前面列出的可以使用蒙版的 3 种对象就包括肤色），而又没有把头发变暗。

“亮度”这个词通常意味着将合成颜色通道（或者说，LAB 中的 L 通道）载入为选区或蒙版。有时这个办法不错，但如果这么做是值得的，那么找到合适的单通道制作蒙版也是值得的。在大多数情况下，适合做蒙版的通道很明显。只要看一眼“密苏里号”的照片，我们就知道该选择哪个通道，只要看一眼图 18.13 中的人脸，就知道红色通道最好。

但有时候这并不明显。幸运的是，很容易试验各个通道。图 19.3A 是专业室内装饰照片，是用底片拍摄、用滚筒扫描仪扫描的，打开时是 CMYK 模式的，这说明有人已经修正过它，就像今天的数码相机事先修正了数码照片一样。这次从事修正的是一个人，可能比运算法则更审慎。

不用看原稿底片，我就能打赌，扫描员故意加强了颜色的饱和度。考虑到图中的环境，我赞成他这么做，但有个技术上的错误，他要么选错了高光，要么就是不知道怎么处理非白色的高光。如果他特别在意灯罩下面的亮颜色或雕像的脸部，那就是不得要领。

它们都是极高光，即使雕像不是极高光，但它的亮调这么小，我们也不会在意里面的细节。剩下的就是长垫子——床脚上长长的、窄窄的垫子——其实它才是图像主体中最亮的。

如果它最亮的颜色应该是白色，那就应该把这种颜色调为 $5^C 2^M 2^Y$ 左右（第 3 章推荐的白场）。但是显然，扫描员认为它们应该更暖些，更偏橘黄，于是他选择了 $5^C 5^M 15^Y$。

我赞同他的思路，但反对他的做法。如果长垫的面料上有白色，那枕套和床单上也一定有。当它们不应该是白色时强迫它们成为白色，画面就会太冷。如果高光真的应该稍微偏黄，它就不应该比 $5^C 2^M 2^Y$ 暗，所以我们选择接近 $1^C 1^M 8^Y$ 的数值。

在一个曲线调整图层上，我移动 CMY 曲线左下角的端点，得到了上述数值，结果如图 19.3B 所示。你或许觉得这就是最终的版本了。但我个人更喜欢图 19.3A 中较暗的木头和墙，因此，我选择刚才的调整图层自动产生的图层蒙版，在默认情况下，它是空白的，对画面没有任何影响。

19.4 正确选择通道

假如我懒得给这幅图做 RGB 副本，就有 5 个——不是 4 个——CMYK 通道，可用于制作图层蒙版（CMYK 合成通道本身就可用，只要文件本身是在 CMYK 中；否则就只有 4 个通道可用）。

你能不能只看着图 19.3A 把这些通道按从亮到暗的顺序排列出来？这 5 个通道中的任何一个都能保持枕头的亮度，但哪个整体效果最好？

正如我们在图 1.5 所示的测试中看到的，黑色通道总是最亮的。如果把它载入为图层蒙版，结果就很最接近图 19.3B。选择其他 4 个，结果会不同程度地接近图 19.3A。

图 19.3A 原稿，重要区域中最亮的地方（在长垫上）太暗了。图 19.3B 直线形的曲线提亮了它，但也提亮了画面的其余部分。

这 4 个通道从亮到暗的顺序是：青色、合成 CMYK、品红和黄色。

幸运的是，测试全部 5 个通道只需要几秒钟。只需要打开“应用图像”对话框，确认目标通道是图层蒙版，然后在不同的源通道间切换，这时画面会跟着变，帮助我们选择。这里展示了两个例子：图 19.4A 以黑色通道为蒙版，图 19.4B 使用品红通道。

在专业环境中，保守一些常常是最好的。客户是最后拍板的人，他的趣味也许和我们的不一样。正如第 1 章所指出的，某些修正（通常是那些涉及颜色变化的修正）是有趣的问题，而另一些（多是扩展阶调范围的）容易被广泛接受。

这里各个版本间的区别是微妙的。在这 3 个修正过的版本中做取舍可能是你的事，也可能是客户的事。我可以想象客户会批评图 19.3B 和图 19.4A（我个人比较喜欢后者）。但如果要在另外两张中选择，就很难想象谁会觉得图 19.3A 比保守的图 19.4B 更好。

19.5 我的山谷郁郁葱葱

要是做过大量 LAB 工作的许多人在某一点上达成了一致，那就是：有大面积天然绿色的区域表明，不仅应该进入 LAB 修正，而且还要把 A、B 曲线明显地变陡。

我们看绿色的方式和相机不一样。由于同时对比效应，我们会看到更强烈的绿色；由于情感上的或浪漫的原因，我们记忆中的绿色常常比相机记录的更饱和。

尽管这是使用蒙版的理由，但蒙版常常不在 LAB 中。我们要么让曲线仅影响绿色，要么不介意其他颜色会跟着绿色一起变亮。

不过这幅图不太愿意合作。在有灿烂颜色的图中，LAB 的效果常常要打折扣，而图 19.5A 就是这样。第 4 章展示了 LAB 曲线的基本结构：A 和 B 在变陡时仍然保持

图 19.4A 以黑色通道为图层蒙版改变了图 19.3B。图 19.4B 换用品红通道为图层蒙版。

A

B

图 19.5A（上页）原稿中的绿色植物需要提亮。图 19.5B（上页）标准的 A、B 曲线使花超出了 CMYK 色域，损失了细节。图 19.5C 混合颜色带将改变限制在绿色的区域。

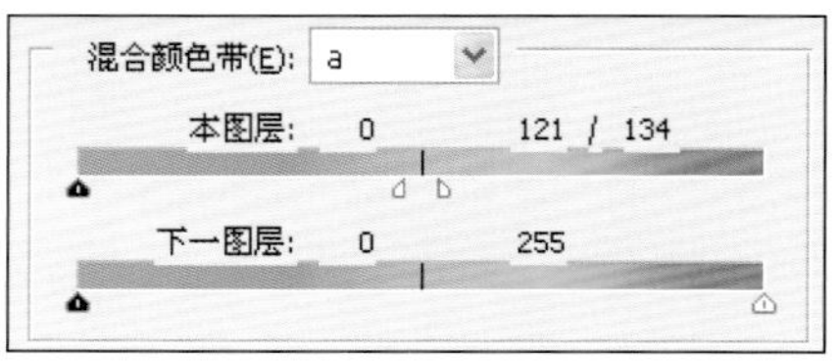

为直线，对这张图，应该让 A、B 曲线都稍微向右偏离原来的中点，因为图中的小路的颜色本来应该是 0^A 0^B 左右，测量结果偏冷。

不过，图 19.5B 是仅仅把曲线变陡产生的，所有花的颜色都超出了 CMYK 色域，特别是那些红花，成了糊里糊涂的一团。

要在 RGB 或 CMYK 中给所有的花做蒙版，一定是又困难又烦人的，但在 LAB 中只需要几秒钟，只要你了解通道结构。

除了绿色植物，我看见了另外 6 种重要对象：路、白色拱门和 4 种花。从上到下，花的颜色是粉红、红、黄和偏蓝的紫色。

在“品红－绿色”的 A 通道中，路和拱门都是中性的，数值接近 0^A，黄花也是这样，尽管这种黄很强烈，但既没有品红也没有绿色。粉红的、红色的和紫色的花显然品红超过绿，这意味着它们的 A 值是正值。

我们要修正的只是 A 为负值的区域，即绿超过品红的区域。因此，我们只需要在调整图层上调节曲线，再使用简单的颜色混合带，这样就得到了图 19.5C。选择如此容易，这就是为什么图 4.7 所示的识别 LAB 通道的测试相当重要，如果你没有通过那个测试，就回去重新测一测。

图 19.5C 中的滑块排除了 A 明显是正值的每一样东西，显示了来自图 19.5B 的 A 明显是负值的每一样东西。A 值接近 0 的东西，比如路和拱门，则在过渡带中——一部分来自图 19.5A，一部分来自图 19.5B。我们使用“本图层”而不是“下一图层”的滑块，因为变陡的曲线使顶层的阶调范围更宽，另外，稍微有点绿的颜色与 0^A 的差别在顶层中比在底层中更大，也就是说，用顶层滑块更容易区分灰绿色与中性灰。

图 19.6 这幅原稿中明显的黄色色偏分布不均匀，真该“感谢”数码相机的“修正”。最亮和最暗的区域被它“修正”得接近中性灰了，问题在中间调。

19.6 祸不单行

如果不把锐化和“阴影 / 高光”算作蒙版，大多数时候我们是完全不需要蒙版的，即使需要，有一个通常也就够了，不管是颜色蒙版还是对比度蒙版。偶尔，数码摄影时代迫使我们使用两个蒙版。

要说图 19.6 的颜色是保守的，那“密苏里号”的武器也是保守的。但这就是今天的专业润饰师生活中的一部分。我们运气好的时候，可以拿到像刚刚处理过的两张那样的优质原稿，但运气不能总是那么好，所以接着要处理的就是这样的垃圾。

我们最近见过类似的图，图 16.4 中有两个老人，也有这么差的黄色色偏，那是在关于 Camera Raw 的一章中，解决方案就是找到未经任何自动修正的图，然后在 LAB 中去掉色偏，不比军舰战胜小帆船困难。

但现在我们没有 raw 文件，手里有什么就得用什么，它已经被相机的运算法则“修正”过了。也就是说，我们没有比较平的、黄色受到了控制的文件，手头的这张图已经被调成了全阶调，黄色色偏的“均匀”程度就像远洋船只遇到的台风。

原稿嵌入了 ColorMatch RGB 配置文件，但用 LAB 数值更容易鉴定色偏，所以我把信息面板右边显示数值的模式改成了 LAB。

以下数值代表从亮到暗的颜色，所测量的所有区域都应该接近中性灰。图中女人头部上方的灯光是完全没有层次的，数值是 $100^L 0^A 0^B$，她右眼上方的头发中最亮的点是 $99^L (3)^A 13^B$，她左边头发中不太白的颜色是 $88^L 5^A 53^B$，背景中的艺术品（我认为那是一幅黑白印刷品）中人脸的数值是 $80^L 7^A 52^B$，女人头发中最暗的部位（靠近她的左耳）是 $73^L 14^A 56^B$，艺术品上方很暗的背景是 $59^L 4^A 39^B$，女人手里拿的书封面上的黑墨是 $13^L 9^A 14^B$。

总的来说，相机在严重的黄色色偏中创建了没有色偏的白场，黄色色偏在亮度为 75^L 左右达到极限，然后渐渐减弱。整个画面中没有任何地方 B 值是负的，但有一个地方 A 值是负的，可笑的是，那是她头发上最亮的点，负的 A 值使它呈偏绿的黄色而不是出现在所有较暗区域的橘黄色。

下面是处理过程。

- 给这个 RGB 文件建立一个副本（我们以后也许会用到原稿，也许不会）将副本转换到 LAB。
- 添加一个曲线调整图层。
- 使用图 19.7 中的曲线，它们很像图 16.4 中的

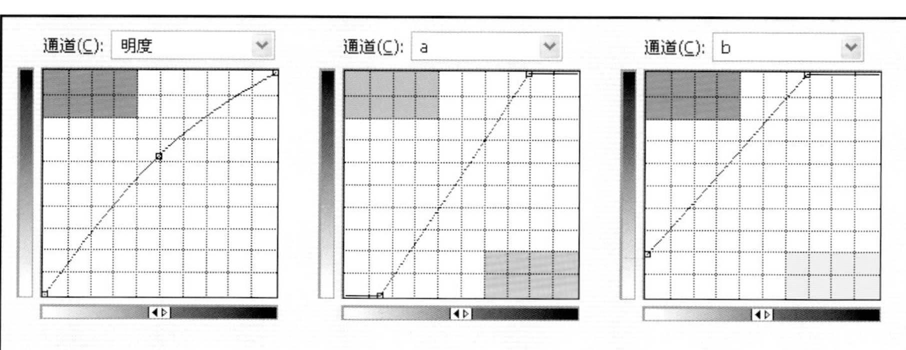

图 19.7A 这些曲线用在了图 19.6 的一个调整图层上，还没有用到蒙版。图 19.7B 因为图 A 中暗的部分太蓝，所以载入了 L 通道的副本为图层蒙版。

曲线，那是纠正黄色色偏的另一个练习，素材是由Camera Raw的采样。不像那些容易对付的练习，这次使用的曲线不能一下子解决全部问题。图19.7A中暗的部分明显偏冷，令人不安。

• 通过单击，激活调整图层自动生成的图层蒙版。

• 现在该做试验了。记住，除了正在修正的LAB版本，还有一个RGB版本打开着。由于它们的尺寸是一样的，因此“应用图像”命令可以在其中的任何一个版本中选择源通道，用于编辑图层蒙版。在“应用图像”对话框中，以该图层蒙版为目标通道，对源通道试验RGB的所有通道和当前文件的L通道，其中任何一种选择都会保留对亮调的大多数修正，隐藏对暗调的大多数修正，唯一的问题就是要隐藏多少。我感觉以L通道为图层蒙版效果最好，这样产生的是图19.7B。

• 对图像的破坏得到了控制，但女人头发上最亮的地方还是发青，她头顶的灯光还是发蓝。针对这些问题，我们求助于混合颜色带。注意调整图层是如何被改变两次的：第1次用的是基于对比度的图层蒙版，第2次用的是基于颜色的混合颜色带。对滑块的两套设置排除了顶层中特别亮的区域，在这里恢复原稿的颜色，对图19.7B中任何蓝多于黄的东西进行了缓和的限制，而没有彻底消除。

所有这些操作的结果如图19.8所示。它还远远不够完美，但它方便了以后的操作。

在进入肤色之前，常常需要用蒙版来补偿相机与人眼观察方式的差异的最后一个领域，让我们看看，在人和相机不一致的另一个领域创建蒙版的更复杂的方法。

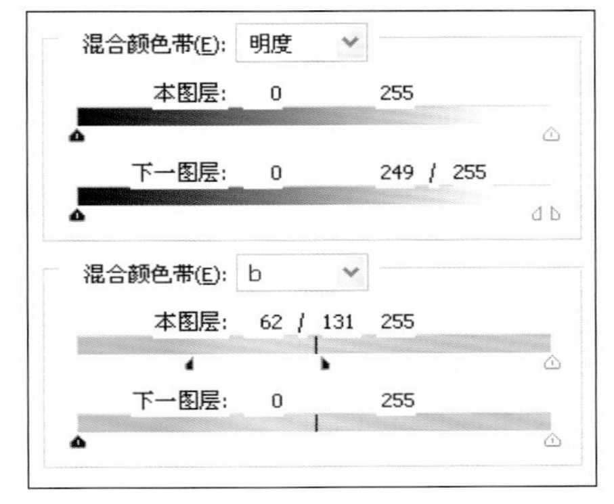

图19.8 将混合颜色带用于图19.7B中有图层蒙版的调整图层，阻止了头发上最亮的部分变蓝。

19.7 正片叠底和蒙版

相机缺乏人的同时对比效应和色适应功能。在没有蒙版的情况下审慎地应用曲线有时能让照片看起来好些相机有这些功能。但天空、绿色植物和肤色有时真的需要一个蒙版，因为我们记忆中的颜色不仅有更强的对比度、更好的色彩平衡，而且有色差。

对于反光，相机和人的看法也不一致。由于明显的进化的原因，我们都不喜欢看不见东西，因此我们这个种群发展了把过亮的光源变暗一些的能力，这是相机缺乏的。

这方面最经典的范例在脸上，图 1.4 就是这样的范例，图中的眼镜片、前额和鼻子上都有难看的反光，皮肤大量分泌油脂，产生了这些反光。

一般的规律是，这种反光可以在 LAB 中修掉，但有时候反光太强烈了，修不掉。图 19.9 就是这样。这张照片要用于广告，图中的柜子看来很昂贵，从柜子上边中间的一格发出的强烈反光是客户没想到的。

所有 3 个通道都太亮了，不适合用作图层蒙版。它们都有反光，用它们修正（比如将蓝色通道载入为蒙版，用曲线把颜色变暗），无法避免柜子的其他部分跟着反光一起变暗。

由于 3 个通道以略微不同的方式表现反光，因此更精妙的效果可能是通过把这 3 个通道叠加成 1 个通道而得到的。

可以用几种方法制作这个通道。可以直接在图层蒙版中做，尽管新建一个通道更常见。一种可能性是，执行“图像 > 计算”命令，以红色和绿色通道为源，将混合模式设为“正片叠底”，透明度为 100%，在“结果”下拉菜单中选择“新建通道”。新通道创建后，在通道面板中选择它，执行“图像 > 应用图像”命令，以蓝色通道为源，再次使用“正片叠底”模式，这样得到的新通道如图 19.9B 所示，它足够暗，用作蒙版时可以排除除反光以外的任何东西。

下一步是清除新通道上方不重要的东西。我使用矩形选框工具，将羽化半径设为 15 像素，在柜子周围拉出一个选区，反转选区，填充黑色，结果如图 19.9C 所示。在通常情况下这是偷奸耍滑，但现在用起来效果不错，图 19.9B 中柜子的边缘很暗，把外边填上黑色后没有人会注意到原来还有个边缘。

你现在是不是恨不得马上这么干：建立曲线调整图层，把绿色曲线和蓝色曲线最亮的端点往暗处拉，用红色淹没画面，然后将图 19.9C 应用到该调整图层的图层蒙版，把变红的效果限制在反光区域内。

如果柜子上没有提手，这个办法就管用。但提手的中性灰需要保持，这些曲线会把它们变红，这样一来，我们就不得不回到图层蒙版中，一笔一笔把提手涂黑，以便露出底层的提手。

我们不用这个办法。取而代之的是将底层复制成一个新的图层，给“阴影 / 高光”命令的“高光”部分一个表演的舞台。我用的参数是 75%、50% 和 50，得到的是图 19.10A。

反光变得足够暗了，但太灰了，因为原稿在这里太亮，没有多少颜色让“阴影 / 高光”来加强，即使它的“颜色校正”滑块已经向右移了。

于是我取消整个“阴影 / 高光”对话框，再对绿色通道、蓝色通道分别使用“阴影 / 高光”命令，结果如图 19.10B 所示。由于红色通道没变，另外两个通道变暗了，总的反光就既变暗又变红了，不过太红了，用了蒙版以后会跟周围的颜色不协调。

在处理这个问题之前，我们需要回顾上一章的一个话题。我们正在试图加强高光区域，没怎么动别的地方。按上一章的说法，要得到最好的效果，就得把图 19.9C 变模糊①。仔细看，你会发现反光中有很多颗粒，如果保持这些颗粒比周围暗，将图 19.9C 载入为图层蒙版②，“阴影 / 高光”就无法影响它们③，亮调变暗会比颗粒变暗更快，画面会发闷，就像上一章处理“叹息桥”图片时使用未模糊的图层蒙版而产生的图 18.1B。

---

①图 19.9C 要用作图层蒙版，上一章的方法就是把图层蒙版变模糊。

②该图层蒙版是顶层（即用“阴影 / 高光”变红的图层）的图层蒙版。

③这句话容易引起误解。“阴影 / 高光”并没有作用于蒙版，是蒙版在限制“阴影 / 高光”的作用。确切地说，如果颗粒比周围暗，被“阴影 / 高光”修正过的顶层中的颗粒就会隐藏，露出底层的颗粒，而颗粒周围仍然显示顶层被“阴影 / 高光”修正过的效果（即变暗了的效果），这样一来，颗粒和周围的对比度就降低了。后文“亮调变暗会比颗粒变暗更快，画面会发闷”也是同样的意思。

图 19.9A 原稿中的反光需要尽量减弱，左边是它的红、绿、蓝通道。图 19.9B 红、绿、蓝通道以“正片叠底”模式混合在一起，产生了一个蒙版。图 19.9C 不重要的背景被删除了。

图 19.10A 对主通道进行“阴影/高光”调节后，反光不够红。图 19.10B“阴影/高光”仅仅被应用到了绿色和蓝色通道。图 19.10C 图层蒙版变模糊了。图 19.10D 用“色相/饱和度”命令调节红色，得到了最终版本。

注意，图层蒙版中的颗粒变模糊、向亮调扩散以后，图 19.10C 的清晰度反而提高了。

最后一步是限制新创建的红色的强度。这仍然可以用几种方法来做。最有效的是“图像 > 调整 > 色相/饱和度”。我们选择红色为调整的目标，还可以用“色相/饱和度”对话框中的滴管在画面中单击需要调整的红色，它有些接近橘色。我们还可以通过移动该对话框底部的滑块来控制调整范围向黄和红的方向扩展多远，不过现在不需要。对顶层（它仍然有一个蒙版，这个蒙版是模糊后的图 19.9C）进行这种操作，我按图 19.10 所示的参数降低了红色的饱和度，使整个色调偏向了黄，产生了最终版本图 19.10D。

19.8 浴巾的故事

天空、反光、无所不在的绿色植物、结构复杂的色偏，在这一章中都出现过了。在每种情况下我们都不得不考虑偏离原稿照片，为此就得使用选区或蒙版。最后要讨论的一种情况是肤色。我们将以3张照片来结束本章，它们有相似之处，但品质不同，主题不同，对我们提出的挑战也不同。但它们全都需要把肤色从背景中分离处来。

本书已经接近尾声了。我们有许多选择，许多容易出错的方法，许多可能取悦于我而不是你的方法，许多能取悦于你和我而不是你的客户的方法。图19.11是有感情色彩的照片，因此如何处理它取决于要表现什么样的情感，而我不能看透你的心思。但是，有一些绝对原则。在我们开始使用前3章传授的所有华丽技巧以前，让我们停一停，分析一下原稿的现状以及我们希望如何处理它。

原稿有一个明显的缺陷——没有白场（或者说，没有明亮的点）。画面主体中最亮的点是靠近右手的桌面，测出它的数值是236^{R}221^{G}215^{B}（该文件嵌入了Adobe RGB配置文件），实在不够亮，而且发红。

发红的问题会引起争论。摄影师看见的是某种暖色调，但把桌面变白并不违背拍摄意图。如果很教条，我会把它变成245^{R}245^{G}245^{B}，但由于这里没有什么细节需要保护，使用250^{R}250^{G}250^{B}更合适。

浴巾要暗一些，我们的曲线可以让它保持略红，如果我们愿意，也可以让它变成中性灰。我赞成后者。

图19.11 这一广告照片中没有设置白场，但设置了白场就会让肤色太亮。

如果你不同意画面中的布变成白色，也可以。但你不能让它保持原状。如果你觉得它应该红一些，就把白场设为255^{R}250^{G}245^{B}或符合这一思路的其他数值。

完全不提亮它是不妥的，正如我们在讨论图19.3所示的床单时看到的那样。

因此，总的思路是把画面提亮。当画面中的布变亮时，肤色也会变亮。这会产生一个问题：这个女人的头发应该偏红，这是白人的标志，但印刷后肤色会变暗一些，为了不让头发失去红色，我们需要使用选区或蒙版。

不同的肤色是很容易混淆的，但处理背部不应该像处理脸部那样。加强鼻子、两颊和下巴的立体感的方法通常是将绿色通道混合到“亮度”图层的合成图像上，也可以用传统 USM 锐化来突出眼睛的轮廓，但这幅图没有鼻子、下巴和眼睛，我们不需要强调较暗的、靠近我们的一半和较暗的、远处的一半的区别。

在这里我也没有看见什么东西适合在 LAB 或 CMYK 中处理，因此我们只需要在 RGB 做所有的事。

• 将背景层复制成一个新图层，将肤色的 3 个通道中最暗的蓝色通道应用于该图层，将图层混合模式设为“亮度”，这产生了图 19.12A。在这种混合中，绿色通道是更传统的选择，但由于我过一会儿打算使用图层蒙版，我担心绿色通道不能把肤色变得足够暗。如果蓝色通道把肤色变得太暗了，可以降低不透明度。

再次重申上一章中的一个注意事项：用蓝色通道进行“亮度”混合时要非常小心，它的噪点常常比另外两个通道多得多，特别被 JPEG 压缩过以后。在决定用蓝色通道混合以前，我高倍放大画面，仔细检查了该通道，寻找人工痕迹，在彩色合成图像中看不见它们，但把它们输出到绿色和红色通道中就可能出问题。

• 添加一个图层蒙版，对该蒙版应用红色通道，大大模糊它，如图 19.12B 所示。模糊该蒙版是为了确保将头发作为一个整体来处理，而不是孤立地处理一缕缕头发。在此图层蒙版的作用下，画面如图 19.12C 所示。

• 添加一个曲线调整图层，产生图 19.13，该曲线调整图层未使用图层蒙版。移动曲线左下端提亮了桌布，在我看来这是必须的。曲线内部的点控制着画面中的暖色调要保留多少，你的做法可以和我的不同。

• 按我的思考方式，肤色现在令人满意了，因此我要拼合所有图层，不过最好做一个备份。接着让我们把注意力转移到浴巾和其他纺织品上。要加强它们的对比度，第 18 章讲过的“阴影 / 高光”命令不太合适，该命令涉及大面积有明确色彩倾向的区域时效果不太好，这两种因素在这里都有。因此，我们不用“阴影 / 高光”，而用处理护肤品广告图 18.9 的步骤：刚开始使用 3 个完全相同的图层，然后在中间层应用适当的通道的模糊的、反相的副本（我选择绿色通道），将它的混合模式改为“叠加”，将顶层的混合模式改为“变暗”。结果如图 19.14A 所示。

• 处理阴影。加强这里的对比度类似于加强高光的对比度，但更容易。现在影响的仅仅是头发，是较小的区域，而且没有敏感的颜色，尽管额外做一些图

图 19.12A 在一个“亮度”图层上，将蓝色通道应用到整个图像。图 19.12B 用红色通道的模糊版本制作的图层蒙版。图 19.12C 在该蒙版作用下的画面。

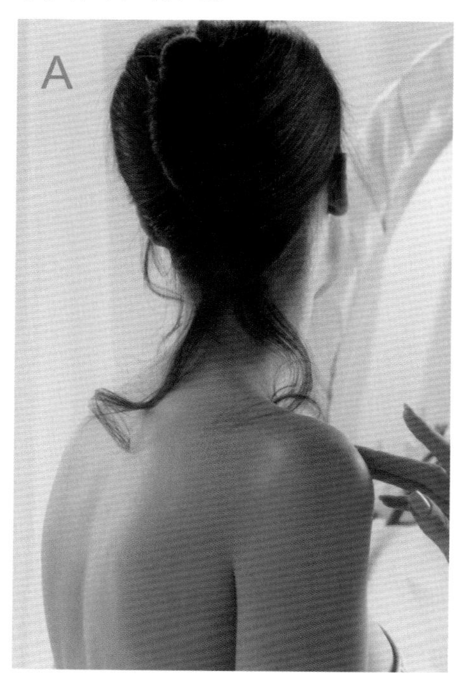

层、使用某个通道的模糊反相副本也管用，但这是浪费时间，"阴影 / 高光"在这种地方完全够用了。我先拼合图层，再执行"阴影 / 高光"命令，设阴影的参数为 25%、50% 和 30，不调节高光，也不做颜色校正①，修正后的头发如图 19.14B 所示。

• 现在图像有了全阶调，似乎没有什么地方需要使用传统 USM 锐化。因此，我使用"大半径、小数量"锐化，参数为 25%、60 和 5，再把色彩模式转为 CMYK，使用最终的曲线将背景中性化，结果如图 19.14C 所示。

19.9 没有劣质原稿

乌托邦世界不需要军舰，理想的色彩修正也不会遇到劣质原稿。但今天，我们不得不面对各种各样的原稿。本章的 7 张原稿可能就是我们日常工作的一部分，其中有 3 张很好，有 1 张色彩不好，但有足够的细节，有 1 张有瑕疵，需要局部处理，另外两张——我不想形容它们了，因为画质优劣并不重要。我无法形容的这类原稿，和优质原稿之间仅有的区别是，修正完以后要少一些吸引力，在修正过程中可能需要额外的一两步。但它们都有同样的问题：修正的幅度要多大。

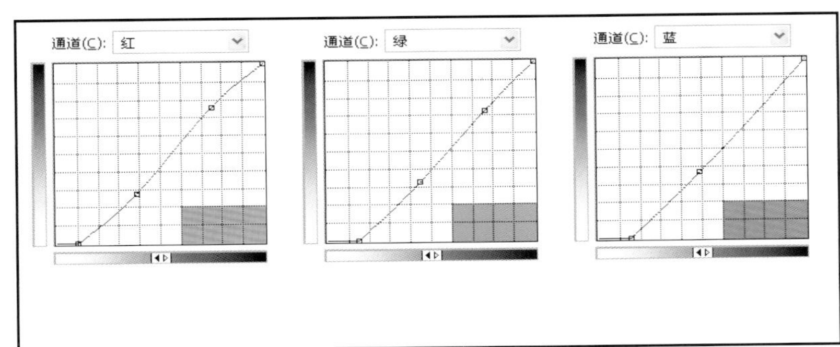

图 19.13 用曲线调整了图 19.12C，把图中的亚麻布变亮并变白了。

我们面对的下一个挑战，图 19.15A，非常像我们刚刚处理完的图 19.11——肤色是主要内容，刚开始白

①即在"高光 / 阴影"对话框中把高光的数量设为 0，把颜色校正滑块也拉到 0 的位置。

图 19.14A 将绿色通道的模糊的、反相的副本应用到图 19.13，突出了浴巾上的细节。图 19.14B“阴影 / 高光”命令加强了头发上的红色。图 19.14C 进行“大半径、小数量”锐化、使用柔和的 CMYK 曲线后的最终效果。

疑难解答：模糊和混合

模糊图层蒙版。图层蒙版的轻度模糊，在有肌理或其他细节时是需要的，较重的模糊，有时针对特殊目的是有用的，而且常常需要试验。某些图片，例如有船的图 19.1，不需要把图层蒙版变模糊，不过，轻度的模糊很少有害。

何时使用选区，何时使用蒙版。蒙版只不过是被储存起来的、随时可以调用选区，也可以用 Photoshop 的任何工具来编辑。使用选区而不是蒙版，只是为了节约时间、方便。我们可以用一个快捷键将通道载入为选区，而蒙版是为那些愿意付出时间换得灵活性的人准备的。

颜色混合带和图层蒙版。这两个命令有手牵手的关系。颜色混合带可以大幅度编辑，但不允许重新润饰。如果图层蒙版在某些区域达不到你的要求，你总能用白色或黑色来填充它，而你不能用本章讲到的模糊方法处理颜色混合带。不过，了解混合颜色带对那些在 LAB 中工作的人来说是必不可少的，因为从 A 或 B 通道制作图层蒙版不容易。在 RGB 或 CMYK 中，基于多个通道的特性建立蒙版也比较困难，但混合颜色带比较容易控制。即使可以基于一个通道建立图层蒙版，如果用混合颜色带更容易分离画面中的不同对象，会比建立图层蒙版更快。大多数时候，这两种方法可以达到同样的效果，都应该成为你工作流程中的一部分。

场不足，高光的细节是重要的，画面主体中最暗的是头发，而它需要更清晰。有些图需要的调节参数可能比其他图需要的更大，至少在感觉上是这样。

是的，如果你比较图 19.15A 和 19.15B，会发觉它们的差别比图 9.11 和图 9.14C 的差别大，那又怎么样呢？任何能修正其中一幅图的人也应该能修正另一幅，事实上，处理像图 19.15A 这样明显需要大动作的图，正好能说服你自己：像图 19.11 这样好得多的原稿，仍然可以大幅度改善。

19.10 这是我们习以为常的

原稿仍然嵌入了 Adobe RGB 配置文件。不出我所料，它的红色通道是最亮的，蓝色通道是最暗的，绿色通道中的细节是最好的。

衣服上闪烁的宝石愚弄了数码相机，相机愚蠢地假定这些石头应该是白场所在，结果，图像中真正重要的部分的最亮处——胸前丝衣的褶皱，成了暗得令人无法接受的 177^R 160^G 129^R。

到此为止，这幅图中的问题都在图 19.11 中出现过——丝衣不仅太暗，而且是暖的黄色，这或许对，或许不对。

与图 19.11 不同的是，这张图中有人脸。这意味着我们必须考虑用传统 USM 锐化来强调眼睛，这通常是在 CMYK 的黑色通道中做的，因为黑色通道通常没有我们不希望突出的面部细节。但在这幅图中，肤色很暗，黑色通道会有面部细节，因此我们最好在别的通道中做，或许需要一个选区来限制暗调的改变。

在色彩方面可能也需要大动作，因为人们喜欢健康的肤色。我曾对此进行过大量研究，非常清楚人们通常喜欢什么样的肤色。在照片中，我们不赞成在金发白人脸上看见的那种过亮的肤色，我们常常感到那种肤色太粉红了，而我们更喜欢暗一些、黄一些、像晒过太阳的肤色，即肤色适中的金发高加索人的典型肤色。

没有什么理由反对这种稍暗的肤色，但我们常常反对相机处理亚洲人肤色的方式。亚洲人或西班牙人、葡萄牙人的皮肤在原稿中太黄了。我愿意在 LAB 中给这样的脸色加一些品红，因为青少年脸上常有的瑕疵在 LAB 中最容易修掉。

让我们开始修正。

• 看来应该使用较亮的配置文件，我选择 ColorMatch RGB，它把屏幕显示变亮成图 19.16A 的样子。尽管它还是很暗，但我不想使用 Gamma 值极低的配置文件。图中有两个区域是我们感兴趣的——皮肤和礼服，我想让它们在随后的曲线上对应的区段都变陡，我担心极端的错误配置文件会限制这种效果。

• 像通常那样，脸部在绿色通道中有最强的对比度。于是，在一个混合模式为“亮度”的图层上，我应用了绿色通道。

就在最后一步之前，画面还暗得让我们看不到以后的危险。脸部迟早要大大提亮，现在画面上很少的反光到那时候会淹没画面，而我们要做点什么来保护某些区域不过分变亮，又允许脸的边缘变亮。

问题在于找到有这种结构的通道。

• 图 19.16D 是原稿的蓝色通道，它的反相可以用来保护那些区域。于是，我在“亮度”图层上建立一个图层蒙版，载入蓝色通道的反相的副本。

• 上一步的效果是微乎其微的，因为原稿的蓝色通道几乎是全黑的，其反相副本几乎是空白，用作蒙版时几乎没有限制顶层的作用。但我接着用很陡的曲线迫使该蒙版上与脸部反光对应的区域变黑，然后对它做半径为 45 像素的模糊，产生了图 19.16E 所示的蒙版，这时的彩色画面如图 19.16B 所示。

19.11 淡化反光

有了这一图层蒙版，我们就到达了整个修正的关键时刻。在这一蒙版上，脸与背景相接处非常柔和，通过它提亮画面，将在头部周围产生类似于“大半径、小数量”锐化的晕带，而且肤色会变亮，但反光不会，礼服也不会。

• 通过同样的图层蒙版应用的曲线产生了图 19.16C①。反光不再像图 19.16A 中那么刺眼了，但整个头部在背景中更突出了。

下一步是在没有图层蒙版的情况下使用一套新

①这里的曲线是应用于“亮度”图层本身而不是它的图层蒙版的。在图层面板中，本来蒙版是被选中的（蒙版图标带有亮边框），但要单击旁边的图层图标（使图层图标带有亮边框，蒙版没有亮边框），然后才能使用曲线。

图 19.15A 在夜晚的舞会中拍摄的原稿。图 19.15B 修正后的版本。修正过程和上一个范例一样，只是更极端。图 19.15C、D、E 修正过程中 3 个阶段的绿色通道——分别是图 19.15A、图 19.17A 和图 19.18 的绿色通道。

图 19.16A 指定 ColorMatch RGB 配置文件给原稿，代替了原来嵌入的 Adobe RGB 配置文件。图 19.16B 通过一个图层蒙版将图 19.15C 所示的绿色通道应用到一个“亮度”图层上。图 19.16C 通过同一个图层蒙版使用曲线，加强了脸部的立体感。图 19.16D 原稿的蓝色通道，制作蒙版的材料。图 19.16E 将此通道黑白颠倒，极大地加强对比度，并且变模糊。

通道(C): 红　通道(C): 绿　通道(C): 蓝

的曲线，让曲线作用于整个画面。如果你愿意借鉴上一个范例的手法，图 19.13 展示了其曲线，与现在要用的曲线类似。这两套曲线的目的一样：把白场设在丝衣上而不是在不重要的区域中，并且按你的口味调节暖色调。另外，用于本图的曲线还得把头发中性化。在上一个范例中，我们知道头发应该有点红或有点棕，但在这里，我们可以肯定地说，头发应该是黑色的。

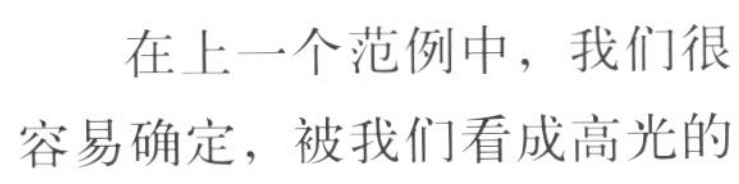

在上一个范例中，我们很容易确定，被我们看成高光的桌布是白色的。但对这幅图中的礼服，我们不太有把握，它的颜色可能很含蓄。但是，还记得第 9 章中的“侦探”工作吗？在这幅图中，藏着一个重要的线索。

19.12　再次面对高光和阴影

人类的牙齿只有在夸张的牙膏广告中才是纯白的，谁都知道它应该轻微偏黄。为了弄明白礼服的颜色，我们只需要比较它和牙齿的数值。如果它的 B 值和牙齿大致一样，它就是象牙白的。如果它的黄色

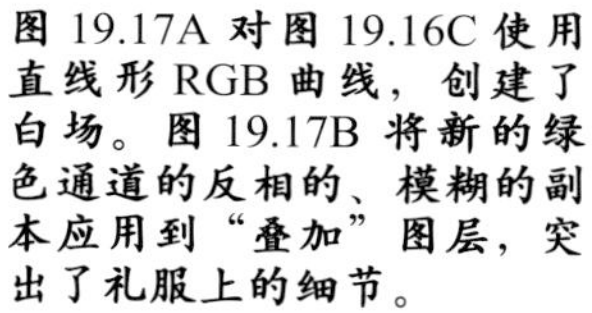

图 19.17A 对图 19.16C 使用直线形 RGB 曲线，创建了白场。图 19.17B 将新的绿色通道的反相的、模糊的副本应用到“叠加”图层，突出了礼服上的细节。

显然较少，它就是白色的。如果它的黄色要少得多，它可能就是淡蓝色的。我的测量符合第 2 种情况：尽管礼服在原稿中偏黄，但它不如牙齿黄，它必须被调整为白色。

• 现在我们知道，画面主体中最亮的部位应该是白色的，画面主体中最暗的部位，头发，应该是黑色的。我运用了尽可能简单的 3 条直线形曲线，产生了第 3 章推荐的黑白场。如果礼服偏离了中性灰，我会在曲线上添加锚点，不过这已经比大多数参加正式舞会的人穿的礼服要好了。这些直线形的曲线产生了图 19.17A。

然后，我们按照调节照镜子女人的图的思路来进行。当时我们丰富了浴巾的纹理，现在我们需要对礼服这么做。

再一次，我们拒绝了容易操作的“阴影 / 高光”，因为要调节的区域面积大，颜色分明。礼服的 3 个通道是差不多的，而皮肤不是这样，皮肤的红色通道太亮，若用红色通道的反相建立“叠加”图层，脸上的细节就会像礼服上的细节一样加强，这可不是个好主意。皮肤的蓝色通道较暗，用它的反相建立“叠加”图层就不会明显地改变脸部——实际上蓝色通道的反相会把皮肤变亮一点。因此再一次使用三图层方法。

• 将较平的 19.17A 复制成两个新图层，将顶层的混合模式设为“变暗”以阻止下一步把任何区域变亮。

• 选择中间层，应用绿色通道的反相的副本（提示：未模糊的绿色通道如图 19.15D 所示，在取这个通道以前，我把图像的副本转换到了 Adobe RGB，以便与图 19.15C 能够公平地比较[①]）。

• 把应用了该通道的中间层变模糊，至少要模糊到抹去面部的所有特征。将该层的混合模式改为“叠加”，产生了图 19.17B。

为了让肤色少一些黄、多一些红，进入 LAB 是最自然的（或许也是最容易的）。既然决定了进去，就在那儿把别的事也做完吧。

• 转换到 LAB，拼合图层，使用图 19.18 所示的曲线。

• 载入 L 通道的反相的副本为选区（或图层蒙版，如果你需要试验），仅仅对 L 通道（通常是这样）进行传统 USM 锐化，选区将晕带限制在暗调（例如眼睑和头发）中。

• 取消选区后，模糊 A 和 B 通道，以便消除肤色中的噪点。我考虑过用“阴影 / 高光”改善头发，但发觉它无济于事。我用“大半径、小数量”锐化提亮了画面，修掉了一些瑕疵，就要抵达终点了。

图 19.18　将图 19.17C 转换到 LAB，再用这些曲线把肤色变得更加红润。

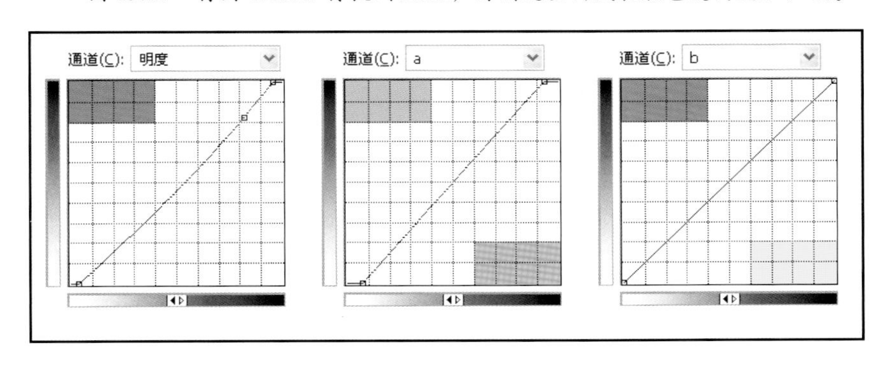

无论何时我们看到脸部，都会想到把绿色通道混合到“亮度”图层。不过这次它不太管用。原稿的绿色通道，图 19.15C，不太好，我们不得不用图层蒙版限制它。但究竟怎么样呢？将图 19.18 转回 Adobe RGB，绿色通道看起来就会像图 19.15E。

这个通道用于混合是很棒的。将它放在图 19.18 上面的一个“亮度”图层上，就产生了最终版本图 19.15B。这类似于在上一章快结束时处理肤色过亮的女人的图 18.13。如果在刚开始修正时无法将绿色通道用于混合，就试着在最后一步使用它。

最终版本不仅比原稿亮得多，而且形体塑造得更饱满，这大都归功于找到合适的通道来制作图 19.16E 所示的图层蒙版。

是的，我愿意使用更好的原稿，谁不愿意呢？但即使原稿较好，我们是否真的能得到比图 19.15B 好

① 图 19.15D 是进行到“三图层”阶段时底层的绿色通道，而不是原稿的绿色通道，而图 19.15C 是原稿的绿色通道。“公平地比较”指在同一个色彩空间中比较。

图 19.19　此图需要把绿色衣服变成 Pantone 145C，一种灰橘色。

得多的结果呢？

本章中的第 3 个女人也需要选区，但这次原因非常不同。

19.13　用 LAB 改变产品的颜色

在本章的每一个练习中，我们使用选区的理由都是，我们打算不忠实于原稿——不仅要扩展阶调范围、平衡光线、增加重要区域的对比度、去掉不可能的颜色、锐化，而且要改变对象和环境的关系。有时这种要求是含蓄的，例如改变植物的绿色或肤色，有时又是明显的，例如即使我们知道图像的其他部分太蓝，也要保持天空不变，而有时候，它就像图 19.19 中 16 英寸的大炮那么“含蓄”，衣服本来是绿色的，但客户说：“把它变成橘色的。”这似乎是个难题，但只要你了解 LAB 通道结构，它就迎刃而解。

客户需要这种变化时，常常用 Pantone 色卡来指定颜色。我们假定他要的是偏棕的橘色——Pantone 145C（有人也把它叫 PMS 145）。我选择这种颜色来示范，是因为把绿色变成这种颜色比变成其他颜色——比如说紫色——更困难。我们很快就会看到这种橘色引起的麻烦。

我们不能仅仅选择衣服，填充一块均匀的颜色。我们必须给目前绿色的典型分布定位，将其数值改为橘色的数值，而且让衣服的其他部分和它协调。因为这件衣服大部分在阴影中，它最终的整体外观会比 Pantone 145C 暗，问题在于我们是否能让衣服上边离我们最近的地方尽量匹配于 Pantone 145C，那里的光线比较正常，有利于产生这种变化（或任何类似的变化）。下面是处理过程。

- 如果文件不在 LAB 中，就将它转换到 LAB。打开信息面板，用颜色取样器工具在画面中典型的绿色部位单击，产生一个取样点。这个点不能太暗，也不能太亮。我选择的是靠近肩膀的点，如图 19.20 所示，信息面板报告，它的数值是 $47^{L}(42)^{A}\ 14^{B}$。

- 打开拾色器，单击“颜色库”（CS2 及更高版本）或“自定”（较低版本），在“色库”下拉菜单中选择“Pantone Solid Coated”。

- 输入所需颜色的 Pantone 编号，如图 19.21 所示，Photoshop 会报告它的 LAB 值，在我们的例子中是 $59^{L}\ 31^{A}\ 71^{B}$ ①。

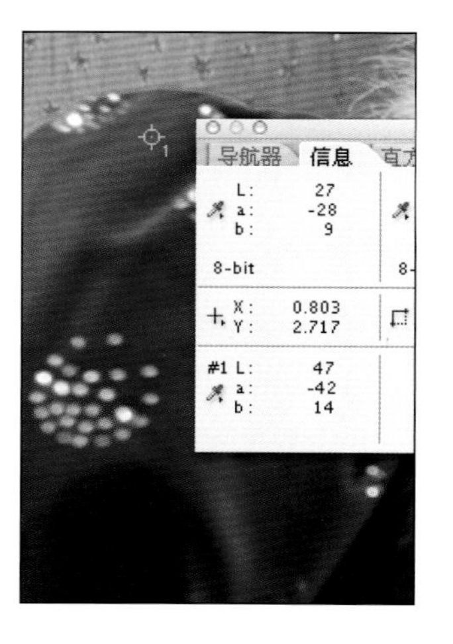

图 19.20　用颜色取样器工具创建了一个取样点，信息面板始终显示它的数值。取样的十字线位于衣服上最有代表性的绿色部位。

---

① **“颜色库”对话框中没有可以输入数字的地方，但当你在键盘上依次按**“1”、“4”、“5”**时，软件会自动选择**“Pantone 145C”**这种颜色并显示它的** LAB **值。**

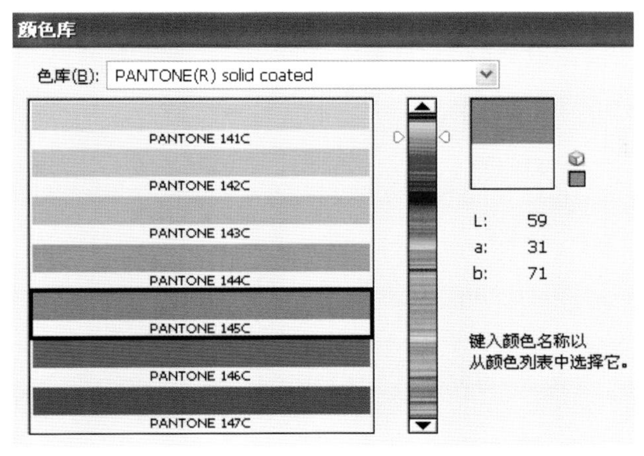

图 19.21 拾色器报告指定的 Pantone 颜色的 LAB 数值。

• 将原稿复制成一个新的图层，再添加一个曲线调整图层。我们很快就会看到为什么需要一个中间层。

• 上述调整图层将取样点的 LAB 值改为 Pantone 145C 的 LAB 值。L 曲线很容易调节：提亮 1/4 调，直到信息面板中取样点的 L 值从 47^L 增加到 59^L。A 值最初是负的，而所需的 A 值是正的，为此将 A 曲线反转：将其左端从坐标系的左下角移到左上角，将其右端从坐标系的右上角移到右下角，于是，$(42)^A$ 变成了 42^A。这并不影响中性灰，因为 0^A 在曲线反转后仍然是 0^A。

• 由于所需的 A 值比目前的低（离 0^A 更近），因此目前需要把 A 曲线变平一些（与我们习惯的相反）。适当调节 L 曲线和 A 曲线后，结果如图 19.22A 所示。

B 还没变。为了把目前的 14B 改为 71B，需要一个接近垂直的 B 曲线，它倾向于把颜色极端化。幸运的是，细节在 L 通道中，我们在 A、B 曲线上可以尽情乱搞。你或许还记得图 4.7 所示的测试，我们把 A 和 B 通道互换或黑白颠倒，把颜色变得非常奇怪，但结果是可信的，就像变色龙随着环境改变颜色一样可信。现在也是这样。B 通道太闷，我们需要用原稿的 A 通道替换它（你就要看到为什么把绿色改成紫色比较容易了）。

• 在图层面板中选择中间层，但在通道面板中仅选择 B 通道，执行“应用图像”命令，以背景层（不是默认的合并图层）的 A 通道为源，混合模式为“正常”，不透明度为 100%，结果如图 19.22B 所示。这一步没有改变 L 通道和 A 通道。

• 将新的 $(42)^B$ 变成所需的 71^B 只需要稍有些陡的曲线，最终把衣服的颜色变成了橘色，如图 19.22C 所示①。

还有一件小事要办，恢复背景颜色，让衣服回到适当的环境中。这看起来很复杂，但其实和处理鲜花烂漫的图 19.5 一样简单。原稿中衣服的 A 值是负的，而背景的 A 值大于或等于 0^A，因此衣服和背景可以用混合颜色带分开。你知道应该动哪个图层、哪个通道的滑块吗？在上面两个图层中——把调整图层也算上——原稿的 A 通道至少有 4 个副本，其中两个（中间图层的 A 和 B 通道，别忘了我们曾经把它的 B 通道换成 A 通道的副本）实际上和原稿的 A 通道完全一样，调整图层上的两个则是原稿 A 通道的变化②。

我们应该选择阶调范围最宽的，而图 19.22 所示的曲线告诉了我们，哪个通道阶调范围最宽。A 曲线曾经被变平，B 曲线曾经被变陡，因此，顶层的 B 通道是阶调范围最宽的，使用它的混合颜色带滑块能够最准确地区分衣服和背景。混合颜色带设置如图 19.23 所示，还有最终的图像和用于检验调出来的颜色对不对的 Pantone 145C 色样。

19.14 一艘没有终点的船

锐化、“阴影 / 高光”和选区是最近 3 章的主题，它们相互关联、相互促进、相互支持，为我们指明了航向。在这片海洋中，你得为自己掌舵，你已经看见了大多数暗礁，也看到了潜在的希望，你要向希望挺进，因为现在的工作是让你自己或你的客户满意，不是让我满意。从第 11 章开始的每一种技巧都会帮助你这么做，但要记住，若不遵循第 1 ～ 10 章的基本规则，你就没法让任何人满意。

这 3 章不像前 10 章有那么多清规戒律。我提供

---

①图 19.22 中的 B 曲线就是在这一步调节的，可不像作者说的那样“稍有些陡”，B 曲线首先被反转了（具体做法像先前反转 A 曲线时那样），然后把它的两端向内拉。

②这一段叙述得很清楚，但也许会让人感到茫然，那就亲自做练习，检查每个图层的 A 通道和 B 通道（要看中间层的通道，就隐藏上面的调整图层），一看就明白原稿 A 通道的 4 个副本是怎么回事了。

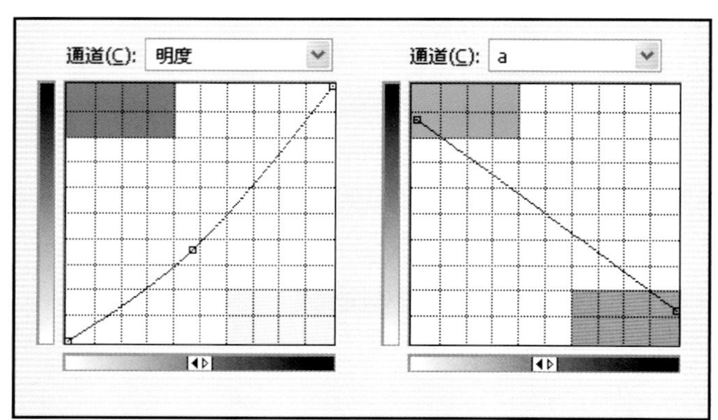

图 19.22 改变颜色的一系列步骤。图 19.22A L 曲线和 A 曲线让衣服上的 L 值和 A 值达到了要求。图 19.22B 由于原稿的 B 通道太闷，不容易进行曲线调整，因此用原稿 A 通道的副本替换了它。图 19.22C 调整图 19.22B 的 B 曲线的结果。

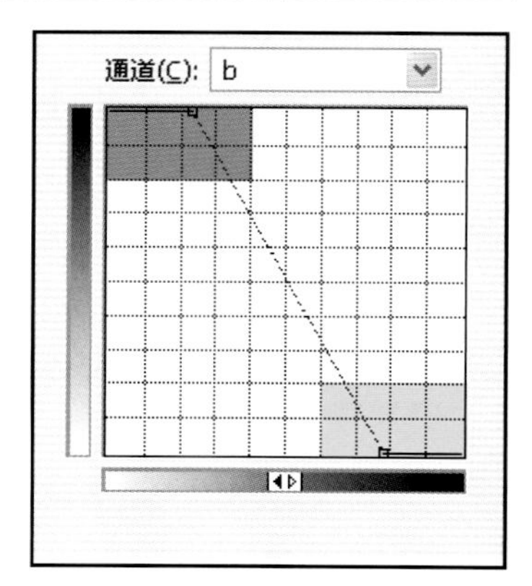

图 19.23 这些混合颜色带滑块去掉了图 19.22C 的背景，产生了最终的版本。颜色混合带界面周围的颜色，是衣服的颜色最终要达到的 Pantone 145C。

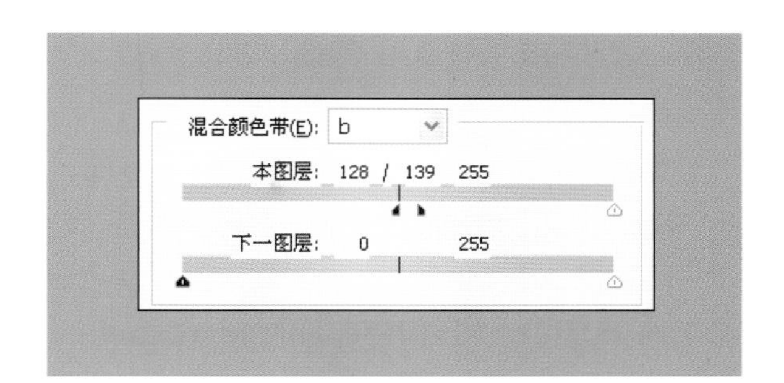

了一些思路，或许有助于你选择较好的方法，但毫无疑问，这很大程度上取决于你在图中看到了什么。如今，选区和蒙版被滥用了，但该用它们时，它们真的很棒，而且不可替代。

因此，这是本书中最长的两章之一，尽管，回顾本书以前的版本，有人指责这一章讲得不够。它结束了一段历程，这段历程始于我说猴子也可以学会色彩修正的 15 年前，当时就可以用 Photoshop 把绿色变成橘色，再早一些，我和任何人做梦都没有想到可以这样，如今事实在那里摆着。

可是，就在我们以为自己已经抓住了色彩修正的要领时，又有新的东西要学了。生活本身也是这样。

“密苏里号”的经历给了我们很多启发，其中最有价值的是，你永远不知道自己的最后一站在什么时候抵达。

本章小结

如果希望偏离照片的意图，不仅仅修正光线、锐化或重新分配对比度，蒙版和选区就有用了。最明显的例子是改变产品的颜色，不明显的例子是按人的感受来改变相机记录的颜色——主要是天空的颜色、天然植物的绿色和肤色。在这 3 种情况下，人记忆中的颜色总是比相机记录的更有魅力。

运用图层蒙版最灵活的方法，是建立在一个或多个通道的基础上的。因此，在计划这种蒙版时，能够识别通道结构会大大节约时间。

选区这种工具，与最近两章讨论的锐化和“阴影 / 高光”话题密切相关。

回顾与练习

★ 如果在制作图 19.2（“密苏里号”的照片）时不用图层蒙版，而用混合颜色带，而且是在 RGB 中工作，你如何设置混合颜色带呢？在 LAB 中又会怎么样？

★ 使用配套光盘中的素材，按本章的提示，重新处理图 19.11（照镜子的女人），把蓝色通道应用于“亮度”图层，以原稿红色通道的反相为蒙版，限制“亮度”图层的效果，然后，对图层蒙版尝试不同程度的模糊，观察背部肌肉形体的变化（注意：配套光盘中此图的分辨率低于印在本书中的，因此你的模糊半径需要比书中说的小）。

★ 本章强调了迅速识别通道的重要性。如果你对自己这方面的能力有所怀疑，就把自己的图转成 CMYK、LAB 和 RGB 版本，把它们的通道打印成黑白图，不标出通道名称，然后做识别通道的练习，就像前面对图 1.5 做的那样。

第 20 章 没有劣质原稿

我们的注意力集中于着手处理图像时的思维过程，我们将处理一幅新图、一幅老图，再对业界的未来作一些推测。

风雨经常出没的范库弗岛西海岸，有着世界上最极端的潮汐条件。退潮时，海水退到了数百英尺以外，在海滩的低洼处留下仅够海洋生物苟延残喘的积水。

这些潮水坑的色彩丰富得像爆炸，留在里面的海洋生物，在进化中具备了这样的能力：在几乎没有水的环境中生存几个小时。绿色的银莲花、蓝黑色的贝类、粉红色的海星……同类的生物挤在一起，尽量少占一些地方，利用有限的水，等待着返潮。

一个小女孩拿着小小的数码相机在潮水坑周围徘徊。她停下来，对焦，皱皱眉头，又调节焦距，改变位置。她按了一个按钮，似乎打开了某种改变曝光度的菜单，选择了一些新的参数。她拍了几张照片，把妈妈叫来商量，又转到新的角度，重新拍摄。

越来越明显，这孩子知道自己在干什么。她肯定在乎图片的品质，不甘心不修正就输出它们。她家里可能有 Photoshop 的组件，甚至 Photoshop 本身。

回顾婚礼照片图 9.1，我们曾下意识地做了一个假定，对我们来说很显然，婚纱应该是白色的，我们处理这幅图时并未意识到我们已经分析过它。在读上一段文字时，你是否注意到类似的下意识的假定？

我假定，这个小女孩会使用计算机。作为 21 世纪的孩子，她为什么不会呢？熟谙数码图像的新一代就要超过我们，这想法有点让我不安。我不善于推测孩子的年龄，但我可以肯定地说，在本书第 1 版面世的时候，这个小女孩还没有出生。

认识到这一点，并不让我觉得自己老了——运用计算机知识，我可以用 16 进制来表达我的年龄，那就是说我只有 30 多岁。但这确实引起了我片刻的反省，我们从哪里开始，又走了多远。

这个小女孩使用的数码相机，几乎肯定在技术上能够制作品质足以达到广告印刷要求的图像，它有无数的调节参数。如果她只是尽情拍照，几个曝光设置就足以达到专业水准了。

在本系列书的发展中，我们不得不适应某些巨大的变化，但都比不上以这个小女孩为代表的变化。

我要遗憾地报告，很难说今天的星球是否比这个小女孩出生时更好。但在彩色摄影这个无足轻重的领域，我们确实比以前富有得多了，只有一两个例外。由于我清楚地记得过去的日子，因此听到有人说品质在下滑时，就很愤怒。

品质确实在“下滑”——如果你考虑到这些孩子以及所有其他非专业人士，他们以前从来没有做过这样的工作，但突然就能制作优于以前可以做到的任何东西的图像。

20.1 双刃剑

最初给该系列取名叫“专业 Photoshop”，是针对当时的读者，我假定他们是专业润饰师。在那个时

代，一个用于印刷的文件要花数百美元来制作（当时处理数码文件还有什么其他的理由吗？喷墨打印和互联网都不是理由）。今天，这个小女孩不需要购买底片或花钱对它进行滚筒扫描，或进行昂贵的打样。她也不需要印刷机。

比较两个时代要公平。把那时靠 Photoshop 谋生的人和现在同样的人比较，不要把他们和孩子或其他业余爱好者比较。

在专业水平上，相信我，我们今天无比优越。在本书第 1 版震撼业界的时候，我提倡设置适当的高光和阴影，寻找中性灰和其他已知的颜色，把画面中让人感兴趣的区域放在曲线上陡的区段上，无论你是否相信，那些理念实际上在此之前无人知晓，一旦它们被采用，当然给图像品质带来了巨大的改善。

当它们仍然是无可替代的基本原则时，今天的“兵工厂”有了更多的武器——通常是在实践中发现的武器和战术，胜过 Photoshop 新增的功能。

在 1994 年，战线在叫做“校准主义者和海盗”的一章中展开。你可以猜测我站在哪一边。海盗最喜欢的武器是剑，但得到了惊人的提高、使我们今天耀武扬威的武器是一把双刃剑，一边给我们比以前更好的图像，另一边让我们更加困惑。

这个小摄影师会成长为一个“亡命徒”、一个“海盗”吗？她正在拍摄一个难以拍摄的场景，但这是一个值得留念的场景。她是否知道把文件传入计算机后该怎么做？

我们将谈到怎么处理图 20.1，但比学习如何处理某一幅具体的图像更有价值的是，发展一种态度，学会评估需要做什么、如何做，对年轻人来说尤其如此。既然我们已到达本系列最后一版的最后一章，就该对此做个总结了。

把事情做对的最好途径，就是不要做错。在第 6 章中，我们曾对这本只有 20 章的书中假想的“第 21 章”的图片未卜先知地提出策略。由于我们对这幅图一无所知，就无法决定是否使用通道混合，或“大半径、小数量”锐化，或华丽的 GCR 操作，或用 LAB 曲线增加色彩差异。

但是，我们对这幅图又知道得很多。我们知道应该寻找最亮的和最暗的重要对象，将它们设置为某些事先确定的数值。我们知道自己会调查图中未知的颜色（通常是中性灰），并且当它们不对时进行调节。我们还知道，应该识别图中最重要的部分，设法把它们在曲线上对应的区段变陡。我们还会考虑几种锐化方法，这很大程度上取决于是否、在哪里看见边缘。我们知道某些通道比其他的更重要，因此在蓝色通道中可能允许出现的问题，在黑色通道中永远不允许。

有效地利用其他工具，需要睁开双眼，看看自己面对的是什么类型的图像。我会在第 408 ~ 409 页总结这些思考过程。

动脑子筛选各种方法用不了多长时间。例如，我们有一种工具叫“较多 GCR”，在打开图 20.1 后，大约只需要 0.38×10^{-10} 秒，就能否定使用这种工具的可能性。GCR 有助于预防颜色太艳，但我们已经知道海洋生物应该有丰富的颜色，因此在许多可选择的方法中，可以立即否定某些方法，考虑其他的。

这是一幅复杂的图像，有大的元素在争先恐后地引起我们注意。它是 RGB 模式的，未嵌入配置文件，最终要转为 CMYK。你在图中看到了什么？你的目标是什么？为达到这些目标，你会使用哪些工具？

20.2 第一次打开文件时

当我为这一章打草稿时，这幅图是被撇在一边的。我以前没有处理过它，因此不知道具体的步骤。我只是现在才开始处理它，但先不要急着进行具体操作，我先写下开始操作之前在我脑海中闪过的想法。我按照它们出现的顺序来写，看起来可能有点乱。你可能不同意我的某些想法，或在图中看见了我没看见的兴趣点，也许你有不同的思路，当然也有可能发现其他方法来解决你看到的问题。以下是我的想法，或许有价值。

• 这幅潮水图片似乎像“叹息桥”图 18.1 那样有高光细节，但其实不是这样的。那是点缀在明亮区域中的大量暗得多的细节。对这一区域使用陡曲线是无效的，因为其亮调和暗调之间的阶调范围太宽了。

另外，像“叹息桥”图片那样，此图的某些部分在阴影中，某些部分不是。我们知道，人不会像相机那样看见界线分明的亮调和暗调，我想减弱它们的差别。

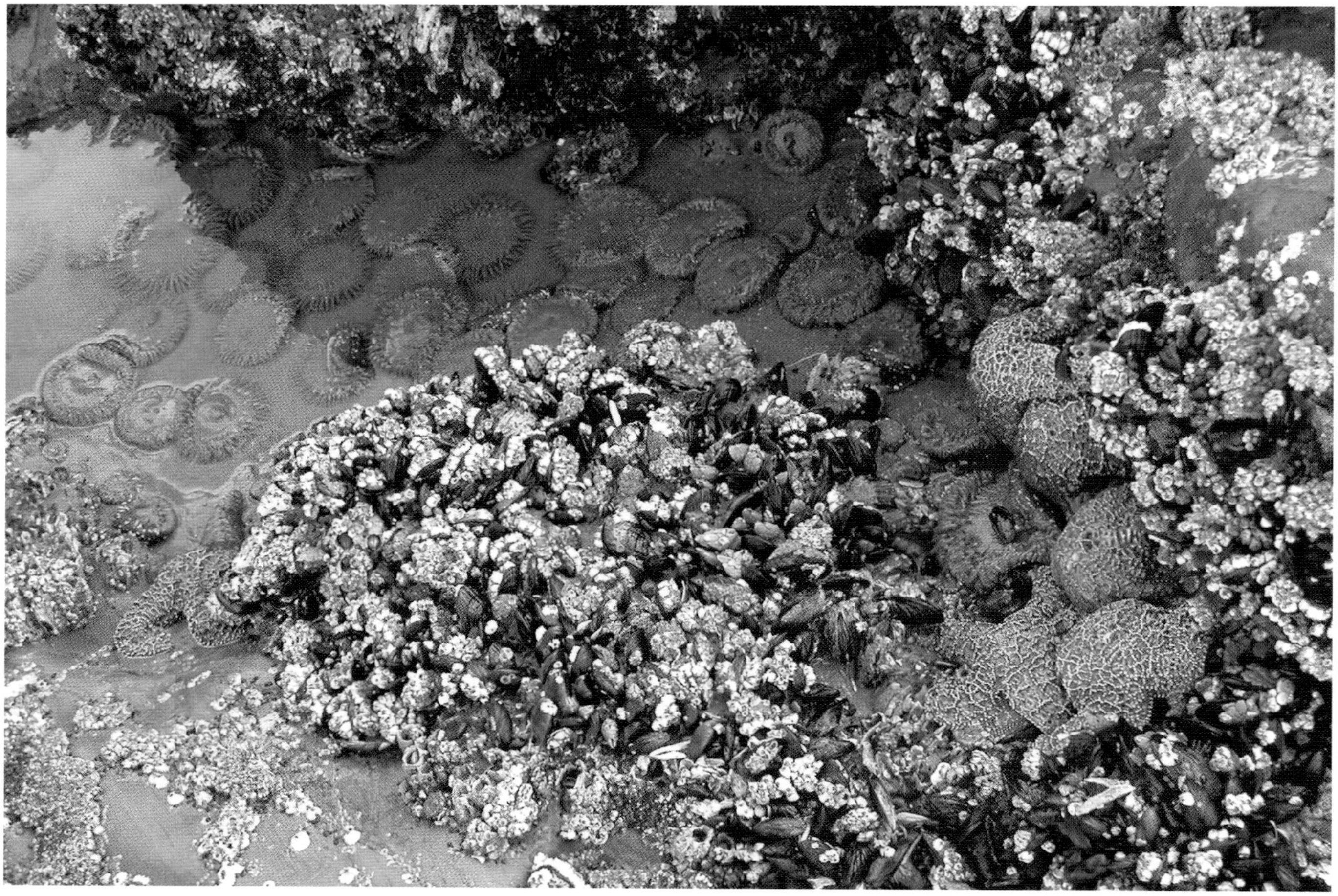

图 20.1 潮水坑养活了一大群海洋生物，它们在有限的海水中可以生存几个小时。

上面两段所说的因素，强烈暗示着使用第 18 章讨论过的“阴影 / 高光”或“叠加”混合。

• 阴影细节是关键。贝类是图中重要的对象，另外，背景中部的大面积暗调怕变焦。这两件麻烦事需要进入 CMYK 后在黑色通道中小心调节。相应地，在进入 CMYK 之前我不会试图加深阴影——实际上，进入 CMYK 后如果黑色通道太亮，加强细节会更容易。

• 画面如此繁杂，阶调范围中的每一部分都有用。因此，在 LAB 的 L 通道中加强细节没有用，会牺牲某些重要的东西。如果有什么方法给银莲花和海星调节曲线，有第 4 个通道和阶调更短的 CMYK 当然比 RGB 好，原因在第 5 章中讨论过。

• 人的想象力会影响这幅图，正如同时对比效应。在一个小小的黑暗的水洼里出现的生动的动物是如此不寻常，以至于在我们记忆中要比相机记录下来的灿烂得多。本章第一段就说过，这些潮水坑的色彩“丰富得像爆炸”，而照片达不到这个效果。银莲花本来是绿色的，在照片中却不是这么鲜艳，海星应该是粉红色的，在照片中不是。贝类应该是蓝色的，在照片中很难发现这一点。色彩贫乏可能需要给 LAB 的 A 通道和 B 通道开一些“处方”。

• 图中到处都有明晰的边缘，这可是传统锐化大显身手的机会，轮不到“大半径、小数量”锐化。由于没有主色，最好进行整体锐化，而不是在 CMYK 的某个通道中锐化，既然在我的旅行计划中有 LAB 这一站，就在那里锐化吧。

这时我才开始测量。尽管文件还在 RGB 中，我还是喜欢看 LAB 数值。亮调在某些地方失去了层次感，于是我不需要检查高光数值。上边中间最深的阴影表现了大量的色彩变化，但平均值在 0^A0^B 左右，如我所料。我现在不在乎它有多暗，因为我打算在 CMYK 中设置阴影。

作为水中的生物，银莲花本来是很纯的绿色，

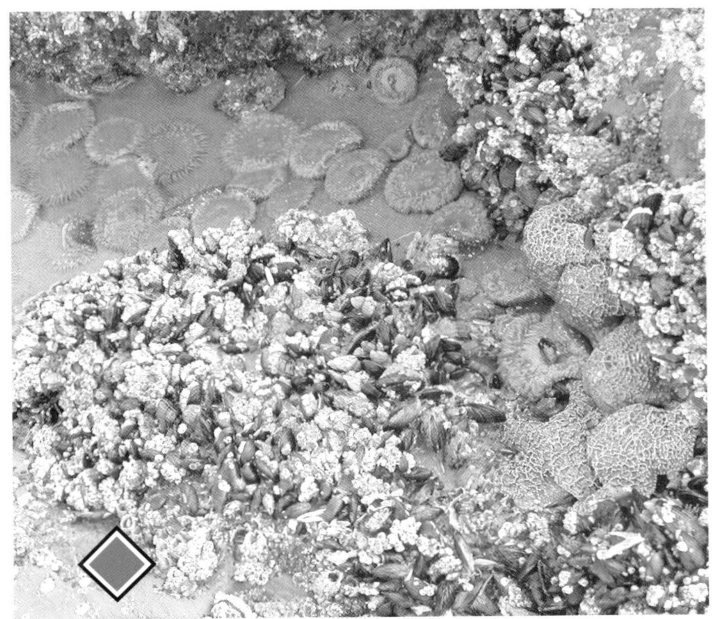

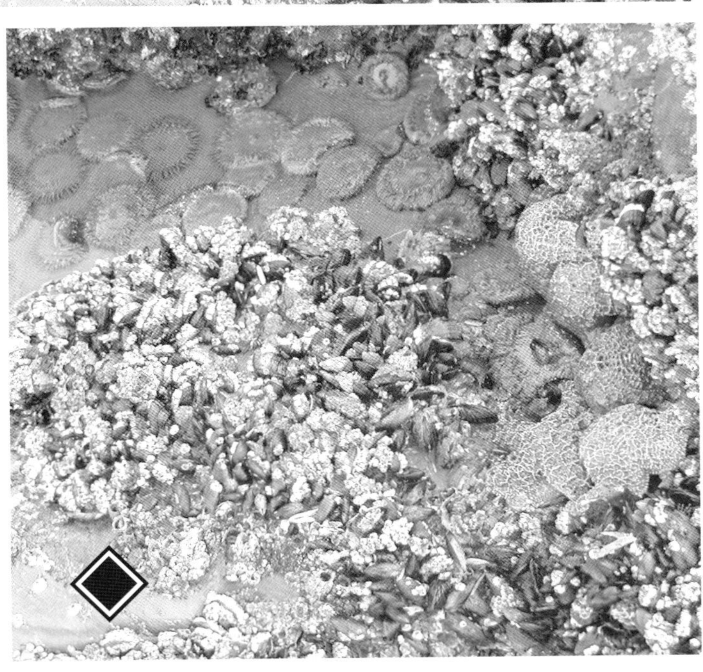

$(25)^A 2^B$，而不是大多数植物的偏黄的绿色。海星的 A 值总是正的，B 值接近 0^B，但有些海星蓝略多于黄，其他则相反。甲壳动物略偏暖，数值是 $2^A 2^B$。较亮的贝类的平均值是 $(5)^A (17)^B$，这是偏绿的蓝色。

我觉得所有这些数值都是合情合理的，因此我断定，原稿的颜色没什么错，只是不够鲜艳。这意味着在进入 LAB 之前不需要用 RGB 曲线调整颜色。

听起来像老一套了，我又打算在 RGB 中做“亮度”混合，然后像处理“叹息桥”图片一样使用“叠加”混合，突出亮调的细节。我将把文件转换到 LAB，把颜色分开来调节，并锐化 L 通道，最后，我会小心地分色，产生我需要的黑版，然后在 CMYK 中使用曲线。

20.3 寻找朋友和敌人

在以前的几个练习中，我声明过我不会浪费篇幅来展示各个通道，因为你已经能够想象出它们的样子。不过现在非得展示这些通道不可。我在想它们有多暗，而不是如何辨认需要用混合来加强的某些微妙的差别。请看图 20.2。

要是为了混合，红色通道是 3 个通道中最差的，它的阴影完全焦了，高光又比另外两个通道弱。绿色通道看起来像是最好的选择，因为它有很好的阴影，又提供了使用曲线同时增加银莲花和海星的对比度的机会。然而，有一个问题。

进行“亮度”混合强调的是明暗。第 7 章教我们，在颜色变灰时要注意对比度的损失，然后用“亮度”图层的对比度来替换原稿的对比度。但在这里，甲壳动物、贝类和海星都没有对比度的问题，它们全都明显地比环境亮或暗。

银莲花或许是图像中最重要的部分，它们在画面中之所以醒目，大都是因为比所栖息的水绿得多，这种绿色差异在明暗上是微不足道的。

为了补偿银莲花与水的明暗差异，我们必须裁决哪一方应该更暗。从图 20.1 中可以清楚地

图 20.2 图 20.1 的各个通道。

最终的曲线

处理图像的策略

适用于每一幅图的工具

如果你不是每次都做这些事，你就不能得到一流品质的图像。

全阶调

没有失真的颜色

适当形状的曲线

良好的黑版

在色彩强烈的对象的最弱的通道中有良好的细节

良好的锐化

可选方案

这里是一些不常用的技术，时不时需要采用。

它们不是对每一幅图像都适用的，要找到正确的机会让它们表现。

在修正中改变 GCR 设置来应对印刷的变化

用通道混合改变颜色

把 A、B 曲线变陡或变平

使图像偏色，再造成错误的高光

选择背景并降低其饱和度

以某种非正统的方式锐化，例如强调变暗的效果，或“大半径、小数量”锐化

使用错误的 RGB 配置文件，或错误的分色

利用图层蒙版造成错误的高光或其他细节

使用反常的黑版来强调阴影细节

选择一个区域，对它进行局部修正

把颜色和对比度分开来修正

以“亮度”模式进行通道混合

把图像分成亮的一半和暗的一半，修正每一半，然后把它们混合

使用“叠加”混合或“阴影 / 高光”命令，突出亮调或暗调的细节

自测表

在做任何事以前，向自己提出以下问题。

• 修正的目的是什么？大多数时候，这太容易回答了，但在例外情况出现时，它就成了问题。因此，在开始修正之前，要试着从不同角度观察图像。从客户的角度看，目标可能是什么？图像中哪些部分需要打理好，哪些部分可以牺牲？

• 有什么明显的问题需要解决吗？这将控制你的整体策略，如果图中有亟需解决的问题，就要果断采用最好的方法，即使其他策略可能也行。

• 是否有重要的高光细节会被过度的修正破坏？如果有，就要提防在 CMYK 之外修正。

• 图中的阴影重要吗？在 3/4 调找一找，是否有什么精致的阶调是你害怕失去的？如果没有，就增加黑色，提高阴影数值。

• 此图是否有色彩的问题或对比度的问题，或者两者都有？如果只有色彩的问题或只有对比度的问题，就考虑在 LAB 中修正。如果色彩和对比度都错了，就老老实实地在 RGB 或 CMYK 中修正。在进入 LAB 处理色彩问题之前，要确保所修正的色偏是均匀的，也就是说，它以同样的方式影响高光、中间调和阴影。

• 图片是否明显太亮、太暗、太艳或不够艳？在修正之前，你常常可以通过在 RGB 中指定一个新的配置文件把事情变得容易得多。

• 亮颜色糟糕吗？如果是这样，就考虑“较多 GCR”。大多数图片有亮颜色时看起来较好，但如果你遇到了例外情况，就用较重的黑版来补偿。

• 最重要的对象是否比中间调亮？如果是这样，常规锐化的效果通常就不好，你可考虑强调暗晕带的多步锐化。

• 最重要的对象是明亮的中性灰吗？如果是，就考虑“较多 GCR”，阻止任何色偏加剧，而且能让用曲线突出细节容易一点。

• 最重要的对象的颜色灿烂吗？如果是这样，就对 RGB 和 CMYK 中最弱的通道进行双重检查，细节应该主要分布在弱通道中，否则颜色就会刺眼。如果进入了 CMYK，就检查该对象最鲜艳的区域，此处最强的油墨应该有 100% 的覆盖率，最弱的油墨应该有 0% 的覆盖率。

• 你能肯定知道图中的颜色应该是什么样吗？如果不肯定，LAB（或许还有“色相 / 饱和度”命令）很容易测试它们。

• 是否有必要采用某种类型的局部修正？在修正到一半时如果你发现自己需要选区，就说明修正计划没做好。如果你事先知道最终需要选区，工作就会更容易，事实上，随后你可以在分开的两幅图上操作。

• 图中是否有某种颜色远远比其他颜色重要？如果是这样，就不要在最暗的通道中锐化。可以考虑锐化黑色通道和其他弱通道。当图中各种颜色同样重要时，先整体锐化，再设置为“亮度”模式，或在 LAB 的 L 通道中锐化常常较好。

• 原稿是勉强可用，还是需要大幅度改善？原稿越差，你就越要避免从 CMYK 开始。在转换到 CMYK 之前试着把图像带入 LAB 或 RGB。

• 有没有惨不忍睹的色偏？如果有，就可以试试 LAB。但在进入 LAB 之前，看看是否能用 RGB 的通道混合把色偏最小化。例如，如果图像严重偏黄，那通常可以通过混合一些红色通道到蓝色通道中来缓解。

• 在最暗的阴影中有重要的细节吗？这需要对黑版的特殊处理。记住，由于油墨总量限制，CMY 通道中的细节将被抑制。可以考虑从弱黑版开始，对它使用剧烈的曲线，也可以考虑在最后使用“图像 > 调整 > 可选颜色”命令来减少黑色中的 CMY 成分。即使这会把阴影变浅，但也可能增加细节。

• 图中有大量绿色植物吗？考虑把 LAB 的 A 曲线变陡，可能还要对 B 曲线这么做。

• 有重要的肤色吗？这是通常不需要突出细节的唯一一大类图片。永远不要锐化蓝色、绿色、品红和黄色通道。可能需要对蓝色通道进行通道混合。考虑把绿色通道以“亮度”模式混合进整个图像作为准备工作。避免测量任何可能有化妆品的肤色。准备在最后把相机可能在脸部造成的人工痕迹修到最小。

• 图中有明显的边缘吗？如果有，传统锐化效果最好。如果边缘是模糊的，那就考虑“大半径、小数量”锐化。

看到，银莲花应该更暗。

第 7 章说下一步是分析通道，分清敌友，看哪一个通道能帮助我们把水变亮、把生物变暗。不幸的是，绿色通道看起来像是敌人。红色通道是突出银莲花的盟友，不过它有太多的累赘。

还记得吗，绿色通道在整个亮度中占 60% 的比例，那么，任何能够削弱它不良影响的东西都是我们欢迎的。蓝色通道不是特别优秀，不过总比绿色通道好。因此，我们准备开始了。

• 将背景复制为一个新的图层，用“通道混合器”或“应用图像”命令，用蓝色通道替换绿色通道，产生图 20.3A。

• 将图层混合模式改为“亮度”。可以看到阴影细节有轻微的损失，为避免这种损失，使用混合颜色带滑块排除顶层中最深的阴影，使用任何通道的滑块都可以。这样得到了图 20.3B。

比较图 20.1 和图 20.3B，它们看起来没有多大区别，除非你特别注意银莲花和前景中的甲壳动物，二者的立体感都加强了，或许足够稍后产生真正的区别。

• 拼合图层后，进行“叠加”混合。我们寻找亮调和暗调间差异最明显的通道。这次的选择没有问题，图 20.2 表明红色通道轻松获胜。

• 在图层面板中将红色通道拖到面板底部的页面状图标上，或先按快捷键 Command-Option-1，再执行“选区 > 存储选区”命令，将红色通道复制为第 4 个通道。

• 在图层面板中单击此通道，或按快捷键 Command-4，激活此通道。就像早先的“叹息桥”图片，第 4 个通道需要大大模糊，模糊到所有的高光细节都消失。在这里，使用半径为 25.0 的“高斯模糊”。

• 模糊后还需要做反相。固然可以在以后需要反相时这么做，但我发觉，现在把它变成反相更容易帮助我想象以后会发生什么，于是有了图 20.4A。

• 回到彩色合成图像，复制出一个新的图层，对它执行“图像 > 应用图像”命令，以第 4 个通道为源，混合模式为“叠加”，不透明度为 100%。产生了图 20.4B。

刚才这一步的目的是突出最亮区域的细节，突出阴影细节则是其次的。这就是为什么我要在“应用图像”命令中使用“叠加”模式，而不是以“正常”模式应用第 4 个通道，再把图层混合模式改为“叠加”。把“叠加”模式用在“应用图像”命令中，随后就能

图 20.3A 在一个复制图层上，绿色通道被蓝色通道的副本取代了。图 20.3B 图层选项在混合中排除了极暗的区域，图层的混合模式又被改成了“亮度”。

把图层的混合模式设为“变暗”。

• 到此为止，这些操作都值得商榷。我们现在面对的是一个主观的决定——关于我们对图 20.4B 中强化的高光和阴影喜欢到什么程度。我自己的回答是，我对前者很满意，对后者有点三心二意。

阴影太亮，这并没有困扰我，因为按计划要在 CMYK 中把它加深个够。现在似乎贝类太醒目了。作为妥协，我决定把背景层复制成第 3 个图层，位于另外两个图层之上。将该层的混合模式设置为“变暗”，保护了中间层在高光中加强的每一样东西，又将该层的不透明度设为 40%，使图 20.4B 比图 20.3B 暗的每一处都完全显示，而图 20.4B 比图 20.3B 亮的地方仅显示 60%。这样就产生了图 20.4C。接着该进入 LAB 了。

20.4 找到色彩变化

• 拼合图层，转换到 LAB，我们的计划是在 A 和 B 通道中加强色彩变化，在 L 通道中只做锐化，可能要把锐化限制在暗调。假如要调节 L 曲线，就得在此之后做锐化。

• 现在我不打算调节 L 曲线，因此复制出一个新的图层用于 USM 锐化，再添加一个曲线调整图层在所有图层之上，总共有 3 个图层。

• 先不动底下的两个图层，只在调整图层上把曲线编辑成图 20.5 所示的样子，这样就产生了图 20.5A。A 和 B 曲线各有 3 个锚点，1 个锚点让曲线的中点不变，另外两个锚点分别作用于两个对象。

我把 A 曲线的中点微微向左移动，使画面微微变绿，因为我感觉原来的画面品红有点重。底下的锚点影响的是品红多于绿的海星，上面的锚点影响的是绿多于品红的银莲花。画面中其他东西都是 0^A^，不受这两个锚点的影响。我感觉海星和银莲花都需要更

图 20.4A 红色通道的模糊的、反相的副本。图 20.4B 将该通道以“叠加”模式混合到图 20.3B 的结果。图 20.4C 图 20.3B 的一个新的副本被放在了顶层，设置为“变暗”模式，不透明度为 40%。

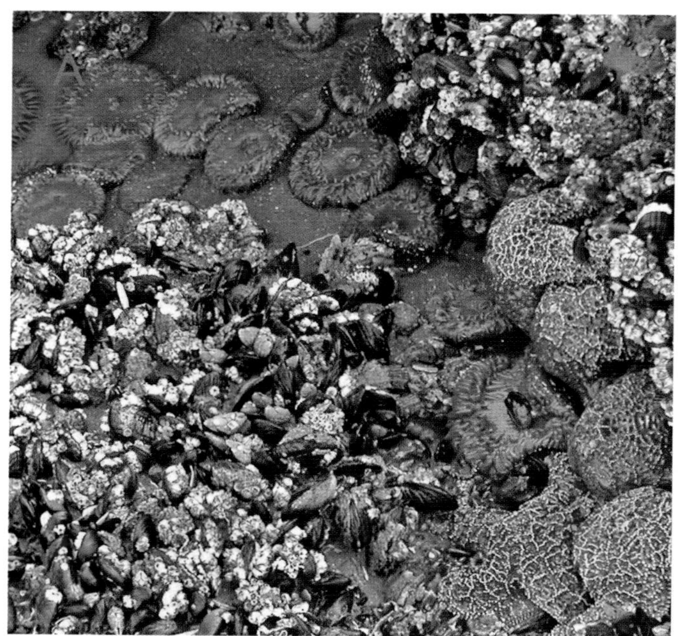

图 20.5A 进入 LAB 后，这些曲线增加了色彩变化。图 20.5B 在一个复制图层的 L 通道中进行大幅度传统 USM 锐化的结果。

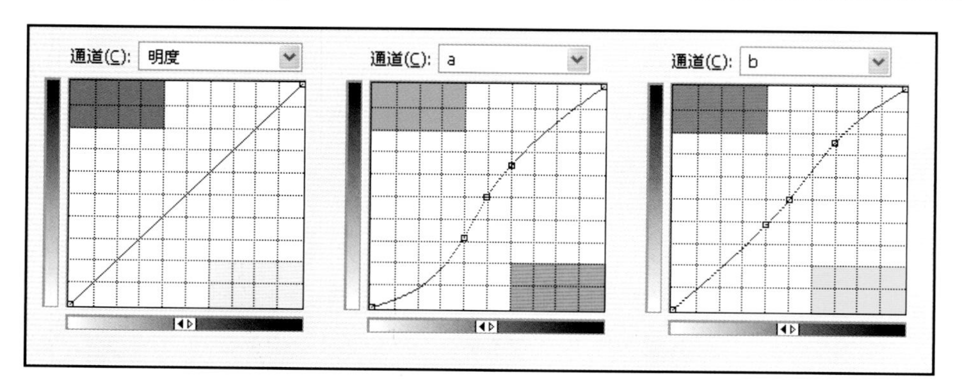

鲜艳，但海星尤其需要，因此 A 下面更陡。

这幅图没有多少东西是黄多于蓝的，在 B 曲线上增加中点以下的陡度可能会把前景中的甲壳动物变得太黄，事与愿违。但贝类是蓝多于黄的，B 曲线的上半截变陡就是为了让它们更蓝。

• 按上述方法调节完曲线后，转到中间层进行锐化。这时仅选择 L 通道，由于图层不透明度总是可以降低，锐化的亮晕带也可以用混合颜色带来限制，因此做锐化时没必要羞羞答答的，我的设置是 500% 的数量、1.2 的半径和 6 的阈值，这就产生了图 20.5B。

• 假如你觉得锐化过度了，就像我这样做：双击图层图标，打开有混合颜色带的对话框，在“混合颜色带”下拉菜单中选择“明度”，把“下一图层”的滑块往左拉，再按住 Option 键单击它，将它分成两个滑块，“下一图层”中与右边滑块的右侧对应的颜色（比该滑块所代表的颜色亮的颜色）会将“本图层”中相应的颜色瓦解，这两个滑块之间是“本图层”和“下一图层”的过渡带，而左边的滑块左侧让“本图层”中相应区域的锐化效果完全保留。这些滑块的位置完全取决于个人喜好。

• 锐化图层的透明度也取决于个人喜好。我把它设置成了 40%，产生了图 20.6。然后我拼合图层，准备进入 CMYK。

20.5 最终的错误分色

• 我们已经领略了 RGB 的威力（通道混合）和 LAB 的优势（颜色变化和锐化），现在该看看 CMYK 的拿手好戏了——在某些区域突出细节，设置阴影。但进入 CMYK 之前需要一个小小的计划。我使用的不是常规的色彩模式转换，而是“转换到配置文件”命令，其反常的设置如图 20.7 所示。

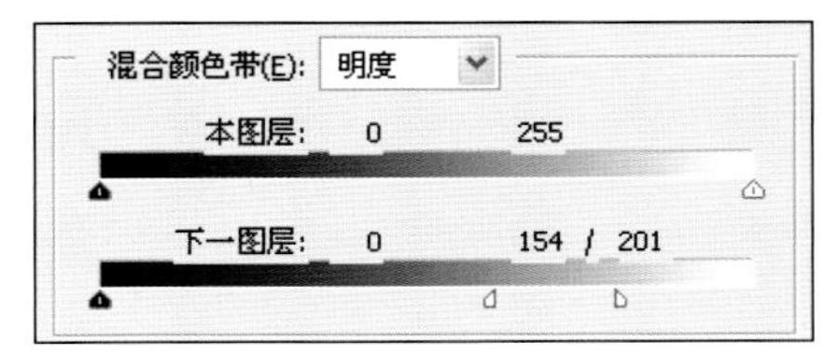

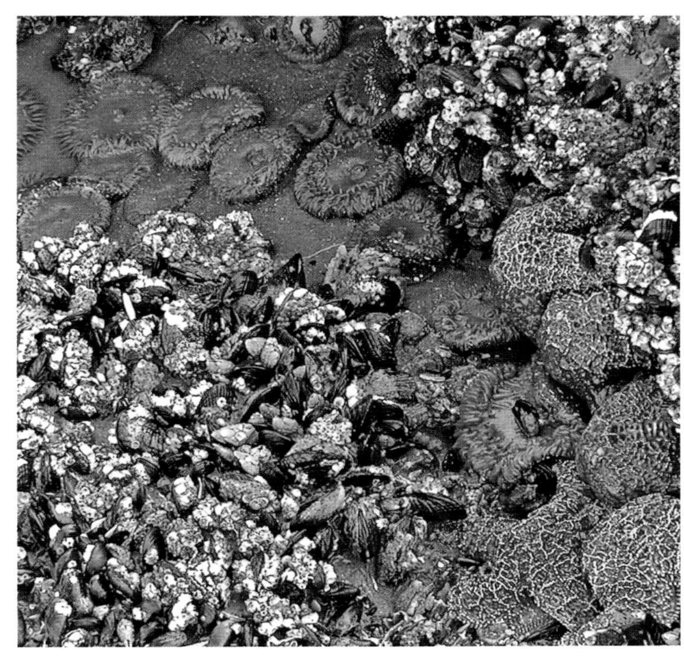

图 20.6 图 20.5B 锐化过度了，但主要是亮调的效果令人不快。混合颜色带滑块消除了最亮的区域中的锐化，随着颜色变暗逐渐显示了锐化效果，锐化图层的不透明度被设置为 40%。

超低的黑色油墨上限是为了给以后极陡的曲线留下余地。它保证了在刚刚分色后的画面中任何一处黑版都不深于 70^{K}，此后就可以将黑场提高到 90^{K} 甚至 95^{K}（只要我们喜欢），这将突出关键的阴影细节。

油墨总量上限未必要像我设置的 250% 这么低，但这是为了防止阴影中的 CMY 在努力补偿黑墨的不足时变得太深。我打算通过至少加深青墨和品红墨的黑场来加强银莲花和海星的细节，不希望真正的阴影中的 CMY 太重，否则它们会和黑色油墨互相干扰。

（注意：此例使用了我自己的转换设置，如果你使用不同的自定义 CMYK，可以用图 20.7 中的参数改变黑版生成量。如果你用的是无法编辑的配置文件，那就进行一次常规分色，再用网点扩大值为 22% 的自定义 CMYK 分色一次，然后将自定义 CMYK 的版本复制到另一个版本上成为一个新的图层，将其混合模式改为“亮度”。）

• 使用图 20.8 所示的曲线，保存文件，关闭。黑墨的曲线在亮调保持了原来的形状，但暗调剧烈变陡

图 20.7 左边的对话框中的分色设置用于对图 20.6 所示的 LAB 文件分色，故意抑制阴影细节，以使用曲线加强对比度时可以让曲线更陡。总间的彩图是分色后的效果，缺乏深度。右边是黑色通道。

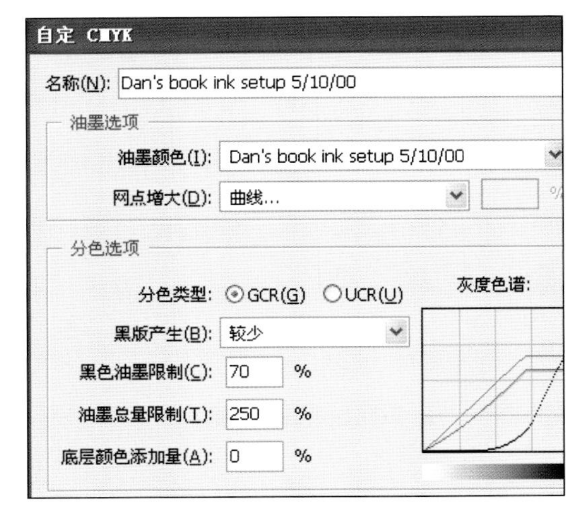

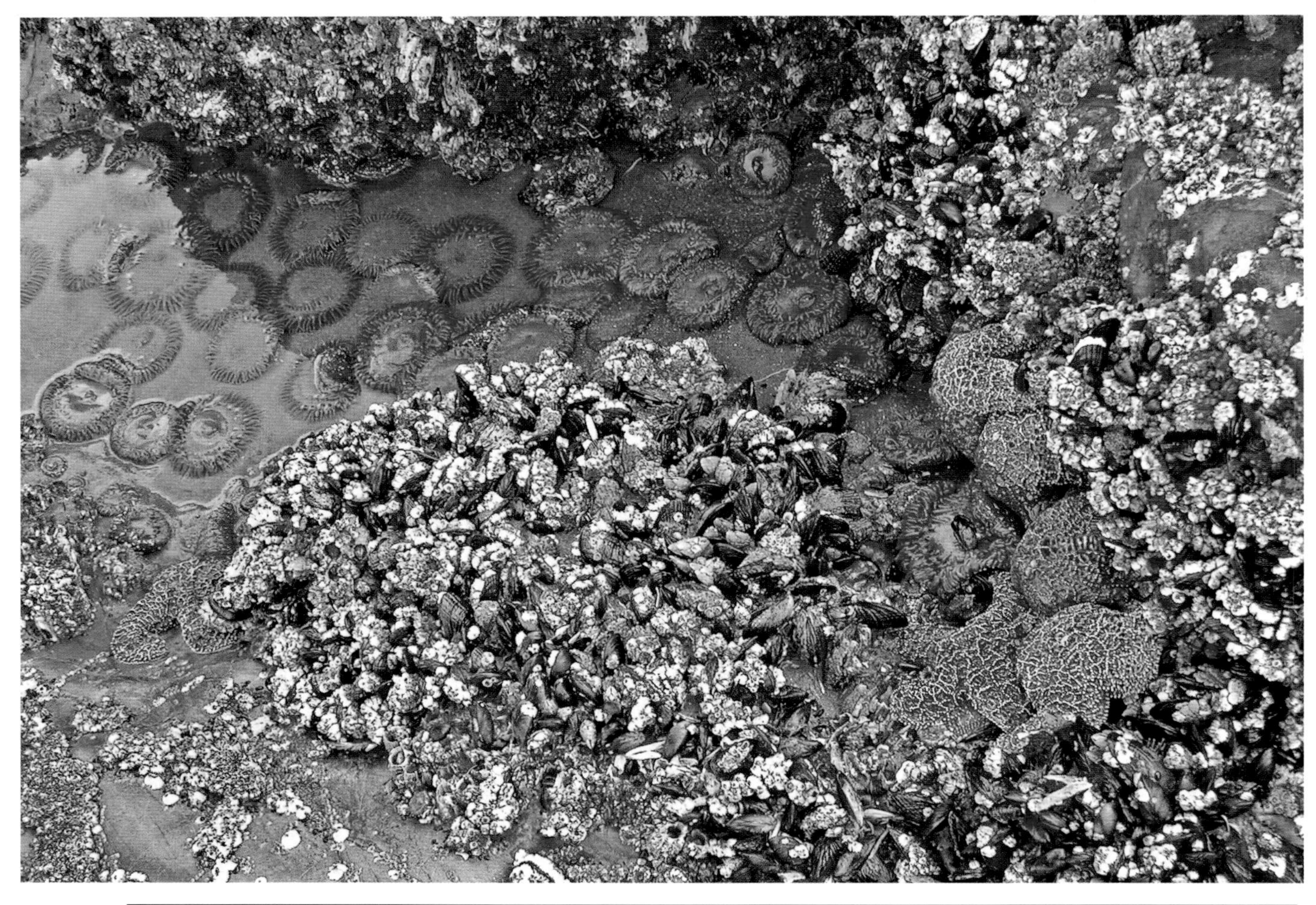

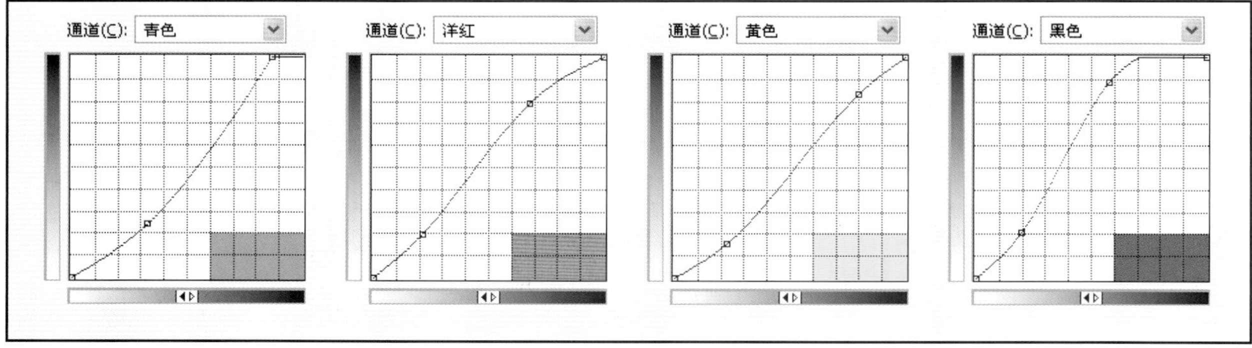

图 20.8　使用这些曲线，让潮水坑的颜色更生动了。下面的灰度图是最终的黑色通道。

了，突出了贝类的细节。品红墨和青墨的曲线形状不同，因为银莲花和海星的品红都处于中间调，而银莲花的青位于暗调。

20.6　艺无止境

上述曲线直接来自第 2 章——找到感兴趣的对象，在曲线上把它们对应的区段变陡。

但事实上，只有回顾得更远，回到本书的第 1 页，才算公平。

从上一版以来的变化

本书1994年版展示了一幅用滚筒扫描仪和原始的桌面装置都扫描过的山区森林图片。我指出，即使这种便宜的扫描仪得到了改进，它也永远达不到滚筒扫描的品质。在1998年版，我大量学习了在LAB中把差劲的图像修正得比滚筒扫描更好的知识，于是我展示了两个版本，由于我的无知，带着一些轻蔑。

本系列每一次改版，都把这样一些错误或重大的变化曝光，推荐新的工作流程。这次也不例外，下面是自2002版以来我已经改变的方法。

- 寻找一个“亮度”混合，尽管我以前知道它，但现在它成了我在RGB中通常的第一步。
- 同样类似地，不再试图用剧烈的改动达到理想效果，我发现在单独的图层中夸大效果然后降低不透明度更方便。
- 把颜色和对比度分开来处理，然后混合，很多修正就要容易得多。
- 第18章所述的加强高光和阴影细节的“叠加”混合，是针对数码相机的缺陷而发展起来的。
- “大半径、小数量”锐化并未出现在上一版中，现在完全发展起来了，而且有一个合理的策略把它和传统USM锐化混合起来。
- 上一版曾推荐过用错误的RGB配置文件来让不冷不热的颜色恢复活力，例如，把Adobe RGB指定给本来在sRGB中的文件。但现在很清楚，进入LAB处理这种问题更好。
- 我现在认识到，错误地转换到超宽色域RGB空间的威力在于，为色彩明艳的区域创建通道混合的源。
- 通过在低Gamma值下施加“表面模糊”滤镜，阴影降噪技术有了引人注目的提高。
- 在上一版中，没有什么新的Photoshop命令对色彩修正有重大意义。这次，我们有了“阴影/高光”、“表面模糊”和Camera Raw可以改进我们的策略。
- 我现在知道如何从“无法编辑的”CMYK设置生成特殊的黑色通道了——制作自定义CMYK图层，将其混合模式设为“亮度”。

在真实生活中，这些潮水坑的色彩确实很丰富。比较图20.8和原稿图20.1，你喜欢哪一张？别告诉我你可以做得更好，你必须从这两张中选一张。如果你像世界上的其他人一样同意图20.8较好，那就证明原稿被修正过了，这正是我们对图1.1B说的，也正是本书的宗旨。

这次修正用了比较多的步骤，因为原稿很复杂，但在今天，还有很多这样的修正。提高选择方法的技巧、安排操作次序的本能，需要大量的实践。但色彩修正不是魔法，就像我在1994年说过的，连猴子也可以干这件事。我今天的说法要圆滑一些了，连小孩也可以做这件事。

当然，这一说法的前提是，小孩有正确的态度。职业精神就像青春，是一种精神状态。

我自己的精神状态很棒，不会辜负大家的期望，谢谢。我终生致力于把曲线的一部分变陡，当我像那个女孩那么小的时候，这就是我全部的期待。但必须遗憾地承认，未来属于她这一代，而不是我。

如果她选择这一行，她可以制作出美丽的画面，不管她把自己叫做专家还是发烧友。她会在数码先锋们奠定的基础上添砖加瓦。

这个女孩和我大概永远不会见面。但如果她真的致力于制作美丽的照片，我可以用这种想法来安慰自己：她仍然有可能认识我，那么我认为，对她这一代人，每一张图仍然会带来新的刺激。

* * *

色彩修正领域的发展是永无休止的，新的方法层出不穷，一旦较好的解决方案可以投入使用，旧的方法就被抛弃了。本书的观念在5个版本中都没有改变过，但书中推荐的技术当然会变。

这次没有例外，我又在上页的框中列出了自4年前的上一版以来我的方法的变化，即我现在相信，我知道如何做得更好。

只要你我进行图像处理，技术的进步就会持续下去。这次提供的解决方案不同于以前，要归功于数码相机迅速获得支配地位。在大多数情况下，数码相机比使用底片的相机产生更好的品质，但也有一些问题是底片很少产生的，例如部分偏色的图像，阴影发焦或高光白成一片。

用昨天的技术来解决今天的问题，并不总能得到最好的结果。但这并不意味着新的东西就必定是更好的。对我们所有人来说，最困难的是识别真正的进步。

Peachpit 出版社市场部在准备推出本书时，希望知道本版与第 4 版有多大区别。我回答说，大约有 90%。他们无法相信。我告诉他们区别在哪里，因为我正好有一张电子表格。且不说未修正的版本、中间步骤和拷屏图，光是原稿就有 142 幅，本章的原稿最少，只有两幅。在这 142 幅中，有 125 幅没有出现在上一版中，而且和另外 17 幅相配的文字大多数是重新写过的。

这种不可思议的变化，并非因为我执意要打乱原来的内容，也不是因为我需要练习打字，而是因为我比以前懂得更多了，而且相信新的图片更有指导作用。

照这么说，要是走得更远，扔掉以前版本的所有东西，会更容易。感谢如此慷慨地赠送图片给本书的摄影师们，我有足够的图片来取代那 17 幅老图。唯一的问题是，我不相信有什么图比它们更好。我考虑过更换第 3 章中有猫的 3 幅灰度图、第 9 章中的婚礼照片、第 7 章开头的鹦鹉和国旗的图和第 1 章的公猪照片。我确实可以换掉它们，但找不到任何更好的。于是它们就心安理得地留下来了。

我很愿意用新东西来结束本系列，但如果老办法较好，我说还是接着用老办法吧。因此对于我们最后一个范例，我们要回到的不是第 4 版而是第 2 版。后面的几页，除了已经更新的图序号和提到一张新图，都是我以前讲过的。

* * *

本书强调使用为今天的图像更新了的传统方法。在本书进入尾声时，我建议用一杯生啤酒向另一种长期存在的图像艺术传统表达敬意。

不幸的是，图 20.9A 中的饮料像苹果汁，而不像

图 20.9A 原稿中的啤酒从各方面看都很平淡。图 20.9B 修正后的效果，好像能听见气泡的声音。

图 20.10 上面是图 20.9 的红、绿、蓝通道。右边是用于绿色和蓝色通道的曲线（红色通道被抛弃了）。

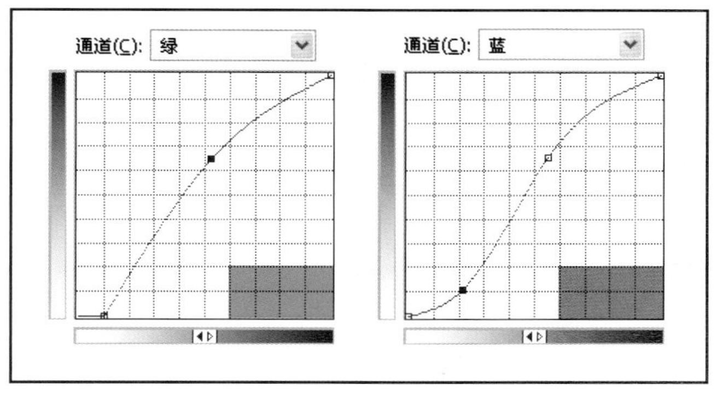

我愿意用来调剂漫长的 Photoshop 工作的那种东西。颜色差不多是正确的，但饮料中的泡沫怎么样呢?

这是一幅劣质原稿吗？如果它可以变成图 20.9B 那样，特别是在不到 1 分钟内变成那样，它就不可能是劣质原稿。1 分钟都不够泡沫冒到杯口上去。

该图是在 LAB 中准备的。想想我们以前怎么处理偏黄的图吧，我们把 LAB 原稿保存为一个副本，再将原稿转换到 RGB。

图 20.10 是原稿的通道，可以看到，啤酒中的气泡仅存在于绿色通道中，绿色通道中杯口的细节虽然充分，却不如蓝色通道中好，至于红色通道，它就像某些亲戚，在节骨眼上帮不上什么忙。

现在我们知道，这幅图至少要在 RGB 中进行一部分处理，因为 RGB 便于将两个问题分开来处理：红色通道需要清算，绿色通道必须受到锐化的特别款待（因为气泡在绿色通道里，是我们特别有兴趣改善的）。

首先，我们得把那两个有用的通道变得再好一些。曲线越陡，对比度就越强，因此我们用图 20.10 所示的曲线，把酒的主体在绿色曲线中对应的区段变陡，把杯口的酒在蓝色曲线上对应的区段变陡。

至于红色通道的曲线，就算了吧。那个通道已经成为历史。

锐化蓝色通道和锐化绿色通道是不同的问题。在绿色通道中，我们看重的是啤酒里的气泡，它们不算小，锐化需要较大的半径 3.5、数量 400% 和阈值 5。另一方面，浮沫是蓝色通道的强项，它们的阶调很精细，会被大半径扼杀，因此，我们把半径降到 1.5。

现在剩下的问题就是正确地混合。我感觉杯中酒比杯口的浮沫更重要，所以用来取代红色通道的是绿色通道和蓝色通道的 65:35 的混合。由于同样的原因，我又把绿色通道的 25% 混合进了蓝色通道，于是产生了图 20.11。

节日快乐！但我们到此为止搞出来的是一杯绿

色的啤酒，多么让人感伤。

很简单，将它转换到 LAB，原稿的一个副本在那儿等着我们。图 20.12 比较了新旧 L 通道。把新的 L 通道应用到原稿，替换旧的 L 通道，再将原稿转换到 CMYK，就大功告成了。

20.7 为专业色彩干杯

我们很快就要到达这一漫长旅程的终点了。用这张图来结束是很合适的，不仅因为这是一次有效的修正，而且因为这是一次很容易的修改——对于知晓内情的人来说。

任何人修正伤痕累累、色彩不够饱和的潮水坑照片图 20.1 都需要花一些时间，可这张啤酒图片只需要大约 1 分钟。但是（我可以把这告诉你，因为我见过很多人处理这两幅图）典型的专业人士处理潮水坑图片的效果比处理啤酒图片的效果好得多。

尽管我们的领域在很多方面有很高的技术含量，但它与大多数技术领域非常不同。要明白一个数学家的工作是否可信，需要数学基础，要理解为什么 Vladimir Horowitz 弹钢琴比 Liberace 好，需要音乐知识，但对我们来说，不是这么回事。要说出图 20.9B 比图 20.9A 好，需要什么专业知识？不需要很多。这就是为什么我们把它叫做修正。你知道图 20.9B 更好，我也知道，即使我们不能准确地说出为什么。

而且，谈论专业 Photoshop 的先决条件是我们有客户，他们也会觉得修正过的啤酒更好。

这幅图没有高光，没有阴影，没有中性灰，没有肤色，也没有不需要的颜色。因此，它是最非典型的问题，这也许就能解释为什么有些专业人士把它处理得那么坏。

本书自始自终在建议利用数值修正，这确实是最好的方法，经过时间检验的方法，能够让你的图片产生应有的吸引力。但时不时会有些图像需要特殊处理，就像我们刚刚处理过的那幅。当然，用这类图像来练习是有帮助的。

但即使没有这个，一位聪明的艺术家也常常能制订出适当的策略。我发现，对自己提出以下问题是有用的。

• 要修正的是什么对象？（让啤酒看起来更开胃。）

• 有没有明显需要解决的问题？（看不见啤酒中的泡泡。）

• 有没有什么重要细节是过度的修正会破坏的？（杯口浮沫的亮调。）

• 该图有没有色彩或对比度的问题？或者两者都有？（只有对比度的问题，原稿的颜色是可以接受的。）

• 有必要进行局部修正吗？（这里没有。）

• 原稿是勉强可用，还是需要大幅度修正？（这

图 20.11　在曲线和通道混合之后，这杯啤酒差不多可以用来庆祝节日了。要恢复原稿的颜色，训练有素的 Photoshop 用户没有问题。

幅原稿很可怕。）

所有的答案都表明，通道需要我们仔细研究，锐化也是一个重要问题。

但无论你使用什么策略，无论在哪个色彩空间中工作，无论使用哪个版本的 Photoshop，某些目标是不变的，忽视了它们就会陷于平庸，达到这些目标就能获得专业色彩。它们是 ：

- 全阶调 ；
- 让人感兴趣的区域落在修正曲线较陡的区段上，只要有可能 ；
- 在弱通道中强化细节，只要有细节 ；
- 准确的 USM 锐化 ；
- 正确的黑版类型。

做到这几点，你就能对 Photoshop 的版本变化满不在乎地耸耸肩，并且对某些人叫做劣质原稿的东西淡然一笑。

即使你不打算把图像处理当成职业，你修正过的图也有可能生动、栩栩如生、充满细节。如果这将是你终生的兴趣爱好，它或许总是落到命运曲线上最陡的区段。让我们为此举杯。

20.8 海盗欢送会

为了创新，让我们回到 21 世纪。不是为了修正技术的创新，它在 1998 就很好了，而且据我所知今天的修正使用的是同样的方法。

图 20.12　图 20.9 所示的两个文件的 L 通道。

需要改变的是这样的现状：很少有专业人士知道如何获得像图 20.9B 这么好的效果。在 1998 年确实如此，但今天通道混合已经成为主流，与我们见过的很多例子相比，这只不过是个简单的例子。

“知识曲线”是我们的流行语，因为那种曲线像我们在本书中见过的其他曲线一样，只要变陡，问题就开始消失。任何人能够把这幅啤酒图片处理好，当然就能把明显更难的冒泡的葡萄酒照片图 10.21 处理好。在 1998 年，那张图对我来说曾是如此困难。再一次，我期待着几年后能够修正今天很难对付的某些图片。

* * *

我们希望做的全部事情就是，让图像看起来更好。这句话听起来简单，但仿佛我们已经开始艰难地探索它。这一探索的下一步由你自己跨出，还有那个小女孩，以及每一个希望把图像变得更自然、更逼真、更令人信服的人。这是一本没有最后一页的书。知识和创新的潮水一波又一波涌来，我们固然可以像甲壳动物那样挤成一团、喘息、蠕动，但也可以随潮流远去，扬起勇敢的旗帜，让它带我们在色彩和对比度的海上乘风破浪。

注释与后记

本书中的图片代表了今天的专业人士所要处理的大多数原稿种类。有些是我的，更多的由摄影师提供，他们提供大量图片供我选择，从而支持这一项目。本书前言已列出了他们的姓名。

除非文中特别指出，所有的图片都是未修正过的数码采样，要承认这样的现实，在大多数专业环境中，数码图片已经取代了底片。

关于本书配套光盘

本光盘仅供私人练习及完善本书所讨论的技术。在自学中，你可以随意使用这些图片，包括把它们打印出来检验练习的效果。但是，这些图片是有版权的，你不得将它们公开发表、传播、与他人分享或进行任何形式的复制，除非你自己为了学习的目的需要这样。

提供图片的摄影师也慷慨地同意将这些图片收入本书配套光盘。但在大多数情况下，图像的分辨率降低了，以防有人为商业目的重新使用它们。因而，你不能完全按照书中的参数来操作。

除非特别指明，从摄影师那里得到的图片都是RGB格式的。如果原稿嵌入了配置文件，该配置文件会被保留。没有配置文件意味着图片被提供时就没有配置文件（若练习需要使用LAB或CMYK原稿，我已将它们转换到相应的色彩空间）。

如果图片仅用于展示，不是色彩修正练习的素材（例如第1章中的很多图），就没有进入配套光盘。如果修正练习所用的原稿图片未进入配套光盘，下面会注明。

第1章

有紫色反光的女人的照片、威尼斯运河的照片、脸部被反光破坏的男人的照片，以及图1.5所示的练习所用的花的照片，都是我自己的；弹吉他的手的照片由Knoxville新闻社提供；公猪和一朵玫瑰花的照片是十多年前的免版税照片。

回顾与练习

• 对于相邻颜色间的差异，人的视觉系统比相机更敏感，这就是同时对比。

• 色适应指人的视觉系统能够在一瞬间适应环境光的颜色变化，它通常被人感知为中性灰。

• 在RGB的3个通道中，最有利于增加图像对比度的是绿色通道，但这并不意味着它一定是最好看的。

• RGB的红色通道与CMYK的青色通道密切相关，蓝和黄、绿和品红也是“近亲”。

• 图1.8B的信息都在红色通道中，其绿色通道和蓝色通道是空白，因此，从这张图各处发出的绿光和蓝光均达到了最大亮度，而红光的亮度有变化。

• 色适应有可能让人依赖显示器，但不管显示器校准得多么好，用显示器鉴定中性灰都有困难，我们的视觉系统适应接近中性灰的颜色太快，会把它看成纯中性灰。

• 若对象在RGB的3个通道中的数值相同，它的颜色就是中性灰。

第2章

闷得吓人的图2.1是我自己的，出了交通事故的轿车、黑白鹈鹕和黄绿相间的田野的照片也是；猫是免版税照片，来自Corel专业图库，现在属于Hemera科技公司；化妆品广告照片由Ric Cohn提供；紫色上衣照片由David Moore提供；尼亚加拉瀑布照片是Gerry Shamray在他的蜜月中拍摄的。

配套光盘说明

一篇来自我的色彩理论新闻组的文章讨论了如何查阅苹果和PC的快捷键。

回顾与练习

• 图2.12中红色曲线的阴影部分之所以有反常的形状，是为了提高蓝色雨衣的对比度，蓝色雨衣在红色通道中很暗。

• 任何一组命令都可以用于标准的图层，但一旦存储并关闭了文件，以后就无法让它恢复原状了。对调整图层只能使用一个命令，这个命令通常是曲线，它始终可以重新编辑，但在调整图层上无法上色或进行别的润饰。

• 如果黑白场被设置成了极端的数值，图像的对比度就加强了，但阴影和高光的细节有损失。在某些图中，这不是什么大问题，因为那些图的细节不重要，或原稿本身就缺乏细节。

第 3 章

猕猴是 David Cardinal 在野外拍摄的；灰色雕像照片来自 Corel 图库；紫色的猫是我用自己的一张图制作出来的；寒风中的女人是 Marty Stock 拍摄的；悲痛的牧师的照片由 Knoxville 新闻社提供；有两匹马的老照片是免版税的，我就不说它的出处了，因为拍摄这张照片的机构现在已经能拍出比这好得多的照片；爱尔兰城堡的照片由 David Xenakis 拍摄。

配套光盘说明

某机构于 1994 年授权我使用那两匹马的照片时，并未允许我以电子文件的形式复制它，因此我没有将它收入本光盘。本光盘中有一份 Excel 电子表格，由 David Riecks 制作，比较了 CMYK 空间和各种 RGB 空间的肤色数值。

回顾与练习

• 将曲线左下端向右移动，平均地提高了图像各区域的对比度（除了已经彻底变白的区域）。降低较高处的锚点会提亮高光，强调中间调对比度，付出的代价是亮调的层次感。

• 所有 8 位 Photoshop 通道都有 256 级阶调。Photoshop 以 0 ～ 100 的整数表示 CMYK 和灰度值，只是一种传统做法，这并未减少阶调的级数。

• 若把阴影设置为 $0^R0^G0^B$，会让阴影中的细节糊成一片，只有在阴影和 3/4 调根本没有重要细节时才可以这样做。

第 4 章

开头和结尾的峡谷照片、用于图 4.7 所示的测试的花卉照片都是我的；黄石国家公园日落照片由 John Ruttenberg 提供；大草原风景由 Darren Bernaerdt 提供；老爷车照片由 Knoxville 新闻社提供；有肥皂泡的照片和背景奇怪的珠宝照片都由 Ric Cohn 提供。

试读者 Les De Moss 制作了一个图表，帮助自己学习 LAB 的功能，该图表出现在了本书中，是图 4.4。许多试读者发现图 4.7 所示的测试极其困难，应他们迫切的要求，我现在说说我怎么完成这个测试。

已知图 4.7A 是原稿，按表 4.1 中的编号，它的通道结构是 1、3。

我们首先注意原稿中的黄花（它们的颜色后来会变，所以我把这片花叫“第一片花”）。要得到黄色，A 必须接近 0^A，B 必须是很大的正值。根据这一信息，我们可以把图 4.7 中的 16 个版本分为 3 组，具体情况如下。

第 1 组包括 4 个版本，每个版本的 A、B 通道均为原稿 A 通道的副本，“第一片花”的颜色接近 0^A0^B，肯定比在另外 12 个版本中灰得多。这 4 个版本显然是 B、G、J 和 N。

第 2 组包括 8 个版本，在每个版本的 A、B 通道中，有一个通道是原稿 A 通道的副本，另一个通道是原稿 B 通道的副本。由于原稿 A 通道的副本中“第一片花”均没有色彩倾向（无论它是不是原稿 A 通道的副本），因此该组的 8 个版本可分为色彩鲜艳的 4 对——A 和 H、F 和 P、K 和 O、L 和 M。

第 3 组包括 4 个版本，每个版本的 A、B 通道均为原稿 B 通道的副本，“第一片花”都有独特的颜色，既不同于该组中的其他版本也不同于别的组的 12 个版本。这 4 个特立独行的版本是 C、D、E 和 Q。你可借助图 4.4 来指认它们。图 4.7C 中“第一片花”是紫色的，这意味着 A 是正值，B 是负值，其通道结构是 3、4；图 4.7D 中这片花是青色的，A、B 均为负值，答案是 4、4；图 4.7E 中这片花是红色的，A、B 均为正值，答案是 3、3；图 4.7Q 中这片花是黄绿色的，A 是负值，B 是正值，答案是 4、3。

对于第 2 组的 8 个“混血儿”，我们需要研究右下角的那片花，我把它叫“第二片花”。在原稿图 4.7A

中，这片花是品红色的，因而 A 是正值，B 接近 0[B]。

我们已经知道图 4.7A 的通道结构是 1、3，将 A 通道变成反相，会产生黄色的“第一片花”和绿色的“第二片花”，因此图 4.7H 的通道结构是 2、3；将 B 通道变成反相后，“第一片花”会变蓝，“第二片花”则几乎不变，图 4.7K 正是这样，所以它的通道结构是 1、4；图 4.7O 中“第二片花”变绿了，所以它的通道结构是 2、4。

再看用 B 通道的副本替换 A 通道或用 A 通道的副本替换 B 通道的情况。如果用来替换 A 通道的是 B 通道的反相副本，“第一片花”就会变绿；如果用来替换 A 通道的是 B 通道的正相副本，“第一片花”就会变品红；如果用来替换 B 通道的是 A 通道的反相副本，“第二片花”就会变蓝；如果用来替换 B 通道的是 A 通道的正相副本，“第二片花”就会变黄；因此，图 4.7F 的通道结构是 4、1；图 4.7P 的通道结果是 4、2；图 4.7L 的通道结构是 3、2；图 4.7M 的通道结构是 3、1。

如果 A、B 通道均用 A 通道的副本来替换，“第二片花”的 4 种变化就会像 A、B 通道均用 B 通道的副本来替换时“第一片花”的 4 种变化一样。图 4.7B 中“第二片花”是黄绿色的，因此它的通道结构是 2、1；图 4.7G 中这片花是红色的，答案是 1、1；图 4.7J 中这片花是青色的，答案是 2、2；图 4.7N 中这片花是紫色的，答案是 1、2。

配套光盘说明

Les 说在显示器上保留原图的一个副本有助于在 LAB 中工作，如果你也想这么做，文件在本光盘中。

回顾与练习

• 当重要对象颜色鲜艳时，调节 LAB 的 L 曲线以提高对比度是可取的。这种对象落在 L 曲线的中部而在 RGB 曲线的末端。有微妙的、不太鲜艳的颜色的对象一般可通过调节 A、B 曲线来改善，但要突出它们的细节，在 RGB 或 CMYK 中处理比在 LAB 中好。

• 第 82 页的思考题的答案：1 － C；2 － D；3 － B；4 － A；5 － F；6 － E。

第 5 章

仅以 CMY 印刷的户外花卉照片由 David Moore 提供；穿赛马服装的女人由 Mike Vlietstra 为 Hobby 赛马服装公司拍摄；用于比较各种 GCR 设置的两幅照片，女人的照片由 Mike Demyan 提供，餐叉的照片由 Ric Cohn 提供。至于有套不准的拷屏图的杂志，我就不说它的名称了，除非用“色阶”命令调节主通道导致套不准是一件光荣的事。

配套光盘说明

有一个 PDF 文档，是本书上一版关于制作多通道和专色通道的完整的一章。

回顾与练习

• CMYK 中的油墨总量限制要求减少暗调灰成分中的青色、品红和黄色油墨，这几乎扫除了这 3 个通道中所有的细节，将阴影中的所有对比度信息都转入了黑色通道。在 RGB 中没有这种事，因为 RGB 没有油墨总量限制。在 CMYK 中颜色较纯的区域也没有这种事，比如深蓝色区域，虽然它几乎像黑色一样暗，但其中的黄色油墨很少，不足以使油墨总量超标，没有理由减少其中的青色和品红油墨。

• 从 RGB 转换到 CMYK 时，投影会像其他灰色一样分色，结果可能是，黑色油墨很少或没有。如果我们希望投影含有一些黑色油墨以免偏色，最好在进入 CMYK 后创建它并确定它的数值。

• GCR 是应对印刷错误的保守方法。如果印刷确实出了错，我们通常宁愿偏色也不愿意印脏。但如果主要对象的颜色是中性灰（如珠宝、金属或白色纺织品的颜色），我们也许宁愿印得暗一点也不愿意冒险偏色，在这种情况下，我们使用“较多 GCR”设置。在色彩修正中，我们常常喜欢制作鲜艳的、令人愉快的颜色，黑色油墨对此有妨碍。在不太常见的图像中，不需要鲜艳的颜色，用较重的黑版来修正可以避免问题。

• 在“自定 CMYK”对话框中设置分色参数，可编辑网点扩大值、油墨颜色和黑版产生量。Photoshop 预设的配置文件（如 SWOP v2）是无法改变的，至少在没有第三方软件的时候无法改变，要么接受它，要么放弃它。

•“最多 GCR”这种分色参数对照片没用，但有助于给黑色细线（如文字、卡通）分色，转换到 CMYK 后，可以让它们成为纯黑色 $0^C0^M0^Y100^K$，而不是 4 种油墨的混合，后者会引起套准困难。

• 有些读者问，为什么第 99 页的方框中的 Bodoni 字体没有用“最多 GCR”来分色，他们还没明白，书中的文字跟 Photoshop 或分色没关系，它们是由排版软件生成的，排版软件生成文字时默认的颜色就是 $0^C0^M0^Y100^K$。

第 6 章

棕榈书照片来自学生 David Leaser 的书《棕榈树：照片的故事（Palm Trees：A Story in Photographs）》；皮肤被我过度锐化的女人照片、图 6.11 中的眼睛照片由摄影师 Mark Laurie 提供；脸部锐化所用的男人照片由 Knoxville 新闻社提供；海鸥照片由 David Xenakis 提供；公园、开花的仙人球、船、海面和旗帜的照片都是我自己的。

配套光盘说明

为了方便你练习，光盘中图片的分辨率和印刷在书中时一样。有两幅肖像被裁切了，以免未被授权的复制。还有一个文本文件讲解了将图 6.1A 锐化成图 6.1B 的 23 步操作，只用到了几种混合模式和“高斯模糊”滤镜。记住：这 23 步只用来研究锐化的原理，固然可以这样来锐化，但“USM 锐化”滤镜会比它快 10 倍。

回顾与练习

• 树叶在图 6.3B（锐化 L 通道的结果）比在图 6.3A（原稿）中更亮，因为 USM 锐化在加深每匹叶子的边缘外侧时，提亮了其边缘内侧。图 6.3B 看起来也比图 6.3C 亮，后者是仅仅锐化品红通道和黑色通道的结果，由于树叶在黑色通道中的信息很少，因此这时的锐化对树叶的影响几乎都在品红通道中，而没有扩展到 L 通道——所有通道的组合。注意从图 6.3A 到图 6.3C 的颜色变化——树叶变绿了。这是因为树叶中的品红减少了，而品红是抵消绿色的。

• 我们希望锐化的大多数对象要么接近中性灰，要么是红色或绿色的。如果图中有这几种颜色，而且它们的重要性差不多，我们就锐化各个通道。但当我们相信需要锐化的对象最重要的颜色是红色时，就用对 CMYK 的两个弱通道进行 USM 锐化，红色的弱通道是青色通道和黑色通道。如果绿色最重要，我们就锐化品红和黑色通道。这样做避免了色偏，因为主要的油墨（红色中的品红油墨和黄色油墨，绿色中的黄色油墨和青色油墨）没有变。

• 我叫做“传统锐化”的技术所用的半径通常小于 2.5，很少超过 4.0，伴随着 200% ～ 500% 的数量。这两种参数的组合产生了明显的晕带，有效地强调了过渡，但做得过分就会让人讨厌，特别是变亮甚于变暗的晕带。“大半径、小数量”锐化的半径大约 10 倍于传统锐化的半径，数量大约是传统锐化的 1/10，由此产生的晕带非常柔和，难以辨认。“大半径、小数量”锐化的失误通常不像传统锐化的失误那么讨厌，但如果数量过大，亮调（如人的眼白）可能会白得失去层次。

第 7 章

鹦鹉和国旗的照片来自 Corel 图库；独木舟旁的男人的照片来自 Knoxville 新闻社；这一章的所有其他图片都是我自己的。

回顾与练习

• 对混合来说，RGB 通常是比 CMYK 更好的空间，因为它的通道较饱满，没有什么细节转入黑色通道。另外，油墨总量限制抑制了 CMY 通道的阴影细节。

• 为将彩色图像转换到灰度，Photoshop 创建了一个理想化的 RGB 文件，对各个通道进行加权平均，比例大约是：3 份红、6 份绿和 1 份蓝。

• 在图 7.10B 所示的文件中，有文字的图层的混合模式是“变亮”，单词“BLEND”是蓝色的，其蓝色通道比底层中相应部位的蓝色通道亮，其绿色通道比底层中相应部位的绿色通道暗，其红色通道在某些地方比底层中的亮，在某些地方又比底层中的暗。“变亮”模式不允许画面变暗，因此在这些字母所在的位置，顶层的绿色通道未取代底层的绿色通道，顶层的蓝色通道则取代了底层的蓝色通道，顶层的红色通道在某些地方取代了底层的红色通道，最后，我们看到这些字母是蓝色的（因为顶层的蓝色通道被保留），它们有肌理，这肌理大都由底层的绿色通道产生，一定程度上也有红色通道的贡献。

• 为将国旗从彩色转换到灰度，我们首先要认识到，它现有的蓝色通道比红色通道暗。我们必须扩大二者之间的差异，可以用“色相 / 饱和度”或“可选颜色”命令提亮所有的红色，也可以删除 RGB 的蓝色通道或 CMYK 的黄色通道，它们对红色的暗度的贡献比对蓝色的暗度的贡献多得多。

第 8 章

引人注目的两只大角羊的照片由 David Cardinal 提供；非洲裔美国人的照片由 Pamela Terry 提供；白种女人的肖像由 Jim Bean 提供；穿红上衣的女人的照片由 Knoxville 新闻社提供；黄昏里的男人的照片由 John Ruttenberg 提供；滑梯旁的男孩、旗帜和城堡的照片来自前面的章节。

回顾与练习

• 在图 8.6C 所示的文件中，顶层的 3 个通道都是原稿的红色通道的副本，该层的混合模式为“变暗”，使画面上的天空和所有蓝色的东西都变灰了，要想仅让天空变灰，可以使用混合颜色带滑块，可以用 B 通道的滑块阻止绿色植物变灰（因为绿色植物黄多于蓝，B 是正值，而天空的 B 是负值），并用 L 通道的滑块阻止蓝色旗帜变灰（因为蓝色旗帜比天空暗）。

• 图 8.11 所示的文件有两个图层，顶层所有的通道都一样，都是绿色通道的副本，我们用曲线调整了顶层的对比度，由于它的每个通道都需要完全相同的调整，因此使用的是主曲线。

• 在制作图 8.13B 时，修正脸部颜色的方法是将品红通道以“变暗”模式混合进青色通道，由于技术上的微妙原因，这比在 RGB 中将绿色通道混合进红色通道安全。图中的头发略偏褐色，绿色通道比红色通道暗一些，把绿色通道混合进红色通道会把红色通道变暗，但在 CMYK 中，这种灰褐色的青色、品红和黄色通道的明暗是差不多的（如果青色通道比另外两个通道暗，总的颜色就会接近中性灰），因此，把品红通道混合进青色通道不会把青色通道变暗。

第 9 章

婚礼照片由 Jim Bean 拍摄；国会议员和孩子们的照片来自 Knoxville 新闻社；带色卡的红衣服照片来自第 2 章；本章的其他图片都是我自己的。

回顾与练习

• 在第 186 页的“回顾与练习”中，我要求你说出本章中几样东西的 A、B 数值。现在公布正确答案：图 9.11 中的沙滩前景是 $3^{A}17^{B}$；图 9.13A 中的上衣是 $50^{A}5^{B}$；图 9.18B 中 3 个女孩的红上衣从左到右是 $50^{A}40^{B}$、$64^{A}51^{B}$ 和 $64^{A}50^{B}$，这就是说，左边的红衣服不如另外两件鲜艳，另外两件仅有明暗差别，没有颜色差别；谈到图 9.1C 中左起第二个女人的礼服时，“浅绿色”这个词是不确切的，因为照片上有一块黄色污渍，让这件衣服上半部分显得有点绿（这块污渍也影响了新婚夫妇的上半身），但它其实是蓝色的，在腰部以下可以看到这种正确的颜色。测量胸部得到的数值是 $(2)^{A}2^{B}$，但测量膝部得到的数值是 $(2)^{A}(8)^{B}$。

• 在图 9.1C 的白色区域中去掉黄色污渍最简单的办法是，用设置为“去色”的海绵工具涂抹它。你也可以对要影响的区域做一个大致的选区，使用“色相 / 饱和度”命令，选择“黄色”，降低它的饱和度，提亮它。

第 10 章

整体上很暗的工具箱照片由 Alltrade 公司（Alltrade Tools LLC）提供；海岸线照片由 Darren Bernaerdt 拍摄；图腾和中国河流的照片是我自己的；猫和鸟由 Marty Stock 拍摄；森林照片由 Kim Müller 提供；香槟酒和糕点由 Ric Cohn 拍摄。

回顾与练习

• 你用桌面打印机可以把图 10.5 中的橘色打印得比本书中的更鲜艳，这不是因为你的打印机好，而是因为你用了更昂贵的纸。这种纸可能很白，比本书用的纸反射更多的光线。不够白的纸不能反射那么多的红光、绿光和蓝光。对红光的反射率不足要么使鸟较黄，要么使它较暗。

• 在制作图 10.5 时，以“变暗”混合模式和低不透明度将品红通道混合进青色通道，这比将绿色通道混合进红色通道要好，因为我们的目的是突出很亮的区域中的细节，又不想影响暗调，暗调的颜色是中性灰或近中性灰，青色通道比品红通道暗，品红通道以“变暗”模式混合进青色通道不会把青色通道变得更暗，但要是将绿色通道以“变暗”模式混合进红色通道，由于近中性灰的绿色通道有可能比红色通道暗，混合后的红色通道就有可能更暗。

• 若要用黑色通道改变 RGB 文件的对比度而不想影响颜色，就将该文件的副本按所需的 GCR 设置转换到 CMYK，在正本中将背景层复制成新的图层，将副本的黑色通道以“正片叠底”模式混合进正本的新图层，将该层的混合模式改为“亮度”。

• 制作图 10.17B 时，B 通道的混合颜色带滑块把顶层最暗的区域（森林的阴影）排除了，该滑块规定，顶层在黄比蓝多得多的地方要隐藏。要是用 A 滑块做这件事，要隐藏的就是绿明显多于品红的地方。使用B滑块在技术上更优越，因为它能隐藏红色的叶子，它们是黄多于蓝的。若用 A 滑块，叶子的品红比绿多，不会受滑块影响。

第 11 章

对图 11.1 的不切实际的解释，出现在 Adams 和 Weisberg 的书《实用色彩管理 GATF 指南》（The GATF Guide to Practical Color Management）(GATF 出版社，1998 年) 中；图 11.2 的棋盘图形由 William H. Adelson 制作，他是麻省理工学院视觉科学（visual science）教授，慷慨地允许其他人使用该图；本章的其他图片都是我自己的；达尔文的话引自《物种起源》；Mencken 关于萧伯纳的随笔《阿尔斯特的波洛尼厄斯》（The Ulster Polonius）出现在他的《偏见：系列一》（Prejudices：First Series）中；在我自己的格言中，我无法克制自己剽窃萧伯纳的一句话，尽管我略微改变了它。萧伯纳的原话是：“能做的人就去做，不能做的就去教别人。”

配套光盘说明

本光盘收录了一个有趣的色彩理论话题——一位图像艺术教师在显示器校准的某些方面寻求共鸣，但反响平淡。另外，作为一种调剂，本书第 4 版关于校准的一章的 PDF 文档也在本光盘中，我写那一章时被业界普遍当成了魔鬼，在那一章中，我也是一个重要的角色。

第 12 章

对蓝色和 SWOP v2 配置文件的进一步讨论在《Photoshop LAB Color》的第 13 章中；Alexander Theroux 形容火山湖的文字引自他关于色彩的随笔集《原色（The Primary Colors）》；有色域问题的灯的照片由 Alltrade 公司（Alltrade Tools LLC）提供；黄辣椒和有蓝色色偏的女人的照片来自 Corel 图库；André Dumas 提供了品红色的花的照片；两张湖泊照片和有 3 个女人的照片是我自己的。

配套光盘说明

本书前两版中相应的章节以 PDF 格式收入了本光盘，介绍传统色彩管理知识的发展。还有一张有趣的 raw 图片，由 Vladimir Yelisseev 提供。我收到这张图时太晚，没法把它收入本书中，此图中黄色的花可以印刷，但需要至少像 Adobe RGB 这么宽的工作空间，这样的图我还是头一次遇到。某些配置文件因版权问题没有收入本光盘。

回顾与练习

• 色域指某个色彩空间可以表现的所有颜色，过于鲜艳、无法准确表现的颜色是超出色域的颜色。Gamma 是一种数学表达式，影响 RGB 文件的明暗怎样显示，以及随后怎样转换。

• 网点扩大大致上是 CMYK 中相当于 RGB 中的 Gamma 的参数。它通常用于调节中间调，正如 Gamma。不过网点扩大是一种机械现象——油墨扩散在纸上，产生比预期的更暗的外观——因此它并不总是能用数学公式来预测的。

• 在 Adobe RGB 中制作的文件打开在 sRGB 中时，看起来像预期的那么暗，但有些颜色要失去层次感。要想在打开时看到它原来的颜色，就要在“色彩管理方案”中将关于 RGB 的设置改为“保留嵌入的配置文件”。

• 一只香蕉的颜色要足够黄，才能接近 100Y。黄色可能超出 RGB 色域，但未超出 CMYK 色域。另一方面，粉红色的花太亮，CMYK 需要大量地露出纸的白色，这意味着它可能无法匹配 RGB 中的某些颜色。叶子不是问题，因为它的颜色不是很饱和。晴朗无云的天空常常超出 CMYK 色域，CMYK 色域无法准确表现所有饱和的蓝色。

第 13 章

图 13.6 所示的测控条可从图像艺术技术基金会（Graphic Arts Technical Foundation）的网站 www.gain.org 下载；对轮转胶印出版标准（SWOP）的详细说明可从 www.swop.org 下载；Hammett 的话引自《马耳他猎鹰》（The Maltese Falcon）；裸肩女人的照片来自 Corel 图库；测试照片冲印社所用的女人照片由 Hunter Clarkson 拍摄；沙地雕塑的照片是我自己的。

配套光盘说明

图 13.8 和图 12.2 所示的测试使用同一幅原稿，它在本光盘第 12 章的文件夹中。该图未嵌入配置文件，要用它做本章的练习，就给它指定 ColorMatch RGB 配置文件。第 13 章的文件夹中没有图片，但有一个 PDF 文档，是完整的 SWOP 标准的第 10 次修订版（2005 年 6 月），还有一张勘误表。

第 14 章

海啸后的场景由 Nikolay Malukhin 拍摄；秋天的树叶由 Stuart Block 拍摄；珠宝由 David Moore 拍摄；我要感谢 Geoff Shearer 和 Vladimir Yeliseev，他们提供的文件并没有出现在本书中，但非常有助于分析处理 8 位文件和 16 位文件的差别。确定你的 raw 采样模块是否正确地将 16 位转换到 8 位的步骤如下。

• 用采样模块将文件输出为 8 位和 16 位两个版本，在 Photoshop 中将 16 位转换到 8 位。

• 在新转换的文件中，把背景层复制为一个新的图层，然后给这个双图层文件制作一个副本。

• 使用“应用图像”命令，将 raw 模块的 8 位版本以 100% 的不透明度、“变亮”混合模式应用到双图层文件的顶层，对其副本也做同样的事，但使用“变暗”模式而不是“变亮”模式。

• 将两个双图层文件的顶层的混合模式都改成“差值”，它们的画面将变为一片漆黑。

• 拼合这两个文件的图层，执行“图像 > 调整 > 自动色阶”命令，这将使噪点明朗起来，噪点显示了拼合前的两个图层的差异。

• 比较两种结果。如果噪点的数量大致一样，raw 采样模块将 16 位转换到 8 位就没有问题。如果某个版本有多得多的噪点，可能就意味着采样模块在将 16 位转换到 8 位时丢弃了后 8 位，这是一种低级方法。在这种情况下，你总是应该从采样模块输出 16 位文件，然后在 Photoshop 中转换到 8 位。

配套光盘说明

本书第 4 版关于分辨率有很长的一章，其中谈到的多种分辨率是本书没有谈到的，那一章以 PDF 格式进入了本光盘。另外，产生那一章中图 15.13C 的原始的灰度 TIFF 格式文件也在本光盘中，它有明显的条带，但印刷后这些条带不见了，即使放大也看不见，尽管它在印版上是明显的。由于同样的原因，用于印刷本书图 14.8A 和图 14.8C 的文件也在光盘中，你自己在书上看看印刷后有没有条带。此外还有一篇文章介绍 16 位对 8 位的论战的一段历史，这是我在 2005 年下半年写的，当时占优势的 16 支持者中的一位宣称，对那些在 Adobe RGB 或 sRGB 中工作的人来说，位深度“可能是一个不成问题的问题”。

回顾与练习

• 文件的有效分辨率是它的标示分辨率除以输出时的放大倍数。输出时将文件放大一倍（放大倍数为 200%）会将有效分辨率降为原来的 1/2。评估分辨率够不够看的是有效分辨率，而不是“图像大小”对话框中的数值。

• 按传统规则，有效分辨率应该是印刷加网线数的 1.5 ~ 2.0 倍。这一规则至今依然成立，因为数码相机产生的画面比扫描底片光滑得多。另外，今天比过去更普遍地以较高的加网线数印刷，众所周知，当网屏较精细时，有效分辨率与加网线数的比值可以稍低。

•“图像大小”对话框中的“重定图像像素”，控制 Photoshop 在改变分辨率时是反向改变图像尺寸以保持像素数量不变，还是计算出新的像素。例如，你有一个文件，尺寸是 4×6 英寸，分辨率是 300 像素 / 英寸（ppi），你在“图像大小”对话框中输入了新的尺寸 6×9 英寸，如果没有勾选“重定图像像素”，Photoshop 就会把分辨率改为 200ppi，如果勾选了此项，Photoshop 就会计算出新的像素，保持分辨率 300ppi 不变，文件大小会超过原来的两倍。

• 栅格图像处理器认为文件的分辨率太低或太高时，通常会重新采样。我们不知道它重新采样的方法，因此，在 Photoshop 中重新采样是比较慎重的，Photoshop 可能会使用更先进的运算法则。

第 15 章

夜景图片由 Jason Hadlock 提供；橘红色衣服的照片由 David Moore 提供；舞者的照片由 Knoxville 新闻社提供；怀基基海滩照片由 Errol de Silva 拍摄；关于插件 Curvemeister 的信息在 www.curvemeister.com 上。

配套光盘说明

在本光盘关于本章的文件夹中，除了 4 张图片，还有插件 Curvemeister 的试用版（仅用于 PC）和本章用到的所有配置文件。

回顾与练习

• 当红色通道达到可能的最大亮度时，RGB 模式产生可能的最红的颜色。sRGB 中最红的颜色在宽色域 RGB 空间中并不是最红的，因此把一张图从 sRGB 转换到宽色域空间后，极亮的红色通道会变暗（整体颜色未改变）。

•“颜色设置”对话框的“工作空间”区域的“RGB”下拉菜单中的“存储 RGB”选项，存储的是 RGB 配置文件，可以把它指定给将来的图片，或把将来的图片转换到它。该对话框右上方的“存储”按钮则存储对所有色彩空间的全部设置，而不仅仅是存储一个配置文件（尽管在它存储的信息中包括 4 个配置文件），这用来在必要时恢复预设的工作空间。

• 由于 CMYK 不能准确地表现明艳的颜色，因此在转换到 CMYK 后，你应该检查，在最明艳的地方最亮的通道应该归零，最暗的通道应该是纯黑的。

第 16 章

关于 raw 是图像处理软件的卖点的话，引自 2006 年 5 月 5 日的纽约时报（New York Times）；在比较 Camera Raw 自动修正的结果与相机生成的 JPEG 文件的图 16.1 中，两头熊的照片由 David Cardinal 提供，白花的照片由 Kim Müller 提供；David Xenakis、Marty Stock 和 Fred Drury 提供了本章 3 个主要范例的原始 raw 文件，他们分别拍摄了罂粟、两位老人和麋鹿的照片。

回顾与练习

• Camera Raw 有两种方法提高中间调的对比度，但这两种方法都牺牲高光和阴影，这是令人费解的。在默认设置下，“调整”选项卡下的“对比度”滑块和“曲线”选项卡下的阶调曲线都以这样的方法加强对比度，高光和阴影即使很重要也无法改变。

第 17 章

本章所有的图片都是我自己的；Adams 的话引自他的书《相机，我在约塞米蒂山谷的摄影》（The Camera, My Camera in Yosemite Valley）和《范例》（Examples）。

回顾与练习

• 图中明确的边缘很少，意味着要使用“大半径、小数量”锐化，例如水波或人的皮肤。

• 图层蒙版为白色的地方，允许顶层优先显示；图层蒙版为黑色的地方，顶层隐藏，底层显示；图层蒙版为灰色的地方，两个图层混合，灰色越亮，顶层显示得越多。

• 如果对 RGB 肖像进行传统 USM 锐化，可能应该将红色通道载入为选区或蒙版，因为不需要传统锐化的皮肤和需要传统锐化的眼睛、眉毛和头发在红色通道中有最大的区别。把通道载入为选区后，与通道中的亮调对应的区域允许改变，与通道中的暗调对应的区域不能改变，因此在将红色通道载入为选区前需要把它做成反相。

• 要编辑有图层蒙版的文件，并保证所有区域含有至少 20% 的顶层信息，就在图层蒙版上找到最黑的点，将其灰度值降到 80%，比如处理图 17.12C 时，图层蒙版上某些区域是纯黑的，你可以用曲线调整它，将曲线右上端降低两个网格。

第 18 章

法官和穿粉红衣服的女人的照片来自 Knoxville 新闻社；黑头发女人由 Marty Stock 拍摄；金发女人由 Mark Laurie 拍摄；护肤品由 Ric Cohn 拍摄；“叹息桥”照片是我自己的。

回顾与练习

•“阴影 / 高光”命令在今天比在底片时代更重要，因为数码相机经常抑制高光和阴影的细节，以加强中间调的魅力。

• 要防止“阴影 / 高光”影响图像的暗调，就把阴影的数量设置为 0%。

•“阴影 / 高光”正确地假定，严重曝光过度或严重曝光不足的图常常会很灰。它的“颜色校正”滑块自动加强所影响区域的颜色。如果非常需要品质和灵活性，就应该把“颜色校正”参数设为 0，然后进入 LAB，修正颜色，不过这么做要花很长时间。如果只需要轻微调节，或时间紧迫，使用“颜色校正”就是明智的。

• 这一章中的混合对“叠加”图层使用了“高斯模糊”滤镜，要把高光和阴影中的任何细节都模糊掉，混合才能加强整个区域而不仅仅是加强亮调和暗调。由于“表面模糊”滤镜试图避免破坏真正的细节，不能模糊到那种程度，因此它不适合于这种混合。

• 在以图 18.7E 为顶层、以图 18.7D 为底层的双图层文件中，我们的任务是留下图 18.7D 中的手提包，而在其他区域混合两个图层，让图 18.7E 在混合中占 2/3，最简单的办法是将顶层的不透明度设为 67%，再使用“本图层”的混合颜色带滑块排除红色通道中较暗的对象。手提包较暗，使用“本图层”滑块容易把它从顶层中分离出来。选择红色通道是因为衣服在红色通道中较亮，容易与手提包分开。

第 19 章

第 19 章中的女人们的照片的来源是：夜舞会和严重偏黄的照片来自 Knoxville 新闻社，对镜梳妆的照片由 Ric Cohn 提供，衣服变了颜色的照片由 John Ruttenberg 提供；卧室场景由 David Moore 拍摄；“密苏里号”、花卉和柜子的照片都是我自己的。

回顾与练习

• 在 RGB 中修正图 19.2 中的“密苏里号”，如果用的是混合颜色带而不是图层蒙版，混合颜色带滑块就应该排除蓝色通道中任何明亮的对象。选择蓝色通道是因为该通道中的天空几乎都是空白，而在其他通道中，天空和船可能分不清。“本图层”和“下一图层”滑块都可用。如果是在 LAB 中修正此图，滑块就应该排除 L 通道中任何明亮的对象（如白云）和 B 值为强烈的负值的任何对象（如蓝天）。

第 20 章

啤酒照片来自 Corel 图库，本章其他图片都是我自己的。

应用色彩理论课程

在 1994 年，许多百货公司不愿意每年花几百万美元雇印前工作室制作广告，就买了非常昂贵的硬件，准备自己干。他们没有买个人电脑，因为当时的个人电脑不够强大。

硬件厂商向他们保证，只要他们的职员学会操纵这些新设备就万事大吉了。但他们要求退货时，厂商才知道学会这些并不容易。万般无奈之下，厂商开始对他们的职员进行色彩修正培训，这仍然比厂商想象的困难，因为当时的大多数 Photoshop 培训师擅长演示花里胡哨的滤镜，而不是解决图片中的问题，又没法在 Google 上搜索更有实际经验的人，因为当时还没有 Google。

后来厂商得知，我在教人们获得更好的颜色方面颇有名气（我当时在纽约开了一家公司），又是万般无奈之下，厂商把我带到了亚特兰大。在 3 天里，我和百货公司的 6 个职员坐在一起，以我自信是最好的方式培训他们——让每个人处理同一幅图，比较结果，判断谁干得好，然后反省，干得好的人好在哪里，失败者又错在哪里。

品质的提高是如此之快、如此戏剧性，以至于第二期培训班又开始筹备了，有几个名额被卖给了其他公司，以弥补支出。厂商估计这类色彩修正培训有更大的市场，就开始筹备第三期，面向普通公众。然后是第四期、第五期。

这样的班我已经带了将近 200 个，从来没有重复过同一种教学法。第一期班使用 Photoshop 2.5，每幅图都是从底片上扫描下来的。由于技术进步了（更重要的是，我自己学到了更多的技巧），课程也在变化。

到现在，每期班仍然是艰苦漫长的 3 天，仍然重在比较不同的版本，仍然限于七八名学员。名额常常提前几个月就招满了，其中有专业摄影师、内部润饰师、狂热的业余爱好者和任何只想让自己的图片看起来更好的人。

对这一过程的完整描述以及目前的教学计划、价格和地点，在 www.ledet.com/margulis 中。该站点还展示了我在杂志上发表过的许多文章，以及来自应用色彩理论新闻组（Applied Color Theory newsgroup）的编辑过的、没有广告的话题。

Sterling Ledet & Associates

在美国，我的色彩修正课程一直由 Sterling Ledet & Associates 市场化，由亚特兰大的小规模培训发展为北美图像艺术培训服务的最大的提供者之一，在许多大城市都有教室。

其他国家、其他语言

看看本书的图片，你就知道我喜欢周游世界。我在许多国家讲过课，除了使用英语的国家，还有使用西班牙语、德语和意大利语的国家。如果你想在美国之外请我讲课，请直接与我联系。

应用色彩理论新闻组

在 1999 年，Sterling Ledet & Associates 发起了一个新闻组，支持参加过和打算参加我的色彩修正课程的人，或者对我的文章感兴趣的人。目前已有 3000 个成员，平均每个月有 250 条新消息。其重点在于讨论 Photoshop 中的色彩知识的实际应用。

如何联系作者

我的电子邮件地址是 dmargulis@aol.com。我尽量答复来函，但通常会延迟 3 ～ 6 个星期，很抱歉。如果你提出的技术问题需要更快的答复，我建议你加入应用色彩理论（Applied Color Theory）新闻组并把问题发到那里，详情见上文。请注意，由于我的信箱空间有限，我无法接受图片或任何其他形式的附件。